大学入試

“ちゃんと身につく”物理

折戸正紀 著

教学社

はじめに

物理は基本事項の正しい理解が大切です。たとえ難関大の難しい入試問題であっても，複雑そうに見える問題を整理していけば，単純な基本事項として解くことができるようになります。本書の目的は，物理の基本事項を正しく理解して学ぶことです。

ただ，基本事項を理解したつもりでも，本当に正しく理解できていないことがあります。そこで，基本事項を具体的な現象に適用すること，つまり，具体的な現象を扱った問題を解くことが理解の助けになります。基本事項を学んだ後に問題を解くのは，問題の答えを出して点数をとることが主な目的ではありません。問題を解く目的は，具体的な現象にあてはめることで基本事項を理解することなのです。

さて，私は高校で授業をしていて不満がありました。それは，基本事項の理解のためのいい問題集がないということです。そこで，ある時期から，授業で教えた基本事項を習得するための，できるだけ素直な問題を自分で作り始めました。今では，市販の問題集を全く使わずに，私の作ったオリジナル問題だけで授業をしています。それらのオリジナル問題に，私が授業で話すこと書くことをまとめたものを，『折戸の独習物理』として，2018年に教学社から刊行しました。本書は，『折戸の独習物理』のデザインを変え，より見やすくわかりやすくして，赤本プラスの一員としたものです。

難関大の入試に必要な基本事項は，本書の例題と演習問題でほぼ網羅しています。まずは本書で十分な基礎力を身につけてほしいと願っています。ただし，本書の例題と演習問題は，基本事項を習得することを目的としたものです。難関大に合格するためには，より難しい問題に対応する力（＝読解力と整理能力）も身につける必要があります。そのために，本書で基本事項を習得した後，姉妹書『もっと身につく物理問題集（①力学・波動）』『もっと身につく物理問題集（②熱力学・電磁気・原子）』で入試問題に対応する力を磨いてから，志望校の過去問に取り組んでください。そうすれば，難関大合格に必要な力が身につくはずです。がんばってください。

折戸正紀

本書の特長

こんな人にオススメ！

- 受験勉強を本格的にスタートさせる前に，高校物理の基本事項を復習しておきたい人
- 学校での物理の授業内容を十分に理解できていないと感じている人
- 独学で高校物理の基本事項をマスターしたいと思っている人

説明→例題→演習の 3 STEP で，物理の基本事項を身につける

本書は，主に以下の３つのコンテンツで構成されています。

① 説明（＝基本事項のわかりやすい解説）
② 例題（＝目的が提示された，とても易しい問題）
③ 演習（＝例題よりも発展的で実戦的な，入試基本レベルの問題）

「説明」で基本事項を学んだ後に，「例題」や「演習」で具体的な現象を扱った問題を解くことによって，物理の基本事項を確実に理解することができます。

完全オリジナルの例題248題，演習49題を掲載

本書には，例題248題と演習49題を掲載しています。これらは全て，基本事項を身につけることに特化した素直な問題ばかりで，著者が作成したオリジナル問題です。大学入試に必要な基本事項は，例題と演習でほぼ網羅しています。

フィジクスくんが「理解のコツ」を伝授

基本事項の理解を助けるポイントを，「理解のコツ」として随所に掲載しています。本書オリジナルキャラクターのフィジクスくんが目印です。理解を助けるポイントだけでなく，学習を進める上でのアドバイスや，あなたの疑問に寄り添った一言もありますから，ぜひ目を通すようにしてください。

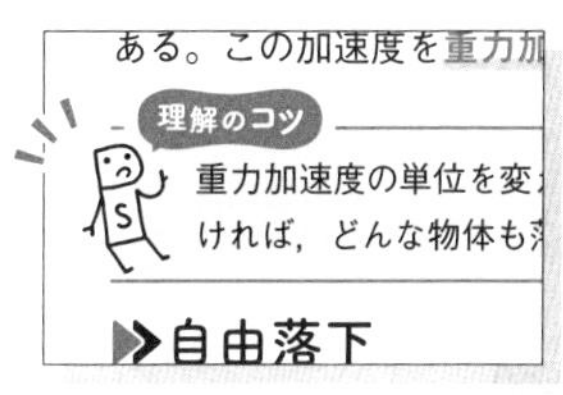

physics
フィジクス君

先生の解説を横取りして解説したがる，物理大好きロボット。
物理を学ぶ人がいるとセンサーが反応して，胸のマークが光る。

尊敬する人：先生，アイザック・ニュートン
好きなもの：りんご（特にアップルパイ）
得意なこと：実験器具のかたづけ
苦手なもの：怖い映画

物理の辞書としても使える

重要な公式は，枠で囲って目立つように示していますから，定期テストや入試の直前に，重要な公式だけを復習することができます。

また，巻末の索引を使えば，重要な用語をすぐに調べることもできます。本書を高校物理の辞書として活用するのもオススメです。

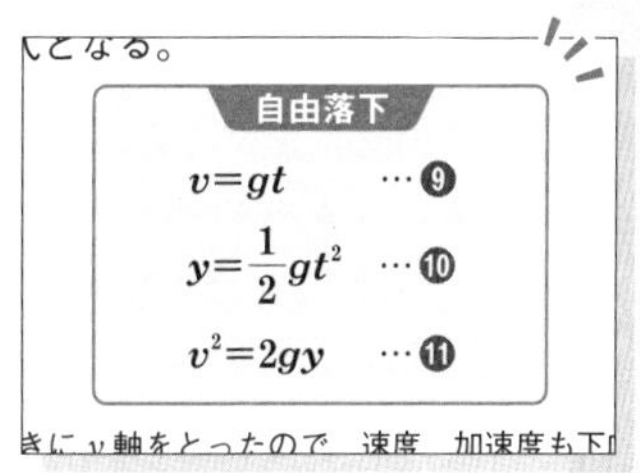

「大学への物理」で，より高度な内容も学べる

高校の範囲を超えた，高度な内容を「大学への物理」として掲載しています。基本事項の理解を重視したければ，とばしてもOKですが，時間に余裕があれば，ぜひ読んで理解を深めてほしいと思います。

学習をサポートする要素が満載

「理解のコツ」や「大学への物理」の他にも，以下のようなサポート要素が満載です。

保存する
ある物理量が一定に保たれているとき，その物理量が“保存する”という。

「用語」：物理用語のうち，特記事項があるものについて説明しています。
「参考」：本文の記述をより深く理解するための内容を説明しています。
「注意」：間違った理解をしてしまう可能性がある箇所や理解が難しいと思われる箇所について，正しい理解を促す内容を説明しています。
「別解」：例題と演習について，掲載している解答の他に，学んでおくべき解法を紹介しています。

難関大を目指すなら，『もっと身につく物理問題集』との併用がオススメ

本書に掲載している「例題」と「演習」のレベルは，基本（教科書に載っている問題と同程度のレベル／とても易しい）～入試基本（入試としては易しい）に該当します。難関大合格を目指すのであれば，本書で基本事項を習得した後に，本書の姉妹書である『もっと身につく物理問題集（①力学・波動）』『もっと身につく物理問題集（②熱力学・電磁気・原子）』で問題演習を行うことをオススメします。これらの問題集は，入試標準（難関大では必ず解けないといけない）～入試やや難（難関大で合否を分ける）レベルの問題を中心に構成しており，実戦力を身につけるのに最適です。

本書の使い方

STEP 1 説明をしっかり読んで，基本事項を理解する

著者の授業を再現し，基本事項をわかりやすく解説しています。この段階では，完璧に理解しなくても OK です。途中で理解しきれない箇所があったとしても，しっかり読んで大体の内容を理解できれば，STEP 2 に進みましょう。

➡ 「理解のコツ」として，理解を助けるポイント，学習を進める上でのアドバイスや，あなたの疑問に寄り添った一言を掲載しています。説明と合わせて読むことをオススメします。

➡ 「大学への物理」は，高度な内容ですので，とばしても OK です。余裕があれば，後でじっくり読みましょう。

STEP 2 「目的」を意識しながら，「例題」を解く

説明の後には，原則として例題がついています。そして，全ての例題には，例題番号の横に「目的（＝どの基本事項を復習するのか）」を記載しています。

目的
例題 1 単位を換算して速さの実感をつかむ
(1) 63.0 km/h で走る自動車の速さを，m/s で表せ
(2) 300 km/h の新幹線の速さを，m/s で表せ。

この「目的」を意識しながら例題を解くことが重要です。例題を通して，基本事項を完全に理解しましょう。

➡ 「解答」には，スペースの許す限り，「別解」や「参考」を記載しました。「別解」に記載した解法でも答えにたどり着けることを確認してみましょう。また，「参考」はややハイレベルな内容を含みますが，難関大合格を目指す人ならぜひ身につけておきたい内容です。「別解」，「参考」ともに，読んで理解すれば，実力アップにつながるはずです。

STEP 3 より実戦的な「演習」に挑戦する

「演習」では，「例題」よりも発展的な内容を扱っています。ここまでで学んだ基本事項を使いこなせるようになりましょう。

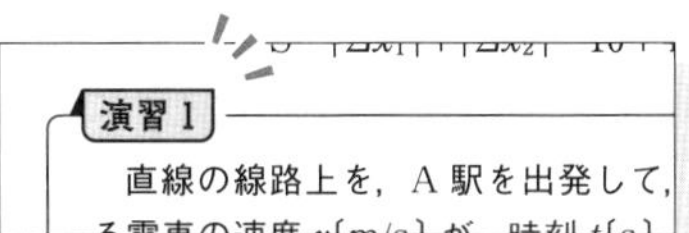

演習 1
直線の線路上を，A 駅を出発して，

CONTENTS
目　次

第5章 原子

単位について

物理で単位を意識することは必須である。本編に入る前に，単位について簡単に説明しておこう。

単位の構成を学ぶ

物理量の単位は原則として国際単位系（SI）を使う。SIには，右表の7つの基本単位がある。（ただし，〔g〕（グラム），〔cm〕（センチメートル）など，以前から慣用的に使われているSI以外の単位を用いることもある。）

物理量	単位
長さ	m
質量	kg
時間	s
電流	A
温度	K
物質量	mol
光度	cd

基本単位の組み合わせで組立単位が作られる。例えば，速度の単位は，長さ〔m〕を時間〔s〕で割るので $\frac{〔\mathrm{m}〕}{〔\mathrm{s}〕}$＝〔m/s〕となる。組立単位の中には，力〔N〕（ニュートン），圧力〔Pa〕（パスカル）など固有の名称をもつものがある。これらも，基本単位の組み合わせで考えられるようになることが大切である。例えば，力 F〔N〕は，質量 m〔kg〕，加速度 a〔$\mathrm{m/s^2}$〕として，運動の法則 $F=ma$ より，〔N〕＝〔kg〕×〔$\mathrm{m/s^2}$〕＝〔$\mathrm{kg\cdot m/s^2}$〕となる。

数値の解答には単位をつける

問題を解いて数値で解答する場合は，必ず単位をつけること。数値だけでは物理量として意味をなさない。また，文字式で答える場合も，問題文に単位が明記されている場合は，解答に単位をつけること。

文字式の単位（次元）を確認する

単位の確認は面倒に感じるかもしれないが，根気よく続けていると，間違っている式を見ただけで違和感を覚え，ミスに気付くことができるようになる。ケアレスミスを防ぐためにも，必ずチェックするようにしよう。

❶ 求めた式の単位が正しいかを確認する

例えば，**例題 10**(3)の時刻 t_1 を求める問いの正解は $t_1=\sqrt{\dfrac{h}{2g}}$ であるが，単位を仮に SI で考えて，h〔m〕，g〔m/s^2〕より，求めた式の単位が $\sqrt{\dfrac{〔\mathrm{m}〕}{〔\mathrm{m/s^2}〕}}=\sqrt{〔\mathrm{s^2}〕}=〔\mathrm{s}〕$ となっていることを確認する。時間を求めているので，単位が〔s〕にならない場合は，絶対に正しくない。

❷ 式中の足し算，引き算が同じ単位であることを確認する

“長さ”と“時間”を足しても意味がない。これも式中で確認する必要がある。例えば，**例題 16**(4)の速さ v で，$v=\sqrt{{v_0}^2+2gh}$ の根号の中は，${v_0}^2$：〔(m/s)^2〕，$2gh$：〔m/s^2〕×〔m〕=〔(m/s)^2〕であり，同じ単位の足し算となっていることを確認する。

第1章 力学

高校物理で一番重要な分野である
力学からスタート！
他の分野と関連の深い分野だから，
しっかり学ぼう。

SECTION 1

運動の表し方・等加速度運動

1 直線上の変位と速度

ここでは，物体が一直線上を運動するときの物体の運動の表し方について学ぶ。

速さ

単位時間あたりの移動距離を**速さ**という。

$$速さ=\frac{移動距離}{経過時間}$$

速さの単位でわかりやすいのは，**時速**であろう。1 時間（1 h）あたりの移動距離を km（キロメートル）で表すので，km/h（読みは“キロメートル毎時”）となる。自動車の速さなどは，一般的にこの単位で表し，一般道で最高 60 km/h 程度，高速道路で最高 100 km/h 程度の速さである。

しかし，物理では速さの単位として **m/s**（読みは“メートル毎秒”）を使う。1 秒（1 s）あたりの移動距離を m（メートル）で表す。

2 つの単位を換算してみると，1 h＝3600 s，1 km＝1000 m であることから

$$\mathrm{km/h} \xrightarrow{\div 3.6} \mathrm{m/s} \xrightarrow{\times 3.6} \mathrm{km/h}$$

となる。

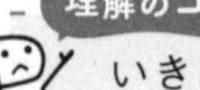

理解のコツ

いきなりなじみのない m/s が出てきたね。簡単な計算で換算できるから，m/s を km/h に換算して速さの実感をつかもう。

例題 1　単位を換算して速さの実感をつかむ

(1) 63.0 km/h で走る自動車の速さを，m/s で表せ。
(2) 300 km/h の新幹線の速さを，m/s で表せ。
(3) 100 m を 10 s で走る人の平均の速さを，m/s と km/h の両方で求めよ。
(4) 風速 50.0 m/s の暴風の速さを，km/h で表せ。

解答 (1)　$63.0 \div 3.6 = 17.5\ \mathrm{m/s}$

(2)　$300 \div 3.6 = 83.33 \fallingdotseq 83.3\ \mathrm{m/s}$

(3)　$\dfrac{100}{10} = 10\ \mathrm{m/s}$

$10 \times 3.6 = 36\ \mathrm{km/h}$

(4)　$50.0 \times 3.6 = 180\ \mathrm{km/h}$

▶▶変位

図1のように，x 軸上を運動する物体を考える。物体の位置は座標で表す。位置の変化量を**変位**という。物体が x_1 から x_2 に移動したとき，変位 Δx は

$$\Delta x = x_2 - x_1 \quad \cdots❶$$

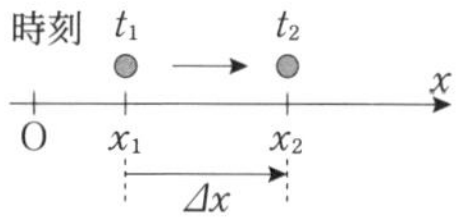

である。図1では物体は正の向きへ移動しているが，負の向きへ移動する場合もある。その場合 $\Delta x<0$ となる。**変位が大きさだけでなく向きももつベクトルであり，向きを正負で表す**ということである。物理量がベクトルかそうでないかを意識することは，非常に大切である。

図1　変位

「Δx（読みは“デルタエックス”）」で戸惑う人もいるかもしれないね。x だけだと位置を表してしまう。位置の**変化量**なので，前に“Δ”という文字をつけて区別しているだけのことなんだ。

もう1つ，今後も非常に重要なことなのだが，位置に限らず**ある量の変化量は，変化後の量から変化前の量を引いて求める**。

変化量＝変化後の量－変化前の量

▶▶速度

図1で物体は時刻 t_1 で x_1 に，時刻 t_2 で x_2 にあったとする。経過時間 $\Delta t = t_2 - t_1$ である。この間の物体の平均の速度 $\bar{v}$ は，変位を経過時間で割って

$$\bar{v} = \frac{\Delta x}{\Delta t} = \frac{x_2 - x_1}{t_2 - t_1} \quad \cdots❷$$

となる。物体はいつも一定の速度で運動しているとは限らないので，$\bar{v}$ はあくまで平均である。ある瞬間の物体の速度を求めるためには，経過時間 Δt をできるだけ短くすればよい。一般に，**速度** v とは，Δt を十分に小さくしたときの瞬間の速度のことを指す。

変位 Δx に向きがあるので，**速度 v も大きさと向きをもつベクトル**である。一直線上の運動の場合，v の正負が向きを表す。**速さ**とは，速度の絶対値 $|v|$ である。

速度

$$\boldsymbol{v} = \frac{\boldsymbol{\Delta x}}{\boldsymbol{\Delta t}} = \frac{\boldsymbol{x_2 - x_1}}{\boldsymbol{t_2 - t_1}} \text{〔m/s〕} \quad \cdots❸$$

（ただし，$\boldsymbol{\Delta t}$ を十分に小さくする。）

理解のコツ

いきなり定義で戸惑ったかな？　定義は大切だからしっかりと触れたけど，**単位時間あたりの変位が速度**ということを理解すれば OK だよ。

“速度”と“速さ”を物理ではしっかり区別する。“速度”は向き（一直線上では，正負で表す）も含む。“速さ”は速度の絶対値だよ。

x-t グラフ

図 2 のように，横軸に時刻 t，縦軸に位置 x をとって物体の運動を表したグラフを x-t グラフという。P，Q 間の平均の速度 $\bar{v}$ は，式❷より，直線 PQ の傾きである。

時刻 t_1 での（瞬間の）速度について，式❸で考えると，経過時間 Δt を小さくし，Q を P に近づければよい。Δt を十分に小さくすると，直線 PQ は点 P での接線 L となり，速度 v は接線 L の傾きで表される。傾きが負になるときは，速度は x 軸の負の向きである。

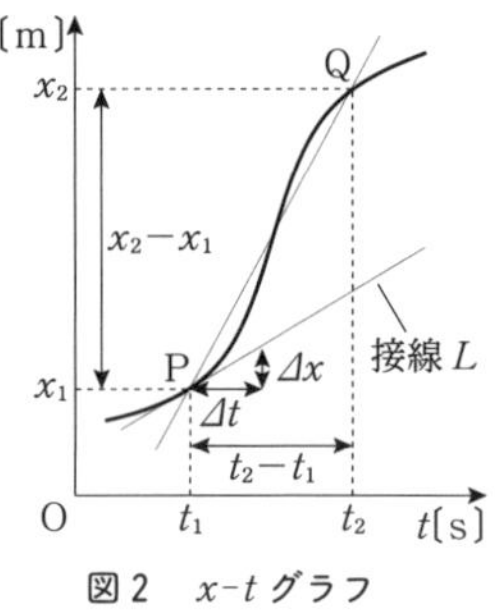

図 2　x-t グラフ

x-t グラフと速度

グラフの接線の傾きが速度 v

図 2 の場合，グラフの傾きを考えると，この運動が「速度を次第に増しながら x_1 の点を通過し，さらに速度が増す。やがて速度が小さくなりながら x_2 の点を通過した」という運動であるとわかる。

理解のコツ

ここで大事なことは，***x-t* グラフを見て，物体の運動の状態を想像できる**ことだよ。式❷や式❸を用いて，実際に速度を求めることはあまりない。速度の意味やグラフとの関係をしっかり学ぼう。

例題 2　x-t グラフから運動を理解する

A 駅を出発した電車が，750 m 離れた B 駅へ進んだ。A 駅を出発してからの時間と電車の進んだ距離の関係を右図に示す。

(1)　電車はどのような運動をしたか，概略を答えよ。

(2)　電車の速さの最大値を求めよ。

(3)　出発後，時間 0 ～20 s までの平均の速さを求めよ。

(4)　A 駅を出発してから，B 駅に到着するまでの平均の速さを求めよ。

(5)　出発後，時間 10 s のときの瞬間の速さを求めよ。

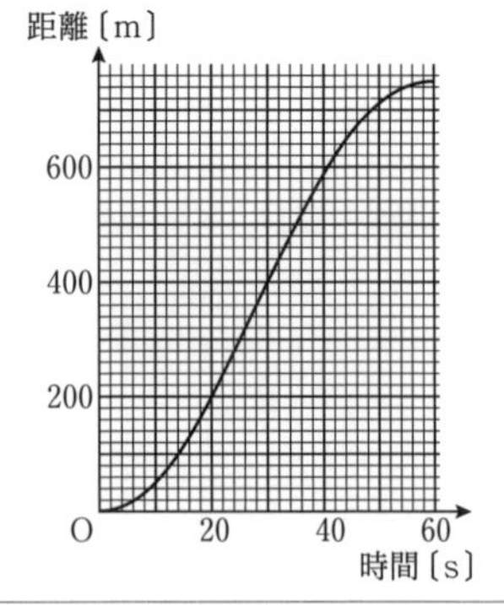

解答 (1) グラフの傾きから，電車の速度を考える（運動の概略をつかむことが目的なので，読み取る数値は多少誤差があってもかまわない）。

A 駅を出発し，徐々に加速して出発後 20 s で最大の速さになり，その後 15 s 間，等速で走る。出発後 35 s から徐々に減速し，出発後 60 s で B 駅に到着，停止した。

(2) 出発後 20 s 以後，しばらくの間，グラフの傾きが一定で最大である。このとき，速さが最大値となる。グラフの読みとりやすいところで速さ＝傾きを計算する。

$$\frac{400-200}{30-20}=20\,\mathrm{m/s}$$

(3) $\dfrac{200-0}{20-0}=10\,\mathrm{m/s}$

(4) $\dfrac{750-0}{60-0}=12.5\fallingdotseq 13\,\mathrm{m/s}$

(5) 右図のように，出発後 10 s のところで接線を引く。接線の傾きが，瞬間の速さである。

$$\frac{150-0}{20-5}=10\,\mathrm{m/s}$$

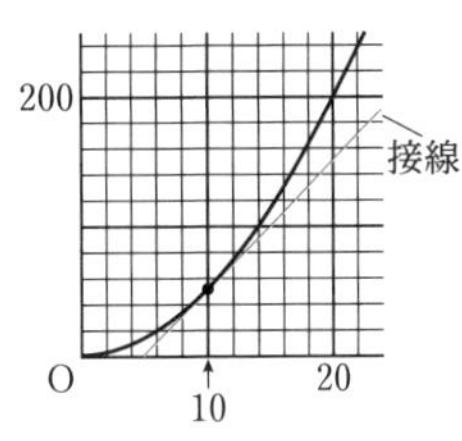

LEVEL UP!
大学への物理

十分に小さい経過時間 Δt のときの変位（位置 x の変化量）が Δx であるとき，変位の時間変化率が速度 v である。変位の時間変化率とは，位置 x を時刻 t で微分するということであるので

$$v=\frac{dx}{dt}$$

である。このように，微分（そして積分）と物理には密接な関係がある。

等速直線運動

一定の速度 v で，x 軸上を運動している物体がある。このような運動を等速直線運動（等速運動）という。時刻 $t=0$ で，位置 $x=0$ を通過したとして，時刻 t のときの物体の位置 x は

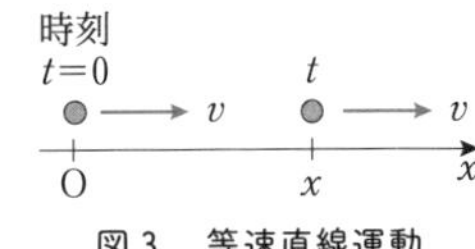

図 3　等速直線運動

$$x=vt \quad \cdots❹$$

理解のコツ

式❹をとても簡単だと感じたかもしれないね。でも，式❹のように文字式で表された公式を理解して使いこなすことは，とても大切なことなんだ。

❷-加速度，等加速度直線運動

▶▶加速度

速度が変化する運動を考えるときには，速度が変化する様子を数値で表す必要がある。そこで，**単位時間（普通は 1s）あたりの速度の変化＝加速度**という量を考える。

例えば図 4 のように，速度 54 km/h で走っている自動車の速度が一定の割合で変化し，5.0 s 後に速度 90 km/h になった場合，1 s あたりの速度の変化は 7.2 km/h である。さて，単位であるが，速度の単位として km/h を使うと

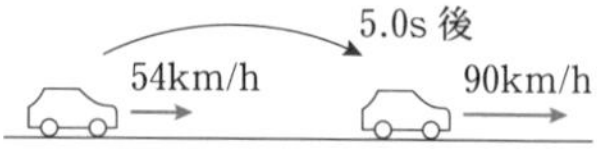

図 4　速度の変化

$$加速度=\frac{90-54}{5.0}=7.2\left[\frac{\mathrm{km/h}}{\mathrm{s}}\right] \quad \frac{\leftarrow 速度が\ 7.2\,\mathrm{km/h}\ 変化}{\leftarrow 1\,\mathrm{s}\ あたり}$$

となる。この単位を少し整理すると，(km/h)/s となる。

しかし，物理では基本的に速度の単位として m/s を使う。その場合について考えてみよう。同じ例だが，図 5 のように 54 km/h＝15 m/s，90 km/h＝25 m/s なので，1 s あたりの速度変化＝加速度は

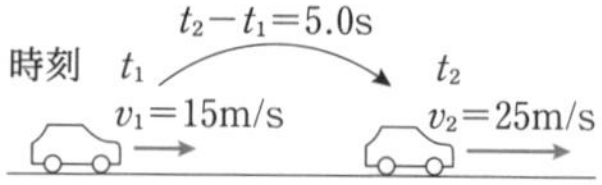

図 5　加速度

$$加速度=\frac{25-15}{5.0}=2.0\left[\frac{\mathrm{m/s}}{\mathrm{s}}\right] \quad \frac{\leftarrow 速度が\ 2.0\,\mathrm{m/s}\ 変化}{\leftarrow 1\,\mathrm{s}\ あたり}$$

となる。この単位をもう少し整理すると，分母が s×s となるので，$\frac{\mathrm{m/s}}{\mathrm{s}}=\mathrm{m/s^2}$（読みは“メートル毎秒毎秒”）となる。これが加速度の単位である。

経過時間 $\Delta t\,[\mathrm{s}]=t_2-t_1$，速度変化 $\Delta v\,[\mathrm{m/s}]=v_2-v_1$ のときの**加速度 a** は次のように表される。

加速度（単位時間あたりの速度の変化）

$$\boldsymbol{a=\frac{\Delta v}{\Delta t}=\frac{v_2-v_1}{t_2-t_1}}\,[\mathrm{m/s^2}] \quad \cdots❺$$

また，速度と同様に，瞬間の加速度は，Δt を十分に小さくとった極限である。

理解のコツ

ここでも速度同様に，式❺はあまり使わない。大事なことは**加速度＝時間 1 s あたりの速度の変化**を理解することと，加速度の単位 m/s^2 に慣れることだよ。

SECTION 1

例題 3 加速度の意味を理解して，単位 m/s² に慣れる

以下の運動の加速度を (km/h)/s で求め，さらに m/s² で表せ。なお，いずれの場合も加速度は一定であるとする。

(1) 静止状態から出発した自動車が，5.0 s 後に 45 km/h になった。

(2) 駅を出発した新幹線が，1 分 30 秒後に 234 km/h になった。

(3) 60 km/h で走っていた電車が，5.0 s 間加速し，78 km/h になった。

(4) 81 km/h で走っていた電車が，ブレーキをかけ，15 s 後に停止した。

(5) 傾き角約 30° の斜面にボールを置くと転がり始め，2.0 s 後に 36 km/h になった。

解答

(1) $\dfrac{45}{5.0}=9.0\,(\mathrm{km/h})/\mathrm{s}$ ， 45 km/h を 12.5 m/s と変換して $\dfrac{12.5}{5.0}=2.5\,\mathrm{m/s^2}$

別解

加速度 (km/h)/s を 3.6 で割って，m/s² に変換してもよい（以下，別解の方法で解答）。

(2) $\dfrac{234}{90}=2.6\,(\mathrm{km/h})/\mathrm{s}$ ， $2.6\div3.6=0.722\fallingdotseq0.72\,\mathrm{m/s^2}$

(3) $\dfrac{78-60}{5.0}=3.6\,(\mathrm{km/h})/\mathrm{s}$ ， $3.6\div3.6=1.0\,\mathrm{m/s^2}$

(4) $\dfrac{0-81}{15}=-5.4\,(\mathrm{km/h})/\mathrm{s}$ ， $-5.4\div3.6=-1.5\,\mathrm{m/s^2}$

(5) $\dfrac{36}{2.0}=18\,(\mathrm{km/h})/\mathrm{s}$ ， $18\div3.6=5.0\,\mathrm{m/s^2}$

▶▶加速度の向き

例題 3 の(4)では，加速度が負となった。これは必ずしも，速度が減少することを意味しない。速度はベクトルであり，その変化量もベクトルであるので，加速度も大きさと向きをもつベクトルである。加速度の正負は，向きを表す。(4)では，電車の進む向きを速度の正としたので，求めた加速度の向きは電車の進む向きと逆向きということである。

例題 4 加速度を求める／負の加速度の意味を考える

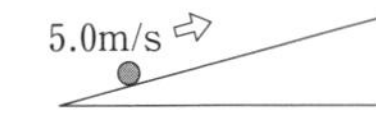

右図のようになめらかな斜面上にボールを転がした。上向きに速さ 5.0 m/s の状態から4.0 s 後に，下向きに速さ 3.0 m/s になった。斜面に沿って上向きを正の向きとする。

(1) ボールはどのような運動をしたか，概略を答えよ。

(2) 加速度を求めよ。ただし，加速度はこの間一定であるとする。

(3) 図の瞬間から 6.0 s 後のボールの速度の向きと速さを求めよ。

解答 (1)　斜面を上向きに転がりながら減速し，最高点で瞬間的に速さが 0 になった。その後，下向きに速さを増しながら転がった。

(2)　上向きが正なので，4.0 s 後の速度は $-3.0\,\mathrm{m/s}$ である。加速度を a として

$$a=\frac{-3.0-5.0}{4.0}=-2.0\,\mathrm{m/s^2}$$

(3)　6.0 s 後の速度を v とする。(2)より，時間 1.0 s あたり，速度が $-2.0\,\mathrm{m/s}$ ずつ変化するので

$$v=5.0+(-2.0)\times 6.0=-7.0\,\mathrm{m/s}$$

したがって，斜面下向きに，速さ 7.0 m/s。

例題 4 では，加速度は負の向き（下向き）に $2.0\,\mathrm{m/s^2}$ である。ボールの速度が上向きのときは速さが減少し，最高点を経て，ボールの速度が下向きのときは速さが増加する。

LEVEL UP!

大学への物理

十分に小さい経過時間 Δt のときの速度変化が Δv であるとき，速度の時間変化率が加速度 a である。つまり速度 v を時刻 t で微分すればよいので

$$a=\frac{dv}{dt}=\frac{d^2x}{dt^2}$$

と表すことができる。

▶▶ v-t グラフ

図 6 のように，横軸に時刻 t，縦軸に速度 v をとって物体の運動を表したグラフを v-t グラフという。

物体の速度が変化するとき，式❺より，Δt を十分に小さくすると，**加速度 a はグラフの接線 L の傾き**となる。図 6 では，時刻 t_1 のときより t_2 のときの方が，速度は大きいが加速度は小さい。

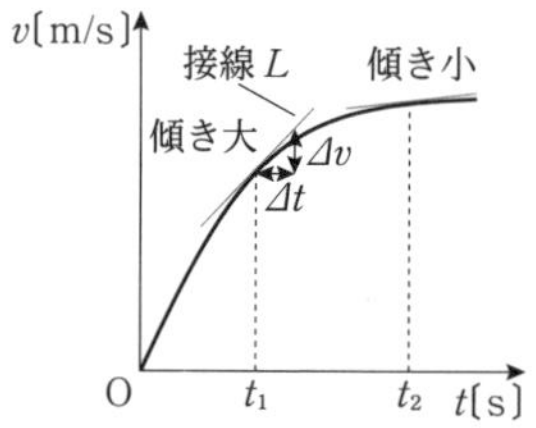

図 6　v-t グラフと加速度

さらに，ある時刻 t から $t+\Delta t$ の間の物体の変位は，この間の速度の平均を $\bar{v}$ とすると $\bar{v}\Delta t$ であるので，図 7 (a)の網かけ部分の面積に等しい。時間 Δt を十分に小さくし，時刻 t_1 から t_2 間で繰り返すと，結局，図(b)のように，**v-t グラフの面積がこの間の変位 Δx** になる。

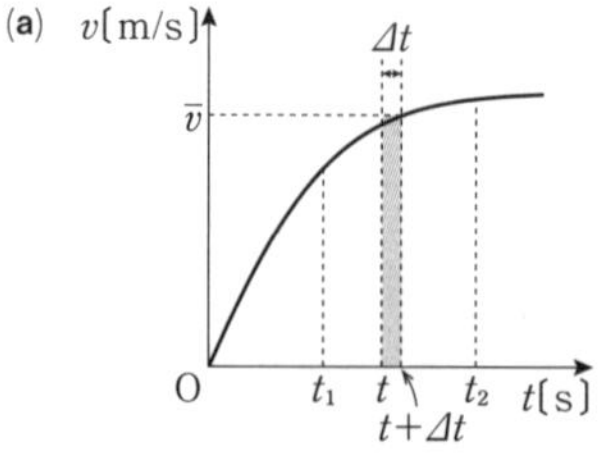

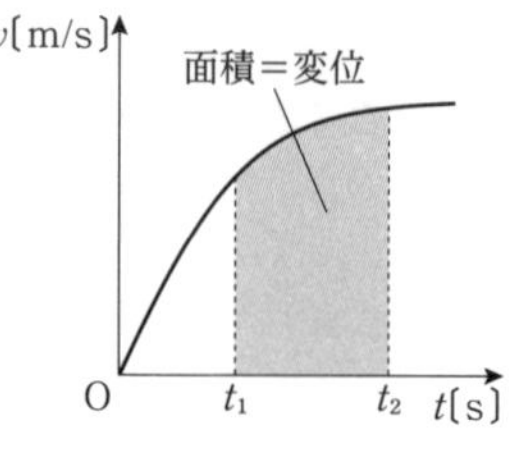

図 7　v-t グラフと変位

v-t グラフと加速度，変位

グラフの接線の傾きが加速度 a
グラフの面積が変位 Δx

理解のコツ

これも x-t グラフと同じで，**v-t グラフから物体の運動を想像できる**ことが大切。ちなみに，高校物理で扱う運動は，加速度が一定である場合が圧倒的に多いので，v-t グラフは直線の組み合わせになることがほとんどだよ。
グラフの面積から変位を求めることは多いから，しっかりと理解しておこう。

LEVEL UP!
大学への物理

速度 v で微小時間 dt の間の変位 dx は

$$dx = vdt$$

である。時刻 t_1 から t_2 の間の変位 Δx は

$$\Delta x = \int_{t_1}^{t_2} vdt$$

となる。つまり，v-t グラフの面積である。

等加速度直線運動

図 8 のように x 軸上を一定の加速度で運動している物体がある。このような運動を，**等加速度直線運動**（**等加速度運動**）という。時刻 $t=0\,\mathrm{s}$ に，原点を速度 v_0〔m/s〕（v_0 を初速度という）で通過し，一定の加速度 a〔m/s^2〕で運動をするとする。

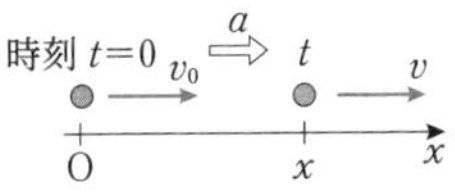

図 8　等加速度直線運動

① 時刻 t〔s〕のときの速度 v〔m/s〕（**等加速度直線運動の公式 1**）

時間 1 s あたりの速度変化が a なので，時間 t での速度変化は at となる。ゆえに

$$v = v_0 + at \quad \cdots❻$$

② 時刻 t〔s〕のときの位置 x〔m〕（**等加速度直線運動の公式 2**）

時刻 0 から t までの v-t グラフ（図 9）の面積がこの間の変位 Δx である。

$$\Delta x = \frac{1}{2}(v_0 + v_0 + at)(t - 0) = v_0 t + \frac{1}{2}at^2$$

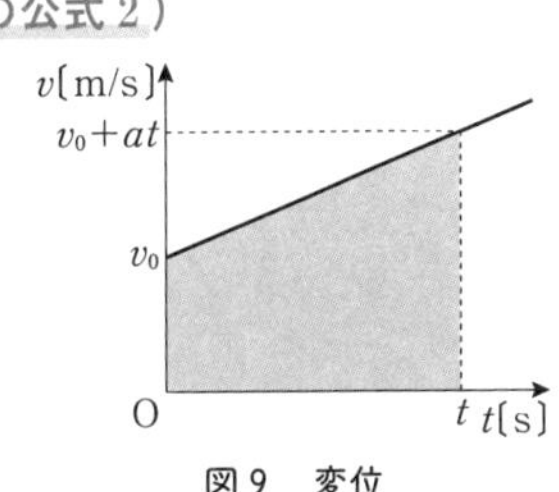

図 9　変位

$t=0$ で位置 $x=0$ より，時刻 t での位置 x は

$$x = v_0 t + \frac{1}{2}at^2 \quad \cdots❼$$

例題 5　等加速度直線運動の公式を確認し，使えるようになる

x 軸上を一定の加速度 $a=1.5\,\mathrm{m/s^2}$ で運動している物体がある。物体は時刻 $t=0\,\mathrm{s}$ のとき，原点を通過し，そのときの速度（初速度）$v_0=6.0\,\mathrm{m/s}$ であった。

(1) 時刻 t のときの速度 v を，t を用いて表せ。

(2) 時刻 $t=0\sim4.0\,\mathrm{s}$ の範囲で，横軸に t，縦軸に v をとったグラフを描け。

(3) 時刻 $t=4.0\,\mathrm{s}$ のときの物体の位置 x を，グラフより求めよ。

(4) 時刻 t のときの位置 x を，グラフより求めて t を用いて表し，等加速度直線運動の公式 2 を確認せよ。

解答 (1) 等加速度直線運動の公式 1 より　$v=6.0+1.5t$

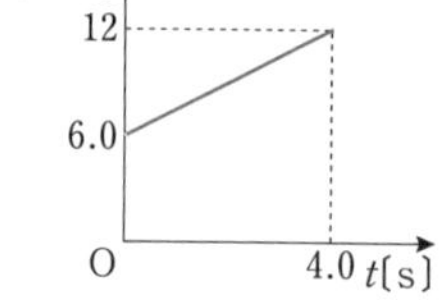

(2) $t=4.0\,\mathrm{s}$ のときの速度は，(1)の式より

$6.0+1.5\times4.0=12\,\mathrm{m/s}$

この間，速度は一定の割合で変化する（加速度一定）ので，グラフは直線となり，右図のようになる。

(3) $t=0\sim4.0\,\mathrm{s}$ のグラフの面積（台形）を求めればよい。

$$x=\frac{1}{2}(6.0+12)\times4.0=36\,\mathrm{m}$$

(4) 時刻 t のときの速度は，$v=6.0+1.5t$ であるので，(3)と同じようにグラフの面積を求めることを考えると

$$x=\frac{1}{2}(6.0+6.0+1.5t)\times t=6.0t+0.75t^2$$

練習のためにグラフの面積を求めたが，今後は等加速度直線運動の公式 2 に，$v_0=6.0\,\mathrm{m/s}$，$a=1.5\,\mathrm{m/s^2}$ を代入して求めればよい。

例題 6　等加速度直線運動の公式 1，2 を使いこなす

x 軸上を運動している物体がある。時刻 $t=0\,\mathrm{s}$ で原点を x 軸の正の向きに，速さ $10\,\mathrm{m/s}$ で通過した。物体の加速度は一定で $4.0\,\mathrm{m/s^2}$ である。

(1) 速度 v と位置 x を，時刻 t の式として表せ。

(2) 時刻 $t=3.0\,\mathrm{s}$ のときの速度 v と，そのときの物体の位置 x を求めよ。

(3) 速度 v が $30\,\mathrm{m/s}$ となる時刻 t を求めよ。

(4) $x=132\,\mathrm{m}$ の点を通過する時刻 t を求めよ。またそのときの速度 v を求めよ。

解答 (1)　$v=10+4.0t$　…①　，　$x=10t+2.0t^2$　…②

(2) (1)の式に，$t=3.0\,\mathrm{s}$ を代入する。

①式より　$v=10+4.0\times3.0=22\,\mathrm{m/s}$

②式より　$x=10\times3.0+2.0\times3.0^2=48\,\mathrm{m}$

(3) ①式に $v=30\,\mathrm{m/s}$ を代入し，式を解く。

$30=10+4.0t$　　$\therefore\ t=5.0\,\mathrm{s}$

(4) ②式に $x=132\,\mathrm{m}$ を代入し，式を解く。

$132=10t+2.0t^2$

$(t+11)(t-6)=0 \quad \therefore \quad t=-11,\ 6$

$t>0$ であるので，$t=-11$ は不適。ゆえに　$t=6.0\,\mathrm{s}$

①式に $t=6.0\,\mathrm{s}$ を代入して　$v=10+4.0\times6.0=34\,\mathrm{m/s}$

③　速度 v〔m/s〕と位置 x〔m〕の関係式（等加速度直線運動の公式 3）

等加速度直線運動の公式 1，2 から時刻 t を消去して，v と x の関係を求める。公式 1 より $t=\dfrac{v-v_0}{a}$ として，公式 2 に代入して整理して

$$x=v_0\times\frac{v-v_0}{a}+\frac{1}{2}a\left(\frac{v-v_0}{a}\right)^2=\frac{v^2-v_0{}^2}{2a}$$

$$v^2-v_0{}^2=2ax \quad \cdots❽$$

等加速度直線運動の公式

公式 1　$\boldsymbol{v=v_0+at}$　…❻

公式 2　$\boldsymbol{x=v_0t+\frac{1}{2}at^2}$　…❼

公式 3　$\boldsymbol{v^2-v_0{}^2=2ax}$　…❽

v_0〔m/s〕：初速度　a〔m/s^2〕：加速度

v〔m/s〕：時刻 t〔s〕での速度　x〔m〕：時刻 t〔s〕での位置（変位）

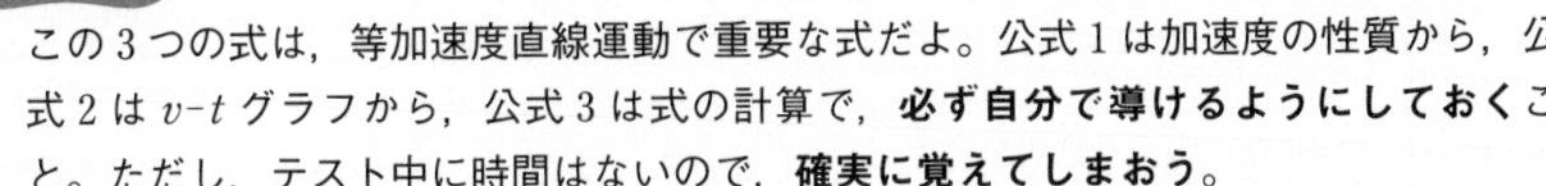

理解のコツ

この 3 つの式は，等加速度直線運動で重要な式だよ。公式 1 は加速度の性質から，公式 2 は v-t グラフから，公式 3 は式の計算で，**必ず自分で導けるようにしておくこと**。ただし，テスト中に時間はないので，**確実に覚えてしまおう**。

例題 7　等加速度直線運動の公式 3 を導き，使いこなす

x 軸上を，初速度 $v_0=5.0\,\mathrm{m/s}$，一定の加速度 $a=2.0\,\mathrm{m/s^2}$ で運動している物体がある。時刻 $t=0\,\mathrm{s}$ のとき原点 O を通過した。

(1)　時刻 t のときの速度 v と変位 x を，v_0，a，t で表せ。

(2)　時刻 $t=3.0\,\mathrm{s}$ のときの速度と変位を求めよ。

(3)　**(1)**で求めた式より t を消去して，v，v_0，a，x の関係式を作れ。

(4)　物体が $x=14\,\mathrm{m}$ の位置を通過するときの速度を求めよ。

解答 **(1)**　等加速度直線運動の公式 1，2 である。問題の指示にある文字をそのままにしておく。

$$v=v_0+at \quad \cdots① \quad , \quad x=v_0t+\frac{1}{2}at^2 \quad \cdots②$$

(2)　**(1)**の式に，$v_0=5.0\,\mathrm{m/s}$，$a=2.0\,\mathrm{m/s^2}$ および $t=3.0\,\mathrm{s}$ を代入する。

①式より　$v=5.0+2.0\times3.0=11\,\mathrm{m/s}$

②式より　$x=5.0\times3.0+1.0\times3.0^2=24\,\mathrm{m}$

(3) ①式を変形して $t=\dfrac{v-v_0}{a}$。これを②式に代入する。

$$x=v_0\times\frac{v-v_0}{a}+\frac{1}{2}a\left(\frac{v-v_0}{a}\right)^2=\frac{v^2-{v_0}^2}{2a}$$

∴ $v^2-{v_0}^2=2ax$ （もちろん，等加速度直線運動の公式 3 である。）

(4) 公式 1，2 を使っても求められるが，(3)で求めた公式 3 を使うと便利である。

$v^2-5.0^2=2\times2.0\times14$　　∴ $v=\pm9.0$

題意より $v>0$ であるので　$v=9.0\,\mathrm{m/s}$

例題 8 v-t グラフから運動を考える／位置，変位，移動距離を区別する

x 軸上を直線運動している物体がある。時刻 $t=0\,\mathrm{s}$ で，原点を通過した。時刻 t〔s〕と物体の速度 v〔m/s〕の関係は，右のグラフのようであった。

(1) $t=0\,\mathrm{s}$ 以降の物体の運動の概略を答えよ。

(2) 物体の加速度の向きと大きさを求めよ。

(3) 物体の速度 v と位置 x を，時刻 t の式として表せ。

(4) $t=6\,\mathrm{s}$ までの間に，物体が原点から x 軸の正の向きに最も離れる時刻と，そのときの位置 x を求めよ。

(5) $t=0\,\mathrm{s}$ から $t=6\,\mathrm{s}$ までの間に，物体が移動した距離を求めよ。

物体は，この後も同じ加速度の運動を続けた。

(6) 物体が原点に戻ってくる時刻 t と，そのときの速度 v を求めよ。

(7) 物体が $x=-20\,\mathrm{m}$ を通過する時刻 t（$t>0$）と，そのときの速度 v を求めよ。

解答 (1) $t=0\,\mathrm{s}$ から x 軸の正の向きへ一定の加速度で減速しながら運動し，$t=4\,\mathrm{s}$ で速度が 0 となり，原点から正の向きに最も離れる。その後，x 軸の負の向きに加速しながら進む。

(2) グラフより，$t=0\,\mathrm{s}$ で $v=8\,\mathrm{m/s}$，$t=4\,\mathrm{s}$ で $v=0\,\mathrm{m/s}$ なので，加速度 a は等加速度直線運動の公式 1 より

$$a=\frac{0-8}{4}=-2\,\mathrm{m/s^2}$$

したがって，x 軸の負の向きに，$2\,\mathrm{m/s^2}$。

（グラフの傾きから求めてもよい。）

(3) 初速度 $8\,\mathrm{m/s}$ である。等加速度直線運動の公式 1，2 より

$v=8-2t$ …①　，　$x=8t-t^2$ …②

(4) x 軸の正の向きに最も離れたとき，$v=0\,\mathrm{m/s}$ であるので，$t=\mathbf{4\,s}$ である。②式より

$x=8\times4-4^2=16\,\mathrm{m}$

(5) まず②式より，$t=6\,\mathrm{s}$ のときの物体の位置 x を求める。

$x=8\times6-6^2=12\,\mathrm{m}$

この間の物体の運動は，右図のようになる。

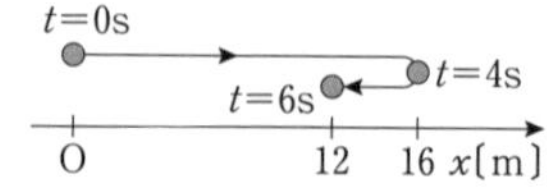

ゆえに，移動距離は

$(16-0)+(16-12)=20\,\mathrm{m}$

（位置 x は移動距離と一致しない。）

(6) ②式で，$x=0\,\mathrm{m}$ とする。

$0=8t-t^2$　　∴　$t=0,\ 8$

$t=0$ は出発した時刻で不適であるので　　$t=8\,\mathrm{s}$

①式に $t=8\,\mathrm{s}$ を代入して，v を求める。

$v=8-2\times8=-8\,\mathrm{m/s}$

したがって，x 軸の負の向きに，$8\,\mathrm{m/s}$。

(7) ②式で，$x=-20\,\mathrm{m}$ とする。

$-20=8t-t^2$

$(t+2)(t-10)=0$　　∴　$t=-2,\ 10$

$t>0$ より $t=-2$ は不適であるので　　$t=10\,\mathrm{s}$

①式に $t=10\,\mathrm{s}$ を代入して，v を求める。

$v=8-2\times10=-12\,\mathrm{m/s}$

したがって，x 軸の負の向きに，$12\,\mathrm{m/s}$。

▶▶位置，変位，移動距離

x は位置である。変位 Δx は位置の変化であり，移動距離ではない。例えば例題 8 では，時刻 $t=6\,\mathrm{s}$ で位置 $x=12\,\mathrm{m}$ であるが，時刻 $t=0\,\mathrm{s}$ からの移動距離は $20\,\mathrm{m}$ である。また，時刻 $t=0\,\mathrm{s}$ で位置 $x=0\,\mathrm{m}$ なので，x は時刻 $t=0\,\mathrm{s}$ からの変位を表すと考えてもよい。

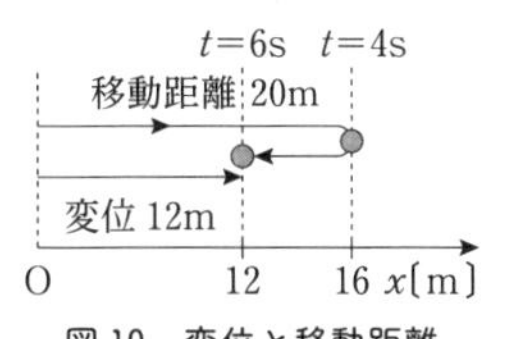

図 10　変位と移動距離

v-t グラフの面積は変位 Δx を表すが，t 軸より下の部分は速度が負なので，変位も負（$\Delta x<0$）と考える。したがって，$t=0$〜$6\,\mathrm{s}$ までの変位 Δx は，図 11 より

$$\Delta x=\Delta x_1+\Delta x_2=16+(-4)=12\,\mathrm{m}$$

移動距離 S は，グラフの面積の絶対値の和となる。

$$S=|\Delta x_1|+|\Delta x_2|=16+4=20\,\mathrm{m}$$

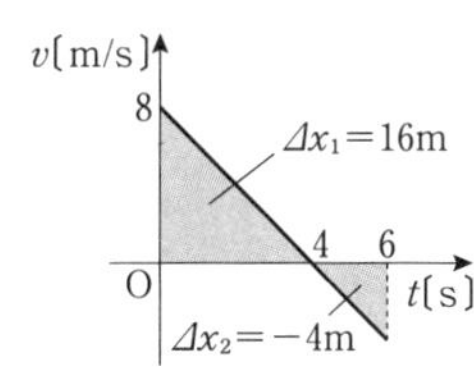

図 11　変位と移動距離

演習 1

直線の線路上を，A 駅を出発して，B 駅まで走る電車の速度 v〔m/s〕が，時刻 t〔s〕とともに，右図のように変化した。

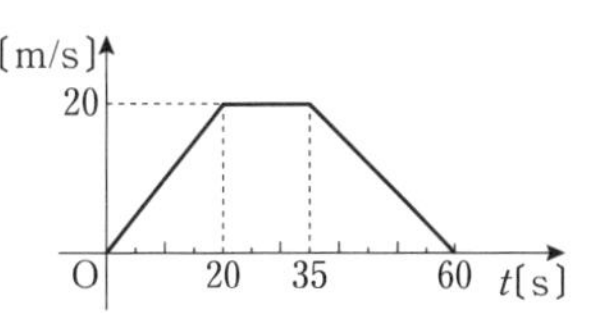

(1) 電車はどのような運動をしたか，概略を答えよ。

(2) 電車の加速度 a〔m/s^2〕を縦軸に，時間 t を横軸にとり，変化の様子をグラフに描け。ただし，電車の進む向きを正とする。

(3) $t=10\,\mathrm{s}$ のときの速度を求めよ。

(4) A 駅から B 駅までの距離を求めよ。

解答（例題 2 と全く同じ運動である。）

(1) 静止状態から一定の加速度で 20 s 間加速し，その後 15 s 間等速運動をする。その後，一定の加速度で 25 s 間減速し，停止した。

(2) 加速度 a は，次の各時間ごとに計算する。式❺より

$t=0〜20\,\mathrm{s}$ ：$a=\dfrac{20-0}{20-0}=1.0\,\mathrm{m/s^2}$

$t=20〜35\,\mathrm{s}$：等速なので　$a=0\,\mathrm{m/s^2}$

$t=35〜60\,\mathrm{s}$：$a=\dfrac{0-20}{60-35}=-0.80\,\mathrm{m/s^2}$

これらをグラフにすると，右図になる。

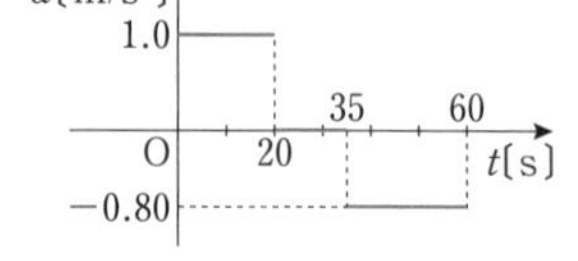

(3) 等加速度直線運動の公式 1 より，$t=10\,\mathrm{s}$ のときの速度 v は

$v=0+1.0\times10=10\,\mathrm{m/s}$

(4) 各時間ごとに，等加速度直線運動の公式 2 と式❹を適用してもよいが，問題中の v-t グラフの面積を求めるのが早い。A 駅から B 駅までの距離 x は

$x=\dfrac{1}{2}\times(15+60)\times20=750=7.5\times10^2\,\mathrm{m}$

参考 各時間ごとの変位（Δx_1，Δx_2，Δx_3）を求めると

$t=0〜20\,\mathrm{s}$ ：$\Delta x_1=\dfrac{1}{2}\times1.0\times20^2=200\,\mathrm{m}$

$t=20〜35\,\mathrm{s}$：等速なので　$\Delta x_2=20\times15=300\,\mathrm{m}$

$t=35〜60\,\mathrm{s}$：$\Delta x_3=20\times25-\dfrac{1}{2}\times0.80\times25^2=250\,\mathrm{m}$

合計　$\Delta x_1+\Delta x_2+\Delta x_3=750\,\mathrm{m}$

3 自由落下，鉛直投射

地上で物体を落下させると，物体の重さ，大きさ，形などにより落下の仕方が異なるが，これは，**空気の抵抗力**がはたらくためである。空気の抵抗力が無視できる状況では，全ての物体は同じように落下する。ここでは空気の抵抗力が無視できる状況での物体の運動を考える。

空気の抵抗力がないとき

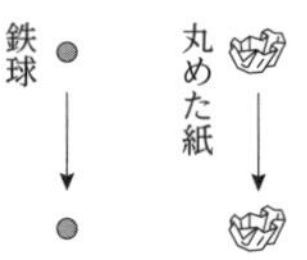

同じように落下
→加速度 $g=9.8\mathrm{m/s^2}$

図 12　落下運動

▶重力加速度

地上で物体を落としたときに，どの物体も同じように落下するということは，加速度が同じということである。物体が落下するときの加速度の大きさは，地球の表面上ではどこでもほぼ同じ値で，有効数字 2 桁の範囲では $9.8\,\mathrm{m/s^2}$ で，向きは鉛直下向きである。この加速度を重力加速度といい，大きさを g〔$\mathrm{m/s^2}$〕と書く。

用語
鉛直
重力の方向。

理解のコツ

重力加速度の単位を変えてみると，ほぼ 35(km/h)/s になる。つまり，空気の抵抗力がなければ，どんな物体も落下するときには，時間 1s あたり速度が 35 km/h 変化するんだ。

自由落下

物体を静かにはなすと，鉛直下向きに落下する。この運動を**自由落下**という。はなした位置を原点とし，鉛直下向きに y 軸をとる。はなした瞬間を時刻 $t=0$ s とし，時刻 t〔s〕のときの速度 v〔m/s〕と位置 y〔m〕，さらに v と y の関係を，初速度 $v_0 \rightarrow 0$，加速度 $a \rightarrow g$ として等加速度直線運動の公式 1 ～ 3 で考えると，以下のような式となる。

> **用語　静かにはなす**
> 物体を支えて静止させ，初速度 0 のまま支えをとる。

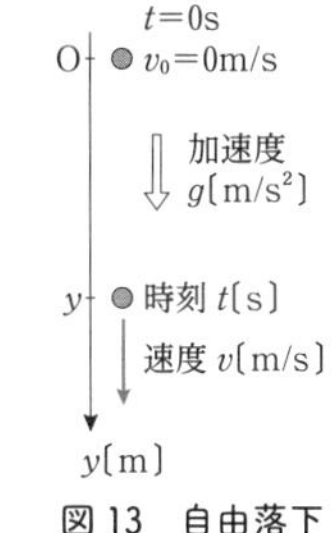

図 13　自由落下

自由落下

$$v=gt \quad \cdots ❾$$

$$y=\frac{1}{2}gt^2 \quad \cdots ❿$$

$$v^2=2gy \quad \cdots ⓫$$

注意　鉛直下向きに y 軸をとったので，速度，加速度も下向きを正として考える。

理解のコツ

新しい公式が出てきたと思わないこと。等加速度直線運動の公式 1 ～ 3 で，位置を $x \rightarrow y$ にして，初速度 $v_0 \rightarrow 0$，加速度 $a \rightarrow g$ に置き換えただけなんだ。また文字ばかり並んで，特に g に戸惑うかもしれないけど，早く慣れよう。

例題 9　自由落下の式を使う

物体を静かにはなす。はなした時刻を $t=0$ とする。また，初めの位置を原点として，鉛直下向きに y 軸をとる。重力加速度の大きさを 9.8 m/s² とする。

(1)　物体の速度 v と，位置 y を，時刻 t の式として表せ。

(2)　下の表の空欄を埋めよ。

時刻 t〔s〕	0	1.0	2.0	3.0	4.0	5.0
速度 v〔m/s〕	0					
位置 y〔m〕	0					

(3)　$t=5.0$ s までの間の位置 y を，1.0 s ごとに y 軸に点で示せ。同時に速度を矢印を用いて表せ（矢印の向きを速度の向きに，矢印の長さを速さに比例するように描け）。

(4)　$t=5.0$ s までの間の速度 v を，横軸に時刻 t をとってグラフに描け。

(5)　$t=5.0$ s までの間の位置 y を，横軸に時刻 t をとってグラフに描け。

解答 (1) 等加速度直線運動の公式1，2に初速度 $v_0=0$，加速度 $a=g=9.8\,\mathrm{m/s^2}$ を代入すればよい。 $v=\mathbf{9.8}t$ ， $y=\dfrac{1}{2}\times 9.8t^2=\mathbf{4.9}t^2$

(2) (1)の式に時刻を代入して，計算する。

時刻 t〔s〕	0	1.0	2.0	3.0	4.0	5.0
速度 v〔m/s〕	0	9.8	19.6	29.4	39.2	49.0
位置 y〔m〕	0	4.9	19.6	44.1	78.4	122.5

(3) 矢印の長さが速さに比例するように描く（右図）。

(4) 加速度が一定であるので，グラフは直線になる（左下図）。

(5) (1)で求めた y の式からわかるように，グラフは2次曲線になる（右下図）。

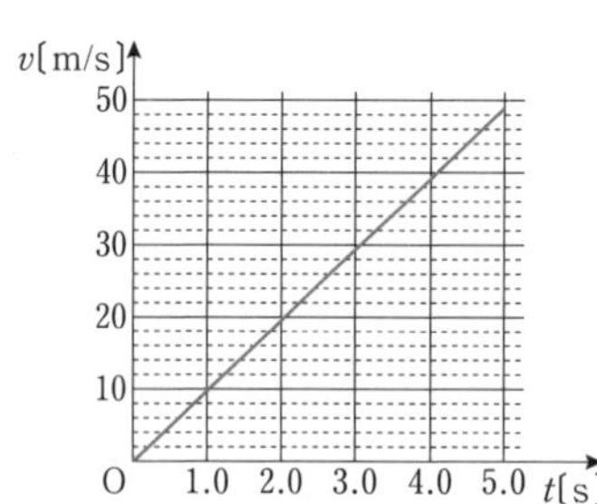

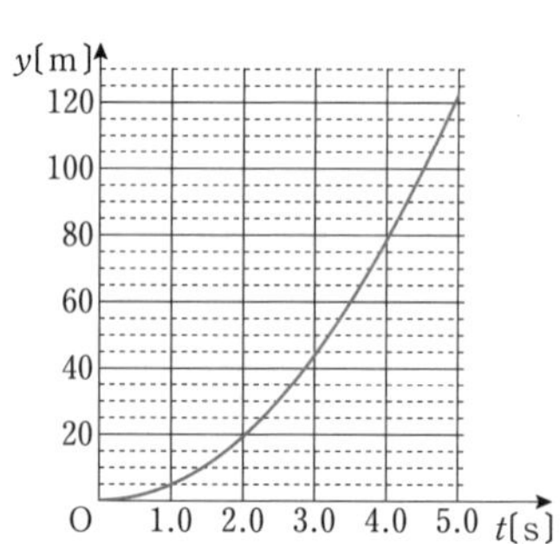

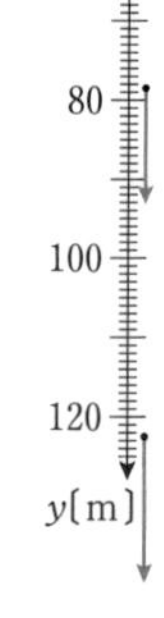

例題10 自由落下の式を作り，使いこなす

高さ h のビルの屋上から，物体を静かにはなす。はなした時刻を $t=0$ とする。また，屋上を原点として，鉛直下向きに y 軸をとる。重力加速度の大きさを g とする。

(1) 速度 v と，位置 y を，時刻 t の式として表せ。

(2) 速度 v と位置 y の関係を表す式を作れ。

(3) 地面から高さ $\dfrac{3h}{4}$ の地点を通過する時刻 t_1 と，そのときの速度 v_1 を求めよ。

(4) 地面に落下する時刻 t_2 と，そのときの速度 v_2 を求めよ。

(5) t_1 と t_2 の比を求めよ。

解答 (1) 等加速度直線運動の公式1，2で，x を y に変えて，初速度 $v_0=0$，加速度 $a=g$ を代入する。

$v=gt$ …① ， $y=\dfrac{1}{2}gt^2$ …②

(2) ①，②式より，t を消去して求めてもよいが，等加速度直線運動の公式3を利用するとよい。x を y に変え，$v_0=0$，$a=g$ を代入して

$v^2=2gy$ …③

(3) 地面から高さ $\dfrac{3h}{4}$ の地点は，ビルの高さが h であるから，$y=\dfrac{h}{4}$ である。②式に代入して

$$\frac{h}{4}=\frac{1}{2}gt_1{}^2 \qquad \therefore \quad t_1=\sqrt{\frac{h}{2g}}$$

これを①式に代入して　$v_1=g\sqrt{\dfrac{h}{2g}}=\sqrt{\dfrac{gh}{2}}$

別解

③式を使って v_1 を求めると　$v_1{}^2=2g\times\dfrac{h}{4}$　$\therefore$　$v_1=\sqrt{\dfrac{gh}{2}}$

(4) 地面に落下するとき，$y=h$ である。②式より　$h=\dfrac{1}{2}gt_2{}^2$　$\therefore$　$t_2=\sqrt{\dfrac{2h}{g}}$

これを①式に代入して　$v_2=g\sqrt{\dfrac{2h}{g}}=\sqrt{2gh}$

別解

③式を使って v_2 を求めると　$v_2{}^2=2gh$　$\therefore$　$v_2=\sqrt{2gh}$

(5)　$t_1:t_2=\sqrt{\dfrac{h}{2g}}:\sqrt{\dfrac{2h}{g}}=1:2$

例題 10 は，数値が出てこないで，文字ばかりになったね。(4)の答え $v_2=\sqrt{2gh}$ を見て，「何のことだ？」と思った人もいるのでは？　ここは，出てきた式を「なぜ？」と考えないことがコツだよ。正しい公式を，正しく計算して解いた結果だから正しい。「なぜ？」と考える必要はないんだ。そのまま受け入れよう。ただし，単位（次元）はチェックすること（p. 11〜12 の「単位について」参照）。$\sqrt{2gh}$ は速度の単位（次元）になっていなければならないよ。

鉛直投射

物体を初速度の大きさ v_0〔m/s〕で鉛直上方に投げ上げる。投げた位置を原点とし，鉛直上向きに y 軸をとる。投げた瞬間を時刻 $t=0$ s とする。時刻 t〔s〕のときの速度 v〔m/s〕，位置 y〔m〕と，さらに v と y の関係を，等加速度直線運動の公式 1 〜 3 で加速度 $a\to -g$ として考える。

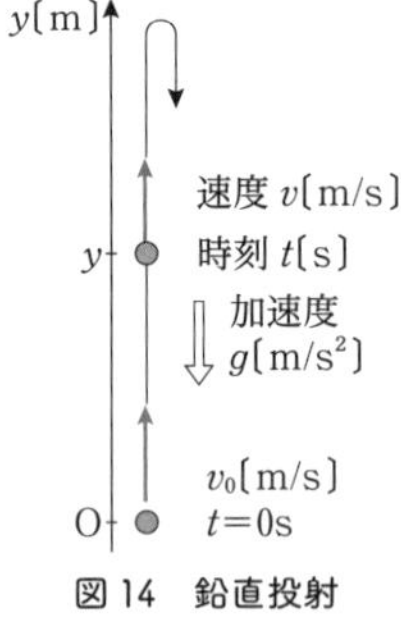

図 14 鉛直投射

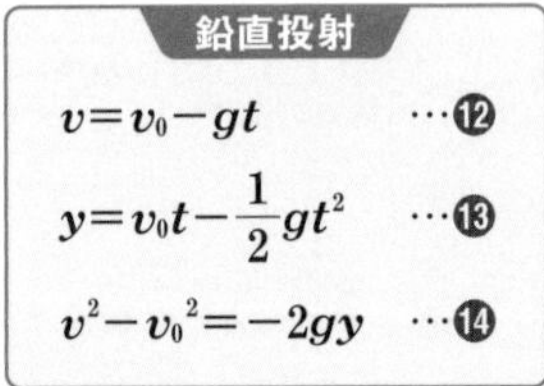

鉛直投射

$$v=v_0-gt \quad \cdots⓬$$

$$y=v_0t-\frac{1}{2}gt^2 \quad \cdots⓭$$

$$v^2-v_0{}^2=-2gy \quad \cdots⓮$$

注意 鉛直上向きに y 軸をとったので，速度，加速度も上向きを正として考える。加速度は大きさが g で向きが鉛直下向きなので，$-g$ とする。

理解のコツ

自由落下と同様に，等加速度直線運動の公式 1 〜 3 を，位置を $x\to y$ として，加速度 $a\to -g$ と置き換えただけだよ。

例題11 座標も考えて鉛直投射の式を作り，使いこなす

高さ 58.8 m のビルの屋上から，物体を速さ 19.6 m/s で鉛直上向きに投げ上げた。重力加速度の大きさを 9.80 m/s^2 とする。

(1) 物体が最高点に達するまでの時間と，最高点の地面からの高さを求めよ。

(2) 物体が元の高さに戻ってくるまでの時間と，そのときの速度を求めよ。

(3) 物体が地面に落下するまでの時間と，そのときの速度を求めよ。

(4) 物体を投げ上げた瞬間を時刻 $t=0$ とし，縦軸に速度 v，横軸に時刻 t をとり，地面に落下するまでの物体の運動のグラフを描け。ただし，鉛直上向きを正とする。

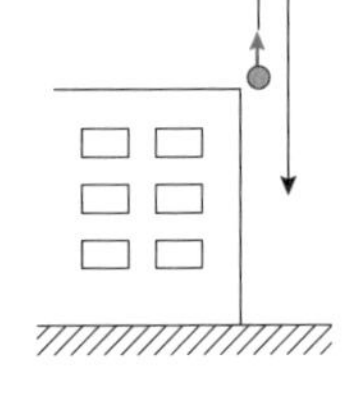

解答 まず，時刻 t での速度 v と位置 y を表す式を，等加速度直線運動の公式 1，2 から作ってしまう。屋上を原点として鉛直上向きに y 軸をとり，物体を投げた瞬間を時刻 $t=0$ とする。加速度は鉛直下向きなので -9.80 m/s^2 であることに注意して

$$v=19.6-9.80t \quad \cdots① \quad , \quad y=19.6t-\frac{1}{2}\times 9.80t^2=19.6t-4.90t^2 \quad \cdots②$$

(1) 最高点では $v=0$ となる。①式より

$$0=19.6-9.80t \qquad \therefore \quad t=2.00\text{ s}$$

これを②式に代入して　$y=19.6\times 2.00-4.90\times 2.00^2=19.6$

ゆえに，地面からの高さは　$19.6+58.8=78.4\,\mathrm{m}$

別解

位置 y は式⓮を使って求めてもよい。

$$0-19.6^2=-2\times9.80y \quad \therefore \quad y=19.6$$

(2) 元の高さの位置は $y=0$ である。②式より

$$0=19.6t-4.90t^2$$

$$t(t-4.00)=0 \quad \therefore \quad t=0,\ 4.00$$

$t=0$ は投げた瞬間で不適。ゆえに　$t=4.00\,\mathrm{s}$

これを①式に代入して　$v=19.6-9.80\times4.00=-19.6$

ゆえに，鉛直下向きに $19.6\,\mathrm{m/s}$。

(3) 地面の位置 $y=-58.8$ を②式に代入する。

$$-58.8=19.6t-4.90t^2$$

$$(t+2.00)(t-6.00)=0 \quad \therefore \quad t=-2.00,\ 6.00$$

$t\geqq0$ であるので　$t=6.00\,\mathrm{s}$

これを①式に代入して

$$v=19.6-9.80\times6.00=-39.2$$

ゆえに，鉛直下向きに $39.2\,\mathrm{m/s}$。

(4) 鉛直上向きを正としてグラフを描くと右図のようになる。

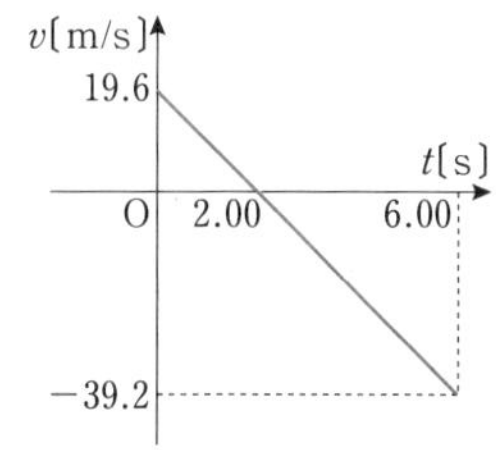

理解のコツ

問われている状況で，「何か成り立つことがないか」「どの式を使うのか」をしっかり考えよう。最高点では，一瞬，速度が 0 となるから，例題 11 の(1)では，$v=0$ として使える式を探すんだ。(2)の「元の高さ」は $y=0$ だね。このように，求めたい状況で成り立つことを考えて，探した式に代入して使おう。

例題12 鉛直投射の式を使いこなす／どこで何が成り立つかを考える

鉛直上向きの初速度 v_0 で，地面から小球を投げた。重力加速度の大きさを g とする。

(1) 地面を原点として，鉛直上向きに y 軸をとる。投げた瞬間を時刻 $t=0$ とする。時刻 t での小球の速度 v と，変位 y を求めよ。

(2) 小球が最高点に達したときの時刻 t と，地面からの高さ h を求めよ。

(3) 小球が最高点を過ぎてから，高さ $\dfrac{h}{2}$ の点を通過するときの速度を求めよ。

(4) 小球が地面に戻ってくる時刻と，そのときの速度の向きと大きさを求めよ。

解答 (1) 等加速度直線運動の公式 1，2 より

$$v=v_0-gt \quad \cdots① \quad , \quad y=v_0t-\frac{1}{2}gt^2 \quad \cdots②$$

(2) 最高点（$v=0$ となる点）に到達したときの時刻 t は，①式より

$$0=v_0-gt \qquad \therefore \quad t=\frac{v_0}{g}$$

このときの変位 y が最高点の地面からの高さ h であるから，②式より

$$h=v_0\left(\frac{v_0}{g}\right)-\frac{1}{2}g\left(\frac{v_0}{g}\right)^2=\frac{{v_0}^2}{2g}$$

別解 ……

最高点では $v=0$ である。等加速度直線運動の公式 3 を使って

$$0^2-{v_0}^2=-2gh \qquad \therefore \quad h=\frac{{v_0}^2}{2g}$$

……

(3) $y=\dfrac{h}{2}=\dfrac{{v_0}^2}{4g}$ を通過するときの速度 v は，公式 3 より

$$v^2-{v_0}^2=-2g\times\frac{{v_0}^2}{4g} \qquad \therefore \quad v=\pm\frac{\sqrt{2}}{2}v_0$$

最高点を通り過ぎた後なので，$v<0$ である。ゆえに，鉛直下向きに速さ $\dfrac{\sqrt{2}}{2}v_0$。

別解 ……

$y=\dfrac{h}{2}=\dfrac{{v_0}^2}{4g}$ を通過する時刻は，②式より

$$\frac{{v_0}^2}{4g}=v_0t-\frac{1}{2}gt^2$$

$$t^2-\frac{2v_0}{g}t+\frac{{v_0}^2}{2g^2}=0$$

解の公式を用いて解くと

$$t=\frac{v_0}{g}\pm\sqrt{\left(\frac{v_0}{g}\right)^2-\frac{{v_0}^2}{2g^2}}=\frac{v_0}{g}\left(1\pm\frac{\sqrt{2}}{2}\right)$$

最高点を過ぎた後なので，$t>\dfrac{v_0}{g}$ である。ゆえに　$t=\dfrac{v_0}{g}\left(1+\dfrac{\sqrt{2}}{2}\right)$

これを①式に代入して　$v=v_0-g\times\dfrac{v_0}{g}\left(1+\dfrac{\sqrt{2}}{2}\right)=-\dfrac{\sqrt{2}}{2}v_0$

……

(4) $y=0$ であるので，②式より

$$0=v_0t-\frac{1}{2}gt^2 \qquad \therefore \quad t=0,\ \frac{2v_0}{g}$$

$t=0$ は投げた瞬間で不適。ゆえに　$t=\dfrac{2v_0}{g}$

速度 v は，①式より　$v=v_0-g\left(\dfrac{2v_0}{g}\right)=-v_0$

ゆえに，鉛直下向きに速さ v_0。（運動の対称性から当然である。）

理解のコツ

例題 12 (3)の別解では，２次方程式の解の公式を使ったよ。物理と数学を分けて考えず，「数学で学んだことは何でも使ってよい（もしくは，使わないと解けない）」と考えよう。

4 - 平面内の運動，速度

経路が曲線になるような運動を考える。このような場合，直交する座標系を考えて，位置，速度，加速度を方向別に分けて考える。

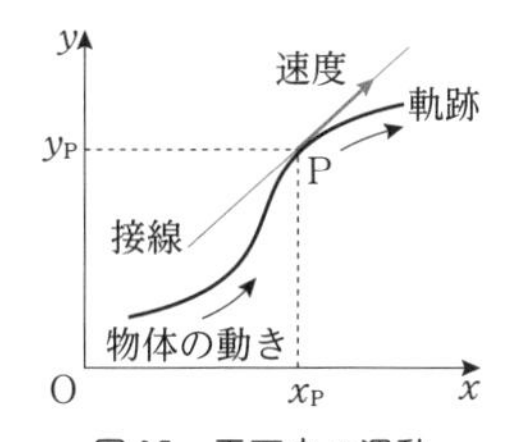

図 15　平面内の運動

▶▶位置，軌跡，速度

物体の運動の位置を結んだ線を軌跡という。xy 平面上で図 15 のように軌跡を描く運動を考える。物体の位置は，x，y 座標で表す。物体が点 P にあるとき，位置は $(x_P,\ y_P)$ である。また，物体の速度の方向は，軌跡の接線の方向である。

▶▶速度の分解

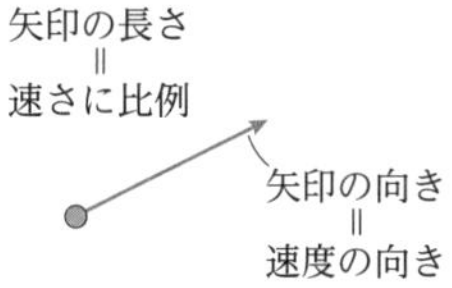

▶速度の表し方

速度は大きさ（速さ）と向きがあるベクトルであるので，正しくは $\vec{v}$ と書く。速さ v は，$v=|\vec{v}|$ である。速度を図示するときは，図 16 のように，長さが速さに比例し，向きが速度の向きを示す矢印で表す。

矢印の長さ
‖
速さに比例

矢印の向き
‖
速度の向き

図 16　速度の表し方

▶速度の分解

速度も，x 軸，y 軸の方向に分解して考える。図 17 で速度 $\vec{v}$ を x，y 方向に分解する。それぞれの方向の成分 v_x，v_y は，大きさが矢印の長さに比例することから考える。また，速さ v と，v_x，v_y の関係は三平方の定理で考えられるので，以下のようになる。

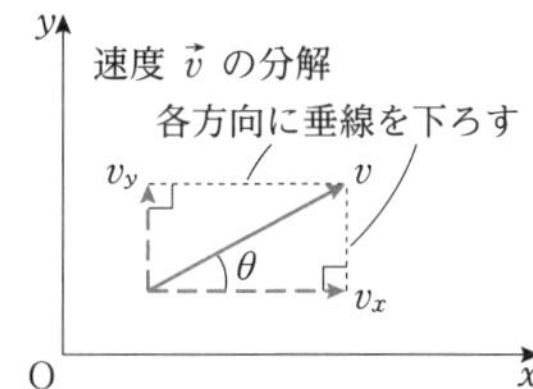

図 17　速度の分解

速度の分解

x 成分：$v_x=v\cos\theta$　…⑮　　**y 成分**：$v_y=v\sin\theta$　…⑯

$$v=\sqrt{v_x^{\,2}+v_y^{\,2}} \quad \cdots ⑰$$

理解のコツ

曲線運動を曲線に沿って考えるのは難しいから，位置，速度（場合によっては加速度も）全てを方向別に考えよう。これに慣れることが大切だよ。

例題13 速度の分解をして，運動を方向別に考える

飛行機が，水平から 30° 上方へ一定の速さ $v=80\,\text{m/s}$ で飛行している。

(1) 飛行機の速度の水平成分 v_x，鉛直成分 v_y を求めよ。

(2) 飛行機が時間 6.0 s の間に進む水平距離と上昇距離を求めよ。

解答 (1)

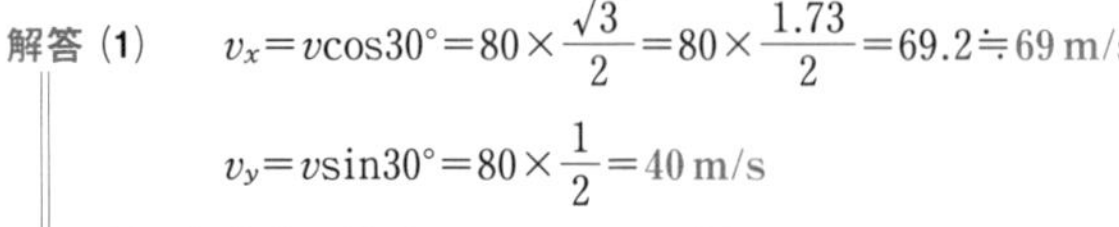

$$v_x=v\cos30°=80\times\frac{\sqrt{3}}{2}=80\times\frac{1.73}{2}=69.2\fallingdotseq69\,\text{m/s}$$

$$v_y=v\sin30°=80\times\frac{1}{2}=40\,\text{m/s}$$

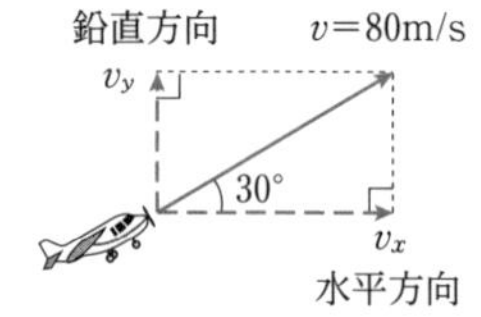

(2) 各方向に等速であるので，時間を t とすると

水平距離：$v_xt=69.2\times6.0=415.2\fallingdotseq4.2\times10^2\,\text{m}$

上昇距離：$v_yt=40\times6.0=2.4\times10^2\,\text{m}$

例題14 運動を方向別に考える／速度の合成を行う

なめらかな水平面上を等速直線運動している物体がある。時刻 $t=0$ での物体の位置を原点として，水平面に x 軸，y 軸をとる。物体の速度の x，y 方向の成分は，$v_x=6.0\,\text{m/s}$，$v_y=8.0\,\text{m/s}$ であった。

(1) 物体の速さ v を求めよ。

(2) 物体の進行方向が x 軸となす角を θ とし，$\tan\theta$ を求めよ。

(3) 時刻 $t=5.0\,\text{s}$ のときの物体の位置 $(x,\ y)$ を求めよ。

解答 (1) $v=\sqrt{{v_x}^2+{v_y}^2}=\sqrt{6.0^2+8.0^2}=10\,\text{m/s}$

(2) 右図より

$$\tan\theta=\frac{v_y}{v_x}=\frac{8.0}{6.0}=1.33\fallingdotseq1.3$$

(3) 位置も，x，y 方向に分けて考える。

$x=v_xt=6.0\times5.0=30\,\text{m}$

$y=v_yt=8.0\times5.0=40\,\text{m}$

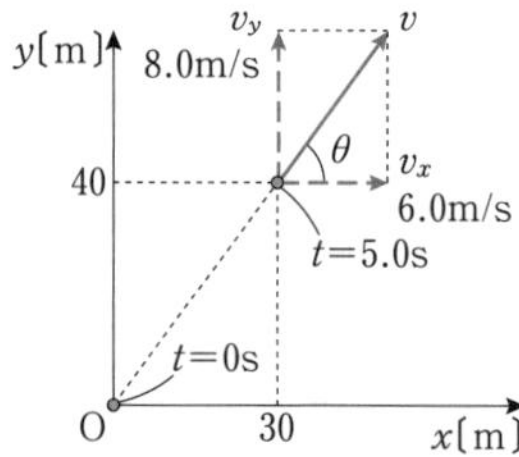

理解のコツ

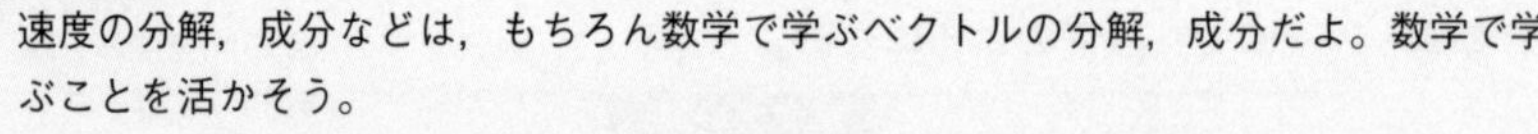

速度の分解，成分などは，もちろん数学で学ぶベクトルの分解，成分だよ。数学で学ぶことを活かそう。

5 - 水平投射

物体を初速度 v_0〔m/s〕で水平に投げる。このような運動を**水平投射**という。物体の運動を水平方向（x 方向）と鉛直方向（y 方向）に分けて考える。**この場合でも重力加速度は鉛直下向きで大きさ g〔m/s²〕**，水平方向の加速度は 0 である。この運動を整理すると，下表となる。

水平方向 x
鉛直方向 y
初速度 v_0
加速度 g

図 18

	初速度	加速度	運　　動
水平方向	v_0	0	等速運動
鉛直方向	0	g	等加速度運動

水平方向には**等速運動**，**鉛直方向**には加速度 g の**等加速度運動**をする。

投げた瞬間を時刻 $t=0$s とする。また，図 19 のように時刻 t〔s〕のときの速度の x 成分，y 成分をそれぞれ v_x〔m/s〕，v_y〔m/s〕，位置をそれぞれ x〔m〕，y〔m〕とする。x 成分は等速運動を考え，y 成分は等加速度直線運動の公式 1 ～ 3 で位置 $x \to y$ とし，$v_0 \to 0$，$a \to g$ として考える。

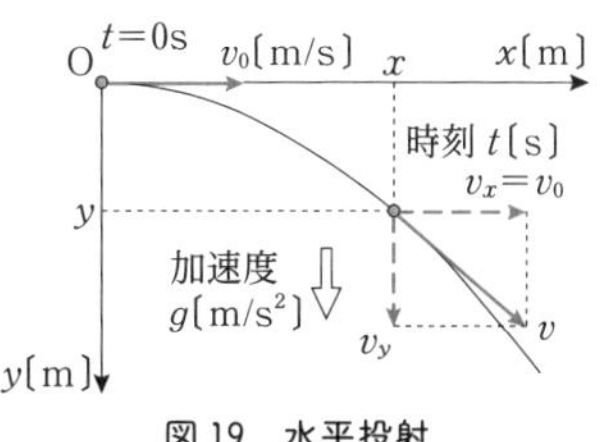

図 19　水平投射

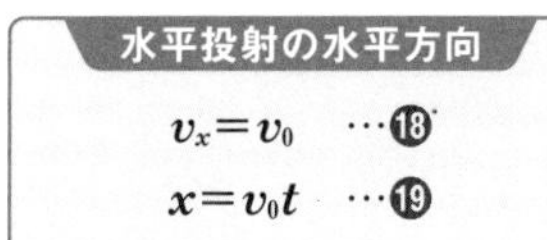
水平投射の水平方向

$v_x=v_0$ …⑱

$x=v_0t$ …⑲

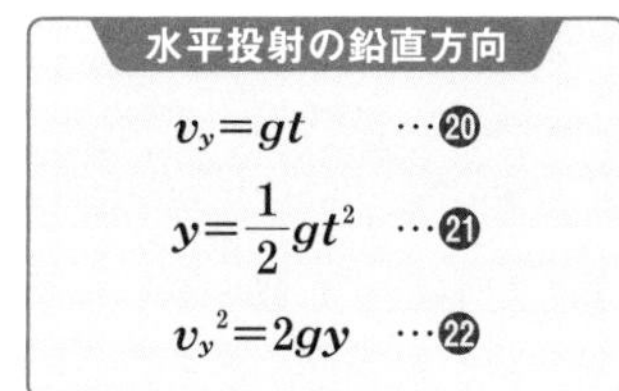
水平投射の鉛直方向

$v_y=gt$ …⑳

$y=\frac{1}{2}gt^2$ …㉑

$v_y{}^2=2gy$ …㉒

理解のコツ

水平方向と鉛直方向に分けて運動を考えることを徹底しよう。それぞれの方向の運動を考えるときは，一直線上の運動として考えるんだ。**水平方向には等速直線運動，鉛直方向には自由落下と同じ運動**だよ。そこから xy 平面内の運動を想像できるようになろう。

例題15 水平方向と鉛直方向に分けて水平投射の計算をする

物体を初速度 19.6 m/s で水平に投げ出した。投げ出した位置を原点とし，水平に初速度の向きに x 軸，鉛直下向きに y 軸をとる。投げ出した瞬間を時刻 $t=0$ とし，重力加速度の大きさを 9.8 m/s² とする。

(1) 速度の水平方向の成分 v_x，鉛直方向の成分 v_y，および変位 x，y を，時刻 t の式で表せ。

(2)　$t=1.0\sim5.0\,\mathrm{s}$ の $1.0\,\mathrm{s}$ ごとの v_x，v_y，x，y，および物体の速さ v を求めよ。v は $\sqrt{}$ を含んだ形でもよい。

t〔s〕	v_x〔m/s〕	v_y〔m/s〕	$v=\sqrt{v_x{}^2+v_y{}^2}$〔m/s〕	x〔m〕	y〔m〕
0	19.6	0.0	19.6	0.0	0.0
1.0					
⋮					

(3)　xy 平面を（できれば方眼紙に）描き，$t=0\sim5.0\,\mathrm{s}$ の $1.0\,\mathrm{s}$ ごとの位置を点で示せ。また，それぞれの点に，v_x，v_y を表す矢印と，実際の物体の速度を表す矢印を描き足せ。

(4)　$t=3.0\,\mathrm{s}$ のとき，物体の速度が x 軸となす角を θ として，$\tan\theta$ を求めよ。

解答　水平投射の式で，$v_0=19.6\,\mathrm{m/s}$，$g=9.8\,\mathrm{m/s^2}$ を代入すればよい。

(1)　$v_x=19.6$　，　$v_y=9.8t$　，　$x=19.6t$　，　$y=4.9t^2$

(2)　(1)の式に t を順に代入する。下の表のとおり。

t〔s〕	v_x〔m/s〕	v_y〔m/s〕	$v=\sqrt{v_x{}^2+v_y{}^2}$〔m/s〕	x〔m〕	y〔m〕
0	19.6	0.0	19.6	0.0	0.0
1.0	19.6	9.8	$9.8\times\sqrt{5}\fallingdotseq21.9$	19.6	4.9
2.0	19.6	19.6	$19.6\times\sqrt{2}\fallingdotseq27.6$	39.2	19.6
3.0	19.6	29.4	$9.8\times\sqrt{13}\fallingdotseq35.3$	58.8	44.1
4.0	19.6	39.2	$19.6\times\sqrt{5}\fallingdotseq43.7$	78.4	78.4
5.0	19.6	49.0	$9.8\times\sqrt{29}\fallingdotseq52.7$	98.0	123

(3)　右図。各時刻での位置を結ぶと，放物線になる。また，速度の向きが，軌跡の接線の方向になることも確認しよう。

(4)　$\tan\theta=\dfrac{v_y}{v_x}=\dfrac{29.4}{19.6}=1.50$

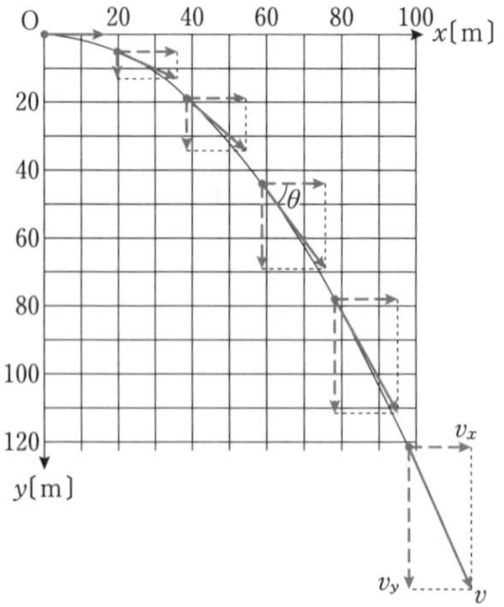

例題16 水平投射の式を使いこなす

高さ h のビルの屋上から，小球を水平に初速度 v_0 で投げ出した。投げた地点を原点とし，水平に初速度の向きに x 軸，鉛直下向きに y 軸をとる。重力加速度の大きさを g とする。

(1) 投げた瞬間を時刻 $t=0$ とする。時刻 t での小球の速度の x 成分 v_x，y 成分 v_y と，位置 x，y を求めよ。

(2) 小球が地面に落下する時刻を求めよ。

(3) 小球が地面に落下したときの位置 x を求めよ。

(4) 小球が地面に落下したときの速度の x 成分 v_x，y 成分 v_y，および速さを求めよ。また，速度の向きが x 軸となす角度を θ として，$\tan\theta$ を求めよ。

(5) 小球の落下する経路の軌跡（x と y の関係式）を求めよ。

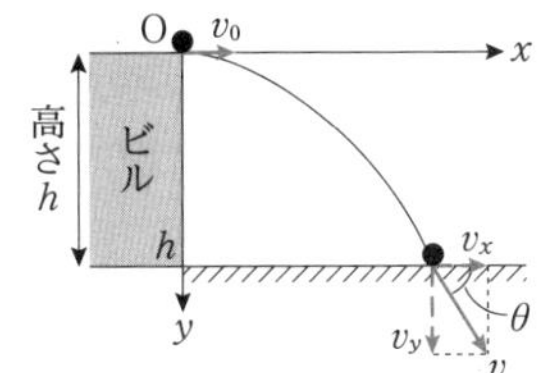

解答 **(1)** $v_x=v_0$ …①，$v_y=gt$ …②

$x=v_0t$ …③，$y=\frac{1}{2}gt^2$ …④

(2) $y=h$ を④式に代入して

$$h=\frac{1}{2}gt^2 \qquad \therefore\ t=\sqrt{\frac{2h}{g}}$$

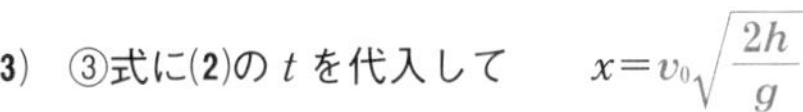

(3) ③式に(2)の t を代入して　$x=v_0\sqrt{\frac{2h}{g}}$

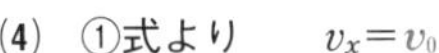

(4) ①式より　$v_x=v_0$

②式に(2)の t を代入して　$v_y=g\times\sqrt{\frac{2h}{g}}=\sqrt{2gh}$

このときの速さを v とすると

$$v=\sqrt{{v_x}^2+{v_y}^2}=\sqrt{{v_0}^2+2gh}$$

$$\tan\theta=\frac{v_y}{v_x}=\frac{\sqrt{2gh}}{v_0}$$

(5) ③，④式から，t を消去すればよい。③式より　$t=\frac{x}{v_0}$

④式に代入して　$y=\frac{1}{2}g\left(\frac{x}{v_0}\right)^2=\frac{g}{2{v_0}^2}x^2$

6 - 斜方投射

物体を初速度の大きさ v_0〔m/s〕で，水平から仰角 θ の方向に投げる。このような運動を**斜方投射**という。**重力加速度は鉛直下向きで大きさ** g〔m/s^2〕，水平方向の加速度は 0 であるので，水平投射と同様に，**水平方向**には**等速運動**，**鉛直方向**には**等加速度運動**として考える。初速度もそれぞれの方向に分解する。

図 20 のように，投げた位置を原点とし，投げた方向に水平に x 軸，鉛直上向きに y 軸をとる。初速度を，水平，鉛直方向に分解する。この運動を整理すると下表となる。

	初速度	加速度	運　動
水平方向	$v_0\cos\theta$	0	等速運動
鉛直方向	$v_0\sin\theta$	$-g$	等加速度運動

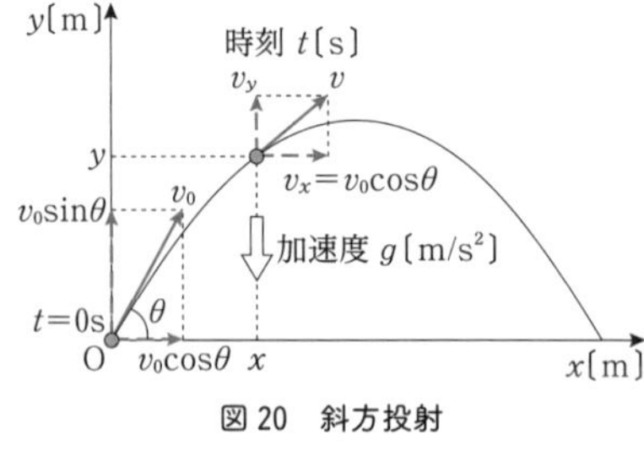

図 20　斜方投射

投げた瞬間を時刻 $t=0$ s とし，時刻 t[s] のときの速度 v_x[m/s]，v_y[m/s]，位置 x[m]，y[m] を求める。x 成分は等速運動を考え，y 成分は等加速度直線運動の公式 1 〜 3 で位置 $x\to y$ とし，$v_0\to v_0\sin\theta$，$a\to -g$ として考える。

斜方投射の水平方向

$$\boldsymbol{v_x=v_0\cos\theta} \quad \cdots ㉓$$

$$\boldsymbol{x=v_0\cos\theta\cdot t} \quad \cdots ㉔$$

斜方投射の鉛直方向

$$\boldsymbol{v_y=v_0\sin\theta-gt} \quad \cdots ㉕$$

$$\boldsymbol{y=v_0\sin\theta\cdot t-\frac{1}{2}gt^2} \quad \cdots ㉖$$

$$\boldsymbol{v_y{}^2-(v_0\sin\theta)^2=-2gy} \quad \cdots ㉗$$

理解のコツ

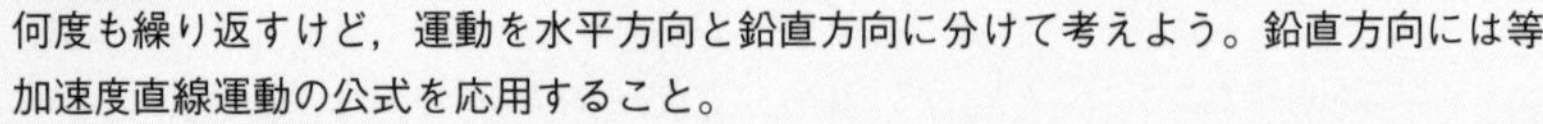
何度も繰り返すけど，運動を水平方向と鉛直方向に分けて考えよう。鉛直方向には等加速度直線運動の公式を応用すること。

例題17　斜方投射の公式を使いこなす①

水平な地面から，初速度 39.2 m/s で水平から 30° 上方に小球を投げ出した。投げ出した位置を原点とし，図のように水平に x 軸，鉛直上向きに y 軸をとる。重力加速度の大きさを 9.80 m/s² とする。

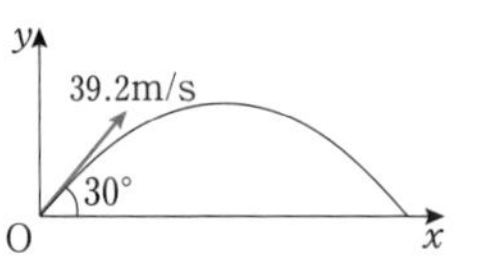

(1)　小球の初速度の x，y 成分を求めよ。
(2)　投げてから 1.00 s 後の小球の速度の x，y 成分，および変位 x，y を求めよ。
(3)　小球が最高点に達するまでの時間を求めよ。
(4)　最高点の地面からの高さと，投げた地点からの水平距離を求めよ。
(5)　小球が地面に落下するまでの時間を求めよ。

解答 (1)　大きさ 39.2 m/s の初速度を分解する。

x 成分：$39.2\cos30°=19.6\sqrt{3}=19.6\times1.732=33.94\fallingdotseq33.9$ m/s

y 成分：$39.2\sin30°=19.6$ m/s

(2)　速度の x，y 成分をそれぞれ v_x，v_y とすると

$v_x=33.9$ m/s　，　$v_y=19.6-9.80\times1.00=9.80$ m/s

$x=33.94\times1.00=33.94\fallingdotseq33.9\,\mathrm{m}$

$y=19.6\times1.00-4.90\times1.00^2=14.7\,\mathrm{m}$

(3) 最高点では $v_y=0$ であるので，時間を t として

$0=19.6-9.80t \qquad \therefore \quad t=2.00\,\mathrm{s}$

(4) $t=2.00\,\mathrm{s}$ のときの y と x を求める。

高さ：$y=19.6\times2.00-4.90\times2.00^2=19.6\,\mathrm{m}$

水平距離：$x=33.94\times2.00=67.88\fallingdotseq67.9\,\mathrm{m}$

(5) 地面は $y=0$ より，時間 t は

$0=19.6t-4.90t^2 \qquad \therefore \quad t=0,\ 4.00$

$t=0$ は不適なので，地面に落下するまでの時間は　　4.00 s

例題18 斜方投射の公式を使いこなす②

水平面上から，初速度 v_0，水平から θ の方向に小球を投げた。投げた地点を原点とし，水平に x 軸，鉛直上向きに y 軸をとる。投げた瞬間を時刻 $t=0$，重力加速度の大きさを g とする。

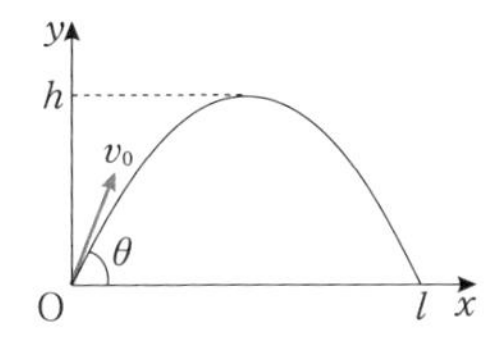

(1) 時刻 t のときの速度の x 成分 v_x，y 成分 v_y および位置 x，y を求めよ。

(2) 最高点の高さ h を求めよ。

(3) 水平面に落下する時刻を求めよ。

(4) 水平面に落下したときの，小球の速さを求めよ。

(5) 投げた位置から落下した点までの水平距離 l を求めよ。

(6) 投げ出す方向 θ のみを変化させる。l が最大になるような θ を求めよ。

解答 (1) x 方向の初速度 $v_0\cos\theta$，y 方向の初速度 $v_0\sin\theta$ であるので

$v_x=v_0\cos\theta \quad \cdots①$ ， $v_y=v_0\sin\theta-gt \quad \cdots②$

$x=v_0\cos\theta\cdot t \quad \cdots③$ ， $y=v_0\sin\theta\cdot t-\dfrac{1}{2}gt^2 \quad \cdots④$

(2) 最高点では $v_y=0$ で，このときの位置 y が高さ h であるので，等加速度直線運動の公式 3 より

$$0-(v_0\sin\theta)^2=-2gh \qquad \therefore \quad h=\frac{v_0^2\sin^2\theta}{2g}$$

(3) 水平面は $y=0$ であるので，④式より

$$0=v_0\sin\theta\cdot t-\frac{1}{2}gt^2$$

$$0=t\left(v_0\sin\theta-\frac{1}{2}gt\right) \qquad \therefore \quad t=0,\ \frac{2v_0\sin\theta}{g}$$

$t=0$ は不適なので，水平面に落下する時刻は　　$t=\dfrac{2v_0\sin\theta}{g}$

(4) ①式より　　$v_x=v_0\cos\theta$

v_y は，(3)で求めた時刻を，②式に代入する。

$$v_y = v_0\sin\theta - g\times\frac{2v_0\sin\theta}{g} = -v_0\sin\theta$$

ゆえに，速さを v とすると

$$v = \sqrt{v_x{}^2 + v_y{}^2} = \sqrt{(v_0\cos\theta)^2 + (-v_0\sin\theta)^2} = v_0$$

(5) 落下したときの x が距離 l である。(3)で求めた時刻を，③式に代入する。

$$l = v_0\cos\theta\times\frac{2v_0\sin\theta}{g} = \frac{2v_0{}^2\sin\theta\cos\theta}{g}$$

2 倍角の公式 $2\sin\theta\cos\theta = \sin2\theta$ を用いて，以下のように整理することもできる。

$$l = \frac{v_0{}^2\sin2\theta}{g}$$

(6) l が最大になるのは，(5)の l の式（2 倍角の公式を用いて変形した式）で $\sin2\theta = 1$ のときである。ゆえに

$$2\theta = 90^\circ \qquad \therefore\quad \theta = 45^\circ$$

7 速度の合成，相対速度

速度の合成，合成速度

図 21 (a)のように，80 km/h で図の右向きに走る電車がある。この中で，電車の進む向きに 60 km/h でボールを投げる。地上から見ると，ボールの速度は右向きに 140 km/h に見える。一方，図(b)のように，ボールを 60 km/h で電車の進む向きと逆向きに投げると，地上からは，ボールの速度は右向きに 20 km/h に見える。これを**速度の合成**という。**合成速度**は，**それぞれの速度の和**となる。

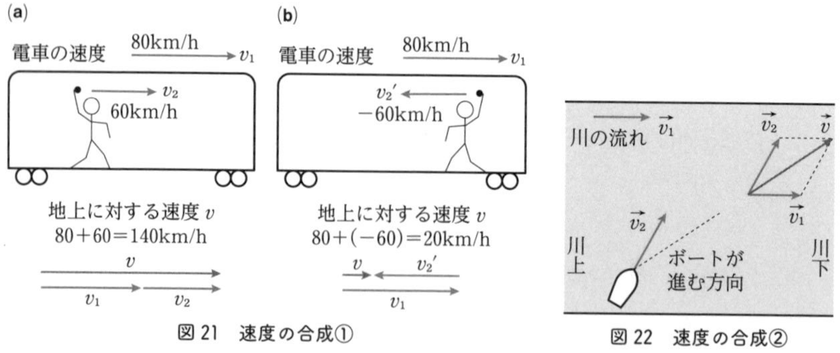

図 21 速度の合成①

図 22 速度の合成②

図 22 のように，速度 $\vec{v_1}$ で流れる川で，速度 $\vec{v_2}$ のボートを進ませる。岸に対するボートの速度 $\vec{v}$（**合成速度**）は，**速度ベクトルの和**となる（図 21 も，一直線上のベクトルの和と考えればよい）。

速度の合成

$$\vec{v}=\vec{v}_1+\vec{v}_2 \quad \cdots ㉘$$

$\vec{v}$：合成速度

速度の合成の作図

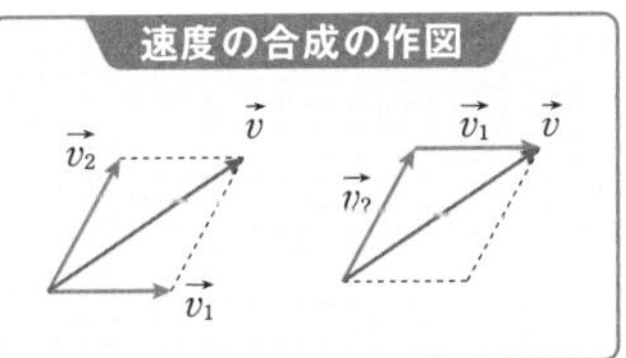

理解のコツ

合成速度は本当にそうなるのか納得いかないような状況もあると思うけど，式㉘を信じよう。原理どおりに計算した結果は，どんなに不思議な結果でも，それが正しい。それが自然科学なんだ。ベクトルの和を求める方法は，作図する，成分を考えるなど，数学で学ぶ手法を何でも使っていいよ。

例題19 速度の合成をする

真東から風速 15 m/s の風が吹く中を，飛行機が南北方向の滑走路に着陸しようとしている。飛行機の速度は一定で水平方向とし，無風状態では速さ 30 m/s で飛行するものとする。

(1) 図1のように，機首を真北に向けた状態で飛行しているとき，地上に対する飛行機の速度の大きさを求めよ。また，速度の方向が真北となす角を θ とし，$\tan\theta$ を求めよ。

(2) 図1の場合，飛行機が滑走路に沿った方向（南北方向）に距離 1.5×10^2 m 飛行する間に，滑走路と直交する方向（東西方向）にいくらの距離だけずれるか求めよ。

(3) 図2のように，機首を真北から角 α だけずらした方向に向けて飛び，飛行機の進行方向を真北にしたい。角 α を求めよ。また飛行機の地上に対する速さを求めよ。

滑走路 15m/s 風 30m/s

図 1

滑走路 15m/s 風 α 30m/s

図 2

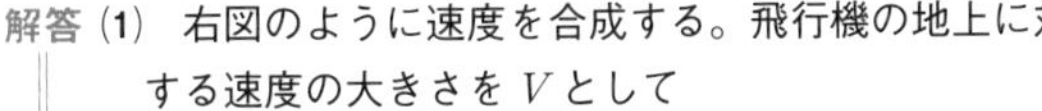

解答 (1) 右図のように速度を合成する。飛行機の地上に対する速度の大きさを V として

$$V=\sqrt{15^2+30^2}=15\sqrt{5}=15\times2.23=33.4$$
$$\fallingdotseq 33\ \mathrm{m/s}$$

$$\tan\theta=\frac{15}{30}=0.50$$

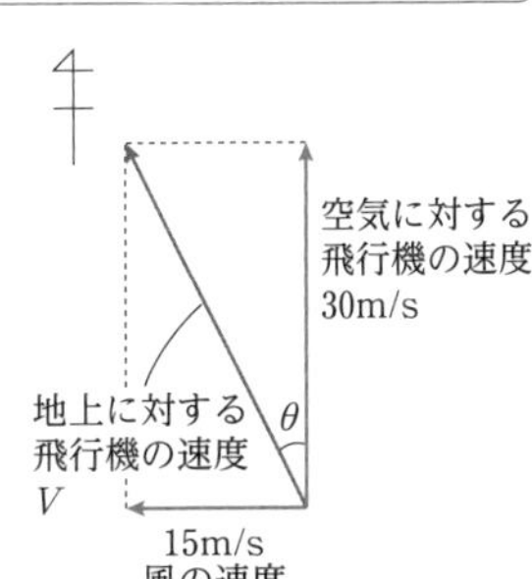

(2) 南北方向に進む時間を t とすると，南北方向の速度成分は 30 m/s なので

$$150=30t \qquad \therefore \quad t=5.0\ \mathrm{s}$$

東西方向の速度成分は 15 m/s なので，東西方向の変位は

$$15t=15\times5.0=75\ \mathrm{m}$$

別解

速度の南北方向と東西方向の成分と，変位の成分の関係は同じなので，東西方向の変位は

$$150\tan\theta = 150\times 0.50 = 75\text{ m}$$

(3) 合成速度が南北方向に向けばよい（東西方向の速度成分が 0 になればよい）。

右のように図を描いて考える。合成した速度が南北方向を向くためには

$$\sin\alpha = \frac{15}{30} = 0.50 \qquad \therefore\quad \alpha = 30°$$

飛行機の地上に対する速さ V は

$$V = 30\cos 30° = 15\sqrt{3} = 15\times 1.73 = 25.9 \fallingdotseq 26\text{ m/s}$$

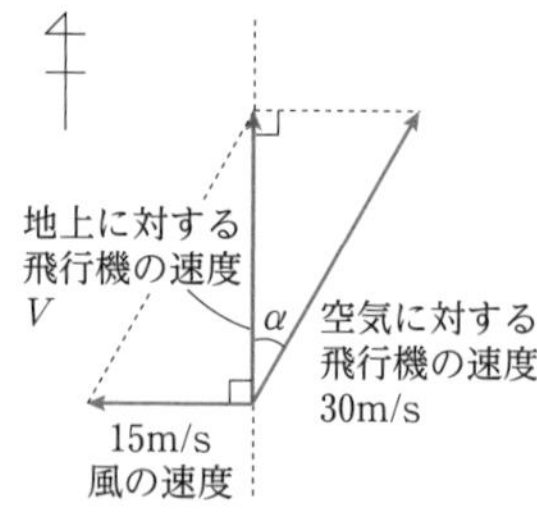

別解

図でわからなければ，成分で考える。東向きに x 方向，北向きに y 方向をとると

風の速度 $\vec{w} = (-15,\ 0)$，空気に対する飛行機の速度 $\vec{v} = (30\sin\alpha,\ 30\cos\alpha)$

飛行機の地上に対する速度 $\vec{V}$ は，$\vec{V} = \vec{w} + \vec{v}$ なので

$$\vec{V} = (-15 + 30\sin\alpha,\ 30\cos\alpha)$$

x 成分（東西成分）が 0 であるので　$-15 + 30\sin\alpha = 0$

$$\sin\alpha = \frac{15}{30} = 0.50 \qquad \therefore\quad \alpha = 30°$$

この結果，速度 $\vec{V}$ は，$\vec{V} = (0,\ 30\cos 30°)$ となる。速さ V は

$$V = 30\cos 30° = 15\sqrt{3} = 25.9 \fallingdotseq 26\text{ m/s}$$

演習 2

右図のように，水平な地表の直線上を速さ 21 m/s で走行しているトラックの荷台に，花火の発射筒が鉛直上向きで置かれている。この発射筒から鉛直方向の初速度 42 m/s で花火が発射された。発射の前後でトラックの速度は変化しない。重力加速度の大きさを 9.8 m/s^2 とし，空気の影響はないものとする。

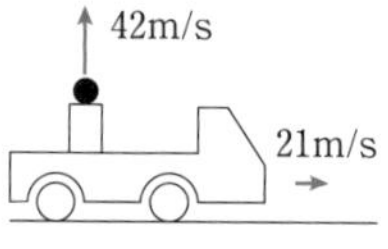

(1) 地上にいる人から見て，花火の初速度の大きさを求めよ。また，水平からの角度を θ として，$\tan\theta$ を求めよ。

(2) 花火の最高点の高さを求めよ。

(3) 花火を発射した点を原点として，トラックの進む向きに水平に x 軸，鉛直上向きに y 軸をとる。また発射した瞬間を時刻 $t=0$ とする。時刻 t のときの，花火の位置 x_1，y_1，トラックの位置 x_2 を求めよ。

(4) トラックの荷台にいる人が見たら，花火はどんな運動をしているか答えよ。

解答 (1) 地上から見た花火の初速度の大きさを v_0 とする。右図のように速度を合成し

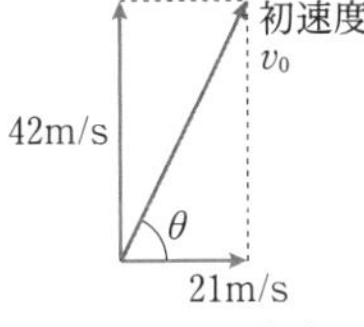

$$v_0=\sqrt{21^2+42^2}=21\sqrt{5}=21\times2.23=46.8\fallingdotseq 47\ \mathrm{m/s}$$

$$\tan\theta=\frac{42}{21}=2.0$$

(2) 鉛直方向の初速度 42 m/s であるので，等加速度直線運動の公式 3 より，最高点の高さを h として

$$0^2-42^2=-2\times9.8\times h \qquad \therefore \quad h=90\ \mathrm{m}$$

(3) 地上から見て，花火の運動は斜方投射であるので

$$x_1=21t \quad , \quad y_1=42t-4.9t^2$$

トラックは等速直線運動である。

$$x_2=21t$$

(4) (3)で常に $x_1=x_2$ であるので，花火は常に，トラックの真上にある。ゆえに，トラックから見て**初速度 42 m/s の鉛直投射**である。

▶▶相対速度

図 23 (a)のように，一直線上を 80 km/h で走っている自動車 A を，A の後方で 50 km/h で走っている自動車 B から見ると，30 km/h で走っているように見える。また，図(b)のように自動車 B と逆向きに 60 km/h で進む自動車 A を B から見ると，B の速度と逆向きに 110 km/h で走っているように見える。これらの速度を **B から見た A の相対速度**という。

相対速度＝見られる物体の速度－観測者（見る方）の速度

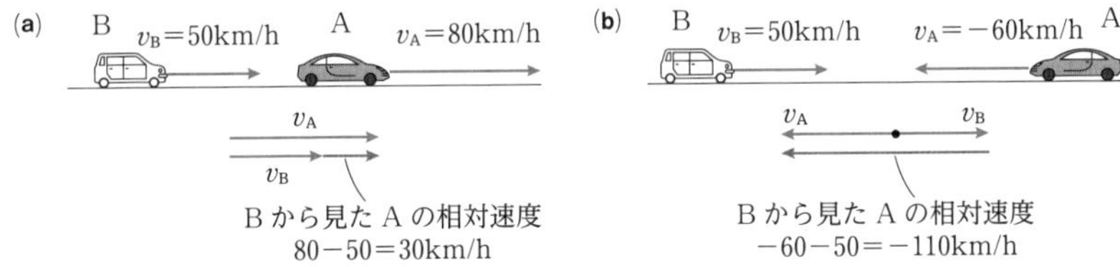

図 23　一直線上の相対速度

図 24 のように，A と B の速度が同一方向でない場合でも，それぞれの速度ベクトルを，**始点を一致させてベクトルの引き算**をすればよい。図 24 では，B から A を見ると，A は右やや後方に移動していくように見える。

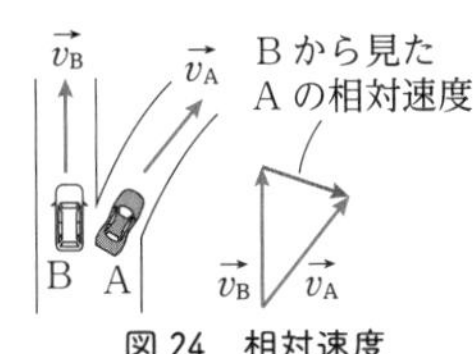

図 24　相対速度

相対速度

$$\vec{u}=\vec{v}_{\mathrm{A}}-\vec{v}_{\mathrm{B}} \quad \cdots㉙$$

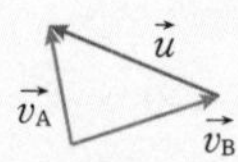

$\vec{v}_{\mathrm{A}}$：見られる物体Aの速度　$\vec{v}_{\mathrm{B}}$：観測者B（見る方）の速度
$\vec{u}$：Bから見たAの相対速度

理解のコツ

どんな運動に見えるか，想像できないことも多い。「想像できない＝わからない」と思いがちだけど，全ての現象を想像できるなら物理の法則は必要ないよね。式㉙に従って計算した相対速度は，どんな不思議な運動でも正しいんだ。
ベクトルの引き算も，数学で学ぶどんな方法を用いてもいいよ。作図をしてもいいし，成分の計算をしてもいい。

例題20　相対速度の公式を使いこなす

(1)　①〜③の場合について，電車Bから電車Aの運動がどう見えるか答えよ。

①　図1のように，2本の平行な線路を，Aが速さ15m/sで，Bが20m/sで同じ向きに走行している。

②　図2のように，2本の平行な線路を，Aが速さ25m/sで，Bが20m/sで逆の向きに走行している。

③　図3のように2本の線路があり，Aは東から南へ30°の向きの線路1を速さ20m/sで，Bは南の向きの線路2を速さ20m/sで走行している。

(2)　図4のように2本の線路があり，Aは東から南へ60°の向きの線路1を走行し，Bは南の向きの線路2を速さ20m/sで走行している。BからAを見ると，真東（Bの進行方向から90°の向き）に進んでいるように見えた。Aの速さを求めなさい。また，Bから見たAの速さを求めなさい。

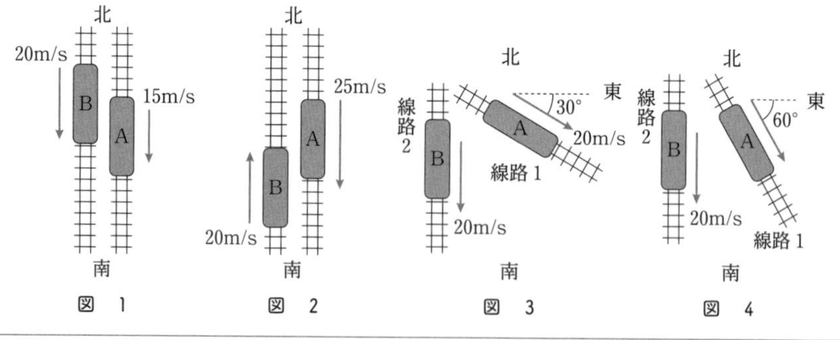

解答 (1) ① 図5。南向きを正とすると相対速度 u は

$u=15-20=-5\,\mathrm{m/s}$

ゆえに，Bの進む向きと逆向き（北向き）に5 m/sで走行しているように見える。
(BからAは後退して見える。)

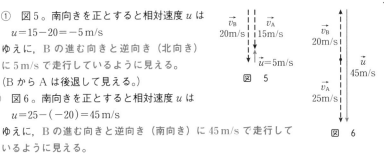

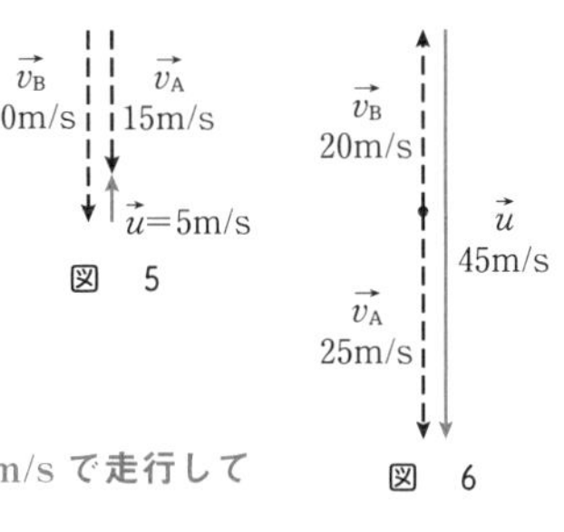

図 5　図 6

② 図6。南向きを正とすると相対速度 u は

$u=25-(-20)=45\,\mathrm{m/s}$

ゆえに，Bの進む向きと逆向き（南向き）に45 m/sで走行しているように見える。

③ 図7。ベクトルの計算をすればよい。$\vec{u}=\vec{v_A}-\vec{v_B}$ より，相対速度 u は，東から北へ30°の方向に，大きさ20 m/sである。ゆえに，Bの進行方向左横から，後ろへ30°の方向に，速さ20 m/sで遠ざかっているように見える。

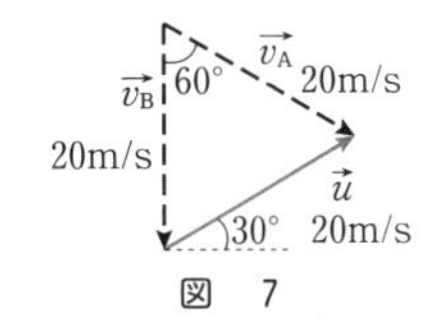

図 7

(2) Bの速度と，相対速度の方向はわかっているので，それに従い作図すると図8になる。これより，Aの速さ v_A と相対速度の大きさ u は

$$v_A=\frac{v_B}{\cos 30^\circ}=20\times\frac{2}{\sqrt{3}}=20\times\frac{2}{1.73}=23.1\fallingdotseq 23\,\mathrm{m/s}$$

$$u=v_B\tan 30^\circ=20\times\frac{1}{\sqrt{3}}=11.5\fallingdotseq 12\,\mathrm{m/s}$$

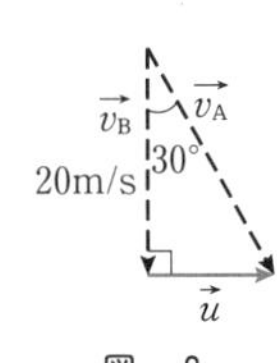

図 8

演習 3

電車が水平な線路上を一定の速さ15 m/sで東向きに走っている。風がない状態で鉛直に降っている雨を電車の窓から見ると，鉛直から60°の方向に降っているように見えた。

(1) 雨の落下する速さを求めよ。

水平に風速10 m/sの風が東向きに吹き始めた。

(2) 地上に対する雨の落下方向が鉛直となす角を θ としたとき，$\tan\theta$ の値を求めよ。

(3) 電車の窓から雨を見たとき，雨の速さと雨の降る方向を答えよ。

解答 (1) 電車の速度を $\vec{V}$，雨の速度を $\vec{v}$，電車から見た雨の相対速度を $\vec{u}$ とすると

$\vec{u}=\vec{v}-\vec{V}$

であるので，右図のようになる。雨の速さを v とすると

$$v=\frac{15}{\tan 60^\circ}=5\sqrt{3}=5\times 1.73=8.65\fallingdotseq 8.7\,\mathrm{m/s}$$

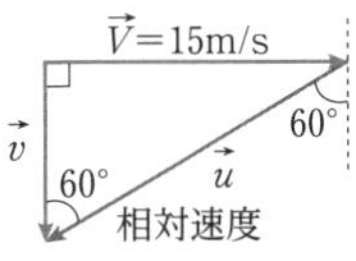

(2) 風の速度を $\vec{W}$，地上に対する雨の速度を $\vec{v'}$ とすると，$\vec{v'}$ は雨の落下速度と風の速度との合成なので

$$\vec{v'} = \vec{v} + \vec{W}$$

で，右図のようになる。ゆえに

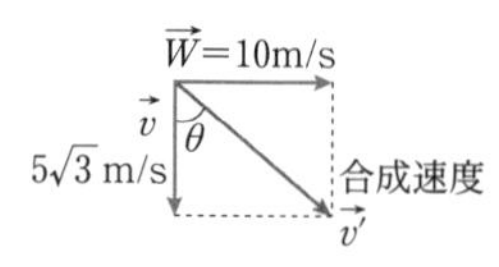

$$\tan\theta = \frac{10}{5\sqrt{3}} = \frac{2}{3}\sqrt{3} = 1.15 \fallingdotseq 1.2$$

(3) 風が吹いた場合の電車から見た雨の相対速度を $\vec{u'}$ とすると

$$\vec{u'} = \vec{v'} - \vec{V}$$

であるので，右図のようになる。$\vec{V}$ の大きさ 15 m/s，$\vec{v'}$ の水平成分 10 m/s，鉛直成分 $5\sqrt{3}$ m/s であるので，図より，$\vec{u'}$ の水平成分は西向き 5 m/s，鉛直成分は $5\sqrt{3}$ m/s となる。よって，相対速度の大きさ u' は

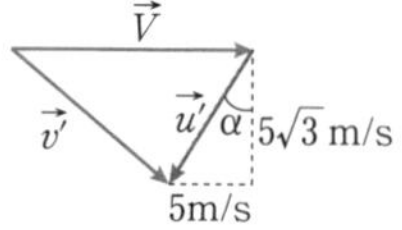

$$u' = \sqrt{5^2 + (5\sqrt{3})^2} = 10 \text{ m/s}$$

また，鉛直となす角を α として　　$\tan\alpha = \frac{5}{5\sqrt{3}} = \frac{1}{\sqrt{3}}$　　$\therefore$　$\alpha = 30°$

雨の降る方向，すなわち相対速度の方向は，鉛直から西に 30° の方向。

別解

成分で計算してもよい。水平東向きと，鉛直下向きの成分を考えると

$$\vec{V} = (15,\ 0)\ ,\quad \vec{v'} = (10,\ 5\sqrt{3})$$

ゆえに，相対速度 $\vec{u'}$ は

$$\vec{u'} = \vec{v'} - \vec{V} = (10-15,\ 5\sqrt{3}) = (-5,\ 5\sqrt{3})$$

となり，水平成分：西向き 5 m/s，鉛直成分：下向き $5\sqrt{3}$ m/s となる。

演習 4

地表の点 O から小球 P を，高さ h の点 A にある小球 Q に向けて，水平より角度 θ，初速度 v_0 で発射した。同時に点 A から小球 Q を静かにはなしたところ，P，Q は衝突した。点 A の鉛直下で地表にある点を B とし，OB 間の距離は L である。重力加速度の大きさを g とする。

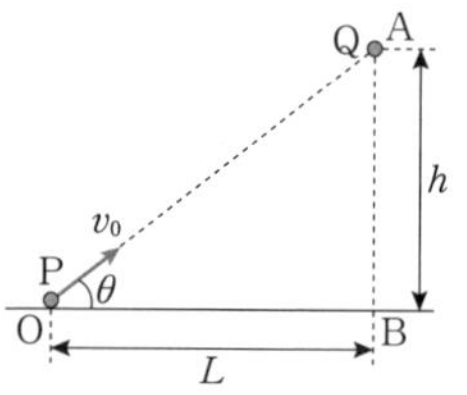

(1) 小球 P を発射したときの時刻を $t=0$ とする。衝突が起こる時刻を，v_0，L，θ で表せ。

(2) 時刻 t のときの P，Q それぞれの高さを，v_0，h，t，θ，g を用いて表せ。

(3) P，Q が地表より上で衝突するためには，v_0 がある値より大きくなくてはならない。ある値を，L，θ，g を用いて表せ。

(4) (3)の条件が満たされるとき P，Q が衝突することを示せ。

(5) 衝突するまでの間の小球 Q から見た P の相対速度を求めよ。

(6) (5)の結果より，小球 Q から見て P はどのような運動をするか答えよ。

解答　点Oを原点に，OからB向きにx軸，鉛直上向きにy軸をとる。

(1)　衝突は線分AB上で起こる。Pのx方向の初速度は$v_0\cos\theta$なので，衝突の時刻をt_1とすると

$$v_0\cos\theta\cdot t_1=L \qquad \therefore \quad t_1=\frac{L}{v_0\cos\theta}$$

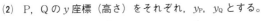

(2)　P，Qのy座標（高さ）をそれぞれ，y_P，y_Qとする。

$$y_\mathrm{P}=v_0\sin\theta\cdot t-\frac{1}{2}gt^2 \quad , \quad y_\mathrm{Q}=h-\frac{1}{2}gt^2$$

(3)　(1)で求めた時刻t_1で，$y_\mathrm{P}>0$であればよい。

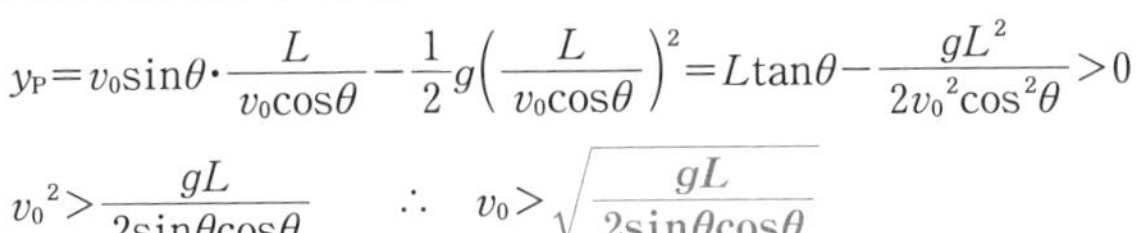

$$y_\mathrm{P}=v_0\sin\theta\cdot\frac{L}{v_0\cos\theta}-\frac{1}{2}g\left(\frac{L}{v_0\cos\theta}\right)^2=L\tan\theta-\frac{gL^2}{2{v_0}^2\cos^2\theta}>0$$

$${v_0}^2>\frac{gL}{2\sin\theta\cos\theta} \qquad \therefore \quad v_0>\sqrt{\frac{gL}{2\sin\theta\cos\theta}}$$

(4)　(3)より，線分ABを通過するときのPの高さy_Pは　$y_\mathrm{P}=L\tan\theta-\dfrac{gL^2}{2{v_0}^2\cos^2\theta}$

同じ時刻の，Qの線分AB上での高さy_Qは

$$y_\mathrm{Q}=h-\frac{1}{2}g\left(\frac{L}{v_0\cos\theta}\right)^2=h-\frac{gL^2}{2{v_0}^2\cos^2\theta}$$

ここで，$h=L\tan\theta$であるので，$y_\mathrm{P}=y_\mathrm{Q}$となり，PとQは衝突する。

(5)　時刻tで，Pの速度のx成分，y成分を$v_{\mathrm{P}x}$，$v_{\mathrm{P}y}$，Qの速度のy成分を$v_{\mathrm{Q}y}$とすると

$$v_{\mathrm{P}x}=v_0\cos\theta \quad , \quad v_{\mathrm{P}y}=v_0\sin\theta-gt \quad , \quad v_{\mathrm{Q}y}=-gt$$

Qから見たPの相対速度のx成分，y成分をu_x，u_yとすると

$$u_x=v_{\mathrm{P}x}-0=v_0\cos\theta \quad , \quad u_y=v_{\mathrm{P}y}-v_{\mathrm{Q}y}=v_0\sin\theta-gt-(-gt)=v_0\sin\theta$$

ゆえに，相対速度の大きさはv_0で，向きは水平から上方にθの方向。

(6)　(5)で求めた相対速度は，Pの初速度と常に同じである。ゆえに，常に一定の速さv_0でQに向かってくるように見える。

演習 5

一定の速さ9.8m/sで鉛直に上昇している気球がある。地上からの高さが34.3mのとき，気球から小球を鉛直に投げ上げた。このとき，気球から見た小球の速さは，上向きに19.6m/sであった。気球はその後も等速で上昇した。小球を投げた瞬間を時刻$t=0$sとし，重力加速度の大きさを9.8m/s^{2}とする。小球を投げた瞬間の気球の位置を原点とし，鉛直上向きにy軸をとる。

(1)　時刻t[s]のときの小球の位置y_1と気球の位置y_2を求めよ。

(2)　地上から見て，小球が最も高くなるときの時刻と，そのときの地上からの高さを求めよ。

(3)　時刻tのときの気球から見た小球の相対速度を求めよ。また，気球から小球を見ると，どのような運動をしているか答えよ。

(4)　小球が気球から上に最も離れる時刻と，そのときの気球と小球の高さの差を求めよ。

(5)　小球が気球とすれ違うまでの時間と，そのときの小球の速度を求めよ。

解答 (1) 地上から見た小球の初速度は，9.8＋19.6＝29.4 m/sである。ゆえに

$y_1=29.4t-4.9t^2$

また，気球は等速運動であるので　$y_2=9.8t$

(2) 時刻 t のときの地上から見た小球の速度を v_1 とすると　$v_1=29.4-9.8t$

最高点では，小球の速度 v_1 が 0 であるので

$v_1=29.4-9.8t=0$　∴　$t=3.0\,\text{s}$

$y_1=29.4\times3.0-4.9\times3.0^2=44.1\,\text{m}$

ゆえに地上からの高さは　$34.3+44.1=78.4\,\text{m}$

(3) 地上から見た気球の速度を v_2 とすると，$v_2=9.8\,\text{m/s}$ であるので，気球から見た小球の相対速度を u として

$u=v_1-v_2=(29.4-9.8t)-9.8=19.6-9.8t$

ゆえに，気球から見た小球の運動は，初速度 19.6 m/s の鉛直投げ上げ運動である。

(4) 気球から最も離れるとき，気球から見た小球の相対速度が 0 である。

$u=19.6-9.8t=0$　∴　$t=2.0\,\text{s}$

このときの気球から見た小球の高さが，気球と小球の高さの差であるから

$19.6\times2.0-4.9\times2.0^2=19.6\,\text{m}$

別解

地上から見た小球と気球との高さの差 y_1-y_2 を考える。

$y_1-y_2=(29.4t-4.9t^2)-(9.8t)=19.6t-4.9t^2$　…①

①式の値が最大のとき，小球は気球より上方で最も離れる。①式を変形して

$y_1-y_2=-4.9(t-2)^2+19.6$

ゆえに，$t=2.0\,\text{s}$ のとき，最大値 19.6 m。

(5) 気球から見て，小球の高さが 0 のときに，小球と気球がすれ違うから

$19.6t-4.9t^2=0$

$4.9t(4-t)=0$　∴　$t=0,\ 4$

$t=0\,\text{s}$ は不適であるので　$t=4.0\,\text{s}$

また小球の（地上から見た）速度 v_1 は

$v_1=29.4-9.8t=29.4-9.8\times4.0=-9.8\,\text{m/s}$

ゆえに　鉛直下向きに 9.8 m/s

別解

小球と気球の高さが同じになるとき，小球と気球はすれ違う。つまり，$y_1-y_2=0$ であればよいので，①式より

$19.6t-4.9t^2=0$

これを解けばよい。

SECTION 2

力

1 力，力のつり合い

物体に力がはたらくと，物体が変形したり，物体の運動状態が変化したりする。

≫力の三要素

力は，大きさと向きのあるベクトルである。また，力がはたらく点を作用点という。力の大きさ，向き，作用点を力の三要素という。さらに大切なことは，1つの力は1つの物体にしかはたらかないことと力は必ず他の物体からはたらくことである。力を考えるときは，「何にはたらく，何からの力か」を常に意識することが大切である。

≫力の大きさ，単位

力の大きさの単位はN（読みは“ニュートン”）。質量1kgの物体に加えたとき，大きさ$1\,m/s^2$の加速度を生じる力が1Nである（質量と加速度については，「③ 運動の法則」参照）。中学校で「質量100gの物体にはたらく重力の大きさが約1N」と学習したかもしれないが，これは正確な定義ではないので忘れよう。

≫力の表し方

力はベクトルであるので，矢印で表すことができる。力の大きさに矢印の長さが比例するように，力の向きが矢印の向きとなるように，また力の作用点が矢印の始点となるように引く。

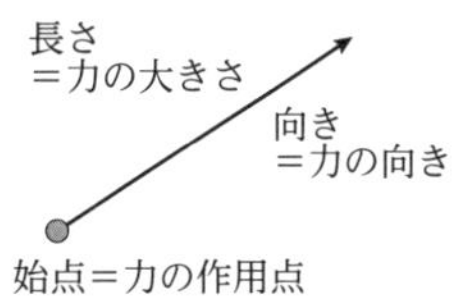

図25　力の表し方

> **力**
>
> **三要素＝大きさ，向き，作用点**
> **単位＝N（ニュートン）**
> **何にはたらく，何からの力かを意識する。**

≫重力

地上にある物体には，地球からの引力＝重力がはたらく。重力の大きさは物体の質量に比例し，向きは鉛直下向き，作用点は物体の重心である。

> 参考　重心については，「⑤ 剛　体」で詳しく学ぶ。

物体が地上で重力により落下するときの加速度の大きさは$9.8\,m/s^2$なので，地上にある質量1kgの物体にはたらく重力の大きさは9.8Nである。さらに，地球からの重力は質量に比例するので，質量m〔kg〕の物体にはたら

く重力の大きさ W〔N〕は，重力加速度の大きさを g〔m/s^2〕として mg〔N〕である。

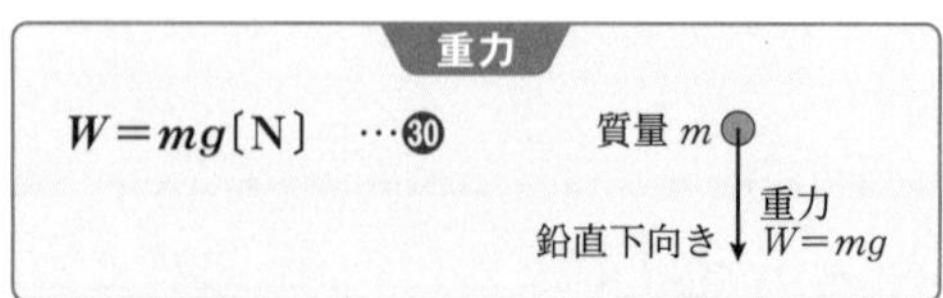

質量と重力

質量と重力（重さ）は異なる物理量である。質量は本来，物体に力を加えたときの動きにくさを表していて，向きはない。重力は物体を地球が引く力で，向きがある。また，重力は地球が引く力なので，場所によって異なるが，質量は不変である。

理解のコツ

質量と重さの違いがよくわからないかもしれないけど，今はとにかく違うんだと思っておくだけでもいいよ。質量は m〔kg〕で向きはない。重さ（＝重力）は物体を地球が引く力で鉛直下向きに mg〔N〕と思っておこう。

垂直抗力

2つの物体が接していると，接している面で力＝**抗力**がはたらく。抗力のうち，面に垂直な成分を**垂直抗力**という。垂直抗力は，物体が接していれば必ずはたらく。図26の矢印の力は，**物体Aにはたらく物体Bからの垂直抗力**である。

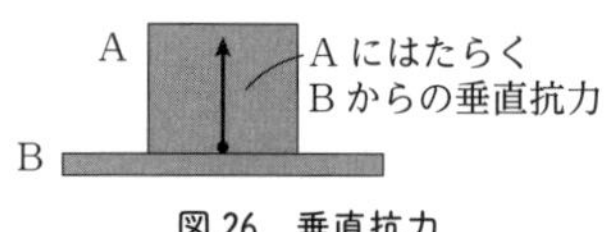

図26　垂直抗力

張力

図27のように，おもりを糸でつるしたり，物体に糸などをつけて引くとき，糸から物体にはたらく力を**張力**（または，糸が引く力）という。張力の向きは，糸の向きである。図27の矢印の力は，**おもりにはたらく糸からの張力**である。

軽い糸では，張力の大きさは糸のどの部分でも同じである。

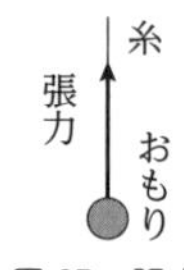

図27　張力

用語
軽い糸
糸の質量を無視できる。

▶▶力のつり合い（力が同一方向の場合）

1つの物体にはたらく力の和が0のとき，「物体にはたらく力はつり合っている」という。物体が静止し続けているときは，物体にはたらく力はつり合っている。

力が同一方向の場合は，力の向きを正負で表して合計が0であればよい。図28で，仮に上向きを正とすると，$F_3=-60\,\mathrm{N}$として和をとり

$$40+20+(-60)=0$$

となるので，力がつり合っている。

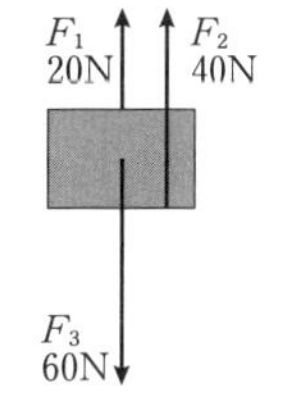

図28　力のつり合い

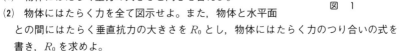

力のつり合い

1つの物体にはたらく力の和＝0

$$\boldsymbol{F_1+F_2+F_3+\cdots=0} \quad \cdots ㉛$$

理解のコツ

力のつり合いは，**1つの物体にはたらく力の和が0**ということだよ。異なる物体にはたらく力を足しても意味がないんだ。

例題21　力を正しく図示し，つり合いの式を作る

図1のように，水平面上に質量10kgの物体が静止している。重力加速度の大きさを$9.8\,\mathrm{m/s^2}$とする。

10kg

図　1

(1)　物体にはたらく重力の大きさと向きを答えよ。

(2)　物体にはたらく力を全て図示せよ。また，物体と水平面との間にはたらく垂直抗力の大きさをR_0とし，物体にはたらく力のつり合いの式を書き，R_0を求めよ。

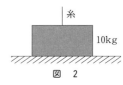

次に，図2のように，物体の上面の中心に軽い糸をつけ，鉛直上向きに引いたが，物体は浮き上がらなかった。

糸
10kg

図　2

(3)　物体と水平面との間にはたらく垂直抗力の大きさをR，糸が引く力（張力）の大きさをTとする。物体にはたらく力のつり合いの式よりRを求めよ。また，$T=20\,\mathrm{N}$のときのRを求めよ。

(4)　糸を引く力をいくらにすれば，物体は浮き上がるか求めよ。

解答 (1)　式㉚より

大きさ：$10\times9.8=98\,\mathrm{N}$　，　向き：鉛直下向き

(2)　力は図3。物体にはたらく力のつり合いは，鉛直上向きを正として，式㉛より

$$R_0-98=0 \qquad \therefore \quad R_0=98\,\mathrm{N}$$

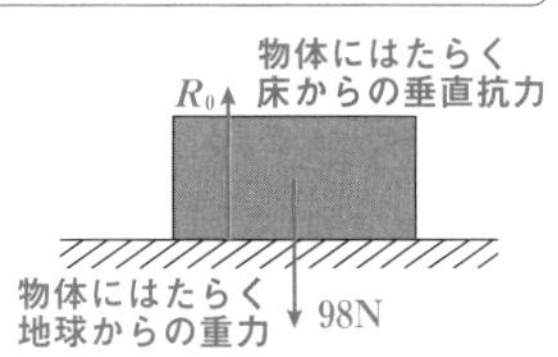

図　3

(3) 物体にはたらく力は，図 4 のようになる。(2)と同様に鉛直方向のつり合いを考える。

$R+T-98=0$　　∴　$R=98-T$　…①

$T=20\,\mathrm{N}$ のとき　　$R=98-20=78\,\mathrm{N}$

(4) 物体が水平面から離れるのは，$R=0$ となるときである。浮き上がる瞬間の力のつり合いを考えて①式より

$0=98-T$　　∴　$T=98\,\mathrm{N}$

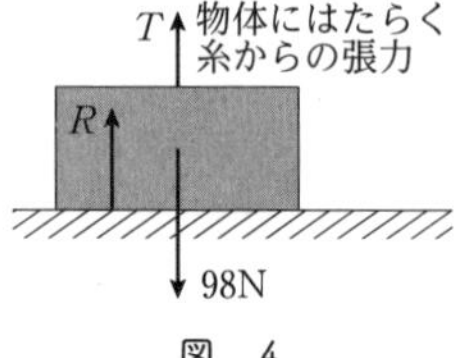

図 4

理解のコツ

“いつ，面から離れる？”という問題はよく出題される。物体どうし（面も含む）が接触している限り垂直抗力がはたらくから，**離れるのは垂直抗力が 0 になるときだよ。**

2 作用・反作用

作用・反作用の法則

「物体 A にはたらく物体 B からの力」があれば，必ず「物体 B にはたらく物体 A からの力」がある。これを**作用・反作用の法則**という。これらの力を「作用」と「反作用」といい，**力の大きさは等しく，向きは逆**である。

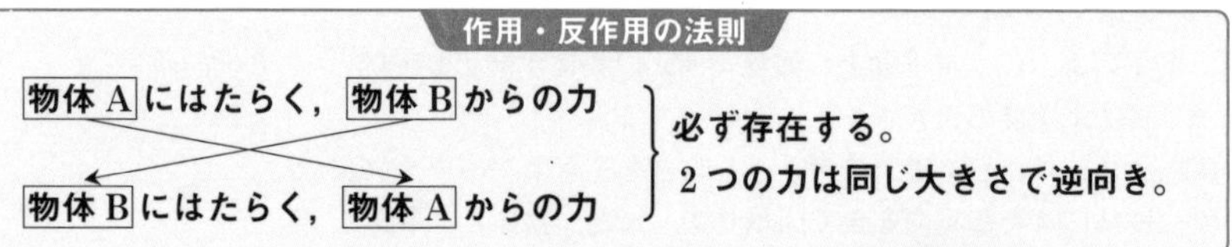

図 29 で，「A にはたらく B からの垂直抗力」があれば，逆向きで同じ大きさの「B にはたらく A からの垂直抗力」がある。

では，「あなたにはたらく重力と作用・反作用の関係の力は？」。重力は地球からはたらいているので，答えは「地球にはたらくあなたからの引力（重力）」である。あなたが地球を引っ張っている実感はないだろうが，地球にはあなたからの引力がはたらいている。地球は大きいので，その力の影響はほとんどないだけである。

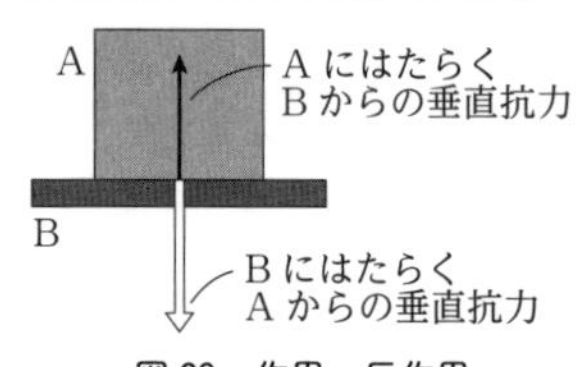

図 29　作用・反作用

理解のコツ

「力のつり合い」と混同する人が多いから，区別してしっかり理解しよう。**力のつり合いは，1 つの物体に**はたらいている力について考える。**作用・反作用は，別の物体に**はたらいている力だよ。

「どちらが“作用”で，どちらが“反作用”？」と疑問に思うかもしれないけど，どちらが先ということはないんだ。“作用”と“反作用”は区別できないよ。

例題22 作用・反作用を理解し，力を正確に描く

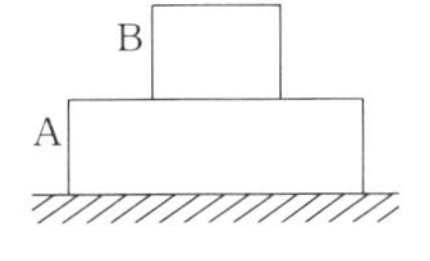

水平面上に質量 $2m$ の物体Aがあり，Aの水平な上面に質量 m の物体Bがのって静止している。重力加速度の大きさを g とする。

(1) 物体A，Bにはたらく力をそれぞれ図示せよ。力は，何にはたらく何からの力かを記せ。

(2) (1)で描いた力のうち，作用・反作用の関係にあるものを全て答えよ。

(3) 物体Bにはたらく重力の反作用はどんな力か答えよ。

(4) (1)で描いた力のうち，物体A，B間にはたらく垂直抗力の大きさを N_1，物体Aと水平面の間にはたらく垂直抗力の大きさを N_2 とする。物体A，Bにはたらく力のつり合いの式をそれぞれ作り，N_1，N_2 を求めよ。

解答 (1) Aにはたらく力は図1，Bにはたらく力は図2。

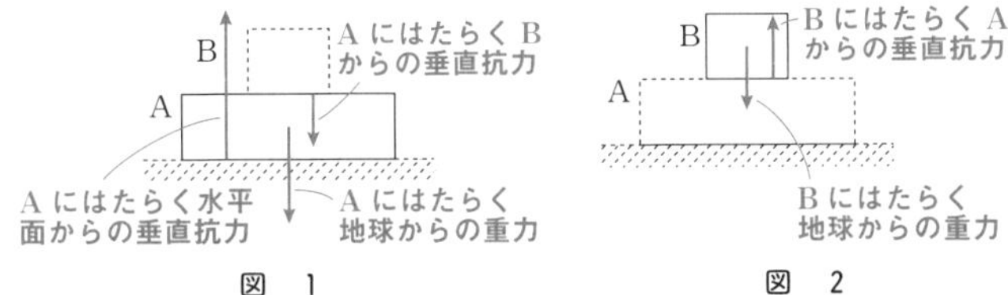

図 1　　図 2

(2) 「AにはたらくBからの垂直抗力」と「BにはたらくAからの垂直抗力」のみ。

(3) 地球にはたらく物体Bからの引力。

(4) 式㉛より，それぞれの物体にはたらく力の和＝0のとき，力がつり合っている。鉛直上向きを正として

A：$N_2-2mg-N_1=0$ …①

B：$N_1-mg=0$ …②

①，②式を解いて　$N_1=mg$ ，$N_2=N_1+2mg=3mg$

理解のコツ

例題22で「Aの上面にはたらいているBの重さ」や「水平面にはたらくA，B全体の重さ」を考えた人はいないかな？　わかる気もするけど，物理ではそう考えないんだ。**1つの力は1つの物体にしかはたらかない**。Bの重力（重さ）は，Bだけにはたらく。BはAと接触しているので，BからAにはたらく力は垂直抗力だよ。
力はまだ，“重力”，“垂直抗力”，“張力”の3種類しか出てきていないから，適当に新しい力を導入しないこと。

例題23 作用・反作用と力のつり合いを理解する

質量 m の物体を天井から軽いひもでつり下げる。重力加速度の大きさを g とする。

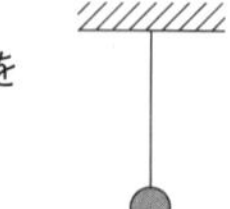

(1) 物体にはたらく重力の大きさを求めよ。

(2) ひもの張力の大きさを T として，物体にはたらく力のつり合いの式を作り，T を求めよ。

(3) 天井が，ひもに引かれる力の大きさと向きを求めよ。

解答 物体，ひも，天井にはたらく力は，それぞれ右図のようになる。

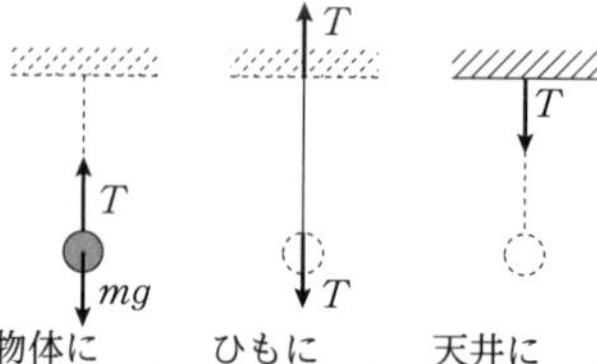

(1) 質量 m なので，式㉚より　mg

(2) 鉛直下向きを正として，物体にはたらく力のつり合いの式を考えて

$mg-T=0$　　∴ $T=mg$

(3) 作用・反作用の法則より，ひもの下端には大きさ T で下向きの物体からの力がはたらく。ひもにはたらく力のつり合いより，上端には大きさ T で上向きの天井からの力がはたらいている。さらに作用・反作用の法則より，天井には，ひもから大きさ $T=mg$ で鉛直下向きの力がはたらいている。したがって，大きさ mg で，鉛直下向き。

例題24 力を正確に描く／人にはたらくロープからの力を考える

床の上にいる質量 m の人が，上端を天井に固定した質量の無視できるロープの下端をつかむ。重力加速度の大きさを g とする。

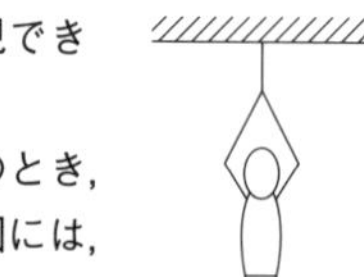

(1) 人がロープを引いたが，人は床から浮き上がらなかった。このとき，人にはたらく力と，ロープにはたらく力をそれぞれ図示せよ。図には，何からの力かがわかるように語句を記入せよ。

(2) 人がロープを引く力の大きさが F のとき，床からの垂直抗力の大きさを R として，人にはたらく力のつり合いの式を作り，R を求めよ。

(3) ロープを引く力を徐々に大きくすると，あるとき人が床から浮き上がった。このときの，人がロープを引く力の大きさを求めよ。

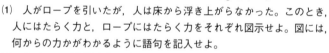

解答 (1) 右図。「ロープにはたらく人からの力」は下向き，その反作用の「人にはたらくロープからの力」は上向きであることに注意しよう。

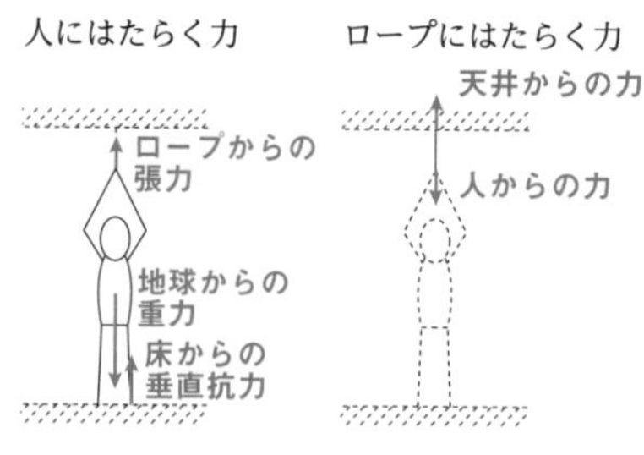

(2) 人にはたらく力のつり合いの式を，鉛直上向きを正として作ると

$F+R-mg=0$

∴ $R=mg-F$　…①

(3) 人が床から浮き上がるとき，R が 0 となる。①式より

$R=mg-F=0$　　∴ $F=mg$

3 力の分解，合成

力の分解

力はベクトルとして，直交する2方向（x方向，y方向）に分解できる。図30で力$\vec{F}$をx，y方向に分解する。それぞれの方向の成分F_x，F_yは，大きさが矢印の長さに比例することより考える。また，力の大きさ$F(=|\vec{F}|)$と，F_x，F_yの関係は三平方の定理で考えられる。

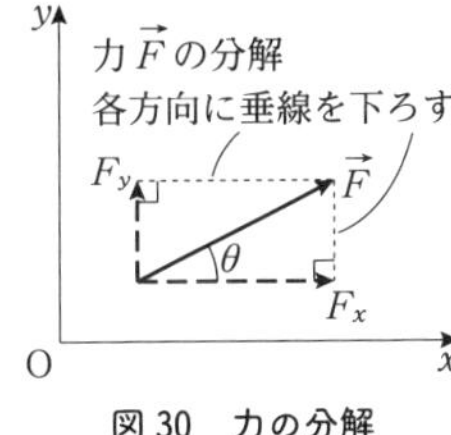

図30　力の分解

力の分解

x成分：$F_x=F\cos\theta$　…㉜　，　y成分：$F_y=F\sin\theta$　…㉝

$F=\sqrt{F_x{}^2+F_y{}^2}$　…㉞　　（θは$\vec{F}$とx軸がなす角）

力の合成

1つの物体にはたらく複数の力を，1つの力にまとめることができる。これを**力の合成**といい，まとめた1つの力を**合力**という。

力を合成するには**力のベクトルの和**を求めればよい。1つの物体に力$\vec{F_1}$，$\vec{F_2}$，$\vec{F_3}$，…がはたらくとき，その合力$\vec{F}$は次の式で与えられる。

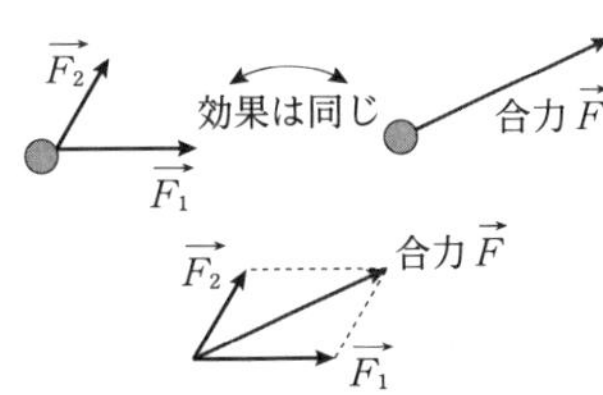

図31　力の合成

力の合成

合力 $\vec{F}=\vec{F_1}+\vec{F_2}+\vec{F_3}+\cdots$　…㉟

合成するのは，1つの物体にはたらく力だよ。異なる物体にはたらく力を合成しても意味がないよ。

力の合成の方法

2つの力$\vec{F_1}$，$\vec{F_2}$を合成して合力$\vec{F}$を求める方法を考える。つまり

$$\vec{F}=\vec{F_1}+\vec{F_2}$$

の求め方であるが，次の①，②の2通りがある。3つ以上の力の合成は，2つの力の合成を繰り返せばよい。

① 作図で考える（図 32）

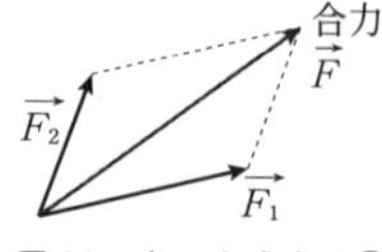

図 32　力の合成方法①

ベクトルなので，$\vec{F_1}$，$\vec{F_2}$ の始点を一致させたときの平行四辺形の対角線が合力 $\vec{F}$ である。力の大きさは矢印の長さに比例することから求め，向きは矢印の向きから求める。

② 成分で考える（図 33）

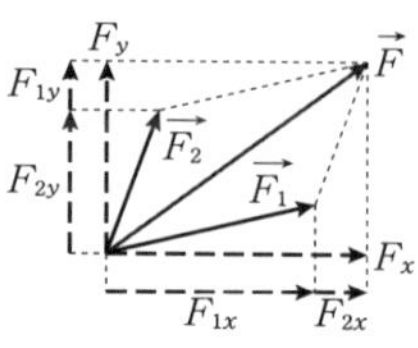

図 33　力の合成方法②

力を x，y 方向の成分に分解して和を求める。

$\vec{F_1}=(F_{1x},\ F_{1y})$，$\vec{F_2}=(F_{2x},\ F_{2y})$ として

$$合力：\vec{F}=(F_x,\ F_y)=(F_{1x}+F_{2x},\ F_{1y}+F_{2y})$$

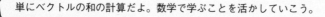

力の合成

作図または成分で考える。

x 成分：$F_x=F_{1x}+F_{2x}+F_{3x}+\cdots$　…㊱

y 成分：$F_y=F_{1y}+F_{2y}+F_{3y}+\cdots$　…㊲

理解のコツ

単にベクトルの和の計算だよ。数学で学ぶことを活かしていこう。

例題25　合力を理解し，いろいろな方法で求める

水平な面に置かれた物体に，2 本のロープ 1，2 を水平にかけて引く。

(1)　2 本のロープを水平で同じ向きにして，それぞれ大きさ 4.0 N，2.0 N の力で引いた。物体を引く力の合力の大きさを求めよ。

(2)　2 本のロープを水平で逆向きにして，ロープ 1 を大きさ 8.0 N，ロープ 2 を 6.0 N の力で引いた。物体を引く力の合力の大きさと向きを求めよ。

次に，図のように，2 本のロープ 1，2 を水平で，60° 離れた方向にして，それぞれ大きさ 5.0 N，3.0 N の力で引く。図のように x 方向，y 方向をとる。

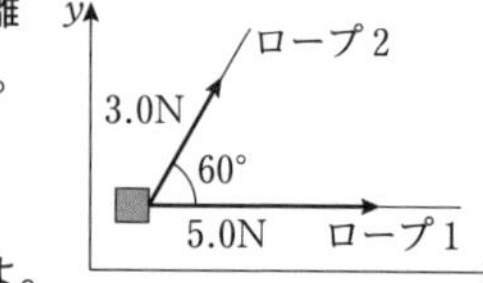

(3)　物体を引く力の合力を図示せよ。

(4)　ロープ 2 を引く力の，x，y 方向の成分をそれぞれ求めよ。

(5)　物体を引く力の合力の，x，y 方向の成分をそれぞれ求めよ。

(6)　物体を引く力の合力の大きさ F と，合力の方向が x 方向となす角を θ とし，$\tan\theta$ を求めよ。

解答 (1)　力が同じ向きなので　　4.0＋2.0＝6.0 N

(2)　ロープ 1 を引く向きを正として　　8.0－6.0＝2.0 N
　したがって　　ロープ 1 を引く向きに，2.0 N

(3)　合成方法①で作図する。図 1 となる。

(4)　ロープ 2 を引く力を，x，y 方向に分解して（図 2）

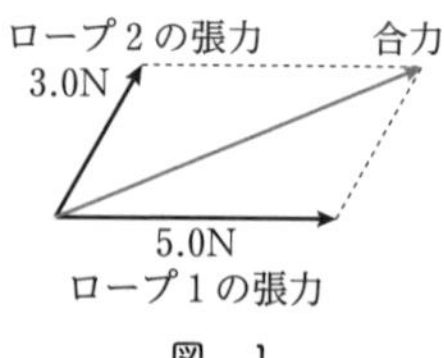

図　1

x 成分：$3.0\cos 60° = 1.5\,\mathrm{N}$

y 成分：$3.0\sin 60° = 1.5\sqrt{3} = 1.5\times 1.73 = 2.59 \fallingdotseq 2.6\,\mathrm{N}$

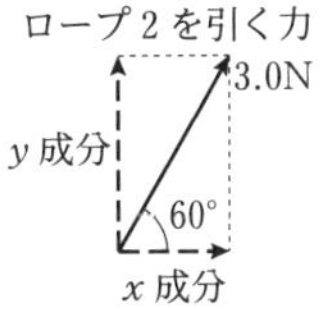

ロープ 2 を引く力
3.0N
y 成分
60°
x 成分

図　2

(5)　ロープ 1 を引く力は x 成分 5.0 N，y 成分 0 である。ゆえに合力の x 成分 F_x，y 成分 F_y はそれぞれ

$F_x = 1.5 + 5.0 = 6.5\,\mathrm{N}$

$F_y = 1.5\sqrt{3} + 0 = 1.5\sqrt{3} = 2.59 \fallingdotseq 2.6\,\mathrm{N}$

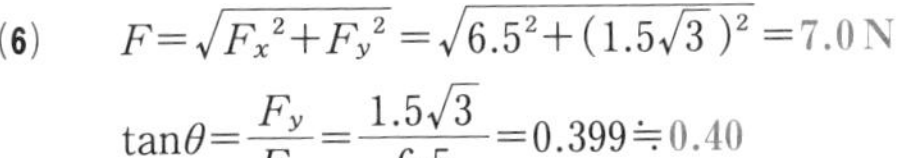

(6)　$F = \sqrt{F_x{}^2 + F_y{}^2} = \sqrt{6.5^2 + (1.5\sqrt{3})^2} = 7.0\,\mathrm{N}$

$\tan\theta = \dfrac{F_y}{F_x} = \dfrac{1.5\sqrt{3}}{6.5} = 0.399 \fallingdotseq 0.40$

力のつり合い（力が同一方向でない場合）

力のつり合いとは，**力の和が $\vec{0}$ となること**である。つまり，式㉟の合力$=\vec{0}$ であればよい。

力のつり合いを考える方法

図 34 のように，3 つの力 $\vec{F_1}$，$\vec{F_2}$，$\vec{F_3}$ がはたらいている場合の力のつり合いを考える。

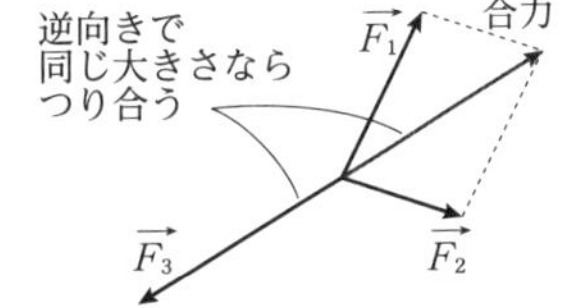

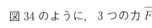

図 34　力のつり合い：方法①

方法①　作図で考える

3 つの力の和が $\vec{0}$ であるためには，$\vec{F_1}$，$\vec{F_2}$ の合力と，$\vec{F_3}$ が逆向きで同じ大きさになる必要がある。そうなるように図から考える。式で書くと $\vec{F_1} + \vec{F_2} = -\vec{F_3}$ である。$\vec{F_1}$，$\vec{F_2}$，$\vec{F_3}$ の組み合わせは自由である。

方法②　成分で考える

力を成分に分解して考える。**それぞれの方向の成分の和が 0** になればよい。

分解する方向は，水平，鉛直方向に限らない。考えやすい方向に x，y 方向を決めて式㊱，㊲の成分の和が 0 であればよい。

力のつり合い

$$\vec{F_1} + \vec{F_2} + \vec{F_3} + \cdots = \vec{0} \quad \cdots ㊳$$

成分で考えると

x 成分：$F_{1x} + F_{2x} + F_{3x} + \cdots = 0 \quad \cdots ㊴$

y 成分：$F_{1y} + F_{2y} + F_{3y} + \cdots = 0 \quad \cdots ㊵$

理解のコツ

方法①は，力が単純な場合は便利だけど，複雑になると使えない。方法②は，計算が大変になる場合もあるけど，手順を守れば必ず解ける。**方法②は，必ずマスターしておくこと。**

例題26 力のつり合いを方法②で解く

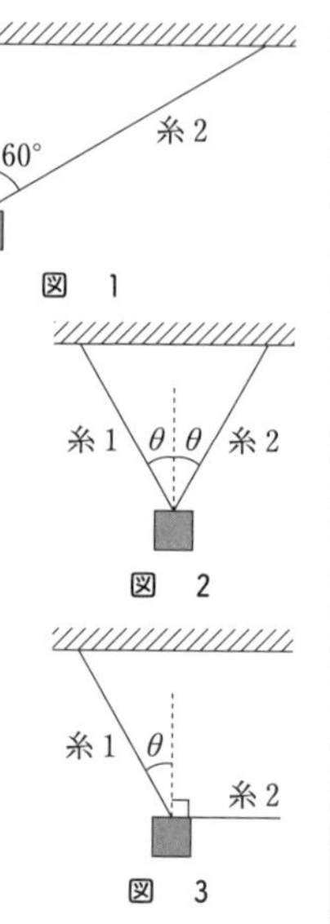

重力加速度の大きさを(1)では 9.8 m/s², (2), (3)では g とする。図中の点線は鉛直線を示す。糸はすべて軽いものとする。

図1のように，質量 10 kg のおもりを2本の糸でつるす。

(1) 糸1，2の張力の大きさをそれぞれ T_1, T_2 として，水平，鉛直方向のつり合いの式を作り，T_1, T_2 を求めよ。

図2のように，質量 m のおもりを2本の糸でつるす。

(2) 糸1，2の張力の大きさをそれぞれ T_1, T_2 として，水平，鉛直方向のつり合いの式を作り，T_1, T_2 を，m, g, θ で表せ。

図3のように，質量 m のおもりを，天井からの糸1と，水平に引いた糸2でつるした。

(3) 糸1，2の張力の大きさをそれぞれ T_1, T_2 として，水平，鉛直方向のつり合いの式を作り，T_1, T_2 を，m, g, θ で表せ。

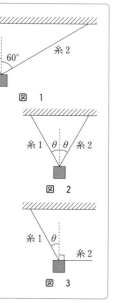

解答 (1) おもりには図4のように力がはたらく。これらを水平，鉛直成分に分解する。どの方向の成分の和も0である。

水平：$T_1\sin 30° - T_2\sin 60° = 0$ …①

鉛直：$T_1\cos 30° + T_2\cos 60° - 10 \times 9.8 = 0$ …②

①，②式を解いて，T_1, T_2 を求める。

$T_1 = 49\sqrt{3} = 49 \times 1.73 = 84.7 \fallingdotseq 85\,\mathrm{N}$

$T_2 = 49\,\mathrm{N}$

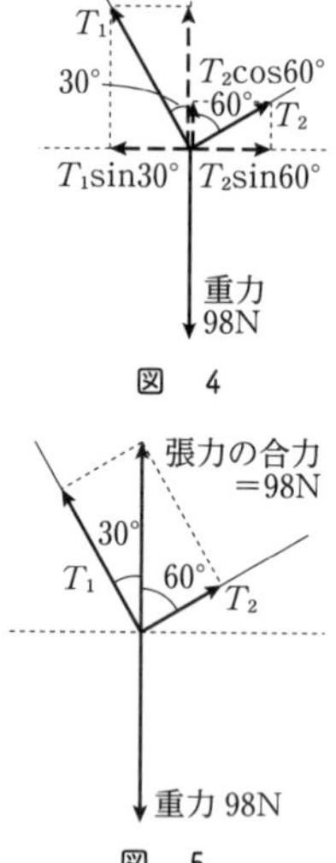

(参考)「水平，鉛直方向のつり合いの式を作り」という指示がなければ，図で求めてもよい（方法①）。
まず2つの張力を足してみる。この張力の合力とさらに重力を足して $\vec{0}$ であるためには，張力の合力が鉛直上向きに大きさ 98 N でなければならないことから，図5のようになる。これより張力の大きさが求まる。

$T_1 = 98\cos 30° = 49\sqrt{3} = 84.7 \fallingdotseq 85\,\mathrm{N}$

$T_2 = 98\cos 60° = 49\,\mathrm{N}$

(2) (1)と同様に成分に分けて考えればよい。図 6 より

水平：$T_1\sin\theta - T_2\sin\theta = 0$ …③

鉛直：$T_1\cos\theta + T_2\cos\theta - mg = 0$ …④

③，④式を解いて，T_1，T_2 を求める。

$$T_1 = T_2 = \frac{mg}{2\cos\theta}$$

注意 この問題では，練習のため糸 1，2 の張力の大きさを T_1，T_2 としたが，対称性より $T_1 = T_2$ であることは自明である。そこで，張力の大きさを T として，鉛直方向のつり合いの式より

$$2T\cos\theta - mg = 0 \qquad \therefore \quad T = \frac{mg}{2\cos\theta}$$

とするのが適当である。

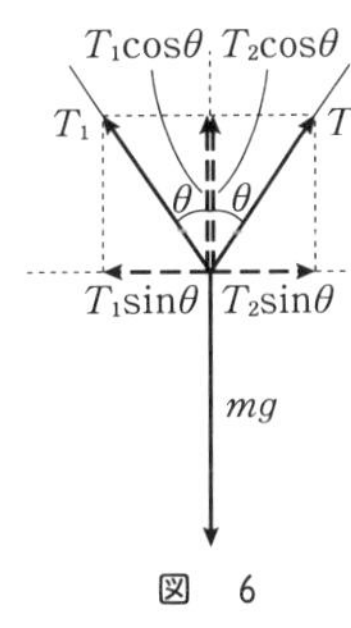

図 6

(3) 同様に，図 7 より

水平：$T_1\sin\theta - T_2 = 0$ …⑤

鉛直：$T_1\cos\theta - mg = 0$ …⑥

⑤，⑥式を解いて

$$T_1 = \frac{mg}{\cos\theta} \quad , \quad T_2 = mg\tan\theta$$

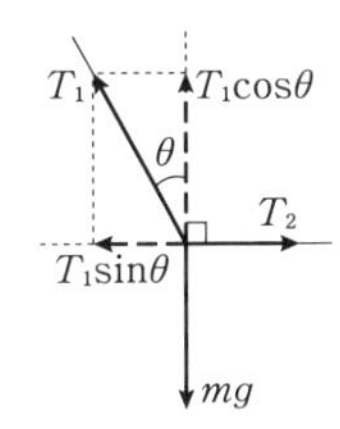

図 7

例題27 いろいろな方向に力を分解してつり合いを考える

傾き角 θ でなめらかな斜面上に，質量 m の物体が置かれ，斜面と平行な方向に張った軽いひもでつるされている。重力加速度の大きさを g とする。

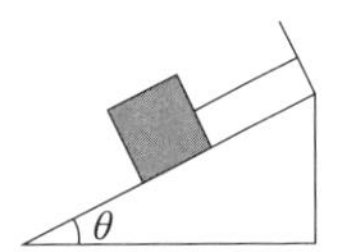

(1) ひもの張力の大きさを T，斜面と物体との間の垂直抗力の大きさを N として，物体にはたらく力のつり合いの式を，斜面に平行な方向と，垂直な方向にそれぞれ作れ。

(2) T，N を求めよ。

解答 (1) 物体にはたらく力は右図のようになる。重力を，斜面に平行な成分と垂直な成分に分ける。

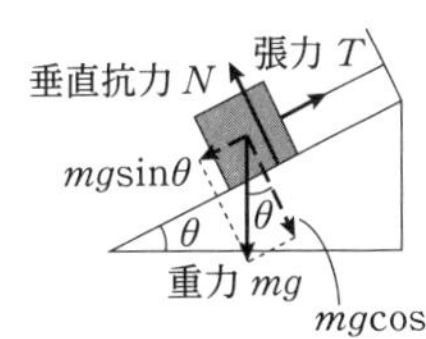

平行成分：$mg\sin\theta$　　垂直成分：$mg\cos\theta$

方向別に，力のつり合いの式を作る。

平行方向：$mg\sin\theta - T = 0$ …①

垂直方向：$mg\cos\theta - N = 0$ …②

(2) ①式より　$T = mg\sin\theta$

②式より　$N = mg\cos\theta$

理解のコツ

力を分解する方向は，水平，鉛直とは限らない。分解しやすい方向に分解すればいいよ。どの方向に分解すればよいかは，好みもあるので一概にいえない。例題 27 では，斜面に平行な方向と垂直な方向に分解したけど，水平方向と鉛直方向に分解して解くこともできる。いろいろ試してみて，自分なりのものを身につけよう。

4 - 弾性力

ばねが自然の長さより伸びたり縮んだりしていると，ばねにつけた物体に，ばねから力がはたらく。この力を**弾性力**という。

フックの法則

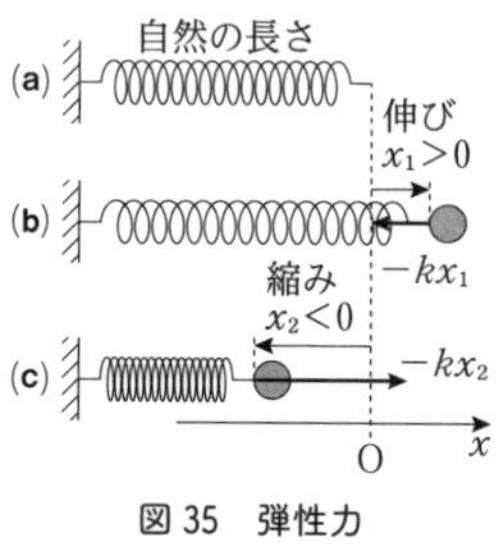

図 35　弾性力

ばねの弾性力 f の大きさは，ばねの自然の長さからの変位（伸び，または縮み）x の大きさに比例する。

$$|f|=k|x| \quad \cdots ㊶$$

比例定数 k を**ばね定数**といい，ばねごとに異なる値をとる。単位は N/m である。

物体にはたらくばねからの弾性力の向きは，必ず自然の長さに戻る向きである。図 35 で，ばねの変位 x をばねが伸びる向きを正とすると，物体にはたらく弾性力は，伸びたとき負（$x>0$ のとき $f<0$），縮んだとき正（$x<0$ のとき $f>0$）である。したがって，向きも考慮すると f は以下のようになる。

フックの法則

弾性力 $f=-kx$ $\cdots ㊷$

x〔m〕：自然の長さからの変位　　k〔N/m〕：ばね定数

理解のコツ

式㊷の負号は，弾性力の向きを表しているんだ。わかりにくければ，この式にこだわらず，臨機応変に大きさを式㊶で考えて，向きを別に考えてもいいよ。

ばねの変位は必ず自然の長さからはかる。ばねの問題を考えるときは，図 35 のように，必ず自然の長さのときの図を描くようにしよう。

例題28　ばねからの弾性力を正確に書く

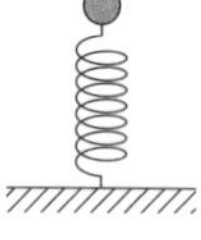

軽いばねの下端を床に固定し，上端に質量 0.10 kg の物体をつけて鉛直に立て，物体を静止させる。ばね定数 $k=19.6$ N/m，重力加速度の大きさを 9.8 m/s^2 とする。

(1)　ばねの自然の長さからの縮みを x〔m〕($x>0$) として，ばねの弾性力の大きさを表せ。

(2)　物体にはたらく力のつり合いの式を作り，x を求めよ。

解答 (1)　式㊶より，弾性力の大きさは

$$k|x|=19.6x \text{〔N〕}$$

(2) 物体には，右図のように重力 $0.10\times9.8=0.98\,\text{N}$ と，ばねが縮んでいるので鉛直上向きにばねからの弾性力がはたらく。鉛直下向きを正として，物体にはたらく力のつり合いより

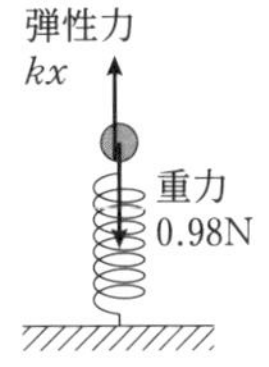

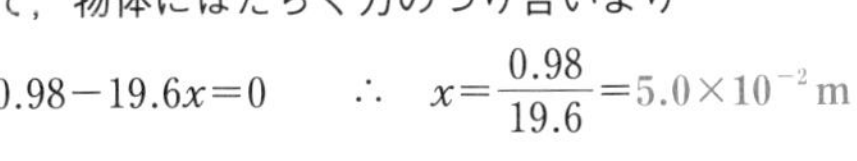

$$0.98-19.6x=0 \qquad \therefore \quad x=\frac{0.98}{19.6}=5.0\times10^{-2}\,\text{m}$$

例題29 物体にはたらく弾性力を正確に表現する

ばね定数 k の軽いばねの一端を天井に固定し，他端に質量 m のおもりをつるす。ばねが自然の長さのときを原点として鉛直下向きに x 軸をとり，おもりの位置を x で表す。重力加速度の大きさを g とする。

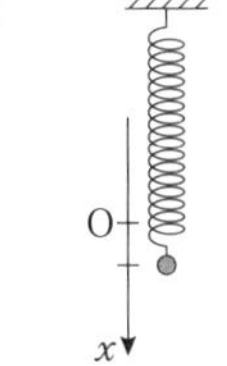

(1) おもりの位置を x_0 にして静かにはなすと静止した。x_0 を求めよ。

次に，おもりを手で持ち，おもりの位置を x にして静止させた。

(2) おもりにはたらくばねの力を，k，x で表せ。

(3) おもりに加えた手の力を f として，つり合いの式を作り，f を求めよ。

(4) x が以下の①〜④のとき，おもりに加えた手の力 f の向きと大きさを求めよ。ただし，大きさは m，g で表せ。

① $x=3x_0$ ② $x=\dfrac{2}{3}x_0$ ③ $x=0$ ④ $x=-x_0$

解答 (1) ばねは自然の長さから伸びているので，おもりにはたらくばねからの弾性力は鉛直上向きで，大きさ kx_0 である。おもりにはたらく力のつり合いより

$$mg-kx_0=0 \qquad \therefore \quad x_0=\frac{mg}{k} \quad \cdots(\text{i})$$

(2) 問題では，ばねが自然の長さより長いのか短いのか指定されていない。どちらの可能性もあるが，**このような場合，なるべく $x>0$ の領域で考える**（$x<0$ で考えても答えは同じだが間違えやすい）。この問題で $x>0$ では，ばねは自然の長さより伸びているので，おもりにはたらくばねの力は鉛直上向きである。x 軸が鉛直下向きなので（座標軸が決められているときは，座標軸の向きを正とする）

$$-kx$$

（$x<0$ の領域でも弾性力は $-kx$ である。なぜなら $x<0$ では，ばねからの力は鉛直下向きなので正であるが，$x<0$ を考慮して $-kx$ となる。）

(3) おもりにはたらく力は右図のようになり，力のつり合いより

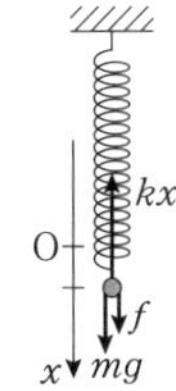

$$mg+f-kx=0 \qquad \therefore \quad f=kx-mg \quad \cdots(\text{ii})$$

なお，手の力の向きもわからないが，とりあえず正の向きとして考える。f を求めて $f>0$ であれば力は正の向きであるし，逆に $f<0$ であれば力は負の向きである。

(4) (ii)式の x に値を代入し，さらに(i)式より $mg=kx_0$ を用いて整理する。

① $f=k\times3x_0-mg=3mg-mg=2mg$ 　鉛直下向きに，大きさ $2mg$

② $f=k\times\dfrac{2}{3}x_0-mg=-\dfrac{1}{3}mg$ 　鉛直上向きに，大きさ $\dfrac{1}{3}mg$

③　$f=k\times 0-mg=-mg$　　鉛直上向きに，大きさ mg

④　$f=k\times(-x_0)-mg=-2mg$　　鉛直上向きに，大きさ $2mg$

≫ばねにはたらく力

図 36 のように，ばねが物体に弾性力を及ぼしているなら，作用・反作用の法則より，ばねにも物体から力がはたらいている。ばねが静止するためには，ばねの両端に，同じ大きさで反対向きの力がはたらく必要がある。

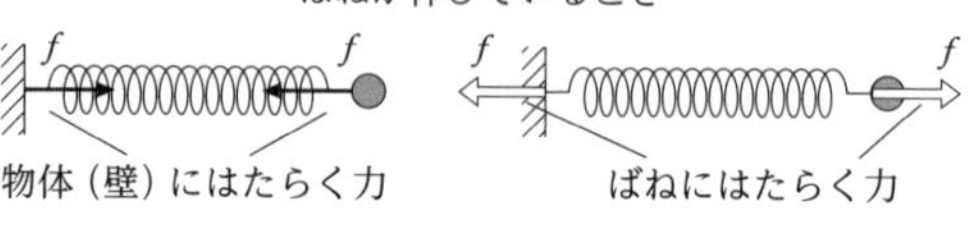

図 36

例題30　ばねにはたらく力を正確に理解する

図 1 のように軽いばねの一端を壁につけ水平にし，他端に軽いひもをつけて滑車を通して，質量 10 kg のおもりをつり下げると，ばねが自然の長さより 0.10 m 伸びてつり合った。重力加速度の大きさを $9.8\,\mathrm{m/s^2}$ とする。

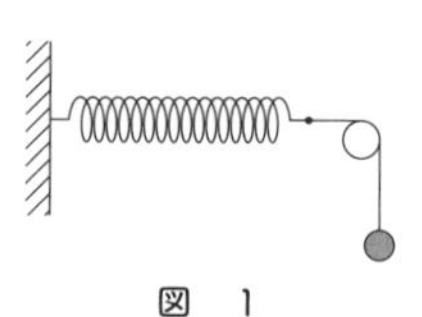

図　1

(1)　このばねのばね定数を求めよ。

(2)　ばねにはたらく力を図示せよ。

(3)　ばねから壁にはたらく力の大きさと向きを求めよ。

図 2 のように質量 10 kg のおもりを滑車を通して両端につけ静止させた。

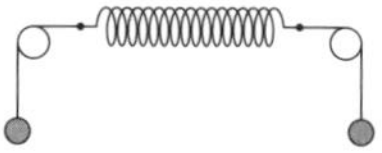

図　2

(4)　このときのばねの伸びを求めよ。

図 3 のように，このばねを 2 本つなぎ，一端を壁につけ他端に軽いひもをつけて滑車を通して，質量 10 kg のおもりをつり下げる。

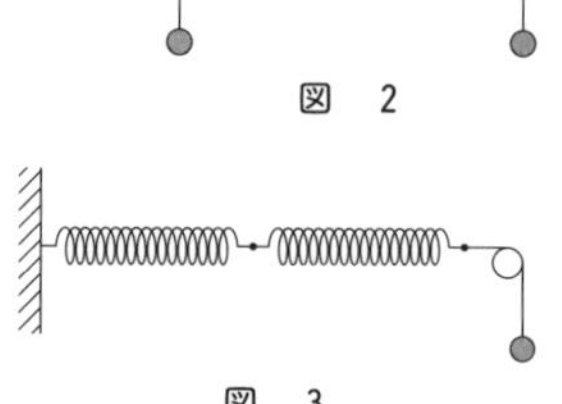

図　3

(5)　このときのばね 1 本あたりの伸びを求めよ。

(6)　2 本のばねを一体と考えたときのばね定数を求めよ。

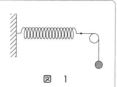

解答 (1)　ばね定数を k とする。作用・反作用の法則より，弾性力の大きさとひもの張力の大きさが等しいので，おもりにはたらく力のつり合いより

$$k\times 0.10-10\times 9.8=0 \qquad \therefore\quad k=\frac{98}{0.10}=9.8\times 10^2\,\mathrm{N/m}$$

(2)　ばねは自然の長さより伸びているので，ひもや壁にばねが縮む向きに力がはたらくが，その反作用でばねには両端を引かれる向きに力がはたらく。力の大きさは 98 N である（図 4）。

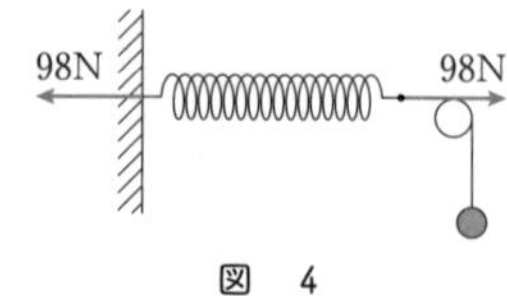

図　4

(3)　ばねは両端で同じ大きさの弾性力で，物体を引いている。ゆえに，壁を引く力は大きさ 98 N，向きは水平右向き。

(**4**)　ばねにはたらく力を，この場合で描いてみると，図 5 のようになり，(**2**)と同じである。ゆえに伸びも同じで

　0.10 m

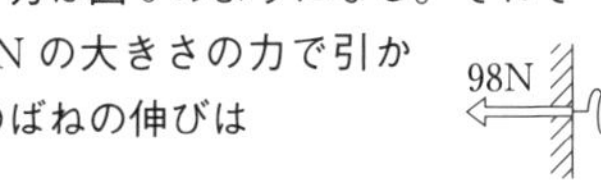

(**5**)　左右のばねにはたらく力は図 6 のようになる。それぞれのばねは，両端を 98 N の大きさの力で引かれている。ゆえに 1 本のばねの伸びは

　0.10 m

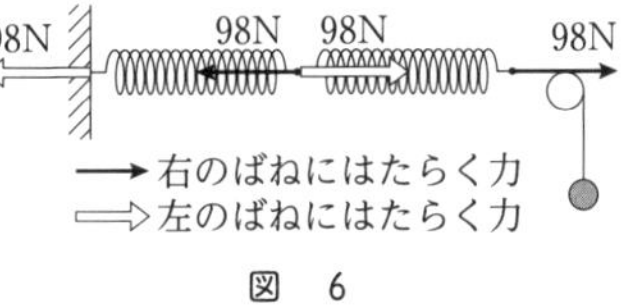

図　5

図　6

(**6**)　2 本を一体で考えると 98 N の力で引かれて，0.20 m だけ伸びている。ゆえにばね定数を k' として

$$k' = \frac{98}{0.20} = 4.9 \times 10^2\ \mathrm{N/m}$$

≫ばねの連結（直列）

2 本のばねをつないだときのばね定数について，一般的に考えてみよう。図 37 のように，ばね定数がそれぞれ k_1，k_2 のばねを直列に連結し大きさ f の力で引くと，ばねの伸びがそれぞれ x_1，x_2 となったとする。ばねにはたらく力のつり合いと，作用・反作用の法則より，ばねにはたらく力の大きさは同じ大きさ f である。

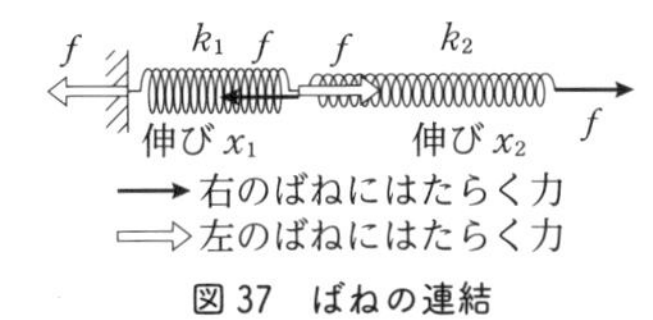

図 37　ばねの連結

$$f = k_1x_1 = k_2x_2$$

$$\therefore \quad x_1 = \frac{f}{k_1} \quad , \quad x_2 = \frac{f}{k_2}$$

ばね全体のばね定数を k とする。大きさ f の力で $x_1 + x_2$ だけ伸びるので

$$f = k(x_1 + x_2) = k\left(\frac{f}{k_1} + \frac{f}{k_2}\right) \qquad \therefore \quad \frac{1}{k} = \frac{1}{k_1} + \frac{1}{k_2} \quad \cdots ㊸$$

ばねの連結（直列）

$$\frac{1}{k} = \frac{1}{k_1} + \frac{1}{k_2} \qquad \cdots ㊸$$

ばね定数 k のばねを 2 本つなぐと全体で $\frac{k}{2}$，半分に切ると $2k$

理解のコツ

ばね定数は，長さに反比例すると覚えておこう。例題 30 の(**6**)を式㊸で考えてみるといいよ。

5 - 静止摩擦力

図 38 のように，あらい水平面に置いた物体を水平に押しても動かない状態を考える。このとき，押す力と逆向きに水平面からの**静止摩擦力**がはたらいている。静止摩擦力の大きさは，状況によって変わる。(a)のように押す力が 10 N のとき静止摩擦力の大きさは 10 N，(b)のように押す力が 20 N のとき 20 N となる。つまり，物体が静止しているときの**静止摩擦力の大きさ F は，力のつり合いから考える。**

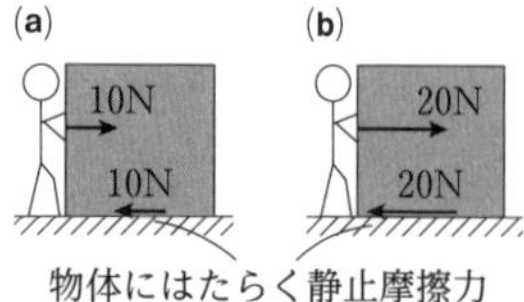

図 38　静止摩擦力

▶▶最大摩擦力

静止摩擦力の大きさには限界がある。限界を超えると，物体はすべり出す。限界を**最大摩擦力**といい，その大きさを F_0 とすると，F_0 は，物体と面との垂直抗力の大きさ N に比例する。比例定数 μ（読みは“ミュー”）を**静止摩擦係数**という。μ は面のあらさ等によって決まる。

> 用語
> **あらい面**
> 摩擦のある面を“あらい面”という。摩擦が無視できる面は“なめらかな面”という。

静止摩擦力

静止摩擦力：状況により変化する。
**　　　　　　つり合いから求める。**
最大摩擦力：静止摩擦力の限界
**　　　　　　大きさ $F_0=\mu N$　…㊹**

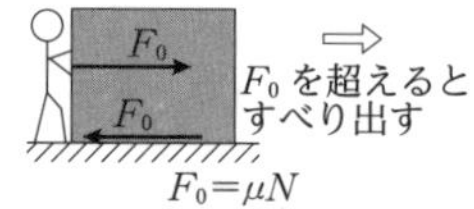

図 39　最大摩擦力

理解のコツ

式㊹を学ぶと，何でもかんでも静止摩擦力をこの式で計算したくなるけど，式㊹は静止摩擦力の限界値＝最大摩擦力の大きさ F_0 を示すから，物体がすべり出すときの静止摩擦力を求めるときだけに使うんだ。物体が静止しているときの静止摩擦力 F は，力のつり合いなどから考えよう。

例題31　静止摩擦力・最大摩擦力を求める

水平なあらい床に置かれた質量 10 kg の物体に軽いひもをつけて水平に引いた。床と物体との静止摩擦係数を 0.50，重力加速度の大きさを 9.8 m/s^2 とする。

Ⅰ．ひもを 20 N の力で水平に引いたが，物体は動かなかった。

(1)　鉛直方向のつり合いを考えて，物体に床からはたらく垂直抗力の大きさを求めよ。

(2)　水平方向のつり合いを考えて，物体にはたらく静止摩擦力の大きさを求めよ。

Ⅱ．ひもを引く力の大きさが f_0 より大きくなると，物体は動き始めた。

(3)　f_0 を求めよ。

解答 (1) 物体に床からはたらく垂直抗力の大きさを N として，鉛直方向のつり合いより

$$N-10\times9.8=0 \qquad \therefore\ N=98\,\mathrm{N}$$

(2) 物体にはたらく静止摩擦力の大きさを F として，水平方向のつり合いより

$$F-20=0 \qquad \therefore\ F=20\,\mathrm{N}$$

(3) 物体が動き始める直前の状態を考える。このとき，静止摩擦力は限界＝最大摩擦力になっている。その大きさ F_0 は，静止摩擦係数を μ とすると，$F_0=\mu N=0.50\times98=49\,\mathrm{N}$ である。このとき，ひもを引く力の大きさが f_0 である。水平方向のつり合いより（動く直前なのでまだ静止している）

$$f_0-F_0=0 \qquad \therefore\ f_0=F_0=49\,\mathrm{N}$$

例題32 最大摩擦力を正しく求める

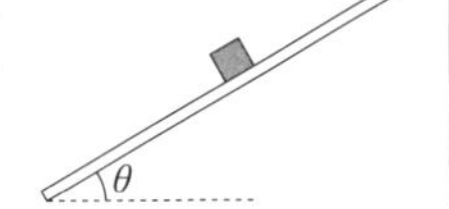

傾き角を変えることができるあらい板がある。傾き角を θ にして，板の上に質量 m の物体を静かに置くと，物体は斜面上で静止した。重力加速度の大きさを g とする。

(1) 物体にはたらく板からの垂直抗力と，静止摩擦力の大きさを求めよ。

傾き角を徐々に大きくし，θ_0 にすると物体はすべり始めた。

(2) 物体と板との間の静止摩擦係数を求めよ。

解答 (1) 静止摩擦力の大きさを F，物体と板との間の垂直抗力の大きさを N とすると，物体にはたらく力は右図のようになる。板に垂直，平行な方向の力のつり合いより

垂直：$N-mg\cos\theta=0 \qquad \therefore\ N=mg\cos\theta$

平行：$F-mg\sin\theta=0 \qquad \therefore\ F=mg\sin\theta$

(2) 傾き角 θ_0 で，すべり出す直前を考える。静止摩擦係数を μ とすると，静止摩擦力が最大値 $F_0=\mu N$（最大摩擦力）で，物体にはたらく力がつり合っている。斜面に垂直な方向の力のつり合いより $N=mg\cos\theta_0$ である。斜面に平行な方向の力のつり合いより

$$F_0-mg\sin\theta_0=0$$

$$\mu mg\cos\theta_0-mg\sin\theta_0=0 \qquad \therefore\ \mu=\tan\theta_0$$

（このときの θ_0 を摩擦角という。）

理解のコツ

“すべり出した”とあれば，**“すべり出す直前”を考える**こと。このとき，静止摩擦力が最大摩擦力で，物体にはたらく力はまだつり合っているよ。

6 - 圧力，浮力

圧力

ここまでは力の作用点を点と考えてきたが，実際には面にはたらく場合も多い。同じ大きさの力でも，作用する面の面積により効果が異なることもある。

単位面積あたりに面に垂直にはたらく力を圧力という。つまり 圧力$=\dfrac{力}{面積}$ である。単位は力（N）を面積（m^2）で割るので N/m^2 だが，これを Pa（読みは“パスカル”）とする。標準気圧（いわゆる 1 気圧）は，1.013×10^5 Pa である。天気予報で使われる hPa（読みは“ヘクトパスカル”）は，1 hPa＝100 Pa なので，1 気圧が 1013 hPa になる。

圧力 P

$$P=\frac{F}{S} \quad \cdots ㊺ \quad , \quad F=PS \quad \cdots ㊻$$

圧力 P の単位＝Pa（パスカル）

F〔N〕：力　S〔m^2〕：面積

液体や気体からの力

液体や気体からの力は，圧力（水圧，気圧）を用いて考えることが多い。圧力の原因は，液体や気体にはたらく重力である。

図 40 のように，液体中の物体にはたらく圧力による力は，物体の表面に垂直にはたらく。気体中の物体にはたらく圧力による力も同様である。このように液体や気体からの力は重力の方向にはたらくとは限らない。

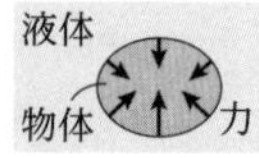

図 40

例題33 気体の圧力から，力を考える

右図のように，断面積 $S=7.0\times10^{-3}\,m^2$ の円筒形の容器（シリンダー）に，円筒の内面をなめらかに動く軽いふた（ピストン）により，一定量の気体が密封されている。周囲の大気の圧力（大気圧）を $P_0=1.0\times10^5$ Pa，重力加速度の大きさを $g=9.8\,m/s^2$ とする。

(1) 図の状態で，周囲の大気がピストンを押す力を求めよ。

(2) ピストンの上に，質量 $m=15$ kg のおもりを静かにのせると，ピストンは少し下降して静止した。この状態でシリンダーに密封された気体の圧力 P を求めよ。

解答 (1)　$P_0S=1.0\times10^5\times7.0\times10^{-3}=7.0\times10^2\,\mathrm{N}$

(2)　おもりとピストンにはたらく力は右図となる。力のつり合いを考えて

$$P_0S+mg-PS=0$$

$$\therefore\quad P=P_0+\frac{mg}{S}=1.0\times10^5+\frac{15\times9.8}{7.0\times10^{-3}}$$

$$=1.21\times10^5\fallingdotseq1.2\times10^5\,\mathrm{Pa}$$

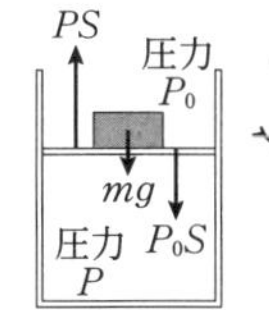

理解のコツ

今までの問題では，物体にはたらく大気圧による力は考えてこなかった。これは，今まで考えてきた問題では大気圧がどこでも一定とみなせて，物体の上下で力の差がなく，和をとると0となるからなんだ。

水圧，水中での圧力

水深 h〔m〕での水の圧力を考える。図41のように，断面積 S〔m^2〕，高さ h〔m〕の水の円柱を考える。水の密度を ρ〔kg/m^3〕とすると，体積は Sh〔m^3〕なので，重力加速度を g〔m/s^2〕とすると，水にはたらく重力は ρShg〔N〕である。ゆえに，下面での圧力＝水圧 p〔Pa〕は

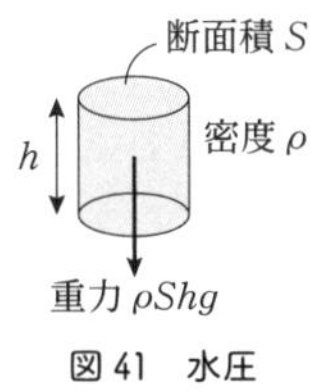

図41　水圧

$$p=\frac{\rho Shg}{S}=\rho gh\quad\cdots❹❼$$

水深 h〔m〕での実際の圧力 P〔Pa〕を考える。図42のように，断面積 S〔m^2〕の水の円柱を考える。上面には大気圧 P_0〔Pa〕による力が，下面には下の水からの圧力 P による力がはたらいている。水の円柱にはたらく力のつり合いより

$$PS-P_0S-\rho Shg=0\qquad\therefore\quad P=P_0+\rho gh\quad\cdots❹❽$$

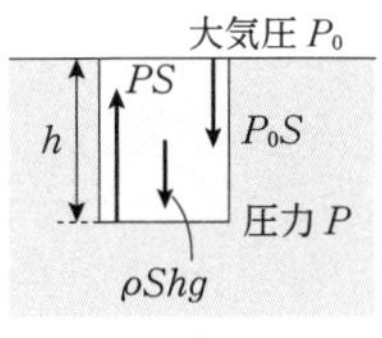

図42　水中での圧力

水中での圧力

水深 h での圧力 $P=P_0+\rho gh$　…❹❽

この P を水圧ということもある。

P_0〔Pa〕：大気圧　ρ〔kg/m^3〕：水の密度　g〔m/s^2〕：重力加速度

例題34　水中での圧力を求める

水の密度を $1.0\times10^3\,\mathrm{kg/m^3}$，大気圧を $1.0\times10^5\,\mathrm{Pa}$，重力加速度の大きさを $9.8\,\mathrm{m/s^2}$ とする。

(1)　水深 2.0 m の地点での圧力を求めよ。

(2)　水深が 10 m 深くなるごとに，圧力がいくら増えるか求めよ。

解答 (1) 式㊽より

$$1.0\times10^5+1.0\times10^3\times9.8\times2.0=1.196\times10^5\fallingdotseq1.2\times10^5\,\mathrm{Pa}$$

(2) 深さ 10 m の水圧を式㊼より求める。

$$1.0\times10^3\times9.8\times10=9.8\times10^4\,\mathrm{Pa}$$

(水深 10 m ごとに，約 1 気圧増える。)

浮力

物体が水中にあるとき，浮力がはたらく。これは，物体の上面と下面での圧力による力の差が原因である。図 43 で，断面積 S〔m^2〕，高さ d〔m〕の直方体の物体の上面，下面に水からはたらく力を考える。水の密度を ρ〔kg/m^3〕として

上面での圧力：$P_A=P_0+\rho gh$

下面での圧力：$P_B=P_0+\rho g(h+d)$

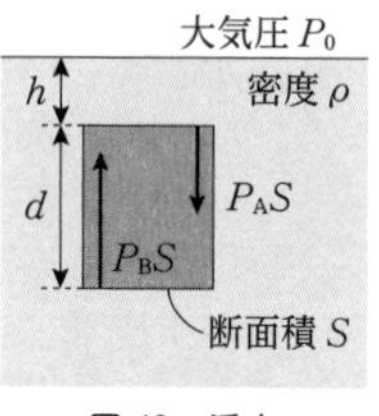

図 43 浮力

浮力の大きさ f〔N〕はこの力の差である。$P_B>P_A$ より

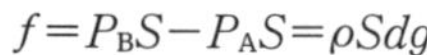

$$f=P_BS-P_AS=\rho Sdg$$

物体の体積 $V=Sd$〔m^3〕であるので，結局，浮力の大きさは，物体の水中の体積と同体積の水にはたらく重力となる（横の面にはたらく力は打ち消し合うので，考える必要はない)。

浮力 f

$$f=\rho Vg \quad \cdots ㊾$$

ρ〔kg/m^3〕：水（液体）の密度　V〔m^3〕：物体の水中の体積

g〔m/s^2〕：重力加速度

式㊾は，直方体以外の物体でも成り立つ。

理解のコツ

水中の物体にはたらく力として，上面・下面の水圧による力と浮力を同時に書くという間違いをする人がいるけど，基本を理解していないからなんだ。難関大の入試ほど，難しい式の丸暗記ではなく，基本の理解が大切だよ。

例題35 浮力の計算ができるようになる

質量 0.20 kg，体積 7.5×10^{-5} m^3 の金属球に軽いひもをつけ，金属球が水中に完全に没するように水槽につるす。水の密度を 1.0×10^3 kg/m^3，重力加速度の大きさを 9.8 m/s^2 とする。

(1) 金属球の密度を求めよ。

(2) 金属球にはたらく浮力の大きさを求めよ。

(3) ひもの張力の大きさを求めよ。

解答 (1) 金属球の密度は

$$\frac{0.20}{7.5\times10^{-5}}=2.66\times10^3\fallingdotseq2.7\times10^3\,\mathrm{kg/m^3}$$

(2) 金属球にはたらく浮力の大きさを f とする。式㊾より

$$f=1.0\times10^3\times7.5\times10^{-5}\times9.8=0.735\fallingdotseq0.74\,\mathrm{N}$$

(浮力の公式の密度 ρ は，水（液体）の密度である。)

(3) ひもの張力の大きさを T とすると，金属球にはたらく力のつり合いより

$$T=0.20\times9.8-0.735=1.225\fallingdotseq1.2\,\mathrm{N}$$

演習 6

断面積 S，長さ L で，密度が ρ の一様な材質でできた円筒形の浮きがある。この浮きを水槽に浮かべる。浮きは円筒の軸が常に鉛直で傾かないものとする。大気圧を P_0，水の密度を ρ_0，重力加速度の大きさを g とする。

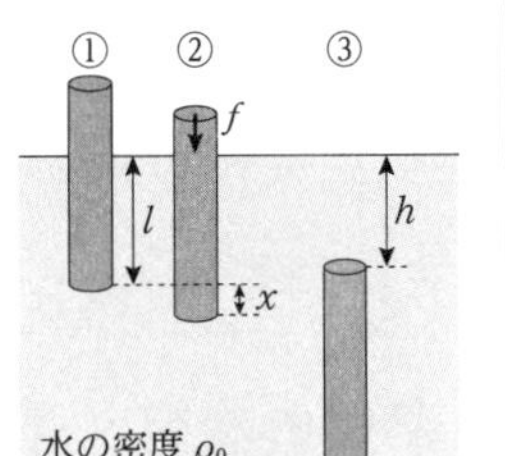

(1) この浮きの質量を求めよ。

(2) この浮きを図の①のように静かに水面に立てると，水中の部分の長さが l になり静止した。l を求めよ。

(3) 図の②のように浮きの上端を押して，①の状態から x だけ浮きを沈めて静止させた。このとき上端を押す力の大きさ f を，S，ρ，ρ_0，x，g のうち必要な文字を用いて表せ。

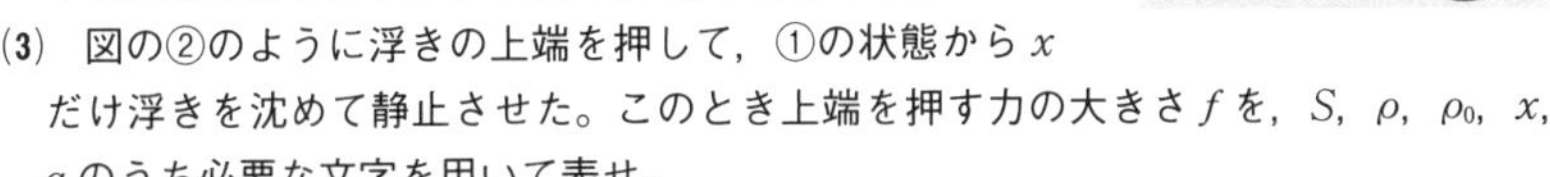

さらに浮きの上端を手で押して水中に沈めた。このとき図の③のように，浮きの上端から水面までの高さが h であった。

(4) 浮きの上端の位置での圧力を求めよ。

(5) このとき，浮きの上端を押す力の大きさを求めよ。

解答 (1) 浮きの質量を m とする。体積は SL なので　$m=\rho SL$

(2) 浮きの水中の体積は Sl であるので，浮力の大きさは ρ_0Slg である。浮きにはたらく力のつり合いより

$$mg-\rho_0Slg=0\quad\cdots(\mathrm{i})\qquad\therefore\quad l=\frac{m}{\rho_0S}=\frac{\rho}{\rho_0}L$$

(3) 浮きの水中の体積が $S(l+x)$ で，浮力の大きさは $\rho_0S(l+x)g$ となる。浮きにはたらく力のつり合いより

$$mg+f-\rho_0S(l+x)g=0$$

(i)式を用いて式を整理し，f を求める。

$$f=\rho_0Sxg$$

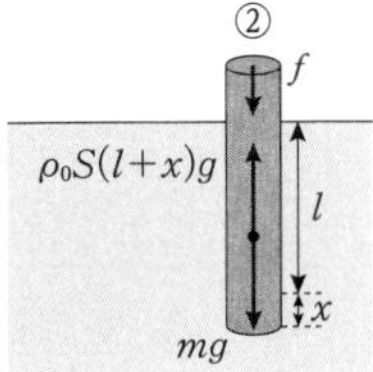

(4) 深さ h での圧力 P は，式㊽より

$$P=P_0+\rho_0gh$$

(5) 浮きの水中の体積が SL であるので，浮力の大きさは ρ_0SLg である。浮きの上端を押す力 F は力のつり合いより

$$F=\rho_0SLg-mg=(\rho_0-\rho)SLg$$

運動の法則

1 運動の法則，運動方程式

▶▶慣性の法則（運動の第 1 法則）

物体には，同じ運動を続けようという性質がある。この性質を慣性という。物体にはたらく力がつり合っているとき，慣性により物体の速度（速さと向き）は変化しない。静止している物体は静止したまま，運動している物体は等速直線運動を続ける。

> **慣性の法則（運動の第 1 法則）**
>
> **物体にはたらく力がつり合っているとき，物体の速度は変化しない。**

▶▶運動の法則（運動の第 2 法則）

物体にはたらく力 $\vec{F}$（合力）が $\vec{0}$ でないとき，物体の速度が変化する＝加速度 $\vec{a}$ をもつ。加速度の大きさは，合力 $\vec{F}$ の大きさに比例し，物体の質量 m に反比例する。また加速度の向きは合力の向きである。

> **運動の法則（運動の第 2 法則）**
>
> 物体の**加速度** $\vec{a}$ は
>
> **大きさ：合力の大きさに比例，質量 m に反比例**
>
> **向　き：合力 $\vec{F}$ と同じ向き**

参考　“作用・反作用の法則”が，運動の第 3 法則である。

▶▶運動方程式

運動の法則を式にする。この式を運動方程式という。

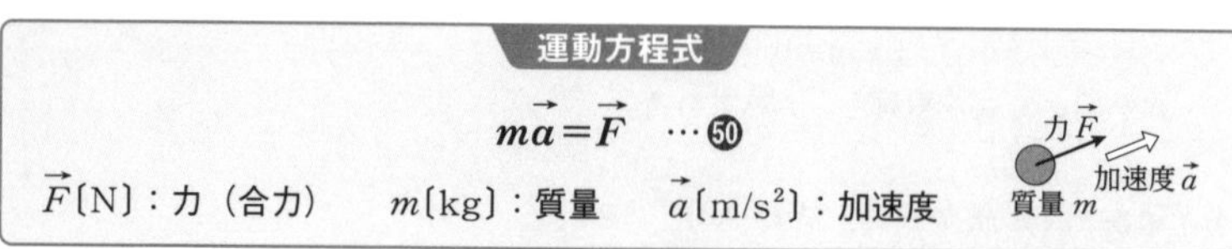

加速度の方向がわかれば，適当に正の向きを決め，加速度を a，合力を F として

$$ma=F \quad \cdots ㉛$$

として運動方程式を作る。

≫力の単位，重力

質量を kg，加速度を $\mathrm{m/s^2}$ で表したとき，式㊿や㊶で，余計な比例定数を必要としないように決めた力の単位が N（ニュートン）である。つまり，1 kg の物体に $1\,\mathrm{m/s^2}$ の大きさの加速度が生じる力を 1 N と決める（「② ❶-力，力のつり合い」参照）。

質量 m〔kg〕の物体に地上で重力 W〔N〕がはたらくと，物体に大きさ g〔$\mathrm{m/s^2}$〕の加速度を生じさせるので，運動方程式より $mg=W$ である。

理解のコツ

「なぜ，こんな式が成り立つの？」とは考えないでおこう。自然の法則がそうなっているとしかいいようがないんだ。また，m は質量であり，“重さ”でも“重力”でもないことに注意しよう。質量とは，加速されにくさを表す物体の量のことだよ。

LEVEL UP!

大学への物理

速度 v，位置 x とすると，加速度 $a=\dfrac{dv}{dt}=\dfrac{d^2x}{dt^2}$ であるので，一直線上の運動方程式は

$$m\frac{dv}{dt}=F \quad \text{または} \quad m\frac{d^2x}{dt^2}=F$$

例題36　運動方程式を作る

なめらかな水平面上に，質量 6.0 kg の物体が置かれて静止している。この物体に水平方向に大きさ 12 N の一定の力を加えた。

(1) 物体の加速度を a として，物体の水平方向の運動方程式を作れ。また a を求めよ。

(2) この力を 4.0 s 間加えた。4.0 s 後の物体の速度と，この間に移動した距離を求めよ。

解答 (1) 物体は水平方向に加速度をもつことは明らかなので，加えた力の向きを正として，水平方向の運動方程式を式㊶より作る。

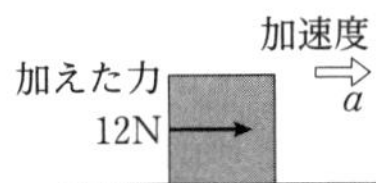

$$6.0a=12 \qquad \therefore \quad a=2.0\,\mathrm{m/s^2}$$

（物体には重力，水平面からの垂直抗力がはたらいているが，鉛直方向に物体は動かないので，鉛直方向の力はつり合っており，合力は 0 なので考えなくてよい。）

(2) 等加速度直線運動をする。等加速度直線運動の公式 1，2 より，速度 v と移動した距離 l は

$$v=at=2.0\times4.0=8.0\,\mathrm{m/s}$$

$$l=\frac{1}{2}at^2=\frac{1}{2}\times2.0\times4.0^2=16\,\mathrm{m}$$

▶▶複数の力がはたらく場合

加速度の方向に複数の力 F_1, F_2, F_3, …がはたらくとする。合力 $F=F_1+F_2+F_3+\cdots$ であるので，運動方程式は

$$ma=F_1+F_2+F_3+\cdots \quad \cdots❺❷$$

例題37　複数の力がはたらく場合の運動方程式を作る

質量 0.50 kg のおもりに軽い糸をつけてつり下げ，糸を鉛直上向きの力で引く。重力加速度の大きさを 9.8 m/s² とする。

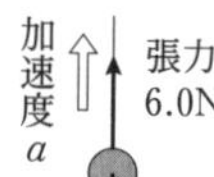

(1)　糸を大きさ 6.0 N の力で引くと，おもりは一定の加速度で上昇した。鉛直上向きの加速度を a として運動方程式を作り，a を求めよ。

(2)　糸を引く力を変えたところ，おもりの加速度は鉛直下向きに 1.4 m/s² となった。糸を引く力の大きさを F として，運動方程式を作り，F を求めよ。

(3)　おもりを鉛直上向きに一定の速さ 3.0 m/s で上昇させるために，糸を引く力を求めよ。

解答 (1)　おもりには，図 1 のように鉛直下向きに 0.50×9.8=4.9 N の重力もはたらく。運動方程式は，鉛直上向きを正として

$$0.50\times a=6.0-4.9 \qquad \therefore \quad a=2.2\,\mathrm{m/s^2}$$

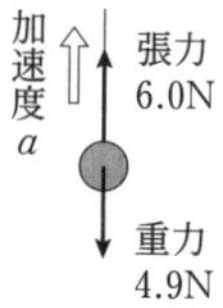

加速度 a　張力 6.0N　重力 4.9N

図　1

(2)　おもりにはたらく力は図 2 である。運動方程式は，鉛直下向きを正として

$$0.50\times 1.4=4.9-F \qquad \therefore \quad F=4.2\,\mathrm{N}$$

(3)　等速直線運動なので，物体にはたらく力はつり合っている（慣性の法則である。速さ 3.0 m/s は関係ない）。糸を引く力（おもりにはたらく糸からの張力）を F_0 として，つり合いの式より

$$F_0-4.9=0 \qquad \therefore \quad F_0=4.9\,\mathrm{N}$$

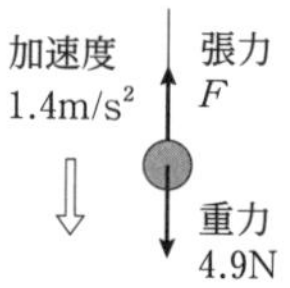

加速度 1.4m/s²　張力 F　重力 4.9N

図　2

理解のコツ

どんな場合でも，運動方程式を作るときは，まず
左辺に「その物体の質量×加速度：ma」を書いてしまおう。それ以外はあり得ない。
右辺は「加速度の方向に分解した力の成分の和」となる。例外はないよ。

▶いろいろな方向に力がはたらく場合

運動の法則より，力（合力）と加速度の向きは一致する。力を分解した場合，加速度の方向には合力 $F\neq0$ であり，加速度と直交する方向には合力は 0 で力がつり合っている。次のように式を作る。

加速度の方向　　　：運動方程式
加速度と直交方向：力のつり合いの式

図 44 のような場合，運動は斜面に平行な方向に限られるので，加速度の方向も斜面に平行である。ゆえに，斜面に平行な方向に運動方程式，必要であれば垂直な方向につり合いの式を作る。

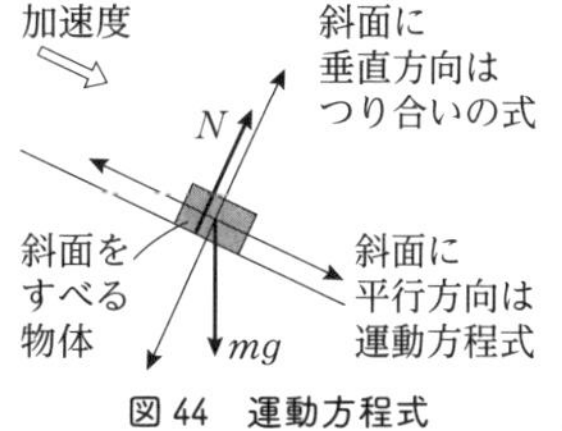

図 44　運動方程式

理解のコツ

物体が一直線上を運動するなら，加速度の方向は直線と一致する。加速度の向きがわからなければ，直線上にどちら向きにでも適当に決めればいいよ。もし，実際の加速度の向きが設定と逆向きなら，求めた加速度は負になるよ。

例題38　力を分解して運動方程式・つり合いの式を作る

なめらかで傾き角 $\theta=30°$ の斜面をもつ高さ 19.6 m の台が床に固定されている。重力加速度の大きさ $g=9.8\,\mathrm{m/s^2}$ とする。

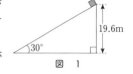

斜面の上端に質量 $m=10\,\mathrm{kg}$ の物体を静かに置くと，物体は斜面をすべり始めた（図 1）。

(1)　物体の斜面に沿った方向の加速度を求めよ。

(2)　物体が，斜面の下端に到達するまでの時間と，下端に到達したときの物体の速さを求めよ。

図　1

次に物体を斜面の下端に置き，斜面に平行上向きで大きさ 65 N の力で引くと，物体は斜面に沿って上昇した（図 2）。

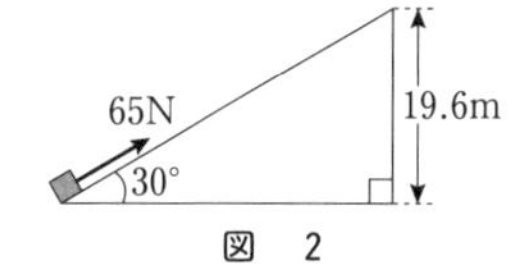

図　2

(3)　物体の斜面に沿った方向の加速度を求めよ。

(4)　物体が，斜面の上端に達するまでの時間を求めよ。

解答　(1)　斜面をすべっているとき，物体にはたらく力は右図のようになる。斜面に平行下向きの加速度を a として，運動方程式を作る。斜面に平行方向に成分をもつのは重力だけで，平行方向の成分は $mg\sin\theta$ なので

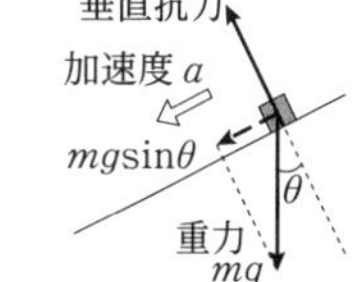

$$ma=mg\sin\theta$$

$$\therefore\quad a=g\sin\theta=9.8\times\sin30°=4.9\,\mathrm{m/s^2}$$

(2)　斜面の長さを l とすると　$l=\dfrac{19.6}{\sin30°}=39.2\,\mathrm{m}$

すべり降りる時間を t_1 とすると，等加速度直線運動の公式 2 より

$$l=\frac{1}{2}at_1{}^2 \qquad \therefore\quad t_1=\sqrt{\frac{2l}{a}}=\sqrt{\frac{2\times39.2}{4.9}}=4.0\,\mathrm{s}$$

そのときの速さ v_1 は

$v_1=at_1=4.9\times4.0=19.6\fallingdotseq20\,\mathrm{m/s}$

(3) 物体にはたらく力は右図である。斜面に平行上向きの加速度を a' とし，運動方程式を作る。

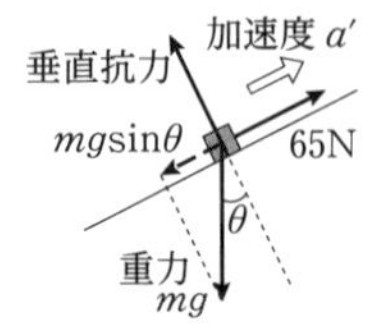

$$10a'=65-10\times9.8\times\sin30^\circ \qquad \therefore \quad a'=1.6\,\mathrm{m/s^2}$$

(4) 斜面の上端に達するまでの時間を t_2 として

$$l=\frac{1}{2}a't_2{}^2 \qquad \therefore \quad t_2=\sqrt{\frac{2l}{a'}}=\sqrt{\frac{2\times39.2}{1.6}}=7.0\,\mathrm{s}$$

2-2 物体の運動

複数の物体が接続された場合も，運動の法則は同じである。それぞれの物体ごとに運動方程式を立てればよい。力が，どの物体にはたらくのか注意すること。

物体が同じ運動をする場合（加速度が同じ場合）は，複数の物体を 1 つと考えてもよい。その場合は，物体間にはたらく力は，作用・反作用の法則より反対向きで同じ大きさなので和は 0 となり，考える必要はない。

例題39 2 つの物体の運動方程式を立て，連立させて解く

なめらかな水平面上で，質量がそれぞれ m_A，m_B の物体 A，B を接するように置き，A に大きさ F の水平な力を加えて押すと，A，B は直線上を等加速度運動した。

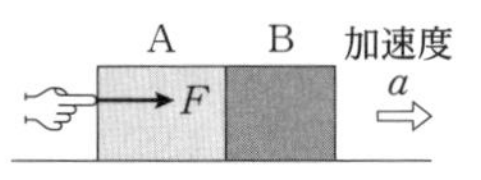

A，B の加速度の大きさを a，A，B 間にはたらく垂直抗力の大きさを f として，A，B の運動方程式を作り，a，f を求めよ。

解答 物体 A，B に水平方向にはたらく力は，右図のようになる（A，B 間にはたらく垂直抗力が，それぞれどの向きにはたらいているかに注意すること）。A，B の運動方程式を作る。加速度は，ともに a であるので

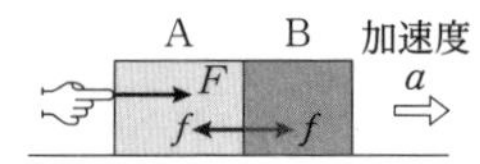

A：$m_\mathrm{A}a=F-f$ ， B：$m_\mathrm{B}a=f$

これら 2 式より，a，f を求める。

$$a=\frac{F}{m_\mathrm{A}+m_\mathrm{B}} \quad , \quad f=\frac{m_\mathrm{B}F}{m_\mathrm{A}+m_\mathrm{B}}$$

参考 A，B を一体と考えて解いてみる。一体とした場合，質量は $m_\mathrm{A}+m_\mathrm{B}$ で，外部から水平に大きさ F の力で押されているので（A，B 間にはたらく垂直抗力は，和をとると 0 となるので，考える必要はない）

$$(m_\mathrm{A}+m_\mathrm{B})a=F \qquad \therefore \quad a=\frac{F}{m_\mathrm{A}+m_\mathrm{B}}$$

ただし，f を求めるためには結局，A もしくは B の運動方程式を作る必要がある。

≫滑車にはたらく力

なめらかに回る軽い滑車に，張力 T の軽い糸をかけている状況を考える。糸から滑車にはたらく力は図 45 のようになるとしてよい。つまり糸が滑車から離れる位置を作用点として，糸の方向に大きさ T の力がはたらくと考えてよい。

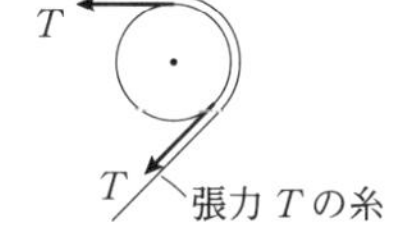

図 45　滑車にはたらく力

例題40　滑車にかかった物体の運動方程式を作る

天井からつるされた軽くてなめらかに回る滑車に軽い糸をかけ，糸の両端に質量がそれぞれ m，$2m$ の物体 A，B をつるす。糸を張り A，B を静止させた状態から静かにはなす。このとき，B の床からの高さは h であった。重力加速度の大きさを g とする。

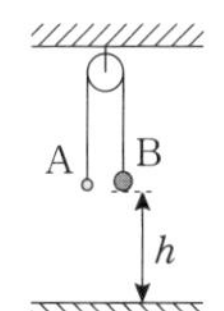

(1)　糸の張力の大きさを T として，A，B にはたらく力を図示せよ。

(2)　A，B の加速度の大きさを a として，A，B の運動方程式をそれぞれ作り，a，T を求めよ。

(3)　B が床に衝突するまでの時間を求めよ。また，床に衝突したときの B の速さを求めよ。

(4)　滑車にはたらく力を図示せよ。また，天井から滑車にはたらく力の大きさを求めよ。

解答 (1)　糸は軽いので，糸のどの部分でも張力の大きさは一定である。A，B それぞれにはたらく力は右図となる。

なお，張力の大きさは mg でも $2mg$ でもない。A，B はそれぞれ重力と張力がつり合っていないから加速度運動をする。

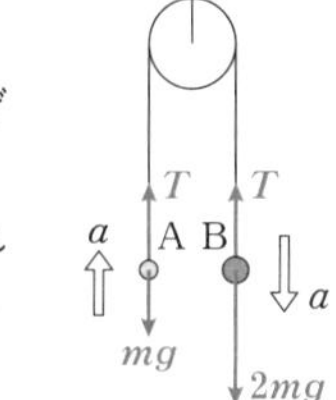

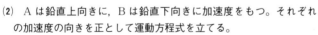

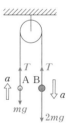

(2)　A は鉛直上向きに，B は鉛直下向きに加速度をもつ。それぞれの加速度の向きを正として運動方程式を立てる。

A：$ma=T-mg$　…①

B：$2ma=2mg-T$　…②

①，②式より a，T を求める。

$$a=\frac{g}{3}\quad,\quad T=\frac{4}{3}mg$$

(3)　B が床に衝突するまでの時間を t として，等加速度直線運動の公式 2 より

$$h=\frac{1}{2}at^2\qquad\therefore\quad t=\sqrt{\frac{2h}{a}}=\sqrt{\frac{6h}{g}}$$

そのときの速さ v は　$v=at=\dfrac{g}{3}\sqrt{\dfrac{6h}{g}}=\sqrt{\dfrac{2gh}{3}}$

(4)　滑車にはたらく天井からの力を S とする。滑車は軽いので，重力は無視でき，滑車にはたらく力は右図となる。滑車にはたらく力のつり合いより

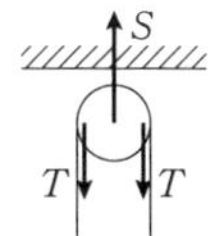

$$S-2T=0\qquad\therefore\quad S=2T=\frac{8}{3}mg$$

演習 7

右図のような傾き角 θ のなめらかな斜面をもつ三角台が床に固定されている。この三角台の頂点になめらかに回転する軽い滑車をつけ，滑車に軽い糸をかけて両端に質量がそれぞれ M, m の物体 A，B をつける。物体 A，B を静止させ，糸を張った状態で静かにはなすと，A は斜面に沿って落下し，B は鉛直に上昇した。重力加速度の大きさを g とする。

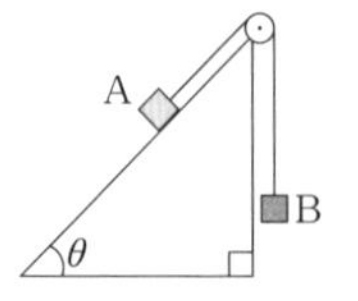

(1) B が上昇するための，M と m が満たす条件を求めよ。
(2) 糸の張力を T として，物体 A，B にはたらく力を図示せよ。
(3) A，B の加速度の大きさを a として，物体 A，B の運動方程式をそれぞれ作れ。
(4) a，T を求めよ。

解答 (1) A，B を静かにはなしても，動かない場合を考える。そのときの糸の張力の大きさを T_0 として，A は斜面に平行に，B は鉛直につり合いの式を作ると

A：$Mg\sin\theta - T_0 = 0$　，　B：$T_0 - mg = 0$

これより，$M\sin\theta = m$ である。ゆえに A が下降し，B が上昇するためには

$M\sin\theta > m$

(2) 右図。

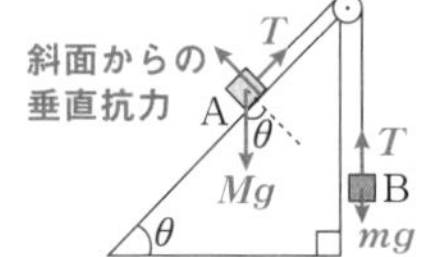

(3) A は斜面に平行下向き，B は鉛直上向きの運動方程式を作る。

A：$Ma = Mg\sin\theta - T$　…①
B：$ma = T - mg$　…②

(4) ①，②式を解いて

$$a = \frac{M\sin\theta - m}{M+m}g \quad , \quad T = \frac{mM(1+\sin\theta)}{M+m}g$$

3 - 動摩擦力

あらい面上を物体がすべるとき，物体に速度と反対向きに，**動摩擦力** F' がはたらく。F' の大きさは，物体と面との間の垂直抗力 N に比例し，比例定数を μ'（読みは“ミューダッシュ”）とする。μ' を**動摩擦係数**という。μ' は面のあらさ等によって決まる。一般的に μ' は，静止摩擦係数 μ より小さい。

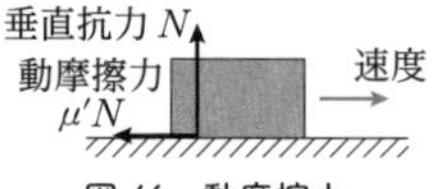

図 46　動摩擦力

動摩擦力

$$F' = \mu' N \quad \cdots ㊸$$

μ'：動摩擦係数　　N〔N〕：面との間の垂直抗力

理解のコツ

動摩擦力 F' の大きさは，速度によって変化しないから，いつでも式㊸で求めれば OK だよ。

例題41　動摩擦力を求める

水平面上に置かれた質量 20 kg の物体に，水平に大きさ 89 N の力を加えると，一定の加速度で動いた。物体と面との間の動摩擦係数 0.25，重力加速度の大きさ $9.8\,\mathrm{m/s^2}$ とする。

(1) 物体にはたらく力の鉛直方向のつり合いを考えて，物体と水平面との間にはたらく垂直抗力の大きさを求めよ。

(2) 動摩擦力の大きさを求めよ。

(3) 物体の加速度の大きさを a として運動方程式を作り，a を求めよ。

物体に加える力の大きさを変えて，物体が等速直線運動をするようにしたい。

(4) 加える力の大きさをいくらにすればよいか求めよ。

解答 (1) 運動は水平方向なので，鉛直方向の力はつり合っている。垂直抗力の大きさを N として，物体にはたらく力は右図のようになる。鉛直方向のつり合いより

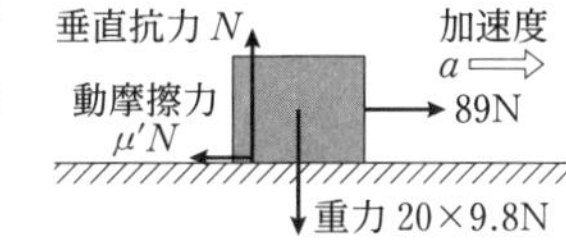

$N-20\times9.8=0$

$\therefore\quad N=20\times9.8=196\fallingdotseq2.0\times10^2\,\mathrm{N}$

(2) 動摩擦係数 $\mu'=0.25$ なので，動摩擦力の式㊿より

$\mu'N=0.25\times196=49\,\mathrm{N}$

(3) 物体は静止状態から加速しているので，物体に加えた力の向きに運動する。動摩擦力は速度と逆向きなので，運動の向きと逆向きにはたらく。物体の運動方程式より

$20a=89-49\qquad\therefore\quad a=2.0\,\mathrm{m/s^2}$

(4) 等速直線運動をするとき，力はつり合っている。加える力の大きさを f として，水平方向のつり合いより

$f-49=0\qquad\therefore\quad f=49\,\mathrm{N}$

例題42　動摩擦力による減速を考える

水平面上を初速度 v_0 で，物体をすべらせる。物体は次第に減速し，やがて静止する。物体と面との間の動摩擦係数を μ'，重力加速度の大きさを g とする。

(1) 初速度の向きを正として，物体が水平面上をすべっているときの加速度を求めよ。

(2) 物体が静止するまでに進む距離を求めよ。

解答 (1) 物体の質量を m とする。右向きに動いているとして，物体にはたらく力は右図のようになる。物体と水平面との間の垂直抗力の大きさを N とすると，鉛直方向の力のつり合いより $N=mg$ である。

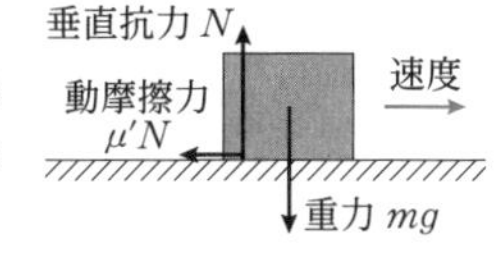

動摩擦力の大きさは $\mu'N=\mu'mg$ で，向きは速度と逆向きである。加速度を a とし，速度の向きを正として運動方程式を作る。

$ma=-\mu'mg\qquad\therefore\quad a=-\mu'g$

これは加速度が速度と逆向きであることを示す。

ゆえに，速度の向きと逆向きに，大きさ $\mu'g$。

(2) 進んだ距離を l として，等加速度直線運動の公式 3 より

$$0^2-{v_0}^2=2al \qquad \therefore \quad l=\frac{-{v_0}^2}{2a}=\frac{-{v_0}^2}{2(-\mu' g)}=\frac{{v_0}^2}{2\mu' g}$$

演習 8

水平面に質量 5.0 kg の物体を置く。この物体に水平から角 θ だけ上方に力 F を加えて引く。ただし，$\cos\theta=0.80$，$\sin\theta=0.60$ である。重力加速度の大きさを $9.8\,\mathrm{m/s^2}$ とする。

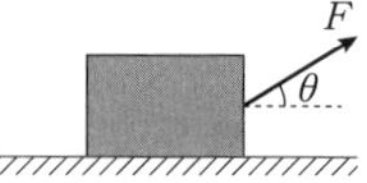

$F=20\,\mathrm{N}$ のとき，物体は動かなかった。

(1) このときの静止摩擦力の大きさを求めよ。

力 F の大きさを徐々に大きくしていくと，35 N のとき物体は浮き上がることなく動き出した。

(2) 物体と水平面との静止摩擦係数を求めよ。

力 F の大きさを 40 N にすると，物体は浮き上がることなく一定の大きさの加速度で動いた。ただし，物体と水平面との間の動摩擦係数は 0.60 である。

(3) 物体にはたらいている力を図示せよ。また，垂直抗力と動摩擦力の大きさを求めよ。

(4) 加速度の大きさを a として運動方程式を作り，a を求めよ。

解答 (1) 静止摩擦力の大きさを f とする。水平方向の力のつり合いより

$$20\cos\theta-f=0 \qquad \therefore \quad f=20\times0.80=16\,\mathrm{N}$$

(2) 物体が動き出す直前を考える。物体に水平面からはたらく垂直抗力の大きさを N，静止摩擦係数を μ とする。このとき静止摩擦力の大きさは最大摩擦力 μN となり，動く直前なので力はつり合っている。物体にはたらく力は図 1 となる。鉛直，水平方向の力のつり合いより

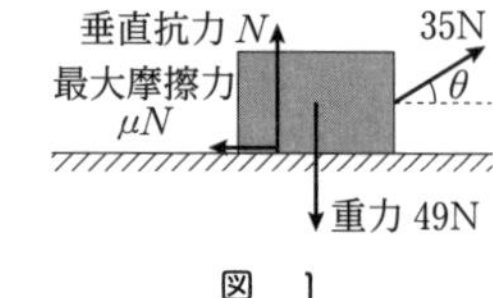

図 1

鉛直：$N+35\sin\theta-5.0\times9.8=0 \qquad \therefore \quad N=28\,\mathrm{N}$

水平：$35\cos\theta-\mu N=0 \qquad \therefore \quad \mu=\dfrac{35\times0.80}{28}=1.0$

(3) 垂直抗力の大きさを N' とすると，物体にはたらいている力は図 2 となる。加速度は水平方向で，鉛直方向には力がつり合っているので

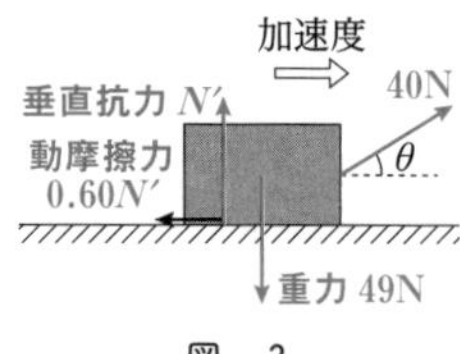

図 2

$$N'+40\sin\theta-5.0\times9.8=0 \qquad \therefore \quad N'=25\,\mathrm{N}$$

これより物体にはたらく動摩擦力の大きさは

$$0.60N'=0.60\times25=15\,\mathrm{N}$$

(4) 物体は水平に動き，加速度をもつ。水平方向に運動方程式を作る。

$$5.0a=40\cos\theta-0.60N'=40\times0.80-15=17 \qquad \therefore \quad a=3.4\,\mathrm{m/s^2}$$

4 - 運動方程式といろいろな運動

▶▶運動方程式のまとめ

物体にはたらく力がつり合っていないとき，物体は加速度をもつ。加速度は運動方程式を作ることで求められる。ひとまず運動方程式の作り方についてまとめてみる。

まず加速度の方向を考える (運動の方向が直線に限られるときは，加速度は直線の方向である)	
加速度の方向がわかるとき →力の図を描いて，力を加速度の方向と，直交方向とに分解する。 → { 加速度の方向　：正の向きを決めて運動方程式を作る。 　 加速度と直交方向：必要なら，力のつり合いの式を作る。	**加速度の方向がわからないとき** もしくは，**分解すると便利なとき** (後の「**▶▶加速度の分解**」で詳しく学ぶ) →力の図を描いて，適当な 2 方向 (x，y 方向) に力を分解する。 →両方向に加速度 (a_x，a_y) を設定して，それぞれ運動方程式を作る。

次の例題を，このまとめに従って解いてみよう。

例題43 手順に従って運動方程式を作る

水平面上に置いた質量 m の物体 A につけた軽い糸を，軽くてなめらかに回転する滑車にかけ，他端に質量 $2m$ の物体 B をつるす。糸を張った状態で A，B を静止させて静かにはなすと動き出した。

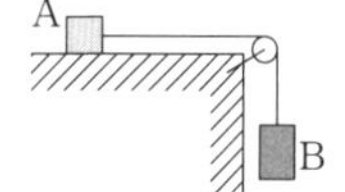

A と水平面の間の動摩擦係数を $\frac{4}{5}$，重力加速度の大きさを g とする。

(1) 糸の張力の大きさを T，A と水平面との間にはたらく垂直抗力の大きさを N として，A，B にはたらく力を図示せよ。また，A にはたらく動摩擦力の大きさを m，g で表せ。

(2) 加速度の大きさを a として A，B の運動方程式を作り，a，T を求めよ。

解答 (1) 力は右図。A の鉛直方向の力のつり合いより $N=mg$ である。動摩擦力の大きさを f として

$$f=\frac{4}{5}N=\frac{4}{5}mg$$

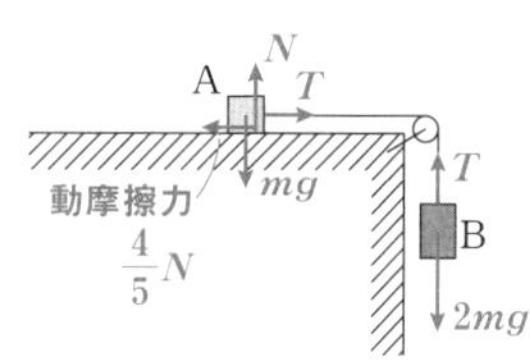

(2) A は水平右向き，B は鉛直下向きに運動方程式を作る。

$$\text{A}:ma=T-\frac{4}{5}mg \quad \cdots①$$

$$\text{B}:2ma=2mg-T \quad \cdots②$$

①，②式を解いて　$a=\frac{2}{5}g$，$T=\frac{6}{5}mg$

▶▶親子亀

図 47 のように，物体 A を，平面上に置かれた物体 B のあらい上面にのせ，A，B を平面に平行に運動させる。このような問題を入試物理では**親子亀**の問題という。B に対して A が静止していたり，動いていたり，また，B や A に力を加えていたり，様々な状況が考えられる。解くポイントは，**①運動の状況の整理**と，**②摩擦力の向きを考えること**である。

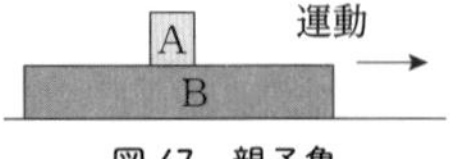

図 47　親子亀

①　運動状況の整理

A と B の速度を考えて運動を把握しよう。A が B に対して動いているのか，いないのか？　A と B の速度が異なるとき，どちらが速いのか？　特に，**「B に対する A の相対速度」**を理解することが大切になってくる。

②　A，B 間にはたらく摩擦力の向き

A と B の { 相対速度＝0 のとき（A が B に対して静止）　→　静止摩擦力
相対速度≠0 のとき（A が B に対して動いている）　→　動摩擦力

がはたらく。摩擦力の向きは，以下のように考えるとよい。

静止摩擦力の向き：もし摩擦がなければどうなるかを考える

図 48 で，B に右向きの力を加えて，B が右向きに加速し，A は B と同じ運動をする場合を考える。もし摩擦がなければ A は右に動くことができない。つまり，A には右向きの静止摩擦力がはたらく。作用・反作用の法則より，B には逆に左向きの静止摩擦力がはたらく。

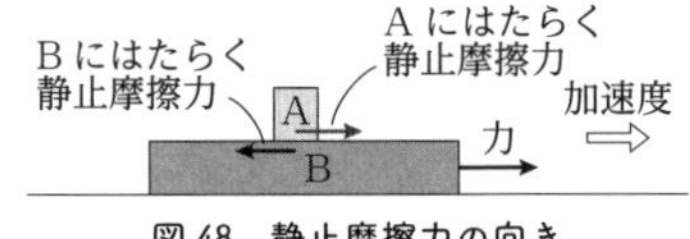

図 48　静止摩擦力の向き

動摩擦力の向き：相対速度と逆向き

図 49 (a)で A が B 上で動き，$v_B > v_A$ であるとする。図の右向きを正として，B から見た A の相対速度 $u = v_A - v_B < 0$ より，B 上で見ると，図(b)のように A は左へ動くので，A にはたらく動摩擦力は右向き。また作用・反作用の法則より，B にはたらく動摩擦力は左向きになる。$v_B < v_A$ のときは，$u > 0$ で動摩擦力の向きは逆になる。

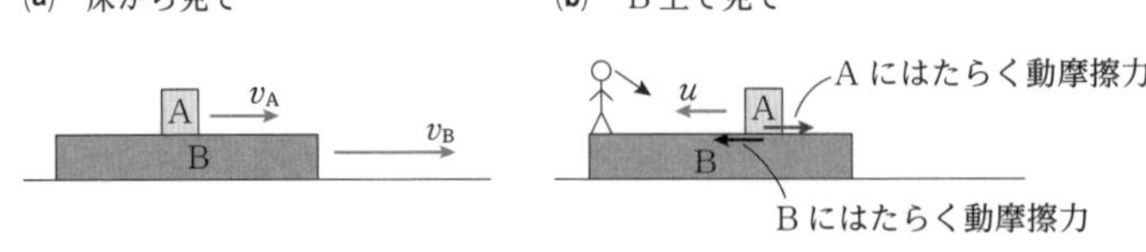

図 49　動摩擦力の向き

理解のコツ

摩擦力の向きの考え方は，問題演習を通じて，自分なりの考え方を身につけることが大切だよ。

例題44 親子亀の力を正確に理解し，運動方程式を作る

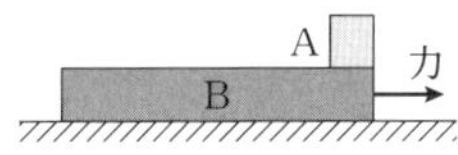

なめらかな水平面上に質量 12kg の台 B を，B の水平な上面の右端に質量 8.0kg の物体 A を置く。B の上面の長さは 0.20m である。重力加速度の大きさを $10\,\mathrm{m/s^2}$，B の上面と A の間の静止摩擦係数 0.60，動摩擦係数 0.50 とし，A の大きさは無視できるものとする。

Ⅰ．B を，水平で大きさ 90N の力で引くと，A は B 上ですべることなく動き出した。

(1) B にはたらく力を図示せよ。図には力の名称を書け。

(2) A，B 間にはたらく静止摩擦力の大きさを f，A，B の加速度を a として，A，B の運動方程式をそれぞれ作り，f，a を求めよ。

Ⅱ．B を引く力を大きくしていくと，大きさ F_0 のとき A は B 上をすべり始めた。

(3) F_0 を求めよ。

Ⅲ．初めの状態から，B を水平で大きさ 130N の力で引くと，A は B 上ですべりながら運動した。

(4) B にはたらく力を図示せよ。図には力の名称を書け。

(5) A，B の加速度をそれぞれ求めよ。

(6) 動き出してから，A が B の上面からすべり落ちるまでの時間を求めよ。また，すべり落ちたときの B から見た A の速度の向きと大きさを求めよ。

解答 (1) A，B の加速度は右向きなので，A にはたらく静止摩擦力も右向きである（右図の点線の力）。作用・反作用の法則より B にはたらく静止摩擦力は逆に左向きになる。B にはたらく力は右図となる。

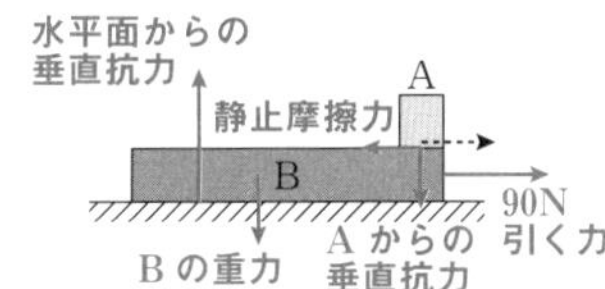

(2) A と B の加速度は同じ a である。

A：$8.0a=f$ …①

B：$12a=90-f$ …②

①，②式を解いて　$f=36\,\mathrm{N}$ ，$a=4.5\,\mathrm{m/s^2}$

(3) A が B 上ですべり出す直前を考える。このとき静止摩擦力＝最大摩擦力となっている。A，B 間の垂直抗力の大きさを N として，A にはたらく力の鉛直方向のつり合いより $N=8.0\times10=80\,\mathrm{N}$，ゆえに，最大摩擦力の大きさを f_0 とすると

$f_0=0.60N=0.60\times80=48\,\mathrm{N}$

すべり出す直前なので，A，B の加速度を同じ a' として運動方程式を作る。

A：$8.0a'=48$ …③

B：$12a'=F_0-48$ …④

③，④式より F_0 を求めると　　$F_0=1.2\times10^2\,\mathrm{N}$

(4)　AとBの速さをそれぞれ v_A，v_B とする。この場合 $v_A<v_B$ である。Bから見たAの相対速度 $v_A-v_B<0$ なので，Bから見たAは左向きに動いている。ゆえにAにはたらく動摩擦力は相対速度と逆向きの右向き（右図の点線の力），作用・反作用の法則より，Bにはたらく動摩擦力は左向きである。Bにはたらく力は右図となる。

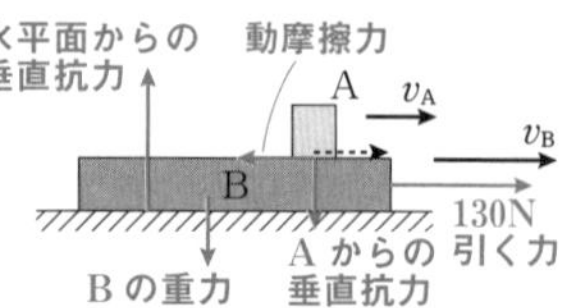

(5)　動摩擦力の大きさは　　$0.50N=0.50\times80=40\,\mathrm{N}$

A，Bの加速度をそれぞれ右向きに a_A，a_B とし，それぞれの運動方程式を作る。

A：$8.0a_A=40$　　$\therefore$　$a_A=5.0\,\mathrm{m/s^2}$

B：$12a_B=130-40$　　$\therefore$　$a_B=7.5\,\mathrm{m/s^2}$

(6)　A，Bが動き出してから時間 t までに移動した距離をそれぞれ x_A〔m〕，x_B〔m〕とすると

$$x_A=\frac{1}{2}a_At^2=\frac{1}{2}\times5.0t^2$$

$$x_B=\frac{1}{2}a_Bt^2=\frac{1}{2}\times7.5t^2$$

距離の差がBの上面の長さ 0.20 m となったとき，AはBの左端から落ちる。

$$0.20=x_B-x_A=\frac{1}{2}\times7.5t^2-\frac{1}{2}\times5.0t^2 \qquad \therefore \quad t=\pm0.40$$

ゆえに，時間は　　0.40 s

そのときのA，Bの速度をそれぞれ v_A，v_B とすると

$v_A=a_At=5.0t=5.0\times0.40=2.0\,\mathrm{m/s}$

$v_B=a_Bt=7.5t=7.5\times0.40=3.0\,\mathrm{m/s}$

Bから見たAの相対速度 u は

$u=v_A-v_B=2.0-3.0=-1.0\,\mathrm{m/s}$

ゆえにBから見て，左向きに 1.0 m/s。

なお，相対加速度を用いた解法もある（次の「**相対加速度**」参照）。

理解のコツ

例題 44 で，「Bの上にAがのっているから，Bの運動方程式の左辺にAの質量を加えなくていいの？」という疑問をもつ人がいると思う。運動方程式の左辺の質量は，あくまでその物体の質量で，重さなどは関係ないんだ。Bの運動方程式は

Bの質量×Bの加速度＝Bにはたらく力の合力

だよ。

▶▶相対加速度

異なる加速度をもつ物体どうしで，相対速度と同様に，**相対加速度**を考えることができる。例題 44 のⅢの状態を床から見ると，図 50 (a)のようになる。これを B 上で見ると図(b)となり，B から見た A の相対加速度 α は

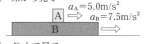

$$\alpha = a_\mathrm{A} - a_\mathrm{B} = 5.0 - 7.5 = -2.5\,\mathrm{m/s^2}$$

である。B 上で A を見ると，左に加速度 2.5 m/s² で動くように見える。

相対加速度

B から見た A の相対加速度 α

$$\boldsymbol{\alpha} = \boldsymbol{a}_\mathrm{A} - \boldsymbol{a}_\mathrm{B} \quad \cdots❺❹$$

(a)　床から見て　$a_\mathrm{A}=5.0\,\mathrm{m/s^2}$　$a_\mathrm{B}=7.5\,\mathrm{m/s^2}$

(b)　B 上で見て　$\alpha=-2.5\,\mathrm{m/s^2}$

図 50　相対加速度

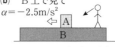

相対加速度が一定であれば，等加速度直線運動の公式をそのまま使い，相対速度や相対変位を求めることができる。

例題 44 (6)の別解

(6)　B 上で見て，A の相対加速度 α は左向きに 2.5 m/s²，初速度は 0 である。左に 0.20 m 移動すると B から落ちるので，落ちるまでの時間 t は

$$-0.20 = \frac{1}{2}\alpha t^2 = \frac{1}{2}\times(-2.5)t^2 \qquad \therefore \quad t = \pm 0.40\,\mathrm{s}$$

ゆえに，時間は　**0.40 s**

また，そのときの B から見た A の相対速度 u も，相対加速度で計算する。

$$u = \alpha t = -2.5 \times 0.40 = -1.0\,\mathrm{m/s}$$

物体の運動が一直線上でない場合でも，加速度をベクトルとして始点を一致させ，同様に相対加速度を求めることができる。

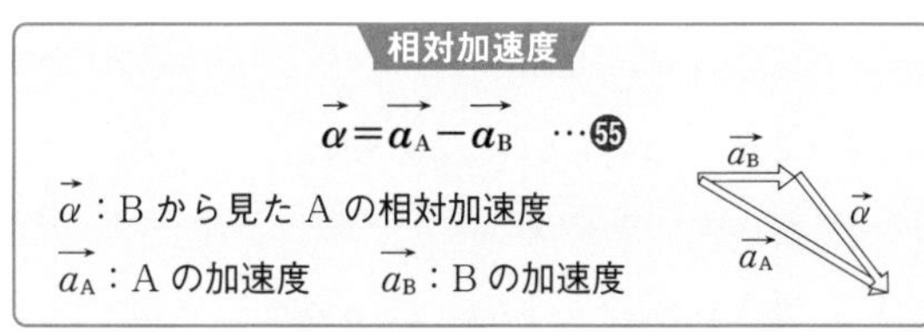

相対加速度

$$\vec{\alpha} = \vec{a_\mathrm{A}} - \vec{a_\mathrm{B}} \quad \cdots❺❺$$

$\vec{\alpha}$：B から見た A の相対加速度

$\vec{a_\mathrm{A}}$：A の加速度　　$\vec{a_\mathrm{B}}$：B の加速度

理解のコツ

相対加速度は，難関大の入試では必須の事項だ。これも，感覚で理解しようと思わず，式❺❹，❺❺の結果を正しいと受け入れることが大切だよ。

▶▶加速度の分解

加速度も，方向ごとに分解することができる。

- 加速度の方向がわからないとき（**演習 10**）
- 分解した方が便利なとき（**例題 45**）

以上の場合は加速度を分解し，それぞれの方向ごとに運動方程式を作る。図 51 のように，加速度 $\vec{a}$ を x，y 方向に分解すると

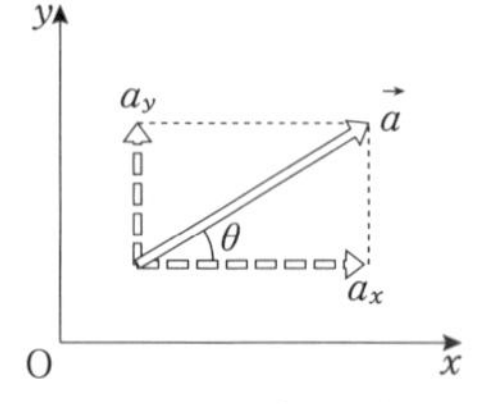

図 51　加速度の分解

$$a_x = a\cos\theta \quad \cdots ⑯ \quad , \quad a_y = a\sin\theta \quad \cdots ⑰$$

例題45　**加速度を分解して考える**

傾き角 θ の斜面上から，斜面に垂直に初速度 v_0 で小球を投げ出した。投げた地点を原点に，斜面に平行下向きに x 軸，垂直上向きに y 軸をとる。重力加速度の大きさを g とする。

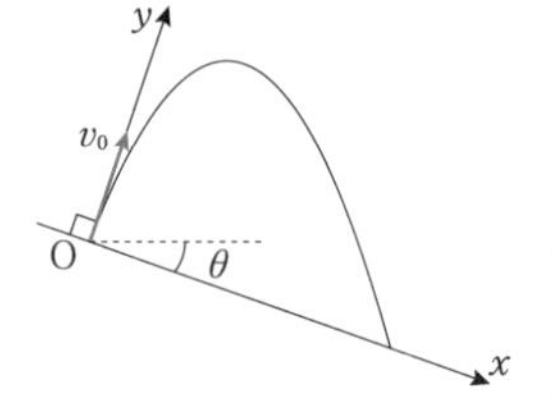

(1)　小球の加速度の x 成分，y 成分を求めよ。

(2)　投げた瞬間を時刻 $t=0$ とし，時刻 t での物体の位置の座標を求めよ。

(3)　投げてから斜面に落下する時刻と，落下した位置の O からの距離を求めよ。

解答 (1)　物体の加速度は，鉛直下向きに大きさ g である。これを分解する。x 成分を a_x，y 成分を a_y とすると，右図より，向きも考えて

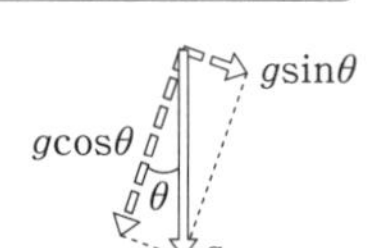

$$a_x = g\sin\theta \quad , \quad a_y = -g\cos\theta$$

(2)　x，y 方向それぞれに等加速度運動をする。x 方向は初速度 0，y 方向は初速度 v_0 であるので

$$x = \frac{1}{2}a_x t^2 = \frac{1}{2}g\sin\theta\cdot t^2$$

$$y = v_0 t + \frac{1}{2}a_y t^2 = v_0 t - \frac{1}{2}g\cos\theta\cdot t^2$$

(3)　斜面に落下するとき $y=0$ である。$t>0$ も考慮して

$$0 = v_0 t - \frac{1}{2}g\cos\theta\cdot t^2 \qquad \therefore \quad t = \frac{2v_0}{g\cos\theta}$$

O からの距離は，落下したときの x 座標であるので

$$x = \frac{1}{2}g\sin\theta\left(\frac{2v_0}{g\cos\theta}\right)^2 = \frac{2{v_0}^2\tan\theta}{g\cos\theta}$$

空気の抵抗力を受ける運動

空気の抵抗力を無視できない状況を考える。空気の抵抗力は，速度や物体の形状などによって変化する。一般に速度があまり大きくないときは，抵抗力の大きさ f〔N〕は速さ v〔m/s〕に比例する(速度が大きくなると，速さの 2 乗に比例するようになる)。向きは，速度と逆向きである。比例定数を k〔N･s/m〕として

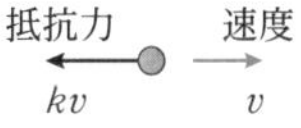

抵抗力 kv　速度 v

図 52

$$f=kv \quad \cdots ㊽$$

理解のコツ

空気の抵抗力がはたらく運動では，加速度が速度によって異なるから，等加速度運動ではないことに注意しよう。また，大部分の問題では式㊽の内容が，問題文で示されているよ。

雨滴の落下

空気中で落下する雨滴の運動を例題 46 で取り上げる。

例題46　抵抗力がはたらく物体の運動方程式を作る

質量 m の雨滴が，初速度 0 で落下する。雨滴には速度と逆向きに，速さに比例する抵抗力がはたらく。比例定数を k とする。重力加速度の大きさを g とする。

(1) 雨滴が落下を始めた瞬間の，雨滴の加速度を求めよ。

雨滴の速さが v となった。

(2) このとき，雨滴にはたらく力を図示せよ。また，抵抗力の大きさを求めよ。

(3) このときの雨滴の鉛直下向きの加速度を求めよ。

(4) (3)の結果より，雨滴の落下とともに加速度はどのように変化するか概略を述べよ。

十分時間が経つと，雨滴は一定の速度 v_f で落下するようになった。

(5) 雨滴にはたらく力は，どのような状態にあるか答えよ。

(6) v_f を求めよ。

(7) 雨滴の速度の変化の概略を，横軸に時間をとってグラフを描け。

解答 (1) 落下を始めた瞬間の雨滴の速度は 0 で，抵抗力ははたらかない。雨滴にはたらくのは重力だけなので，加速度を a_0 とし，鉛直下向きの運動方程式を立てて

$$ma_0=mg \qquad \therefore \quad a_0=g$$

(2) 力は右図。抵抗力の大きさは，問題文より　kv

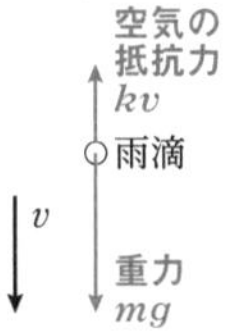

空気の抵抗力 kv　雨滴　v　重力 mg

(3) 加速度を a とし，鉛直下向きの運動方程式を立てる。

$$ma=mg-kv \qquad \therefore \quad a=g-\frac{kv}{m}$$

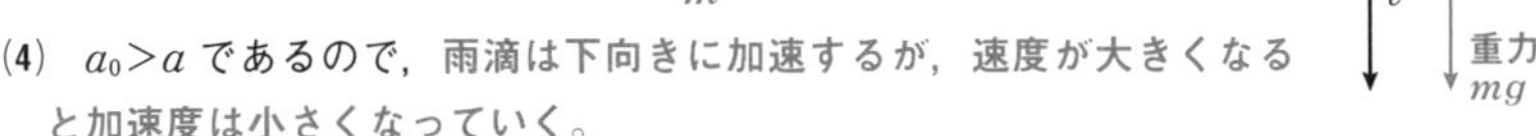

(4) $a_0>a$ であるので，雨滴は下向きに加速するが，速度が大きくなると加速度は小さくなっていく。

(5) 等速なので，力はつり合っている。

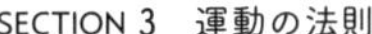

(6) 雨滴にはたらく抵抗力は，速度と逆向き（鉛直上向き）に kv_{f} であるので，力のつり合いより

$$mg-kv_{\mathrm{f}}=0 \qquad \therefore \quad v_{\mathrm{f}}=\frac{mg}{k}$$

（v_{f} を**終端速度**という。）

(7) 雨滴の加速度は g から次第に小さくなり，速度が v_{f} で等速（加速度$=0$）となる。v-t グラフの傾きは加速度を表すので，グラフの傾きが徐々に小さくなり，やがて傾きが0となる（右図）。

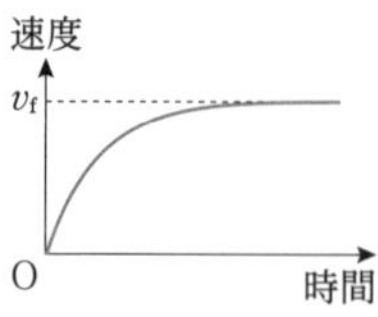

LEVEL UP!

大学への物理

例題 46 の運動について考える。加速度 $a=\dfrac{dv}{dt}$ より，運動方程式は

$$m\frac{dv}{dt}=mg-kv$$

これを変形して

$$\frac{dv}{v-\dfrac{mg}{k}}=-\frac{k}{m}dt$$

両辺を積分する。$v<\dfrac{mg}{k}$ であることも考慮し，C を積分定数として

$$\int\frac{dv}{v-\dfrac{mg}{k}}=-\frac{k}{m}\int dt$$

$$\log\left(\frac{mg}{k}-v\right)=-\frac{k}{m}t+C$$

$$\therefore \quad \frac{mg}{k}-v=C'e^{-\frac{kt}{m}}$$

ただし，$C'=e^{C}$ である。ここで，時刻 $t=0$ で $v=0$ より C' を求める。

$$\frac{mg}{k}-0=C'e^{-\frac{k\times 0}{m}} \qquad \therefore \quad C'=\frac{mg}{k}$$

ゆえに，時刻 t のときの速度 v は

$$v=\frac{mg}{k}(1-e^{-\frac{kt}{m}})$$

となり，変化は例題 46 (7)のグラフとなる。

演習 9

一端を床に固定し，鉛直に置かれた自然の長さ l，ばね定数 k の軽いばねがある。ばねの他端には質量 M の板をつけ，板の上に質量 m の物体をのせる。重力加速度の大きさを g とする。

板を持ち，ばねを自然の長さから d だけ縮めた位置にして静かに手をはなすと，板と物体は静止した。

(1) d を求めよ。

次に，板を持ち，ばねを自然の長さから $4d$ だけ縮めた位置にして静かに手をはなすと，板と物体は上昇を始めた。ばねの長さが x の位置を板と物体が通過するときについて考える。物体は，板から離れていないものとする。

(2) 板と物体の間の垂直抗力の大きさを N，板と物体の鉛直上向きの加速度を a として，板と物体の運動方程式を作り，a，N を求めよ。

(3) $x=l-3d$ を通過するときの a，N を，m，g のうち必要な文字を用いて表せ。

(4) やがて，物体は板から離れた。物体が離れたときの，ばねの長さを求めよ。

解答 (1) 板と物体を，質量 $M+m$ の一体の物体と考える。力のつり合いより

$$kd-(M+m)g=0 \qquad \therefore \quad d=\frac{M+m}{k}g \quad \cdots①$$

(2) ばねの長さが x で，自然の長さから縮んでいると仮定する。自然の長さからの縮みは $l-x$ であるので，弾性力は，鉛直上向きで大きさ $k(l-x)$ である。板と物体にはたらく力は，右図となる。鉛直上向きの運動方程式をそれぞれ作る。

板に はたらく力：弾性力 $k(l-x)$，N，重力 Mg

物体に はたらく力：N，重力 mg

板　：$Ma=k(l-x)-Mg-N$

物体：$ma=N-mg$

この 2 式を解いて

$$a=\frac{k(l-x)}{M+m}-g \quad \cdots② \quad , \quad N=\frac{mk(l-x)}{M+m} \quad \cdots③$$

(3) ②，③式に $x=l-3d$ を代入し，さらに①式より kd を消去する。

$$a=\frac{k(l-l+3d)}{M+m}-g=\frac{3kd}{M+m}-g=3g-g=2g$$

$$N=\frac{mk(l-l+3d)}{M+m}=\frac{3mkd}{M+m}=3mg$$

(4) 物体が離れるとき，$N=0$ である。③式より

$$N=\frac{mk(l-x)}{M+m}=0 \qquad \therefore \quad x=l$$

理解のコツ

演習 9(2)では，ばねが自然の長さより縮んでいるのか，伸びているのか，判断できない。そこで，どちらかだと仮定して解くことになるけど，この問題では，縮んでいる状態で運動が始まっているから，縮んでいると仮定するといいよ。

演習10

なめらかな水平面上に，傾き角 θ のなめらかな斜面をもつ質量 M の三角台Pが置かれている。Pの斜面上に質量 m の物体Qを置き，静かにはなすとQは斜面をすべり，Pは水平面上を動き出した。水平右向きを x 方向，鉛直下向きを y 方向とし，重力加速度の大きさを g とする。

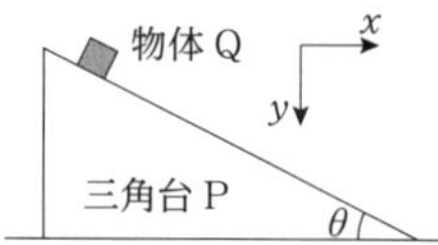

(1) PとQの間にはたらく垂直抗力の大きさを N とする。Pの加速度を A として，Pの運動方程式を作れ。

(2) Qの加速度の x 成分，y 成分をそれぞれ a_x，a_y とし，Qの x 方向，y 方向の運動方程式を N も用いて作れ。

(3) Pから見たQの相対加速度の x 成分 b_x，y 成分 b_y を，A，a_x，a_y を用いて表せ。

(4) Pから見たQの運動の方向を考えて，a_y を A，a_x，θ を用いて表せ。

(5) これらの式を解いて，A，a_x，a_y を求めよ。

解答　図1のようにQは斜面に沿ってすべり降りるが，Pも動くので，加速度の向きがわからない。そこで，加速度を2方向に分解し，運動を完全に x，y 方向に分けて考える。

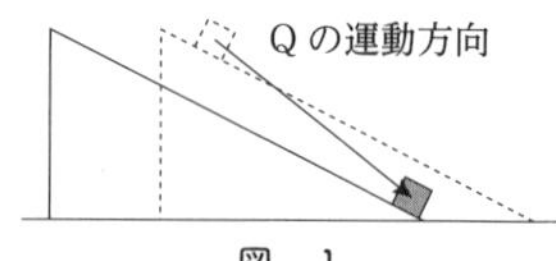

図 1

(1) P，Qにはたらく力は図2のようになる。ただし，Pは水平方向にしか動かないので，Pにはたらく鉛直方向の力は省略している。Pの水平方向の運動方程式は

$MA=-N\sin\theta$ …①

（x の正の向きを正として作る。$A<0$ となりPは左へ動く。）

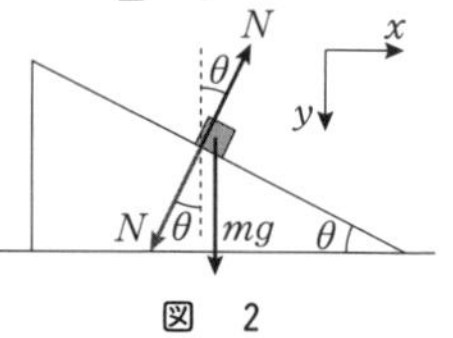

図 2

(2) Qにはたらく力を x，y 方向に分解して，それぞれの方向に運動方程式を作る。

x 方向：$ma_x=N\sin\theta$ …②

y 方向：$ma_y=mg-N\cos\theta$ …③

(3) 式55を成分で考えて，Pから見たQの相対加速度の成分は

x 成分：$b_x=a_x-A$　，　y 成分：$b_y=a_y-0=a_y$

(4) Pから見たQは，斜面に沿ってすべり落ちる。相対加速度も斜面に平行なので

$$\tan\theta=\frac{b_y}{b_x}=\frac{a_y}{a_x-A} \qquad \therefore\ a_y=(a_x-A)\tan\theta \quad \cdots④$$

(5) ①～④式を解いて

$$A=-\frac{mg\sin\theta\cos\theta}{M+m\sin^2\theta}\ ,\quad a_x=\frac{Mg\sin\theta\cos\theta}{M+m\sin^2\theta}\ ,\quad a_y=\frac{(M+m)g\sin^2\theta}{M+m\sin^2\theta}$$

仕事とエネルギー

1-仕　事

「“仕事”とは何を意味するのか？」ということは，初めは気にしないでおこう。まずここでは，仕事を求められるようになることが目標である。

▶仕事の求め方

図 53 のように，物体が位置 A から B まで距離（変位）S〔m〕だけ移動する間，大きさ F〔N〕の力が変位と同じ向きにはたらいていたとする。この力が物体にする仕事 W を以下のように決める。

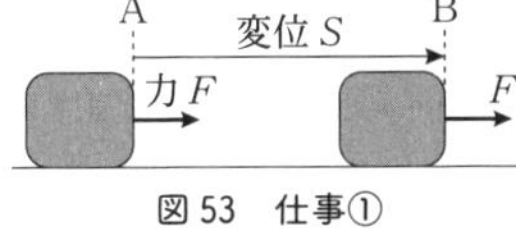

図 53　仕事①

$$W=F\cdot S \quad \cdots ⑲$$

仕事 W の単位は J（読みは“ジュール”）である。

力と変位の向きが一致するとは限らない。図 54 のように，力の向きと変位の向きがなす角が θ のとき，この力が物体にする仕事 W〔J〕は

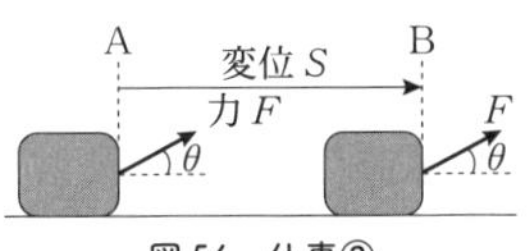

図 54　仕事②

仕事

$$\boldsymbol{W=F\cdot S\cos\theta} \quad \cdots ⑳$$

仕事 W の単位＝J（ジュール）

F〔N〕：力　　S〔m〕：変位　　θ：力と変位がなす角

式⑲は式⑳で $\theta=0°$ とした特別の場合であると考えればよい。

理解のコツ

仕事がなぜ式⑳になるのかは，悩まなくていいよ。「**式⑳で求められる量を仕事と定義する**」と考えればいいんだ。仕事の意味は，後から学ぶよ。
また，仕事を求める際，力と変位の関係を考える必要はない。つまり「この力で，なぜ物体はこのように運動したんだろう？」ということは考えなくていいんだ。「**物体が変位 S だけ移動する間に大きさ F の力がはたらいていた。この力の仕事は式⑳で求められる**」として，とにかく仕事が求められればいいよ。

▶▶仕事の正負

式❻⓪より，力と変位の向きがなす角 θ の値により，仕事 W は正，負の両方の値をとる。また 0 であることもある。$0° \leqq \theta \leqq 180°$ として

$0° \leqq \theta < 90°$ のとき　：$\cos\theta > 0$ より　$W > 0$　　仕事は正
$90° < \theta \leqq 180°$ のとき：$\cos\theta < 0$ より　$W < 0$　　仕事は負
$\theta = 90°$ のとき　　　　：$\cos\theta = 0$ より　$W = 0$　　仕事は 0

仕事はベクトルではないので方向はない。ゆえに仕事の正負は向きを意味しない。仕事の正負が何を意味するのかについては，「④ ❸ **運動エネルギーと仕事**」で学ぶ。

例題47　式❺❾，❻⓪から仕事を求める

水平面上を物体が移動する。(1)〜(3)の場合の力の仕事を求めよ。

(1)　図 1 で，物体が 4.0 m 移動する間，移動する向きにはたらく 3.0 N の力のする仕事。

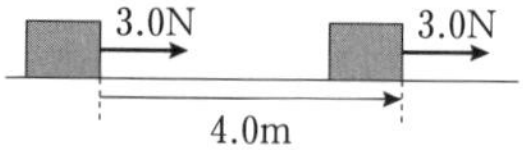

(2)　図 2 で，物体が 6.0 m 移動する間，移動と逆の向きにはたらく 2.0 N の力のする仕事。

(3)　図 3 で，物体が 5.0 m 移動する間，水平から 30° 上向きにはたらく 6.0 N の力のする仕事。

3.0N　3.0N
4.0m
図　1

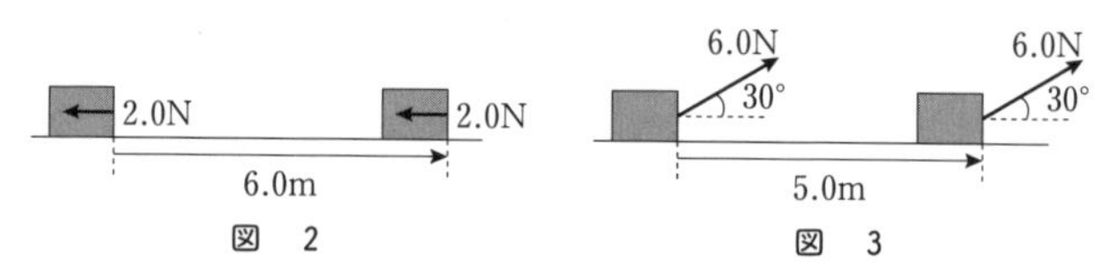

図　2　　図　3

解答　(1)　求める仕事を W とする（以下，(2)，(3)も同様）。

$$W = 3.0 \times 4.0 \times \cos 0° = 12\ \mathrm{J}$$

(2)　力の向きと変位の向きが逆なので，$\theta = 180°$ より

$$W = 2.0 \times 6.0 \times \cos 180° = -12\ \mathrm{J}$$

(3)　力の向きと変位のなす角 $\theta = 30°$ より

$$W = 6.0 \times 5.0 \times \cos 30° = 15\sqrt{3} = 15 \times 1.73 = 25.95 \fallingdotseq 26\ \mathrm{J}$$

LEVEL UP!
大学への物理

力を $\vec{F}$，物体の変位を $\vec{S}$ としたとき，この力のする仕事 W は，$\vec{F}$ と $\vec{S}$ の内積である。つまり $|\vec{F}| = F$，$|\vec{S}| = S$，$\vec{F}$ と $\vec{S}$ のなす角を θ として

$$W = \vec{F} \cdot \vec{S} = F \cdot S\cos\theta$$

となる。また，ベクトルの内積なので，仕事はベクトルではなくスカラー（向きをもたない大きさだけの量）である。

▶▶複数の力がはたらくときの仕事

物体に複数の力がはたらいているとき，仕事は，それぞれの力ごとに求めることができる。仕事を求める際はどの力のする仕事なのかを明確にしよう。それぞれの力の仕事の和は，合力のする仕事に等しい。

例題48 力ごとに仕事を求める

おもりに軽いひもをつけて，以下の(1)〜(3)のように，ゆっくり（＝力がつり合った状態で等速運動）と動かす。重力加速度の大きさを(1)では $9.80\,\mathrm{m/s^2}$，(2)，(3)では g とする。それぞれの場合について，①ひもを引く力の大きさ，②ひもを引く力のした仕事，③重力がした仕事を求めよ。

(1) 質量 2.00 kg のおもりを鉛直上向きに 2.50 m ゆっくり引き上げた（図１）。

(2) 質量 m のおもりをゆっくりと鉛直下向きに距離 h だけ下ろした（図２）。

(3) 質量 m のおもりをゆっくりと水平に距離 S だけ移動した（図３）。

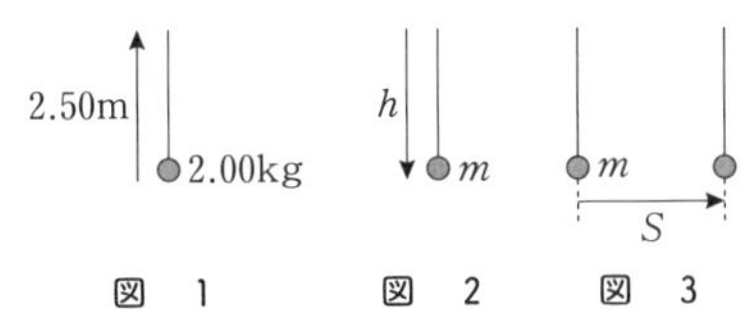

図　1　　図　2　　図　3

解答　おもりは「ゆっくりと＝等速で」移動しているので，おもりにはたらく力はつり合っている。ひもを引く力を T，引く力のした仕事を W，重力のする仕事を W_g とする。

(1) 引く力は鉛直上向きで変位と同じ向き，重力は鉛直下向きで変位と逆向きである。

① 力のつり合いより　$2.00\times9.80-T=0$　$\therefore\ T=19.6\,\mathrm{N}$

② $W=19.6\times2.50\times\cos0°=49.0\,\mathrm{J}$

③ $W_g=2.00\times9.80\times2.50\times\cos180°=-49.0\,\mathrm{J}$

(2) 変位と引く力は逆向き，重力は同じ向きである。

① $mg-T=0$　$\therefore\ T=mg$

② $W=T\times h\times\cos180°=-mgh$

③ $W_g=mg\times h=mgh$

(3) 引く力，重力ともに，変位の向きとなす角が 90° である。

① $mg-T=0$　$\therefore\ T=mg$

② $W=T\times S\times\cos90°=0$

③ $W_g=mg\times S\times\cos90°=0$

▶▶仕事の原理

重力に逆らって物体をある高さだけゆっくり持ち上げる場合，斜面を用いたり，道具を用いたりすることで，力が小さく済むことがあるが，その場合は距離が長くなり，持ち上げるための仕事は同じになる。これを仕事の原理という。

例題49　仕事を求める／仕事の原理を確認する

傾き角 θ，長さ S，高さ h のなめらかな斜面がある。質量 m の物体を斜面の最下点Aに置き，斜面に平行で上向きの力を加えてゆっくりと斜面の頂上の点Bまで引き上げた。重力加速度の大きさを g とする。

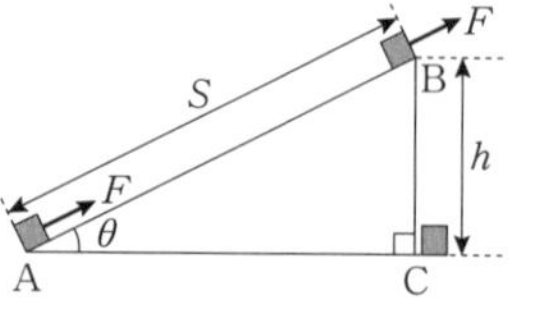

(1)　物体を引く力 F の大きさを求めよ。

(2)　以下の①～③の物体にはたらく力の仕事を m，g，h を用いて表せ。

　① 物体を引く力　　② 重力　　③ 斜面からの垂直抗力

次に，この物体を図の点Cに置き，ゆっくりと点Bの高さまで引き上げた。

(3)　物体を引く力がした仕事を，m，g，h を用いて表せ。

解答 (1)　物体を引く力 F の大きさは，斜面に平行な方向の力のつり合いより

$$F-mg\sin\theta=0 \qquad \therefore\ F=mg\sin\theta$$

変位の向き　F　θ　mg

(2)　①　物体の変位は S である。$S=\dfrac{h}{\sin\theta}$ も用いて，引く力のする仕事 W は

$$W=FS=mg\sin\theta\times S=mgh$$

②　重力と物体の変位がなす角は，$90°+\theta$ であるので，重力がした仕事 W_g は

$$W_g=mg\times S\times\cos(90°+\theta)=-mgS\sin\theta=-mgh$$

③　垂直抗力は常に物体の移動方向と直交方向にはたらくので，仕事は　0

(3)　物体に加えた力を F' とする。鉛直方向のつり合いより F' の大きさを求めると

$$F'-mg=0 \qquad \therefore\ F'=mg$$

向きは鉛直上向きで，変位と同じ向きである。ゆえに，引く力のした仕事 W' は

$$W'=F'h=mgh$$

物体をA→Bと運んでもC→Bと運んでも，運ぶ仕事は同じである（仕事の原理）。

▶重力がする仕事

重力が物体にする仕事も式❻⓿で求められるのだが，図55のように高低差が h の点Aから点Bまで質量 m の物体が移動するとき，物体がどんな経路を通っても，**重力が物体にする仕事 W_g は高低差 h だけで決まる**。重力加速度の大きさを g として

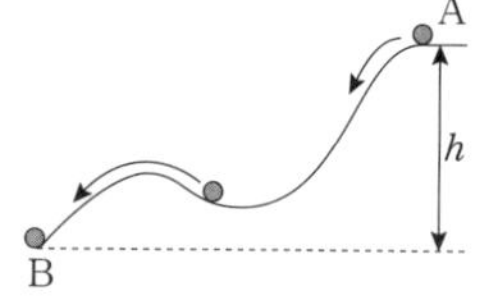

図55　重力がする仕事

重力がする仕事

$$W_g=mgh \quad \cdots❻❶$$

ただし，高さが低くなるとき　$W_g>0$

高さが高くなるとき　$W_g<0$

例題50 重力がする仕事を求める

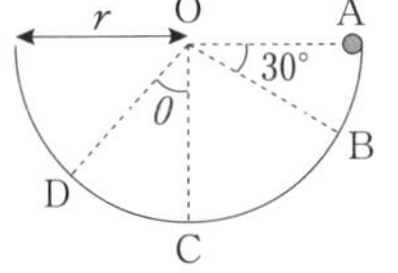

O を中心とする半径 r のなめらかな円筒面がある。OA は水平，OC は鉛直である。また $\angle AOB=30°$，$\angle COD=\theta$ である。A から質量 m の小球を静かにすべらせた。重力加速度の大きさを g とする。

(1) 小球が A から B まですべる間に，重力が小球にした仕事を求めよ。

(2) 小球が A から C まですべる間に，重力が小球にした仕事を求めよ。また，この間に円筒面からの垂直抗力が小球にした仕事を求めよ。

(3) 小球が C から D まですべる間に，重力が小球にした仕事を求めよ。

解答 (1) AB 間の高さは $r\sin30°$ で，下へ向かうので重力がする仕事 W_1 は正である。

$$W_1=mg\times r\sin30°=\frac{1}{2}mgr$$

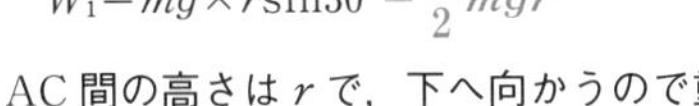

(2) AC 間の高さは r で，下へ向かうので重力がする仕事 W_2 は　$W_2=mgr$

小球に円筒面からはたらく垂直抗力は，常に小球の速度（変位の方向）と直角方向にはたらくので仕事をしない。したがって，垂直抗力がする仕事 W_3 は　$W_3=0$

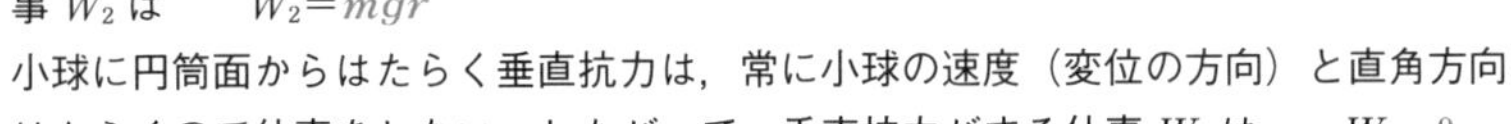

(3) CD 間の高さは $r-r\cos\theta=r(1-\cos\theta)$ である。小球は上へ向かうので重力がする仕事 W_4 は負で　$W_4=-mgr(1-\cos\theta)$

力の大きさが変化する場合の仕事

図 56 (a)のように，x 軸に沿って動く物体にはたらく力 F の大きさが，図(b)のように変化する場合を考える。この場合，**力 F のする仕事 W は，F-x グラフの面積**となる。位置 x_A から x_B まで物体が移動する間，力がした仕事は，図(b)の網かけ部分の面積になるので，この場合は

$$W=\frac{1}{2}(F_A+F_B)(x_B-x_A)$$

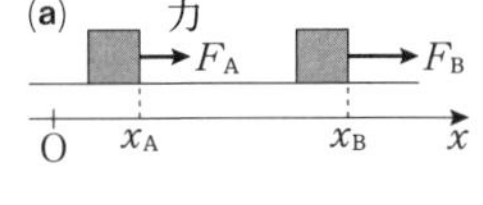

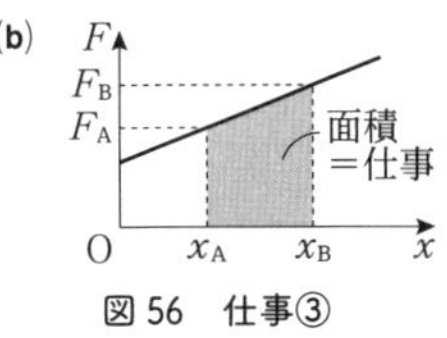

図 56　仕事③

仕事

仕事 $W=F$-x グラフの面積

理解のコツ

「面積を求めよ」といわれても，「グラフの横軸は長さだけど，縦軸は力。なのに面積って？」と思うかもしれないね。でもそんなことは気にしないで，力の大きさを長さのように扱って，面積を求めればいいよ。

LEVEL UP!

大学への物理

物体が微小距離 dx だけ移動する間に，移動方向に大きさ f の力がはたらいていたとする。この間，この力がする仕事 dW は

$$dW=fdx$$

である。力 f が右図のように変化する場合，位置 x_A から x_B まで移動する間に力 f のする仕事 W は，積分を用いて

$$W=\int_A^B dW=\int_{x_A}^{x_B} fdx$$

となる。つまり，グラフの網かけ部分の面積である。

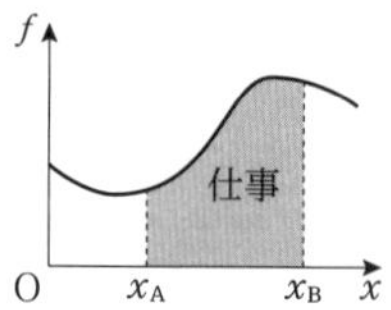

2 - 仕事率

力が同じだけ仕事をする場合でも，それにかかる時間は異なる場合がある。**単位時間（一般的には 1s）あたりにする仕事を仕事率**という。単位は W（読みは“ワット”）。

仕事率

$$\boldsymbol{P=\frac{W}{t}} \quad \cdots 62$$

P〔W〕：仕事率　W〔J〕：仕事　t〔s〕：かかった時間

例題51 仕事と時間から仕事率を求める

高さ 5.0 m の位置にある水槽に，100 L の水（質量 100 kg）をポンプでくみ上げた。かかった時間は 350 s であった。重力加速度の大きさを 9.8 m/s^2 とする。

(1) ポンプがした仕事を求めよ。

(2) ポンプの仕事率を求めよ。

(3) このポンプを 50 時間動かしたとき，ポンプがする仕事はいくらか求めよ。

解答 (1) 高さ 5.0 m の位置まで持ち上げるので，持ち上げる力のした仕事 W は

$$W=100\times9.8\times5.0=4.9\times10^3\text{ J}$$

(2) かかった時間 $t=350$ s なので，仕事率 P は，式62より

$$P=\frac{W}{t}=\frac{4900}{350}=14\text{ W}$$

(3) 時間は $t=50\times60\times60$ s である。仕事 W は，式62より $W=Pt$ であるので

$$W=Pt=14\times50\times60\times60=2.52\times10^6\fallingdotseq2.5\times10^6\text{ J}$$

力と仕事率

図 57 のように，速さ v で動いている物体に，大きさ F の力を加えているとする。図の状態からごく短い時間 Δt で物体の変位 Δx は，$\Delta x=v\Delta t$ であるので，この間，力 F のする仕事 W は

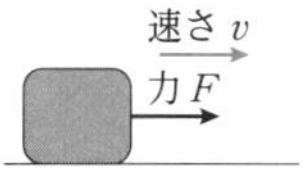

$$W=F\Delta x=Fv\Delta t$$

速さ v
力 F

図 57　仕事率

これより，この力の仕事率 P は

$$P=\frac{W}{\Delta t}=\frac{Fv\Delta t}{\Delta t}=Fv$$

力の仕事率

$$\boldsymbol{P=Fv} \quad \cdots ㊸$$

P〔W〕：仕事率　F〔N〕：物体にはたらく力　v〔m/s〕：物体の速さ

例題52 力と速さから仕事率を求める

質量 2.0 kg の物体を，鉛直に一定の速さで，高さ 5.0 m 引き上げた。引き上げるのに必要な時間は 20 s であった。重力加速度の大きさを 9.8 $\mathrm{m/s^2}$ とする。

(1) 引き上げる力がした仕事を求めよ。
(2) 引き上げたときの物体の速さを求めよ。
(3) 引き上げる力の仕事率を求めよ。

解答 (1) 力はつり合っているので，引き上げる力の大きさを F として

$$F-2.0\times9.8=0 \qquad \therefore \quad F=19.6\,\mathrm{N}$$

引き上げる力と物体の変位は同じ向きなので，引き上げる力のした仕事 W は

$$W=19.6\times5.0=98\,\mathrm{J}$$

(2) 時間 $t=20\,\mathrm{s}$ で 5.0 m 上昇するので，速さを v として

$$v=\frac{5.0}{20}=0.25\,\mathrm{m/s}$$

(3) 引き上げる力の仕事率 P は，式㊸より

$$P=Fv=19.6\times0.25=4.9\,\mathrm{W}$$

別解

式㊷より　$P=\dfrac{W}{t}=\dfrac{98}{20}=4.9\,\mathrm{W}$

3 - 運動エネルギーと仕事

エネルギー

エネルギーとは，仕事をする能力である。エネルギーをもつ物体は，他の物体に仕事をすることができる。逆に，物体に仕事を与えることで，その物体にエネルギーをもたせることが可能である。

エネルギー ⟷ 仕事

エネルギーの単位は仕事と同じで J（ジュール）である。

運動エネルギー

速度をもつ物体は，衝突することで他の物体に力を加えて動かすことができる。つまり，仕事をすることができるので，エネルギーをもっている。このようなエネルギーを運動エネルギーという。運動エネルギーは以下のようになる。

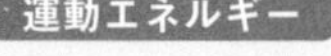

$$K=\frac{1}{2}mv^2 \quad \cdots (64)$$

質量 m　速さ v

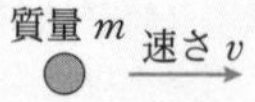

K〔J〕：運動エネルギー　　m〔kg〕：質量　　v〔m/s〕：速度

運動エネルギー K は，仕事と同様にベクトルではない量である。

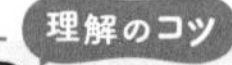

とりあえず，運動している物体は $\frac{1}{2}mv^2$ の運動エネルギーをもつと覚えてしまおう。

運動エネルギーと仕事

運動エネルギーをもつ物体は，他の物体に仕事をすることができる。逆に，物体に仕事をすると物体の運動エネルギーが変化する。この関係を考えてみる。

図 58 のように水平でなめらかな面上で点 A を速さ v_A で通過した質量 m の物体に，速度の向きに一定の大きさ F の力を加えると，距離 S だけ離れた点 B を速さ v_B で通過した。この間の加速度の大きさを a とすると運動方程式より

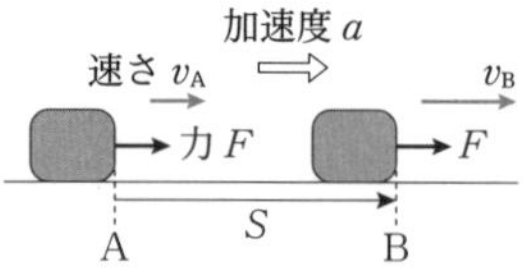

図 58　運動エネルギーと仕事

$$ma=F \qquad \therefore \quad a=\frac{F}{m}$$

等加速度直線運動の公式 3 より

$$v_B{}^2 - v_A{}^2 = 2aS = \frac{2FS}{m} \quad \cdots ①$$

また，この間に大きさ F の力がした仕事 W は

$$W = FS \quad \cdots ②$$

①，②式を整理すると

$$v_B{}^2 - v_A{}^2 = \frac{2W}{m} \qquad \therefore \quad W = \frac{1}{2}mv_B{}^2 - \frac{1}{2}mv_A{}^2$$

この式の右辺は，この間の運動エネルギーの変化である。つまり，物体にはたらく力がした仕事の分だけ，運動エネルギーが変化する。

仕事と運動エネルギー

$$\boldsymbol{W = \frac{1}{2}mv_B{}^2 - \frac{1}{2}mv_A{}^2} \quad \cdots ㊱$$

つまり　　**物体がされた仕事＝物体の運動エネルギーの変化**

これで，仕事の正負の意味も以下のように理解できる。

物体にした仕事が正　$W>0$　→　物体の運動エネルギーが増加

物体にした仕事が負　$W<0$　→　物体の運動エネルギーが減少

式㊱は，**この「❸-運動エネルギーと仕事」で最も基本となる重要な式**である。

例題53 仕事と運動エネルギーの関係を確認する

なめらかな水平面上に質量 4.0 kg の物体が静止している。この物体に水平に大きさ 8.0 N の一定の力を加えて，時間 3.0 s の間，押した。

(1)　物体の加速度を求めて，3.0 s 後の物体の速さ，および 3.0 s 間の移動距離を求めよ。

(2)　この間の物体の運動エネルギーの変化量を求めよ。

(3)　押す力が物体にした仕事を求め，運動エネルギーの変化量と一致することを確かめよ。

解答 (1)　加速度を a として，運動方程式を作る。

$$4.0a = 8.0 \qquad \therefore \quad a = 2.0\,\mathrm{m/s^2}$$

3.0 s 後の速さを v，移動距離を S として

$$v = 2.0\times3.0 = 6.0\,\mathrm{m/s} \quad , \quad S = \frac{1}{2}\times2.0\times3.0^2 = 9.0\,\mathrm{m}$$

(2)　運動エネルギーの変化量は

$$\frac{1}{2}\times4.0\times6.0^2 - \frac{1}{2}\times4.0\times0^2 = 72\,\mathrm{J}$$

(3)　大きさ 8.0 N の力で，$S=9.0$ m だけ移動するので，押す力がする仕事 W は

$$W = 8.0\times9.0 = 72\,\mathrm{J}$$

仕事が運動エネルギーの変化量と一致すること（＝式㊱）が確かめられた。

仕事と運動エネルギーの関係式❻❺を用いて，以下の例題 3 題を解いてみよう。

例題54　仕事と運動エネルギーの関係を考える

あらい水平面上で，質量 m の物体を以下のⅠ，Ⅱのように動かす。物体と水平面との動摩擦係数を μ，重力加速度の大きさを g とする。

Ⅰ．物体を初速度 v_0 ですべらせる。距離 S だけすべったとき，速度は v であった。

(1) 動摩擦力の大きさを求めよ。

(2) この間，動摩擦力がした仕事を求めよ。

(3) 距離 S だけすべった後の速度 v を，以下の①，②の方法でそれぞれ求めよ。

① 運動方程式より加速度を求め，等加速度直線運動の公式を使って。

② 物体がされた仕事＝運動エネルギーの変化 を利用して。

Ⅱ．静止している物体に，大きさ F の力を水平に加えて押して，力の向きに距離 S だけ動かした。

(4) 力 F のした仕事を求めよ。

(5) 動摩擦力がした仕事を求めよ。

(6) 距離 S だけ押した後の速度 v を，以下の①，②の方法でそれぞれ求めよ。

① 運動方程式より加速度を求め，等加速度直線運動の公式を使って。

② 物体がされた仕事＝運動エネルギーの変化 を利用して。

解答 (1) 面からの垂直抗力の大きさを N とする。鉛直方向のつり合いより

$$N-mg=0 \qquad \therefore \quad N=mg$$

ゆえに動摩擦力の大きさは　$\mu N=\mu mg$

(2) 動摩擦力の向きと，物体の移動する向きが逆であることに注意して，動摩擦力のした仕事 W は

$$W=\mu mg\times S\times\cos 180°=-\mu mgS$$

(3) ① 加速度を a として運動方程式を作る。

$$ma=-\mu mg \qquad \therefore \quad a=-\mu g$$

等加速度直線運動の公式 3 より

$$v^2-v_0{}^2=2aS \qquad \therefore \quad v=\sqrt{v_0{}^2+2aS}=\sqrt{v_0{}^2-2\mu gS}$$

② 物体がされた仕事は，動摩擦力からの仕事のみである。式❻❺より

$$-\mu mgS=\frac{1}{2}mv^2-\frac{1}{2}mv_0{}^2 \qquad \therefore \quad v=\sqrt{v_0{}^2-2\mu gS}$$

(4) 力 F のした仕事 W_1 は　$W_1=FS$

(5) 動摩擦力の大きさは，$\mu N=\mu mg$ である。動摩擦力のした仕事 W_2 は

$$W_2=-\mu mgS$$

(6) ① 加速度を a として運動方程式を作る。

$$ma=F-\mu mg \qquad \therefore \quad a=\frac{F}{m}-\mu g$$

等加速度直線運動の公式 3 より

$$v^2-0^2=2aS \quad \therefore \quad v=\sqrt{2aS}=\sqrt{2S\left(\frac{F}{m}-\mu g\right)}$$

② 物体がされた仕事は，W_1+W_2 である。ゆえに

$$\frac{1}{2}mv^2-0=W_1+W_2=FS-\mu mgS \quad \therefore \quad v=\sqrt{2S\left(\frac{F}{m}-\mu g\right)}$$

（Ⅰ，Ⅱいずれの場合も，①，②のどちらの解法でも，もちろん結果は一致する。）

例題55 仕事と運動エネルギーの関係を使いこなす①

重力加速度の大きさを $9.8\,\mathrm{m/s^2}$ とする。

Ⅰ．なめらかな水平面に置いた質量 1.6 kg の物体に，水平に大きさ 5.0 N の力を加えて，力の向きに 1.0 m 引いた。

(1) 引く力がした仕事を求めよ。

(2) 1.0 m 引いた後の物体の運動エネルギーを求めよ。また物体の速さを求めよ。

Ⅱ．質量 1.0×10^3 kg の自動車が水平面を速さ 15 m/s で走っている。進む向きと逆向きの力を加え（ブレーキをかけ），自動車が 40 m 進む間に速さが 5.0 m/s になるまで，一定の加速度で減速した。

(3) ブレーキが自動車にした仕事を求めよ。

(4) ブレーキの力の大きさを求めよ。

Ⅲ．水平面上に置いた質量 2.0 kg の物体に，水平に大きさ 17 N の力を加えて，距離 5.0 m だけ引いた。物体と水平面との間の動摩擦係数は，0.50 である。

(5) 引く力がした仕事，動摩擦力がした仕事をそれぞれ求めよ。

(6) 5.0 m 引いた後の物体の速さを求めよ。

解答 **(1)** 引く力と物体の変位が同じ向きであるので，引く力のした仕事 W は

$$W=5.0\times1.0=5.0\,\mathrm{J}$$

(2) 1.0 m 引いた後の物体の運動エネルギー K は，初めの運動エネルギーが 0 であることも考えて，式㊵より

$$K-0=W \quad \therefore \quad K=W=5.0\,\mathrm{J}$$

速さを v として

$$K=\frac{1}{2}\times1.6\times v^2=5.0 \quad \therefore \quad v=2.5\,\mathrm{m/s}$$

(3) 自動車に仕事をしたのは，ブレーキの力だけである。ゆえに，ブレーキの力のした仕事 W は，式㊵より，自動車の運動エネルギーの変化に等しい。

$$W=\frac{1}{2}\times1000\times5.0^2-\frac{1}{2}\times1000\times15^2=-1.0\times10^5\,\mathrm{J}$$

(4) ブレーキの力の大きさを F とする。ブレーキは自動車の進む向きと逆向きにはたらいたので仕事 W は負である。**(3)**の結果も考えて

$$W=-F\times40=-1.0\times10^5 \quad \therefore \quad F=2.5\times10^3\,\mathrm{N}$$

(5) 引く力のした仕事 W_1 は　$W_1=17\times5.0=85\,\mathrm{J}$

鉛直方向のつり合いより，物体と水平面との間の垂直抗力の大きさは

$2.0\times9.8=19.6\,\mathrm{N}$

である。ゆえに動摩擦力の大きさは

$0.50\times19.6=9.8\,\mathrm{N}$

で，向きは進む向きと逆向きなので，動摩擦力のした仕事 W_2 は

$W_2=-9.8\times5.0=-49\,\mathrm{J}$

(6) 物体の速さを v とすると

$$\frac{1}{2}\times2.0\times v^2-0=W_1+W_2=85-49=36 \qquad \therefore \quad v=6.0\,\mathrm{m/s}$$

例題56 仕事と運動エネルギーの関係を使いこなす②

床に置かれた質量 m の物体を，大きさ $\frac{3}{2}mg$ の一定の力で鉛直に引いて，床から高さ h の位置まで持ち上げた。ただし，g は重力加速度の大きさである。

(1) 引く力が物体にした仕事を求めよ。

(2) 重力がした仕事を求めよ。

(3) 床から高さ h の点での物体の速さを求めよ。

次に，物体を高さ h の点から静かに落下させ，床に衝突させた。

(4) 重力が物体にした仕事を求めよ。

(5) 物体が床に衝突する直前の速さを求めよ。

解答 (1) 引く力がした仕事 W_1 は　$W_1=\frac{3}{2}mgh$

(2) 重力と移動する向きが逆であるので，重力がした仕事 W_2 は　$W_2=-mgh$

(3) 速さを v とする。仕事と運動エネルギーの関係式㉟より

$$\frac{1}{2}mv^2-0=W_1+W_2=\frac{3}{2}mgh-mgh=\frac{1}{2}mgh \qquad \therefore \quad v=\sqrt{gh}$$

(4) 重力がした仕事 W_2' は　$W_2'=mgh$

(5) 床に衝突する直前の速さを v' とする。式㉟より

$$\frac{1}{2}mv'^2-0=W_2'=mgh \qquad \therefore \quad v'=\sqrt{2gh}$$

4 重力による位置エネルギー

位置エネルギー

ある高さから床に小球を落下させると，速度をもつ。つまり，運動エネルギーをもつことになる。この運動エネルギーは元々，物体が床から高い位置にあったことが原因である。そこで，ある高さにある物体は，**位置によるエネルギー**をもつと考える。このようなエネルギーを**位置エネルギー**という。

▶▶重力による位置エネルギー

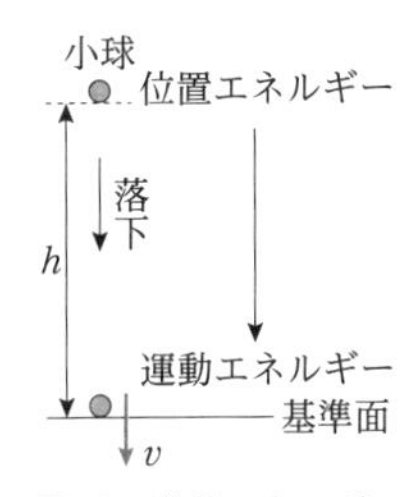

図 59　位置エネルギー

図 59 で基準面から高さ h の点より，質量 m の小球を落下させる。基準面に到達するまでに重力がする仕事 W_g は式❻❶より $W_g = mgh$ である。仕事と運動エネルギーの関係式❻❺より，基準面で小球がもつ運動エネルギー K は

$$W_g = K - 0 \qquad \therefore \quad K = W_g = mgh$$

つまり，高さ h にある質量 m の小球は，mgh の運動エネルギーに変わるだけの位置エネルギーをもつ。これを**重力による位置エネルギー**という。

重力による位置エネルギー

$$U = mgh \quad \cdots ❻❻$$

U〔J〕：物体の位置エネルギー
m〔kg〕：物体の質量　　h〔m〕：基準面からの高さ

また，位置エネルギーはベクトルではない量である。

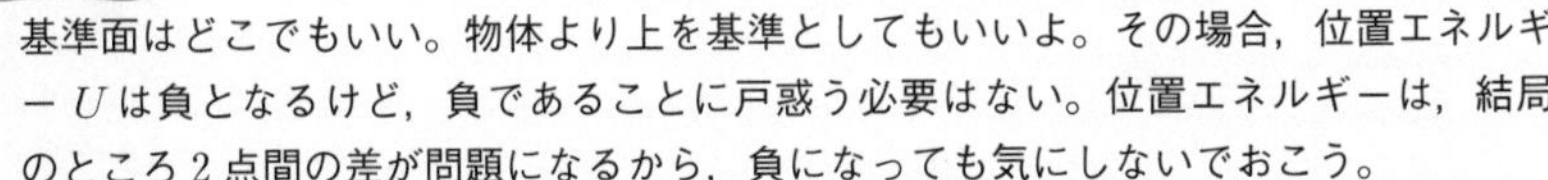

理解のコツ

基準面はどこでもいい。物体より上を基準としてもいいよ。その場合，位置エネルギー U は負となるけど，負であることに戸惑う必要はない。位置エネルギーは，結局のところ 2 点間の差が問題になるから，負になっても気にしないでおこう。

例題57　いろいろな基準で位置エネルギーを求める

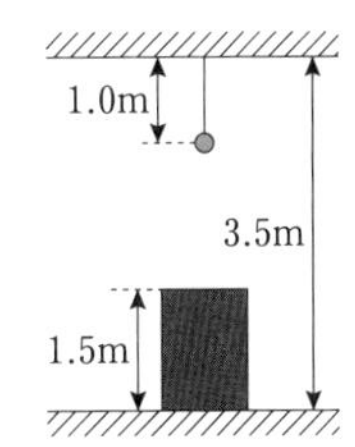

質量 10 kg の小球が，長さ 1.0 m の軽い糸で天井からつるされている。床から天井の高さは 3.5 m で，小球の下には，高さ 1.5 m の台がある。重力加速度の大きさを 9.8 m/s^2 とする。

以下の①～③の各点を基準とする，小球の重力による位置エネルギーをそれぞれ求めよ。

①　床　　②　台の上面　　③　天井

解答　①　床を基準として，小球の高さ 2.5 m なので

$10 \times 9.8 \times 2.5 = 245 \fallingdotseq 2.5 \times 10^2$ J

②　台の上面を基準として，小球の高さ 1.0 m なので

$10 \times 9.8 \times 1.0 = 98$ J

③　天井を基準として，小球の高さ -1.0 m なので

$10 \times 9.8 \times (-1.0) = -98$ J

例題58 位置エネルギーを求める

Oを中心とする半径rの円筒面の一部がある。OAは水平，OCは鉛直で，$\angle \mathrm{COB}=\theta$である。今，Bに質量$m$の小球がある。重力加速度の大きさを$g$とする。

次の①，②の点の高さを基準面としたときの，小球の重力による位置エネルギーをそれぞれ求めよ。

① O　　② C

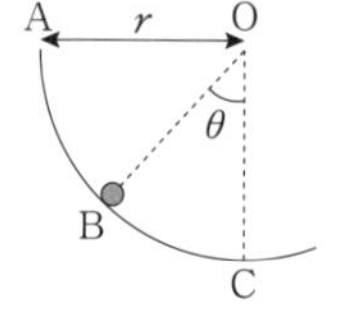

解答　基準面からの高さを求めて，位置エネルギーUを求める。

① BはOから$r\cos\theta$だけ下なので

$U=-mgr\cos\theta$

② BはCから$r-r\cos\theta=r(1-\cos\theta)$だけ上なので

$U=mgr(1-\cos\theta)$

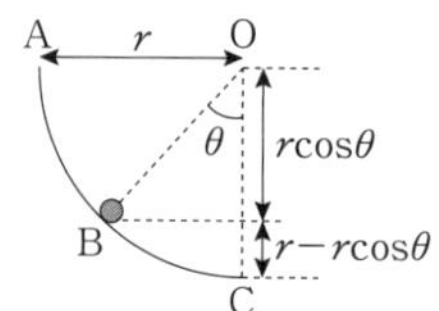

▶▶重力がする仕事と重力による位置エネルギー

図60のように，質量mの物体をAからBまでゆっくり運ぶ。A，Bでの重力による位置エネルギーをU_A，U_Bとすると

$$U_\mathrm{A}=mgh_\mathrm{A}\quad,\quad U_\mathrm{B}=mgh_\mathrm{B}$$

運ぶために物体に加える力Fは，力のつり合いより$F=mg$であるので，この力のする仕事Wは

$$W=mg(h_\mathrm{B}-h_\mathrm{A})$$

これを位置エネルギーU_A，U_Bを用いて表すと

$$W=U_\mathrm{B}-U_\mathrm{A}\quad\cdots❻❼$$

図60

つまり

物体を運ぶための仕事＝重力による位置エネルギーの変化

次に，この間の重力がする仕事W_gは，重力の向きに注意して

$$W_g=-mg(h_\mathrm{B}-h_\mathrm{A})$$

W_gを同様に，U_A，U_Bを用いて表すと

重力がする仕事と重力による位置エネルギー

$$\boldsymbol{W_g=-(mgh_\mathrm{B}-mgh_\mathrm{A})=-(U_\mathrm{B}-U_\mathrm{A})}\quad\cdots❻❽$$

重力がする仕事＝−(重力による位置エネルギーの変化)

理解のコツ

式㊳は少しわかりにくいかもしれないね。質量 m の物体が落下するときを考えてみよう。このとき，重力がする仕事は正で，位置エネルギーが減少する。つまり**位置エネルギーが減少することで重力が正の仕事をする**と考えればいい。逆に，物体が上昇する場合は重力の仕事は負で，位置エネルギーが増加する。

落下

mg

位置エネルギーが減少

図 61　位置エネルギーと重力

位置エネルギーが減少＝重力が正の仕事

位置エネルギーが増加＝重力が負の仕事

少しわかりにくいけど，次の力学的エネルギー保存則の布石になるから，我慢して先へ進もう。

式㊲と㊳の意味の違いも混乱しやすい。「物体をゆっくり運ぶために加える力のする仕事」と「重力のする仕事」の正負が逆になるということだよ。

例題59　仕事，位置エネルギーと運動エネルギーの関係を確認する

質量 m の物体を，床から高さ h_1 の点 A から静かに落下させる。重力加速度の大きさを g とする。物体が床から高さ h_2 の点 B を通過した。

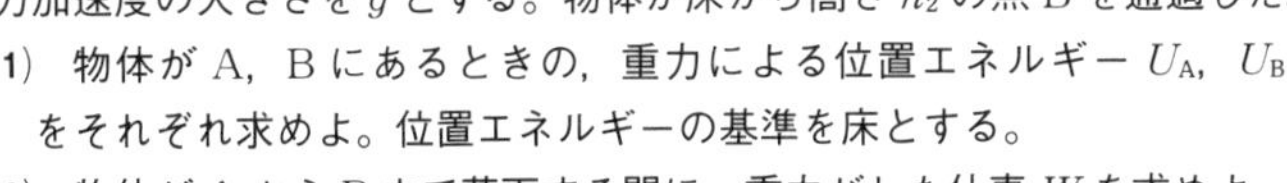

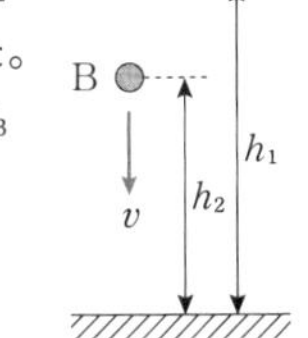

(1)　物体が A，B にあるときの，重力による位置エネルギー U_A，U_B をそれぞれ求めよ。位置エネルギーの基準を床とする。

(2)　物体が A から B まで落下する間に，重力がした仕事 W を求めよ。また，W を U_A，U_B で表せ。

(3)　物体が点 B を通過するときの速さ v を求めよ。

(4)　点 A，B それぞれで運動エネルギーと重力による位置エネルギーの和を求め，それらの関係を考えよ。

解答 (1)　$U_A = mgh_1$　,　$U_B = mgh_2$

(2)　物体の変位は鉛直下向きに $h_1 - h_2$ であるので，重力のする仕事 W は

$$W = mg(h_1 - h_2)$$

また，(1)より　$W = U_A - U_B$

(3)　式㉟より，重力のした仕事が運動エネルギーの変化となるので

$$\frac{1}{2}mv^2 - 0 = W = mg(h_1 - h_2) \qquad \therefore \quad v = \sqrt{2g(h_1 - h_2)}$$

(4)　A：$0 + mgh_1 = mgh_1$

$$\text{B}：\frac{1}{2}mv^2 + mgh_2 = \frac{1}{2}m\{\sqrt{2g(h_1 - h_2)}\}^2 + mgh_2 = mgh_1$$

A，B で，運動エネルギーと重力による位置エネルギーの和は等しい。

5 - 力学的エネルギー保存則

例題 59 の(4)では，運動エネルギーと位置エネルギーの和が，点 A，B で同じであった。このことがいつも成り立つのか考えてみる。

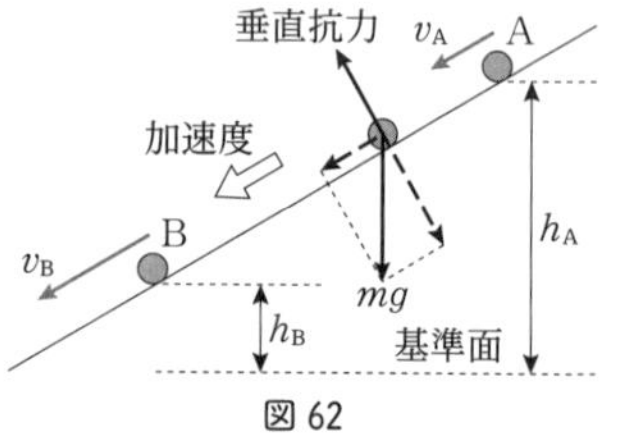

図 62

図 62 で，なめらかな斜面上をすべる質量 m の物体が，点 A，B をそれぞれ速さ v_A，v_B で通過する。点 A，B でのこの物体の重力による位置エネルギーを U_A，U_B とする。点 A から B までの間に，重力のする仕事 W_g は，式❻❽より

$$W_g = -(U_B - U_A) \quad \cdots ①$$

垂直抗力は，常に物体の運動方向と直交方向なので仕事は 0 で，結局，**重力のみが仕事をする**。式❻❺より **仕事＝運動エネルギーの変化** なので

$$W_g = \frac{1}{2}mv_B{}^2 - \frac{1}{2}mv_A{}^2 \quad \cdots ②$$

②式に①式を代入して，整理すると

$$-(U_B - U_A) = \frac{1}{2}mv_B{}^2 - \frac{1}{2}mv_A{}^2$$

$$\frac{1}{2}mv_A{}^2 + U_A = \frac{1}{2}mv_B{}^2 + U_B \quad \cdots ❻❾$$

この式の左辺は点 A での，右辺は点 B での，運動エネルギーと重力による位置エネルギーの和を示し，それが一定であることを示している。つまり，**重力のみが仕事をするとき，運動エネルギーと重力による位置エネルギーの和は保存する**。

> 用語
> **保存する**
> ある物理量が一定に保たれているとき，その物理量が“保存する”という。

また運動エネルギーと重力による位置エネルギーの和を**力学的エネルギー**ということより，これを**力学的エネルギー保存則**という。$U_A = mgh_A$，$U_B = mgh_B$ であるので，これを代入すると以下のような式になる。

> **力学的エネルギー保存則（重力がはたらく場合）**
>
> **重力のみが仕事をするとき**
>
> $$\frac{1}{2}mv_A{}^2 + mgh_A = \frac{1}{2}mv_B{}^2 + mgh_B \quad \cdots ❼⓿$$

物体の運動は鉛直線上でなくてもよい。斜面をすべる場合や，振り子のような運動でも，**重力のみが仕事をする場合は力学的エネルギー保存則が成り立つ**。

理解のコツ

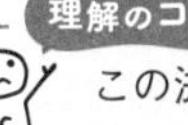

この法則を使える場合は，立式がすごく楽になるよ。**2点を選んで，運動エネルギーと位置エネルギーの和が等しくなるように式を作る**だけでいいんだ。ただし，摩擦力などが仕事をする場合は成り立たないから注意しよう。

例題60　力学的エネルギー保存則を使う

地上から鉛直上向きに初速度 v_0 でボールを投げた。重力加速度の大きさを g とする。力学的エネルギー保存則を用いて以下の問いに答えよ。

(1)　ボールが到達する最高点の地上からの高さ h を求めよ。

(2)　地上から高さ $\frac{h}{2}$ の点を通過するときの速さを v_0 を用いて表せ。

解答 (1)　ボールの質量を m とする。地上を重力による位置エネルギーの基準とする。最高点では速度が 0 である。地上と最高点で，運動エネルギーと位置エネルギーはそれぞれ下表のようになる。

	地　上	最高点
運動エネルギー	$\frac{1}{2}mv_0{}^2$	0
重力による位置エネルギー	0	mgh

力学的エネルギー保存則より

$$\frac{1}{2}mv_0{}^2+0=0+mgh \qquad \therefore \quad h=\frac{v_0{}^2}{2g}$$

(2)　高さ $\frac{h}{2}$ の点を通過する速さを v とする。同様に力学的エネルギー保存則より

$$\frac{1}{2}mv_0{}^2+0=\frac{1}{2}mv^2+mg\times\frac{h}{2}$$

$h=\frac{v_0{}^2}{2g}$ を代入して　　$v=\frac{v_0}{\sqrt{2}}$

例題61　力学的エネルギー保存則を使いこなす

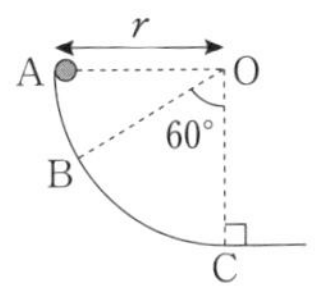

右図のように，半径 r のなめらかな円筒を $\frac{1}{4}$ 切り取った ABC がある。点 O が円の中心で AO は水平，CO は鉛直，$\angle BOC=60°$ である。円筒は点 C でなめらかな水平面と接続されている。質量 m の物体を点 A から静かにはなし，円筒の内面をすべらせる。重力加速度の大きさを g とする。

(1)　物体が A，B，C の各点にあるときの位置エネルギーをそれぞれ求めよ。ただし，位置エネルギーの基準を水平面にとる。

(2)　物体が点 B，C を通過するときの速さをそれぞれ求めよ。

解答 (1) 点A，B，Cそれぞれでの重力による位置エネルギーは，水平面からの高さより

$$\text{A}: mgr \quad , \quad \text{B}: mgr(1-\cos 60^\circ)=\frac{1}{2}mgr \quad , \quad \text{C}: 0$$

(2) 物体には重力と円筒の内面からの垂直抗力がはたらくが，垂直抗力は常に物体の運動方向と直交方向なので仕事はしない。ゆえに力学的エネルギー保存則が成り立つ。点B，Cを通過する速さをそれぞれ v_B，v_C とする。点Aで，運動エネルギーは0，重力による位置エネルギーは mgr であるので

$$\text{B}: 0+mgr=\frac{1}{2}mv_B{}^2+\frac{1}{2}mgr \qquad \therefore \quad v_B=\sqrt{gr}$$

$$\text{C}: 0+mgr=\frac{1}{2}mv_C{}^2+0 \qquad \therefore \quad v_C=\sqrt{2gr}$$

6 - 弾性力による位置エネルギー

図63(a)のように，ばね定数 k のばねを水平にして一端を固定し，他端に小球をつけ，自然の長さから伸ばした位置で静かにはなす。ばねが自然の長さに戻るまで，伸びが x のとき，小球にはたらく弾性力の大きさは kx であるので，弾性力の大きさをグラフにすると図(b)のようになる。

伸び x から自然の長さに戻るまで，弾性力が小球にする仕事 W_k は，グラフの網かけ部分の面積であり，弾性力と小球の変位が同じ向きなので，仕事は正で

$$W_k=\frac{1}{2}\times x\times kx=\frac{1}{2}kx^2$$

(a) ばねの弾性力

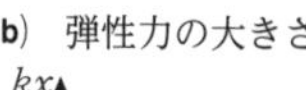

(b) 弾性力の大きさ

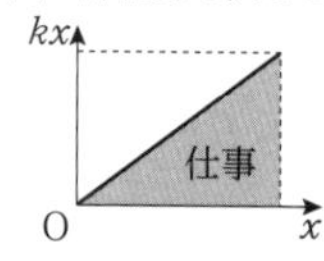

図63 弾性力による位置エネルギー

つまり，**自然の長さから x だけ伸びたばねは，小球に $\frac{1}{2}kx^2$ の仕事をする**ことができる。このエネルギーを**弾性力による位置エネルギー**という。これは，ばねが自然の長さより縮んだ状態でも同じで，自然の長さからの変位（伸びまたは縮み）を x として，位置エネルギーは以下のようになる。

弾性力による位置エネルギー

$$U=\frac{1}{2}kx^2 \quad \cdots ⑪$$

U〔J〕：弾性力による位置エネルギー
x〔m〕：自然の長さからの変位　　k〔N/m〕：ばね定数

LEVEL UP!
大学への物理

仮に，物体の運動を x 軸に限定する。物体にはたらく力 $f(x)$，この力による位置エネルギー $U(x)$ の間には $f(x)=-\dfrac{dU(x)}{dx}$ の関係がある。この関係は，弾性力に限らず成り立つ。

弾性力がする仕事と弾性力による位置エネルギー

図 64 (a)のように，ばねに力を加え，自然の長さからの伸びが x_A から x_B になるまでゆっくり引いた。引く力 F は図(b)のようになり，引く力のした仕事 W は，グラフの網かけ部分の面積である。引く力と変位の向きが同じであるので仕事は正で

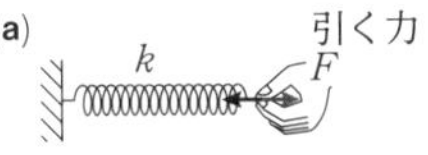

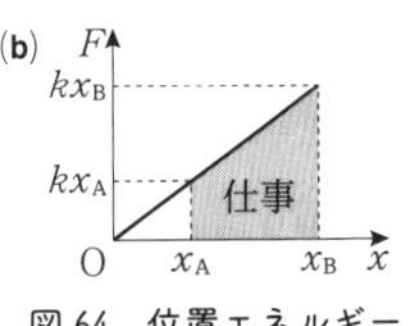

図 64　位置エネルギーと仕事

$$W=\frac{1}{2}\times(kx_A+kx_B)\times(x_B-x_A)=\frac{1}{2}kx_B{}^2-\frac{1}{2}kx_A{}^2$$

つまり，**ばねを引く力がした仕事の分だけ，ばねの弾性力による位置エネルギーが変化する。**

弾性力の位置エネルギーを U_A，U_B とすると

$$W=\frac{1}{2}kx_B{}^2-\frac{1}{2}kx_A{}^2=U_B-U_A \quad \cdots ㉒$$

となる。これは重力がする仕事と位置エネルギーの関係式⑰と同じ関係である。

次に，弾性力がする仕事と，位置エネルギーの関係を考える。図 65 のように，ばね定数 k のばねに質量 m の物体をつけてなめらかな水平面内で速度を与える。自然の長さからの変位が x_A の点 A を速さ v_A で，伸びが x_B の点 B を速さ v_B で通過するとする。A，B で弾性力による位置エネルギーをそれぞれ U_A，U_B とすると

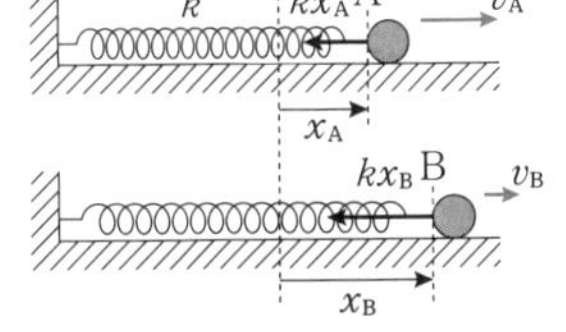

図 65　弾性力と位置エネルギー

$$U_A=\frac{1}{2}kx_A{}^2 \quad , \quad U_B=\frac{1}{2}kx_B{}^2$$

A から B まで物体が移動する間の，ばねの弾性力がする仕事 W_k は，引く力と同様に求めるが，弾性力は変位と逆向きなので

弾性力がする仕事と弾性力による位置エネルギー

$$\boldsymbol{W_k=-\left(\frac{1}{2}kx_B{}^2-\frac{1}{2}kx_A{}^2\right)=-(U_B-U_A)} \quad \cdots ㉓$$

ばねの弾性力がする仕事＝－(弾性力による位置エネルギーの変化)

理解のコツ

重力による位置エネルギーの変化と同様に，少し難しい。これも力学的エネルギー保存則を完全に理解するための布石となるから，我慢してほしいけど，わからなければいったんとばしてもいいよ。

例題62 弾性力がする仕事と位置エネルギーについて理解する

ばね定数 k の軽いばねを水平にし，一端を固定し，他端を手で引き，ばねを自然の長さからゆっくり伸ばしていく。ばねの伸びが x_1 から x_2 になるまでについて考える。ただし，$x_1 < x_2$ である。

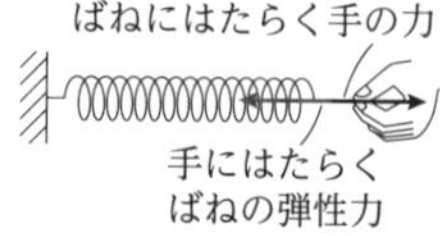

(1) ばねの自然の長さからの伸び x を横軸にとり，ばねを引く力の大きさをグラフに表せ。

(2) この間，ばねを引く力がした仕事 W と，ばねがした仕事 W_k を求めよ。

(3) ばねの伸びが x_1，x_2 のときの弾性力の位置エネルギー U_1，U_2 をそれぞれ求めよ。

(4) ばねを引く力がした仕事 W と，ばねがした仕事 W_k を U_1，U_2 で表せ。

解答 (1) ばねの伸びが x のとき，フックの法則（式㊷）より手がばねを引く力 f の大きさは $f=kx$ であるので，右図。

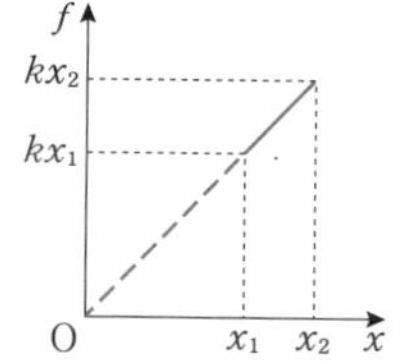

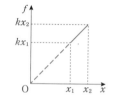

(2) ばねを x_1 から x_2 まで，手の引く力がばねにした仕事 W の大きさは，グラフの下の部分（x_1 と x_2 の間の台形部分）の面積である。変位と引く力が同じ向きなので，仕事は正で

$$W=\frac{1}{2}\times(kx_1+kx_2)\times(x_2-x_1)=\frac{1}{2}k(x_2{}^2-x_1{}^2)$$

ばねの弾性力は，引く力と同じ大きさで，変位と逆向きにはたらくので，仕事は負となり

$$W_k=-\frac{1}{2}k(x_2{}^2-x_1{}^2)$$

(3) 弾性力による位置エネルギーは，式㉛より

$$U_1=\frac{1}{2}kx_1{}^2 \quad , \quad U_2=\frac{1}{2}kx_2{}^2$$

(4) (2)，(3)より

$$W=\frac{1}{2}kx_2{}^2-\frac{1}{2}kx_1{}^2=U_2-U_1 \quad \rightarrow 式㉜$$

$$W_k=-\left(\frac{1}{2}kx_2{}^2-\frac{1}{2}kx_1{}^2\right)=-(U_2-U_1) \quad \rightarrow 式㉝$$

▶▶力学的エネルギー保存則

図65で，物体が点Aから点Bまで移動する間，弾性力以外の力は仕事をしない。弾性力が物体にする仕事 W_k と運動エネルギーは式㉕の関係より

$$W_k=\frac{1}{2}mv_B{}^2-\frac{1}{2}mv_A{}^2$$

式㉝より，W_k を弾性力による位置エネルギーに置き換えて整理すると

$$-\left(\frac{1}{2}kx_B{}^2-\frac{1}{2}kx_A{}^2\right)=\frac{1}{2}mv_B{}^2-\frac{1}{2}mv_A{}^2$$

$$\therefore \quad \frac{1}{2}mv_A{}^2+\frac{1}{2}kx_A{}^2=\frac{1}{2}mv_B{}^2+\frac{1}{2}kx_B{}^2$$

つまり，弾性力のみが仕事をするとき，運動エネルギーと弾性力による位置エネルギーの和は保存する。運動エネルギーと弾性力による位置エネルギーの和も力学的エネルギーとしてよいので，これも力学的エネルギー保存則といえる。

力学的エネルギー保存則（弾性力がはたらくとき）

弾性力のみが仕事をするとき

$$\frac{1}{2}mv_A{}^2+\frac{1}{2}kx_A{}^2=\frac{1}{2}mv_B{}^2+\frac{1}{2}kx_B{}^2 \quad \cdots 74$$

例題63 弾性力を含んだ力学的エネルギー保存則を使う

なめらかな水平面にばね定数 k の軽いばねが一端を固定されて水平に置かれている。他端に，質量 m の物体を取りつけ，ばねが自然の長さより x_0 だけ縮んだ状態にして静かにはなす。

(1) x_0 だけ縮んだ状態での，ばねの弾性力による位置エネルギーを求めよ。

(2) ばねが自然の長さに戻ったとき，物体の速さを求めよ。

(3) ばねが自然の長さより $\frac{x_0}{2}$ 伸びた状態になったとき，物体の速さを求めよ。

(4) 物体が初めて静止する位置を求めよ。

解答 (1) 位置エネルギーは，式71より　$\frac{1}{2}kx_0{}^2$

(2) 手をはなした瞬間の運動エネルギーは 0，ばねが自然の長さになったときの弾性力による位置エネルギーは 0 である。物体の速さを v として，力学的エネルギー保存則より

$$0+\frac{1}{2}kx_0{}^2=\frac{1}{2}mv^2+0 \qquad \therefore \quad v=x_0\sqrt{\frac{k}{m}}$$

(3) ばねが自然の長さより $\frac{x_0}{2}$ 伸びたときの，弾性力による位置エネルギーは，

$\frac{1}{2}k\left(\frac{x_0}{2}\right)^2$ である。物体の速さを v' として，力学的エネルギー保存則より

$$0+\frac{1}{2}kx_0{}^2=\frac{1}{2}mv'^2+\frac{1}{2}k\left(\frac{x_0}{2}\right)^2 \qquad \therefore \quad v'=\frac{x_0}{2}\sqrt{\frac{3k}{m}}$$

(4) 速度が 0 となるときの，ばねの自然の長さからの変位を x とする。力学的エネルギー保存則より

$$0+\frac{1}{2}kx_0{}^2=0+\frac{1}{2}kx^2 \qquad \therefore \quad x=\pm x_0$$

つまり，自然の長さより x_0 だけ，縮んでいる点か伸びている点である。初めは縮んでいるので，最初に止まるのは，x_0 だけ伸びた点。

7 - 保存力と力学的エネルギー保存則

保存力と位置エネルギー

物体が点 A から点 B までの間を移動するとき，仕事 W が経路によらないような力を**保存力**という。保存力に対しては，位置エネルギーを考えることができる。今までに学んだ力では，**重力とばねの弾性力**がこれにあたる。

物体が点 A，B にあるとき，ある保存力による位置エネルギーを U_A，U_B とする。物体を点 A から点 B まで移動するときの**保存力のする仕事 W** は

$$W=-(U_B-U_A) \quad \cdots ⑮$$

となる。これは重力では式⑱，弾性力では式⑬にあたる式である。

力学的エネルギー保存則

物体の**運動エネルギーと保存力による位置エネルギーの和**を**力学的エネルギー**という。物体が点 A から点 B まで移動し，保存力のみが仕事 W をするとき，仕事と運動エネルギーの関係式⑮より

$$W=\frac{1}{2}mv_B{}^2-\frac{1}{2}mv_A{}^2$$

保存力のする仕事と位置エネルギーの関係式⑮を代入して整理すると

$$-(U_B-U_A)=\frac{1}{2}mv_B{}^2-\frac{1}{2}mv_A{}^2$$

$$\therefore \quad \frac{1}{2}mv_A{}^2+U_A=\frac{1}{2}mv_B{}^2+U_B$$

となる。これは，**物体に保存力のみが仕事をするとき，力学的エネルギーが一定に保たれる**ということである。

力学的エネルギー保存則

保存力のみが仕事をするとき

$$\frac{1}{2}mv^2+U=\text{一定} \quad \cdots ⑯$$

保存力として重力とばねの弾性力を考えると

$$\frac{1}{2}mv^2+mgh+\frac{1}{2}kx^2=\text{一定} \quad \cdots ⑰$$

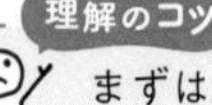

理解のコツ

まずは，式⑰を使いこなせるようになろう。保存力のする仕事と位置エネルギーの関係式⑮などは，より難しい問題を解く際にはしっかりと理解していなければならないけど，とりあえず，力学的エネルギー保存則が使えるかどうか判断し，二点で力学的エネルギーが等しいという式⑰を作れるようになろう。

例題64 力学的エネルギー保存則を使えるようになる

なめらかな水平面にばね定数 k の軽いばねが一端を固定されて置かれている。他端に，質量 m の物体を押しつけて，ばねが自然の長さから d だけ縮んだ状態にして静かにはなす。また，傾き角 θ，高さ h のなめらかな斜面が水平面となめらかにつながっている。物体は加速して，ばねから離れ，やがて斜面を上った。重力加速度の大きさを g とする。

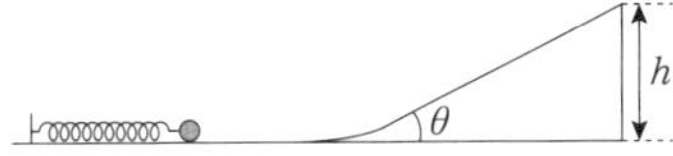

(1) ばねを d だけ縮めた状態で，ばねの弾性力による位置エネルギーを求めよ。

(2) ばねが自然の長さより $\dfrac{3d}{5}$ だけ縮んだ状態のときの物体の速さを求めよ。

(3) ばねが自然の長さのとき，物体がばねから離れた。離れたときの速さを求めよ。

(4) 物体が斜面を上り斜面の最高点から飛び出した。最高点での速さを求めよ。

(5) 物体が斜面の最高点から飛び出すためには，d はいくらより大きくなければならないか求めよ。

解答 (1) 弾性力による位置エネルギーは $\dfrac{1}{2}kd^2$

(2) 速さを v_1 とする。力学的エネルギー保存則より

$$0+\frac{1}{2}kd^2=\frac{1}{2}mv_1{}^2+\frac{1}{2}k\left(\frac{3d}{5}\right)^2 \qquad \therefore\ v_1=\frac{4d}{5}\sqrt{\frac{k}{m}}$$

(3) 速さを v_2 とする。力学的エネルギー保存則より

$$0+\frac{1}{2}kd^2=\frac{1}{2}mv_2{}^2+0 \qquad \therefore\ v_2=d\sqrt{\frac{k}{m}}$$

(4) 斜面の最高点での速さを v_3 とする。力学的エネルギー保存則より

$$\frac{1}{2}kd^2=\frac{1}{2}mv_3{}^2+mgh \qquad \therefore\ v_3=\sqrt{\frac{kd^2}{m}-2gh}$$

(5) 斜面の最高点での運動エネルギーを K とすると

$$\frac{1}{2}kd^2=K+mgh \qquad \therefore\ K=\frac{1}{2}kd^2-mgh$$

最高点で速度が 0 以上であるためには $K>0$ であればよい。

$$K=\frac{1}{2}kd^2-mgh>0 \qquad \therefore\ d>\sqrt{\frac{2mgh}{k}}$$

別解

(4)の v_3 が実数となればよい。そのために根号内が正であればよいので

$$\frac{kd^2}{m}-2gh>0 \qquad \therefore\ d>\sqrt{\frac{2mgh}{k}}$$

理解のコツ

ばねの弾性力による位置エネルギーは，必ず自然の長さのときを基準として，**ばねの変位（伸び，または縮み）は，必ず自然の長さから計る**。重力による位置エネルギーの基準は自由に決めていいよ。

次のような問題では，**位置エネルギーの基準をしっかり整理することが大切**。この問題では図があるから整理しやすいけど，自分でもしっかりと図を描けるようにしよう。その際，**ばねが自然の長さの状態の図を描く**ことが，整理のためのコツだよ。

演習11

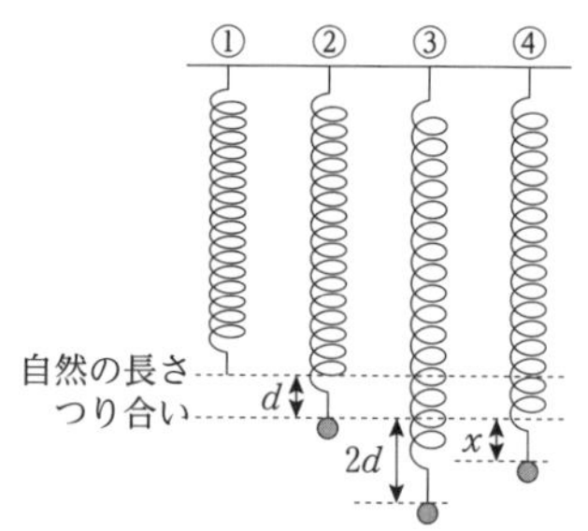

ばね定数 k の軽いばねの一端を天井に固定し，他端に質量 m のおもりをつけて鉛直につるす。ばねが自然の長さ（図①）から d だけ伸びた位置ではなすと，おもりはつり合って静止した（図②）。この位置を重力による位置エネルギーの基準とする。重力加速度の大きさを g とする。

(1) d を求めよ。

おもりをつり合いの位置からさらに $2d$ だけ鉛直下に引いて（図③）静かにはなすと，おもりは動き出した。

(2) おもりをはなした直後の力学的エネルギーを求めよ。

(3) おもりが，つり合いの位置から x だけ下の位置（図④）を通過するときの速さを v とする。このときの力学的エネルギーを求めよ。

(4) v を，m，k，d，x で表せ。

(5) おもりが，つり合いの位置を通過するときの速さを，g，d で表せ。

(6) おもりをはなした後，おもりが初めて静止する位置を d で表せ。

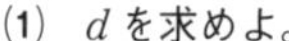

解答 (1) おもりにはたらく力がつり合っている。

$$mg-kd=0 \qquad \therefore \quad d=\frac{mg}{k}$$

(2) おもりはつり合いの位置より $2d$ だけ下で，ばねは自然の長さより $d+2d$ 伸びている。速さは 0 なので，力学的エネルギー保存則より

$$0+(-2mgd)+\frac{1}{2}k(d+2d)^2=-2mgd+\frac{9}{2}kd^2$$

(3) (2)と同様に考えて　$\frac{1}{2}mv^2-mgx+\frac{1}{2}k(d+x)^2$

(4) 力学的エネルギー保存則より

$$-2mgd+\frac{9}{2}kd^2=\frac{1}{2}mv^2-mgx+\frac{1}{2}k(d+x)^2$$

ここで，(1)より $mg=kd$ を利用して，式を整理する。

$$-2kd^2+\frac{9}{2}kd^2=\frac{1}{2}mv^2-kdx+\frac{1}{2}kd^2+kdx+\frac{1}{2}kx^2$$

$$\therefore\quad v=\sqrt{\frac{k}{m}(4d^2-x^2)}$$

(5) (4)の v に，$x=0$ を代入し，(1)の式で k を消去する。

$$v=2d\sqrt{\frac{k}{m}}=2\sqrt{gd}$$

(6) (4)の v が 0 となるときなので

$$v=\sqrt{\frac{k}{m}(4d^2-x^2)}=0$$

$k\neq 0$，$m\neq 0$ より

$$4d^2-x^2=0 \qquad \therefore\quad x=\pm 2d$$

$x=2d$ は，おもりをはなした位置で不適。ゆえに，初めて静止する位置は $x=-2d$ である。すなわち，つり合いの位置より $2d$ 上方。

8 力学的エネルギーが保存しない場合

▶▶保存力以外の力が仕事をする

質量 m の物体が点 A から B まで移動する間，保存力（重力，弾性力）以外の力＝非保存力（摩擦力など）が仕事 w をする場合を考える。同時に，保存力も仕事 W をしているとする。物体の速度が v_A から v_B に変化すると，式65より

$$\frac{1}{2}m{v_B}^2-\frac{1}{2}m{v_A}^2=W+w$$

ここで，保存力のする仕事と位置エネルギーの関係式75より $W=-(U_B-U_A)$ であるので，代入して整理すると

$$\frac{1}{2}m{v_B}^2-\frac{1}{2}m{v_A}^2=-(U_B-U_A)+w$$

$$\therefore\quad \left(\frac{1}{2}m{v_B}^2+U_B\right)-\left(\frac{1}{2}m{v_A}^2+U_A\right)=w \quad \cdots 78$$

この式の左辺は，物体の移動前後での力学的エネルギーの変化量，右辺は非保存力がした仕事を示す。つまり $w\neq 0$ のとき，力学的エネルギーは保存せず，変化する。

保存力以外の力（非保存力）が仕事 w をする場合

$$\left(\frac{1}{2}m{v_B}^2+U_B\right)-\left(\frac{1}{2}m{v_A}^2+U_A\right)=w \quad \cdots 78$$

力学的エネルギーの変化量＝保存力以外の力のした仕事

保存力以外の力として動摩擦力がはたらく場合について練習してみよう。

例題65 非保存力が仕事をする場合の式を作る

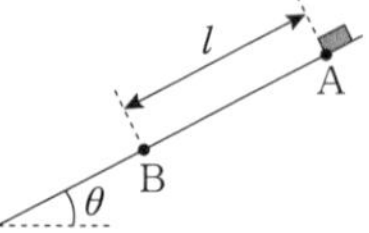

図のように，傾き角 θ の斜面上に点 A，B をとる。AB 間の距離は l である。斜面上を質量 m の物体をすべらせる。物体と斜面との動摩擦係数を μ'，重力加速度の大きさを g とする。

Ⅰ．物体を点 A に置き，静かに手をはなす。物体はすべり出し，点 B を通過した。

(1) AB 間で，動摩擦力が物体にした仕事を求めよ。

(2) 物体が点 B を通過するときの速さを求めよ。

Ⅱ．次に，物体を点 B に置き，斜面に沿って上向きの初速度 v_0 を与えた。物体はやがて点 A を通過した。

(3) 点 A を通過するときの物体の速さを v とする。この間の力学的エネルギーの変化を m，v_0，v，g，l，θ で表せ。

(4) v を求めよ。

(5) 物体が点 A を通過するためには，v_0 はいくらより大きくなければならないか求めよ。

解答 (1) 動摩擦力の大きさは $\mu' mg\cos\theta$ で，物体の変位の向きと逆向きなので仕事 w は

$$w=-\mu' mgl\cos\theta$$

(2) 点 B を通過するときの速さを v_B として，力学的エネルギーの変化が動摩擦力のした仕事なので，重力の位置エネルギーの基準を点 A として，式⑱より

$$\left(\frac{1}{2}mv_B{}^2-mgl\sin\theta\right)-0=w=-\mu' mgl\cos\theta$$

$$\therefore \quad v_B=\sqrt{2gl(\sin\theta-\mu'\cos\theta)}$$

(3) 重力による位置エネルギーの基準を点 A にとる。力学的エネルギーの変化は

$$\frac{1}{2}mv^2-\left(\frac{1}{2}mv_0{}^2-mgl\sin\theta\right)=\frac{1}{2}mv^2-\frac{1}{2}mv_0{}^2+mgl\sin\theta$$

(4) 動摩擦力のした仕事 w' は $-\mu' mgl\cos\theta$ なので，式⑱より

$$\frac{1}{2}mv^2-\frac{1}{2}mv_0{}^2+mgl\sin\theta=w'=-\mu' mgl\cos\theta$$

$$\therefore \quad v=\sqrt{v_0{}^2-2gl(\sin\theta+\mu'\cos\theta)}$$

(5) 点 A に到達したとして運動エネルギーを K とする。式⑱より

$$K-\left(\frac{1}{2}mv_0{}^2-mgl\sin\theta\right)=-\mu' mgl\cos\theta$$

$$K=\frac{1}{2}mv_0{}^2-mgl\sin\theta-\mu' mgl\cos\theta$$

$K>0$ であればよいので

$$\frac{1}{2}mv_0{}^2-mgl\sin\theta-\mu' mgl\cos\theta>0$$

$$\therefore \quad v_0>\sqrt{2gl(\sin\theta+\mu'\cos\theta)}$$

別解

v が実数であればよいので，(4)の根号内が正であればよい。

$$v_0{}^2-2gl(\sin\theta+\mu'\cos\theta)>0$$

$$v_0{}^2>2gl(\sin\theta+\mu'\cos\theta)$$

$$\therefore\quad v_0>\sqrt{2gl(\sin\theta+\mu'\cos\theta)}$$

例題 65 は運動方程式でも解くことができるが，このように仕事とエネルギーの関係を用いて解く方が，楽な場合がある。問題ごとに判断しよう。

9 - 2 物体の力学的エネルギー

2 物体間の力の仕事

図 66 のように，なめらかな水平面内に置かれたばねの端に物体 A をつけ，物体 B を押しつけてばねを縮めてからはなす。

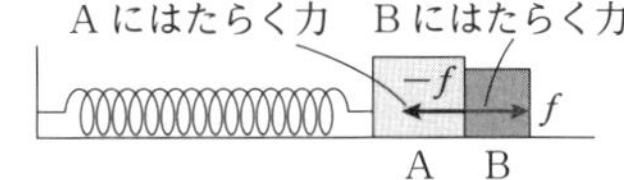

図 66　2 物体の力学的エネルギー

ばねが伸びるとき，物体 A と B との間には，大きさ f の垂直抗力（非保存力）が運動の方向にはたらき，A，B それぞれに仕事をするので，A，B それぞれの力学的エネルギーは保存しない。しかし，A と B の変位は同じで，作用・反作用の法則より垂直抗力の大きさは同じで逆向きなので，垂直抗力が A，B にする仕事をそれぞれ W_A，W_B とすると

$$W_A=-W_B \qquad \therefore\quad W_A+W_B=0$$

つまり，この場合，A，B 全体に，垂直抗力がする仕事は 0 となる。したがって A，B 全体では，ばねの弾性力だけが仕事をしているので，**A，B 全体の力学的エネルギーは保存する。**

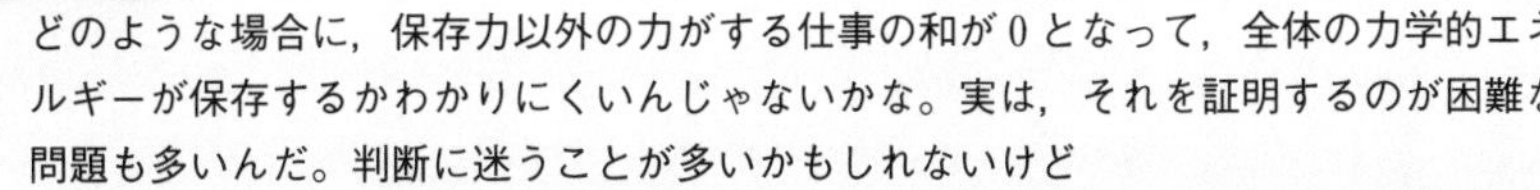

どのような場合に，保存力以外の力がする仕事の和が 0 となって，全体の力学的エネルギーが保存するかわかりにくいんじゃないかな。実は，それを証明するのが困難な問題も多いんだ。判断に迷うことが多いかもしれないけど

「はたらく力による仕事により，力学的なエネルギーが他のエネルギー（例えば熱などのエネルギー）に変わっているかどうか？」

で判断すればいいよ。例えば，摩擦力がはたらいた状態では，互いの相対速度が 0 でなければ，摩擦により，力学的エネルギーが熱エネルギーに変換されている。このような場合は，全体の力学的エネルギーは保存しないと考えればいいんだ。

演習12

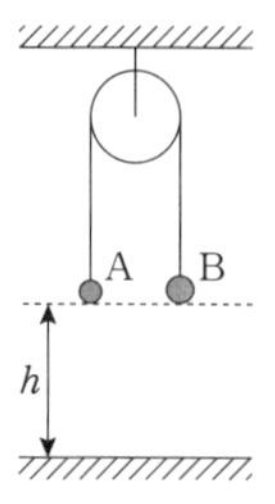

右図のように，天井からつるしたなめらかに回る滑車に，質量がそれぞれ m，$2m$ のおもり A，B を軽い糸でつるし，A，B を同じ高さにして静かにはなす。このときの床からの高さは h であった。重力加速度の大きさを g とする。

(1) A，B の加速度と糸の張力の大きさを求めよ。

(2) B が床と衝突するまでに，B が糸からされた仕事を求めよ。

(3) B が床と衝突するときの速さを求めよ。

(4) B が床と衝突するときまでの，A，B の重力による位置エネルギーの変化の合計と，衝突するときの A，B の運動エネルギーの合計を求めよ。

解答 (1) A は鉛直上向きに，B は鉛直下向きに運動する。加速度の大きさを a，糸の張力の大きさを T とし，それぞれ運動方程式を作る。

$$\text{A}：ma=T-mg \quad , \quad \text{B}：2ma=2mg-T$$

これらを解いて　$a=\dfrac{g}{3}$　，　$T=\dfrac{4}{3}mg$

(2) 糸の張力は B の運動する向きと逆向きにはたらいているので，B にした仕事 W_B は

$$W_\text{B}=-Th=-\frac{4}{3}mgh$$

(3) 床に衝突するときの速さを v とする。等加速度直線運動の公式 3 より

$$v^2-0=2\times\frac{g}{3}\times h \qquad \therefore \quad v=\sqrt{\frac{2gh}{3}}$$

別解

(B の力学的エネルギーの変化)＝(張力のした仕事)

という考え方で解いてみよう。位置エネルギーの基準を床として

$$\left(\frac{1}{2}\times2mv^2+0\right)-(0+2mgh)=W_\text{B}=-\frac{4}{3}mgh \qquad \therefore \quad v=\sqrt{\frac{2gh}{3}}$$

(4) A は h 上がり，B は h 下がるので，位置エネルギーの変化の合計は

$$mgh-2mgh=-mgh$$

また，A，B ともに速さは v であるので，(3)の結果も用いて

$$\frac{1}{2}mv^2+\frac{1}{2}\times2mv^2=\frac{1}{2}\times3m\times\left(\sqrt{\frac{2gh}{3}}\right)^2=mgh$$

(参考) このことからわかるように A，B 全体の力学的エネルギーは保存する。つまり，重力による位置エネルギーの減少量が運動エネルギーの増加量となっている。

(3)でみたように，B だけでは力学的エネルギーは保存しない。保存力でない張力が仕事をするからである（A だけでも同様）。しかし，張力が B にした仕事は $-Th$，A にした仕事は Th で，A，B にした仕事の和は 0 になるため，**A，B 全体の力学的エネルギーは保存する**。ゆえに，(3)の別解として，以下のように**全体の力学的エネルギー保存則**を利用することもできる（床を基準として A は高さが h から $2h$ に，B は高さが h から 0 になる）。

$$0+(m+2m)gh=\frac{1}{2}(m+2m)v^2+(2mgh+0) \qquad \therefore \quad v=\sqrt{\frac{2gh}{3}}$$

剛　体

❶ 力のモーメント

▶▶剛体

大きさを無視できる物体を**質点**という。今までは物体を質点として扱ってきた。これに対し，大きさを無視できず，かつ変形しない物体を**剛体**という。このSECTIONでは，まず剛体にはたらく力の効果を考え，**剛体のつり合いの条件**（静止し回転しない条件）を考える。

▶▶力と作用線

力の作用点を通り，力の方向に引いた直線を**作用線**という。物体に同じ大きさ，向きの力を加えても，図67のように作用点が異なると，一般に物体に対する効果（その力による物体の運動）は異なる。しかし，**同じ作用線上**であれば，**力の効果は同じ**である。ゆえに**力を作用線上で移動させてもよい**。

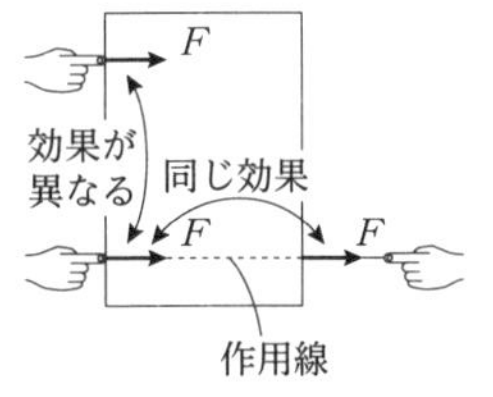

図67　力の作用線

▶▶力のモーメント

図68のように軽い棒を点Oで軽い糸でつるし，両端に力を加える。$F_1l_1=F_2l_2$ であれば棒は回転し始めない。また，力を作用線上で移動させてもよいので，l_1，l_2 は作用線までの距離としてよい。この F_1l_1 のように，**はたらく力の大きさとある点Oから作用線までの距離（"腕の長さ"）の積**を，**点Oのまわりの力のモーメント**という。単位はN･mである。

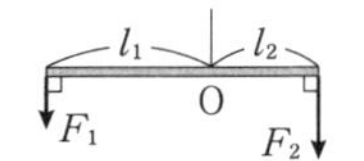

図68　棒のつり合い

▶▶力のモーメントの求め方①

図69のように点Aにはたらく大きさ F の力がある。点Oのまわりの力のモーメント M は

$M=Fl$　…❼❾

である。力の向きが逆だと，物体に与える影響も異なるので，力のモーメントに正負をつけて区別する。一般に**点Oに対して反時計回りの力のモーメントを正**，**時計回りの力のモーメントを負**とすることが多い。

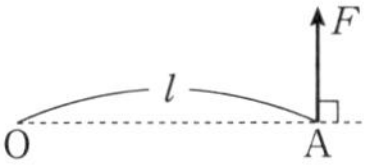

F　l　O　A

図69　力のモーメント

図 70 のような場合は，点 O から力の作用線に垂線を下ろした点 B に力を移動する。点 O から作用線までの距離＝OB の長さ は，$l\sin\theta$ なので，点 O のまわりの力のモーメント M は以下のようになる。

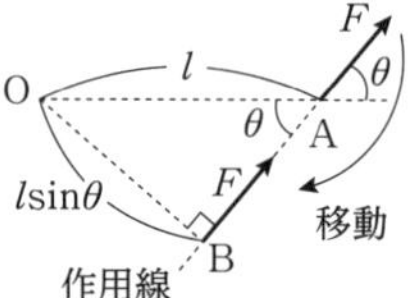

図 70　力のモーメントの求め方①

力のモーメント

$$\boldsymbol{M = F \times l\sin\theta = Fl\sin\theta} \quad \cdots ⑳$$

反時計回りを正とすることが多い。

M〔N·m〕：力のモーメント　　F〔N〕：力
$l\sin\theta$〔m〕：腕の長さ＝作用線までの距離

▶▶力のモーメントの求め方②

図 71 のように，力を作用点 A で，OA に対して垂直な方向に分解する。垂直成分の大きさは $F\sin\theta$ である。OA に平行な方向の力のモーメントは 0 で考えなくてよい。点 O のまわりの力のモーメント M は，垂直な成分のみを考えて

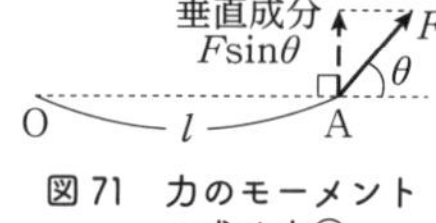

図 71　力のモーメントの求め方②

$$M = F\sin\theta \times l = Fl\sin\theta \quad \cdots ㉛$$

理解のコツ

まず，次の例題などで，力のモーメントの計算を式⑲〜㉛でできるようになることが大切。上記の求め方に加えて，例題 67 の(3)の求め方をマスターすればどんな場合にも対応できるはずだよ。
力のモーメントの正負は，例えば図 69 で，点 O を中心に回転する棒 OA があると仮定して，力が棒をどちら回りに回転させようとしているかを考えればいいよ。ただし，もし正負の向きを忘れても，自分で適当な向きを正として計算すれば，ほとんどの場合は問題ないんだ。また，点 O はどこにとってもいいよ。O の位置によって力のモーメントの値が異なるけど，気にしなくて OK だよ。

例題66 式79〜81より力のモーメントの計算ができるようになる

Ⅰ．質量5.0kg，長さ4.0mの一様な棒がある。棒の太さは一定である。重力加速度の大きさを$9.8\,\mathrm{m/s^2}$とし，棒の重力は棒の中点Cにはたらくものとする。

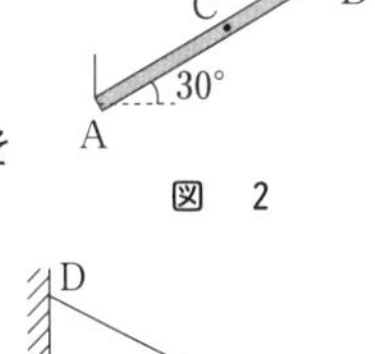

図 1

(1) 棒を，図1のように水平に軽い糸でつるす。以下の各点のまわりの棒にはたらく重力のモーメントをそれぞれ求めよ。

① 点A（棒の左端）　② 点B（棒の右端）

③ 点C（棒の中点）

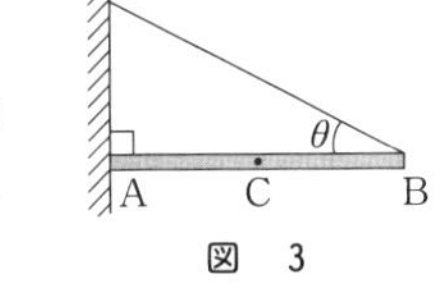

図 2

(2) この棒を，図2のように水平から30°傾いた状態でつるす。(1)の①〜③の点のまわりの棒にはたらく重力のモーメントをそれぞれ求めよ。

Ⅱ．図3のように，質量m，長さlの一様な棒の左端を鉛直なあらい壁に接触させ，水平になるように右端を軽い糸でつるす。糸は点Dで壁に取りつけられ，糸が水平となす角をθとする。重力加速度の大きさをgとし，棒の重力は棒の中点Cにはたらくものとする。

D

θ

A　C　B

図 3

(3) 以下の各点のまわりの棒にはたらく重力のモーメントをそれぞれ求めよ。

① 点A　② 点B　③ 点D

(4) 糸の張力の大きさをTとする。(3)の①〜③の点のまわりの，棒の点Bにはたらく張力のモーメントをそれぞれ求めよ。

解答 (1) 棒の重力の大きさ$=5.0\times9.8=49\,\mathrm{N}$で，中点Cにはたらく。式79より

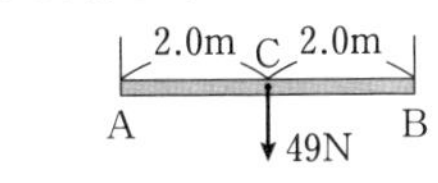

① Aに対して重力は時計回りなので

$-49\times2.0=-98\,\mathrm{N\cdot m}$

② Bに対して重力は反時計回りなので

$49\times2.0=98\,\mathrm{N\cdot m}$

③ Cが作用点なので，距離は0である。

$49\times0=0\,\mathrm{N\cdot m}$

(2) 重力の作用線と，各点から作用線に下ろした垂線との交点に力の作用点を移動して考える。式80より

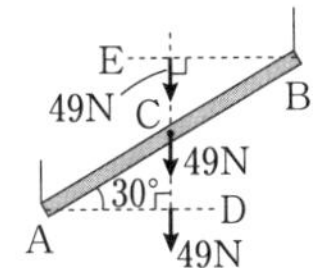

① 右図のDに移動する。$\mathrm{AD}=2.0\cos30^\circ=1.0\sqrt{3}\,\mathrm{m}$で，Aに対して重力は時計回りなので

$-49\times1.0\sqrt{3}=-49\times1.73=-84.7\fallingdotseq-85\,\mathrm{N\cdot m}$

② 右図のEに移動する。$\mathrm{BE}=2.0\cos30^\circ=1.0\sqrt{3}\,\mathrm{m}$で，Bに対して重力は反時計回りなので

$49\times1.0\sqrt{3}=84.7\fallingdotseq85\,\mathrm{N\cdot m}$

③ Cからの距離は0なので　$0\,\mathrm{N\cdot m}$

(**3**) それぞれの点から重力の作用線までの距離を求め，向きを考えて力のモーメントを求める。式㊽より

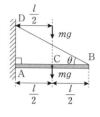

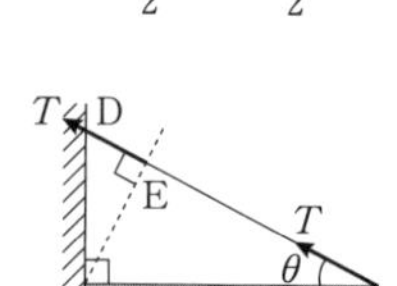

① $-mg\times\frac{l}{2}=-\frac{mgl}{2}$　　② $mg\times\frac{l}{2}=\frac{mgl}{2}$

③ D から重力の作用線までの距離が $\frac{l}{2}$ なので

$-mg\times\frac{l}{2}=-\frac{mgl}{2}$

(**4**) 張力は B から D の向きにはたらく。

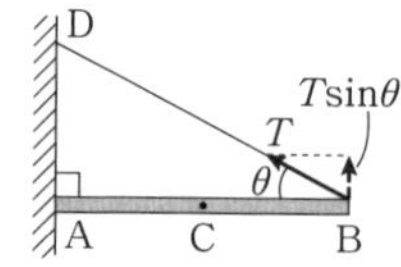

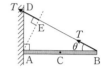

① 右図のように，A から BD に垂線を下ろした点 E までの距離を考える。AE$=l\sin\theta$ で，A に対して反時計回りなので　　$Tl\sin\theta$

② 距離 0 であるので，力のモーメントも 0 である。

③ D は作用線上にあるので，距離は 0 である。ゆえに，力のモーメントも 0 である。

別解

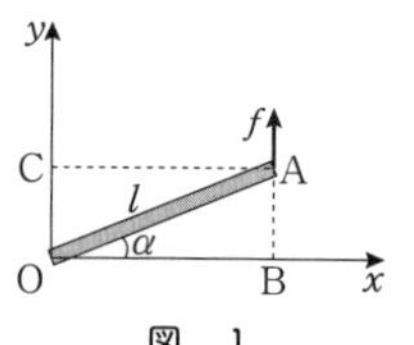

① 右図のように，張力を線分 AB に垂直な成分に分解する。垂直成分の大きさは $T\sin\theta$ で，AB 間の距離は l，また A に対して反時計回りなので，力のモーメントは正である。式㊾で計算する。

$T\sin\theta\times l=Tl\sin\theta$

例題67 あらゆる場合の力のモーメントを計算できるようになる

図 1 のように xy 平面上に，長さ l の棒が置かれている。棒が x 軸となす角は α で，棒の一端は原点 O に，もう一端は点 A にある。点 A に大きさ f の力が，y 軸の正の向きにはたらいている。

図 1

(**1**) 次の各点のまわりの点 A にはたらく力のモーメントをそれぞれ求めよ。

① 点O　② 点A　③ 点B　④ 点C

図 2 のように，長さ l の棒の一端 A に棒と θ の方向に，大きさ f の力がはたらいている。

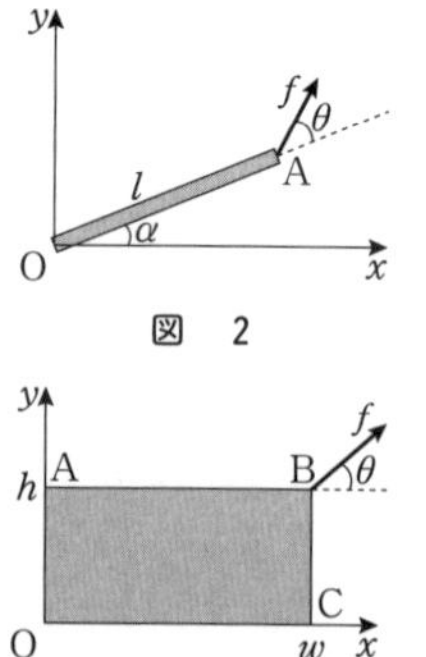

図 2

図 3

(**2**) 次の各点のまわりの点 A にはたらく力のモーメントをそれぞれ求めよ。

① 点O　② 点A

図 3 のように，幅 w，高さ h の長方形の板 OABC がある。点 B に図の向きに大きさ f の力がはたらいている。

(**3**) 次の各点のまわりの点 B にはたらく力のモーメントをそれぞれ求めよ。

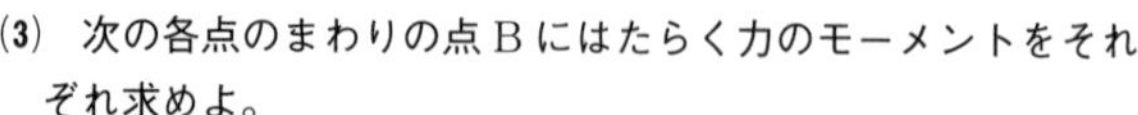

① 点A　② 点B　③ 点C　④ 点O

解答 (1) ① 図 4 のように力を点 B に移動する。$\mathrm{OB}=l\cos\alpha$ で，点 O に対して反時計回りなので

$fl\cos\alpha$

② 点 A と力の作用点との距離は 0 なので　　0

③ 点 B は力の作用線上で距離は 0 なので　　0

④ $\mathrm{CA}=l\cos\alpha$ より　　$\boldsymbol{fl\cos\alpha}$

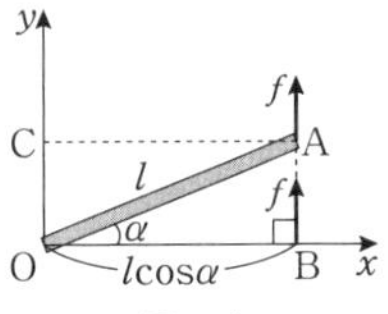

図 4

(2) ① 図 5 のように，点 O から作用線に垂線を下ろした点 D に力を移動する。$\mathrm{OD}=l\sin\theta$ なので　　$fl\sin\theta$

② 点 A と力の作用点との距離は 0 なので　　0

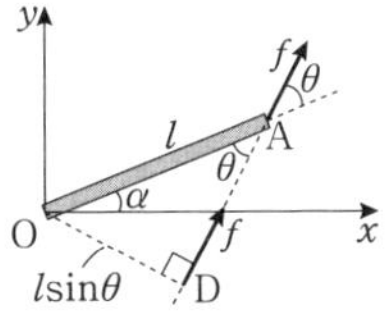

図 5

(3) 力を分解して求める方が，計算が楽である。

① 図 6 のように，AB に直交する力の成分は $f\sin\theta$，AB の距離は w であるので　　$fw\sin\theta$

② 点 B からの距離が 0 なので　　0

③ CB に直交する力の成分は $f\cos\theta$，CB の距離は h であるので

$-fh\cos\theta$

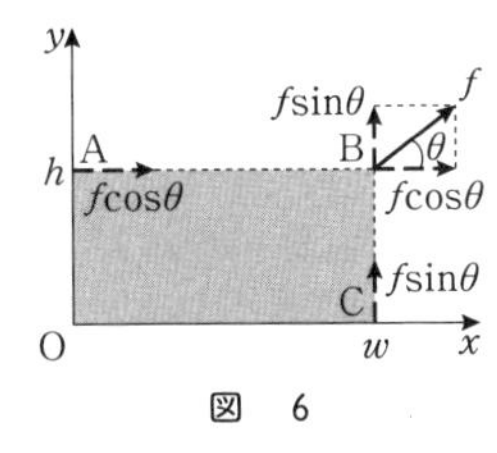

図 6

④ 図 6 のように力を作用線上で移動してもよいが，以下の考え方が便利である。
力 f を y 方向，x 方向に向いた 2 つの力，$f\sin\theta$ と $f\cos\theta$ に分解し，点 O に対するモーメントをそれぞれ求めて和をとる。

$$f\sin\theta\times w-f\cos\theta\times h=f(w\sin\theta-h\cos\theta)$$

別解

図 7 のように，力の作用線に点 O から垂線を下ろしたときの交点を E として，E に力を移動する。OE 間の長さを求める。作用線が $x>0$ で x 軸を横切ると仮定して考えると

$\mathrm{OE}=w\sin\theta-h\cos\theta$

である。ゆえにモーメントは　　$f(w\sin\theta-h\cos\theta)$

なお，作用線が $x<0$ で x 軸を横切っても，力のモーメントは同じ式になる。

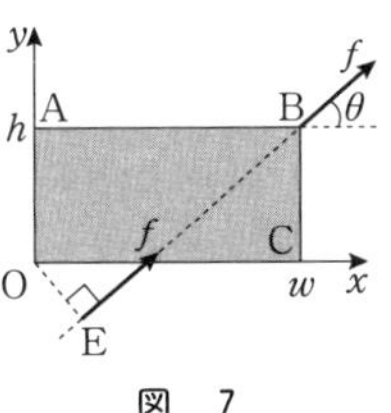

図 7

2 - 剛体のつり合い

▶▶剛体の運動

剛体の運動は，剛体の重心（後の「4-重　心」で詳しく学ぶ）が移動する運動＝並進運動と，重心まわりの回転運動に分けて考えることができる。例えば，図 72 のように剛体を投げると，剛体の重心は放物運動をし，かつ剛体は重心のまわりを回転する。

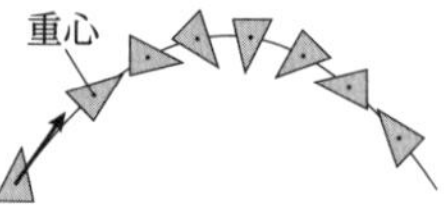

図 72　剛体の運動

▶▶剛体のつり合い

剛体が並進運動も回転運動もしない条件を考える。これを剛体のつり合いという。剛体の並進運動は，重心に全質量が集まった質点の運動と同じである。ゆえに並進運動をしない条件は，剛体にはたらく力の和（合力）が $\vec{0}$（＝力のつり合い）になることである。回転運動をしない条件は，任意の点のまわりの剛体にはたらく力のモーメントの和が 0（＝力のモーメントのつり合い）になることである。

注意 力のモーメントは，どの点のまわりでもいい。力がつり合っていて，かつ力のモーメントがつり合っているときは，どの点のまわりの力のモーメントも 0 となる。

剛体のつり合い

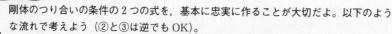

- **並進運動しない条件（力のつり合い）**
  力の和が 0 ：$\vec{F_1}+\vec{F_2}+\vec{F_3}+\cdots=\vec{0}$　…82
- **回転運動しない条件（力のモーメントのつり合い）**
  任意の点のまわりの力のモーメントの和が 0：$M_1+M_2+M_3+\cdots=0$　…83

理解のコツ

剛体のつり合いの条件の 2 つの式を，基本に忠実に作ることが大切だよ。以下のような流れで考えよう（②と③は逆でも OK)。

① 剛体にはたらく**力の図を，作用点も意識して正確に描く**。大きさのわからない力は，大きさを適当な文字でおく。向きがわからない力は，向きを仮定する。

② 作用点の違いは気にせずに，式82より，**力のつり合いの式を作る**。必要なら，適当な直交する 2 方向に分解して，それぞれ力のつり合いの式を作る。

③ 任意の一点を選んで，それぞれの力のモーメントを求め，式83より，**力のモーメントのつり合いの式を作る**。基準となる点はどこでもいいので，できるだけ計算が簡単になる点を選ぶこと（問題を解いて慣れよう)。

④ 以上の式を解いて，それぞれの力の大きさを求める。向きを仮定した力の大きさの計算結果が負になれば，仮定した向きと逆に力がはたらいているということだ。

例題68 剛体のつり合いの条件の式を作る

質量 1.5kg，長さ 2.0m の一様な棒 AB がある。点 A に質量 1.0kg のおもり P，点 B に質量のわからないおもり Q をつるし，点 A から 1.3m の点 C に軽い糸をつけてつるすと，棒は水平な状態で静止した。重力加速度の大きさを $9.8\,\text{m/s}^2$ とし，棒の重力は棒の中点にはたらくものとする。

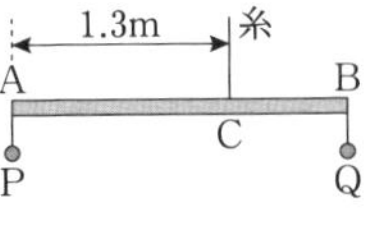

(1) 点 C のまわりの力のモーメントのつり合いを考えて，おもり Q の質量を求めよ。
(2) 力のつり合いより，棒をつるす糸の張力の大きさを求めよ。
(3) 点 A のまわりの力のモーメントの和も，点 B のまわりの力のモーメントの和も 0 になることを確かめよ。

解答 (1) おもり Q の質量を m，糸の張力の大きさを T として，棒にはたらく力は右図のようになる。棒の重力は，棒の中点 D にはたらく。点 C のまわりの力のモーメントのつり合いより

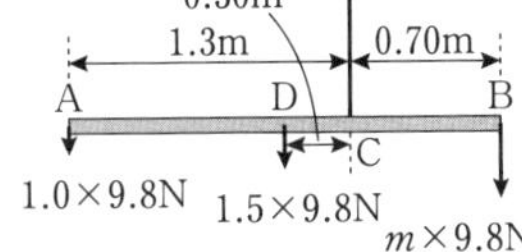

$$1.0\times9.8\times1.3+1.5\times9.8\times0.30-m\times9.8\times0.70=0$$

$\therefore\ m=2.5\,\text{kg}$

(2) 鉛直方向の力のつり合いより

$$T-(1.0+1.5+2.5)\times9.8=0 \qquad \therefore\ T=49\,\text{N}$$

(3) 点 A：$49\times1.3-1.5\times9.8\times1.0-2.5\times9.8\times2.0=0$

点 B：$1.0\times9.8\times2.0+1.5\times9.8\times1.0-49\times0.70=0$

どの点を基準にしても，力のモーメントの和は 0 である。

例題69 剛体のつり合いの条件をマスターする①

質量 m，長さ l の一様な棒の左端を鉛直であらい壁に接触させ，壁（点 C）に取りつけた軽い糸を棒の右端（点 B）につけて，棒が水平になるようにつるした。糸の水平からの傾きは 30° であった。重力加速度の大きさを g とし，棒の重力は棒の中点にはたらくものとする。

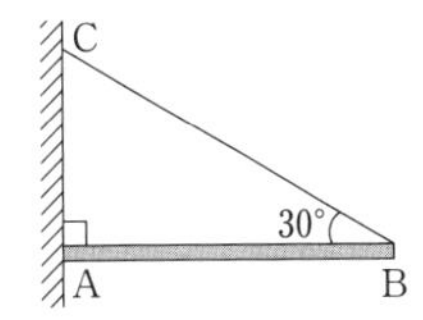

(1) 糸の張力の大きさを T，壁から棒にはたらく垂直抗力の大きさを N，壁との静止摩擦力の大きさを f とする。棒にはたらく力のつり合いの式を，水平方向，鉛直方向に分けて作れ。
(2) 適当な点のまわりの棒にはたらく力のモーメントのつり合いの式を作れ。
(3) T，N，f を求めよ。
(4) 棒が静止しているためには，壁と棒との間の静止摩擦係数はいくら以上でなければならないか求めよ。

解答 (1) 棒にはたらく力は右図のようになる。静止摩擦力の向きはわからないので仮に上向きとした。つり合いの式は

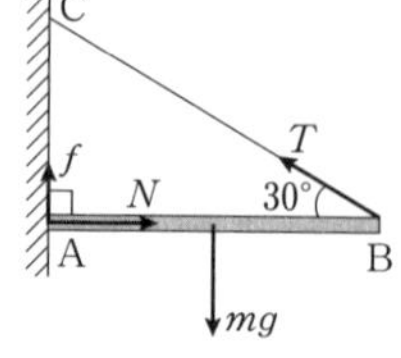

水平：$T\cos 30° - N = 0$ …①

鉛直：$T\sin 30° + f - mg = 0$ …②

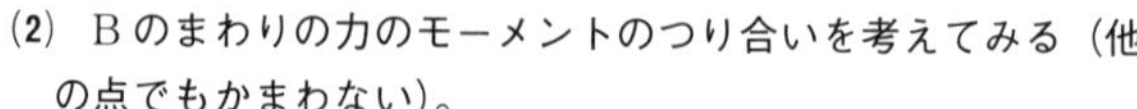

(2) Bのまわりの力のモーメントのつり合いを考えてみる（他の点でもかまわない）。

$$-fl + mg\frac{l}{2} = 0 \quad \text{…③}$$

(3) ③式より　$f = \dfrac{mg}{2}$

②式へ代入して　$\dfrac{T}{2} + \dfrac{mg}{2} - mg = 0$　　$\therefore\ T = mg$

さらに①式へ代入して　$N = \dfrac{\sqrt{3}\,mg}{2}$

(4) 静止摩擦係数を μ とする。棒がすべらないためには，静止摩擦力の大きさ f が限界，つまり最大摩擦力の大きさ μN を超えなければよいので

$$f \leqq \mu N$$

f，N を代入して

$$\frac{mg}{2} \leqq \mu\frac{\sqrt{3}\,mg}{2} \qquad \therefore\ \mu \geqq \frac{\sqrt{3}}{3}$$

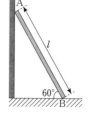

例題70 剛体のつり合いの条件をマスターする②

質量 m，長さ l の一様な棒 AB が，水平であらい床と 60° の角度をなすように，鉛直でなめらかな壁に立てかけられている。壁との接点を A，床との接点を B とする。重力加速度の大きさを g とし，棒の重力は棒の中点にはたらくものとする。

(1) 棒にはたらく力を図示せよ。

(2) 床と棒の間の垂直抗力の大きさを N，静止摩擦力の大きさを f，壁と棒の間の垂直抗力の大きさを R とし，水平方向，鉛直方向のつり合いの式を作れ。

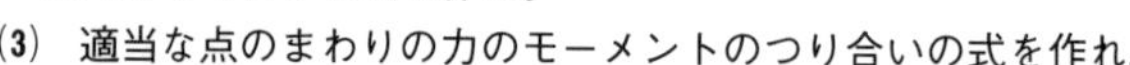

(3) 適当な点のまわりの力のモーメントのつり合いの式を作れ。

(4) N，f，R を求めよ。

(5) 棒がすべって倒れないためには，床との間の静止摩擦係数はいくら以上でなければならないか求めよ。

解答 (1) 右図となる。問題文にあるように，棒の重力は，棒の中点にはたらく。また水平方向の力のつり合いを考えると，静止摩擦力は左向きになる。

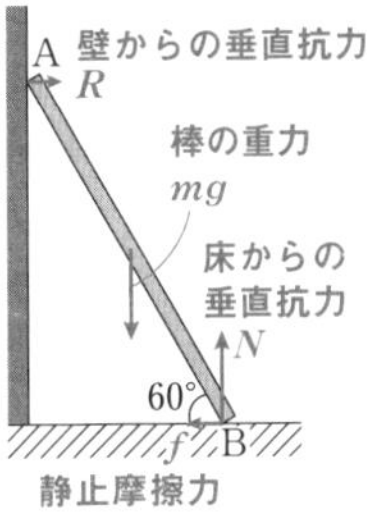

(2) 水平：$R-f=0$ …①

鉛直：$N-mg=0$ …②

(3) 点Bのまわりの力のモーメントのつり合いの式を作る。（なぜBのまわりのモーメントを考えるのか？ Bのまわりの f と N のモーメントが0なので，計算が楽そうだと考えたからである。他の点のまわりで計算してもよい。）

$$mg\times\frac{l}{2}\cos60°-R\times l\sin60°=0 \quad …③$$

(4) ②式より　$N=mg$

③式より　$R=\dfrac{mg}{2\tan60°}=\dfrac{\sqrt{3}}{6}mg$

①式より　$f=R=\dfrac{\sqrt{3}}{6}mg$

(5) 静止摩擦係数を μ とする。静止摩擦力の大きさ f が，最大摩擦力の大きさ μN を超えないとき，棒はすべらない。

$$f\leqq\mu N \qquad \frac{\sqrt{3}}{6}mg\leqq\mu mg \qquad \therefore\ \mu\geqq\frac{\sqrt{3}}{6}$$

3 - 力の合成，偶力

「②③- 力の分解，合成」で力の合成を学んだが，作用点については意識していなかった。ここでは，力を合成したときの作用点についても考える。

平行でない2力の合成

図73のように平行でない力 $\vec{F_1}$，$\vec{F_2}$ の合成は，それぞれの力の作用線を伸ばした交点に力を移動して合成し，合力 $\vec{F}$ を求める。

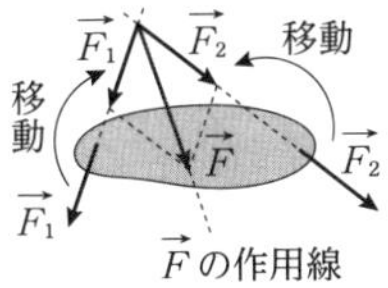

図73　力の合成①

平行で同じ向きの2力の合成

図74のように，同じ向きの平行な力 $\vec{F_1}$，$\vec{F_2}$ がはたらいている。大きさはそれぞれ F_1，F_2 とする。**合力 $\vec{F}$ の作用点は，作用点A，B間を，力の大きさの逆比 $F_2:F_1$ に内分する点C**である。つまり

$$l_1:l_2=F_2:F_1$$

である。また合力の大きさ $F=F_1+F_2$ である。

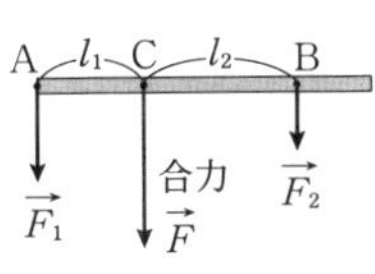

図74　力の合成②

▶▶平行で逆向きの2力の合成

図75のように，平行で逆向きの力 $\vec{F_1}$，$\vec{F_2}$ がはたらいている。大きさはそれぞれ F_1，F_2（$F_1<F_2$）とする。**合力 $\vec{F}$ の作用点は，作用点A，B間を，力の大きさの逆比 $F_2:F_1$ に外分する点C**である。つまり

$$l_1:l_2=F_2:F_1$$

である。また合力の大きさ $F=F_2-F_1$ である。

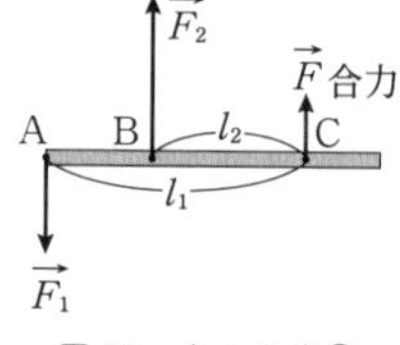

図75　力の合成③

合力の作用点

- **平行でない2力　　　：作用線の交点**
- **平行で同じ向きの2力：作用点間を力の大きさの逆比に内分する点**
- **平行で逆向きの2力　：作用点間を力の大きさの逆比に外分する点**

理解のコツ

平行な力の合成は，元の力と合成した力のモーメントが同じにならなければならないことより導かれる。ゆえに，力のモーメントのつり合いを考えるとき，実際には個別の力のモーメントの和を求めればよく，わざわざ力を合成する必要はないので，これらのことを使うことは少ない。でも，できるようになっておこう。

例題71　力を合成し，作用点を見つける

長さ1.5mの棒があり，(1)～(3)のようにそれぞれ2力がはたらく。ただし，点A，Bは棒の端点，点Cは中点である。2力を合成した合力の大きさを求めよ。また，合力が棒に作用するとして，作用点を求め合力を図に描き込め。作用点の位置を，棒のA端からの距離で答えよ。

(1)　点A，Bに図の向きに大きさ10Nの力（図1）

(2)　点Aに大きさ15N，点Aから1.2mの点Dに5.0Nの力（図2）

(3)　点Aに大きさ6.0N，点Cに24Nの力（図3）

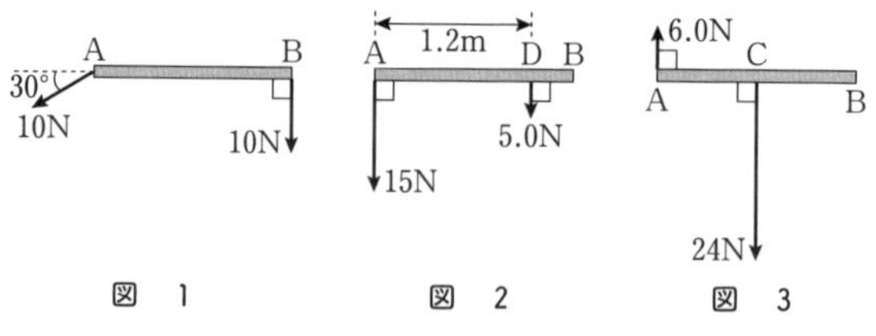

図　1　　図　2　　図　3

解答 (1)　図4（次ページ）で，2つの力を作用線上で移動させて，交点Pに移動する。$\angle APB=60°$ で，かつ2力の大きさは等しいので，合力の大きさ F は

$F=2\times 10\cos 30^\circ=10\sqrt{3}=10\times 1.73=17.3\fallingdotseq 17\,\text{N}$

方向は，∠APB を 2 等分する方向である。合力の作用線を延長し，棒と交わる点を Q とする。AB＝1.5 m であるので

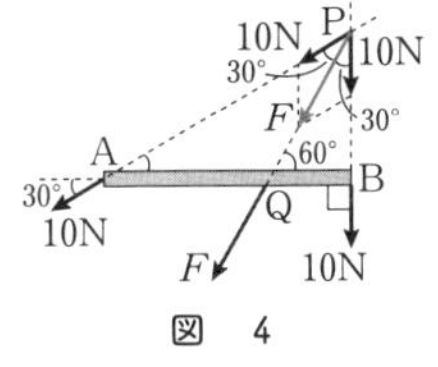

図 4

$$\text{PB}=\text{AB}\tan 30^\circ=\frac{1.5}{\sqrt{3}}$$

$$\text{QB}=\text{PB}\tan 30^\circ=\frac{1.5}{\sqrt{3}}\times\frac{1}{\sqrt{3}}=0.50$$

$\therefore\quad \text{AQ}=1.5-0.50=1.0\,\text{m}$

(2)　合力の大きさ F は　　$F=15+5.0=20\,\text{N}$

図 5 で，合力の作用点を R とする。AR＝l_1，RD＝l_2 とすると，R は AD 間を $l_1 : l_2=5.0 : 15=1 : 3$ に内分する点である。

ゆえに　　AR＝0.30 m

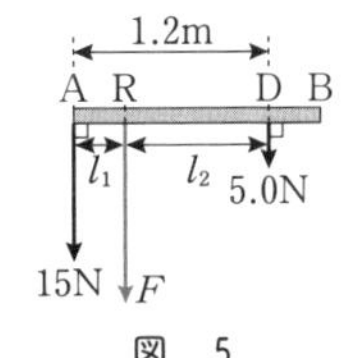

図 5

(3)　合力の大きさ F は　　$F=24-6.0=18\,\text{N}$

図 6 のように，合力の作用点を S とする。S は 2 力のうち大きい方の力の外側で，AS＝l_1，CS＝l_2 とすると，S は AC を $l_1 : l_2=24 : 6.0=4 : 1$ に外分する点である。

ゆえに　　AS＝1.0 m

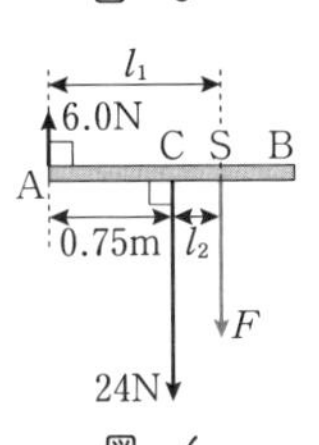

図 6

偶力

図 76 のように，平行逆向きで同じ大きさだが作用線の異なる 2 力 $\vec{F}$，$-\vec{F}$ が物体にはたらくとき，2 力を合成しようとしても，作用点を定めることができない。このような 2 力を偶力という。任意の点 O のまわりの力のモーメント M は，作用線の距離 d として

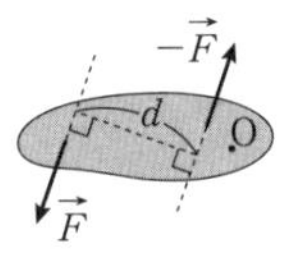

図 76　偶力

$$M=Fd \quad \cdots❽❹$$

これを偶力のモーメントという。点 O をどこにとっても同じ値となる。偶力は，物体を並進運動させるはたらきはないが，回転運動させるはたらきがある。

剛体のつり合いと合力の作用点

剛体にはたらく力の和が 0 であっても偶力になっていれば，力のモーメントのつり合いの和は 0 にならず，剛体は回転する。逆に剛体のつり合いが成り立つときは，剛体にはたらく力を合成すると，作用点は一点になる。

理解のコツ

入試問題で偶力そのものを問われることは少ないけど，**剛体が回転しないためには，力の作用点が一点になる**ということを知っていれば役に立つこともあるよ。つまり，剛体のつり合いを図形的に考えることができるんだ。例題 70 で，はたらく力を順に合成して作用線を伸ばし，一点で交わることを確かめてみよう。

4-重　心

物体にはたらく重力は，物体を分割したときの各部分にそれぞれはたらくが，それらの重力を合成したときの合力の作用点を**重心**という。物体の重力は全質量に対する重力が重心にはたらくと考えてよい。

物体を部分に分けたときの質量を m_1，m_2，m_3，…としたときの重心の位置座標は以下のように表される。

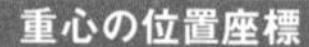

$$x_G=\frac{m_1x_1+m_2x_2+m_3x_3+\cdots}{m_1+m_2+m_3+\cdots} \quad \cdots⑧⑤$$

$$y_G=\frac{m_1y_1+m_2y_2+m_3y_3+\cdots}{m_1+m_2+m_3+\cdots} \quad \cdots⑧⑥$$

x_G：重心の x 座標　　y_G：重心の y 座標

x_1，x_2，x_3，…：各部分の x 座標　　y_1，y_2，y_3，…：各部分の y 座標

LEVEL UP!
大学への物理

重心は，単に重力の合力の作用点であるだけでなく，大きさのある物体にとって特別な意味をもつ点である。物体に外力がはたらくとき，物体の並進運動は，「重心に物体の全質量が集中した質点に外力がはたらいていると考えた運動」と同じ運動をする。このため，重心のことを**質量中心**ともいう。

例題72 重心の位置を計算する

長さ 2.0 m の軽い棒の両端 A，B に質量がそれぞれ 1.0 kg，3.0 kg のおもりをつけた物体がある。

(1)　この物体の重心の位置の A からの距離を求めよ。

この物体を図のように，xy 平面上に置いた。A，B の座標はそれぞれ A(1.0，1.5)，B(2.6，2.7)である。

(2)　重心の位置座標を求めよ。

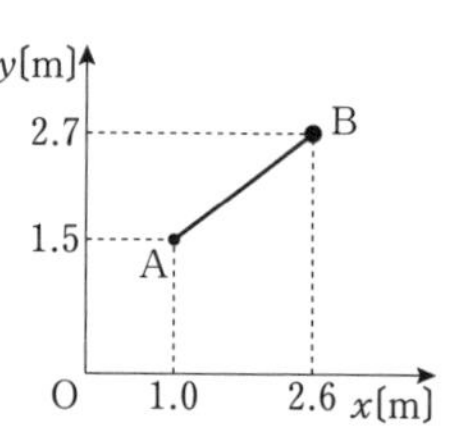

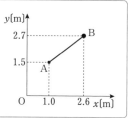

解答 (1)　重心は AB 間を 3：1 に内分する点なので，A から重心までの距離は

$$\frac{1.0\times0+3.0\times2.0}{1.0+3.0}=1.5\,\text{m}$$

(2)　重心の座標 $(x_G,\ y_G)$ は，式⑧⑤，⑧⑥より

$$x_G=\frac{1.0\times1.0+3.0\times2.6}{1.0+3.0}=2.2\,\text{m}\quad,\quad y_G=\frac{1.0\times1.5+3.0\times2.7}{1.0+3.0}=2.4\,\text{m}$$

例題73 いろいろな場合の重心の計算をする

(1) 図1のように，一辺が a の正方形の一様な薄い板の $\frac{1}{4}$ を切り取った物体がある。この物体の重心の位置を求めよ。

(2) 図2のように，半径 r の円形の一様な薄い板の一部から，半径 $\frac{r}{2}$ の円形を切り取った物体がある。この物体の重心のAからの距離を求めよ。

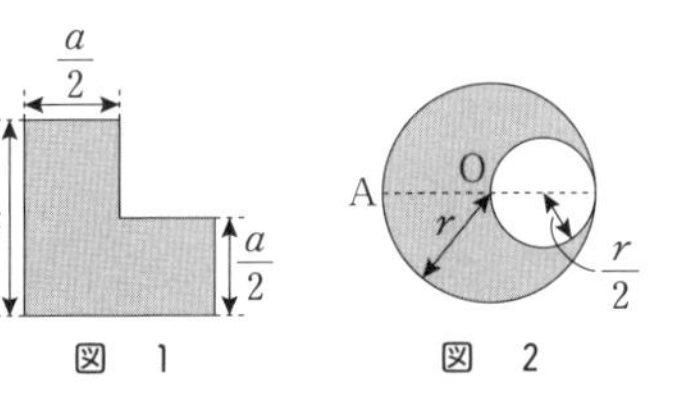

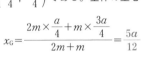

図 1　図 2

解答 (1) 右図のような2つの部分A，Bに分割する。Bの質量を m とすると，Aの質量は $2m$ である。また，x，y 座標を図のようにとると，Aの重心 G_A は $\left(\frac{a}{4},\ \frac{a}{2}\right)$，Bの重心 G_B は $\left(\frac{3a}{4},\ \frac{a}{4}\right)$ である。全体の重心の $(x_G,\ y_G)$ は

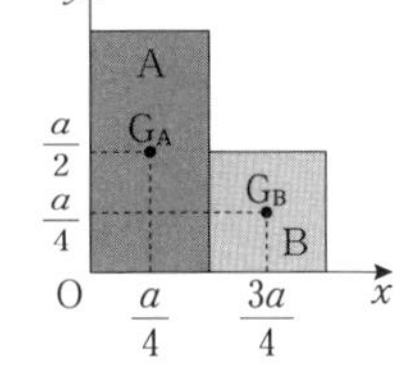

$$x_G=\frac{2m\times\frac{a}{4}+m\times\frac{3a}{4}}{2m+m}=\frac{5a}{12}$$

$$y_G=\frac{2m\times\frac{a}{2}+m\times\frac{a}{4}}{2m+m}=\frac{5a}{12}$$

(2) 切り取った部分に半径 $\frac{r}{2}$ の円形の板（中心O′）を追加すると，重心はO（Aからの距離 r）になる。半径 r の円形の板の質量を m とすると，板の質量は面積に比例するので，問題の板の質量は $\frac{3}{4}m$，追加した板の質量は $\frac{1}{4}m$ である。

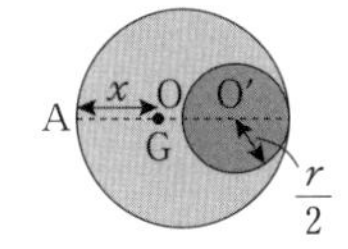

問題の物体の重心GのAからの距離を x とする。追加した物体の重心O′のAからの距離は $\frac{3}{2}r$ である。合体した物体の重心がOになることより，Aからの距離で考えて

$$r=\frac{\frac{3}{4}m\times x+\frac{1}{4}m\times\frac{3}{2}r}{\frac{3}{4}m+\frac{1}{4}m}\qquad\therefore\quad x=\frac{5}{6}r$$

参考 (1)の問題も，(2)の考え方で解くことができる。

例題74 剛体が倒れる状態を考える

高さ a，幅 b で質量 m の一様な直方体をあらい床に置き，点Aに軽い糸をつけて水平な力 F を加えてゆっくり引くと，直方体はすべらずにBを支点として回転した。図は，水平から角 θ だけ傾いて静止した状態で，Gは直方体の重心である。重力加速度の大きさを g とする。

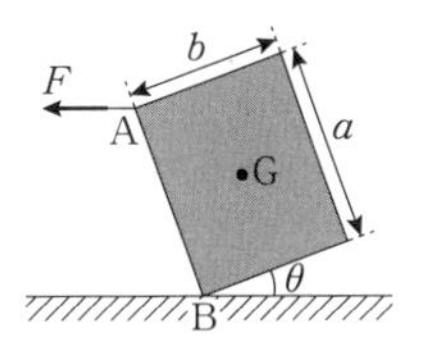

(1) 図の状態で，点 A を引く力 F の大きさ，床からの垂直抗力と静止摩擦力の大きさを求めよ。

(2) 傾き角をゆっくり大きくしていき，θ_0 とすると糸がたるんだ。$\tan\theta_0$ を求めよ。

解答 重心は直方体の中心である。

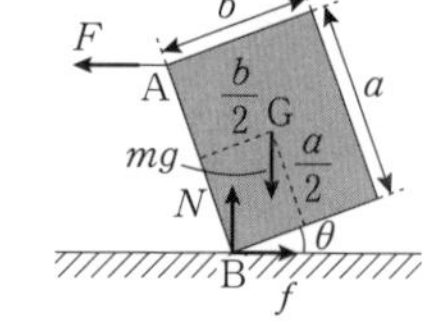

(1) 床からの垂直抗力の大きさを N，静止摩擦力の大きさを f とすると，物体にはたらく力は右図のようになる。力のつり合いより

水平方向：$F-f=0$ ，鉛直方向：$N-mg=0$

点 B のまわりの力のモーメントのつり合いより

$$Fa\cos\theta-mg\left(\frac{b}{2}\cos\theta-\frac{a}{2}\sin\theta\right)=0$$

これらより $F=\dfrac{mg(b\cos\theta-a\sin\theta)}{2a\cos\theta}$

垂直抗力：$N=mg$ ，静止摩擦力：$f=\dfrac{mg(b\cos\theta-a\sin\theta)}{2a\cos\theta}$

(2) $F=0$ となると，糸がたるむので

$$F=\frac{mg(b\cos\theta_0-a\sin\theta_0)}{2a\cos\theta_0}=0 \qquad \therefore\ \tan\theta_0=\frac{b}{a}$$

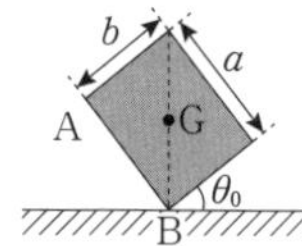

参考 糸がたるむということは，点 A を水平に引く力がない状態で直方体が立つということである。このとき，(2)の答えから考えると，**重心 G が，支点 B の鉛直線上にある**。これより少しでも角 θ が大きいと反時計回りに回転し，小さいと時計回りに回転する。

演習13

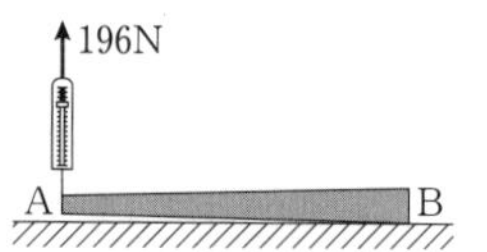

長さ 3.0 m の一様でない棒 AB を水平な床に置き，A にばねばかりをつけて A を床から少し持ち上げると，ばねばかりは 196 N を示した。また，B にばねばかりをつけて B を床から少し持ち上げると，294 N を示した。いずれの場合も，ばねばかりをつけていない端は，床に接したままであった。重力加速度の大きさを 9.80 m/s^2 とする。

(1) 棒の質量と，棒の重心の A からの距離を求めよ。

(2) A にばねばかりをつけて持ち上げたとき，B が床から受ける垂直抗力の大きさを求めよ。

解答 (1) 棒の質量を m，重心の A からの距離を x とする。A を持ち上げた状態で，B が床から受ける垂直抗力の大きさを N_B として，棒にはたらく力は図 1 となる。B のまわりの力のモーメントのつり合いより

$$-196\times3.0+m\times9.80\times(3.0-x)=0 \quad \cdots①$$

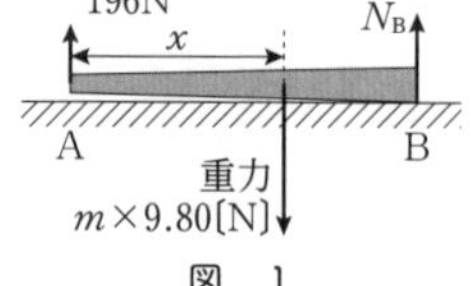

図 1

同様に，B を持ち上げた状態で，A が床から受ける垂

直抗力の大きさを N_A として，棒にはたらく力は図2となる。Aのまわりの力のモーメントのつり合いより

$$294\times3.0-m\times9.80\times x=0 \quad \cdots②$$

①，②式を解いて　　$m=50\,\text{kg}$　，　$x=1.8\,\text{m}$

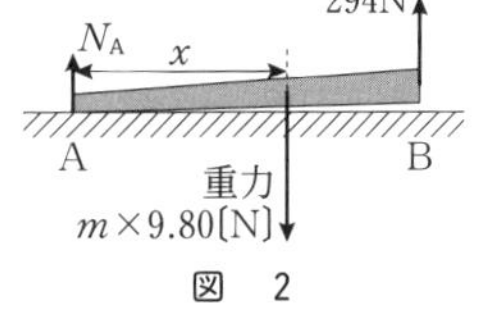

図　2

(2)　図1の状態の力のつり合いより

$$196+N_B-50\times9.80=0 \qquad \therefore\quad N_B=294\,\text{N}$$

(参考) 図1の状態のAを持ち上げる力と，図2の状態のBを持ち上げる力の和は196＋294＝490Nとなり，棒の重さと一致するが，これは偶然ではなく，必ずそうなる。この方法により，重心がわからず重くて持ち上げることが難しい物体の重さを測定できる。

演習14

右図のように長さ6.0m，質量20kgの一様な薄い板ABが，支柱C，Dで支えられている。質量80kgの人が支柱Cの位置で板に乗り，ゆっくりと板上を動く。重力加速度の大きさを $9.8\,\text{m/s}^2$ とする。

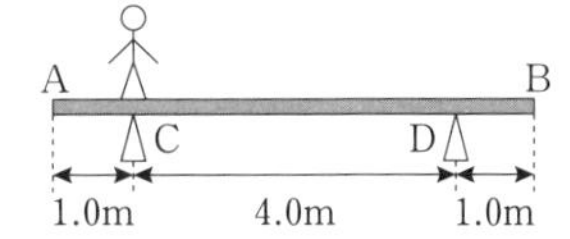

(1)　人が支柱Cの真上の点にいるとき，支柱Dと板の間の垂直抗力の大きさを求めよ。

(2)　人が板上を動き，Aからの距離が x〔m〕であるとき，支柱C，Dと板の間の垂直抗力の大きさをそれぞれ求めよ。ただし，板は支柱C，Dから浮き上がっていないものとする。

(3)　人が支柱Cの真上の点から左へゆっくりと動くと，Aに到達する前に，支柱Dから板が浮き上がった。このときの人のAからの距離を求めよ。

解答 (1)　支柱C，Dから板にはたらく力（垂直抗力）の大きさをそれぞれ N_1，N_2 とする。人と板の重力も含めて，板にはたらく力は図1のようになる。Cのまわりの力のモーメントのつり合いより

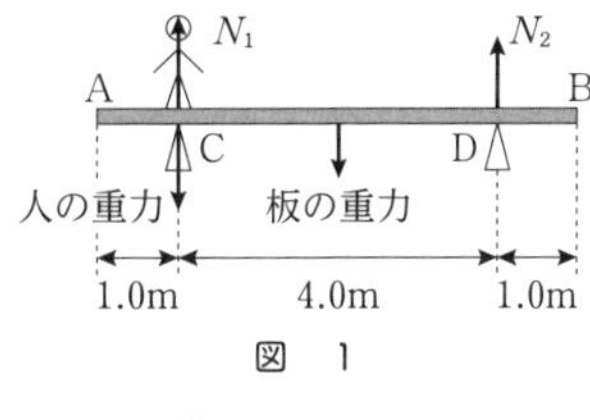

図　1

$$N_2\times4.0-20\times9.8\times2.0=0 \qquad \therefore\quad N_2=98\,\text{N}$$

(2)　人がCの左右のどちらにいるとしてもよい。仮にCの右にいると仮定して，板にはたらく力は図2のようになる。鉛直方向の力のつり合いより

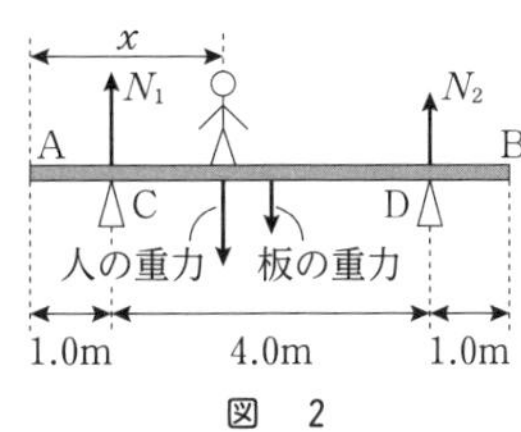

図　2

$$N_1+N_2=(80+20)\times9.8 \quad \cdots①$$

Cのまわりの力のモーメントのつり合いより

$$N_2\times4.0-80\times9.8\times(x-1.0)-20\times9.8\times2.0=0$$

$$\therefore\quad N_2=196x-98 \quad \cdots②$$

①式に代入して，N_1 を求めると

$$N_1=1078-196x$$

(3)　$N_2=0$ となるとき，Dから板が浮き上がる。②式より

$$N_2=196x-98=0 \qquad \therefore\quad x=0.50\,\text{m}$$

6 運動量と力積

1 - 運動量と力積

運動量

質量 m〔kg〕の物体が速度 v〔m/s〕で動くとき，質量と速度の積 mv を運動量 p〔kg・m/s〕という。

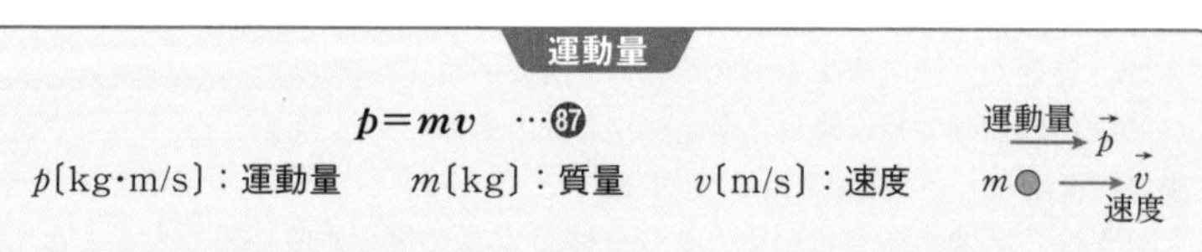

運動量

$$p=mv \quad \cdots ⑰$$

p〔kg・m/s〕：運動量　m〔kg〕：質量　v〔m/s〕：速度

速度はベクトル，質量はベクトルではないので，その積の運動量はベクトルであり，大きさと向きをもつ。運動量の向きは，速度の向きと同じである。

速度を $\vec{v}$，運動量を $\vec{p}$ とすると

$$\vec{p}=m\vec{v} \quad \cdots ⑱$$

力積

時間 $\varDelta t$〔s〕の間，物体に力 F〔N〕を加えたとき，力と時間の積 $F\varDelta t$ を，力積 I〔N・s〕という。

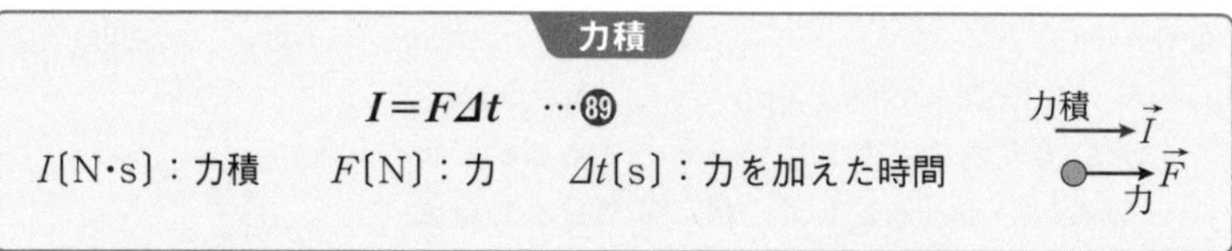

力積

$$I=F\varDelta t \quad \cdots ⑲$$

I〔N・s〕：力積　F〔N〕：力　$\varDelta t$〔s〕：力を加えた時間

力はベクトル，時間はベクトルではないので，その積の力積はベクトルであり，大きさと向きをもつ。力積の向きは，力の向きと同じである。

力を $\vec{F}$，力積を $\vec{I}$ とすると

$$\vec{I}=\vec{F}\varDelta t \quad \cdots ⑳$$

理解のコツ

仕事と同様に，ここでは「運動量って何？　力積って何？」と考えないこと。**質量と速度の積を運動量，力と時間の積を力積と定義する。そうすると便利なことがある，**と考えればいいんだ。何が便利かは，後で学ぶよ。

参考 大きさと向きがある量をベクトルというのに対して，向きがない量を**スカラー**という。質量，時間，仕事，エネルギーなどはスカラーである。

ベクトル $\vec{A}$ にスカラー k をかけたものは，元のベクトルに平行で大きさが $|k|$ 倍のベクトル $\vec{B}$ で，$\vec{B}=k\vec{A}$ と書く。$k>0$ の場合，$\vec{A}$ と $\vec{B}$ は同じ向きである。質量や時間は正のスカラーなので，速度と運動量，力と力積は，同じ向きのベクトルである。

運動量の変化と力積（一直線上の場合）

図 77 のように，なめらかな水平面上で，点 A を速度 v で通過する質量 m の物体に，速度の向きに一定の大きさ F の力を時間 t の間加えて点 B まで移動させると，速度は v' になった。加速度を a とすると運動方程式より

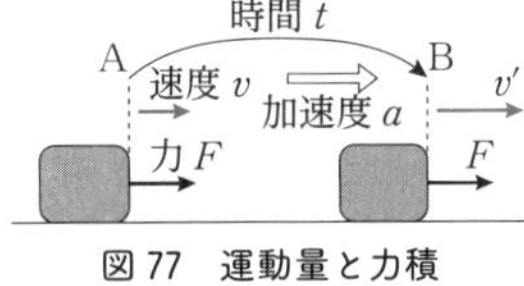

図 77　運動量と力積

$$ma=F \qquad \therefore \quad a=\frac{F}{m}$$

等加速度直線運動の公式 1 より　$v'=v+at=v+\dfrac{Ft}{m}$

これを整理して　$mv'-mv=Ft$

この式の左辺は，この間の運動量の変化，右辺は力積であるので，次の関係がある。

運動量と力積

物体の運動量の変化＝物体に与えた力積

$$\boldsymbol{mv'-mv=Ft} \quad \cdots❾❶$$

v：変化前の速度　　v'：変化後の速度

理解のコツ

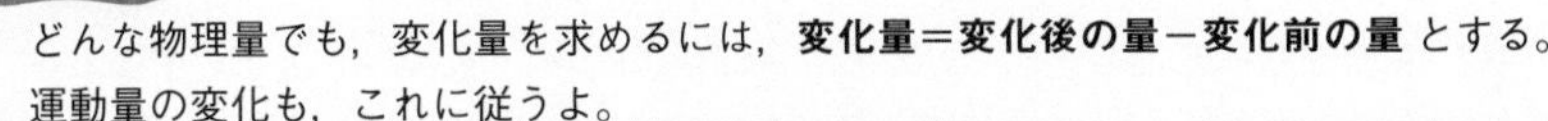

どんな物理量でも，変化量を求めるには，**変化量＝変化後の量－変化前の量** とする。運動量の変化も，これに従うよ。

式❾❶から，運動量と力積は同じ単位になるはずだ。kg･m/s と N･s が同じことを確かめておこう。答えには，どちらの単位を用いても間違いではないよ。

例題75 運動量の変化と力積の関係を確かめる

水平面上を速さ 10 m/s で動く質量 1.0×10^3 kg の自動車がある。自動車の速度の向きに大きさ 2.0×10^3 N の力を，ある時間だけ加えると，速さが 25 m/s になった。

(1) 自動車の運動量の変化の大きさを求めよ。

(2) 自動車に与えた力積の大きさを求めよ。

(3) 自動車に力を加えた時間を求めよ。

(4) 自動車の運動方程式を作り加速度の大きさを求めて，(3)で求めた時間後に，速さが 25 m/s になることを確かめよ。

解答 (1) 自動車の速度の向きを正として，運動量の変化を求める。

運動量の変化$=1.0\times10^3\times25-1.0\times10^3\times10=1.5\times10^4\,\mathrm{kg\cdot m/s}$

(2) 運動量と力積の関係式㉛より

自動車に与えた力積＝自動車の運動量の変化$=1.5\times10^4\,\mathrm{N\cdot s}$

(3) 力を加えた時間を t とする。式⑧⑨より

$1.5\times10^4=2.0\times10^3t \qquad \therefore \quad t=7.5\,\mathrm{s}$

(4) この間の自動車の加速度を a とすると，運動方程式より

$1.0\times10^3a=2.0\times10^3 \qquad \therefore \quad a=2.0\,\mathrm{m/s^2}$

初速度 10 m/s で，7.5 s 後の速度は，等加速度直線運動の公式 1 より

$10+2.0\times7.5=25\,\mathrm{m/s}$

となり，確認できた。

例題76 運動量の変化から力積を求める

水平に速さ 30 m/s で飛んできた質量 0.20 kg のボールをグローブで受け止めた。

(1) グローブがボールに与えた力積の大きさと向きを求めよ。

(2) ボールが止まるまでの時間を 2.0×10^{-2} s として，グローブがボールに与えた平均の力の大きさを求めよ。

水平に速さ 30 m/s で飛んできた質量 0.20 kg のボールをバットで打ち返すと，反対向きに 20 m/s で飛んでいった。

(3) ボールの運動量の変化の大きさと向きを求めよ。

(4) バットがボールに与えた力積の大きさと向きを求めよ。

(5) ボールがバットに与えた力積の大きさと向きを求めよ。

解答 (1) ボールの運動量変化＝ボールに与えた力積 である。ボールの初速度の向きを正として $0-0.20\times30=-6.0\,\mathrm{N\cdot s}$

ゆえに　大きさ：6.0 N·s，向き：ボールの初速度と逆向き

(2) 平均の力を $\overline{F}$ として　$-6.0=\overline{F}\times2.0\times10^{-2} \qquad \therefore \quad \overline{F}=-3.0\times10^2\,\mathrm{N}$

ゆえに，大きさは　$3.0\times10^2\,\mathrm{N}$

(3) ボールの初速度の向きを正として，ボールの速度は右図のように変化するので，運動量変化は

$0.20\times(-20-30)=-10\,\mathrm{kg\cdot m/s}$

ゆえに　大きさ：10 kg·m/s，向き：ボールの初速度と逆向き

(4) ボールに与えた力積＝ボールの運動量変化であるので，(3)と同じ。

ゆえに　大きさ：10 N·s，向き：ボールの初速度と逆向き

(5) バットとボールが接触しているとき，**互いに及ぼす力は作用・反作用の法則より，逆向きで同じ大きさ**である。接触時間も同じなので力積も逆向きで同じ大きさで

バットに与えた力積＝−(ボールに与えた力積)＝10 N·s

ゆえに　大きさ：10 N·s，向き：ボールの初速度と同じ向き

▶▶運動量の変化と力積（一直線上でない場合）

物体の運動が一直線上にない場合でも，式㉑の関係は成り立つ。図 78 で，時間 $\varDelta t$ のうちに物体の速度が $\vec{v}$ から $\vec{v'}$ に変化する間，力 $\vec{F}$ がはたらいているとすると，以下の関係が成り立つ。

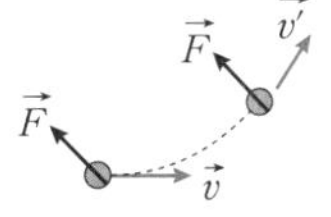

図 78　運動量と力積

運動量と力積

変化後の運動量－変化前の運動量＝力積

$$m\vec{v'}-m\vec{v}=\vec{F}\varDelta t \quad \cdots ㉒$$

この式の左辺はベクトルの引き算である。図 79 のように，変化前後の運動量ベクトルの始点を一致させ，ベクトルの引き算をしたものが力積ベクトルになる。

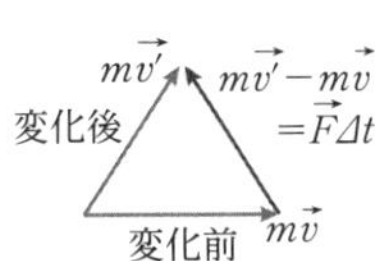

図 79　運動量の変化

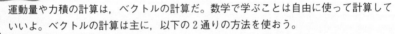

理解のコツ

運動量や力積の計算は，ベクトルの計算だ。数学で学ぶことは自由に使って計算していいよ。ベクトルの計算は主に，以下の 2 通りの方法を使おう。

① 図を描いて計算する。矢印の長さはそれぞれの値に比例する。

② ベクトルを成分に分けて計算する。

LEVEL UP!

大学への物理

運動方程式を速度 $\vec{v}$ を用いて書くと，加速度 $\vec{a}=\dfrac{d\vec{v}}{dt}$ より，$m\dfrac{d\vec{v}}{dt}=\vec{F}$ である。これを変形する。dt を右辺へ移項して

$$md\vec{v}=\vec{F}dt$$

となる。左辺は 質量×速度の変化＝運動量の変化，右辺は力積となり，これは式㉒である。つまり，式㉒は運動方程式を変形したものと考えられる。

例題77　式㉒のベクトルの計算をできるようになる

Ⅰ．水平に速さ 25 m/s で飛んできた質量 0.20 kg のボールをバットで打つと，鉛直上方に 25 m/s で飛んでいった。

(1) ボールの運動量変化をベクトル図で示せ。

(2) バットがボールに与えた力積の大きさと向きを求めよ。

Ⅱ．水平に速さ 20 m/s で飛んできた質量 0.20 kg のボールを，バットで水平から仰角 60° の方向へ同じ速さで飛ぶように打ち返した。

(3) ボールの運動量変化をベクトル図で示せ。

(4) バットがボールに与えた力積の大きさと向きを求めよ。

Ⅲ．水平な床面上を速さ 8.0 m/s で転がる質量 6.0 kg のボールに，ボールの速度と直角で水平な方向に大きさ 36 N･s の力積を瞬間的に加えた。

(5) 力積を加えた後のボールの運動量の大きさを求めよ。また，ボールの運動量の方向が，力積を与える前の運動量の方向となす角を θ とし，$\tan\theta$ を求めよ。

(6) 力積を加えた後のボールの速さを求めよ。

解答 (1) 速度に質量をかけて運動量ベクトルの図にする。変化後の運動量から変化前の運動量を引く。図 1 となる。

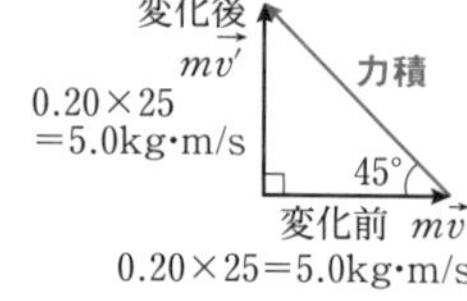

図 1

(2) 運動量の変化が力積である。図 1 から大きさを求める。

$5.0\times\sqrt{2}=5.0\times1.41=7.05\fallingdotseq7.1\,\mathrm{N\cdot s}$

向き：初速度と逆向きに，水平から 45° 上方

(3) (1)と同様に，ベクトルの図にすると図 2 となる。

(4) 図 2 から大きさを求める。

$$2\times4.0\times\cos30°=2\times4.0\times\frac{\sqrt{3}}{2}$$
$$=4.0\times1.73$$
$$=6.92\fallingdotseq6.9\,\mathrm{N\cdot s}$$

向き：初速度と逆向きに，水平から 30° 上方

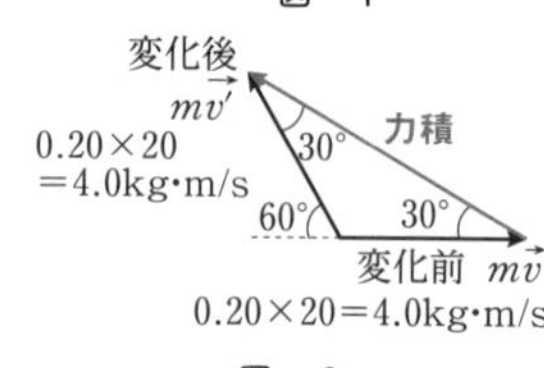

図 2

(5) 変化前の運動量 $m\vec{v}$，力積 $\vec{F}\cdot t$ から変化後の運動量 $m\vec{v'}$ を求めるには，運動量と力積の関係式㉒を変形して

$$m\vec{v'}-m\vec{v}=\vec{F}\cdot t \qquad \therefore\quad m\vec{v'}=m\vec{v}+\vec{F}\cdot t$$

これを図にすると，図 3 となる。$m\vec{v'}$ の大きさと $\tan\theta$ を図 3 より求めると

$$|m\vec{v'}|=\sqrt{48^2+36^2}=60\,\mathrm{kg\cdot m/s}$$

$$\tan\theta=\frac{36}{48}=0.75$$

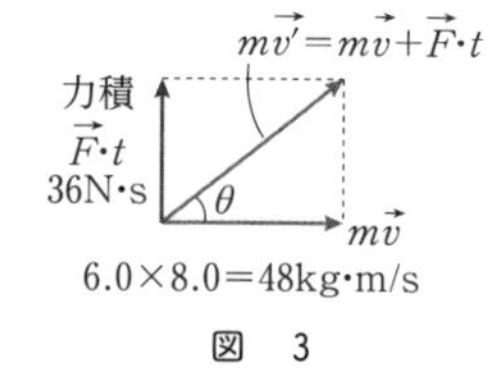

図 3

(6) $\vec{v'}$ の大きさを v' として $\quad v'=\dfrac{60}{m}=10\,\mathrm{m/s}$

▶▶力の大きさが変化する場合の力積

力の大きさが時間とともに変化する場合の力積は，縦軸に力 F〔N〕，横軸に時刻 t〔s〕をとったグラフの面積である。

力積

F-t グラフの面積

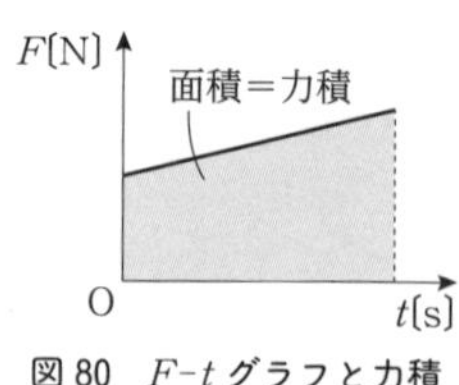

図 80 F-t グラフと力積

例題78 F-t グラフから力積を求める

なめらかな水平面上に静止している質量 5.0 kg の物体に，図のように，時刻 $t=0$ s から大きさが t とともに一定の割合で変化する力 F を，水平に一定の向きに加えた。

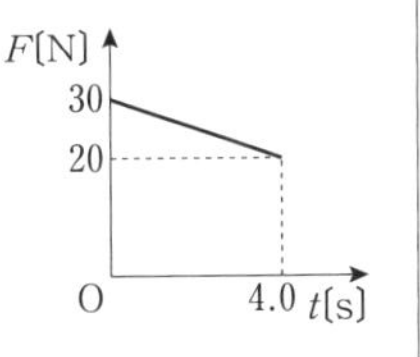

(1) 時刻 $t=0 \sim 4.0$ s で物体に与えた力積の大きさを求めよ。

(2) 時刻 $t=4.0$ s のときの物体の速さを求めよ。

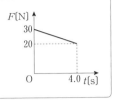

解答 (1) グラフの $t=0 \sim 4.0$ s の面積を求めればよい。

$$\frac{1}{2}\times(20+30)\times 4.0 = 1.0\times10^2\ \mathrm{N\cdot s}$$

(2) $t=4.0$ s のときの物体の速度を v として，式㉑運動量の変化＝力積 より

$$5.0v - 0 = 1.0\times10^2 \qquad \therefore \quad v = 20\ \mathrm{m/s}$$

2 - 運動量保存則

▶▶運動量保存則（一直線上の衝突）

図 81 のように，一直線上を運動する質量 m_A，m_B の小球 A と B が衝突する場合を考える。

衝突の際，時間 Δt の間，A には B から F_A，B には A から F_B の力がはたらいたとする。A，B の運動量変化と力積の関係はそれぞれ

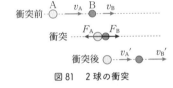

衝突前 A v_A B v_B
衝突 F_A F_B
衝突後 v_A' v_B'

図 81　2 球の衝突

$$m_A v_A' - m_A v_A = F_A \Delta t \quad \cdots① \quad , \quad m_B v_B' - m_B v_B = F_B \Delta t \quad \cdots②$$

作用・反作用の法則より，$F_A = -F_B$ であることも注意して ①＋② を求めると

$$m_A v_A' - m_A v_A + m_B v_B' - m_B v_B = (F_A + F_B)\Delta t = 0$$

これを整理して

$$m_A v_A + m_B v_B = m_A v_A' + m_B v_B' \quad \cdots㉓$$

衝突前の運動量の和＝衝突後の運動量の和

となる。この式は，衝突の前後で，小球 A と B の運動量の和が変化しない＝保存することを示している。これを運動量保存則という。

運動量保存則

衝突の前後で，A，B の運動量の和は保存する。

$$\boldsymbol{m_A v_A + m_B v_B = m_A v_A' + m_B v_B'} \quad \cdots㉓$$

理解のコツ

とりあえず，2物体の衝突などで，式㊸の運動量保存則を使えるようになろう。でも，単に式を使えるだけでは難関大の入試には対応できない。この法則が成り立つのは，波線部にあるように作用・反作用の法則により力積の和が0になるからであることをしっかりと頭に入れておいてほしい。次の項目で運動量保存則が成り立つ条件をまとめるけど，このような基本を理解することが大切だよ。

例題79 運動量保存則を確認する

なめらかな水平面上で，一直線上を，質量1.0kgの物体Aが速さ20m/sで，質量3.0kgの物体Bが速さ10m/sでともに右向きに進み，衝突した。衝突後，Bは右向きに速さ13m/sで進んだ。運動は直線上に限られるものとする。

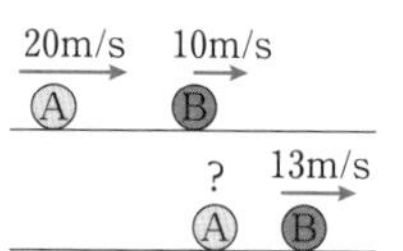

(1) 衝突後のAの速度を，運動量保存則より求めよ。

(2) 衝突の際に，A，Bに与えられた力積をそれぞれ求めよ。

(3) Bから見て，Aの運動はどのように見えるか。Bから見た相対速度を衝突の前後で求めて考えよ。

解答 **(1)** 図の右向きを正として衝突後のAの速度を v とする。運動量保存則より

$$1.0\times20+3.0\times10=1.0v+3.0\times13 \qquad \therefore \quad v=11\,\text{m/s}$$

(2) それぞれの運動量の変化が，それぞれに与えられた力積であるので

A：$1.0\times11-1.0\times20=-9\,\text{N·s}$

B：$3.0\times13-3.0\times10=9\,\text{N·s}$

（AとBにそれぞれ与えられた力積は，同じ大きさで逆向きである。）

(3) Bから見たAの相対速度を，衝突前後でそれぞれ，u，u' とする。

$$u=20-10=10\,\text{m/s} \quad , \quad u'=11-13=-2\,\text{m/s}$$

衝突前は10m/sで近づき，衝突後は2m/sで遠ざかる。

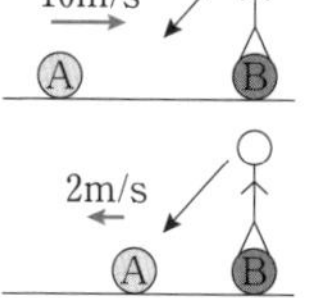

運動量保存則が成り立つ条件

運動量保存則の式㊸が成り立つためには，A，Bに与えた力積が同じ大きさで逆向きになる必要がある。このことを整理してみる。

運動を考える物体のグループを**物体系**という。図81の例では，小球A，Bを，**小球A，Bからなる物体系**という。物体にはたらく力を次の2つに分類する。

内力：**物体系に含まれる物体からの力**

外力：**物体系に含まれない物体からの力**

作用・反作用の法則より同じ大きさで逆向きの力が必ず存在するので，内力のみがはたらくとき，物体系全体で力積は 0 となり，物体系の運動量の和は変化しない。

外力では，作用に対する反作用は，物体系外の物体にはたらくので，物体系に与える力積は 0 にならず，物体系の運動量は変化する。しかし，外力がつり合っている場合など，外力がはたらいていても力積が 0 であれば，物体系の運動量は変化しない。

運動量保存則が成り立つ条件

内力のみがはたらくとき，または，外力がはたらいていても力積が 0 のとき，物体系の運動量の和は保存する。

例題 79 の場合，A，B には，地球からの重力＝外力，床からの垂直抗力＝外力 がはたらく。しかし，A，B の運動は水平方向に限られ，重力と垂直抗力はつり合っているので和は 0 となり，外力の力積は 0 である。衝突の際に A，B どうしの力＝内力 のみがはたらくと考えてよいので，A，B からなる物体系の運動量は保存する。

理解のコツ

難関大の入試問題では，運動量保存則が使えるのかどうかを迷うような問題も多いんだ。だから，このような基本をしっかりと身につけることが大切だよ。

例題80　運動量保存則を使えるようになる①

なめらかな水平面上に，軽い台車が置かれ，台車上に質量 65 kg の人が立つ。人は台車に対して動かないものとする。初め，台車は静止している。

Ⅰ．水平に速さ 12 m/s で飛んできた質量 10 kg の荷物を，人が受け取った（図 1）。

(1) 受け取った後の人（台車）の速度の大きさと向きを求めよ。

(2) 荷物を受け取る際，人が荷物に与えた力積の大きさと向きを求めよ。

Ⅱ．静止している台車上の人が，同じ荷物を，水平面から見た速さ 13 m/s で水平に投げ出した（図 2）。

(3) 人の運動量の大きさと向きを求めよ。

(4) 人（台車）の速さを求めよ。

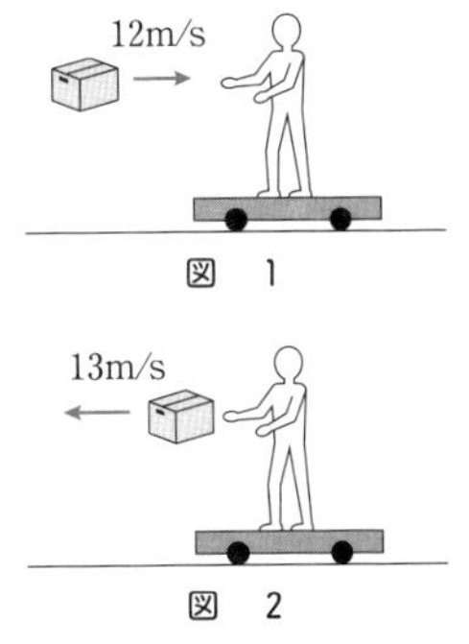

図 1

図 2

解答 (1) 荷物の初速度の向きを正とする。受け取った後，人と荷物は同じ速度 v になる。人と荷物からなる物体系の運動量保存則より

$$12\times10=(65+10)v \qquad \therefore \quad v=1.6\ \mathrm{m/s}$$

ゆえに　速さ：1.6 m/s，向き：荷物の初速度と同じ向き

(2) 荷物に与えられた力積＝荷物の運動量の変化 である。

$$10\times1.6-10\times12=-1.04\times10^2\fallingdotseq-1.0\times10^2\ \mathrm{N\cdot s}$$

ゆえに　大きさ：1.0×10^2 N·s，向き：荷物の初速度と逆向き

(3) 初め，全体の運動量が 0 であるので，荷物を投げた後の全体の運動量も 0 である。ゆえに，人の運動量は，荷物の運動量と逆向きで同じ大きさになる。

大きさ：$10\times13=1.3\times10^2\,\mathrm{kg\cdot m/s}$，向き：**荷物の速度と逆向き**

(4) 人の速さを v' とすると

$$65v'=1.3\times10^2 \qquad \therefore \quad v'=2.0\,\mathrm{m/s}$$

例題81 運動量保存則を使えるようになる②

なめらかな水平面上を，質量 10 kg の台車 A が速さ 5.0 m/s で右向きに，質量 5.0 kg の台車 B が左向きに 4.0 m/s で進んできて衝突し，その後，A，B は合体し，一体となって運動した。運動は直線上に限られるものとする。

(1) 衝突後，一体となった台車の速度を求めよ。

(2) 台車 A，B が衝突の際に受けた力積の大きさと向きをそれぞれ求めよ。

(3) 衝突の際，失われた運動エネルギーを求めよ。

解答 (1) 右向きを正として衝突後の台車の速度を v とする。衝突前後の運動量保存則より

$$10\times5.0+5.0\times(-4.0)=(10+5.0)v \qquad \therefore \quad v=2.0\,\mathrm{m/s}$$

ゆえに　**右向きに，2.0 m/s**

(2) 式91より

A の受けた力積$=10\times2.0-10\times5.0=-30\,\mathrm{N\cdot s}$

ゆえに　**左向きに，30 N·s**

B の受けた力積$=5.0\times2.0-5.0\times(-4.0)=30\,\mathrm{N\cdot s}$

ゆえに　**右向きに，30 N·s**

（A，B の受けた力積は，同じ大きさで逆向きになるはずである。）

(3) 衝突の際の A，B の運動エネルギーの変化量 $\varDelta K$ は

$$\varDelta K=\frac{1}{2}(10+5.0)\times2.0^2-\left\{\frac{1}{2}\times10\times5.0^2+\frac{1}{2}\times5.0\times(-4.0)^2\right\}$$
$$=-135\fallingdotseq-1.4\times10^2\,\mathrm{J}$$

負号は減少を意味する。ゆえに，失われた運動エネルギーは　**$1.4\times10^2\,\mathrm{J}$**

例題 81 のように，運動量が保存しても，運動エネルギーは保存するとは限らない。

例題82 運動量保存則を使いこなす

なめらかで水平な一直線上を，質量 m の物体 A が速さ v で右向きに進み，静止している質量 $2m$ の物体 B に衝突した。衝突後，B は速さ $\frac{2}{3}v$ で右向きに進んだ。A，B の運動は直線上に限られるものとする。

(1) 衝突後の A の速度を求めよ。

(2) A，B が衝突の際に受けた力積の大きさと向きをそれぞれ求めよ。

(3) 衝突の際，失われた運動エネルギーを求めよ。

(4) B から見て，A の運動はどのように見えるか。B から見た相対速度を衝突の前後で求めて考えよ。

解答 (1)　右向きを正とする。衝突後の A の速度を v_A として，運動量保存則より

$$mv = mv_A + 2m \times \frac{2}{3}v \qquad \therefore \quad v_A = -\frac{1}{3}v$$

ゆえに　　左向きに，$\frac{1}{3}v$

(2)　　A の受けた力積 $= m\left(-\frac{1}{3}v\right) - mv = -\frac{4}{3}mv$

ゆえに　　左向きに，$\frac{4}{3}mv$

　　B の受けた力積 $= 2m \times \frac{2}{3}v - 0 = \frac{4}{3}mv$

ゆえに　　右向きに，$\frac{4}{3}mv$

（当然，A と B の受けた力積は，大きさが同じで向きが逆である。）

(3)　衝突の前後で，A，B の運動エネルギーの和の変化量 $\varDelta K$ は

$$\varDelta K = \left\{\frac{1}{2}m\left(-\frac{1}{3}v\right)^2 + \frac{1}{2} \times 2m\left(\frac{2}{3}v\right)^2\right\} - \frac{1}{2}mv^2 = 0$$

（このように運動エネルギーが失われない場合もある。）

(4)　B から見た A の相対速度を，衝突前後でそれぞれ，u，u' とすると

衝突前：$u = v - 0 = v$　，　衝突後：$u' = \left(-\frac{1}{3}v\right) - \frac{2}{3}v = -v$

ゆえに，衝突前は速さ v で近づき，衝突後は速さ v で遠ざかる。

運動量保存則（一直線上でない衝突）

物体の運動が一直線上でない場合も，運動量をベクトルとして，運動量保存則について同様に考えることができる。運動量ベクトルの和が保存する条件は，一直線上のときと同じである。

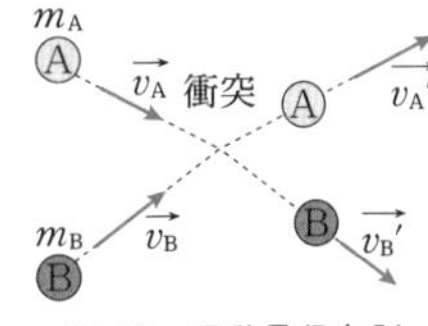

図 82　運動量保存則

運動量保存則

内力のみがはたらくとき，もしくは外力の力積が 0 のとき，物体系の運動量が保存する。

$$m_A\vec{v_A} + m_B\vec{v_B} = m_A\vec{v_A}' + m_B\vec{v_B}' \quad \cdots 94$$

理解のコツ

もう慣れてきたと思うけど，式94を計算するためには，①ベクトルを図で表す，②成分に分解する，という方法を使えばいいよ。

例題83 2方向に分解して，運動量保存則を使う

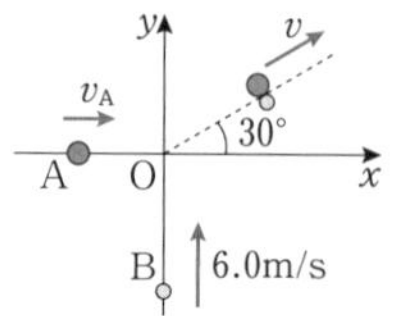

なめらかな水平面上に，x，y 軸をとる。質量 3.0kg の物体 A が x 軸の正の向きに進み，質量 1.0kg の物体 B が y 軸の正の向きに速さ 6.0m/s で進んできて衝突した。衝突後，A，B は一体となって，右図のように x 軸から 30° の方向に進んだ。

(1) 衝突前の A，および衝突後の A，B の速さを求めよ。

(2) 物体 A，B が衝突の際に受けた力積の大きさと向きをそれぞれ求めよ。

(3) 衝突の際，失われた運動エネルギーを求めよ。

解答 **(1)** A，B の質量をそれぞれ m_A，m_B，衝突前の速度を $\vec{v_A}$，$\vec{v_B}$，衝突後の速度を $\vec{v}$ とする。$\vec{v_A}$，$\vec{v}$ が未知数である。運動量保存則から

$$m_A\vec{v_A}+m_B\vec{v_B}=(m_A+m_B)\vec{v} \quad \cdots(\mathrm{i})$$

が成り立っている。これを2通りの方法で解いてみる。

① 図を描く

$$|m_B\vec{v_B}|=1.0\times6.0=6.0\,\mathrm{kg\cdot m/s}$$

である。これを基準に図を描くと右図となる。

$|\vec{v_A}|=v_A$，$|\vec{v}|=v$ とすると右図より

$$3.0v_A\tan30°=6.0$$

$$\therefore\quad v_A=2.0\sqrt{3}=2.0\times1.73=3.46\fallingdotseq3.5\,\mathrm{m/s}$$

$$(3.0+1.0)v\sin30°=6.0 \qquad \therefore\quad v=3.0\,\mathrm{m/s}$$

② 成分に分けて計算する

各運動量ベクトルを x 成分，y 成分で表すと

$$m_A\vec{v_A}=(3.0v_A,\ 0),\ m_B\vec{v_B}=(0,\ 6.0),$$

$$(m_A+m_B)\vec{v}=(4.0v\cos30°,\ 4.0v\sin30°)$$

となる。(i)式（運動量保存則）を成分ごとに作る。

x 成分：$3.0v_A+0=4.0v\cos30°$ ，y 成分：$0+6.0=4.0v\sin30°$

これらを解くと，①と同じ結果となる。

(2) 合体後の A の運動量 $m_A\vec{v}$ は，大きさ $m_Av=3.0\times3.0=9.0\,\mathrm{kg\cdot m/s}$ で，方向は x 軸から 30° の方向である。A の受けた力積 $\vec{I_A}$ は，式92より $\vec{I_A}=m_A\vec{v}-m_A\vec{v_A}$ である。これを(1)と同様に，2通りの方法で求めてみよう。

① 右図より，$m_A\vec{v_A}$ と $m_A\vec{v}$ のなす角が 30° で

$$m_Av_A:m_Av=6.0\sqrt{3}:9.0=2:\sqrt{3}$$

となるので，直角三角形である。ゆえに

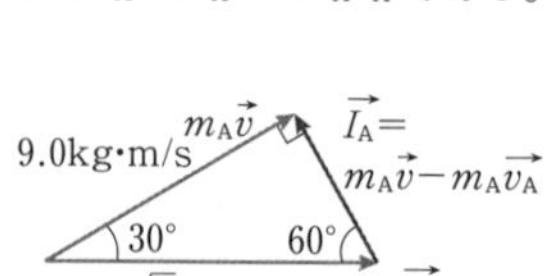

大きさ：$\vec{I_A}=3.0\sqrt{3}=3.0\times1.73=5.19\fallingdotseq5.2\,\mathrm{N\cdot s}$

向き：x 軸の負の向きから y 軸の正の向きに 60°

② $m_A\overrightarrow{v_A}=(3.0\times2.0\sqrt{3},\ 0)=(6.0\sqrt{3},\ 0)$

$m_A\vec{v}=(3.0\times3.0\cos30^\circ,\ 3.0\times3.0\sin30^\circ)=(4.5\sqrt{3},\ 4.5)$

これより

$\overrightarrow{I_A}=(4.5\sqrt{3}-6.0\sqrt{3},\ 4.5)=(-1.5\sqrt{3},\ 4.5)$

これを図にすると右図となり，①と同じである。

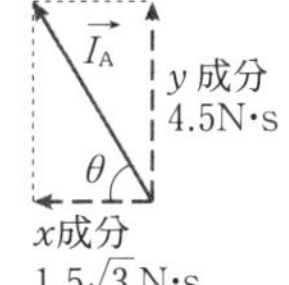

次に，Bの受けた力積も同様に計算してもよいが，作用・反作用の法則より，Aが受けた力積と同じ大きさで逆向きになることが明らかなので

大きさ：5.2 N·s，向き：x軸の正の向きからy軸の負の向きに60°

(Bの受けた力積も①，②の方法で計算して確かめること。初めにBを求める方が楽である。)

(3) 衝突の際のA，Bの運動エネルギーの和の変化量ΔKは

$$\Delta K=\frac{1}{2}(m_A+m_B)v^2-\left(\frac{1}{2}m_Av_A{}^2+\frac{1}{2}m_Bv_B{}^2\right)$$

$$=\frac{1}{2}\times(3.0+1.0)\times3.0^2-\left\{\frac{1}{2}\times3.0\times(2.0\sqrt{3})^2+\frac{1}{2}\times1.0\times6.0^2\right\}=-18\,\mathrm{J}$$

ゆえに，失われた運動エネルギーは　18 J

演習15

速さVで進む質量Mのロケットのエンジンから，質量mの燃焼ガスを後方に噴射した。噴射後のロケットから見てガスの速さはuである。ガスを噴射した後のロケットの速さをV'とする。

(1) 噴射したガスの，地上で静止している観測者に対する速さを，V'とuで表せ。

(2) 運動量保存則よりV'を求めよ。

解答 **(1)** ロケットの速度の向きを正とする。地上にいる観測者から見たガスの速度をvとすると，噴射後のロケットから見た相対速度が$-u$であるので

$-u=v-V'$　　$\therefore$　$v=V'-u$

よって，求める速さは　$|V'-u|$

(2) ガスを噴射後，ロケットの質量は$M-m$になる。運動量保存則より

$MV=(M-m)V'+mv$

(1)のvを代入して　$MV=(M-m)V'+m(V'-u)$

$$\therefore\quad V'=\frac{MV+mu}{M}=V+\frac{m}{M}u$$

③-反発係数

▶反発係数（はねかえり係数）①：壁，床との衝突

物体が他の物体と衝突するときのはねかえり方は，物体の性質（硬さなど）によって異なる。衝突前後の速さの比で，はねかえり方を表す。この比の値 e を**反発係数（はねかえり係数）**という。図 83 のように，壁に衝突する小球の衝突前後の速度をそれぞれ v，v' とすると，e は以下のように表される。

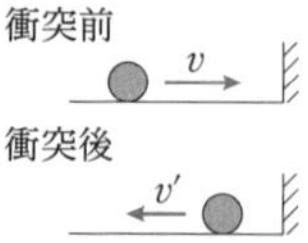

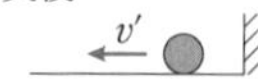

図 83　反発係数①

反発係数（はねかえり係数）①

$$e=\frac{|v'|}{|v|}=-\frac{v'}{v} \quad \cdots ⑮$$

注意 反発係数 e は，物体と壁の材質で決まり，速度によらず一定であるとする。

理解のコツ

反発係数 e は正の値になるようにする。衝突の前後で速度の向きが変化して，v と v' は正負が逆だから，反発係数 e を正にするために式⑮には負号がついているんだ。e を正にするためだから式の正負は臨機応変に考えればいいよ。

▶弾性衝突，非弾性衝突

反発係数 e は，$0 \leqq e \leqq 1$ である（壁と衝突して，壁にめり込んだりすることは考えないので $0 \leqq e$，衝突してはねかえって速くなることはないので $e \leqq 1$ である）。e の値により，衝突は以下のように分類される。

衝突の分類

$e=1$：**弾性衝突**　　$e<1$：**非弾性衝突**

特に　$e=0$：**完全非弾性衝突**

参考 弾性衝突，非弾性衝突という分類と e の関係は，次で学ぶ「反発係数②：動く物体どうしの衝突」でも同じである。

例題84 床に対する反発係数の式を使う

小球を，床から高さ $h=2.5\,\mathrm{m}$ の点より自由落下させた。小球と床との反発係数 $e=0.80$，重力加速度の大きさ $g=9.8\,\mathrm{m/s^2}$ とする。

(1)　小球が床に衝突する直前，直後の速さをそれぞれ求めよ。

(2)　小球が床と 1 回目の衝突の後，はね上がる最高点の高さを求めよ。

(3)　小球が床と 2 回目の衝突の後，はね上がる最高点の高さを求めよ。

解答 (1) 床に衝突する直前，直後の速さをそれぞれ v_0，v_1 とする。自由落下の公式より

$$v_0{}^2-0=2gh \qquad \therefore \quad v_0=\sqrt{2gh}=\sqrt{2\times9.8\times2.5}=7.0\,\mathrm{m/s}$$

反発係数 $e=0.80$ であるので $\quad v_1=ev_0=0.80\times7.0=5.6\,\mathrm{m/s}$

(2) 速さ v_1 の鉛直投射である。最高点の高さを h_1 とすると，鉛直投射の公式より

$$0-v_1{}^2=-2gh_1 \qquad \therefore \quad h_1=\frac{v_1{}^2}{2g}=\frac{(e\sqrt{2gh})^2}{2g}=e^2h=0.80^2\times2.5=1.6\,\mathrm{m}$$

(3) 2回目の衝突の直前の速さは v_1 である。衝突直後の速さを v_2 とすると

$$v_2=ev_1=e^2\sqrt{2gh}$$

(2)と同様にその後の最高点の高さを h_2 とすると

$$h_2=\frac{v_2{}^2}{2g}=\frac{(e^2\sqrt{2gh})^2}{2g}=e^4h=0.80^4\times2.5=1.024\fallingdotseq1.0\,\mathrm{m}$$

▶▶反発係数（はねかえり係数）②：動く物体どうしの衝突

図84のように，一直線上で動く物体A，Bが衝突する場合の反発係数を考える。図(a)は，床から見たA，Bの速度であるが，両方動いているので，衝突前後での速度の様子がわかりにくい。

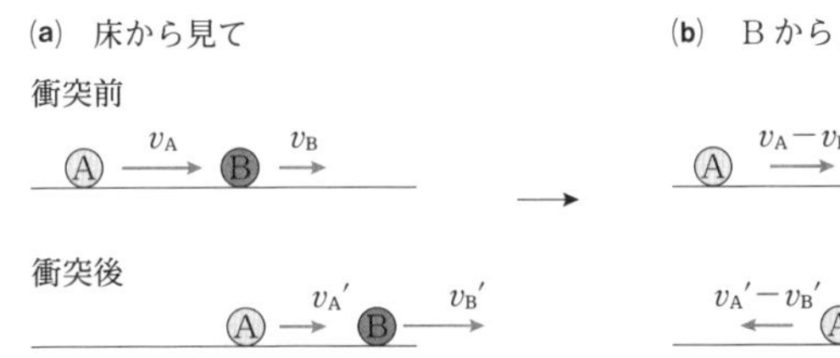

図84 反発係数②

そこで，図(b)のように，BからAを見てみると，Aが近づいてきて衝突し，離れていくように見える。Bに対するAの相対速度は

衝突前：v_A-v_B ， 衝突後：$v_A'-v_B'$

衝突前後の相対速度の大きさの比の値 e を反発係数とする。衝突前後で，相対速度の正負が逆であることも考慮すると，e は以下のようになる（Aから見ても，同じ式になる）。

反発係数（はねかえり係数）②

$$\text{反発係数}=-\frac{\text{衝突後の相対速度}}{\text{衝突前の相対速度}}$$

$$e=-\frac{v_A'-v_B'}{v_A-v_B} \quad \cdots 96$$

理解のコツ

式96を丸暗記するんじゃなくて，反発係数は相対速度の比であることをしっかりと理解しておくこと。難関大の入試では，このような基本が重要になるよ。

例題85 反発係数を理解する

なめらかな水平面上で，一直線上を進む小球 A，B がある。初め，A，B の速度はいずれも右向きでそれぞれ 20 m/s，10 m/s であった。A と B は衝突し，衝突後の速度はいずれも右向きでそれぞれ 12 m/s，14 m/s となった。

(1) 衝突の前後で，B から見た A の相対速度の大きさと向きをそれぞれ求めよ。

(2) A と B の間の反発係数を求めよ。

(3) B の質量は A の質量の何倍か求めよ。

解答 (1) 右向きを正として，B から見た相対速度を求めると

衝突前：$20-10=10$ m/s　　ゆえに　　右向きに，10 m/s

衝突後：$12-14=-2$ m/s　　ゆえに　　左向きに，2 m/s

(2) 反発係数 e は，相対速度の比であるので

$$e=-\frac{-2}{10}=0.2$$

(3) 小球 A，B の質量をそれぞれ m_A，m_B とする。運動量保存則より

$m_A\times20+m_B\times10=m_A\times12+m_B\times14$　　$\therefore$　$m_B=2m_A$

ゆえに　　2 倍

4 - 2 球の衝突

▶▶一直線上での衝突

小球 A，B が一直線上で衝突する場合，一般的には以下の 2 式より解く。

- 運動量保存則：A，B からなる物体系の運動量の和は一定
- 反発係数の式：衝突前後で相対速度の比が反発係数 e

例題86 運動量保存則・反発係数の式から衝突を考える

なめらかな一直線上を右向きに速さ 10 m/s で進む質量 1.0 kg の小球 A が，前方を右向きに速さ 1.0 m/s で進む質量 8.0 kg の小球 B と衝突した。小球 A，B 間の反発係数を 0.50 とし，A，B の運動は一直線上に限られ，右向きを正とする。

(1) 衝突後の A，B の速度をそれぞれ v_A，v_B とし，衝突前後の運動量保存則の式を作れ。

(2) 反発係数の式を作り，v_A，v_B を求めよ。

(3) 衝突の際に失われた運動エネルギーを求めよ。

解答 (1) 運動量保存則の式は　　$1.0\times10+8.0\times1.0=1.0v_A+8.0v_B$　…①

(2) 反発係数の式96より　　$0.50=-\frac{v_A-v_B}{10-1.0}$　…②

①，②式を解いて　　$v_A=-2.0$ m/s　，　$v_B=2.5$ m/s

(3) 運動エネルギーの変化 ΔK は

$$\Delta K=\left\{\frac{1}{2}\times1.0\times(-2.0)^2+\frac{1}{2}\times8.0\times2.5^2\right\}-\left(\frac{1}{2}\times1.0\times10^2+\frac{1}{2}\times8.0\times1.0^2\right)$$

$$=-27\,\mathrm{J}$$

ゆえに，失われた運動エネルギーは　27 J

例題87　反発係数と運動エネルギーの変化を意識する

なめらかな一直線上を右向きに速さ 5.0 m/s で進む質量 2.0 kg の小球 A が，同じ直線上を左向きに速さ 4.0 m/s で進む質量 4.0 kg の小球 B と衝突した。A，B 間の反発係数を 1.0 とする。A，B の運動は一直線上に限られ，右向きを正とする。

(1) 衝突後の小球 A，B の速度をそれぞれ v_A，v_B とする。衝突前後の運動量保存則の式を作れ。

(2) 反発係数の式を作り，v_A，v_B を求めよ。

(3) 衝突前後で，小球 A，B 全体の運動エネルギーの変化量を求めよ。

(4) (3)の結果を考えると，(2)の反発係数の式の代わりに，別の式を考えることもできる。それはどのような式か答えよ。

解答 (1)　$2.0\times5.0+4.0\times(-4.0)=2.0v_A+4.0v_B$　…①

(2) 反発係数の式は　$1.0=-\dfrac{v_A-v_B}{5.0-(-4.0)}$　…②

①，②式を解いて　$v_A=-7.0\,\mathrm{m/s}$　，　$v_B=2.0\,\mathrm{m/s}$

(3) 運動エネルギーの変化量 ΔK は

$$\Delta K=\left\{\frac{1}{2}\times2.0\times(-7.0)^2+\frac{1}{2}\times4.0\times2.0^2\right\}-\left\{\frac{1}{2}\times2.0\times5.0^2+\frac{1}{2}\times4.0\times(-4.0)^2\right\}=0\,\mathrm{J}$$

(4) 衝突でエネルギーが失われていないので，衝突の前後での力学的エネルギー保存則を用いてもよい。

$$\frac{1}{2}\times2.0\times5.0^2+\frac{1}{2}\times4.0\times(-4.0)^2=\frac{1}{2}\times2.0v_A{}^2+\frac{1}{2}\times4.0v_B{}^2$$

(念のために，①式とこの式より，v_A，v_B を求めて確認しよう。)

▶▶衝突と運動エネルギー

例題 83，86 で見たように，衝突の際に，一般には 2 物体の運動エネルギーの和が減少する。しかし，例題 87 のように，$e=1$（弾性衝突）の場合は，運動エネルギーの和は変化せず，衝突の前後で力学的エネルギー保存則が成り立つ。

衝突と運動エネルギー

- **弾性衝突　$e=1$：運動エネルギーの和は変化しない。力学的エネルギー保存則が成り立つ。**
- **非弾性衝突 $e<1$：運動エネルギーの和が減少する。**

例題88 2球の衝突，質量と反発係数の関係を考える

水平でなめらかな床を速さ v_0 で進む小球Aが，静止している小球Bに衝突した。小球A，Bの質量はそれぞれ m，km である。小球AとBの反発係数を e とし，A，Bの運動は一直線上に限られるものとする。

(1) 衝突後の小球A，Bの速度を求めよ。ただし，小球Aの初速度の向きを正とする。
(2) 衝突の際，小球Aが受けた力積の向きと大きさを求めよ。
(3) 衝突後，小球Aが初速度と反対向きに進むための k の条件を求めよ。
(4) 衝突で失われる運動エネルギーを求めよ。

ここで，$k=1$，$e=1$ とする。

(5) 衝突後の小球A，Bの速度を求めよ。

解答 (1) 衝突後のA，Bの速度をそれぞれ v_A，v_B とする。

運動量保存則より　$mv_0=mv_A+kmv_B$ …①

反発係数の式より　$e=-\dfrac{v_A-v_B}{v_0}$ …②

①，②式を解いて　$v_A=\dfrac{1-ke}{1+k}v_0$ ，$v_B=\dfrac{1+e}{1+k}v_0$

(2) Aの運動量の変化を求める。

$$mv_A-mv_0=\frac{1-ke}{1+k}mv_0-mv_0=-\frac{k(1+e)}{1+k}mv_0$$

ゆえに力積は　向き：初速度と逆向き，大きさ：$\dfrac{k(1+e)}{1+k}mv_0$

参考 Bの受けた力積は　$kmv_B-0=\dfrac{k(1+e)}{1+k}mv_0$　である。Aの受けた力積は，作用・反作用の法則より，この逆となる。この問いでは，Bから求める方が計算は楽である。

(3) $v_A<0$ であればよい。v_0，k，e は全て正であることも考えて

$$v_A=\frac{1-ke}{1+k}v_0<0 \qquad 1-ke<0 \qquad \therefore\ k>\frac{1}{e}$$

(4) 衝突の前後で，運動エネルギーの変化 ΔK を求めて

$$\begin{aligned}\Delta K&=\frac{1}{2}mv_A{}^2+\frac{1}{2}kmv_B{}^2-\frac{1}{2}mv_0{}^2\\&=\frac{1}{2}m\left(\frac{1-ke}{1+k}v_0\right)^2+\frac{1}{2}km\left(\frac{1+e}{1+k}v_0\right)^2-\frac{1}{2}mv_0{}^2\\&=\frac{(e^2-1)kmv_0{}^2}{2(1+k)}\end{aligned}$$

$0\leqq e\leqq 1$ であるので，$\Delta K\leqq 0$ である。

ゆえに，失われた運動エネルギーは　$\dfrac{(1-e^2)kmv_0{}^2}{2(1+k)}$

($e=1$ のとき，$\Delta K=0$ となる。)

(5) v_A，v_B に $k=1$，$e=1$ を代入すると　$v_A=0$ ，$v_B=v_0$

参考 例題88(5)のように，質量が等しい物体どうしの弾性衝突（$e=1$）では，衝突の前後で2物体の速度が入れ替わる。例題88では，初めBは静止していたが，動いていてもこのことは成り立つ。自分で証明したうえで覚えておくと便利である。

演習16

なめらかな水平面上を速さ v_0 で進む質量 m の小球Aがある。小球Aの進行方向に x 軸，それと直角に y 軸をとる。小球Aは原点Oに静止している同じ質量の小球Bに弾性衝突した。衝突後，右図のように，小球Aは x 軸に対して角 θ をなす方向に，小球Bは30°の方向に進んだ。

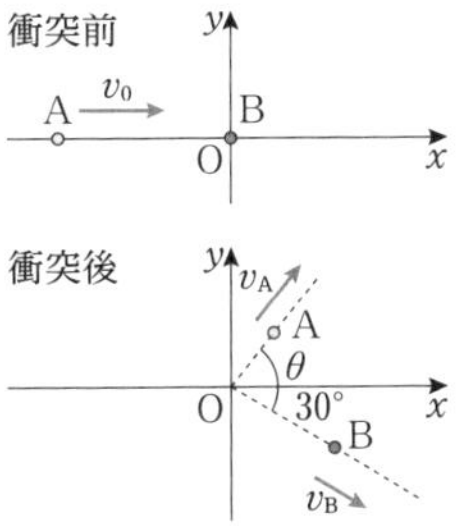

(1) 衝突後の小球の速さをそれぞれ v_A，v_B とする。衝突前後での運動量保存則の式を，x，y 成分ごとに作れ。

(2) 弾性衝突であることから，v_0，v_A，v_B に成り立つ式を作れ。

(3) v_A，v_B をそれぞれ v_0 で表せ。また，θ を求めよ。

(4) 衝突の際，小球Aが受けた力積の向きと大きさを求めよ。

解答 **(1)** 各成分ごとに運動量保存則の式を作る。なお，衝突前の運動量の y 成分の和は0である。

x 成分：$mv_0 = mv_A\cos\theta + mv_B\cos30°$　…①

y 成分：$0 = mv_A\sin\theta - mv_B\sin30°$　…②

(2) 弾性衝突なので，衝突の前後で運動エネルギーの和が保存する。

$$\frac{1}{2}mv_0{}^2 = \frac{1}{2}mv_A{}^2 + \frac{1}{2}mv_B{}^2 \quad \cdots③$$

(3) ①〜③式より v_A，v_B を求める。①，②式を変形して

$$v_0 - \frac{\sqrt{3}\,v_B}{2} = v_A\cos\theta \quad \cdots①' \quad , \quad \frac{v_B}{2} = v_A\sin\theta \quad \cdots②'$$

これらを2乗して加え，$\sin\theta$，$\cos\theta$ を消去する。

$$\left(v_0 - \frac{\sqrt{3}\,v_B}{2}\right)^2 + \left(\frac{v_B}{2}\right)^2 = v_A{}^2(\cos^2\theta + \sin^2\theta)$$

$$\therefore \quad v_0{}^2 - \sqrt{3}\,v_0v_B + v_B{}^2 = v_A{}^2 \quad \cdots④$$

$v_A{}^2$ を③式に代入して計算すると

$$v_0{}^2 = v_0{}^2 - \sqrt{3}\,v_0v_B + v_B{}^2 + v_B{}^2$$

$$0 = (-\sqrt{3}\,v_0 + 2v_B)v_B \qquad \therefore \quad v_B = 0,\ \frac{\sqrt{3}\,v_0}{2}$$

$v_B=0$ は不適であるので　$v_B = \dfrac{\sqrt{3}\,v_0}{2}$

また④式より　$v_A = \dfrac{v_0}{2}$

②′÷①′ を計算し，v_B を代入して，$\tan\theta$ を求める。

$$\tan\theta = \frac{\dfrac{v_B}{2}}{v_0 - \dfrac{\sqrt{3}}{2}v_B} = \frac{\dfrac{\sqrt{3}}{4}v_0}{v_0 - \dfrac{3}{4}v_0} = \sqrt{3} \qquad \therefore \quad \theta = 60°$$

(4)　A の運動量変化は右図となり，力積は

向き：x 軸負の向きから y 軸正の向きに 30°

大きさ：$\dfrac{\sqrt{3}\,mv_0}{2}$

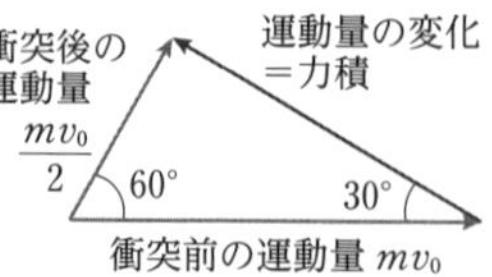

別解

B は初め静止しているので，B の運動量変化＝B の受けた力積 を求める方が簡単である。A の受けた力積は，B の受けた力積と逆向きで同じ大きさである。

5 - 斜め衝突

床や壁などの平面への衝突を考える。図 85 のように衝突の際に物体にはたらく力は，面がなめらかな場合，面に垂直な力のみである。そのため，物体の運動量も面に垂直な方向のみが変化する。反発係数を e とすると，速度の，面に垂直な成分の大きさが e 倍になり，平行な成分は変化しない。

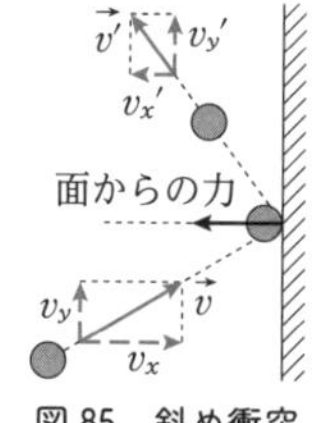

図 85　斜め衝突

斜め衝突での速度の変化

面に垂直な成分：$v_x' = -ev_x$　…97

面に平行な成分：$v_y' = v_y$　…98

注意　ごくまれだが，面の摩擦が無視できない（なめらかでない）という設定の問題もある。その場合は，速度の，面に平行な成分も変化する。

例題89　斜め衝突の基本を理解し，力積を求める

水平でなめらかな床上を速さ v_0 で運動する質量 m の小球がある。小球が，鉛直でなめらかな壁に，壁となす角 60° で衝突した。壁と小球との反発係数は $\dfrac{1}{3}$ である。衝突後，小球は壁となす角 θ で進んだ。

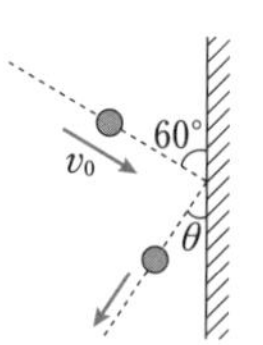

(1)　衝突前の小球の速度の，壁に垂直な成分と平行な成分の大きさを求めよ。

(2)　衝突後の小球の速度の，壁に垂直な成分と平行な成分の大きさを求めよ。

(3)　衝突後の小球の速さを求めよ。また，θ を求めよ。

(4)　衝突の際，小球が壁から受けた力積の向きと大きさを求めよ。

解答 (1) 右図のように，速度を分解する。

垂直成分：$v_0\sin 60° = \dfrac{\sqrt{3}}{2}v_0$

平行成分：$v_0\cos 60° = \dfrac{1}{2}v_0$

(2) 式㊼，㊽より

垂直成分：$\dfrac{1}{3}\times\dfrac{\sqrt{3}}{2}v_0 = \dfrac{\sqrt{3}}{6}v_0$

平行成分：$\dfrac{1}{2}v_0$

(3) 衝突後の速さを v として

$$v=\sqrt{\left(\frac{\sqrt{3}}{6}v_0\right)^2+\left(\frac{1}{2}v_0\right)^2}=\frac{1}{\sqrt{3}}v_0=\frac{\sqrt{3}}{3}v_0$$

$$\tan\theta=\frac{\frac{\sqrt{3}}{6}v_0}{\frac{1}{2}v_0}=\frac{\sqrt{3}}{3} \qquad \therefore\quad \theta=30°$$

(4) 運動量の変化を考えると，右図のようになる。運動量も壁に垂直成分のみが変化するので，垂直方向の変化のみを求めればよい。
力積は，図の右向きを正として

$$-\frac{\sqrt{3}}{6}mv_0-\frac{\sqrt{3}}{2}mv_0=-\frac{2\sqrt{3}}{3}mv_0$$

ゆえに力積は　向き：壁に垂直に左向き，大きさ：$\dfrac{2\sqrt{3}}{3}mv_0$

例題90 放物運動での床との衝突を考える

質量 0.500 kg の小球を高さ 19.6 m から，初速度 9.80 m/s で水平に投げ出したところ，水平でなめらかな床上の点 A で衝突してはねかえり，再び床上の点 B に衝突した。小球と床との反発係数を 0.500，重力加速度の大きさを 9.80 m/s^2 とする。

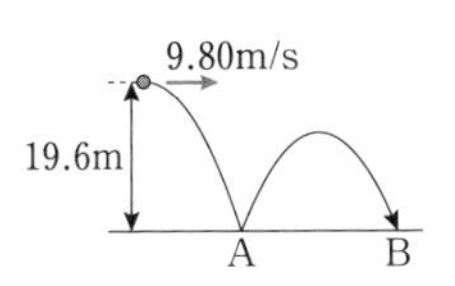

(1) 点 A で衝突する直前の小球の速さを求めよ。
(2) 点 A で衝突した直後の小球の速度の鉛直成分の大きさを求めよ。
(3) 点 A での衝突の際に，小球が床から受けた力積の大きさを求めよ。
(4) 点 A から B までの間で，小球の最高点の高さを求めよ。

解答 (1) 衝突直前の鉛直方向の速さを v_y とする。等加速度直線運動の公式 3 より

$$v_y{}^2=2\times9.80\times19.6 \qquad \therefore \quad v_y=19.60\,\mathrm{m/s}$$

小球の速さを v_1 とする。速度の水平成分は 9.80 m/s なので

$$v_1=\sqrt{9.80^2+19.60^2}=9.80\sqrt{5}=9.80\times2.236=21.91\fallingdotseq\mathbf{21.9\,m/s}$$

(2) 衝突後の鉛直成分の大きさを v_y' とすると式97より

$$v_y'=0.500v_y=0.500\times19.60=\mathbf{9.80\,m/s}$$

(3) 右図のように運動量の鉛直成分のみが変化する。運動量の変化量＝力積 を求める。鉛直下向きを正として

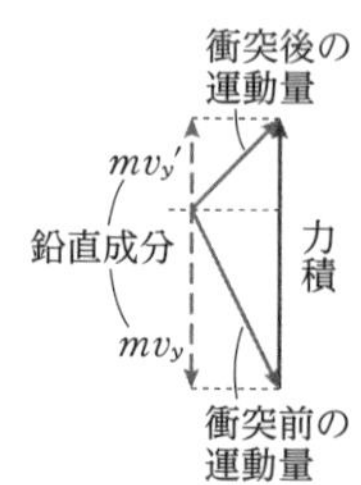

$$0.500\times(-v_y')-0.500\times v_y$$
$$=-0.500\times(9.80+19.60)=-14.7\,\mathrm{N\cdot s}$$

ゆえに力積の大きさは　**14.7 N・s**

(4) 最高点の高さを h_1 とすると，等加速度直線運動の公式 3 より

$$0-v_y'^2=-2\times9.80h_1 \qquad \therefore \quad h_1=\frac{v_y'^2}{2\times9.80}=\frac{9.80^2}{19.6}=\mathbf{4.90\,m}$$

6 - 重心の運動

▶重心の速度

互いに位置を変えることができる複数の物体でも，剛体と同様に式85，86で求められる位置を重心という。

図 86 のように，質量 m_A，m_B の物体 A，B が x 軸上を速度 v_A，v_B で運動している。A と B の重心 G も移動する。重心の速度 v_G は，以下の式で求められる。

図 86　重心の速度

重心の速度

$$\boldsymbol{v_G=\frac{m_Av_A+m_Bv_B}{m_A+m_B}} \quad \cdots 99$$

LEVEL UP!
大学への物理

図 86 で A，B および G の x 座標を x_A，x_B，x_G とすると，式85より，$x_G=\dfrac{m_Ax_A+m_Bx_B}{m_A+m_B}$ である。これを時間 t で微分して v_G を求める。

$$v_G=\frac{dx_G}{dt}=\frac{m_A\dfrac{dx_A}{dt}+m_B\dfrac{dx_B}{dt}}{m_A+m_B}=\frac{m_Av_A+m_Bv_B}{m_A+m_B}$$

▶▶重心の運動

重心の速度 v_G（式❾❾）の分子に注目する。分子は，A，B からなる物体系の運動量の和を示している。したがって，運動量保存則が成り立つときは，重心の速度は変化しない。

重心の運動

物体系に内力のみがはたらくとき，もしくは外力の力積が 0 のとき，重心の速度は変化しない。すなわち物体系の重心は静止していれば静止したまま，動いているときは等速直線運動をする。

これまでの 2 球の衝突や次の例題でも，重心の速度が衝突の前後で変化していないことを確かめてみよう。

例題91 重心の速度が変化しないことを確かめる

水平でなめらかな床を速さ v_0 で右向きに進む質量 m の小球 A が，静止している質量 $2m$ の小球 B に衝突した。A と B の反発係数を $\frac{4}{5}$ とし，A，B の運動は一直線上に限られ，右向きを正とする。

(1) 衝突前の A，B からなる物体系の重心の速度を求めよ。

(2) 衝突後の A，B の速度をそれぞれ求めよ。

(3) 衝突後の A，B からなる物体系の重心の速度を求めよ。

解答 (1) 重心の速度 v_G は式❾❾より

$$v_G=\frac{mv_0+2m\times0}{m+2m}=\frac{v_0}{3}$$

(2) 衝突後の A，B の速度をそれぞれ v_A，v_B とする。

運動量保存則より　$mv_0=mv_A+2mv_B$　…①

反発係数の式より　$\frac{4}{5}=-\frac{v_A-v_B}{v_0}$　…②

①，②式を解いて　$v_A=-\frac{v_0}{5}$，$v_B=\frac{3v_0}{5}$

(3) 衝突の際，内力しかはたらかず，運動量が保存するので，物体系の重心の速度は変化しないはずであるが，計算して確かめてみよう。

$$v_G=\frac{mv_A+2mv_B}{m+2m}=\frac{m\left(-\frac{v_0}{5}\right)+2m\times\frac{3v_0}{5}}{m+2m}=\frac{v_0}{3}$$

衝突の前後で重心の速度が変化していないことが確認できる。

例題92 重心が移動しないことを利用して問題を解く

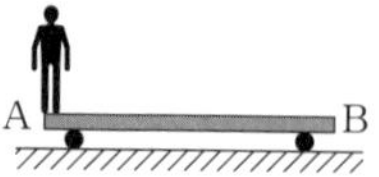

なめらかな水平面上に，質量 10kg，長さ 2.4m の台車が置かれ，台車の一端 A に質量 50kg の人が乗り静止している。台車の重心は AB の中点にある。

(1) 人が A に静止しているとき，人と台車からなる物体系の重心の，A からの水平方向の距離を求めよ。

(2) 人がゆっくりと A から，台車のもう一方の端 B へ右向きに歩く。台車は，どちら向きに動き出すか答えよ。

(3) 人が B に到達したとき，人と台車からなる物体系の重心の，A からの水平方向の距離を求めよ。

(4) この間，台車が移動した距離を求めよ。

解答 (1) 重心の鉛直方向の位置は考えず，水平方向の位置のみを考える。人と台車からなる物体系の重心の，A からの水平方向の距離を計算すると

$$\frac{50\times 0+10\times 1.2}{50+10}=0.20\,\mathrm{m}$$

(2) 人が右に動くので，人に台車から右向きの力がはたらく。作用・反作用の法則より台車には人から左向きの力がはたらく。ゆえに，左に動き出す。

(3) 人は A から 2.4m 離れている。物体系の重心の，A からの水平方向の距離は

$$\frac{50\times 2.4+10\times 1.2}{50+10}=2.2\,\mathrm{m}$$

(4) 外力がはたらかないので，(1)，(3)で求めた物体系の重心の位置は，床から見て移動していない。右図より，台車の移動距離は

$2.2-0.20=2.0\,\mathrm{m}$

したがって，左へ 2.0m 移動した。

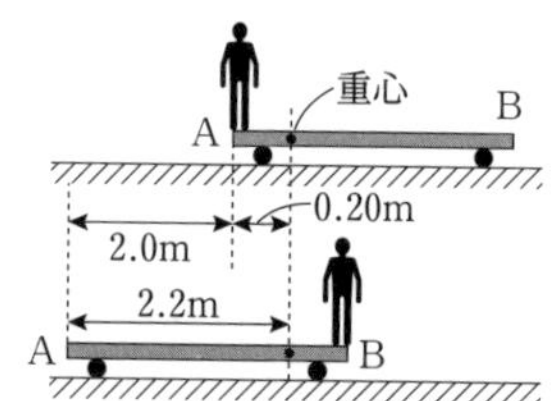

7 - 2物体の運動

ここでは，いろいろな2物体の運動の問題を解く。今まで学んだ法則のうち，どの法則を使えるのかをよく考えながら解いていこう。

例題93 ばねを挟んだ物体で，成り立つ法則を考える

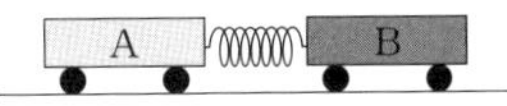

質量 m の台車Aと質量 $3m$ の台車Bが，ばね定数 k の軽いばねを挟んでなめらかな水平面上に静止している。台車A，Bを両側から押してばねを自然の長さより l だけ縮めた状態で静止させ，静かに手をはなすとA，Bは動き出し，ばねが自然の長さになったとき，ばねから離れた。

(1) ばねから離れた後のA，Bの速さをそれぞれ v_A，v_B とする。v_A と v_B の関係を求めよ。

(2) ばねから離れた後のA，Bの運動エネルギーの和を求めよ。

(3) v_A，v_B を求めよ。

(4) ばねから離れた後，Aの運動エネルギーはBの運動エネルギーの何倍か求めよ。

解答 (1) 初めの全体の運動量は0である。手をはなすと，Aは左に，Bは右に動く。運動量保存則より，右向きを正として

$$0=m(-v_A)+3mv_B \qquad \therefore \quad v_A=3v_B \quad \cdots①$$

(2) 力学的エネルギー保存則より $\dfrac{1}{2}kl^2=\dfrac{1}{2}mv_A{}^2+\dfrac{3}{2}mv_B{}^2 \quad \cdots②$

つまり，運動エネルギーの和は $\dfrac{1}{2}kl^2$

(3) ①，②式を解く。$v_A>0$，$v_B>0$ も考慮に入れて

$$v_A=\frac{l}{2}\sqrt{\frac{3k}{m}} \quad , \quad v_B=\frac{l}{2}\sqrt{\frac{k}{3m}}$$

(4) 運動エネルギーの比を求める。①式も利用して

$$\frac{\frac{1}{2}mv_A{}^2}{\frac{3}{2}mv_B{}^2}=\frac{1}{3}\left(\frac{v_A}{v_B}\right)^2=3 \text{倍}$$

（Bに比べて質量が $\dfrac{1}{3}$ のAが，3倍のエネルギーをもつ。）

例題94 ばねとの衝突を考える

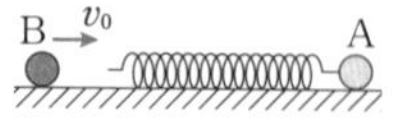

ばね定数 k の軽いばねの一端に，質量 m の小球 A が取りつけられ，なめらかな水平面に置かれている。速さ v_0 で，右向きに進む質量 $2m$ の小球 B がばねの他端に衝突する。衝突の直前，直後で B の速度は変化しないものとする。B はばねを押し縮め，A は動き始め，やがて B はばねから離れる。ばねと小球 A，B は常に一直線上にあるとし，図の右向きを正とする。

(1) 小球 B の速度が，ばねと衝突後，右向き $\frac{3}{4}v_0$ になったときの，小球 A の速度，ばねの自然の長さからの縮みを求めよ。

(2) ばねが最も縮んだときの小球 B の速度，ばねの自然の長さからの縮みを求めよ。

(3) ばねが自然の長さに戻ったとき，小球 B はばねから離れた。このときの，小球 A，B の速度をそれぞれ求めよ。

解答 (1) A の速度を v_A とする。運動量保存則より

$$2mv_0 = mv_A + 2m \times \frac{3}{4}v_0 \qquad \therefore \quad v_A = \frac{v_0}{2}$$

このときのばねの縮みを x として，力学的エネルギー保存則より

$$\frac{1}{2} \times 2mv_0{}^2 = \frac{1}{2}mv_A{}^2 + \frac{1}{2} \times 2m \times \left(\frac{3}{4}v_0\right)^2 + \frac{1}{2}kx^2$$

v_A を代入して x を求めると　$x = \dfrac{v_0}{2}\sqrt{\dfrac{5m}{2k}}$

(2) ばねが最も縮んだとき，A，B の相対速度は 0，つまり A，B は同じ速度である。この速度を v とする。運動量保存則より

$$2mv_0 = (m+2m)v \qquad \therefore \quad v = \frac{2v_0}{3}$$

このときのばねの縮みを x_0 として，力学的エネルギー保存則より

$$\frac{1}{2} \times 2mv_0{}^2 = \frac{1}{2}(m+2m)v^2 + \frac{1}{2}kx_0{}^2$$

v を代入して x_0 を求めると　$x_0 = v_0\sqrt{\dfrac{2m}{3k}}$

(3) ばねから離れた後の A，B の速度をそれぞれ v_A'，v_B' とする。運動量保存則より

$$2mv_0 = mv_A' + 2mv_B' \quad \cdots①$$

力学的エネルギー保存則より

$$\frac{1}{2} \times 2mv_0{}^2 = \frac{1}{2}mv_A'^2 + \frac{1}{2} \times 2mv_B'^2 \quad \cdots②$$

①，②式を解いて　$v_A' = 0,\ \dfrac{4}{3}v_0$

0 は初めの状態で，不適であるので　$v_A' = \dfrac{4}{3}v_0$

v_A' を①式に代入して　$v_B' = \dfrac{v_0}{3}$

演習17

両端に鉛直な壁 A，B をもつ質量 $3m$ の台 P が，なめらかで水平な床上に置かれている。壁の間はなめらかな水平面で，AB の距離は l である。P を静止させ，AB の中点から質量 m の小球 Q に右向きの初速度 v_0 を与えてすべらせた。Q は壁 B，A と交互に衝突する。Q と壁との反発係数は e で，図の右向きを正とする。

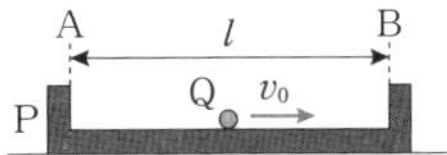

(1) Q が初めて B と衝突した直後の，P と Q の速度を求めよ。

(2) Q が初めて B に衝突してから，A に衝突するまでの時間を求めよ。

(3) Q が初めて A に衝突した直後の，P と Q の速度を求めよ。

(4) Q が A，B と衝突を繰り返すと，P の速度はある値 v に近づいていく。v を求めよ。

解答　衝突の際に，Q と A，B の間には水平方向の力のみが加わる。Q が P 上にあることは，衝突に関しては影響がない。通常の 2 物体の衝突である。

(1) B と衝突後の P，Q の速度をそれぞれ v_P，v_Q とする。

運動量保存則より　$mv_0 = mv_Q + 3mv_P$　…①

反発係数の式より　$e = -\dfrac{v_Q - v_P}{v_0}$　…②

①，②式より　$v_Q = \dfrac{1-3e}{4}v_0$　，　$v_P = \dfrac{1+e}{4}v_0$

(2) P から見た Q の相対速度は，衝突前 v_0，衝突後 $-ev_0$ である。

ゆえに，A に衝突するまでの時間は　$\dfrac{l}{ev_0}$

(反発係数は，相対速度の比であることを思い出そう。念のため，$v_Q - v_P$ で，相対速度を確認してみよう。)

(3) A と衝突後の P，Q の速度をそれぞれ v_P'，v_Q' とする。

運動量保存則より　$mv_0 = mv_Q' + 3mv_P'$　…③

(運動量は初めから変化しないので，v_P，v_Q を使う必要はない。)

反発係数の式より　$e = -\dfrac{v_Q' - v_P'}{v_Q - v_P} = \dfrac{v_Q' - v_P'}{ev_0}$　…④

③，④式より　$v_Q' = \dfrac{1+3e^2}{4}v_0$　，　$v_P' = \dfrac{1-e^2}{4}v_0$

(4) 衝突のたびに P と Q の相対速度は e 倍になるので，やがて 0 となる。つまり，P，Q は同じ速度 v となる。運動量保存則より

$$mv_0 = (m+3m)v \qquad \therefore \quad v = \frac{1}{4}v_0$$

演習18

水平な床に静止している質量 $4m$ の台車の水平な上面に，質量 m の物体が速さ v_0 で乗り移る。物体が台車上に移ると台車も動き始め，やがて，物体は台車に対して静止する。台車の上面と物体の間の動摩擦係数を μ'，重力加速度の大きさを g とする。

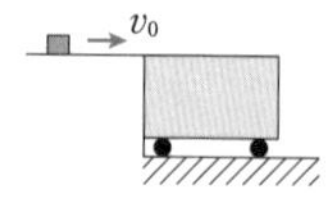

物体が台車上で静止したときの台車と物体の速さ，物体が台車上ですべった距離および，それまでに台車と物体から失われた運動エネルギーの和を求めよ。

解答 物体が台車に対して静止したときの，物体と台車の床に対する速さを v とする。

運動量保存則より　$mv_0=(m+4m)v$　$\therefore\ v=\dfrac{v_0}{5}$

運動エネルギーの変化量 $\varDelta K$ は

$$\varDelta K=\frac{1}{2}(m+4m)v^2-\frac{1}{2}mv_0{}^2=\frac{5}{2}m\left(\frac{v_0}{5}\right)^2-\frac{1}{2}mv_0{}^2=-\frac{2}{5}mv_0{}^2$$

ゆえに減少量は　$\dfrac{2}{5}mv_0{}^2$

次に，物体が台車上で静止するまでに，台車に対して移動した距離を l，台車が床に対して移動した距離を L とする。物体は床に対して $L+l$ だけ移動したことになる。それまで物体と台車には大きさ $\mu' mg$ の動摩擦力がそれぞれ右下図のようにはたらく。

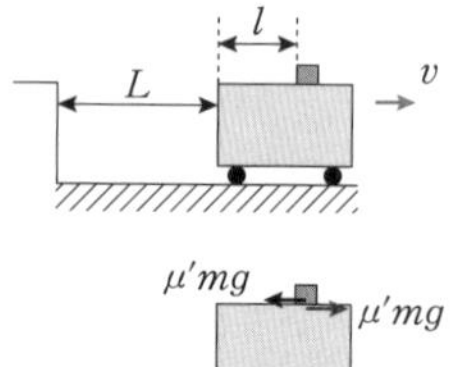

動摩擦力が $\begin{cases}\text{物体にする仕事：}-\mu' mg(L+l)\\ \text{台車にする仕事：}\mu' mgL\end{cases}$

であるので，結局，物体と台車全体に動摩擦力がした仕事 W は

$$W=-\mu' mg(L+l)+\mu' mgL=-\mu' mgl$$

運動エネルギーの変化＝保存力以外の力のした仕事 より

$$\varDelta K=W \qquad -\frac{2}{5}mv_0{}^2=-\mu' mgl \qquad \therefore\ l=\frac{2v_0{}^2}{5\mu' g}$$

（物体と台車の運動方程式から加速度を求めて解く方が一般的である。⇒「③ ❹-運動方程式といろいろな運動-親子亀」参照）

▶▶水平方向の運動量保存

図 87 のように，なめらかで水平な床面上に，質量 M の三角台 A を置き，A の斜面上で質量 m の物体 B をすべらせる。A，B からなる物体系を考えると，内力は A，B 間の垂直抗力 N のみである。地球からの重力，床からの垂直抗力 R は外力である。B をすべらせると，外力は B に力積を与えるので，物体系の運動量は保存しない。しかし，外力は鉛直方向のみに限られる。水平方向の成分をもつ力は内力のみであるので，このような場

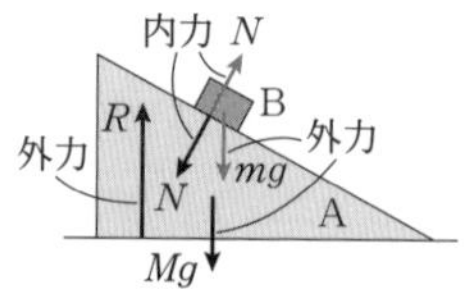

図 87　水平方向の運動量保存

合物体系の水平方向の運動量の和は保存する。

理解のコツ

図87のような場合，力学的エネルギーも保存するから，これも用いて解こう（「④ ⑨-2物体の力学的エネルギー」参照）。

演習19

図1のように，なめらかな水平面ABと斜面BCをもつ質量Mの台が，なめらかで水平な床上に置かれている。点Cは水平面ABから高さhの点にある。

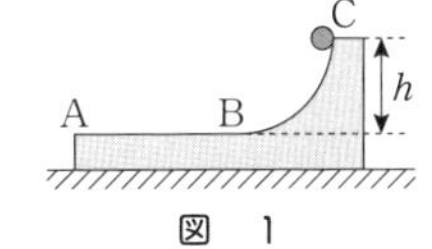

図 1

台を静止させた状態で，質量mの小球を点Cから静かにはなす。重力加速度の大きさをgとする。

(1) 小球が水平面ABに達したときの，小球と台の速さをそれぞれ求めよ。

次に図2のように台を静止させ，水平面AB上で小球を速さv_0ですべらせる。小球は斜面を上り，点Cの手前で最高点に達した。

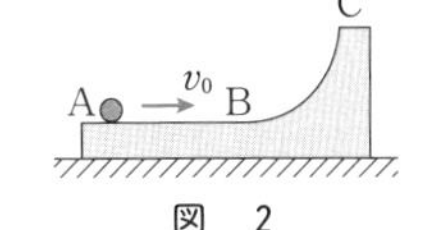

図 2

(2) 小球が斜面BC上で最高点に達したとき，台の速さを求めよ。

(3) 小球の最高点の水平面ABからの高さを求めよ。

解答 台と小球からなる物体系を考える。台と小球にはたらく力のうち，水平方向の成分をもつのは，小球がBC間を通過するときに台と小球の間にはたらく垂直抗力だけで，これは内力であるので，水平方向の運動量保存則が成り立つ。

(1) 小球は水平左向き，台は水平右向きの速度をもち，それぞれ速さをv，Vとする。右向きを正として水平方向の運動量保存則より

$$0=m(-v)+MV \quad \cdots ①$$

力学的エネルギー保存則より　$mgh=\frac{1}{2}mv^2+\frac{1}{2}MV^2 \quad \cdots ②$

①，②式を解いて　$v=\sqrt{\frac{2Mgh}{M+m}}$　，　$V=\sqrt{\frac{2m^2gh}{M(M+m)}}$

(2) 最高点に達したとき台から小球を見ると相対速度は0なので，台と小球は同じ速さv'で水平右向きに進んでいる。水平方向の運動量保存則より

$$mv_0=(M+m)v' \qquad \therefore \quad v'=\frac{m}{M+m}v_0$$

(3) 最高点の高さをh'とする。力学的エネルギー保存則より

$$\frac{1}{2}mv_0{}^2=\frac{1}{2}(M+m)v'^2+mgh'$$

(2)のv'を代入してh'を求めると　$h'=\frac{Mv_0{}^2}{2g(M+m)}$

慣性力，円運動

1 慣性力

自動車が発進するとき座席に押しつけられるように感じたり，エレベーターが上向きに加速すると体が重くなったように感じる。これはどんな力であろうか？

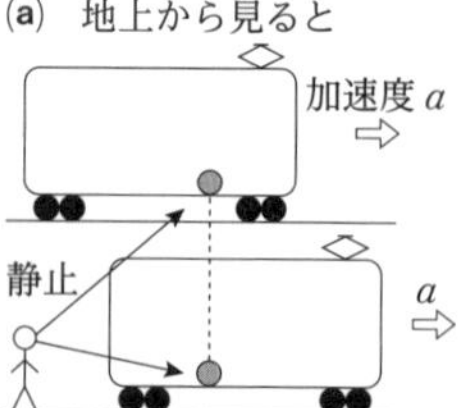

図 88 慣性力

図 88 のように，電車のなめらかな床に物体があるとする（空き缶が転がっているような状況を想像しよう）。電車が静止状態から右向きに加速度 a で動き出したとする。物体には水平方向の力がはたらかないので，図(a)のように地上から見た物体の位置は変化せず静止している。

しかし，図(b)のように電車内で静止した観測者から見ると，物体は左に加速度 a で運動しているように見える。まるで物体には左向きに力がはたらいているかのように観測される。この**見かけの力を慣性力**という。物体の質量が m のとき，**慣性力の大きさを ma** とすると，観測者から見た物体の運動と矛盾しない。

> **慣性力**
>
> **加速度運動をする観測者から見た物体には慣性力がはたらく。**
>
> **大きさ：ma〔N〕 ， 向き：観測者の加速度と逆向き**
>
> m〔kg〕：物体の質量 a〔m/s^2〕：観測者の加速度

理解のコツ

加速度運動をしている観測者から見ると，全ての物体に（観測者自身にも）慣性力がはたらく。慣性力を考える際に大切なことは，**物体の運動状態ではなく，観測者の加速度が，慣性力の大きさや向きを決める**ということだよ。慣性力の大きさ ma の a は，観測者の加速度なんだ。

慣性力は見かけの力だから，唯一「何からはたらく」のか考えることができない力だよ。つまり，慣性力の反作用は考えられないんだ。

▶▶観測者の立場と運動

電車の床があらく，置かれた物体（質量 m）が床に対して動かない場合を考えてみる。電車は加速度 a で運動しているとする。

① 地上から見ると（図 89(**a**)）

物体は電車とともに加速度 a で運動している。物体には静止摩擦力 F がはたらき，運動を解くために必要な式は運動方程式である。

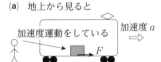

$$\text{運動方程式：}ma=F$$

(**a**) 地上から見ると

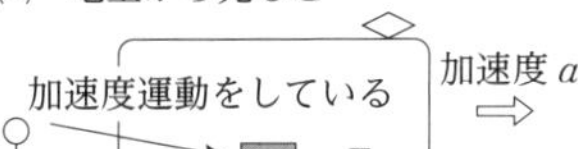

(**b**) 電車内で見ると

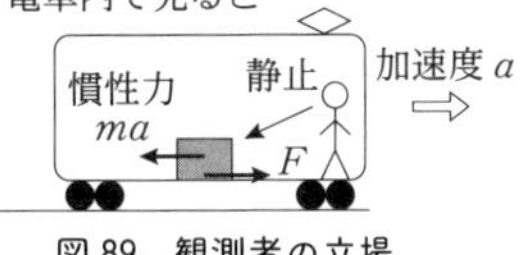

図 89 観測者の立場

② 電車内で見ると（図 89(**b**)）

観測者は加速度 a で運動しているので，物体には左向きに慣性力 ma がはたらく。観測者から見ると物体は静止している。物体にはたらく力は慣性力と静止摩擦力 F で，静止しているので力はつり合っている。成り立つ式はつり合いの式である。

$$\text{つり合いの式：}F-ma=0$$

このように，**観測者の立場を明確にして慣性力の有無，また運動がどう見えるかを考えて，必要な式を考えていく。**

例題95 **観測者の立場から，慣性力の有無と必要な式を考える**

エレベーターの床の上に，質量 15 kg の物体が置かれている。重力加速度の大きさを 9.8 m/s^2 とする。

Ⅰ．エレベーターが静止している場合。

(**1**) 物体が床から受ける垂直抗力を求めよ。

Ⅱ．右図のように，エレベーターが，鉛直上向きの加速度 a で運動する。物体が床から受ける垂直抗力の大きさを N とする。

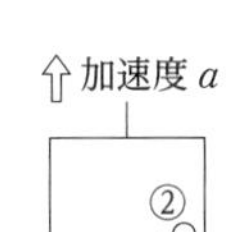

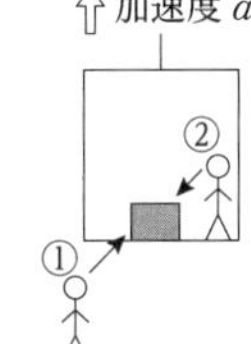

① この運動を，地上にいる観測者から見た場合。

(**2**) 物体にはたらく力の図を描け。

(**3**) 観測者から見て物体はどのような運動をしているか答えよ。

(**4**) (**3**)の観点から適切な式を作って，$a=2.2$ m/s^2 として N を求めよ。

② この運動を，エレベーター内にいる観測者から見た場合。

(**5**) 物体にはたらく力の図を描け。

(**6**) 観測者から見て物体はどのような運動をしているか答えよ。

(**7**) (**6**)の観点から適切な式を作って，$a=2.2$ m/s^2 として N を求めよ。

解答 (1) 垂直抗力の大きさを N_0 とする。力のつり合いより

$N_0-15\times9.8=0$　∴　$N_0=147\fallingdotseq1.5\times10^2\,\mathrm{N}$

(2) 重力と床からの垂直抗力がはたらく。右図。

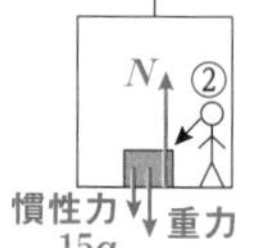

(3) 地上の観測者から見ると，物体はエレベーターとともに鉛直上向きの加速度 a で運動している。

(4) 物体は加速度運動をしているので，運動方程式を作る。

$15a=N-15\times9.8$

∴　$N=15\times(a+9.8)=15\times(2.2+9.8)=1.8\times10^2\,\mathrm{N}$

((1)の静止している状態より，垂直抗力が大きくなっていることがわかる。)

(5) 観測者から見ると，(2)で考えた力に加えて，物体には鉛直下向きに大きさ $15a$ の慣性力がはたらくように見える。ゆえに右図となる。

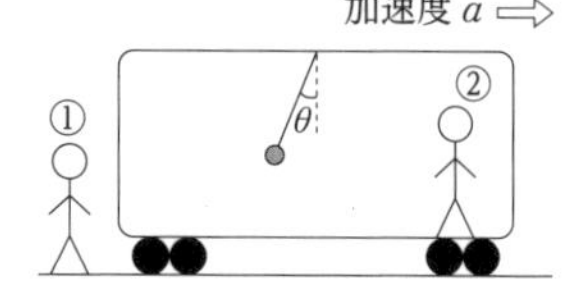

(6) 観測者から見ると，物体はいつも同じ位置，つまり静止している。

(7) 静止しているので，力は慣性力を含めてつり合っている。

$N-15\times9.8-15a=0$

∴　$N=15\times(a+9.8)=15\times(2.2+9.8)=1.8\times10^2\,\mathrm{N}$

例題96 観測者の立場の違いを考える

水平なレールの上を，加速度 a で右向きに加速している電車の中で，質量 m のおもりが軽い糸で天井からつり下げられ，鉛直より θ だけ傾いて静止している。糸にはたらく張力の大きさを T，重力加速度の大きさを g とする。

加速度 a ⇨
①
②
θ

Ⅰ．この運動を，地上にいる観測者から見た場合。

(1) おもりにはたらく力の図を描け。

(2) 観測者から見ておもりはどのような運動をしているか答えよ。

(3) (2)の観点から適切な式を作って，$\tan\theta$ を g と a で求めよ。

Ⅱ．この運動を，電車内にいる観測者から見た場合。

(4) おもりにはたらく力の図を描け。

(5) 観測者から見ておもりはどのような運動をしているか答えよ。

(6) (5)の観点から適切な式を作って，$\tan\theta$ を g と a で求めよ。

電車が右向きに速さ v_0 になった瞬間，糸を静かに切った。

(7) 糸を切った後のおもりの運動はどのようになるか答えよ。ただし，電車の加速度は変化しない。

① 地上にいる観測者から見た場合　② 電車内にいる観測者から見た場合

解答 (1) 重力と張力がはたらく。右図。

(2) 電車とともに水平右向きの加速度 a で運動している。

(3) 水平方向には運動方程式，鉛直方向には力のつり合いを考える。

水平方向：運動方程式　　$ma = T\sin\theta$

鉛直方向：つり合いの式　　$T\cos\theta - mg = 0$

この 2 式を解いて　　$\tan\theta = \dfrac{T\sin\theta}{T\cos\theta} = \dfrac{a}{g}$

(4)　加速度運動をする観測者から見るので，(1)の力に加えておもりには左向きに大きさ ma の慣性力がはたらく。右図。

(5)　観測者から見て静止している。

(6)　静止しているので力はつり合っている。水平，鉛直に分けて考える。

水平方向：$T\sin\theta - ma = 0$　，　鉛直方向：$T\cos\theta - mg = 0$

この 2 式を解いて　　$\tan\theta = \dfrac{a}{g}$

(7)　①　糸が切れた後，地上から見るとおもりには重力 mg のみがはたらき，おもりの加速度は鉛直下向きに大きさ g である。糸が切れたとき，地上から見て水平に速度 v_0 をもつので，初速度 v_0 の水平投射になる。

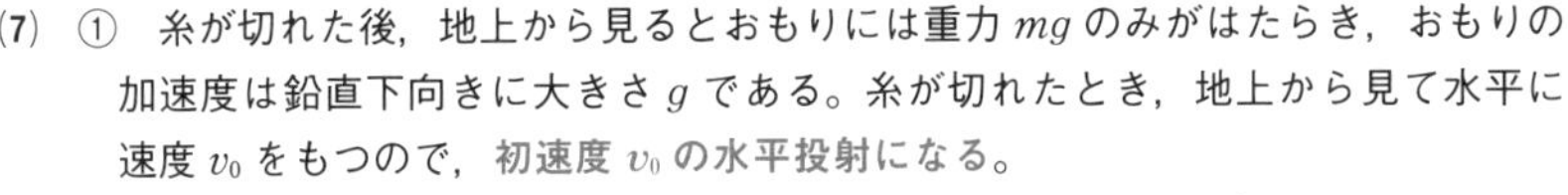

(糸が切れたとき，電車の速さ＝0 であれば，自由落下である。)

②　糸が切れた後も，電車内の観測者は加速度 a で運動している。この観測者から見ると，おもりがどんな状態でも，重力と慣性力は必ずはたらく。2 つの力の合力は右図のようになり，大きさ，向きが変わらない。そこで電車内の空間では，この合力の方向が“下”になると考えればよい。

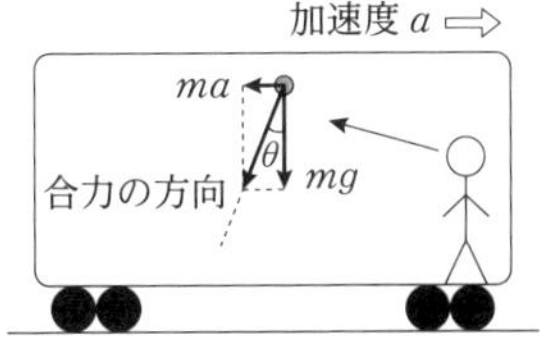

糸が切れたとき，電車内の観測者から見たおもりの速度は 0 であるので，合力の方向に等加速度直線運動をする。つまり，鉛直から θ の方向の直線上を，等加速度運動をする。

慣性系，加速度系

慣性系

静止，または速度が一定（等速直線運動）の観測者から見た体系を慣性系という。慣性系では，実際の力のみを考えて運動を考えればよい。観測者が静止している場合も，等速直線運動をしている場合も，物理法則は同じで，物体は同じ運動をする。例えば，300 km/h で等速直線運動をする新幹線の中でも，ボールを真上に投げれば，単純に鉛直投射になる。

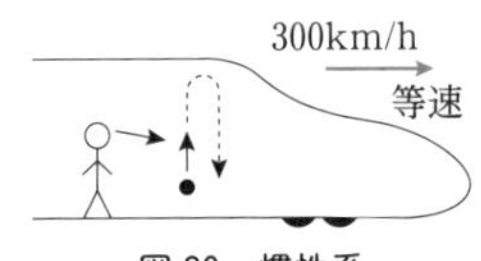

図 90　慣性系

慣性系

静止または等速直線運動をする観測者から見た場合

通常の力だけを考える（慣性力ははたらかない）。
静止していても等速直線運動をしていても，物理法則は同じ。

≫加速度系（非慣性系）

加速度運動をしている観測者から見た体系を**加速度系**（または**非慣性系**）という。加速度系では，通常の力に加えて物体には**慣性力**がはたらくと考える。慣性力を含めると，物理法則は慣性系と同じである。

> **加速度系（非慣性系）**
>
> **加速度運動をする観測者から見た場合**
> **通常の力に加えて，慣性力を考える。**
> **慣性力を含めると，物理法則は慣性系と同じ。**

理解のコツ

慣性系，加速度系というのは，少し難しい考え方かもしれないけど，難関大の入試では，動く物体から他の物体の運動を観測する問題が多いから，必須の重要な考え方だよ。

信じがたいかもしれないけど，加速度をもたない観測者から見た場合の運動法則は，静止している場合と同じなんだ。高速走行する新幹線の車内でジャンプすると，後ろに行くような気がするけど，静止状態でやるのと同じで，まっすぐに落ちてくるだけだ。

加速度系（非慣性系）では，慣性力だけを加えてしまえば，あとは静止している状態（慣性系）と全く同じ物理法則を適用できる。これらを十分に意識して演習をしよう。

2-等速円運動の速度と加速度

≫等速円運動

半径 r〔m〕の円周上を一定の速さで運動する物体を考える。**速さ** v〔m/s〕として，円を一周する**周期** T〔s〕，1秒あたりの**回転数** n〔Hz〕（読みは“ヘルツ”）は

> （参考）回転数の単位 Hz は 1/s と同じである。

$$T=\frac{2\pi r}{v}\quad\cdots(100)\quad,\quad n=\frac{1}{T}\quad\cdots(101)$$

円の中心 O と物体を結ぶ線分の**単位時間あたりの回転角を角速度** ω という。角度の単位には一般に rad（読みは“ラジアン”）を使い，角速度 ω の単位は rad/s である。円の一周 2π〔rad〕より

$$\omega=\frac{2\pi}{T}\quad\cdots(102)$$

物体の速度の方向は軌跡の接線方向なので，円運動の場合，速度の向きは円の接線方向である。また，式(100)，(102)より

$$v=\frac{2\pi r}{T}=r\omega\quad\cdots(103)$$

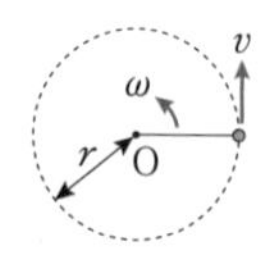

図 91　等速円運動

等速円運動

大きさ：$v=r\omega$ …⑩③

向　き：円の接線方向

v〔m/s〕：速度　　r〔m〕：半径

ω〔rad/s〕：角速度（単位時間あたりの回転角）

参考　弧度法と角速度

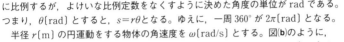

角度の単位にはいろいろある。〔°〕（度）も便利なのだが，〔rad〕（ラジアン）は，慣れればもっと便利である。

図(a)のように半径 r〔m〕の円の中心角 θ の弧の長さ s〔m〕を考える。s は r と θ に比例するが，よけいな比例定数をなくすように決めた角度の単位が rad である。つまり，θ〔rad〕とすると，$s=r\theta$となる。ゆえに，一周 360° が 2π〔rad〕となる。

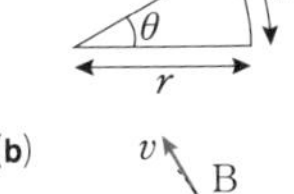

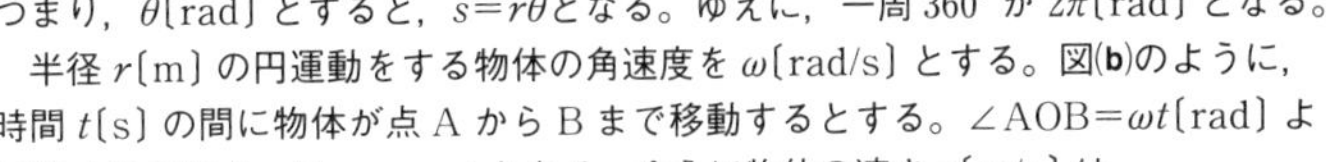

半径 r〔m〕の円運動をする物体の角速度を ω〔rad/s〕とする。図(b)のように，時間 t〔s〕の間に物体が点 A から B まで移動するとする。∠AOB$=\omega t$〔rad〕より弧 AB の長さ s は，$s=r\omega t$ となる。ゆえに物体の速さ v〔m/s〕は

$$v=\frac{s}{t}=\frac{r\omega t}{t}=r\omega$$

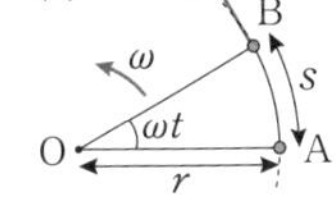

例題97　円運動の周期，回転数，角速度，速さを理解する

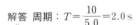

物体が半径 0.20 m の円周上を，10 s 間に 5.0 回転の割合で等速円運動をしている。$\pi=3.1$ として，円運動の周期，回転数，角速度，速さを求めよ。

解答　周期：$T=\dfrac{10}{5.0}=2.0\,\text{s}$

回転数：$n=\dfrac{1}{T}=0.50\,\text{Hz}$

角速度：$\omega=\dfrac{2\pi}{T}=\dfrac{2\times3.1}{2.0}=3.1\,\text{rad/s}$

速さ：$v=r\omega=0.20\times3.1=0.62\,\text{m/s}$

円運動の加速度

等速円運動では，速度の大きさ＝速さ は変化しないが，向きが変化する。つまり，**速度ベクトルが変化するので加速度をもつ。**

図 92(**a**)のように，速さ $v=r\omega$ で物体が時間 $\varDelta t$ の間に円周上の A から B まで移動したとする。この間の回転角 $\angle\mathrm{AOB}=\omega\varDelta t$，速度の変化 $\varDelta\vec{v}=\vec{v}_\mathrm{B}-\vec{v}_\mathrm{A}$ は図(**b**)の $\overrightarrow{\mathrm{PQ}}$ である。瞬間の加速度を求めるために，B を A に十分に近づけ，$\omega\varDelta t$ が十分小さいときを考えると，$\varDelta\vec{v}$ の大きさは弧 PQ の長さとほぼ等しくなるので

$$|\overrightarrow{\mathrm{PQ}}|=|\varDelta\vec{v}|\fallingdotseq r\omega\times\omega\varDelta t=r\omega^2\varDelta t$$

加速度は，単位時間あたりの速度変化なので，その大きさ a は

$$a=\frac{|\varDelta\vec{v}|}{\varDelta t}=\frac{r\omega^2\varDelta t}{\varDelta t}=r\omega^2 \quad \cdots ⑩④$$

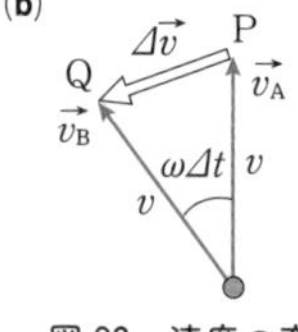

図 92　速度の変化

さらに，式⑩③でこれを変形して

$$a=\frac{v^2}{r} \quad \cdots ⑩⑤$$

となる。また，加速度の向き＝$\varDelta\vec{v}$ の向きは，A を B に近づけると，$\vec{v}_\mathrm{A}$ にも $\vec{v}_\mathrm{B}$ にも直角となる。つまり，**加速度は円の中心向き**である。

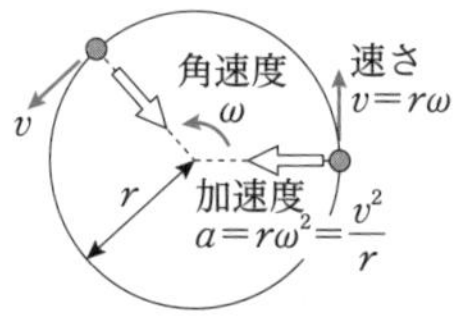

図 93　円運動の加速度

> **円運動の加速度**
>
> **大きさ：$a=r\omega^2$** …⑩④
>
> または　$a=\dfrac{v^2}{r}$ …⑩⑤
>
> **向　き：円の中心向き**

理解のコツ

「等速なのに加速度？」と思ったんじゃないかな。速さは変化しないけど，速度の向きが変化するから加速度をもつ。速度ベクトルの大きさが変化せずに，向きだけが変化するということは，速度と直交方向の加速度をもつということなんだ。少しわかりにくいけど，そう理解して，とにかく先へ進もう。

例題98 円運動の加速度の大きさと向きを確かめる

水平な路面上で，自動車が半径 10 m の円周上を，一定の速さ 20 m/s で周回している。

(1) 自動車の角速度を求めよ。

(2) 自動車の加速度の向きと大きさを求めよ。

解答 (1) 半径 $r=10\,\mathrm{m}$，速さ $v=20\,\mathrm{m/s}$ として角速度 ω は

$$\omega=\frac{v}{r}=\frac{20}{10}=2.0\,\mathrm{rad/s}$$

(2) 加速度の向きは，円の中心向き。

加速度の大きさ a を式❿❺から求めて　$a=\dfrac{v^2}{r}=\dfrac{20^2}{10}=40\,\mathrm{m/s^2}$

3 - 向心力

円運動の加速度 $\vec{a}$ は円の中心向きである。運動方程式 $m\vec{a}=\vec{F}$ より，加速度と力は同じ向きであるので，等速円運動をするためには，物体には円の中心向きの合力がはたらいている。この力を向心力という。

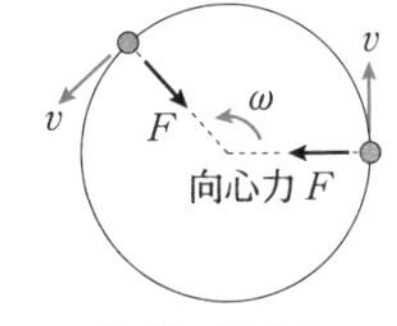

図 94　向心力

向心力

等速円運動をしている物体にはたらく合力は円の中心向きである。これを向心力という。

理解のコツ

“向心力”という特別な力があるんじゃないよ。物体には重力や張力など，今まで学んできた力がはたらき，等速円運動をしているのなら，必ず合力が円の中心向きになるんだ。この合力を“向心力”というんだよ。

▶▶円運動の運動方程式

円運動の加速度が中心向きであるので，運動方程式も円の中心向きに作る。物体の質量を m として，円運動の運動方程式は

m×円運動の加速度＝円の中心向きの合力

となる。具体的には以下①～③のような手順で作ればよい。

① 物体にはたらく力を図にする。

② 力を，円の中心方向の成分に分解して，中心向きを正として合力 F を求める。

③ 円運動の角速度 ω, 速さ v, 半径 r として，運動方程式を作る。加速度として，式❶⓪❹または❶⓪❺を代入して

$$mr\omega^2=F \quad \cdots❶⓪❻ \quad \text{または} \quad \frac{mv^2}{r}=F \quad \cdots❶⓪❼$$

円運動の運動方程式

$$\boldsymbol{mr\omega^2=F} \quad \cdots❶⓪❻ \quad \text{または} \quad \boldsymbol{\frac{mv^2}{r}=F} \quad \cdots❶⓪❼$$

F は，円の中心向きの合力＝向心力

理解のコツ

円運動といえども，運動方程式の考え方は同じだよ。円運動の場合，必ず円の半径方向中心向きを正として考えて，力もこの方向に分解して合力を考えること。さらに，加速度を $r\omega^2$ か $\frac{v^2}{r}$ に置き換えるだけだ。また，等速円運動の場合，円の中心方向以外の力はつり合っているから，必要であれば，つり合いの式も作ろう。

例題99 円運動の運動方程式の基本を理解する

水平でなめらかな平面上の1点に釘を固定し，軽い糸の一端を結ぶ。他端に質量 2.0 kg のおもりをつけ，糸を張った状態で，糸に垂直な方向に速度を与えると，円運動をする（少し想像しにくいが，摩擦がなければ，このような運動が可能である）。糸の長さを 3.0 m，円運動の速さを 6.0 m/s とする。

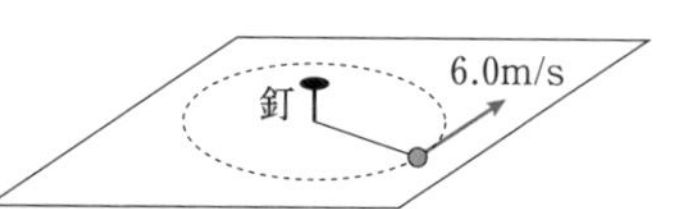

(1) 角速度を求めよ。
(2) この運動で，向心力となっているのは何の力か答えよ。
(3) 円運動の加速度の大きさを求めよ。
(4) 円運動の運動方程式より，糸の張力の大きさを求めよ。

解答 (1) 速さ v, 角速度 ω, 半径 r とすると　$\omega=\frac{v}{r}=\frac{6.0}{3.0}=2.0\,\text{rad/s}$

(2) 中心方向に成分をもつ力は，糸からの張力だけである。ゆえに向心力となっているのは，**糸がおもりを引く張力**である。

(3) 加速度 a は，式❶⓪❺より　$a=\frac{v^2}{r}=\frac{6.0^2}{3.0}=12\,\text{m/s}^2$

(4) 加速度は円の中心向きであるので，円の中心方向に運動方程式を作る。張力の大きさを T として

$ma=T$

$\therefore\quad T=ma=2.0\times12=24\,\text{N}$

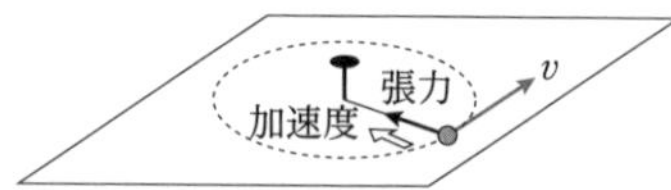

例題100　物体にはたらく力から円運動の運動方程式を作る

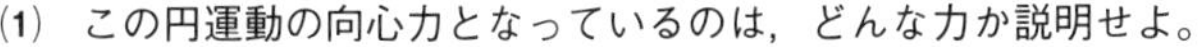

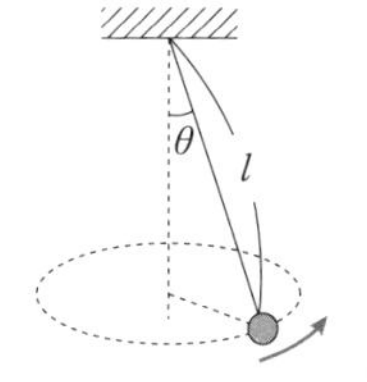

長さ l の伸び縮みしない軽い糸の一端を天井に固定し，他端に質量 m のおもりをつるし，糸が鉛直線となす角を θ にして水平に等速円運動をさせる。重力加速度の大きさを g とする。

(1) この円運動の向心力となっているのは，どんな力か説明せよ。
(2) 鉛直方向に必要な式を考えて，糸の張力の大きさを求めよ。
(3) 力の水平方向の成分を考えて，向心力の大きさを求めよ。
(4) 円の中心方向に必要な式を考えて，おもりの速さを求めよ。
(5) 円運動の周期を求めよ。

解答 (1) おもりには重力と糸からの張力がはたらくが，等速円運動をしているので，合成すると合力は円の中心向き（＝水平）の向心力になるはずである。
つまり，向心力になるのは，**張力の水平成分**（**重力と張力の合力**でも正解）。

(2) おもりにはたらく力は右図のようになり，張力と重力の合力は円の中心（＝水平）を向く。鉛直方向におもりは動かないので，力はつり合っている。張力の大きさを S として

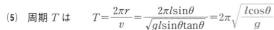

$$S\cos\theta - mg = 0 \qquad \therefore \quad S = \frac{mg}{\cos\theta}$$

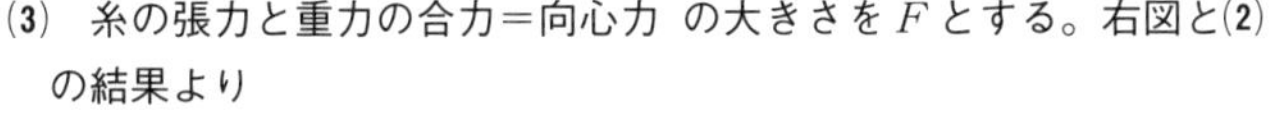

(3) 糸の張力と重力の合力＝向心力 の大きさを F とする。右図と(2)の結果より

$$F = S\sin\theta = \frac{mg}{\cos\theta}\sin\theta = mg\tan\theta$$

(4) 円運動の半径 r は，$r = l\sin\theta$ である。おもりの速さを v として，円の中心向きの運動方程式より

$$m\frac{v^2}{r} = F = mg\tan\theta \qquad \therefore \quad v = \sqrt{gr\tan\theta} = \sqrt{gl\sin\theta\tan\theta}$$

(5) 周期 T は　$T = \dfrac{2\pi r}{v} = \dfrac{2\pi l\sin\theta}{\sqrt{gl\sin\theta\tan\theta}} = 2\pi\sqrt{\dfrac{l\cos\theta}{g}}$

4 - 遠心力

円運動でおなじみの**遠心力**がまだ出てきていない。遠心力とは何であろうか？

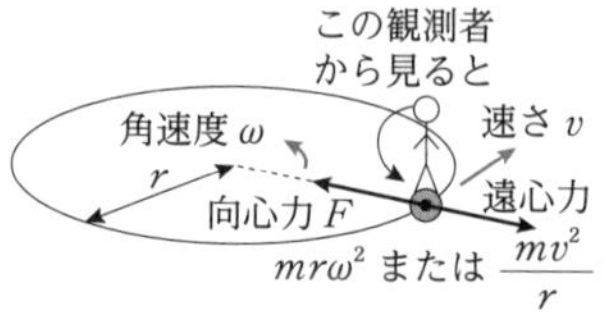

図 95　遠心力と円運動のつり合い

円運動をしている物体と同じ円運動をする観測者から，物体を見る。観測者も円の中心向きに加速度をもつので，この観測者から見ると物体には，**円の半径方向外向きに慣性力がはたらく。これが"遠心力"**である。物体の質量を m，加速度を a とすると，慣性力なので大きさは ma，円運動の加速度を代入すれば，遠心力の大きさが求まる。

> **遠心力**
>
> **円運動で，一緒に円運動をしている観測者から見たときの慣性力。**
>
> **大きさ：$mr\omega^2$　…108　または　$\dfrac{mv^2}{r}$　…109**
>
> **向　き：円の半径方向外向き**

理解のコツ

遠心力を考えるかどうかは，その運動をどの立場から観測するかによる。観測者の立場をころころ変えないことが大切だよ。

円運動のつり合い

一緒に円運動をしている観測者から見ると，円運動をする物体は，常に同じ場所に見える。つまり静止している。したがって，この観測者から見ると円の半径方向には，**遠心力と向心力 F（＝遠心力以外の力の半径方向の合力）がはたらき，力はつり合っている**。半径方向に遠心力を含んだつり合いの式を作ればよい。

> **円運動のつり合い**
>
> **半径方向に，遠心力を含めた力がつり合っている。**
>
> $\boldsymbol{F-mr\omega^2=0}$　…110　または　$\boldsymbol{F-\dfrac{mv^2}{r}=0}$　…111
>
> F は，円の中心向きの合力（遠心力を除く）＝向心力

理解のコツ

とにかく，遠心力も含めて物体にはたらく力を考えて，円の半径方向のつり合いの式を作ること。必要であれば，半径と直交方向のつり合いの式も作ればいいよ。

例題101 円運動を遠心力で考える

例題 99，100 を遠心力で解いてみよう。

A．例題 99 で

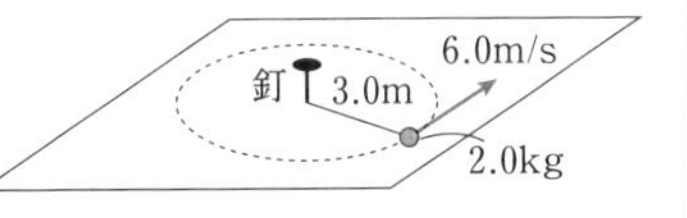

(1) 遠心力の向きと大きさを求めよ。

(2) 一緒に円運動をしている観測者から見た場合，物体にはたらく水平方向の力を全て図に描け。

(3) 一緒に円運動をしている観測者から見て，物体に対して必要な式を考えて，糸の張力の大きさを求めよ。

B．例題 100 で，おもりの速さを v とする。

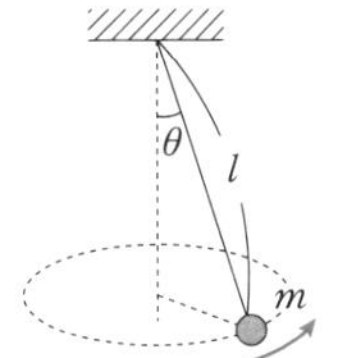

(4) 円運動の遠心力の大きさを，v を用いて表せ。

(5) 一緒に円運動をしている観測者から見た場合，物体にはたらく力を図に描け。

(6) 物体に対して必要な式を考えて，糸の張力の大きさを求めよ。また，v を求めよ。

解答 (1) 遠心力の大きさ：$\dfrac{mv^2}{r}=\dfrac{2.0\times6.0^2}{3.0}=24\,\mathrm{N}$　，　向き：円の半径方向外向き

(2) 物体には糸の張力と，遠心力がはたらく。
右図となる。

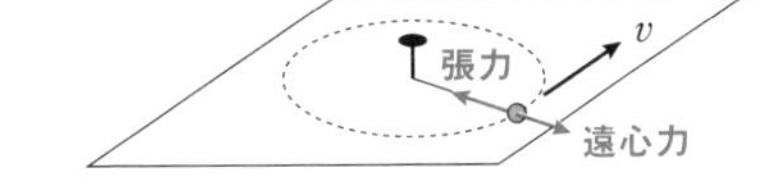

(3) 張力は，円の中心向きで大きさを T とする。一緒に円運動をする観測者から見ると，物体は静止している。ゆえに遠心力を含めた力がつり合っている。
円の半径方向の力のつり合いより　$T-24=0$　∴　$T=24\,\mathrm{N}$

(4) 円運動の半径は $l\sin\theta$ であるので，遠心力の大きさは

$$\frac{mv^2}{l\sin\theta}$$

(5) おもりには，右図のような力がはたらく。

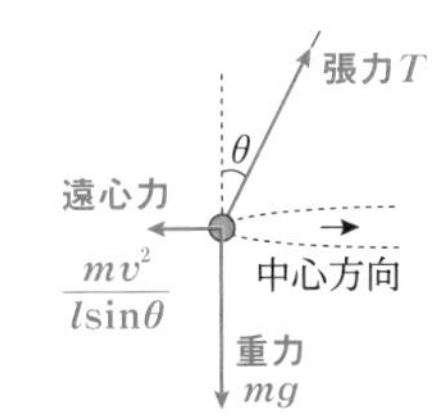

(6) 一緒に円運動をしている観測者からは，物体は静止して見えるので，この 3 力のつり合いを考える。張力の大きさを T として

鉛直方向：$T\cos\theta-mg=0$

水平方向：$T\sin\theta-\dfrac{mv^2}{l\sin\theta}=0$

これらを解いて，T，v を求めると　$T=\dfrac{mg}{\cos\theta}$　，　$v=\sqrt{gl\sin\theta\tan\theta}$

▶▶いろいろな円運動

いろいろな円運動の問題を解いてみよう。今までのことをまとめると，以下の２つの考え方がある。考えやすい方で解けばよい。

円運動の２つの解き方

① **外の観測者から見る立場で解く**

円の中心向きに，運動方程式を作る（遠心力はない）。

② **一緒に円運動をする観測者から見る立場から解く**

円の半径方向に，遠心力を含めたつり合いの式を作る。

以下，上記の①，②の立場を選んで，例題を解いてみよう。１つの立場で解ければ，念のためもう１つの立場でも解いてみよう。

例題102 力を正確に考えて円運動を解く

内面がなめらかな円錐形の器がある。円錐の軸は鉛直である。器の中で，質量 m の小球が，水平面内で半径 r の等速円運動をしている。円錐の母線が水平面となす角を θ，重力加速度の大きさを g とする。

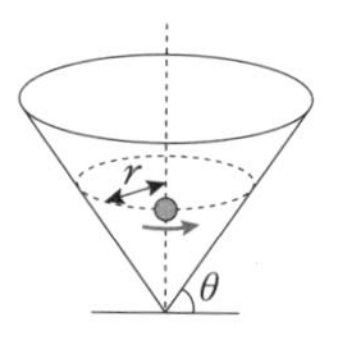

(1) 小球が器の内面から受ける垂直抗力の大きさを求めよ。

(2) 小球の速さを求めよ。

解答 (1) 小球の速さを v，小球にはたらく面からの垂直抗力の大きさを N とすると，一緒に円運動をする観測者から見て，小球にはたらく力は右図のようになる。水平方向（円の半径方向）と，鉛直方向に分けてつり合いを考える。

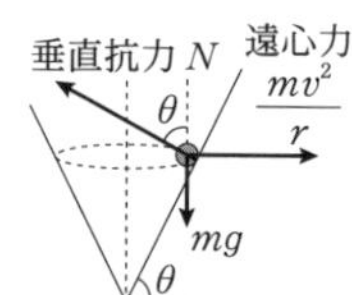

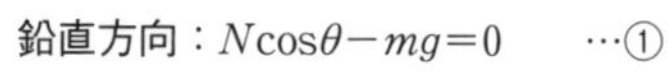

鉛直方向：$N\cos\theta - mg = 0$　…①

水平方向：$N\sin\theta - \frac{mv^2}{r} = 0$　…②

①より　$N = \frac{mg}{\cos\theta}$

(2) ②に N を代入して　$\frac{mv^2}{r} = mg\tan\theta$　∴　$v = \sqrt{gr\tan\theta}$

例題103 運動の状況から，力を正確に考える

表面のあらい水平円盤がある。円盤の中心から距離 r の点に質量 m の物体をのせて円盤を回転させる。物体と円盤との静止摩擦係数を μ，重力加速度の大きさを g とする。

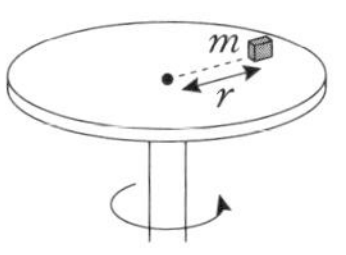

回転の角速度は ω で，物体は円盤上をすべらずに，等速円運動をしている。

(1) このときの物体にはたらく摩擦力の大きさと向きを求めよ。

円盤の回転を徐々に速くしていくと，角速度 ω_0 のとき，物体は円盤上をすべり出した。

(2) ω_0 を求めよ。

解答 (1) 2通りの解法を考えてみよう。

① 円盤の外で静止している観測者から見る

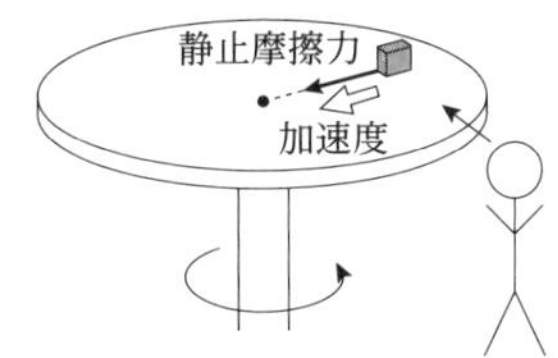

静止摩擦力がはたらく。向きは円の中心向きで，大きさを f とする。

(等速円運動なので，物体にはたらく力の合力は，円の中心向きになるはずで，物体にはたらく水平方向の力は静止摩擦力以外，考えられない。ゆえに，静止摩擦力の向きは円の中心向きである。なお円運動が等速でない場合は，円の接線方向にも摩擦力がはたらく。)

円運動の中心方向の運動方程式より　$mr\omega^2=f$

大きさ：$f=mr\omega^2$　，　向き：**円の中心向き**

② 一緒に円運動をしている観測者から見る

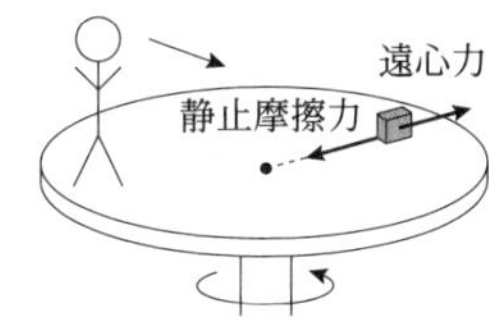

物体は観測者からは静止して見える。ゆえに力は遠心力を含めてつり合っている。遠心力は円の半径方向外向きなので，力のつり合いを考えると，静止摩擦力は，円の中心向きとなる。

遠心力は $mr\omega^2$ である。静止摩擦力の大きさを f として，半径方向のつり合いより

$$f-mr\omega^2=0$$

大きさ：$f=mr\omega^2$　，　向き：**円の中心向き**

(2) 物体が円盤から受ける垂直抗力の大きさ N は，鉛直方向のつり合いより，$N=mg$ である。

すべり始める直前，静止摩擦力が最大摩擦力 $\mu N=\mu mg$ となっているので

$$f=mr{\omega_0}^2=\mu mg \qquad \therefore \quad \omega_0=\sqrt{\frac{\mu g}{r}}$$

5 - 鉛直面内の円運動

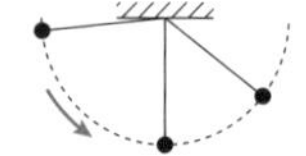
図 96　鉛直面内の円運動

図 96 のように，一端を天井の 1 点に固定した軽い糸におもりをつけて糸を張った状態ではなすと，鉛直面内で円軌道を描く。この運動は等速ではないので，円の接線方向にも加速度をもつ。しかし，円運動に関しては今までどおり，①円の中心向きの運動方程式か，②円の半径方向の遠心力を含めた力のつり合いを考えればよい。速さについては，力学的エネルギー保存則で求めればよい。

例題104 鉛直面内の円運動の基本を理解する

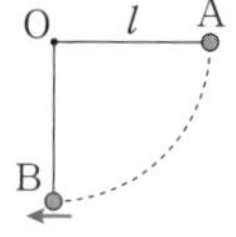

長さ l の軽い糸の一端を点 O に固定し，他端に質量 m のおもりをつけ，糸を水平に張った位置 A から静かにはなす。おもりが最下点 B にきたときについて以下の問いに答えよ。重力加速度の大きさを g とする。

(1)　おもりの加速度の向きと大きさを求めよ。

(2)　一緒に円運動をする観測者から見た遠心力の向きと大きさを求めよ。

(3)　一緒に円運動をする立場で観測すると，おもりの運動はどのように見え，また，おもりにはたらく力にはどのような関係が成り立つか。

(4)　糸の張力の大きさを T として，円の半径方向に成り立つ式を書き，T を求めよ。

解答 (1)　最下点 B での速さを v_0 とする。力学的エネルギー保存則より

$$mgl=\frac{1}{2}mv_0^{\,2} \qquad \therefore \quad v_0=\sqrt{2gl}$$

おもりは円運動をしている。ゆえに加速度の向きは円の中心向きであるので

向き：鉛直上向き　，　大きさ：$\dfrac{v_0^{\,2}}{l}=\dfrac{(\sqrt{2gl}\,)^2}{l}=2g$

(2)　遠心力の向きは，円の半径方向外向きなので，鉛直下向き。

大きさ F は　$F=\dfrac{mv_0^{\,2}}{l}=\dfrac{m(\sqrt{2gl}\,)^2}{l}=2mg$

(3)　おもりは常に同じ位置に見えるので静止しているように見える。ゆえに，遠心力を含めた力がつり合っている。

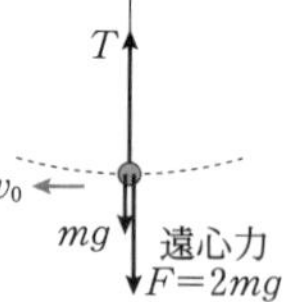

(4)　右図のように，円の半径方向には，遠心力を含めた力がつり合っているので

$$T-mg-F=0 \qquad \therefore \quad T=mg+F=mg+2mg=3mg$$

例題105 鉛直面内の円運動の定番の問題を解く

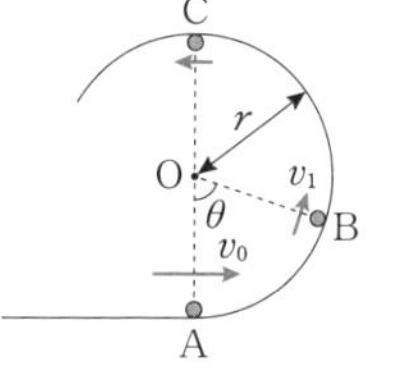

点 O を中心とする半径 r の円筒の一部を切り取ったものが，水平な床面に置かれている。AC は中心 O を通る鉛直線である。床面と円筒の内面はなめらかで，点 A でなめらかに接続されている。質量 m の物体を，速度 v_0 で床面をすべらせた。重力加速度の大きさを g とする。

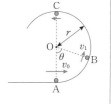

(1) 点 A を通過した直後（円運動を始めた直後），円筒から受ける垂直抗力の大きさ N_A を求めよ。

(2) 点 B（$\angle AOB=\theta$）を通過するときの速さ v_1 を求めよ。

(3) 点 B で物体にはたらく遠心力の大きさを求めよ。

(4) 点 B で円筒から受ける垂直抗力の大きさを求めよ。

(5) 物体が点 C を通過するためには，v_0 はいくら以上でなければならないか求めよ。

解答 (1) 一緒に円運動をしている立場から見て，大きさ $\dfrac{mv_0^2}{r}$ で鉛直下向きの遠心力がはたらく。点 A 通過直後に，物体にはたらく力は，重力 mg，垂直抗力 N_A と遠心力である。半径方向（鉛直方向）のつり合いより

$$N_A-mg-\frac{mv_0^2}{r}=0 \qquad \therefore\ N_A=\frac{mv_0^2}{r}+mg$$

(2) 点 B の点 A からの高さは $r(1-\cos\theta)$ である。力学的エネルギー保存則より

$$\frac{1}{2}mv_0^2=\frac{1}{2}mv_1^2+mgr(1-\cos\theta) \qquad \therefore\ v_1=\sqrt{v_0^2-2gr(1-\cos\theta)}$$

(3) 遠心力は円の半径方向外向きで，大きさは

$$\frac{mv_1^2}{r}=\frac{mv_0^2}{r}-2mg(1-\cos\theta)$$

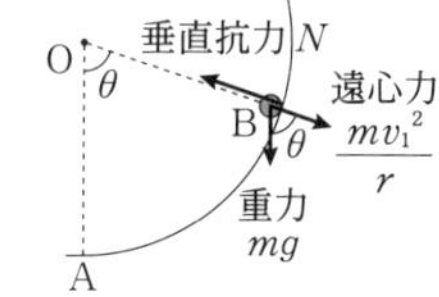

(4) 点 B で円筒内面からの垂直抗力を N として，一緒に円運動をする立場から見ると，はたらく力は右図のようになる。半径方向のつり合いを考える（重力の半径方向の成分は $mg\cos\theta$ である）。

$$N-mg\cos\theta-\frac{mv_1^2}{r}=0 \qquad \therefore\ N=\frac{mv_0^2}{r}+mg(3\cos\theta-2)$$

(5) 円筒内面から離れないためには，点 C でも垂直抗力が 0 以上である必要がある。(4)で求めた式で $\theta=\pi$ のとき，$N\geqq 0$ であればよい。

$$N=\frac{mv_0^2}{r}+mg(3\cos\pi-2)\geqq 0 \qquad \therefore\ v_0\geqq\sqrt{5gr}$$

別解

頂点 C での速さを v_2 とする。離れないように，垂直抗力が 0 以上であるためには，重力より遠心力の方が大きければよい。右図より

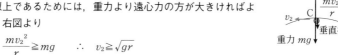

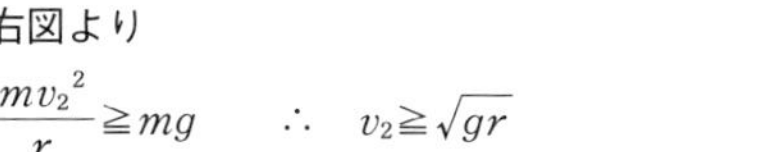

$$\frac{mv_2^2}{r}\geqq mg \qquad \therefore\ v_2\geqq\sqrt{gr}$$

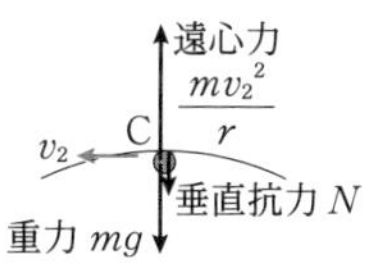

力学的エネルギー保存則より

$$\frac{1}{2}mv_0{}^2=\frac{1}{2}mv_2{}^2+2mgr \qquad \therefore \quad v_2=\sqrt{v_0{}^2-4gr}$$

ゆえに　$v_2=\sqrt{v_0{}^2-4gr}\geqq\sqrt{gr}$ 　$\therefore$　$v_0\geqq\sqrt{5gr}$

演習20

水平な床上に，点Oを中心とする半径 r の半球面が固定されている。球の表面はなめらかである。球の最高点Aから質量 m の物体を静かにすべらせると，点Bを通過して，点Cで球面から離れた。重力加速度の大きさを g とする。

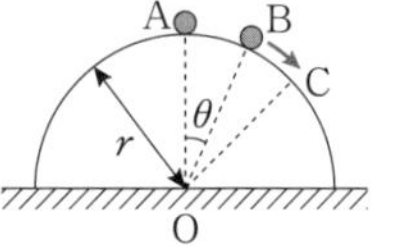

(1) 物体が点B（$\angle$AOB$=\theta$）を通過するときの速さを求めよ。

(2) 点Bで，物体が球面から受ける垂直抗力の大きさを求めよ。

(3) 物体は点Cで球面から離れる。$\angle$AOC$=\theta_0$ として，$\cos\theta_0$ を求めよ。

解答 (1) 点Bでの物体の速さを v とする。力学的エネルギー保存則より

$$mgr=\frac{1}{2}mv^2+mgr\cos\theta \qquad \therefore \quad v=\sqrt{2gr(1-\cos\theta)}$$

(2) 一緒に円運動をする立場から見て，点Bで物体にはたらく力は，遠心力 $\dfrac{mv^2}{r}$ も含めた右図となる。ただし，球面から受ける垂直抗力の大きさを N とする。円の半径方向の力のつり合いより

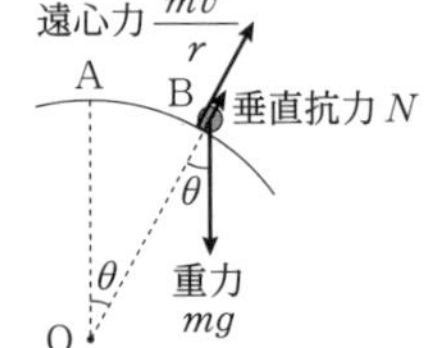

$$N+\frac{mv^2}{r}-mg\cos\theta=0$$

$$N=mg\cos\theta-\frac{mv^2}{r}=mg(3\cos\theta-2)$$

(3) $N=0$ となるところで球面から離れるので

$$N=mg(3\cos\theta_0-2)=0 \qquad \therefore \quad \cos\theta_0=\frac{2}{3}$$

万有引力

1 万有引力

万有引力の法則

質量のある物体どうしには引力がはたらく。この力を**万有引力**という。万有引力は互いの重心を結んだ向きにはたらき，大きさ F〔N〕は，互いの質量 m_1，m_2〔kg〕の積に比例し，重心間の距離 r〔m〕の 2 乗に反比例する。これを**万有引力の法則**という。比例定数 G〔$\mathrm{N \cdot m^2/kg^2}$〕を万有引力定数という。

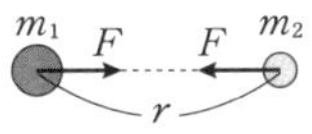

m_1 F F m_2 r

図 97　万有引力

万有引力の法則

$$F=\frac{Gm_1m_2}{r^2} \quad \cdots⑫$$

G：万有引力定数　　$G≒6.67\times10^{-11}\,\mathrm{N \cdot m^2/kg^2}$

万有引力定数 G は非常に小さいので，万有引力の大きさは小さく，通常は天体（地球，太陽など）どうしや，一方が天体の場合でないと影響はない。

また作用・反作用の法則より，2 つの物体にはたらく万有引力の大きさは等しい。例えば，あなたが地球に引かれる力と同じ大きさの力で，あなたは地球を引っ張っている。地球を引いている実感がないのは，地球の質量が大きいので，地球には影響がほとんどないからである。

理解のコツ

式⑫は，「なぜ？」と考えないように。自然の基本法則がそうであるとしか言いようがないんだ。しっかりと覚えてしまおう。

重力

質量 m の物体に，地表ではたらく重力 mg は，地球からの万有引力と地球の自転による遠心力の合力である。しかし，遠心力の大きさは小さいので，通常は，**重力≒地球からの万有引力** としてよい。地球の重心は地球の中心であるので，地上で受ける万有引力は，重心からの距離＝地球の半径 を用いて計算する。地球の質量を M〔kg〕，半径を R〔m〕とす

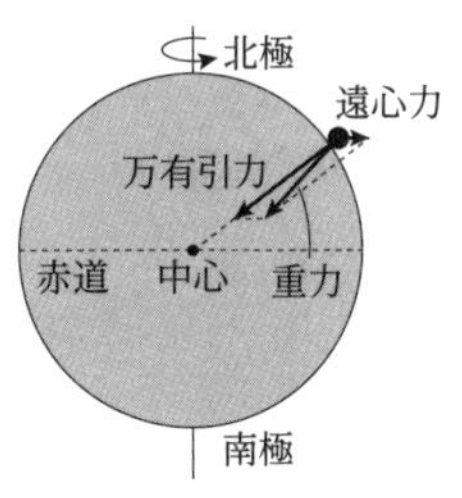

図 98　重力と万有引力

ると

$$mg=\frac{GMm}{R^2}$$

ゆえに，重力加速度の大きさ g〔m/s^2〕を，G，M，R で表すと，以下のようになる。

重力加速度の大きさ

$$\boldsymbol{g=\frac{GM}{R^2}} \quad \cdots⓭$$

理解のコツ

式⓭は，解答の文字の変換によく使われる。しっかり理解しよう。

例題106 万有引力を計算できるようになる／重力との関係を確認する

地球の半径を 6.4×10^6 m, 質量を 6.0×10^{24} kg, 万有引力定数を 6.67×10^{-11} N･m^2/kg^2 とする。

(1) 地上で質量 1.0 kg の物体が地球から受ける万有引力の大きさを求めよ。

地球の半径 R，質量 M，万有引力定数 G とする。

(2) 地上で質量 m の物体が地球から受ける万有引力の大きさを求めよ。

(3) (2)の結果より，重力加速度の大きさ g を，G，M，R を用いて表せ。

解答 (1) 地上での万有引力は，式⓬より

$$\frac{6.67\times10^{-11}\times6.0\times10^{24}\times1.0}{(6.4\times10^6)^2}=9.77\fallingdotseq9.8\,\text{N}$$

(2) 同じく，地上での万有引力は式⓬より $\dfrac{GMm}{R^2}$

(3) 重力＝地上での万有引力 と考えてよいので

$$mg=\frac{GMm}{R^2} \qquad \therefore \quad g=\frac{GM}{R^2}$$ （式⓭である。）

▶▶万有引力による円運動

地球の周りを円軌道を描いて回る人工衛星や，太陽の周りを円軌道で回る惑星などは，地球や太陽からはたらく**万有引力を向心力**としている。地球や太陽の重心＝中心 が円軌道の中心である。

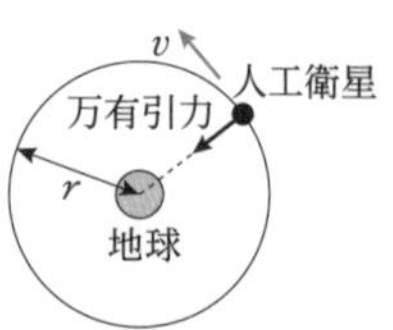

図 99　人工衛星

万有引力の大きさを考えて，通常の円運動として解けばよい。次の例題 107 で，速さや周期を求めてみよう。

例題107　万有引力による円運動を解く

地球を中心とする半径 r の円軌道を回る質量 m の人工衛星がある。地球の質量を M, 万有引力定数を G とする。

(1)　この人工衛星の速さと周期を求めよ。

地球の半径を R, 地表における重力加速度の大きさを g とする。

(2)　この人工衛星にはたらく地球からの万有引力の大きさを，g を用いて（G, M を用いずに）表せ。

(3)　この人工衛星の速さを，g, r, R で表せ。

(4)　地球が凹凸のない完全な球であるとする。空気の抵抗はないものとして，地球の表面すれすれに等速円運動をする人工衛星の速さを有効数字 2 桁で求めよ。ただし地球の半径 $R=6.4\times10^6\,\mathrm{m}$, $g=9.8\,\mathrm{m/s^2}$ とする。

解答 (1)　地球から人工衛星にはたらく万有引力の大きさは $\dfrac{GMm}{r^2}$ である。人工衛星の速さを v とする。遠心力を含めた半径方向の力のつり合いより

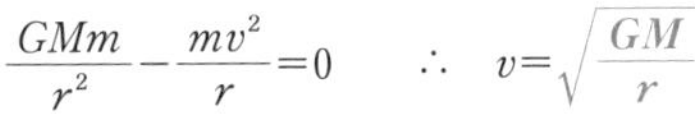

$$\frac{GMm}{r^2}-\frac{mv^2}{r}=0 \qquad \therefore \quad v=\sqrt{\frac{GM}{r}}$$

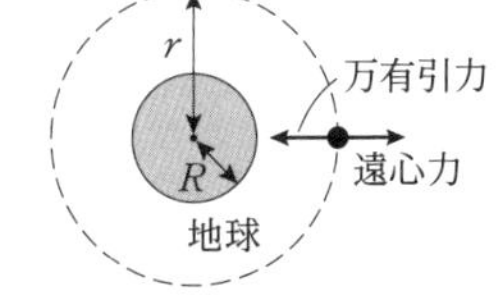

周期を T とすると　　$T=\dfrac{2\pi r}{v}=2\pi\sqrt{\dfrac{r^3}{GM}}$

(2)　質量 m の物体にはたらく地上での重力が，地上での地球からの万有引力なので

$$mg=\frac{GMm}{R^2} \qquad \therefore \quad GM=gR^2$$

これを用いて人工衛星にはたらく万有引力の大きさ f を表すと

$$f=\frac{GMm}{r^2}=\frac{mgR^2}{r^2}$$

(3)　(1)と同様に　　$\dfrac{mgR^2}{r^2}-\dfrac{mv^2}{r}=0 \qquad \therefore \quad v=R\sqrt{\dfrac{g}{r}}$

(4)　(3)の結果に $r=R$ として，数値を代入する。

$$v=R\sqrt{\frac{g}{R}}=\sqrt{gR}=\sqrt{9.8\times6.4\times10^6}=7\sqrt{2}\times8\times10^2$$

$$=56\times1.41\times10^2=7.89\times10^3\fallingdotseq7.9\times10^3\,\mathrm{m/s}$$

第 1 宇宙速度

例題 107 (4)で地球の表面すれすれを回る人工衛星を考えた。人工衛星の速さ v を G, M, R を用いて考えてみる。万有引力と遠心力のつり合いより

$$\frac{GMm}{R^2}-\frac{mv^2}{R}=0 \qquad \therefore \quad v=\sqrt{\frac{GM}{R}} \quad \cdots⑭$$

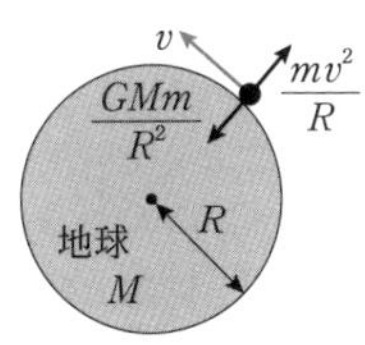

図 100　第 1 宇宙速度

この速度を第1宇宙速度という。地表でこの速度を超える速さで物体を水平に投げると，地球に落下せず，地球を周回する。式⓭より，重力加速度の大きさ g を用いて表すと

$$v=\sqrt{\frac{gR^2}{R}}=\sqrt{gR} \quad \cdots⓯$$

となり，数値を代入すると約 7.9 km/s となる。

② 万有引力による位置エネルギー

▶▶重力による位置エネルギーの復習

例題108 位置エネルギーが負の状態に慣れる

床から天井までの高さが H の部屋がある。この部屋で床から高さ h_1 の点 A から質量 m の小球を速さ v_0 で鉛直上方に投げ上げた。重力加速度の大きさを g とし，重力による位置エネルギーの基準を天井とする。

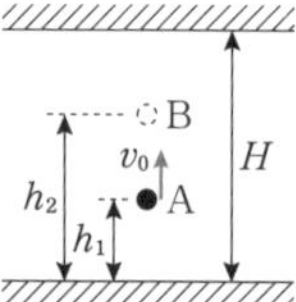

(1) 投げ上げた瞬間の小球の力学的エネルギーを求めよ。

(2) 小球が，床からの高さ h_2 $(h_1<h_2<H)$ の点 B を通過するときの速さを求めよ。

(3) 小球が天井に達したときの速さを求めよ。

(4) 小球が天井に到達するためには，(1)で求めた力学的エネルギーは，いくら以上でなければならないか求めよ。また，v_0 はいくら以上でなければならないか求めよ。

解答 (1) 点 A の高さは，天井から $H-h_1$ だけ低いので，重力による位置エネルギーは $-mg(H-h_1)$ である。

力学的エネルギーは　$\frac{1}{2}mv_0{}^2-mg(H-h_1)$

(2) 点 B での速さを v とする。力学的エネルギー保存則より

$$\frac{1}{2}mv_0{}^2-mg(H-h_1)=\frac{1}{2}mv^2-mg(H-h_2)$$

$$\therefore \quad v=\sqrt{v_0{}^2-2g(h_2-h_1)}$$

(3) (2)の式で，$h_2=H$ とすればよい。

$$v=\sqrt{v_0{}^2-2g(H-h_1)} \quad \cdots①$$

(4) 天井に達したとき運動エネルギーが 0 以上であればよい。天井での重力による位置エネルギーは 0 なので，天井での力学的エネルギーが 0 以上であればよいことになる。力学的エネルギーは保存するので，点 A でも 0 以上であればよい。

(1)で求めた点 A での力学的エネルギーが 0 以上であればよいので

$$\frac{1}{2}mv_0{}^2-mg(H-h_1)\geqq 0 \qquad \therefore \quad v_0\geqq\sqrt{2g(H-h_1)}$$

別解

①式の v が実数であればよい。そのためには根号の中が正であればよい。

$$v_0{}^2-2g(H-h_1)\geqq 0 \qquad \therefore \quad v_0\geqq\sqrt{2g(H-h_1)}$$

理解のコツ

突然，重力による位置エネルギーの復習をしたのは，以下の点を復習したいからなんだ。

位置エネルギーは，基準のとり方により負になることもある。

位置エネルギーが負でも戸惑わないようにしよう。位置エネルギーは 2 点間の差を考えることが多いので，負でも問題ないよ。

万有引力による位置エネルギー

図 101 のように，地球から距離 r〔m〕だけ離れた位置で質量 m〔kg〕の物体を静かにはなすと，万有引力がはたらいて地球に落下し，運動エネルギーをもつようになる。つまり，初めの位置で万有引力による位置エネルギー U〔J〕をもつということである。地球から離れるほど，位置エネルギーは高いことに注意してほしい。位置エネルギーの基準は本来どこに決めてもよいのだが，地球から無限の遠方を基準とするのが一般的であり，その場合 U は以下の式になる。

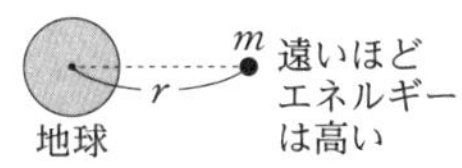

図 101　位置エネルギー

万有引力による位置エネルギー

無限の遠方を基準とする。

$$U=-\frac{GMm}{r} \quad \cdots ⑯$$

M〔kg〕：地球の質量（太陽を中心とする場合は，太陽の質量）

G〔N·m²/kg²〕：万有引力定数

また，物体に万有引力のみがはたらいて運動しているとき，万有引力による位置エネルギーを用いて，力学的エネルギー保存則が成り立つ。

理解のコツ

「無限の遠方を基準」とか，「位置エネルギーが負になる」とか，戸惑うと思う。地球から離れるほど位置エネルギーが高いので，無限の遠方＝地球から十分に離れた位置を基準とするということは，**最も位置エネルギーが高い位置を基準**（$U=0$）とするということで，無限の遠方より近い位置での位置エネルギーは負になるんだ。例題 108 で天井を基準としたのと同じだね。別の位置を基準としても問題ないけど，式が単純になるから，無限の遠方を基準とするのが一般的だよ。

万有引力の式⑫と位置エネルギーの式⑯は混同されがちなので，しっかりと区別して覚えること。

LEVEL UP!

大学への物理

① 万有引力も保存力である。「④ ❻ **弾性力による位置エネルギー**」の「大学への物理」で述べたように，保存力と位置エネルギーの関係は $F=-\dfrac{dU}{dr}$ となるはずである。式⑫，⑯で確かめてみよう。

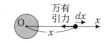

② 右図のように，地球の中心を原点 O にして x 軸をとる。質量 m の物体を位置 x から微小距離 dx だけ移動させたときの万有引力がする仕事 dw は

$$dw=-\frac{GMm}{x^2}dx$$

ゆえに位置 A $(x=r)$ から無限の遠方 B $(x=\infty)$ へ物体を運ぶとき，万有引力がする仕事 W は

$$W=\int_{\mathrm{A}}^{\mathrm{B}}dw=\int_r^{\infty}\left(-\frac{GMm}{x^2}\right)dx=GMm\left[\frac{1}{x}\right]_r^{\infty}=-\frac{GMm}{r}$$

A の位置エネルギー U，無限の遠方は基準 $(U=0)$ で，力と位置エネルギーの関係式㉟より

$$W=-\frac{GMm}{r}=-(0-U) \qquad \therefore \quad U=-\frac{GMm}{r}$$

例題109 万有引力による位置エネルギーを用いて運動を考える

地球の表面から質量 m のロケットを速さ v_0 で鉛直方向に打ち上げる。地球の半径を R，質量を M，万有引力定数を G とする。万有引力による位置エネルギーの基準を無限の遠方とする。

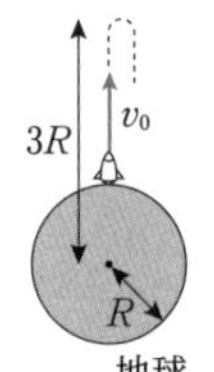

(1) 打ち上げた瞬間のロケットの万有引力による位置エネルギーを求めよ。

(2) ロケットが地球の中心から $2R$ 離れた位置を通過したときの速さを求めよ。

(3) ロケットは地球の中心から $3R$ 離れた位置で速さが 0 となった。打ち上げたときの速さ v_0 を求めよ。

(4) 打ち上げたロケットが，無限の遠方まで飛び去るためには，v_0 をいくら以上にする必要があるか求めよ。

(5) (4)で求めた速さを，地表での重力加速度 g と R を用いて表せ。また，$g=9.8\,\mathrm{m/s^2}$，$R=6.4\times10^6\,\mathrm{m}$ として計算せよ。

解答 (1) 万有引力による位置エネルギーは $-\dfrac{GMm}{R}$

(2) 速さを v_1 として，力学的エネルギー保存則より

$$\frac{1}{2}m{v_0}^2-\frac{GMm}{R}=\frac{1}{2}m{v_1}^2-\frac{GMm}{2R} \qquad \therefore \quad v_1=\sqrt{{v_0}^2-\frac{GM}{R}}$$

(3) 同様に，力学的エネルギー保存則より

$$\frac{1}{2}mv_0{}^2-\frac{GMm}{R}=0-\frac{GMm}{3R} \qquad \therefore \quad v_0=2\sqrt{\frac{GM}{3R}}$$

(4) 無限の遠方に到達するには，無限の遠方で運動エネルギーが 0 以上であればよい。無限の遠方では位置エネルギーは 0 なので，結局，力学的エネルギーが 0 以上であればよい（例題 108 (4)と同じ考え方である）。力学的エネルギー保存則より

$$\frac{1}{2}mv_0{}^2-\frac{GMm}{R}\geqq 0 \qquad \therefore \quad v_0\geqq\sqrt{\frac{2GM}{R}}$$

(5) 式⑬を変形した $GM=gR^2$ を(4)で求めた式に代入して

$$v_0\geqq\sqrt{\frac{2GM}{R}}=\sqrt{2gR}=\sqrt{2\times9.8\times6.4\times10^6}=1.12\times10^4\fallingdotseq1.1\times10^4\,\mathrm{m/s}$$

第 2 宇宙速度

例題 109 の(4)，(5)で求めた速さを第 2 宇宙速度という。太陽や他の惑星の影響を考えないとき，物体が地球の引力圏から脱出して戻ってこないためには，地表でこの速さより速い必要がある。

例題110 円運動の力学的エネルギーを求める

地球の半径を R とし，地球を中心とする半径 aR $(a>1)$ の円軌道を回る質量 m の人工衛星がある。地球の質量を M，万有引力定数を G とする。

(1) この人工衛星の速さと周期を求めよ。

(2) この人工衛星の万有引力による位置エネルギーを求めよ。ただし，位置エネルギーの基準を無限の遠方とする。

(3) この人工衛星の力学的エネルギーを求めよ。

(4) 地球の表面における重力加速度の大きさを g とする。(3)で求めた力学的エネルギーを m，a，R，g で表せ。

解答 (1) 人工衛星の速さを v とする。万有引力と遠心力のつり合いより

$$\frac{GMm}{(aR)^2}-\frac{mv^2}{aR}=0 \qquad \therefore \quad v=\sqrt{\frac{GM}{aR}}$$

周期 T は　$T=\dfrac{2\pi aR}{v}=2\pi\sqrt{\dfrac{(aR)^3}{GM}}$

(2) 位置エネルギー U は　$U=-\dfrac{GMm}{aR}$

(3) 力学的エネルギー E は，運動エネルギーと万有引力による位置エネルギー U の和である。

$$E=\frac{1}{2}mv^2+U=\frac{1}{2}mv^2-\frac{GMm}{aR}$$

ここで，(1)で求めた v を代入して

$$E=\frac{GMm}{2aR}-\frac{GMm}{aR}=-\frac{GMm}{2aR}$$

(4) 式⓭を変形した $GM=gR^2$ を(3)で求めた式に代入して

$$E=-\frac{GMm}{2aR}=-\frac{gR^2m}{2aR}=-\frac{mgR}{2a}$$

3 ケプラーの法則

ケプラーは太陽系の惑星の詳細な観測データから，太陽系の惑星の運動について，3つの法則を発見した。これを**ケプラーの法則**という。ニュートンは，惑星がケプラーの法則に従って運動するためには，太陽と惑星の間にどんな力がはたらくかを数学的に考えて，万有引力の法則を発見した。

・**ケプラーの第1法則：惑星の軌道は楕円で，楕円の1つの焦点に太陽がある**

惑星の軌道は楕円である。円軌道は楕円軌道の特別な場合と考える。楕円には2つの焦点があるが，そのうちの1つに太陽が位置する。2つの焦点を通り，楕円と交わる点をA，Bとする。線分ABを長軸，ABの半分の長さを**半長軸** a という。太陽と惑星の距離はA（近日点）で最も小さく，B（遠日点）で最も大きい（地球の周りを回る人工衛星の軌道では，焦点の1つに地球が位置し，Aを近地点，Bを遠地点という）。

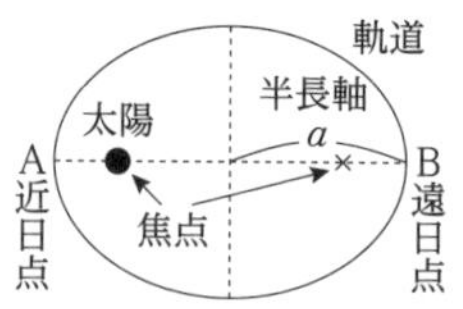

図102　ケプラーの第1法則

・**ケプラーの第2法則：面積速度一定の法則**

太陽と惑星を結ぶ線分を動径といい，**動径が単位時間で描く面積を面積速度**という。Cの位置での面積速度は $\frac{1}{2}rv\sin\theta$ である。ある惑星の**面積速度は軌道上のどこでも一定**の値となる。つまり

$$\frac{1}{2}rv\sin\theta=一定 \quad \cdots⓱$$

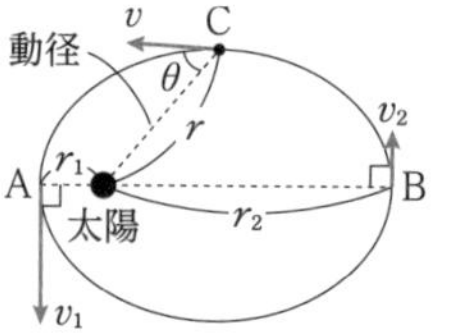

図103　ケプラーの第2法則

実際には，近日点Aと遠日点Bの間で，式を作ることが多い。$\theta=90°$ で

$$\frac{1}{2}r_1v_1=\frac{1}{2}r_2v_2 \quad \cdots⓲$$

・**ケプラーの第3法則：公転周期の2乗と半長軸の3乗の比はどの惑星でも同じ値**

半長軸 a，惑星の公転周期 T とすると，どの惑星をとっても

$$\frac{T^2}{a^3}=一定（同じ値になる） \quad \cdots⓳$$

（円軌道の場合は，a は軌道半径。）

ケプラーの3法則

第1法則：惑星の軌道は楕円で，1つの焦点に太陽がある。

第2法則：惑星の面積速度は一定。

$$\frac{1}{2}r_1v_1=\frac{1}{2}r_2v_2 \quad \cdots ⑱ \qquad \left(一般には\ \frac{1}{2}rv\sin\theta=一定 \quad \cdots ⑰\right)$$

第3法則：惑星の公転周期の2乗と半長軸の3乗の比はどの惑星でも同じ値。

$$\frac{T^2}{a^3}=一定 \quad \cdots ⑲$$

理解のコツ

ケプラーの発見した観測事実だから，「なぜ？」ということはない。覚えてしまうしかない。

例題111 ケプラーの第3法則から惑星の周期を求める

地球の公転軌道を，太陽を中心とする円であるとする。地球と太陽との距離を1天文単位という。惑星Jの軌道も太陽を中心とする円で，軌道半径は5.0天文単位である。惑星Jの公転周期はおよそ何年か，有効数字2桁で求めよ。

解答 地球の軌道半径は1天文単位で，周期は1年である。惑星Jの公転周期を T〔年〕とすると，ケプラーの第3法則より

$$\frac{1^2}{1^3}=\frac{T^2}{5.0^3} \qquad \therefore \quad T=5.0\sqrt{5}=5.0\times2.23=11.15\fallingdotseq 11\ 年$$

（参考） 木星（Jupiter）の公転軌道の半長軸は5.2天文単位で，公転周期は11.9年である。太陽系内のことを考えるとき，距離の単位として〔天文単位〕を使うことが多い。1天文単位 $\fallingdotseq 1.5\times10^{11}$ m である。

例題112 円軌道の場合，ケプラーの第3法則が成り立つことを確認する

ある惑星が，太陽の周りの半径 r の円周上を回っている。太陽の質量を M，惑星の質量を m，万有引力定数を G とする。

(1) 惑星の円運動の速さを求めよ。

(2) 円運動の周期を求めよ。

(3) ケプラーの第3法則が成り立っていることを確認せよ。

解答 (1) 円運動の速さを v とする。万有引力と遠心力のつり合いより

$$\frac{GMm}{r^2}-\frac{mv^2}{r}=0 \qquad \therefore \quad v=\sqrt{\frac{GM}{r}}$$

(2) 周期 T は　$T=\dfrac{2\pi r}{v}=2\pi\sqrt{\dfrac{r^3}{GM}}$　…①

(3) ①式を変形して　$\dfrac{T^2}{r^3}=\dfrac{4\pi^2}{GM}$

右辺は一定の値であるので，$\dfrac{T^2}{r^3}$ は惑星によらずに一定となる。ケプラーの第 3 法則が確認できた。

例題113　円軌道の周期から楕円軌道の周期を求める

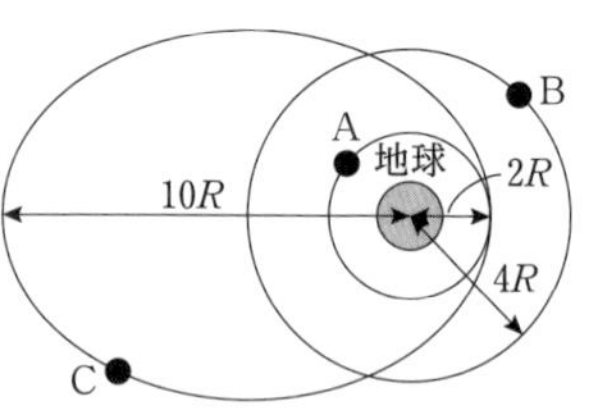

地球の周りを回る人工衛星 A，B，C がある。地球の半径を R とする。A は半径 $2R$ の円軌道を，B は半径 $4R$ の円軌道を回っている。C は地球の中心からの距離が近地点で $2R$，遠地点で $10R$ の楕円軌道を回っている。地球の質量を M，万有引力定数を G とする。

(1)　人工衛星 A の周期 T_{A} を，G，M，R で表せ。

(2)　人工衛星 B の周期 T_{B} を，G，M，R で表せ。また，人工衛星 A，B の間に，ケプラーの第 3 法則が成り立っていることを確かめよ。

(3)　ケプラーの第 3 法則を用いて，人工衛星 C の周期 T_{C} を求めよ。

解答 (1)　人工衛星 A の速さを v_{A}，質量を m として，万有引力と遠心力のつり合いより

$$\frac{GMm}{(2R)^2}-\frac{m{v_{\mathrm{A}}}^2}{2R}=0 \qquad \therefore \quad v_{\mathrm{A}}=\sqrt{\frac{GM}{2R}}$$

ゆえに周期 T_{A} は　$T_{\mathrm{A}}=\dfrac{2\pi\times 2R}{v_{\mathrm{A}}}=4\pi\sqrt{\dfrac{2R^3}{GM}}$

(2)　同様に，人工衛星 B の速さ v_{B}，周期 T_{B} は

$$v_{\mathrm{B}}=\sqrt{\frac{GM}{4R}} \quad , \quad T_{\mathrm{B}}=16\pi\sqrt{\frac{R^3}{GM}}$$

また，$\dfrac{{T_{\mathrm{A}}}^2}{(2R)^3}=\dfrac{{T_{\mathrm{B}}}^2}{(4R)^3}=\dfrac{4\pi^2}{GM}$ で，ケプラーの第 3 法則が成り立っている。

(3)　人工衛星 C の軌道の半長軸は $\dfrac{10R+2R}{2}=6R$ である。C の公転周期を T_{C} としてケプラーの第 3 法則より，人工衛星 A の周期と比べて

$$\frac{{T_{\mathrm{A}}}^2}{(2R)^3}=\frac{{T_{\mathrm{C}}}^2}{(6R)^3} \qquad \therefore \quad T_{\mathrm{C}}=3\sqrt{3}\,T_{\mathrm{A}}=12\pi\sqrt{\frac{6R^3}{GM}}$$

4 - 楕円軌道

▶▶楕円軌道の解き方

太陽や地球を中心として楕円軌道を描く天体の問題は，高校物理の範囲では以下の①〜③の流れで式を作って解く場合がほとんどである。

① **面積速度一定の法則**

多くの場合は，近日点と遠日点で，面積速度一定の式⑱を作る。

② **力学的エネルギー保存則**

万有引力のみがはたらくので

力学的エネルギー＝運動エネルギー＋万有引力による位置エネルギー

が保存する。つまり

$$\frac{1}{2}mv^2-\frac{GMm}{r}=\text{一定} \quad \cdots ⑫⓪$$

これも多くの場合は，近日点と遠日点で式を作る。

①，②で作った式を連立させることで，近日点，遠日点での速さを求められる。さらに，楕円軌道の周期を求める場合は

③ **別の円軌道の周期を求め，ケプラーの第3法則で求める**（例題113参照）

演習21

地球の周りの楕円軌道を回る質量 m の人工衛星がある。地球の中心Oからの距離が，近地点（点A）で r，遠地点（点B）で $3r$ である。地球の質量を M，万有引力定数を G とし，万有引力の位置エネルギーの基準を無限の遠方とする。

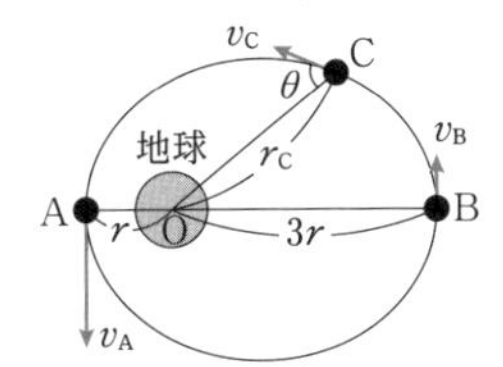

(1) 点Cでの人工衛星の速さを v_C，Oからの距離を r_C，動径（OC）と速度ベクトルのなす角を θ とする。点Cでの面積速度を求めよ。

(2) 点A，点Bでの人工衛星の速さをそれぞれ v_A，v_B とする。面積速度が一定であることから，v_A と v_B の関係を求めよ。

(3) 点Aと点Bでの力学的エネルギー保存則の式を作れ。

(4) (2)，(3)の式より，v_A を G，M，r で表せ。

(5) この人工衛星の周期を，G，M，r で表せ。

(6) この人工衛星の力学的エネルギーを，G，M，m，r で表せ。

(7) 人工衛星が点Bを通過したとき，ガスを噴射して加速する。人工衛星が無限の遠方まで到達するためには，点Bで人工衛星に与えるエネルギーはいくら以上であればよいか求めよ。ただし，ガスは微量で噴射後も人工衛星の質量は変化しないものとする。

解答 (1)　面積速度の公式⓱より　$\frac{1}{2}r_C v_C \sin\theta$

(2)　点A，Bでは，動径と速度ベクトルのなす角 $\theta=90°$ である。面積速度一定の法則より

$$\frac{1}{2}rv_A=\frac{1}{2}\times 3rv_B \qquad \therefore \quad v_A=3v_B \quad \cdots①$$

(3)　$$\frac{1}{2}mv_A{}^2-\frac{GMm}{r}=\frac{1}{2}mv_B{}^2-\frac{GMm}{3r} \quad \cdots②$$

(4)　①，②式より v_A を求める。　$v_A=\sqrt{\frac{3GM}{2r}}$

(5)　この人工衛星が半径 r の円軌道を回るとして速さを v とすると

$$\frac{GMm}{r^2}-\frac{mv^2}{r}=0 \qquad \therefore \quad v=\sqrt{\frac{GM}{r}}$$

円軌道の周期 T_0 は　$T_0=\frac{2\pi r}{v}=2\pi\sqrt{\frac{r^3}{GM}}$

問題の楕円軌道の半長軸は $\frac{r+3r}{2}=2r$ である。周期 T は，ケプラーの第3法則より

$$\frac{T_0{}^2}{r^3}=\frac{T^2}{(2r)^3} \qquad \therefore \quad T=\sqrt{2^3}\,T_0=4\pi\sqrt{\frac{2r^3}{GM}}$$

(6)　どこでも力学的エネルギー E は同じである。点Aで求めると

$$E=\frac{1}{2}mv_A{}^2-\frac{GMm}{r}=-\frac{GMm}{4r}$$

(7)　無限の遠方（位置エネルギー0）で運動エネルギーが0以上であればよい。つまり力学的エネルギーが0以上になればよい。ゆえに，与えるエネルギー $\varDelta E$ は

$$E+\varDelta E\geqq 0 \qquad \therefore \quad \varDelta E\geqq -E=\frac{GMm}{4r}$$

単振動

❶ 単振動の基本

▶▶ばねにつり下げたおもりの振動

図 104 のように，上端を固定した軽いばねの下端におもりをつり下げる。図(**a**)はつり合って静止した状態である。図(**b**)のようにこのつり合いの位置からおもりを下に引っ張り，静かにはなすと，上下に往復運動＝振動する。この振動を観察してみると

- 振動（変位）はつり合いの位置を中心に上下対称である。
- 速さは振動の上端，下端で 0，中心を通過するとき最大になる。
- 加速度は速度の変化から考えると，中心で 0，位置が中心より上で下向き，位置が中心より下で上向きとなり，大きさは両端で最大である。
- おもりにはたらく力は，運動の法則より加速度と同じ特徴をもつ。

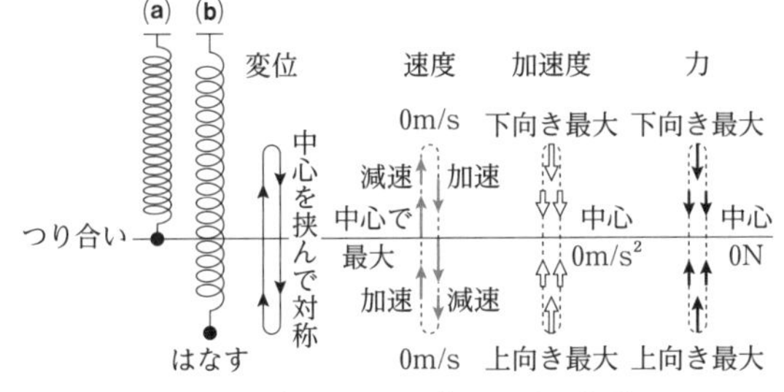

図 104　ばねにつり下げたおもりの振動

理解のコツ

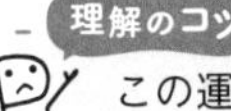

この運動が単振動だけど，式で表す前に，変位，速度，加速度，力などの概要をつかむことが大切。厳密ではない部分もあるけど，振動をイメージできるようになろう。

▶▶単振動

図 105 のように，半径 A の円周上（中心 C）を等速で円運動する物体を考える。時刻 $t=0\,\text{s}$ での位置を O とし，CO の延長線上を原点として CO に垂直に x 軸をとる。物体の動きを，x 軸に写してみると，原点を中心に $x=-A$ から $x=A$ の範囲で往復運動をする。この**直線上の往復運動を単振動**という。

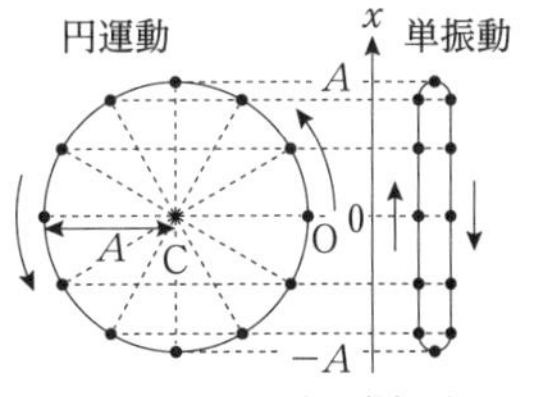

図 105　円運動と単振動

単振動

等速円運動を，x 軸に写した運動

▶▶単振動の変位，速度，加速度，角振動数

円運動の周期を T，角速度を ω とする。

図 106 で，円運動する物体の時刻 t での位置を P とする。$t=0$ で O を通過するので，$\angle PCO=\omega t$ より（$\angle PCO$ を**位相**という），x 軸に写した中心からの変位 x は

$$x=A\sin\omega t \quad \cdots ⑫①$$

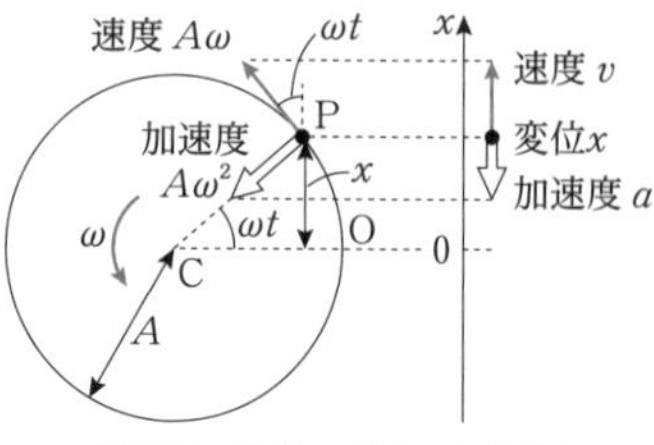

図 106　変位，速度，加速度

また，円運動の速度は円の接線方向で $A\omega$，加速度は円の中心方向で $A\omega^2$ である。変位と同様に，速度と加速度の x 方向の成分より単振動の速度 v，加速度 a を求めると

$$v=A\omega\cos\omega t \quad \cdots ⑫② \quad , \quad a=-A\omega^2\sin\omega t \quad \cdots ⑫③$$

ω〔rad/s〕を単振動の**角振動数**という。

これらを，横軸を時刻 t にとってグラフにすると図 107 となる。このグラフから，単振動の様子が想像できるようになってほしい。以下の表で，いくつかの運動状態を考えてみる。

	①	②	③
時刻 t	$\frac{T}{4}$	$\frac{T}{2}$	$\frac{2T}{3}$
変位 x	A 一番上	0 中心	$-\frac{\sqrt{3}}{2}A$
速度 v	0	$-A\omega$ 下向き 最大	$-\frac{1}{2}A\omega$
加速度 a	$-A\omega^2$ 下向き 最大	0	$\frac{\sqrt{3}}{2}A\omega^2$

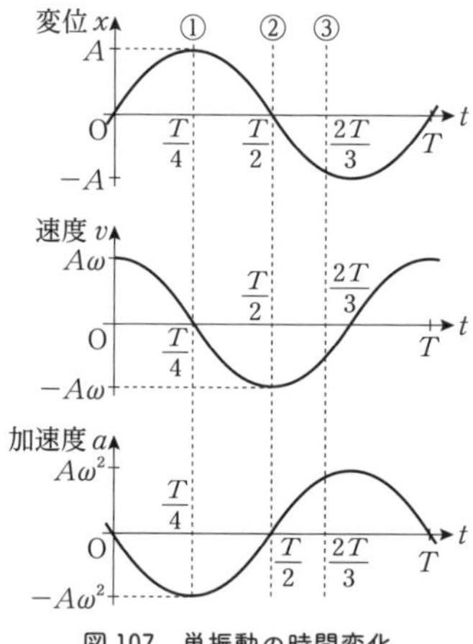

図 107　単振動の時間変化

理解のコツ

角振動数 ω や位相がわかりにくいと思う。それぞれ，円運動の角速度，回転角と思えばいいよ。また，ある時刻での単振動の x，v，a の関係を，しっかりと考えることが大切。ここでも数学で学ぶことは活用すること。

上の表③の例では，$\sin\frac{4\pi}{3}=-\frac{\sqrt{3}}{2}$，$\cos\frac{4\pi}{3}=-\frac{1}{2}$ を利用しているよ。

単振動の振幅，周期，振動数

単振動の中心から端までの距離 A〔m〕を振幅，振動が1往復する時間 T〔s〕を周期という。また1秒あたりの振動回数を振動数 f〔Hz〕といい

$$f=\frac{1}{T} \quad \cdots ⑫④$$

角振動数 ω と周期 T，振動数 f の関係は，円運動を考えるとわかりやすい。

$$\omega=\frac{2\pi}{T}=2\pi f \quad \cdots ⑫⑤$$

単振動の変位と加速度

変位 x の式⑫①を用いて加速度 a の式⑫③を整理すると

$$a=-\omega^2 \cdot A\sin\omega t=-\omega^2 x \quad \cdots ⑫⑥$$

これは，単振動で重要な関係式である。ω は一定なので，a と x は比例する。負号は，a と x の向きが常に逆であることを示す。つまり，加速度 a は常に変位 x と逆の向き＝中心向き である。

単振動の変位 x と加速度 a の関係

$$a=-\omega^2 x \quad \cdots ⑫⑥$$

単振動の加速度の大きさは変位に比例し，常に中心（$x=0$）の向き。

理解のコツ

運動の法則から，加速度の特徴は，はたらく力の特徴と同じになる。式⑫⑥から a と x の関係をしっかりと理解しよう。

単振動の基本

中心：加速度0（合力0）の点
端　：速度0の点
振幅：中心から端までの距離
速さの最大値：$A\omega$ …⑫⑦（中心を通過するとき）
A〔m〕：振幅　ω〔rad/s〕：角振動数

LEVEL UP!
大学への物理

単振動の x，v，a の関係は，当然

$$v=\frac{dx}{dt} \quad , \quad a=\frac{dv}{dt}=\frac{d^2x}{dt^2}$$

である。式⑫①，⑫②，⑫③で確認してみよう。

例題114 円運動から単振動を考えることができるようになる

点 O を中心とする半径 A の円周上を，一定の速さで反時計回りに角速度 ω で回る物体がある。物体は時刻 $t=0$ で点 P を通過する。この円運動を，OP に垂直に置かれた x 軸に写した運動が単振動である。OP の延長線上に x 軸の原点をとる。時刻 t のとき，物体は図の点 Q を通過したとする。

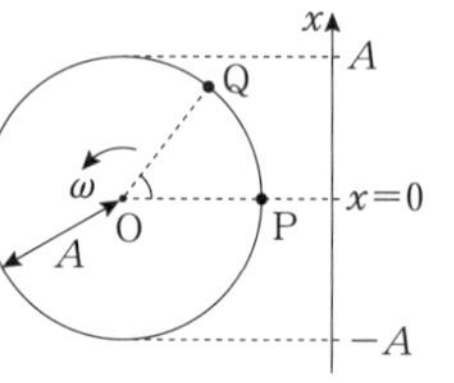

(1) 単振動の周期 T と振動数 f を，ω を用いて表せ。

(2) 物体の位置を x 軸に写して，時刻 t のときの単振動の変位 x を求めよ。

(3) 同様にして，物体の速度と加速度も x 軸に平行な成分を求め，時刻 t のときの単振動の速度 v と，加速度 a を求めよ。

(4) 横軸に時刻 t をとり，縦軸に変位 x，速度 v，加速度 a のグラフをそれぞれ描け。

(5) 以下の①～③の時刻のときの変位 x，速度 v，加速度 a をそれぞれ求めよ。

① $t=\dfrac{T}{4}$　　② $t=\dfrac{3T}{8}$　　③ $t=\dfrac{7T}{6}$

(6) x と a の関係を確認せよ。

解答 (1) 円運動の角速度が単振動の角振動数 ω である。単振動の周期は円運動と同じ，振動数は回転数と同じなので

周期 $T=\dfrac{2\pi}{\omega}$　，　振動数 $f=\dfrac{1}{T}=\dfrac{\omega}{2\pi}$

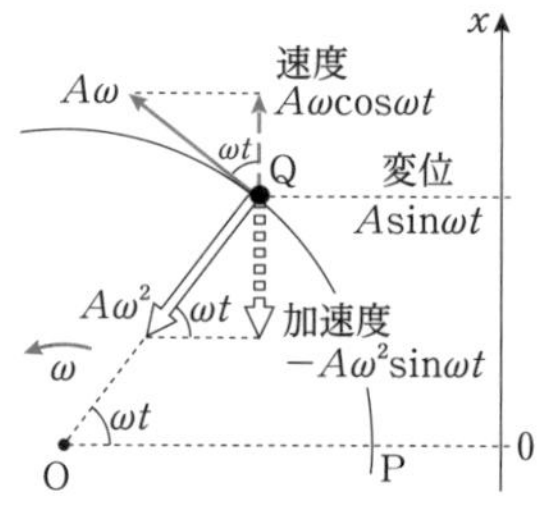

(2) 時刻 t で物体は点 Q にある。∠POQ $=\omega t$ より

$x=A\sin\omega t$　…(i)

(3) 円運動の速さ $A\omega$，加速度の大きさ $A\omega^2$ である。速度と加速度も，x 軸方向の成分を求める。右図より

速度　：$v=A\omega\cos\omega t$

加速度：$a=-A\omega^2\sin\omega t$　…(ii)

(4) 下図。

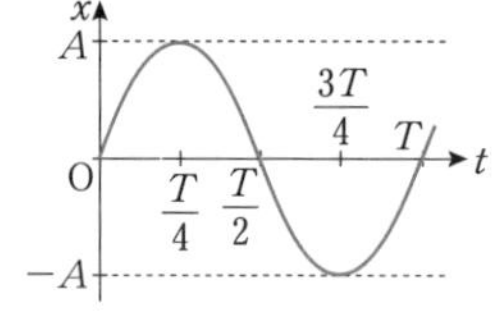

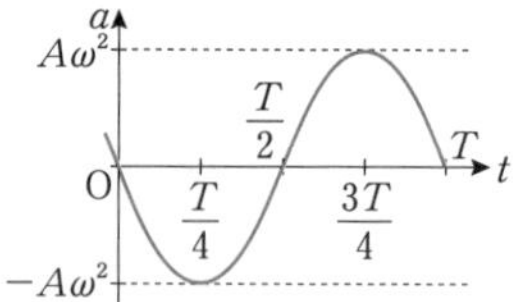

(5) x，v，a の式に，$\omega=\dfrac{2\pi}{T}$ と，それぞれ t を代入して求める（(4)のグラフからも求められるようになろう）。

① $t=\dfrac{T}{4}$ のとき　$x=A$　，　$v=0$　，　$a=-A\omega^2$

② $t=\dfrac{3T}{8}$ のとき　$x=\dfrac{A}{\sqrt{2}}$　，　$v=-\dfrac{A\omega}{\sqrt{2}}$　，　$a=-\dfrac{A\omega^2}{\sqrt{2}}$

③　$t=\dfrac{7T}{6}$ のとき　　$t=\dfrac{7T}{6}$ は $t=\dfrac{T}{6}$ と同じ状態である。

$$x=\frac{\sqrt{3}A}{2}\quad,\quad v=\frac{A\omega}{2}\quad,\quad a=-\frac{\sqrt{3}A\omega^2}{2}$$

(6)　(i)，(ii)式より

$$a=-\omega^2\cdot A\sin\omega t=-\omega^2 x$$

(式**126**が確認できた。)

例題115　**単振動の変位，速度，加速度の関係を理解する**

x 軸上の原点を中心に，単振動をする物体がある。角振動数 15 rad/s，振幅 0.20 m とする。物体は時刻 $t=0$ s で，原点を正の向きに通過した。

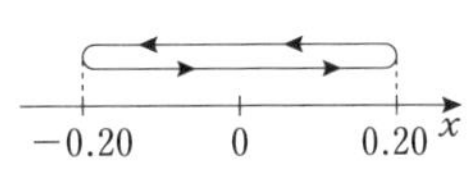

(1)　原点を通過したときの物体の速さと，単振動の周期を求めよ。

(2)　時刻 t のときの変位 x と，速度 v を求めよ。

(3)　横軸に時刻 t をとり，変位 x と，速度 v をそれぞれ 1 周期分だけグラフに表せ。

(4)　物体が $x=0.10$ m の点を通過するときの速さを求めよ。

(5)　物体が $x=0.10$ m の点を正の向きに通過してから，次に負の向きに通過するまでの時間を，**(1)**で求めた周期を T として，T を用いて表せ。

解答 **(1)**　原点を通過するとき，速さは最大で v_0 とする。振幅 A，角振動数 ω として，式**127**より　　$v_0=A\omega=0.20\times15=3.0$ m/s

周期 T は　　$T=\dfrac{2\pi}{\omega}=\dfrac{2\times3.14}{15}=0.418\fallingdotseq0.42$ s

(2)　時刻 $t=0$ で，物体は $x=0$ の点を，最大の速さで正の向きに通過するので

$$x=A\sin\omega t=0.20\sin15t\quad,\quad v=v_0\cos\omega t=3.0\cos15t$$

(3)　下図。

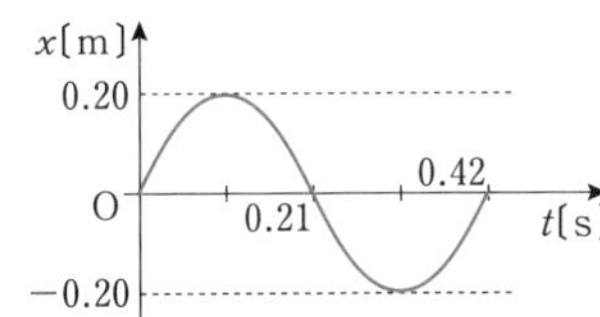

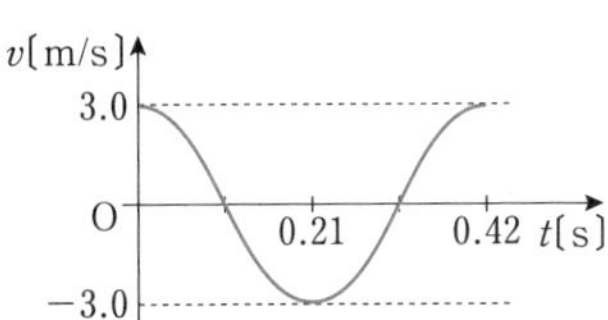

(4)　**(3)**のグラフから，三角関数の性質を考えて求める。x が最大値の $\dfrac{1}{2}$ のときなので，

速度 v は

$$v=\pm3.0\times\frac{\sqrt{3}}{2}=\pm1.5\times1.73=\pm2.595\fallingdotseq\pm2.6\text{ m/s}$$

ゆえに速さは　　2.6 m/s

$\left(\sin\theta=\dfrac{1}{2}\right.$ となるのは，$\theta=\dfrac{\pi}{6}$，$\dfrac{5}{6}\pi$ である。$\cos\dfrac{\pi}{6}=\dfrac{\sqrt{3}}{2}$，$\cos\dfrac{5}{6}\pi=-\dfrac{\sqrt{3}}{2}$ $\left.\text{である。}\right)$

別解

(2)で求めた式を使う。$x=0.10\,\mathrm{m}$ となる t を求め，v に代入すればよい。

(5) グラフより求めてもよいが，(2)で求めた式を使ってみる。$x=0.10\,\mathrm{m}$ となるのは，$0.20\sin\omega t=0.10$ より

$$\sin\omega t=0.50 \qquad \therefore \quad \omega t=\frac{\pi}{6},\ \frac{5\pi}{6} \quad (これが位相である。)$$

$\omega t=\dfrac{\pi}{6}$ のとき $v>0$ で，$\omega t=\dfrac{5}{6}\pi$ のとき $v<0$ である。

周期 T を用いて $\omega=\dfrac{2\pi}{T}$ であるので，位相を時刻 t になおすと $t=\dfrac{T}{12}$，$t=\dfrac{5T}{12}$ のときである。ゆえにその間の時間は $\dfrac{5T}{12}-\dfrac{T}{12}=\dfrac{T}{3}$

2 復元力とばね振り子

単振動に必要な力

何度も出てきたが，運動の法則より物体の加速度とはたらく力（合力）は，大きさが比例し，向きは同じである。ゆえに，物体が単振動をするために必要な力 F は，単振動の加速度から考えて

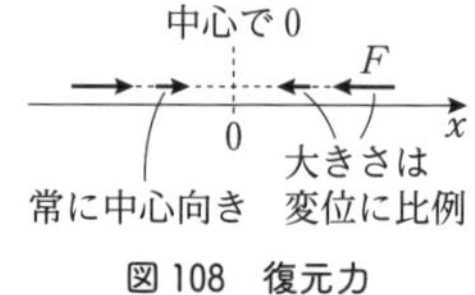

図 108　復元力

合力 F の大きさは変位 x に比例し，常に中心（$x=0$）の向き

で，図 108 のようになる。このような力を**復元力**という。比例定数を C（$C>0$）として，F を x の式にすると

$$F=-Cx \quad \cdots ❶❷❽$$

物体にはたらく合力がこの形の式になるとき，物体は単振動をするといえる。

復元力（物体を単振動させる力）

大きさは変位 x に比例し，常に中心（$x=0$）の向き。

$$\boldsymbol{F=-Cx} \quad \cdots ❶❷❽$$

F：物体にはたらく合力　x：変位　C：比例定数

理解のコツ

円運動の向心力と同じで，“復元力”という特別な力があるんじゃないよ。物体にはたらくいろいろな力の合力が，式128の形になるとき，その力を復元力と呼ぶんだ。また，比例定数 C は，定数の組み合わせでもいい。例えば，A，B が定数であれば，$F=-\dfrac{B^2}{A}x$ でも，$F=-(A+3B)x$ でも復元力で，物体は単振動をするよ。

例題116 単振動ではたらく力の特徴をつかむ

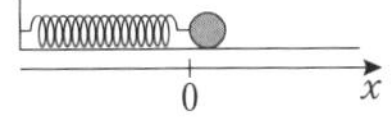

水平でなめらかな床に一端を固定した軽いばねを置き，他端に質量 2.0 kg のおもりをつけ，自然の長さより 0.10 m 伸ばしてはなす。このときを時刻 $t=0$ s とする。おもりは，ばねが自然の長さの位置を中心とする周期 0.20 s の単振動をした。自然の長さの位置を原点として，ばねが伸びる方向に水平に x 軸をとる。円周率を 3.1 とする。

(1) 単振動の角振動数，振幅を求めよ。

(2) 単振動の速度と加速度の最大値をそれぞれ求めよ。

(3) おもりが $x=-0.050$ m の点を通過するとき，はたらく力の大きさと向きを答えよ。

(4) おもりにはたらく力の最大値と，そのときのおもりの位置を答えよ。

(5) おもりにはたらく力 f と変位 x の関係を式で示せ。

解答 (1) 周期 $T=0.20$ s より，角振動数 ω は　$\omega=\dfrac{2\pi}{T}=\dfrac{2\times3.1}{0.20}=31$ rad/s

振幅は，単振動の中心から端までの距離である。単振動の中心は，ばねが自然の長さの位置 $x=0$ で，端は速さが 0 の点なので，初めにおもりをはなした位置 $x=0.10$ m である。ゆえに振幅 A は　$A=0.10$ m

(2) 速度の最大値 v_0 は　$v_0=A\omega=0.10\times31=3.1$ m/s

加速度の最大値 a_0 は　$a_0=A\omega^2=0.10\times31^2=96.1\fallingdotseq96$ m/s^2

(3) 式㉖より，加速度 $a=-\omega^2x$ である。おもりの質量を m とする。運動方程式より，物体にはたらく力 f は

$$f=ma=-m\omega^2x=-2.0\times31^2\times(-0.050)=96.1\fallingdotseq96\text{ N}$$

ゆえに　大きさ：96 N　，　向き：x 軸の正の向き

(4) 物体にはたらく力 f は $x=\pm A$ のとき最大で，最大値 f_0 は

$$f_0=m\omega^2A=2.0\times96.1=192\fallingdotseq1.9\times10^2\text{ N}$$

(力は x に比例するので(3)の 2 倍になる。)

位置は単振動の両端で　$x=\pm0.10$ m

(5) 力 f は，運動方程式より

$$f=ma=-m\omega^2x=-1922\times x\fallingdotseq-1.9\times10^3\times x$$

▶▶単振動の運動方程式と角振動数，周期

質量 m の物体に復元力 $F=-Cx$ がはたらくとき，加速度を a として運動方程式は

$$ma=-Cx$$

ここで，角振動数を ω ($\omega>0$) として，式㉖ $a=-\omega^2x$ を代入すると

$$-m\omega^2x=-Cx$$

となる。x によらずにこの等号が成り立つように（恒等式），ω と周期 T を求めると，$\omega>0$ より

$$\omega=\sqrt{\frac{C}{m}}\quad\cdots㉙\quad,\quad T=\frac{2\pi}{\omega}=2\pi\sqrt{\frac{m}{C}}\quad\cdots㉚$$

単振動の運動方程式

$$ma = -Cx$$

$a = -\omega^2 x$ を代入して

$$\omega = \sqrt{\frac{C}{m}} \quad \cdots ⑫⑨ \quad , \quad T = \frac{2\pi}{\omega} = 2\pi\sqrt{\frac{m}{C}} \quad \cdots ⑬⓪$$

理解のコツ

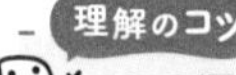

この運動方程式から角振動数を求める流れは，とても重要だ。座標の原点を単振動の中心にした場合，必ず同じ流れになるから，しっかり理解しよう。

ばね振り子

復元力の典型的な例として，ばねの弾性力がある。ばね定数 k のばねの一端を固定し，他端に質量 m のおもりをつけて振動させると単振動をする。これを**ばね振り子**という。

水平ばね振り子

図 109 のように，なめらかで水平な床面に置かれたばね振り子を振動させる。ばねが自然の長さのときのおもりの位置を原点 O に，水平に x 軸をとる。おもりの位置が x のとき，加速度を a として運動方程式は

$$ma = -kx$$

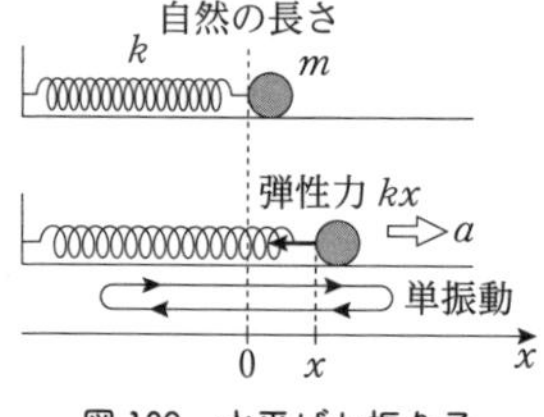

図 109　水平ばね振り子

角振動数を ω として，式⑫⑥ $a = -\omega^2 x$ を代入して

$$-m\omega^2 x = -kx \qquad \therefore \quad \omega = \sqrt{\frac{k}{m}} \quad \cdots ⑬①$$

周期 T は　$T = \dfrac{2\pi}{\omega} = 2\pi\sqrt{\dfrac{m}{k}} \quad \cdots ⑬②$

ばね振り子

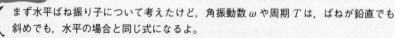

$$\omega = \sqrt{\frac{k}{m}} \quad \cdots ⑬① \quad , \quad T = 2\pi\sqrt{\frac{m}{k}} \quad \cdots ⑬②$$

理解のコツ

まず水平ばね振り子について考えたけど，角振動数 ω や周期 T は，ばねが鉛直でも斜めでも，水平の場合と同じ式になるよ。

例題117 水平ばね振り子の基本を学ぶ

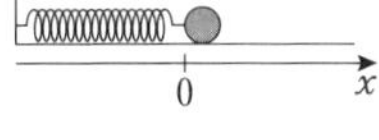

水平でなめらかな床面に一端を固定したばね定数 k の軽いばねを置き，他端に質量 m のおもりをつける。自然の長さの位置を原点として，ばねが伸びる方向に水平に x 軸をとる。ばねを自然の長さより d だけ伸ばして静かにはなす。

(1) おもりが x の位置を通過するとき，加速度を a として，運動方程式を作り，単振動をすることを示せ。

(2) 単振動の角振動数，周期，振幅を求めよ。

(3) おもりをはなした時刻を $t=0\,\mathrm{s}$ とする。時刻 t でのおもりの位置 x を示す式を作れ。

(4) おもりが $x=0$ の位置を通過するときの速さを求めよ。

(5) おもりが $x=-\dfrac{d}{2}$ の位置を通過するときの速さを求めよ。

解答 (1) ばねの弾性力の大きさは kx で，原点向きであるので　$ma=-kx$

物体にはたらく合力＝－(定数)×x となっているので単振動である。

(2) 角振動数 ω，周期 T とする。$a=-\omega^2x$ を運動方程式に代入して

$$-m\omega^2x=-kx \qquad \therefore\ \omega=\sqrt{\frac{k}{m}}\ ,\quad T=\frac{2\pi}{\omega}=2\pi\sqrt{\frac{m}{k}}$$

振動の中心は $x=0$ で，振動の端（速度が 0）の点は $x=d$ より

振幅 A は　$A=d$

(3) 時刻 $t=0\,\mathrm{s}$ で，変位 x が正に最大である。

ゆえに　$x=A\cos\omega t=d\cos\sqrt{\dfrac{k}{m}}\,t$

(4) $x=0$ が振動の中心で速さは最大値 v_0 となる。

$$v_0=A\omega=d\sqrt{\frac{k}{m}}$$

(5) $x=-\dfrac{d}{2}$ での速さを v_1 ($v_1>0$) とする。力学的エネルギー保存則より

$$\frac{1}{2}kd^2=\frac{1}{2}mv_1^2+\frac{1}{2}k\left(-\frac{d}{2}\right)^2 \qquad \therefore\ v_1=\frac{d}{2}\sqrt{\frac{3k}{m}}$$

別解

単振動の x，v と時刻 t の関係式 $v=-v_0\sin\omega t$ や，グラフから求めてもよい。

$x=-\dfrac{d}{2}$ となるのは，$\omega t=\dfrac{2\pi}{3}$，$\dfrac{4\pi}{3}$ (＝120°，240°) のときであり，そのときの速度は

$\omega t=\dfrac{2\pi}{3}$ のとき　$v=-v_0\sin\dfrac{2\pi}{3}=-v_0\dfrac{\sqrt{3}}{2}$

$\omega t=\dfrac{4\pi}{3}$ のとき　$v=-v_0\sin\dfrac{4\pi}{3}=v_0\dfrac{\sqrt{3}}{2}$

いずれの場合も速さは　$v_0\dfrac{\sqrt{3}}{2}=\dfrac{d}{2}\sqrt{\dfrac{3k}{m}}$

例題118 運動方程式から単振動を考える

自然の長さがともに l で，ばね定数 k の軽いばねAと，ばね定数 $2k$ の軽いばねBがある。図のように間隔 $2l$ の壁に，それぞればねの一端を固定し，ばねA，Bの間に質量 m の大きさの無視できるおもりを取りつける。ばねがともに自然の長さである点を原点とし，右向き水平に x 軸をとる。

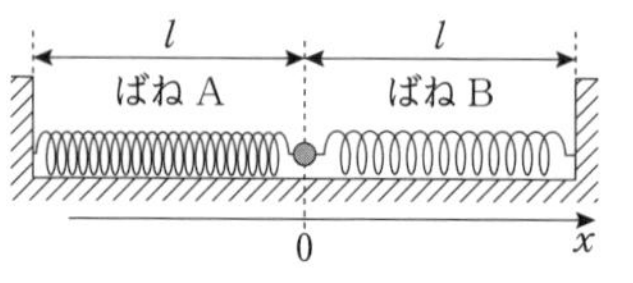

おもりを $x=d$ $(d<l)$ の位置までずらして静かにはなすと，おもりは単振動をした。

(1) おもりの位置が x のとき，おもりの加速度を a として，運動方程式を作れ。

(2) 単振動の振幅，周期を求めよ。

(3) おもりが原点を通過するときの速さを求めよ。

(4) おもりの位置座標が x のときの速さを求めよ。

解答 (1) $x>0$ の位置で考えて，おもりにはたらく力は右図となるので，合力はともに負で

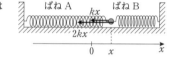

$$-kx-2kx=-3kx$$

である。運動方程式は

$$ma=-3kx$$

物体は，$x=0$ を中心とする単振動をする。

($x<0$ の領域で考えても式は同じになるが，できるだけ $x>0$ で考える。)

(2) 振動の中心は $x=0$，おもりをはなした位置 $x=d$ が速度0で右端。

ゆえに振幅は　d

単振動であるので，角振動数を ω として，$a=-\omega^2 x$ を運動方程式に代入する。

$$ma=-m\omega^2 x=-3kx \qquad \therefore \quad \omega=\sqrt{\frac{3k}{m}}$$

周期 T は　$T=\dfrac{2\pi}{\omega}=2\pi\sqrt{\dfrac{m}{3k}}$

(3) 速さは最大値 v_0 となるので　$v_0=A\omega=d\sqrt{\dfrac{3k}{m}}$

別解

力学的エネルギー保存則より

$$\frac{1}{2}(k+2k)d^2=\frac{1}{2}mv_0^2 \qquad \therefore \quad v_0=d\sqrt{\frac{3k}{m}}$$

(4) おもりの変位が x のときの速さを v とする。力学的エネルギー保存則より

$$\frac{1}{2}(k+2k)d^2=\frac{1}{2}mv^2+\frac{1}{2}(k+2k)x^2 \qquad \therefore \quad v=\sqrt{\frac{3k(d^2-x^2)}{m}}$$

▶▶鉛直ばね振り子

ばねが鉛直な場合，おもりには重力とばねの弾性力がはたらく。つり合いの位置を座標の原点とすると，物体にはたらく合力は復元力の形となる。つまり，つり合いの位置を中心とした単振動をする。次の例題 119 で確認しよう。

例題119　鉛直ばね振り子を，運動方程式と力学的エネルギー保存則で考える

ばね定数 k の軽いばねの一端を天井に固定し，他端に質量 m のおもりをつけ，ばねを鉛直にしてつるすと，自然の長さより x_0 伸びた点で静止した。重力加速度の大きさを g とする。

(1)　x_0 を求めよ。

この位置を原点とし，鉛直下向きに x 軸をとる。原点よりおもりを $2x_0$ だけ下げて静かにはなす。

(2)　おもりが x の位置を通過するとき，加速度を a として，おもりの運動方程式を作り，単振動をすることを示せ。

(3)　この単振動の角振動数，周期，振幅を求めよ。

(4)　原点を通過するときのおもりの速さを，以下の①，②の 2 通りの方法で求めよ。

　①　単振動の性質より　　②　力学的エネルギー保存則より

(5)　手をはなした後，初めて速度が 0 になる位置を，以下の①，②の 2 通りの方法で求めよ。

　①　単振動の性質より　　②　力学的エネルギー保存則より

(6)　おもりのもつ重力とばねによる位置エネルギーの和を，おもりが x の位置を通過するときと，原点を通過するときでそれぞれ求め，差を k，x で求めよ。

(7)　おもりが x の位置を通過するときの速さを，k，m，x_0，x で求めよ。

解答 (1)　力のつり合いより　　$kx_0-mg=0$　　$\therefore\ \ x_0=\dfrac{mg}{k}$　…(i)

(2)　おもりにはたらく力は右図のようになる。x の位置では，ばねの伸びは x_0+x であることに注意して，運動方程式を作る。

$$ma=mg-k(x_0+x)$$

(i)式を代入して整理すると

$$ma=-kx\quad\cdots\text{(ii)}$$

復元力なので，$x=0$ を中心とする単振動である。

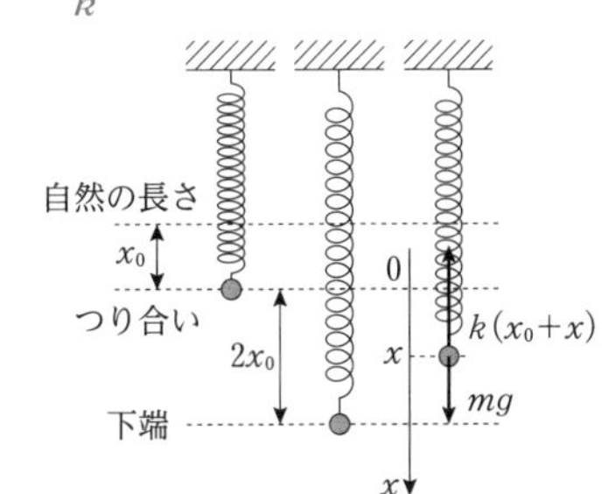

(3)　角振動数 ω，周期 T，振幅 A とする。

$a=-\omega^2x$ を(ii)式に代入して

$$-m\omega^2x=-kx\qquad\therefore\ \ \omega=\sqrt{\frac{k}{m}}$$

$$T=\frac{2\pi}{\omega}=2\pi\sqrt{\frac{m}{k}}$$

この単振動の中心は $x=0$ であり，おもりをはなしたとき，おもりは速さ 0 で単振動の下端にある。ゆえに

$$A=2x_0=\frac{2mg}{k}$$

(4) ① 単振動の中心なので速さは最大となり，v_0 とすると

$$v_0=A\omega=\frac{2mg}{k}\sqrt{\frac{k}{m}}=2g\sqrt{\frac{m}{k}}$$

② 重力による位置エネルギーの基準を原点として，力学的エネルギー保存則より

$$-2mgx_0+\frac{1}{2}k(x_0+2x_0)^2=\frac{1}{2}mv_0{}^2+\frac{1}{2}kx_0{}^2$$

(i)式も利用し，整理して解くと　$v_0=2g\sqrt{\frac{m}{k}}$

(5) ① 初めて速度が 0 になる位置の座標を x とする。これは単振動の上端であるので，単振動の中心より振幅 A だけ上方にある。

$$x=-A=-2x_0=-\frac{2mg}{k}$$

② 力学的エネルギー保存則より（x の正負はわからないので，正であると仮定して式を立てた方が間違わない。ただし負でも同じ式になる）

$$-2mgx_0+\frac{1}{2}k(x_0+2x_0)^2=-mgx+\frac{1}{2}k(x_0+x)^2$$

(i)式を代入し，整理して解くと　$x=\pm 2x_0$

$x=+2x_0$ は，初めに手をはなした位置なので　$x=-2x_0=-\frac{2mg}{k}$

(6) 位置エネルギーは

位置 x：$-mgx+\frac{1}{2}k(x_0+x)^2$　，　原点：$0+\frac{1}{2}kx_0{}^2$

差を U とすると

$$U=\left\{-mgx+\frac{1}{2}k(x_0+x)^2\right\}-\frac{1}{2}kx_0{}^2=-mgx+kx_0x+\frac{1}{2}kx^2$$

(i)式を代入し整理して　$U=\frac{1}{2}kx^2$

(7) 速さを v とすると，力学的エネルギー保存則より

$$-2mgx_0+\frac{1}{2}k(x_0+2x_0)^2=\frac{1}{2}mv^2-mgx+\frac{1}{2}k(x_0+x)^2$$

(i)式も利用して，整理して解く。$v\geqq 0$ であることにも注意して

$$v=\sqrt{\frac{k}{m}(4x_0{}^2-x^2)}$$

別解 ……………………………………………………………………………………

(6)の結果を利用してみる。

位置エネルギーの基準位置はどこにとってもよい。(6)の結果は，基準位置を $x=0$ としたときの，重力と弾性力の位置エネルギーの和を求めたと考えてよい。これを用いて，最下点と x の位置での力学的エネルギー保存則より

$$\frac{1}{2}k(2x_0)^2=\frac{1}{2}mv^2+\frac{1}{2}kx^2 \qquad \therefore \quad v=\sqrt{\frac{k}{m}(4x_0{}^2-x^2)}$$

例題 119 の(2)で，鉛直ばね振り子にはたらく力を求めた結果，(ii)式となった。つまり，おもりにはたらく**合力 $F=-kx$** である。この力は，比例定数がばね定数 k で一見するとばねの弾性力のようにみえるが，そうではなく，**重力と弾性力の合力**である。このことは，次項「**▶▶復元力による位置エネルギー**」で単振動の位置エネルギーを考える際に重要になってくる。

(6)で，$x=0$ の位置との位置エネルギーの差を求めたが，このことも単振動の位置エネルギーと関わってくる。しっかりと理解してほしい。

3 - 単振動のエネルギー

▶▶復元力による位置エネルギー

単振動をしている質量 m の物体にはたらく力は復元力であり，式⑱より $F=-Cx$ になる。横軸に x をとり，復元力の大きさ $|F|$ をグラフにすると，図 110 となる。原点から x まで復元力のする仕事 W を向きを含めて考えると，$W=-\frac{1}{2}Cx^2$ となる。仕事と位置エネルギーの関係式㉟より，原点を基準として，復元力 F による位置エネルギー U を求めると

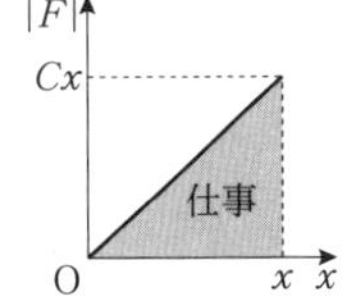

図 110　復元力の仕事

$$U=-W=\frac{1}{2}Cx^2 \quad \cdots ⑬$$

これを，**復元力による位置エネルギー**という。単振動をしている物体では必ずこうなる。ただし，変位 x の原点を単振動の中心，つまり合力 $F=0$ の点にする必要がある。復元力は，複数の力の合力となっている場合も多いので，この位置エネルギーはいろいろな力の合力による位置エネルギーである。個々の力は，保存力である必要はない。摩擦力と他の力の合力であってもかまわない。

復元力による位置エネルギー U

単振動の中心を基準としたとき　$U=\frac{1}{2}Cx^2$　⋯⑬

C：復元力（$F=-Cx$）の比例定数　x：単振動の中心からの変位

▶▶単振動のエネルギー保存則

単振動をする物体には，復元力のみがはたらいていると考えてもよい。ゆえに

運動エネルギー＋復元力による位置エネルギー＝一定

となる。これを**単振動のエネルギー保存則**という。振幅 A，最大の速さ v_0 の単振動では，$x=\pm A$ で速度 0，また $x=0$ で速さが最大値 v_0 より，変位 x での速度を v とすると

単振動のエネルギー保存則

$$\frac{1}{2}mv^2+\frac{1}{2}Cx^2=\frac{1}{2}CA^2=\frac{1}{2}mv_0{}^2 \quad \cdots 134$$

C：復元力の比例定数　m：物体の質量　A：振幅　v_0：速さの最大値

理解のコツ

単振動のエネルギー保存則は，難関大の単振動の問題では必須の考え方だよ。しっかりと使えるようになろう。変位 x の原点を必ず単振動の中心（合力が 0）とすることに注意しよう。

例題120　単振動のエネルギー保存則を使う

例題 119 の(4)，(5)，(7)を単振動のエネルギー保存則を使って解け。

解答　例題 119 の(ii)式より，復元力 $F=-kx$ であるので，復元力による位置エネルギー $U=\frac{1}{2}kx^2$ である。これは，弾性力と重力の合力の位置エネルギーである。手をはなしたとき $x=2x_0$，速さ 0 で，これより単振動のエネルギー保存則を使う。

(4)　$x=0$ の点を通過する速さを v_0 として

$$\frac{1}{2}k(2x_0)^2=\frac{1}{2}mv_0{}^2 \qquad \therefore \quad v_0=2x_0\sqrt{\frac{k}{m}}=2g\sqrt{\frac{m}{k}} \quad (\because \ (\text{i})式)$$

(5)　速度が 0 となる位置の変位を x として

$$\frac{1}{2}k(2x_0)^2=\frac{1}{2}kx^2 \qquad \therefore \quad x=\pm 2x_0=\pm\frac{2mg}{k} \quad (\because \ (\text{i})式)$$

初めて静止する位置は　$x=-\frac{2mg}{k}$

(7)　変位 x のときの速度を v として

$$\frac{1}{2}k(2x_0)^2=\frac{1}{2}mv^2+\frac{1}{2}kx^2 \qquad \therefore \quad v=\sqrt{\frac{k}{m}(4x_0{}^2-x^2)}$$

注意　例題 119 (6)は，結局，復元力による位置エネルギーを求めたということである。ゆえに，例題 119 (7)の 別解 で示した方法は，単振動のエネルギー保存則を用いて解いていることになっており，本問と式は同じである。

④-単振り子

単振り子の周期

長さ l の軽い糸の先端におもりをつけ，他端を固定して鉛直面内で振動させる。これを単振り子という。振れ幅が十分に小さいとき，おもりの運動は近似的に直線上の往復運動となり，単振動とみなせる。周期 T は，長さ l だけで決まる。

単振り子の周期

$$T=2\pi\sqrt{\frac{l}{g}} \quad \cdots ⑬⑤$$

l：単振り子の長さ　　g：重力加速度の大きさ

周期（式⑬⑤）の導出

図 111 のような質量 m のおもりの単振り子で，糸が鉛直のときのおもりの位置を原点 O にとり，円弧に沿って x 軸をとる。糸の鉛直からの傾きが角度 θ で座標 x の位置 P のとき，x 方向の加速度を a とし，おもりにはたらく力の x 成分を考え，運動方程式を作る。θ が十分小さいとき，$\sin\theta \fallingdotseq \theta=\dfrac{x}{l}$ も用いて

$$ma=-mg\sin\theta \fallingdotseq -\frac{mg}{l}x$$

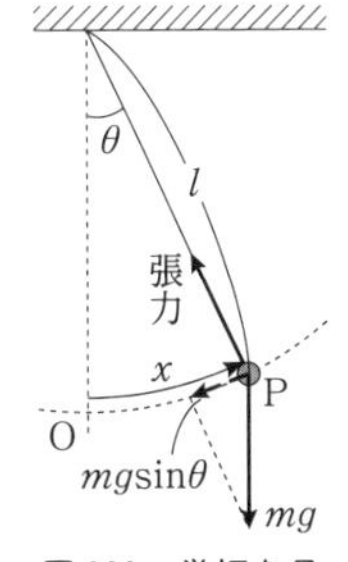

図 111　単振り子

振れ幅が十分小さく，x 軸が直線とみなせるとき，この式は単振動の式である。角振動数 ω，周期 T として，$a=-\omega^2x$ より

$$-m\omega^2x=-\frac{mg}{l}x \qquad \therefore\ \omega=\sqrt{\frac{g}{l}}$$

$$T=\frac{2\pi}{\omega}=2\pi\sqrt{\frac{l}{g}} \quad \cdots ⑬⑤$$

理解のコツ

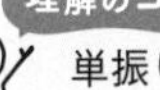

単振り子の周期を求める流れは，近似も含めて必ず自分でできるようになっておこう。そのうえで，周期の式は覚えてしまうこと。

参考 **近似①**

ここで近似という考え方が出てきた。これまで算数，数学で厳密に等号（＝）が成立する場合を学んできたので，気持ち悪く感じるであろう。しかし，自然現象を表す数式が常に厳密に解けるわけではない（高校までの数学では，解けるものだけを選んでいるというと言いすぎだろうか？）。または，厳密に解くと式が複雑になってしまう場合もある。そこで，近似的に解くことが大切になってくる。

例えば，$(1+x)^2$ という式について考える。もちろん $(1+x)^2=1+2x+x^2$ だが，$x=0.01$ とすると

$$(1+0.01)^2=1+2\times0.01+0.0001=1.0201$$

となり，最後の項（x の 2 乗の項）は，非常に小さくなる。x がさらに小さい極限を考えると，最後の項はさらに小さくなるので，2 乗（以上）の項を無視する。つまり，$|x|\ll1$（x が 1 より十分小さい）とき

$$(1+x)^2\fallingdotseq1+2x$$

とする。$x=0.01$ であれば，$(1+0.01)^2\fallingdotseq1+2\times0.01=1.02$ とする。これが，近似の考え方である。

三角関数の場合は，θ を〔rad〕で表し，θ が十分に小さいとき

$$\sin\theta\fallingdotseq\tan\theta \quad , \quad \sin\theta\fallingdotseq\theta \quad , \quad \cos\theta\fallingdotseq1$$

がよく使われる。例えば $\theta=0.01$ rad のとき，$\sin0.01\fallingdotseq0.01$，$\cos0.01\fallingdotseq1$ である $\left(\text{まれに } \cos\theta\fallingdotseq1-\dfrac{\theta^2}{2}\right.$ とすることがある$\left.\right)$。

演習22

水平右向きに一定の加速度 α で運動する電車の天井から長さ l の軽い糸をつるし，先端に質量 m のおもりをつり下げ静止させると，糸が鉛直線と θ の角をなす方向を向いた。重力加速度の大きさを g とする。

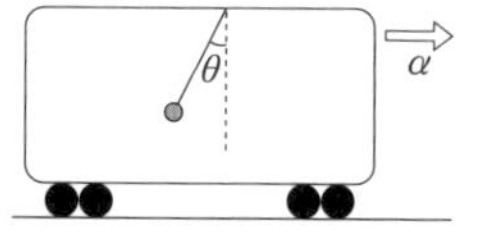

(1) $\tan\theta$ を求めよ。また，糸の張力の大きさを，m，g，α で求めよ。

おもりを，糸を張った状態で傾き角を θ より少しだけ大きくしてはなした。

(2) おもりはどのような運動をするか答えよ。

(3) おもりの振動の周期を，m，l，g，α のうち，必要な文字を用いて表せ。

解答 **(1)** 車内で観測すると，物体には，観測者の加速度と逆向きに大きさ $m\alpha$ の慣性力と，重力 mg および張力 S がはたらき，右図となる。これら 3 力のつり合いより　$\tan\theta=\dfrac{m\alpha}{mg}=\dfrac{\alpha}{g}$

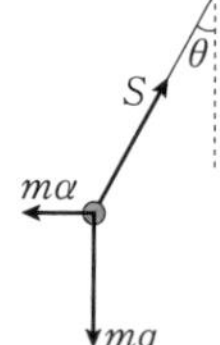

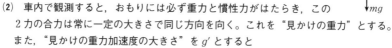

張力 S は　$S=\sqrt{(mg)^2+(m\alpha)^2}=m\sqrt{g^2+\alpha^2}$

(2) 車内で観測すると，おもりには必ず重力と慣性力がはたらき，この 2 力の合力は常に一定の大きさで同じ方向を向く。これを“見かけの重力”とする。また，“見かけの重力加速度の大きさ”を g' とすると

$$\text{見かけの重力の大きさ}=m\sqrt{g^2+\alpha^2}=mg' \qquad \therefore\ g'=\sqrt{g^2+\alpha^2}$$

合力の方向を車中で見た“下”と思えば考えやすい（⇒例題 96 参照）。

この振り子にとって，糸が θ 傾いた状態が，合力 0 の状態である。

ゆえに，糸が θ 傾いた方向を中心に単振動をする。

(3) 単振り子の周期 T' は　$T'=2\pi\sqrt{\dfrac{l}{g'}}=2\pi\sqrt{\dfrac{l}{\sqrt{g^2+\alpha^2}}}$

5 - いろいろな単振動

いろいろな復元力

例題121 復元力の比例定数が，定数の組み合わせになる場合に慣れる

断面積 s で円筒の浮きを，密度 ρ の液体に，(a)のように円筒の軸を鉛直にして浮かべて静止させた。このとき浮きの液中の長さは h であった。重力加速度の大きさを g とする。浮きが運動する際の水の抵抗は無視できるものとし，浮きは傾かず，常に軸が鉛直方向にあるとする。

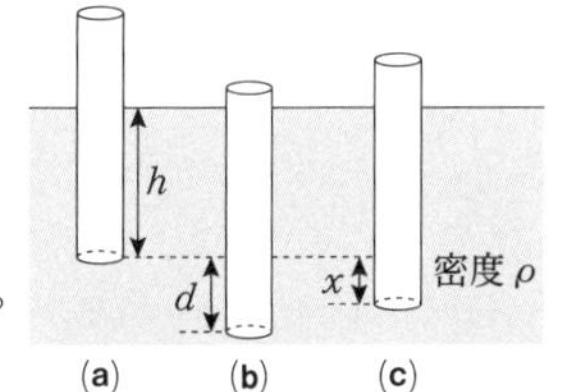

(1) 浮きが静止しているとき，浮きにはたらく浮力の大きさを h を用いて表せ。また，この浮きの質量を求めよ。

(b)のように，浮きを静止している状態より d だけ鉛直に押し下げてはなすと，振動した。浮きは，全体が液中に没することも，液体から飛び出ることもなかった。

(2) (c)のように，浮きが静止状態より x だけ下に沈んだ状態のとき，浮きの質量を m，加速度を a とし，鉛直下向きを正として運動方程式を作り，単振動することを示せ。

(3) この単振動の周期を，h，g で表せ。また振幅を求めよ。

(4) 静止状態より x だけ下に沈んだ状態（(c)の状態）のときの速さ v を，d，h，g で表せ。

(5) 浮きが単振動の上端に達したとき，浮きの液中の長さを求めよ。

解答 (1) 液中の浮きの体積は sh であるので，このときの浮力の大きさ f_0 は

$$f_0=\rho shg$$

質量を m として，力のつり合いより

$$mg-f_0=mg-\rho shg=0 \qquad \therefore \quad m=\rho sh \quad \cdots ①$$

(2) 浮力の大きさは $\rho sg(h+x)$ である。運動方程式は鉛直下向きを正として

$$ma=mg-\rho sg(h+x)$$

①式を用いて，式を整理すると　$ma=-\rho sgx \quad \cdots ②$

ρsg は定数なので，浮きは(a)の位置を中心とする単振動をする。

(3) 単振動の角振動数を ω，周期を T として，②式より

$$-m\omega^2x=-\rho sgx \qquad \therefore \quad \omega=\sqrt{\frac{\rho sg}{m}}=\sqrt{\frac{g}{h}} \quad (\because \quad ①式)$$

$$T=\frac{2\pi}{\omega}=2\pi\sqrt{\frac{h}{g}}$$

(a)の状態が単振動の中心で，d だけ沈んだ状態が最下点なので，振幅は　d

(4) ②式の右辺の比例定数より，復元力の位置エネルギーは $\frac{1}{2}\rho sgx^2$ である。単振動のエネルギー保存則より

$$\frac{1}{2}\rho sgd^2=\frac{1}{2}mv^2+\frac{1}{2}\rho sgx^2$$

$$\therefore\quad v=\sqrt{\frac{\rho sg}{m}(d^2-x^2)}=\sqrt{\frac{g}{h}(d^2-x^2)}\quad (\because\ ①式)$$

別解

浮力（非保存力）のグラフ（F-x グラフ）を描き，面積から仕事を求めて

力学的エネルギーの変化量＝非保存力のした仕事（浮力のした仕事）

としても解答できる。練習のためにやってみよう。

(5) 中心が $x=0$，振幅が d なので，上端に達したとき浮きの液中の長さは

$h-d$

振動が中途半端な位置から始まる単振動

単振動の中心を求め，単振動のエネルギー保存則を使う。

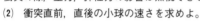

演習23

軽いばねの一端を床に固定し，他端に質量 m の板をつけ，ばねを鉛直にして板を静止させたとき，ばねは自然の長さより d だけ縮んだ。ばねは常に鉛直であり，重力加速度の大きさを g とする。

(1) このばねのばね定数を求めよ。

次に，質量 $2m$ の小球を，静止している板の鉛直上方 $12d$ より静かにはなす。小球と板は衝突し一体となり，その後，単振動をした。衝突は瞬間的に起こり，衝突の際，重力，弾性力の影響は無視できるものとする。

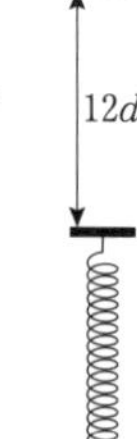

(2) 衝突直前，直後の小球の速さを求めよ。

(3) 単振動の周期を求めよ。

(4) この単振動の中心は，衝突した位置よりいくら下か求めよ。

(5) この単振動の振幅を求めよ。

解答 (1) ばね定数を k として，鉛直方向のつり合いより

$$kd-mg=0 \qquad \therefore\quad k=\frac{mg}{d}$$

(2) 衝突直前の小球の速さを v とする。力学的エネルギー保存則より

$$2mg\times 12d=\frac{1}{2}\times 2mv^2 \qquad \therefore\quad v=2\sqrt{6gd}$$

衝突直後の速さを V とすると，運動量保存則より

$$2mv=(2m+m)V \qquad \therefore\quad V=\frac{2}{3}v=\frac{4}{3}\sqrt{6gd}$$

(3) 質量 $3m$ の物体が，ばね定数 $k=\dfrac{mg}{d}$ のばねで単振動をする。

周期 T は式132より　　$T=2\pi\sqrt{\dfrac{3m}{k}}=2\pi\sqrt{\dfrac{3d}{g}}$

(4)　一体となった物体の質量は $3m$ なので，衝突前とつり合いの位置が変わる。つり合いの位置の，衝突の位置からの距離を x_2 とすると，鉛直方向のつり合いより

$$k(d+x_2)-3mg=0 \qquad \therefore\ \ x_2=\frac{3mg}{k}-d=2d$$

ここが，衝突後の単振動の中心であるから　　$2d$

(5)　振幅を A とする。単振動のエネルギー保存則より式を作り，k，V を代入して

$$\frac{1}{2}k(2d)^2+\frac{1}{2}\cdot 3mV^2=\frac{1}{2}kA^2 \qquad \therefore\ \ A=6d$$

2 物体の単振動

それぞれの物体ごとに運動方程式を作る。力を整理すると，それぞれの物体にはたらく力は復元力となるはずである。

演習24

鉛直にしたばね定数 k の軽いばねの下端を床に固定し，上端に質量 M の板 A をつけ，A の上に質量 m の物体 B をのせる。重力加速度の大きさを g とする。

まず，全体を静止させた。

(1)　このときの，ばねの自然の長さからの縮み x_0 を求めよ。

つり合いのときの A の位置を原点とし，鉛直上向きに x 軸をとる。A に B をのせたまま，つり合いの位置から s だけ鉛直に押し下げて静かにはなすと上昇し，ある位置で B は A から離れた。

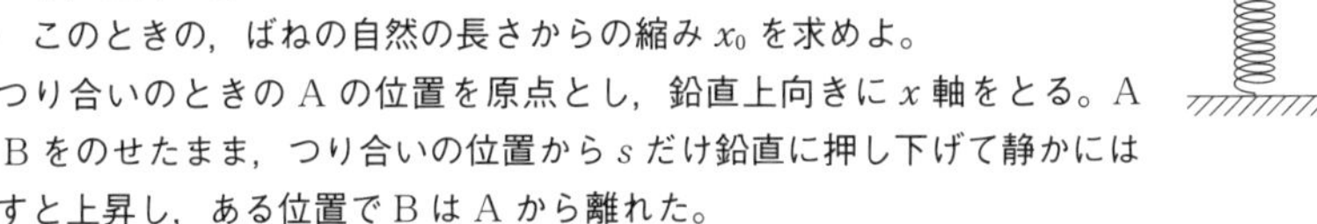

(2)　B が離れる前，A の位置が x のとき，A と B の加速度を a，A と B の間にはたらく力の大きさを f として，A，B の運動方程式を作れ。

(3)　はなしてから A が初めて $x=0$ の位置を通過するまでの時間を，M，m，k で表せ。

(4)　B が離れたときの x 座標と，そのときの速さを求めよ。x_0 を用いてよい。

解答 (1)　A と B を質量 $M+m$ の 1 つの物体と考える。物体にはたらく力のつり合いより

$$kx_0-(M+m)g=0 \qquad \therefore\ \ x_0=\frac{(M+m)g}{k} \quad \cdots①$$

(2)　x をどこにとっても答えは同じだが，考えやすいように，$x>0$ の位置で考える。また，初め，ばねは自然の長さより縮んでいるので，このときもそうであると仮定する。ばねの自然の長さからの縮みは x_0-x である。このとき A と B にはたらく力は，右図となる。これより運動方程式を作る。

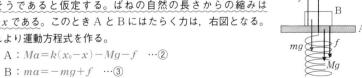

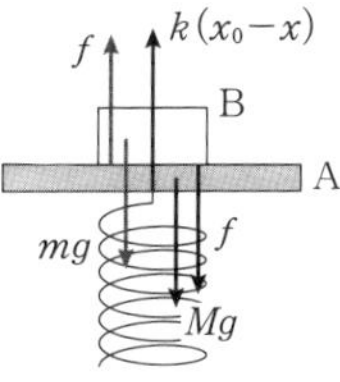

A：$Ma=k(x_0-x)-Mg-f$　…②

B：$ma=-mg+f$　…③

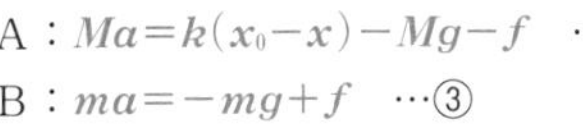

(3)　②＋③式に①式の x_0 を代入して

$$(M+m)a=k(x_0-x)-(M+m)g=-kx$$

A，B を一体と考えると単振動である。下端から中心を通過するまでの時間 t_0 は，単振動の周期の $\frac{1}{4}$ で

$$t_0=\frac{1}{4}\times2\pi\sqrt{\frac{M+m}{k}}=\frac{\pi}{2}\sqrt{\frac{M+m}{k}}$$

(4)　①〜③式より f を求めると　　$f=mg-\frac{mk}{M+m}x$

$f=0$ のとき B が A から離れるので，位置座標 x は

$$0=mg-\frac{mk}{M+m}x \qquad \therefore\ x=\frac{(M+m)g}{k}=x_0$$ （自然の長さのときである。）

このときの速さを v とすると，単振動のエネルギー保存則より

$$\frac{1}{2}ks^2=\frac{1}{2}kx_0^2+\frac{1}{2}(m+M)v^2 \qquad \therefore\ v=\sqrt{\frac{k}{M+m}(s^2-x_0{}^2)}$$

▶▶座標軸の原点が，単振動の中心と一致しない場合

単振動の中心が，座標の原点であるとは限らない（今までは，中心が原点になるように，あらかじめ設定してきた）。中心が原点と異なる場合，C，B を定数として運動方程式は

$$ma=-Cx+B \quad \cdots❶❸❻$$

となる。この場合，単振動の中心座標 x_C は，合力 $F=0$ より

$$0=-Cx_\mathrm{C}+B \qquad \therefore\ x_\mathrm{C}=\frac{B}{C} \quad \cdots❶❸❼$$

となる。この点をあらためて原点として，座標軸 x' をとると，運動方程式は，$ma=-Cx'$ となり，復元力の比例定数は C で変わらないので，角振動数や周期は同じである。

単振動の中心が座標原点と一致しない場合（C，B は定数）

運動方程式：$ma=-Cx+B$　…❶❸❻　，　**中心座標**：$x_\mathrm{C}=\frac{B}{C}$　…❶❸❼

角振動数：$\omega=\sqrt{\frac{C}{m}}$　，　**周期**：$T=2\pi\sqrt{\frac{m}{C}}$

例題122 原点が中心とずれる場合の式に慣れる

例題 119 と同じ状況で，自然の長さのときのおもりの位置を原点として鉛直下向きに X 軸をとる。おもりを $X=s$ まで引き下げて，静かにはなす。

(1) おもりが位置 X の点を通過するとき，加速度を a として運動方程式を作れ。

(2) 単振動の中心の位置座標，振幅，周期を求めよ。

(3) 単振動の上端の位置座標を求めよ。

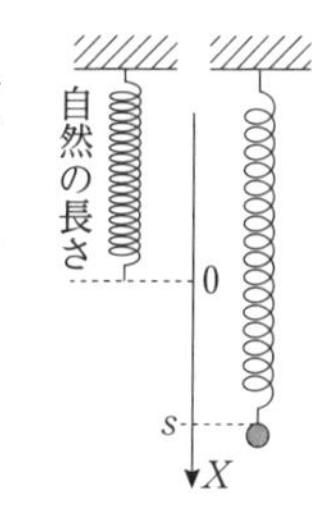

解答 例題 119 と同じばね振り子なので，おもりは単振動をする。

(1) $ma=-kX+mg$

(2) 中心は合力 0（加速度も 0）の点なので，位置座標を X_0 とすると

$$0=-kX_0+mg \qquad \therefore \quad X_0=\frac{mg}{k}$$

下端（速度 0）が $X_B=s$，中心が X_0 なので，振幅 A は

$$A=X_B-X_0=s-\frac{mg}{k}$$

復元力の比例定数 k，おもりの質量 m より周期 T は $\quad T=2\pi\sqrt{\dfrac{m}{k}}$

(3) 上端の位置座標 X_T は，中心より A だけ上なので

$$X_T=X_0-A=-s+\frac{2mg}{k}$$

ばねの両端につけられた物体の単振動

図 112 (a)のようにばね定数 k のばねの両端につけられた物体の運動を考える。いろいろな解法があるが，重心から見て解く方法を紹介する。

2 つの物体の重心 G は，外力がはたらかないため速度 v_G で等速直線運動をする。重心にいる観測者から見ると慣性系である。ゆえに図(b)のように，重心から見て 2 本のばね（ばね定数は長さに反比例する。⇒「②❹-**弾性力**」参照）につけられた物体が，それぞれ単振動をしていると考えればよい。次の演習問題で練習しよう。

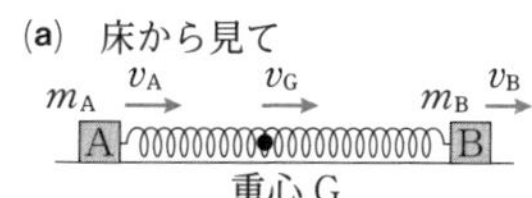

図 112 ばねの両端の物体の運動

理解のコツ

重心にいる観測者は，自分は静止していると思えばよくて，2 つのばねと物体の運動を別々に考えるんだ。それぞれは単純なばね 1 本におもり 1 つの単振動だよ。重心から見た運動に，重心の運動を加えれば，床から見た運動になるよ。

演習25

水平でなめらかな面上に，両端にそれぞれ質量 m の物体A，Bがつけられたばね定数 k の軽いばねがある。ばねが自然の長さの状態で，Aに瞬間的に力を加えて速度 v_0 にした。このときを時刻 $t=0\,\mathrm{s}$ とする。図の右向きを正とする。

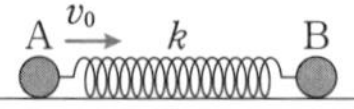

(1) $t=0\,\mathrm{s}$ で，重心から見たA，Bの速度を求めよ。

(2) 初めてばねが最も縮むときの時刻を求めよ。

(3) 時刻 t でのBの速度 v_B を求めよ。

解答 (1) 重心の速度 $v_\mathrm{G}=\dfrac{mv_0+0}{m+m}=\dfrac{v_0}{2}$ であるので，$t=0\,\mathrm{s}$ で重心から見た相対速度は

$$\mathrm{A}:v_0-\frac{v_0}{2}=\frac{v_0}{2}\quad,\quad \mathrm{B}:0-\frac{v_0}{2}=-\frac{v_0}{2}$$

(2) A，Bの質量が等しいので，重心Gは常にA，Bの中点である。重心から見て，半分の長さのばね（ばね定数 $2k$）にA，Bがつけられて，それぞれ単振動をすると考える。$t=0\,\mathrm{s}$ で右図の状態である。このときばねは自然の長さであるので，単振動の中心である。それぞれの単振動の周期 $T=2\pi\sqrt{\dfrac{m}{2k}}$ であるので，最も縮んだときの時刻 t_1 は

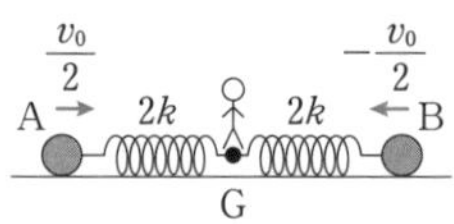

$$t_1=\frac{T}{4}=\frac{\pi}{2}\sqrt{\frac{m}{2k}}$$

(3) 重心Gから見た単振動の角振動数は $\sqrt{\dfrac{2k}{m}}$ である。重心から見てBは，$t=0\,\mathrm{s}$ で速度 $-\dfrac{v_0}{2}$ で，ばね定数 $2k$ のばねで単振動する。時刻 t で重心から見たBの速度 u_B は

$$u_\mathrm{B}=-\frac{v_0}{2}\cos\sqrt{\frac{2k}{m}}\,t$$

これより，床から見た速度 v_B は　$v_\mathrm{B}=v_\mathrm{G}+u_\mathrm{B}=\dfrac{v_0}{2}\left(1-\cos\sqrt{\dfrac{2k}{m}}\,t\right)$

第2章 波動

SECTION 1 波の性質で
波動の基本をしっかり理解しよう。
この基本を元に，
音波や光波の現象について学ぼう。

波の性質

1 - 波動の基本

波の伝わり方と媒質

図1のように，一定間隔でおもり（0～8）をつけたゴムひもの一端を壁に固定して水平に張り，左端（おもり0）を周期 T で上下に振動させる。ゴムひもにつけられたおもりに振動が伝わり，**波**が発生し移動していく。波の発生源（おもり0）を**波源**，波を伝える物質（ゴムひも，おもり）を**媒質**という。波は**媒質のその場の振動が，隣の媒質に遅れて伝わっていく現象**である。おもり0に対して，おもり4は時間 $\dfrac{T}{2}$ だけ，おもり6は時間 $\dfrac{3T}{4}$ だけ遅れた振動をする。

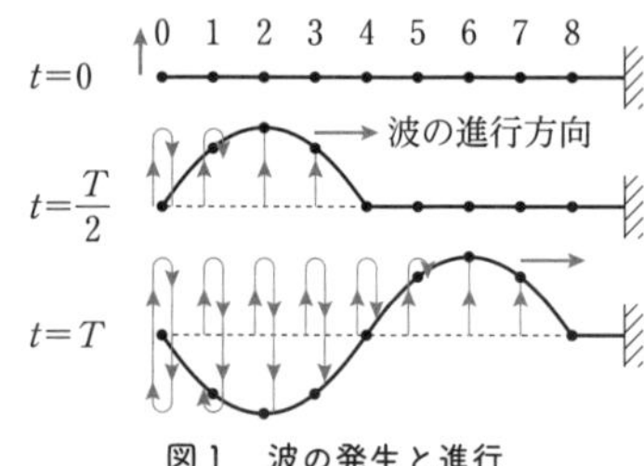

図1　波の発生と進行

媒質の振動が単振動のとき，波の形はサインカーブになる。この波を**正弦波**という。以後，特に断らない限り，正弦波を扱うものとする。

理解のコツ

媒質はその場で単振動をするだけで移動しない。球場などでのウェーブを想像するといいよ。人はその場で上下に運動しているだけで，隣の人が少しずつ遅れて運動することで波が進んでいくように見えるんだ。このことは波を考える際にとても重要だよ。

波の要素

x 軸を伝わる波を考える。図2は**ある時刻での媒質の変位** y（振動していない状態からの変位）を，横軸に**位置** x をとって表したもので，**波形（波の形）**を表す。変位が正に最大となるところを**山**，負に最大となるところを**谷**という。波はこの形を保ったまま図の右（または左）へ移動する。**移動する速さを** v〔m/s〕とする。波1個分の長さを**波長** λ〔m〕という。A〔m〕が波の**振幅**で，媒質の単振動の振幅である。

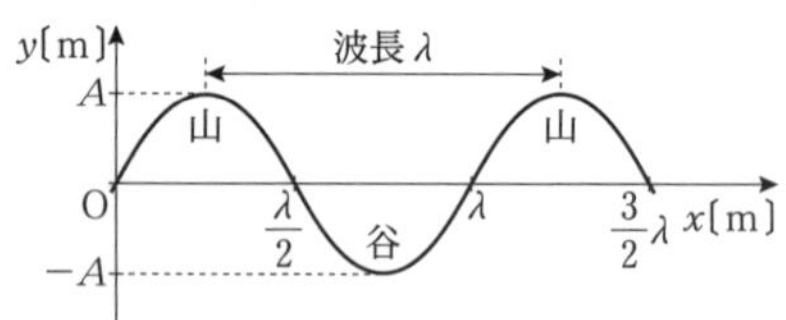

図2　y-x グラフ：ある時刻での波形

波の媒質の振動は1波長ごとに同じ変位（同じ位相）になる。つまり**1波長ごとに**

同じことを繰り返す。

図3は，ある点の媒質の変位 y を，横軸に時刻 t をとって表したもので，ある1点の媒質の単振動の様子を表す。媒質の単振動の周期，振動数がそのまま波の周期 T〔s〕，振動数 f〔Hz〕となる。当然，$f=\dfrac{1}{T}$ である。波は1周期ごとに同じことを繰り返す。

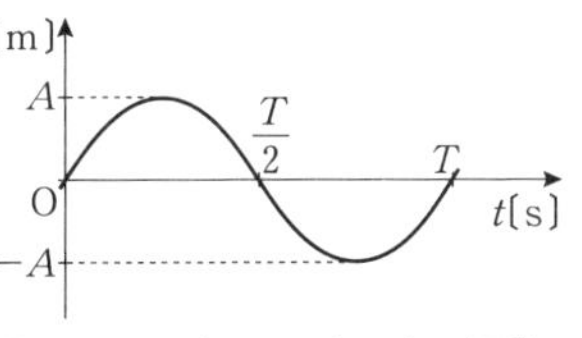

図3　y-t グラフ：ある点の振動

理解のコツ

波動のグラフでは，まず横軸をチェックすること。横軸が位置 x なら“ある時刻での波形”，横軸が時刻 t なら“ある点の媒質の振動”を表すんだ。グラフから波の状態を想像できるようになることが大切だよ。

波の進み方

図1からもわかるように，媒質が周期 T で1回振動すると，波は1波長 λ だけ進む。これは，大切な性質である。またこのことより波が移動する速さ v を考えると，以下のようになる。

波の進み方，速さ

波は1周期 T〔s〕で，1波長 λ〔m〕進む。

波の速さ v〔m/s〕：$v=\dfrac{\lambda}{T}$ …❶ ，$v=f\lambda$ …❷

例題123 波の基本を理解する

x 軸の正の向きに進む波がある。図は時刻 $t=0$ s での波形である。波の周期は，0.20 s である。

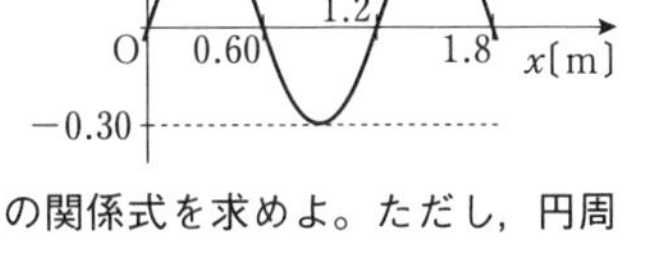

(1) この波の振幅，波長，振動数，速さを求めよ。

(2) 時刻 $t=0.15$ s の波形を，図と同じ範囲で描け。

(3) 原点（$x=0$）の媒質の変位 y と時刻 t の関係を $t=0$～0.20 s の範囲でグラフに描け。また，y と t の関係式を求めよ。ただし，円周率を π とする。

(4) $x=2.7$ m の点で，時刻 $t=0.30$ s のときの変位 y を求めよ。

(5) 原点の振動が，$x=2.7$ m の点まで伝わる時間を求めよ。

(6) (4)の答えを，(3)で求めた式と(5)の結果を利用して計算で求める方法を考えよ。

解答 (1) 問題の図より，振幅 $A=0.30$ m，波長 $\lambda=1.2$ m，問題文より，周期 $T=0.20$ s である。振動数 f と速さ v は

$f=\dfrac{1}{T}=\dfrac{1}{0.20}=5.0\,\mathrm{Hz}$

$v=f\lambda=5.0\times1.2=6.0\,\mathrm{m/s}$

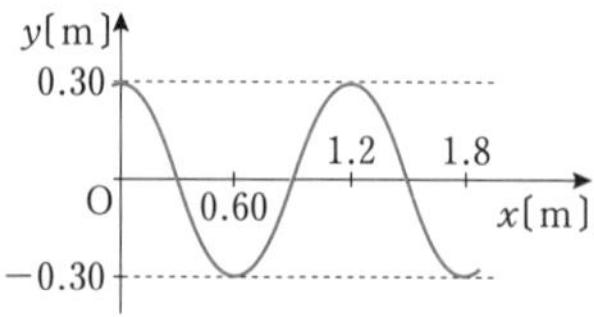

(2) $0.15\,\mathrm{s}=\dfrac{3}{4}T$ なので，波は $\dfrac{3}{4}\lambda=0.90\,\mathrm{m}$ だけ進む。ゆえに，問題の図を 0.90 m だけ x 軸の正の向きに移動させる。右図となる。

(3) 媒質の各点は単振動をしている。原点 $(x=0)$ の媒質は，時刻 $t=0\,\mathrm{s}$ のとき，変位 $y=0\,\mathrm{m}$ で，少し時間が経過した後のことを考えると，$t=0\,\mathrm{s}$ での媒質の振動方向は y 軸負の向きであるので，右図となる（次項「▶▶媒質の運動」で詳しく学ぼう）。

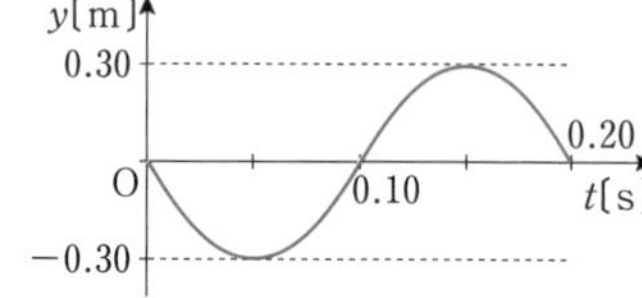

媒質の単振動の角振動数 ω は

$\omega=\dfrac{2\pi}{T}=\dfrac{2\pi}{0.20}=10\pi\,\mathrm{[rad/s]}$

ゆえに

$y=0.30\sin(\omega t+\pi)=-0.30\sin10\pi t$

(4) $x=2.7=2\lambda+0.30$ より，$x=0.30\,\mathrm{m}$ の点と同じ振動で，$t=0.30=T+0.10$ より，$t=0.10\,\mathrm{s}=\dfrac{T}{2}$ のときと同じ変位となる。ゆえに波形は問題の図と正負が逆で，$x=0.30\,\mathrm{m}$ の変位は

$y=-0.30\,\mathrm{m}$

(5) 波の速さ $v=6.0\,\mathrm{m/s}$ より，$x=2.7\,\mathrm{m}$ の点まで伝わる時間 t_1 は

$t_1=\dfrac{x}{v}=\dfrac{2.7}{6.0}=0.45\,\mathrm{s}$

(6) (5)の結果より，$x=2.7\,\mathrm{m}$ の点では，原点の振動が $t_1=0.45\,\mathrm{s}$ だけ遅れて伝わる。時刻 $t=0.30\,\mathrm{s}$ の振動は，原点の $t=0.30-0.45=-0.15\,\mathrm{s}$ のときの振動と同じである。(3)の式に $t=-0.15\,\mathrm{s}$ を代入して

$y=-0.30\sin10\pi(0.30-0.45)=-0.30\sin(-1.5\pi)=-0.30\,\mathrm{m}$

▶▶媒質の運動

例題 123(3)で，原点の単振動の状態について理解できただろうか？　ここでは媒質の単振動の状態について考えてみる。

x 軸の正の向きに進む波のある時刻の波形が図 4(a)であるとする。媒質の各点が，この瞬間に単振動のどの状態にあるかを考える。

波は，少し時間が経過すると図(b)の実線のように移動する。媒質の各点の単振動を考えると，それぞれの点は図の矢印のような速度をもつ。

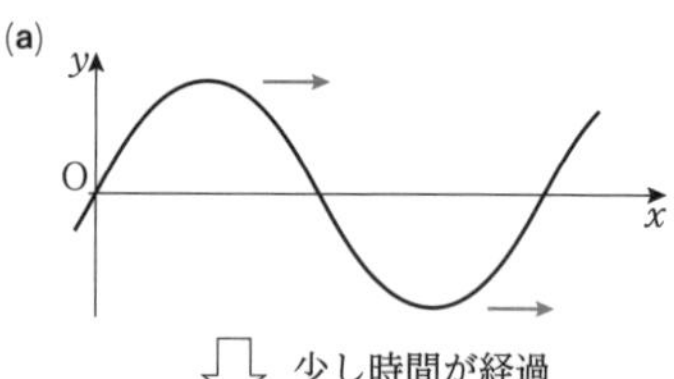

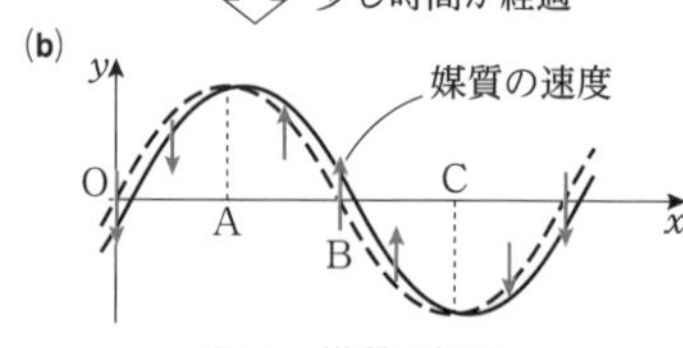

図 4　媒質の振動

例えば原点Oは，単振動の中心を y 軸の負の向きに運動しており，Bは逆に y 軸の正の向きに運動している。またA，Cは，単振動の端なので，速度は0である。

理解のコツ

ここでもグラフの意味が大切になる。y-x グラフは波形を示しているから，時間が経つと，波は同じ形のままで移動するよ。これより媒質の各点の運動の状態を想像できるようになろう。

例題124　波形のグラフから媒質の動きを想像する

x 軸の正の向きに進む波がある。時刻 $t=0\,\mathrm{s}$ での波形が，右図である。a～fの区間で，媒質各点の運動について考える。

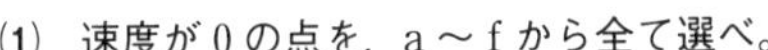

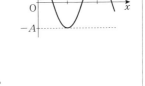

(1)　速度が0の点を，a～fから全て選べ。

(2)　速度が上向き（y 軸の正の向き）で最大である点を，a～fから全て選べ。

(3)　速度が下向きの範囲を，a～fの記号を使って表せ。

(4)　加速度が，上向きで最大である点を，a～fから選べ。

(5)　加速度が上向きの範囲を，a～fの記号を使って表せ。

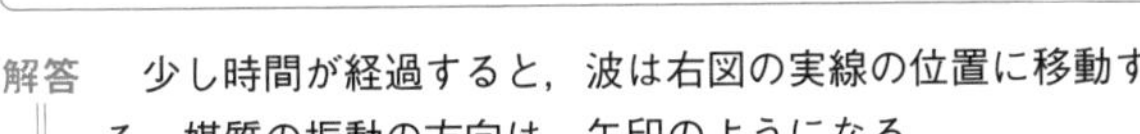

解答　少し時間が経過すると，波は右図の実線の位置に移動する。媒質の振動の方向は，矢印のようになる。

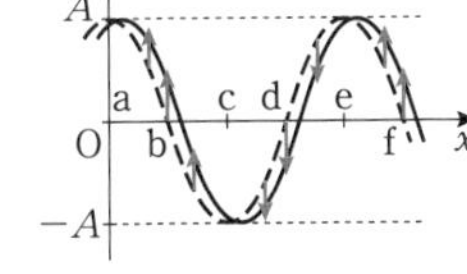

(1)　媒質の単振動の速度が0となるのは，上端と下端である。ゆえに　a，c，e

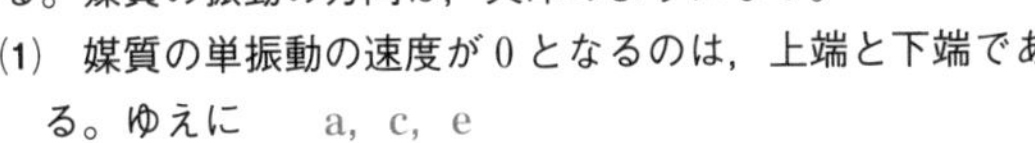

(2)　媒質の単振動の速度が最大になるのは，$y=0$ のところで，上向きで最大になるのは　b，f

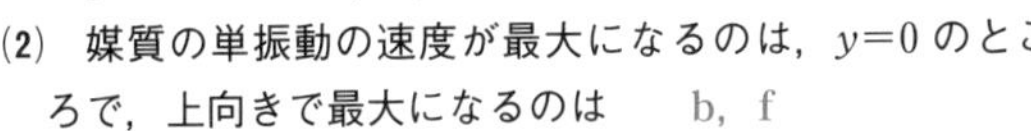

(3)　媒質の単振動の速度が下向きなのは

c～eの区間（c，eは除く）

(4)　単振動の加速度は，媒質の変位 $y>0$ で負，$y<0$ で正であり，最大になるのは，上端と下端である。ゆえに，加速度が上向きで最大なのは　c

(5)　単振動の加速度は，変位 $y<0$ の区間で上向きである。ゆえに

b～dの区間（b，dは除く）

例題125　y-t グラフから波の状態を考える

x 軸の正の向きに，速さ $v=2.0\,\mathrm{m/s}$ で進む波がある。x 軸の原点Oの振動の変位 y〔m〕と，時刻 t〔s〕の関係が図のようであった。円周率を π とする。

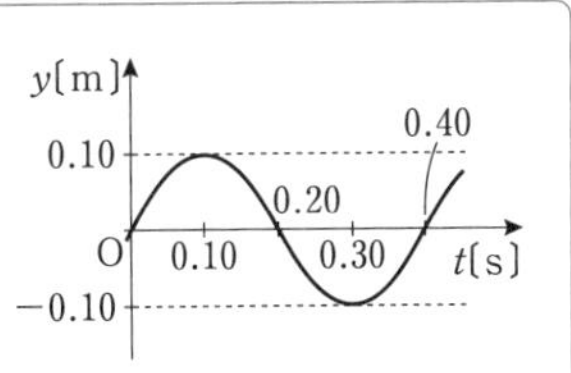

(1)　波の波長 λ〔m〕，振動数 f〔Hz〕を求めよ。

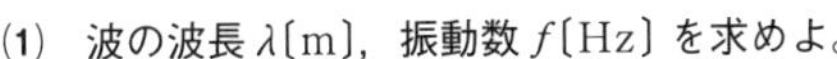

(2)　時刻 $t=0\,\mathrm{s}$，および時刻 $t=0.30\,\mathrm{s}$ のときの波形（y-x グラフ）を，それぞれ1.5波長分描け。

(3)　t〔s〕のときの原点Oの変位 y〔m〕を表す式を作れ。

(4) 時刻 $t=0.30\,\mathrm{s}$ での，原点の変位の位相を求めよ。
(5) $x=0.20\,\mathrm{m}$ の点での，変位 y〔m〕と時刻 t〔s〕の関係のグラフを描け。
(6) 時刻 $t=0.30\,\mathrm{s}$ で，$x=0.20\,\mathrm{m}$ の点の変位の位相を求めよ。

解答 (1) 問題の図より波の周期 $T=0.40\,\mathrm{s}$ である。波長 λ〔m〕，振動数 f〔Hz〕は

$$\lambda=vT=2.0\times0.40=0.80\,\mathrm{m} \quad , \quad f=\frac{1}{T}=\frac{1}{0.40}=2.5\,\mathrm{Hz}$$

(2) 問題の図より，時刻 $t=0\,\mathrm{s}$ で原点の媒質の変位 y は $0\,\mathrm{m}$ で，$t=0\,\mathrm{s}$ 以降，まず y 軸の正の向きに振動することを考慮して $t=0\,\mathrm{s}$ の波形を描くと図1となる。時刻 $t=0.30\,\mathrm{s}$ の波形は，$t=0\,\mathrm{s}$ の波形が $vt=2.0\times0.30=0.60\,\mathrm{m}$ だけ，x 軸の正の向きに移動したものであり，図2となる。または，$0.30\,\mathrm{s}=\frac{3}{4}T$ より，$\frac{3}{4}\lambda=0.60\,\mathrm{m}$ 移動すると考えてもよい。

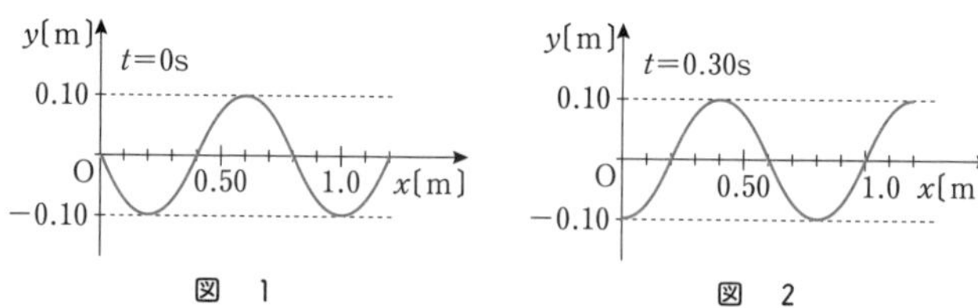

図 1　　図 2

(3) 単振動の角振動数 ω は　$\omega=\frac{2\pi}{T}=\frac{2\pi}{0.40}=5.0\pi$

問題の図より，原点の単振動の式を作る。

$y=0.10\sin5.0\pi t$ …①

(4) ①式の正弦関数の変数部分が位相である。ゆえに原点の時刻 t のときの位相 φ は

$\varphi=5.0\pi t$ …②

$t=0.30$ を代入して

$\varphi=5.0\pi\times0.30=1.5\pi$

(問題の図より，原点の $t=0.30\,\mathrm{s}$ の変位は $y=-0.10\,\mathrm{m}$ で，これは図3の単振動を考える際の円運動の点Aにあたる。ゆえに位相は $270°=1.5\pi$ である。)

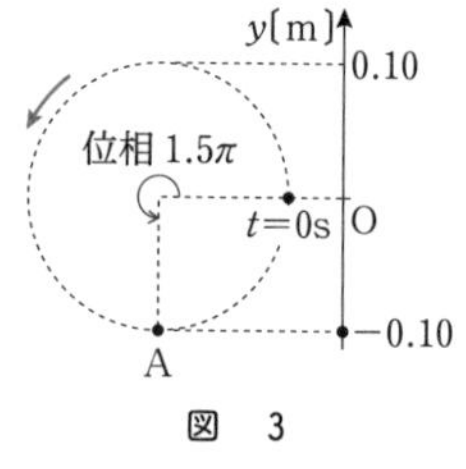

図 3

(5) $x=0.20\,\mathrm{m}$ の点の，時刻 $t=0\,\mathrm{s}$ での変位は，図1より $y=-0.10\,\mathrm{m}$ である。ゆえに，時間変化は図4となる。

(6) 原点の振動が $x=0.20\,\mathrm{m}$ の点に伝わるまでの時間は，$\frac{0.20}{2.0}=0.10\,\mathrm{s}$ である。この時間だけ遅れた振動をするので，位相は②式より

$\varphi=5.0\pi(0.30-0.10)=\pi$

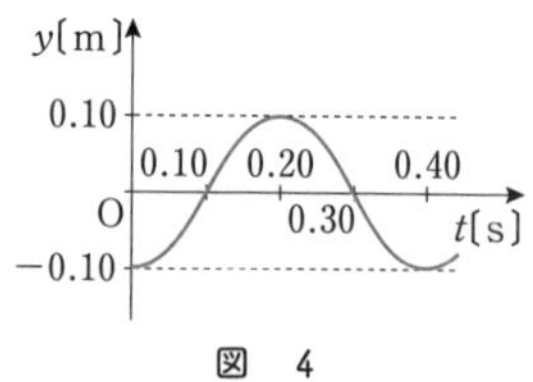

図 4

((5)のグラフから考えても，$t=0.30\,\mathrm{s}$ での振動の変位は，正から負に変わるときである。ゆえに位相は $180°=\pi$ である。)

❷-波の式

時刻 t で，位置 x の媒質の変位 y が求められる式を**波の式**という。つまり

$$y=f(x,\ t)$$

である。波の式を以下の手順で考えてみよう。

x 軸の正の向きに速さ v で進み，時刻 $t=0$ での波形が図5の波を考える。振幅 A，波長 λ，周期 T とする。

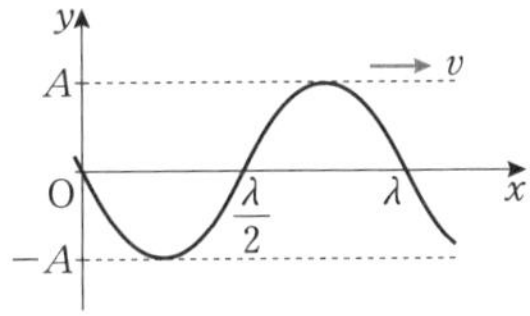

図5　$t=0$ の波形

① 原点の振動を y-t グラフにする。$t=0$ で原点は y 軸正の向きに動くので，図6となる。

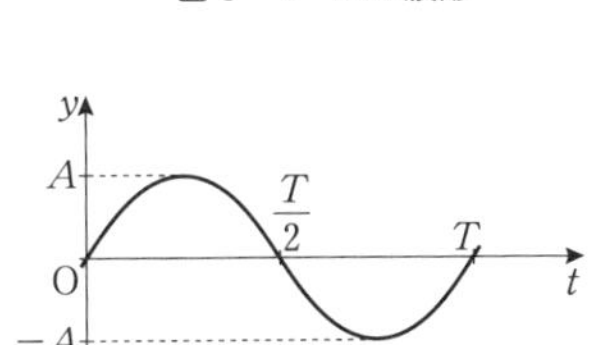

図6　原点の振動

② 原点の振動を式にする。単振動の角振動数 $\omega=\dfrac{2\pi}{T}$ より

$$y=A\sin\omega t=A\sin\frac{2\pi}{T}t \quad \cdots❸$$

③ 波の速さは v なので，原点の振動が位置 x の媒質まで伝わる時間 $\varDelta t$ は，$\varDelta t=\dfrac{x}{v}$ である。位置 x の媒質は原点より $\varDelta t$ だけ遅れた振動をする。ゆえに位置 x の媒質の変位 y は式❸の t を $t-\varDelta t$ に置き換えて，さらに式❶を変形した $vT=\lambda$ を代入して整理して求める。

$$y=A\sin\frac{2\pi}{T}(t-\varDelta t)=A\sin\frac{2\pi}{T}\left(t-\frac{x}{v}\right)=A\sin2\pi\left(\frac{t}{T}-\frac{x}{\lambda}\right) \quad \cdots❹$$

この式が，位置 x と時刻 t を指定すると，変位 y が計算できる波の式である。

波の式（x 軸の正の向きに進む波）

$$\boldsymbol{y=A\sin2\pi\left(\frac{t}{T}-\frac{x}{\lambda}\right)} \quad \cdots❹$$

y：媒質の変位　x：媒質の位置　t：時刻
A：振幅　T：周期　λ：波長

▶初期位相

図5の波では，時刻 $t=0$ で原点（$x=0$）の媒質の振動の位相が0であった。ゆえに原点の振動の式が❸で $y=A\sin\dfrac{2\pi}{T}t$ となるが，いつもそうとは限らない。時刻 $t=0$ を，どの瞬間にとってもよいからである。時刻 $t=0$ での原点の振動の位相 α を**初期位相**という。原点の振動が $y=A\sin\left(\dfrac{2\pi}{T}t+\alpha\right)$ となるので，波の式は

$$y=A\sin2\pi\left(\frac{t}{T}-\frac{x}{\lambda}+\alpha\right) \quad \cdots❺$$

例題126 波の式を作り，意味を考える

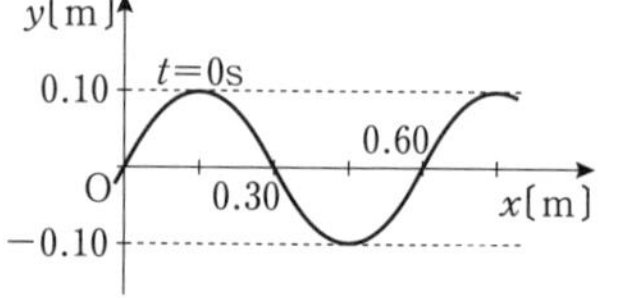

右図は x 軸の正の向きに進む波の，時刻 $t=0\,\mathrm{s}$ における波形である。振動数 $f=10\,\mathrm{Hz}$ とする。

(1) この波の波長 λ，速さ v を求めよ。

(2) 原点 ($x=0$) の媒質の変位 y を，横軸に t をとり，図に描け。また，変位 y を時刻 t の式で表せ。

(3) 時刻 $t=0\,\mathrm{s}$ における原点の単振動の位相を求めよ。

(4) 位置 x の点では，原点の振動に対して遅れた振動をする。遅れの時間を求めよ。

(5) (2)，(4)より x の点での変位 y を時刻 t の式（波の式）で表せ。

(6) $x=0.45\,\mathrm{m}$ の点での，時刻 $t=0.15\,\mathrm{s}$ のときの変位を求めよ。

(7) 時刻 $t=0.075\,\mathrm{s}$ のときの波形を描け。また，変位 y と x の関係式を求めよ。

(8) この波が，x 軸の負の向きに進む波であるとすれば，(5)の波の式はどうなるか求めよ。ただし，時刻 $t=0\,\mathrm{s}$ における波形は図と同じであるとする。

解答 (1) 問題の図より　$\lambda=0.60\,\mathrm{m}$　，　$v=f\lambda=10\times0.60=6.0\,\mathrm{m/s}$

(2) 時刻 $t=0\,\mathrm{s}$ で，$x=0$ の点の媒質は下向きの速度をもっているので，右図となる。

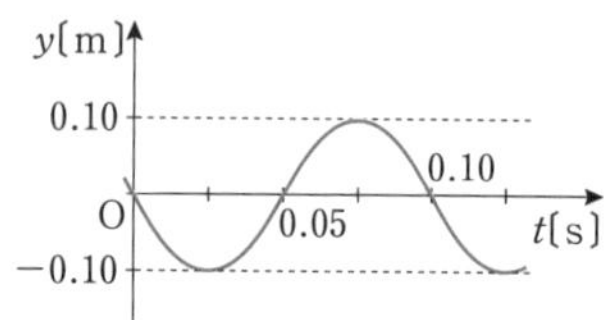

角振動数 $\omega=2\pi f=20\pi\,[\mathrm{rad/s}]$ より

$y=-0.10\sin20\pi t$　…①

(3) 時刻 $t=0\,\mathrm{s}$ で，原点の振動の変位は $y=0$ で，y 軸負の向きに向かうので，位相は　π

別解

①式より

$$y=-0.10\sin20\pi t=0.10\sin(20\pi t+\pi)$$

ゆえに，位相は　π

(4) 距離 x だけ進む時間なので，遅れの時間は　$\dfrac{x}{v}=\dfrac{x}{6.0}\,[\mathrm{s}]$

(5) ①式の時間 t が $\dfrac{x}{6.0}\,[\mathrm{s}]$ 遅れるので　$y=-0.10\sin20\pi\left(t-\dfrac{x}{6.0}\right)$　…②

別解

(3)より初期位相が π であるので，式❺より

$$y=0.10\sin\left\{20\pi\left(t-\frac{x}{6.0}\right)+\pi\right\}=-0.10\sin20\pi\left(t-\frac{x}{6.0}\right)$$

(6) 波の式（②式）に値を代入する。

$$y=-0.10\sin20\pi\left(0.15-\frac{0.45}{6.0}\right)=-0.10\sin1.5\pi=0.10\,\mathrm{m}$$

(7) ②式に $t=0.075$ を代入する。

$$\boldsymbol{y}=-0.10\sin 20\pi\left(0.075-\frac{x}{6.0}\right)$$

$$=0.10\sin\left(\frac{2\pi x}{0.60}-1.5\pi\right)=\mathbf{0.10\cos\frac{2\pi x}{0.60}}$$

これを横軸に x をとってグラフにすると，右図となる。

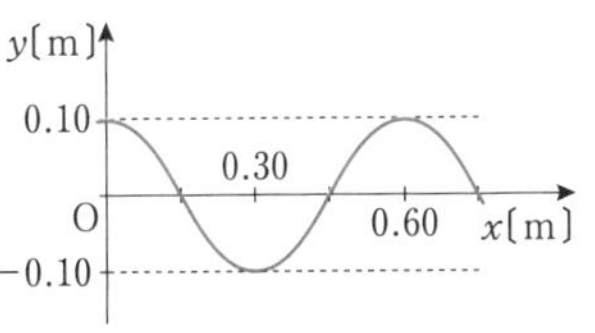

((6)，(7)は式を使わず，図から考えることもできるが，波の式の意味をつかむ練習と思って解いてほしい。)

(8) x 軸の負の向きに進むとすると，時刻 $t=0$ s で，原点の媒質の振動は上向きの速度をもつ（初期位相 0 である）。ゆえに原点の媒質の時刻 t での変位 y は

$$y=0.10\sin 20\pi t$$

位置 x の点では，$x=0$ の点より，時間にして $\frac{x}{v}=\frac{x}{6.0}$〔s〕だけ早い振動をしているので，波の式は

$$y=0.10\sin 20\pi\left(t+\frac{x}{6.0}\right)$$

x 軸の負方向に進む波の式

例題 126 (8)のように，x 軸の負の向きに進む波の式は

$$y=A\sin 2\pi\left(\frac{t}{T}+\frac{x}{\lambda}+\alpha\right) \quad \cdots ❻$$

となる。ただし，ある時刻の波形が同じでも，波の進む向きによって初期位相 α は異なる。波の動きに注意して，初期位相を考えること。

3 - 横波と縦波

図 7 のように，**波の進行方向と媒質の振動方向が垂直な波を横波**という。これまで図に表したり考えたりしてきた波は，基本的に横波である。これに対し，**波の進行方向と媒質の振動方向が平行な波を縦波**という。

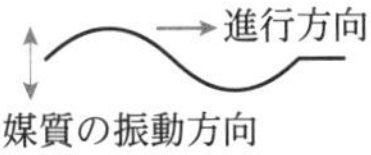

進行方向
媒質の振動方向
図 7　横波

▶▶縦波の動き

図8のように，ばねの一端をばねと平行に振動させる。ばねの各点は少しずつ遅れて振動し，ばねが密集した部分とまばらな部分ができて伝わっていく。これが**縦波**である。媒質が密集した部分を**密**(みつ)，まばらな部分を**疎**(そ)という。**縦波は密と疎な部分が交互に並んで伝わっていくので**，**疎密波**ともいう。

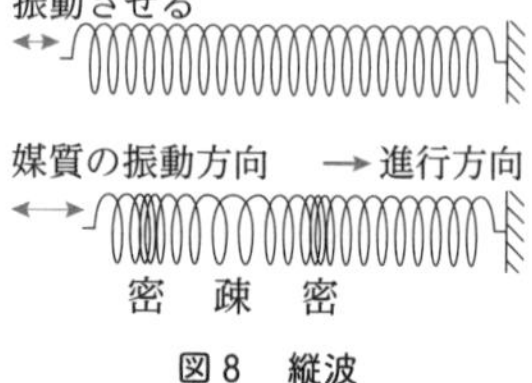

図8　縦波

横波と縦波

波の進行方向と媒質の振動方向が　横波—垂直　縦波—平行
縦波：媒質の“密”と“疎”な部分が交互に並んで伝わっていく。

▶▶縦波の横波表示

図9(a)は，ある時刻での縦波の媒質に適当な間隔で点をとって，それぞれの変位を矢印で表したものである。変位が進行方向（x 軸）と平行であるので見づらい。また，点の間にも媒質があるが，変位が表現しにくい。そこで，図(b)のように**媒質の x 軸方向の変位を 90° 反時計回りに回転させて，y 軸方向の変位に置き換える**。点の間の媒質の変位も考えて，変位を曲線で表す。つまり横波のように表す。これを**縦波の横波表示**という。

(a)　縦波の媒質の変位

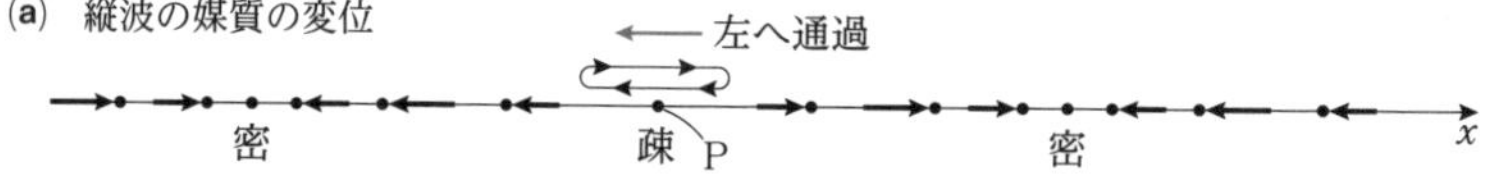

(b)　横波表示

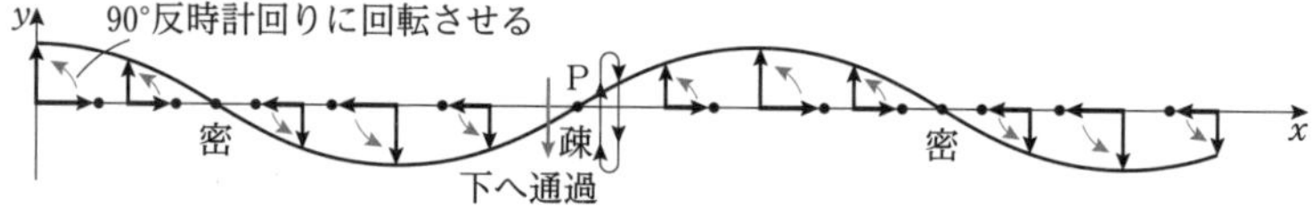

図9　縦波の横波表示

媒質の動きも，この図(b)から考えることができる。例えば図中の点Pの媒質の動きを横波として考えると，図の時刻で中心を y 軸負の向きに通過しているが，縦波では x 軸負の向きに通過している。

理解のコツ

少し複雑だけど，しっかりと整理して考えよう。縦波の x 軸方向の振動を，横波のように y 軸方向の振動として，正負の向きも一致させて考えるんだ。
ちなみに，振動の方向以外は，横波も縦波も法則等に違いはないと考えていいよ。波について考えるとき，特に断りがない限り，横波を頭に浮かべて考えてOKだよ。

例題127 縦波の媒質の動きが理解できるようになる

x 軸の正の向きに進む縦波がある。図は時刻 $t=0\,\text{s}$ での波形を表している。ただし，媒質各点の x 軸方向の変位を y 軸方向の変位に置き換えて表している。振動数は $2.8\times10^2\,\text{Hz}$ である。

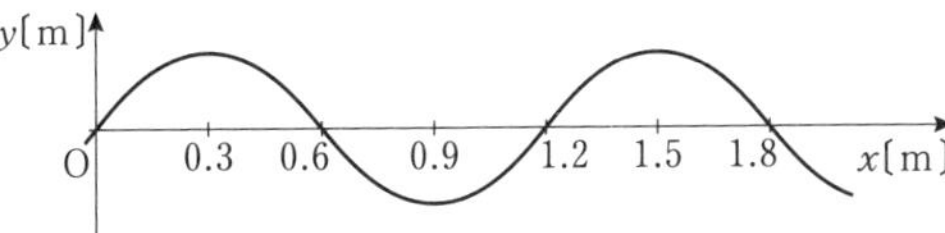

(1) この波の速さを求めよ。

(2) 時刻 $t=0\,\text{s}$ で以下の①～⑤に該当する媒質の x 座標を，$0\leqq x\leqq1.8$ の範囲で答えよ。

① 密な位置
② 疎な位置
③ 媒質の速度が波の進む向きと逆向きに最大である点
④ 媒質の速度が 0 である点
⑤ 媒質の加速度が波の進む向きに最大である点

解答 (1) 問題の図より波長 $\lambda=1.2\,\text{m}$ である。振動数 $f=2.8\times10^2\,\text{Hz}$ より，波の速さ v は

$v=2.8\times10^2\times1.2=336\fallingdotseq3.4\times10^2\,\text{m/s}$

(2) 媒質の x 軸方向の変位を矢印で表すと，下図となる。これより，媒質の各点の振動の状態を考える。

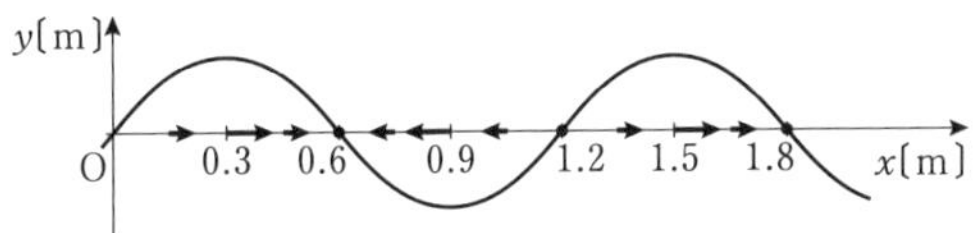

① 上図より，密な位置は　$x=0.6,\ 1.8\,\text{m}$

② 同様に，疎な位置は　$x=0,\ 1.2\,\text{m}$

③ 横波と同様に，少し時間が経過した状態を考えて媒質の振動方向を考える。速度が最大なのは，$y=0$ の点で，進む向きと逆（x 軸の負の向き）の速度をもつのは，上図では y 軸の負の向きの速度をもつように表現される。

$x=0,\ 1.2\,\text{m}$

④ 速度が 0 である点は，変位が最大の点なので　$x=0.3,\ 0.9,\ 1.5\,\text{m}$

⑤ 加速度が最大なのは変位が最大の点である。加速度が正の向き（進む向き）なのは，変位が負の点であるので　$x=0.9\,\text{m}$

4 - 波の重ね合わせ，定常波

波の重ね合わせ

図 10 のように，左右から 2 つの波（パルス波）A，B を送ると，2 つの波は互いに通り抜けていく。これを**波の独立性**という。

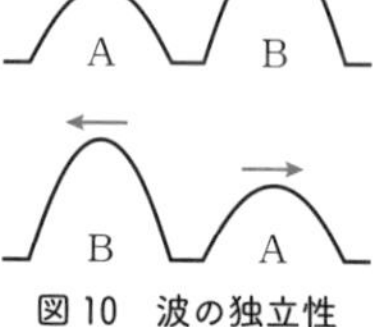

図 10　波の独立性

A，B が重なっているところでは**合成波**ができる。A，B の変位をそれぞれ y_1，y_2，合成波の変位を y とすると

$$y = y_1 + y_2 \quad \cdots ❼$$

これを，波の**重ね合わせの原理**という。y_1，y_2 は負の場合もあるので，合成波の変位 y は，元の波より小さくなったり，0 になる場合もある。実際には，波の全ての点で重ね合わせをして求めた合成波のみが観測される。元の波は見えないことに注意しよう。

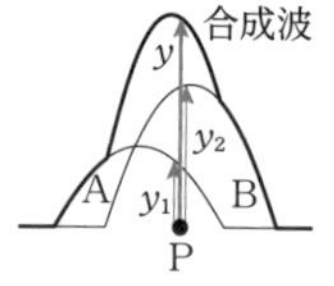

図 11　波の合成

> **波の重ね合わせ**
>
> **合成波の変位は，元の波の変位の和である。**
>
> $$\boldsymbol{y} = \boldsymbol{y_1} + \boldsymbol{y_2} \quad \cdots ❼$$
>
> y_1，y_2：元の波の変位　　y：合成波の変位

定常波

波長 λ，振幅 A，周期 T の波①，②を左右から逆向きに連続して送る。

図 12 で，実線の波①は右へ，破線の波②は左へ進む。波①，②の合成波③を太線で表す。

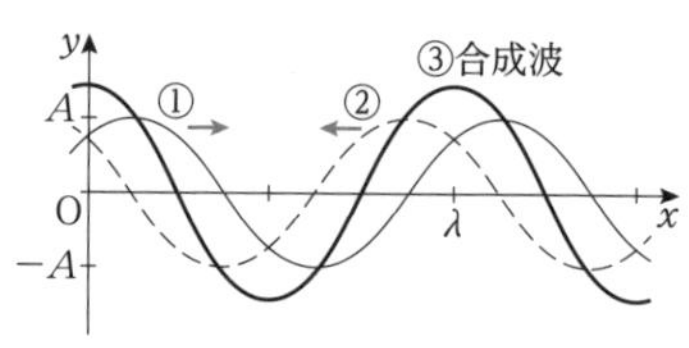

図 12　2 つの波の重ね合わせ

このときを時刻 $t=0$ とし，時間 $\dfrac{T}{8}$ ごとに $t=T$ までの間の合成波をまとめて描くと図 13 になる。図からわかるように，**合成波は移動せず**，**媒質の各点は振幅の異なる単振動をする**。このような波を**定常波**（または定在波）という。最も大きな振動をする点を**腹**（はら），全く振動しない点を**節**（ふし）という。直線上の定常波では，腹と腹，および節と節の間隔は $\dfrac{\lambda}{2}$，腹と節の間隔は $\dfrac{\lambda}{4}$ である。

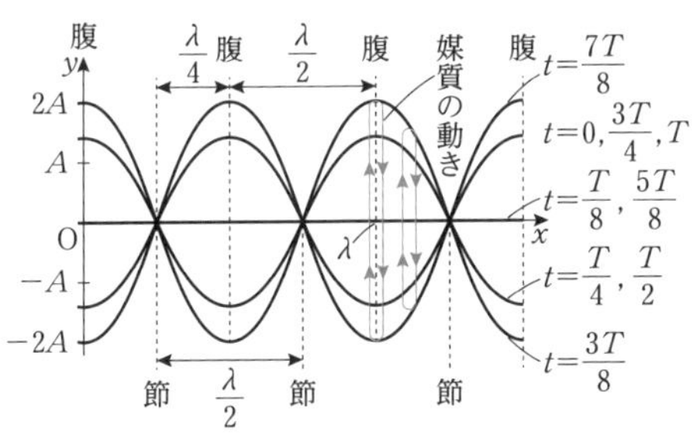

図 13　定常波

定常波

逆向きに進む同じ性質の波を合成してできる。

腹：最も大きな振動をする点　　節：振動しない点

腹と腹，節と節の間隔$=\frac{\lambda}{2}$

腹と節の間隔$=\frac{\lambda}{4}$

理解のコツ

定常波の問題では，腹と節の位置を求めさせられることが多い。直線上の定常波では，腹と節の間隔は決まっているから，腹か節の 1 カ所がわかれば，全ての腹と節の位置がわかるよ。

例題128　定常波の基本性質を学ぶ

x 軸の正の向きと，負の向きに進む波がある。図は時刻 $t=0\,\mathrm{s}$ のときの状態で，実線は正の向き，破線は負の向きに進む波である。合成波は描かれていない。2 つの波は進む向き以外の性質は同じで，速さは $2.0\,\mathrm{m/s}$ である。

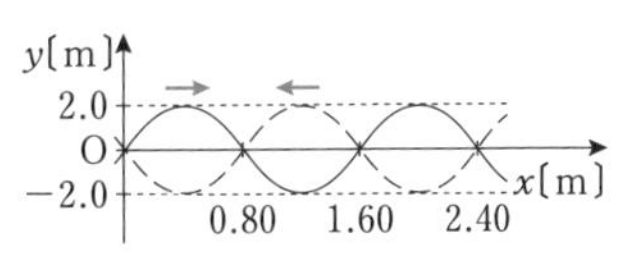

(1)　この波の波長，周期を求めよ。

(2)　以下の①，②の時刻の，合成波を描け。

①　$t=0.20\,\mathrm{s}$　　②　$t=0.40\,\mathrm{s}$

(3)　腹の位置を求めよ。また，n を整数として，腹の位置を表せ。

(4)　以下の①〜③の各点での媒質の変位 y と，時刻 t の関係を $t=0$〜$0.80\,\mathrm{s}$ の範囲でグラフに描け。

①　$x=0.40\,\mathrm{m}$　　②　$x=0.80\,\mathrm{m}$　　③　$x=1.40\,\mathrm{m}$

解答 **(1)**　問題の図より　　波長 $\lambda=1.60\,\mathrm{m}$

周期 T は　　$T=\frac{\lambda}{v}=\frac{1.60}{2.0}=0.80\,\mathrm{s}$

(2) 波をそれぞれ移動させ，重ね合わせて合成波を描くと下図となる。

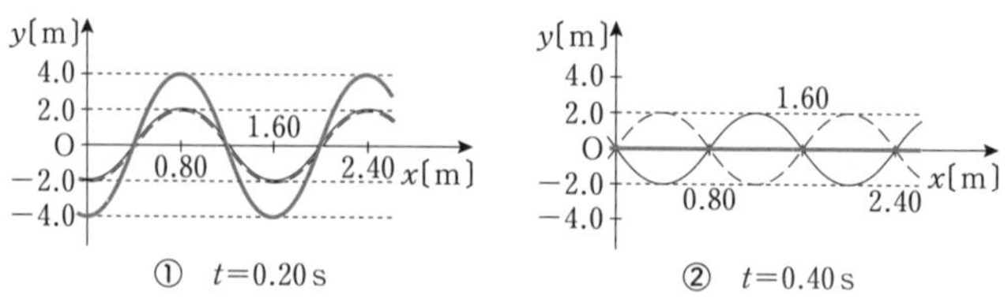

(3) (2)の図より腹の位置は　$x=0,\ 0.80,\ 1.60,\ 2.40\,\mathrm{m}$

腹が $x<0$ の位置にもあることを考えて

$x=0.80n\quad(n=0,\ \pm1,\ \pm2,\ \cdots)$

(4) (2)の図を参考に考える。定常波では，場所により振幅の違う単振動をする。

① 節なので振動しない。

② 腹で，振幅は 4.0 m（元の波の振幅の 2 倍）の単振動。

③ 腹と節の中点なので，三角関数の性質より振幅 $\dfrac{4.0}{\sqrt{2}}=\dfrac{4.0}{1.41}=2.83\fallingdotseq2.8\,\mathrm{m}$ の単振動をする。ただし，②と逆位相である。

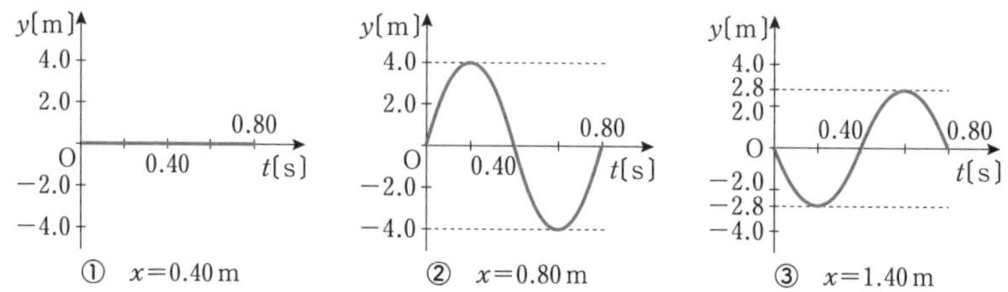

5 - 波の反射と定常波

反射による位相変化

波が異なる媒質に入射すると，媒質の境界で反射する。媒質の性質により反射の際の位相変化が 2 通りあり，それぞれ**自由端反射**，**固定端反射**という。

自由端反射

図 14 (a)のように，入射した波がそのまま反射される。つまり**位相が変化しないで反射**される。

固定端反射

図 14 (b)のように，入射した波の変位の正負が逆転して反射される。単振動の位相が π（180°）だけ変化すると変位の正負が逆転するので，固定端反射では**位相が π（180°）だけ変化して反射**される。

(a) 自由端反射

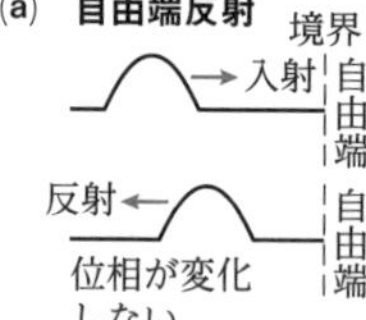

(b) 固定端反射

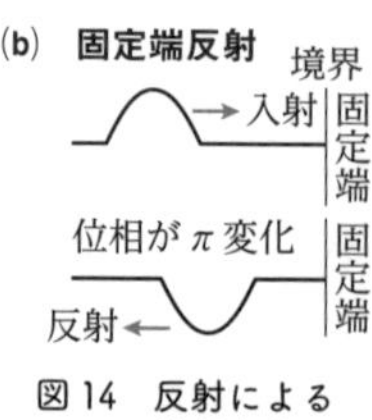

図 14　反射による位相変化

反射による位相変化

自由端反射：位相が変化しない＝媒質の変位の正負が変化しない
固定端反射：位相が π 変化する＝媒質の変位の正負が逆転する

理解のコツ

自由端，固定端という用語に，あまりこだわらないでおこう。どんな場合が自由端か固定端かということもあまり考えない方がいい。位相が変化しない反射をする場所を自由端，位相が π 変化する反射をする場所を固定端というと考えればいいよ。

例題129 反射波を描く／合成波の様子を考える

図は右向きに進む正弦波の時刻 $t=0$ のときの波形で，右端の反射面で反射されている。波の周期を T とし，また波は $t=0$ 以前から反射面に入射していたものとする。

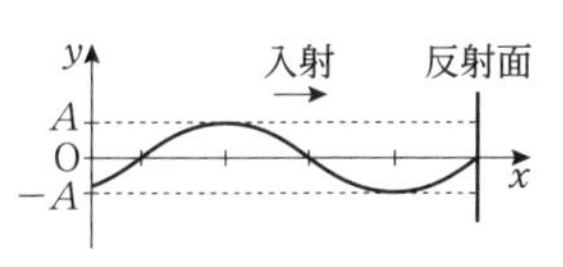

(1) 反射面を自由端とし，$t=0$ および $t=\dfrac{T}{4}$ のときの，①反射波を点線で，②合成波を太実線で描け。

(2) 反射面を固定端として，(1)と同様の図を描け。

解答 まず，反射波の描き方を考えてみる。問題の図にある入射波は，まだ反射されていない。このとき反射されているのは，$t=0$ 以前に入射した波である。そこで，反射面がないものとして先へ進む波を描き，反射面で折り返す。つまり P へ進んだはずの波は P′ へ，Q は Q′ へ反射される。固定端反射の場合は，さらに変位の正負を逆転させればよい。

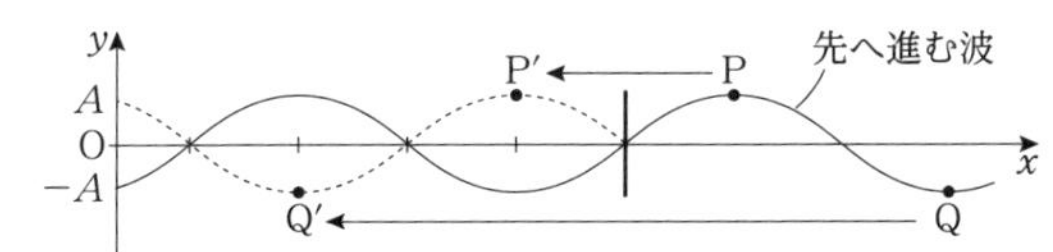

(1)

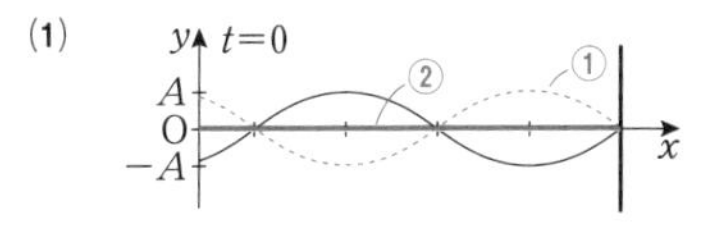

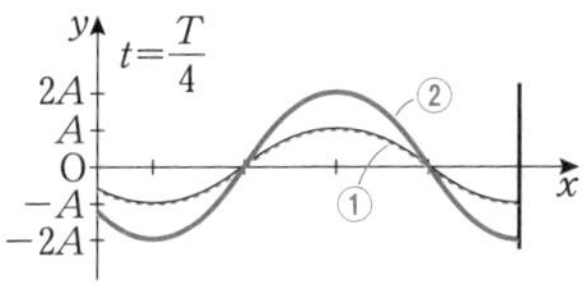

(2)

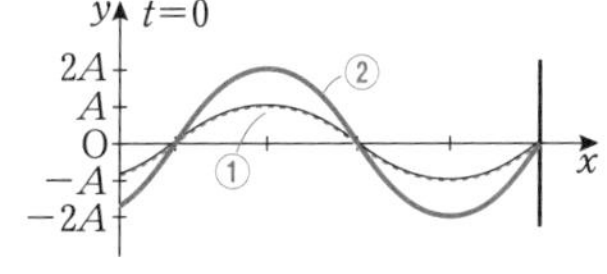

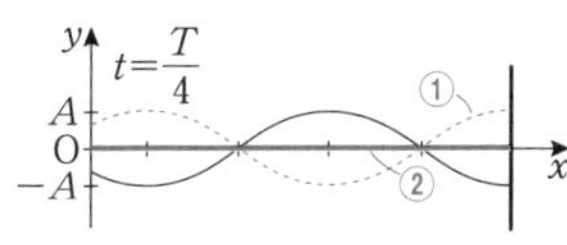

（図には，入射波を細実線で記入している。）

反射による定常波

例題 129 で考えたように，入射波と反射波は逆向きに進み，性質が同じなので，重ね合わせにより定常波が発生する。

自由端反射の場合

自由端で入射波と反射波の変位は同じなので，合成波の変位は常に 2 倍となる。つまり，**自由端は必ず腹**になる。

固定端反射の場合

固定端では，常に入射波と反射波が正負逆なので，合成波の変位は 0 となる。つまり，**固定端は必ず節**になる。

合成波　腹　自由端

合成波　節　固定端

図 15　反射による定常波

> **反射による定常波**
>
> **自由端―必ず腹　　固定端―必ず節**

注意 今後，図 15 のように，変位が正負に最大になる波形を描くことで定常波ができていることを示す。音波でも同様である。

理解のコツ

反射による定常波では，反射面が自由端か固定端かで腹になるか節になるか決まっている。定常波の腹と節の間隔は決まっているから，他の腹，節の位置も決まってしまう。しっかりと覚えておこう。

演習26

x 軸の正の向きに進む正弦波がある。波の速さは 0.50 m/s で，原点から 0.90 m のところに置かれた壁で固定端反射する。図には，時刻 $t=0$ s のときの入射波の波形が描かれているが，$t<0$ より波は存在しているものとする。

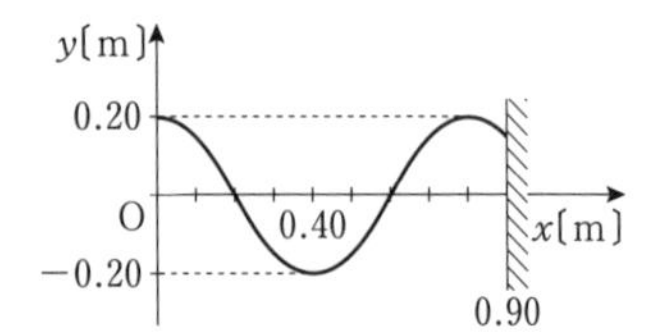

(1)　周期を求めよ。

(2)　$t=0$ s のときの，反射波と合成波を描け。

(3)　$0 \leqq x \leqq 0.90$ m の範囲で，変位が常に 0 の点の x 座標を全て求めよ。

(4)　x 軸上にできる定常波の腹のうち，$x \geqq 0$ で原点に最も近い腹の x 座標を求めよ。

(5)　(4)で求めた腹の変位が，$t=0$ 以後に初めて正に最大になるときの時刻を求めよ。

(6)　$t=0$ s 以後に初めて x 軸上の全ての点の変位が 0 となる時刻を求めよ。

解答 (1)　波長 $\lambda=0.80$ m，波の速さ $v=0.50$ m/s より，周期 T〔s〕は

$$T=\frac{\lambda}{v}=\frac{0.80}{0.50}=1.6\ \text{s}$$

(**2**) 図 1。

(**3**) 節のことである。図 1 より

$x=0.10,\ 0.50,\ 0.90\,\mathrm{m}$

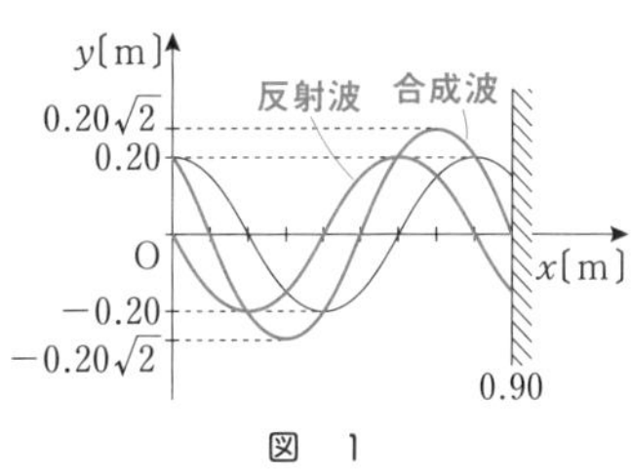

図 1

別解

固定端自体は節。節と節は，間隔 $\frac{\lambda}{2}=0.40\,\mathrm{m}$ で並ぶので

$x=0.10,\ 0.50,\ 0.90\,\mathrm{m}$

(**4**) 図 1 より，原点に最も近い腹は　$x=0.30\,\mathrm{m}$

(節と節の中間に腹がある。)

(**5**) 入射波と反射波の山がともに $x=0.30\,\mathrm{m}$ に到達したとき，この腹の変位が正に最大になる。図 1 より時刻 $t=0\,\mathrm{s}$ で入射波の山は $x=0\,\mathrm{m}$，反射波の山は $x=0.60\,\mathrm{m}$ にあるので，到達する時刻 t_1 は，どちらの波を考えても

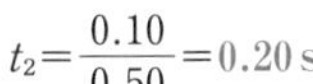

$$t_1=\frac{0.30}{v}=\frac{0.30}{0.50}=0.60\,\mathrm{s}$$

(**6**) 図 2 のように，入射波と反射波の山と谷が重なるような状況になれば，全ての点の変位が 0 になる。図 2 の状態は，時刻 $t=0\,\mathrm{s}$ のときより，それぞれ $0.10\,\mathrm{m}$ だけ進行している。ゆえに，その時刻 t_2 は

$$t_2=\frac{0.10}{0.50}=0.20\,\mathrm{s}$$

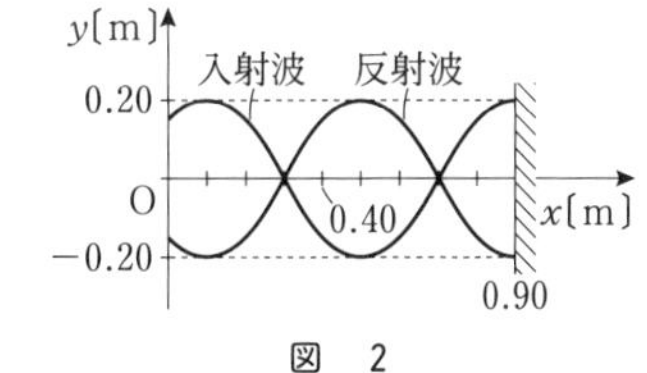

図 2

((**5**), (**6**)は，他にもいろいろな解き方がある。考えてみよう。)

演習27

図は x 軸正の向きに進む波（実線）と負の向きに進む波（点線）の時刻 $t=0\,\mathrm{s}$ における波形を示している。波の周期はともに $0.50\,\mathrm{s}$ である。

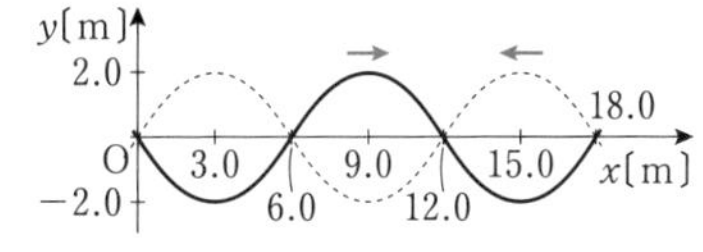

(**1**) 正負に進む波の変位をそれぞれ y_1，y_2 とする。時刻 t における位置 x での変位 y_1，y_2 を表す式をそれぞれ求めよ。

(**2**) 合成波の変位 y は，$y=y_1+y_2$ で求められる。三角関数の公式 $\sin A+\sin B=2\sin\frac{A+B}{2}\cos\frac{A-B}{2}$ を用いて，y を求めよ。

(**3**) $x=0\sim18.0\,\mathrm{m}$ の範囲で，常に変位が 0 である点（節）の座標を(**2**)を利用して求めよ。

(**4**) 以下の 2 点の合成波の振幅を求めよ。

①　$x=0$　　②　$x=1.0$

解答 (1) 波長 $\lambda = 12.0\,\mathrm{m}$，周期 $T = 0.50\,\mathrm{s}$ である。x 軸正の向きに進む波も，負の向きに進む波も，原点の媒質は時刻 $t = 0\,\mathrm{s}$ で y 軸正の向きの速度をもつので，初期位相は 0 である。波の式はそれぞれ

$$y_1 = 2.0\sin\left\{2\pi\left(\frac{t}{0.50} - \frac{x}{12}\right)\right\} \quad , \quad y_2 = 2.0\sin\left\{2\pi\left(\frac{t}{0.50} + \frac{x}{12}\right)\right\}$$

(2) 重ね合わせの原理より，合成波の変位 y は

$$y = y_1 + y_2 = 2.0\sin\left\{2\pi\left(\frac{t}{0.50} - \frac{x}{12}\right)\right\} + 2.0\sin\left\{2\pi\left(\frac{t}{0.50} + \frac{x}{12}\right)\right\}$$

$$= 4.0\sin 4.0\pi t \cdot \cos\left(-\frac{\pi}{6.0}x\right) = 4.0\cos\frac{\pi}{6.0}x \cdot \sin 4.0\pi t$$

(3) (2)で求めた式で，$\left|4.0\cos\frac{\pi}{6.0}x\right|$ が，**位置 x での単振動の振幅**となる。定常波の節では振幅が 0 であるので，$4.0\cos\frac{\pi}{6.0}x = 0$ となる位置である。

$$\frac{\pi}{6.0}x = \frac{\pi}{2},\ \frac{3\pi}{2},\ \frac{5\pi}{2},\ \cdots$$

$x = 0 \sim 18.0\,\mathrm{m}$ の範囲では　　$x = 3.0,\ 9.0,\ 15.0\,\mathrm{m}$

(図から考えても求めることができる。)

(4) ①　$\left|4.0\cos\left(\frac{\pi}{6.0}\times 0\right)\right| = 4.0\,\mathrm{m}$　(元の波の 2 倍の振幅の腹である。)

②　$\left|4.0\cos\left(\frac{\pi}{6.0}\times 1.0\right)\right| = \left|4.0\cos\frac{\pi}{6.0}\right| = 4.0\times\frac{\sqrt{3}}{2} = 4.0\times\frac{1.73}{2} = 3.46 \fallingdotseq 3.5\,\mathrm{m}$

6 - ホイヘンスの原理

ここまでは，一直線上を伝わる波について考えてきた。ここでは平面内に広がる波について考える。

波面

静かな水面のある 1 点を振動させると波が円形に広がる。このような波を球面波（円形波）という。媒質の振動の位相が同じ点（例えば“山”）を結んだ線（面）を波面という。波面の間隔が波長 λ となり，波の進行方向は波面に直交する方向である。図 16 は，点 S を波源とする球面波で，波面は波の山を結んだものとすると，PQ に沿った水面の断面は図の右下のようになる。

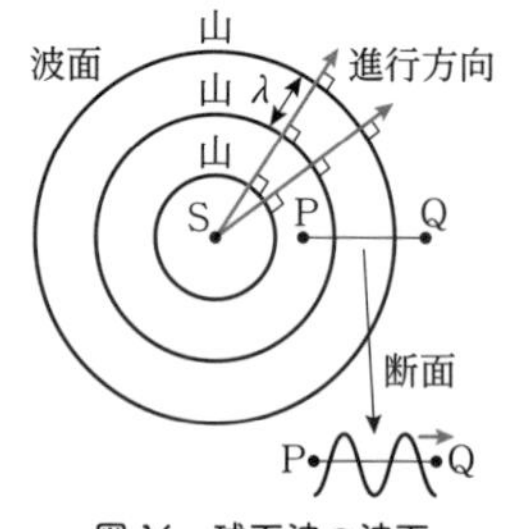

図 16　球面波の波面

次に，水面を直線の棒 AB で振動させると波面が直線の波ができる。これを**平面波**（直線波）という。図 17 が平面波の波面である。

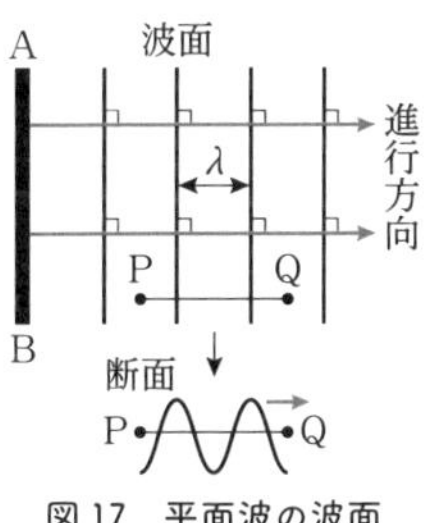

図 17　平面波の波面

> **波面**
>
> **同じ位相の点を結んだ線（面）**
> - **波面と進行方向は直交**
> - **波面の間隔が波長 λ**

ホイヘンスの原理

波面が時間経過とともにどのように移動していくかを，以下のような考え方で求める。

図 18 のように，ある時刻での波面の各点から小さな球面波（**素元波**という）が発生し，時間 Δt で素元波の半径が $v\Delta t$ となると考える。全ての素元波に接するように引いた線（包絡線）が，時間 Δt 経過後の波面である。このような考え方を**ホイヘンスの原理**という。

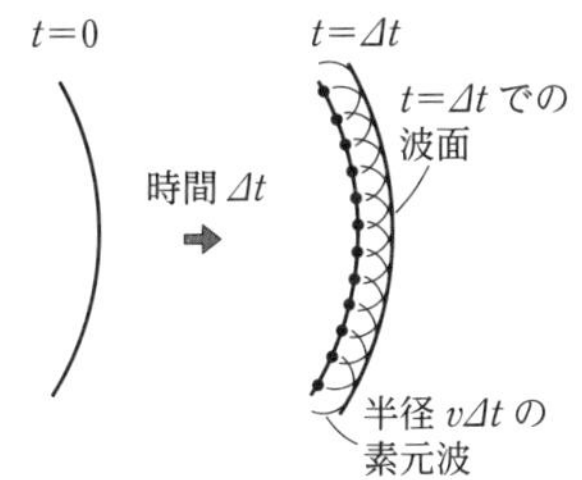

図 18　ホイヘンスの原理

理解のコツ

「素元波は，前だけに進んで後ろに行かないの？」といった疑問は多いと思うけど，とにかく，ある時間経過後の波面を考える方法なんだと理解しておこう。

例題130　ホイヘンスの原理から波面を描く

図は，水面を伝わる波を上から観察し，方眼紙に記録したもので，図の右向きに進む平面波の，ある時刻での山の波面を示している。方眼は 1 目盛り 1 cm で，水面を波が伝わる速さは 10 cm/s である。図の P，Q は波を通さない障害物で，平面波は障害物のないところだけを通過する。

(1)　波の波長と周期を求めよ。

(2)　図の波面①は，図の時刻から 0.20 s 後にどのようになるか。ホイヘンスの原理により素元波を描き込み，0.20 s 後の波面を示せ。

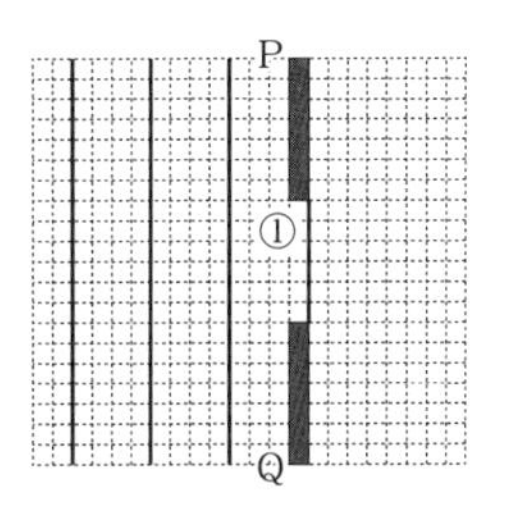

解答 (1)　波面の間隔が波長 λ であるので，問題の図より　$\lambda=4.0\,\mathrm{cm}$

波の速さ $v=10\,\mathrm{cm/s}$ なので，周期 T は　$T=\dfrac{\lambda}{v}=\dfrac{4.0}{10}=0.40\,\mathrm{s}$

(2) 波面①から発生する素元波の半径 r は 0.20 s 後に

$$r = v \times 0.20 = 10 \times 0.20 = 2.0\,\text{cm}$$

となる。波面の各点から半径 2.0 cm の素元波を適当な数だけ描き，全ての素元波に接する線が 0.20 s 後の山の波面で，右図の太線部分となる（ただし，波が障害物の影の部分にどの程度回り込むかは，媒質や，障害物と波長の大きさの関係で決まるので，必ずしも解答の図のように完全に影の部分に回り込むものではない）。

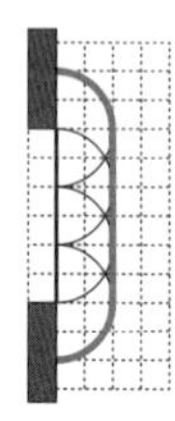

波の回折

例題 130 のように，波は障害物の影の部分にも回り込む。この現象を波の回折という。回折は，波の波長に比べて，隙間や障害物が小さいほど顕著になる。

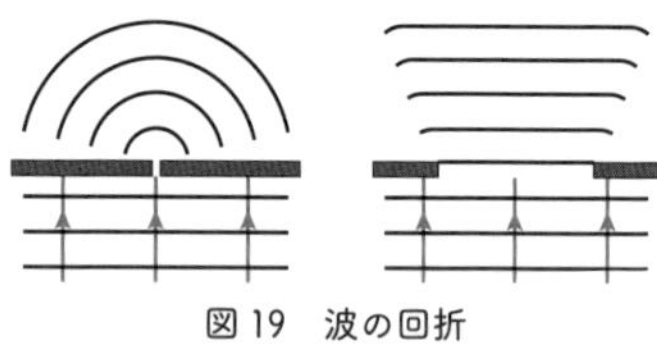

図 19　波の回折

7 波の干渉

図 20 のように，水面上で 2 つの波源 S_1，S_2 を，同じ周期・同位相で振動させ，球面波を発生させる。図の実線はそれぞれの波の山，点線は波の谷，●は山と山，○は谷と谷が重なり，それぞれ大きな山と大きな谷ができている点を示している。

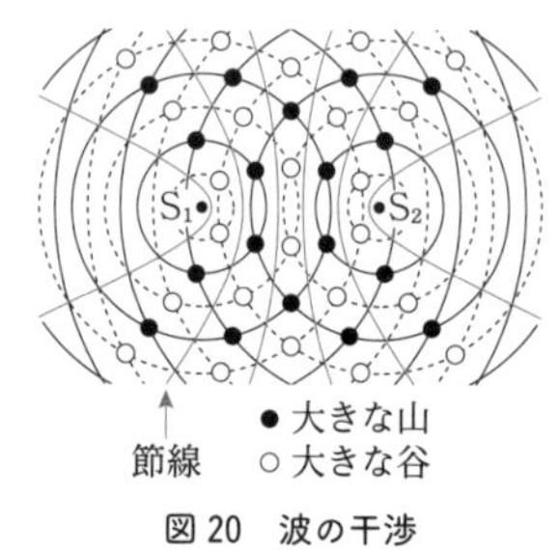

図 20　波の干渉

S_1，S_2 からの球面波が重なり合い，波が強め合って大きく振動する場所（定常波で腹）や，弱め合って振動しない場所（定常波で節）ができる。これを波の干渉という。

振動しない点を結んだ線を節線（ふしせん）（“せっせん”と読むこともある）という。節線の間には，2 つの波が重なって大きな山や谷となる点が並んでいる。これらの点は，時間とともに，大きな山や谷を結んだ線上（腹線（はらせん）という。図には描いていない）を波源から遠ざかる向きに移動する。つまり，腹線上の 1 点では，時間とともに大きな山，谷が通過し振幅の大きな振動をするので定常波の腹に相当する。

また，線分 S_1S_2 上では，波は直線上を逆向きに進むので，定常波ができている。

波の干渉条件

ある場所が，波の干渉により強め合って大きな振動をする点になるか，弱め合って振動しない点になるかの条件（干渉条件）を考えてみよう。ただし，波は波長 λ で，S_1，S_2 が同じ振動（同位相の振動）をしているものとする。

波が強め合う条件

2つの波源 S_1，S_2 からの山と山（あるいは谷と谷）が同時に伝わる点で強め合う。つまり，2つの波源からの波が，同位相になる点である。ゆえに，波が強め合うのは，まず

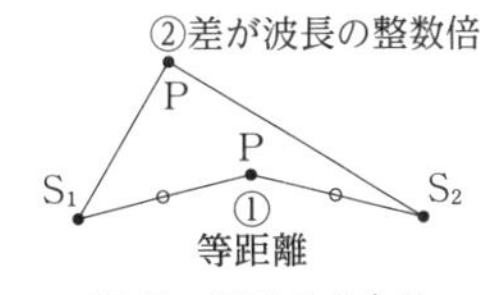

図 21　強め合う条件

① S_1，S_2 から距離が等しい点

さらに，波は1波長ごとに同じことを繰り返すので，S_1，S_2 からの距離の差が1波長であれば，波源から1周期差で出た山と山が同時に伝わり強め合う。同様に差が2波長，3波長でもよいので

② S_1，S_2 からの距離の差が波長の整数倍である点

これらより，ある点Pで波が強め合う条件を式にすると，m を整数として

$$|S_1P-S_2P|=0,\ \lambda,\ 2\lambda,\ \cdots=m\lambda\quad(m=0,\ 1,\ 2,\ \cdots)\quad\cdots❽$$

波が弱め合う条件

一方の波源から山が伝わるとき，もう一方の波源から谷が伝わる点で波は弱め合う。つまり，2つの波源からの波の位相差が π になる点で，波源からの距離の差が半波長 $=\dfrac{1}{2}$ 波長 の点である。さらに差が，$\dfrac{3}{2}$ 波長，$\dfrac{5}{2}$ 波長，…でもよいので

S_1，S_2 からの距離の差が半波長の奇数倍である点

$$|S_1P-S_2P|=\frac{1}{2}\lambda,\ \frac{3}{2}\lambda,\ \frac{5}{2}\lambda,\ \cdots=\frac{\lambda}{2}(2m+1)\quad(m=0,\ 1,\ 2,\ \cdots)\quad\cdots❾$$

波の干渉条件

m を整数とする（$m=0,\ 1,\ 2,\ \cdots$）。

強め合う条件＝波源からの距離の差が，波長の整数倍

$$|S_1P-S_2P|=0,\ \lambda,\ 2\lambda,\ \cdots=m\lambda\quad\cdots❽$$

弱め合う条件＝波源からの距離の差が，半波長の奇数倍

$$|S_1P-S_2P|=\frac{1}{2}\lambda,\ \frac{3}{2}\lambda,\ \frac{5}{2}\lambda,\ \cdots=\frac{\lambda}{2}(2m+1)\quad\cdots❾$$

これらの結果を図にしてみると，次のようになる。

≫強め合う点

① 線分 S_1S_2 の垂直 2 等分線

② S_1 または S_2 を焦点とする双曲線

となり，図 22 の黒色線（腹線）となる。大きな山，谷はこの線上を波源から遠ざかる向きに移動する。

≫弱め合う点

S_1 または S_2 を焦点とする双曲線

となり，図 22 の赤色線（節線）となる。節線上の媒質は常に振動しない。

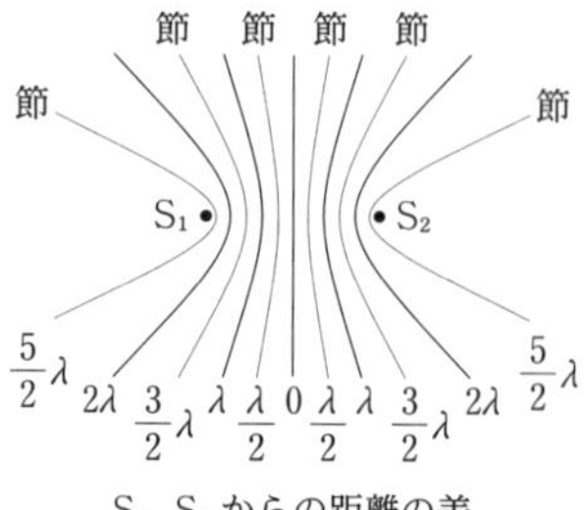

図 22　波の干渉条件

参考　2 点からの距離の差が一定の点を結ぶと双曲線になる。

≫波源が逆位相の振動をする場合

2 つの波源の振動の位相が π 異なるとき，**逆位相**で振動しているという。常に振動の変位の正負が逆になっているということである。この場合，干渉条件も逆になる。

理解のコツ

波の干渉条件をしっかりと理解することはとても大切だよ。単に式❽，❾を覚えるだけじゃなくて，なぜこのような条件になるかを十分に理解すること。そうすれば逆位相の場合も簡単に理解できる。また，「③❸-**光の干渉**」などでは，波の位相が途中で変化する場合などもある。よく理解するようにしよう。

≫腹線，節線の本数

腹線や節線の本数を問われることがよくある。以下のように数えるとよい。

波源 S_1，S_2 間の直線上では定常波が生じている。腹線，節線は原則 S_1S_2 間を通過する（例外は後述）ので，まず S_1S_2 間の定常波の腹と節を考える。図 23 で，S_1S_2 の中点 C は，波源からの距離が等しいので腹である。定常波の性質より腹と腹，節と節の間隔は $\frac{\lambda}{2}$，腹と節の間隔は $\frac{\lambda}{4}$ なので，**線分 S_1S_2 間の腹と節の位置は中点 C を基準にして容易にわかる**。これより，腹線と節線の本数を数えることができる。

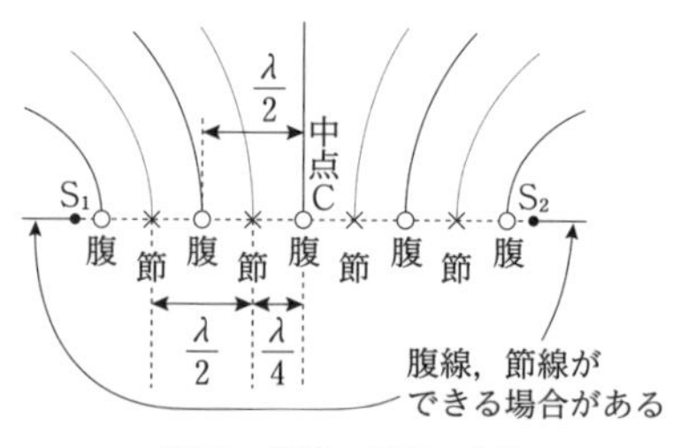

図 23　腹線，節線の本数

なお，S_1，S_2 の外側に腹線，節線ができる場合がある。S_1S_2 間の距離が波長の整数倍なら腹線，半波長の奇数倍なら節線ができる。

例題131 波が干渉している状況を考える

水面上で 8.0 cm 離れた 2 点 S_1, S_2 から同位相で波長 4.0 cm の波が出ている。実線はある時刻での波の山，点線は波の谷の波面を表している。

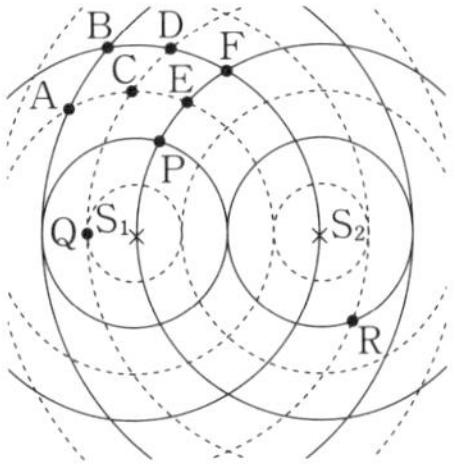

(1) 図の時刻で点 P は元の波の 2 倍の山，点 Q は 2 倍の谷である。点 P の 2 倍の山はどの向きに動いていくか図に矢印を記入せよ。点 Q の 2 倍の谷も同様に記入せよ。

(2) 0.5 周期後，点 P にあった 2 倍の山はどの点へ移動するか，図の点 A～F から選べ。

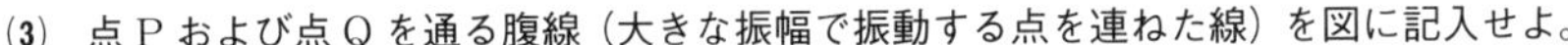

(3) 点 P および点 Q を通る腹線（大きな振幅で振動する点を連ねた線）を図に記入せよ。

(4) 点 R は，時間が経過しても振動しない。点 R を通る節線（振動しない点を連ねた線）を図に点線で記入せよ。

(5) S_1, S_2 を結ぶ直線上に，節は何個あるか答えよ。ただし，S_1, S_2 は含めない。

解答

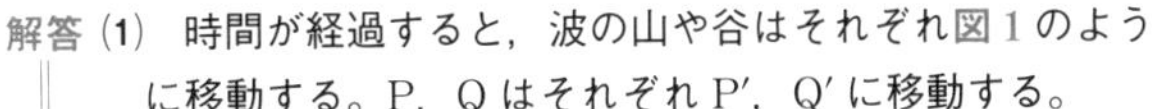

(1) 時間が経過すると，波の山や谷はそれぞれ図 1 のように移動する。P, Q はそれぞれ P′, Q′ に移動する。

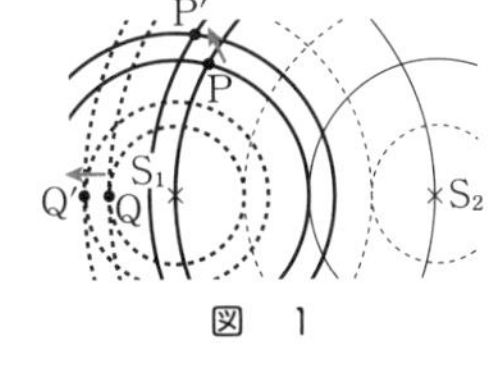

図 1

(2) 時間が 0.5 周期経過すると，球面波の波面は全て半径が 0.5 波長だけ大きくなる。ゆえに，P の大きな山は，C に移動する。

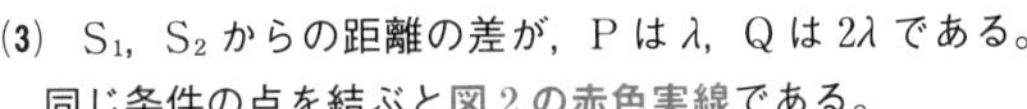

(3) S_1, S_2 からの距離の差が，P は λ，Q は 2λ である。同じ条件の点を結ぶと図 2 の赤色実線である。

(4) S_1, S_2 からの距離の差が 1.5λ である。同じ条件の点を結ぶと図 2 の赤色点線である。

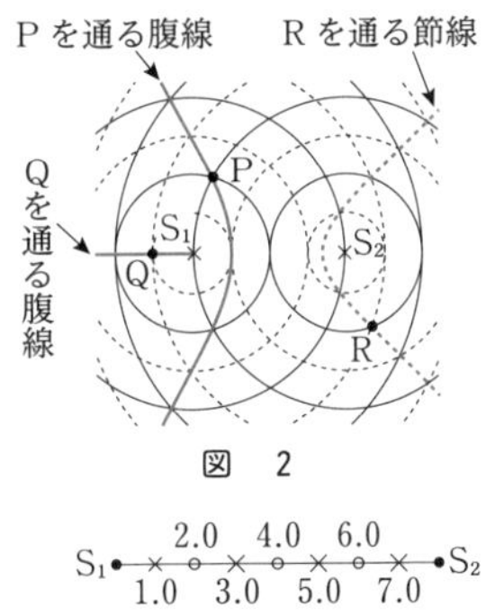

図 2

(5) S_1S_2 間では，定常波ができる。S_1, S_2 の中点は腹であり，腹と腹，節と節は $\dfrac{\lambda}{2}=2.0\,\text{cm}$，腹と節は $\dfrac{\lambda}{4}=1.0\,\text{cm}$ の間隔で並ぶので，図 3 のようになる。ただし腹は○で，節は×で表した。また，図中の数字は S_1 からの距離である。

ゆえに節の数は　**4 個**

S_1 ●—×—○—×—○—×—○—×—● S_2
（○：2.0　4.0　6.0，×：1.0　3.0　5.0　7.0）

図 3

別解

節線を問題の図に全て書き込んで数えてもよい。

例題132 干渉条件を理解する

水面上で 12 cm 離れた 2 点 A，B から振動数 15 Hz の同位相の波を発生させる。波の速さは 36 cm/s である。

P
9.0cm
A　12cm　B

(1) この波の波長を求めよ。

(2) 以下の①〜③の点で，波は強め合うか，弱め合うかを答えよ。

① A から 5.1 cm，B から 7.5 cm の点

② A から 8.1 cm，B から 6.9 cm の点

③ A から 13.9 cm，B から 6.7 cm の点

(3) AB 間に，節（振動しない点）は何個あるか答えよ。A，B 自体は含めない。

(4) A から線分 AB に垂直に 9.0 cm 離れた点 P は強め合う点か弱め合う点かを答えよ。

(5) AP 間に，腹（大きく振動する点）は何個あるか答えよ。A，P 自体は含めない。

解答 (1) 波長 λ は，式❷より　$\lambda=\dfrac{v}{f}=\dfrac{36}{15}=2.4\,\text{cm}$

(2) 距離の差を求めて，干渉条件を考える。

① $|5.1-7.5|=2.4=\lambda$　波長の整数倍なので　強め合う

② $|8.1-6.9|=1.2=0.5\lambda$　半波長の奇数倍なので　弱め合う

③ $|13.9-6.7|=7.2=3\lambda$　波長の整数倍なので　強め合う

(3) A，B 間の直線上には，定常波ができる。A，B の中点は腹であり，腹と腹，節と節は $\dfrac{1}{2}\lambda=1.2\,\text{cm}$ の間隔で並び，下図のようになる（腹は○，節は×で表した。数値は A からの距離）。これを数えて，節の数は　10 個

腹　1.2　2.4　3.6　4.8　6.0　7.2　8.4　9.6　10.8
A　　　　　　　　　　　　　　　　　　　　B
節　0.6　1.8　3.0　4.2　5.4　6.6　7.8　9.0　10.2　11.4
中点

(4) $\text{BP}=\sqrt{12^2+9.0^2}=15\,\text{cm}$ である。干渉条件より

$|\text{AP}-\text{BP}|=|9.0-15|=6.0=2.5\lambda$

半波長の奇数倍なので，点 P は弱め合う点である。

(5) (3)の結果も利用して，AB 間を通る腹線を実線，節線を点線で表すと右図となる。P を通る節線は(4)より A，B からの差が 2.5λ であるので，AP 間には差が 3λ，4λ の腹線が通る。ゆえに AP 間の腹の数は　2 個

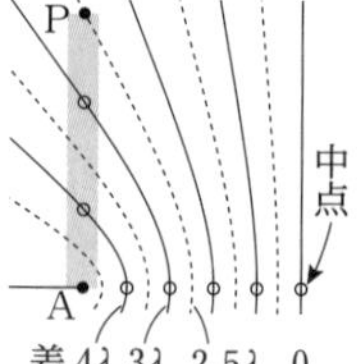

干渉条件と位相差

ここまで，波の干渉条件を波源からの距離の差で考えてきたが，距離以外でも考えることができる。

強め合う条件を考えると，波源からの 2 つの波が同位相であればよいので，m を整数として，次のようにいくつかのパターンで考えることができる。

- 距離で考えると，S_1，S_2 からの差 Δl が波長 λ の整数倍

$$\Delta l = m\lambda \quad \cdots①$$

- 時間で考えると，S_1，S_2 からの到達時間の差 Δt が周期 T の整数倍

$$\Delta t = mT \quad \cdots②$$

- 波の数（1 波長で波 1 個とする）で考えると，S_1，S_2 間の波の数の差 Δk が整数

$$\Delta k = m \quad \cdots③$$

これらを全て 2 つの波の位相差 $\Delta\varphi$ に変換してみる。波 1 個で位相差は 2π なので

- 距離：波 1 個で λ なので，距離の差 Δl を位相差に換算すると $\Delta\varphi = 2\pi \times \dfrac{\Delta l}{\lambda}$ となる。

①式を代入して　$$\Delta\varphi = \frac{2\pi}{\lambda} \times m\lambda = 2\pi m$$

- 時間：時間 T で振動 1 回分にあたるので，位相差にすると $\Delta\varphi = 2\pi \times \dfrac{\Delta t}{T}$ となる。

②式を代入して　$$\Delta\varphi = \frac{2\pi}{T} \times mT = 2\pi m$$

- 波の数：波の数の差を位相差にすると $\Delta\varphi = 2\pi\Delta k$ となる。

③式を代入して　$$\Delta\varphi = 2\pi \times m = 2\pi m$$

これらは，いずれも波の**位相差が 2π の整数倍**であるということである。これが，**干渉により波が強め合う条件**である。

弱め合う条件も，同様に波の数の差で考えると

$$\Delta k = \frac{1}{2},\ \frac{3}{2},\ \frac{5}{2},\ \cdots = \frac{1}{2} \times (2m+1)$$

位相差で考えると

$$\Delta\varphi = \pi \times (2m+1)$$

理解のコツ

少し難しい話になったけど，大事なことは，**2 つの波の干渉条件は波何個分の差があるかで決まる**ということだ。高校の物理では一般的にそれを距離の差で考えるけど，他の要素でも考えられるようになろう。このことは，応用問題を解くうえで重要だよ。また，距離の差，時間の差，波の数の差を位相差に換算することは，難関大の入試では重要になってくる。しっかりと意味を理解しよう。

8 - 波の反射，屈折

反射

波が，境界面（反射面）に斜めに入射して反射する。反射面に立てた垂線が入射波，反射波の進行方向となす角 i，j をそれぞれ入射角，反射角という。**入射角と反射角は等しい**。これを**反射の法則**という。

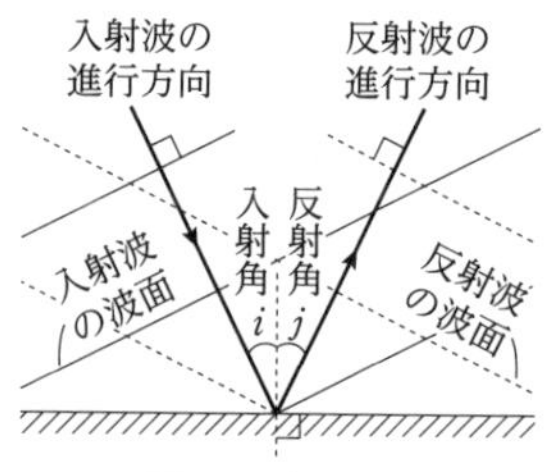

図 24　波の反射

屈折

波が異なる媒質に斜めに入射すると，波面が折れ曲がり進行方向が変わる。これを波の**屈折**という。屈折は**波の進む速さが媒質により異なる**ことにより起こる。振動数 f は，異なる媒質へ進んでも変化しない。図 25 で $f=\dfrac{v_1}{\lambda_1}=\dfrac{v_2}{\lambda_2}$ となり，波長 λ_1，λ_2 も変化することがわかる。境界面の垂線と入射波，屈折波の進行方向がなす角 θ_1，θ_2 をそれぞれ入射角，屈折角という。これらの間には以下の**屈折の法則**が成り立つ。n_{12} を，**媒質 1 に対する媒質 2 の（相対）屈折率**という。

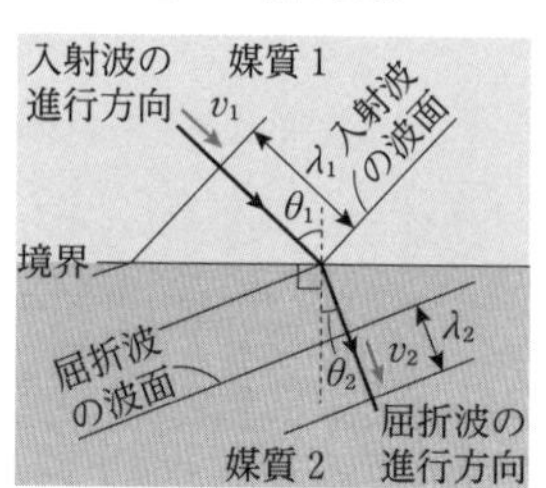

図 25　波の屈折

屈折の法則

$$\frac{\sin\theta_1}{\sin\theta_2}=\frac{v_1}{v_2}=\frac{\lambda_1}{\lambda_2}=n_{12} \quad \cdots⑩$$

θ_1：入射角　θ_2：屈折角　v_1，v_2：速さ　λ_1，λ_2：波長
n_{12}：媒質 1 に対する媒質 2 の（相対）屈折率

屈折の法則は，ホイヘンスの原理を用いて証明することができる。**例題 133** でやってみよう。

理解のコツ

「媒質 1 に対する媒質 2 の屈折率なのに，なぜ媒質 2 の θ_2，v_2，λ_2 が分母にくるのだろう？」と疑問に思う人もいるんじゃないかな。「③ 光　波」で“絶対”屈折率を学ぶと納得がいく。今は，不思議だけどそういうものだと思っておこう。

例題133 屈折の法則を証明する

図は媒質1中から媒質2に入射する波の，ある時刻の波面の一部と進行方向を示す。この波の媒質1中での速さは $10\sqrt{2}$ cm/s，媒質2中での速さは 10cm/s である。方眼は1目盛り 1cm とする。解答に $\sqrt{\ \ }$ を含んでよい。

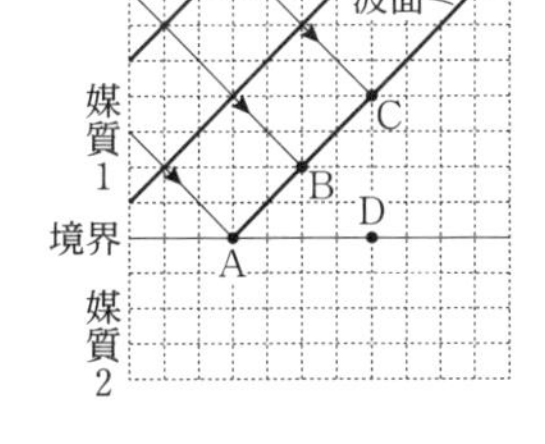

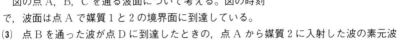

(1) この波の媒質1中での波長 λ_1 と振動数 f を求めよ。

(2) この波の媒質2中での波長 λ_2 を求めよ。

図の点A，B，Cを通る波面について考える。図の時刻で，波面は点Aで媒質1と2の境界面に到達している。

(3) 点Bを通った波が点Dに到達したときの，点Aから媒質2に入射した波の素元波を図に描き入れよ。また，このときの点Dを通る波面を図に描き入れよ。

(4) 媒質2に入射した波の屈折角を，(3)で描いた図より求めよ。

(5) 媒質1に対する媒質2の屈折率を求めよ。

解答 (1) 問題の図の波面の間隔より　$\lambda_1 = 2\sqrt{2}$ cm

速さ $v_1 = 10\sqrt{2}$ cm/s より　$f = \dfrac{v_1}{\lambda_1} = \dfrac{10\sqrt{2}}{2\sqrt{2}} = 5\,\mathrm{Hz}$

(2) 振動数は変わらない。速さ $v_2 = 10$ cm/s より

$$\lambda_2 = \frac{v_2}{f} = \frac{10}{5} = 2\,\mathrm{cm}$$

(3) $\mathrm{BD} = 2\sqrt{2}$ cm である。速さの比を考えると，波が点Bから点Dまで進む時間で，媒質2中では 2cm 進む。ゆえに点Aを中心に半径 2cm の素元波を描く。このときの波面は点Dを通る直線になることは明らかなので，点Dから素元波に接線を引く。これが波面となる（図1）。

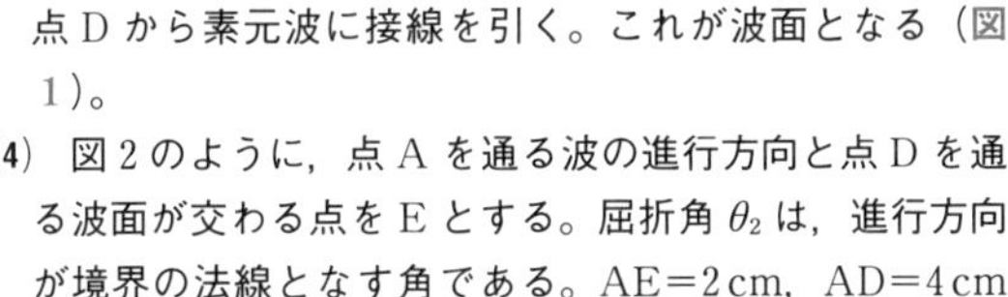

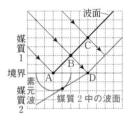

図 1

(4) 図2のように，点Aを通る波の進行方向と点Dを通る波面が交わる点をEとする。屈折角 θ_2 は，進行方向が境界の法線となす角である。$\mathrm{AE} = 2$ cm，$\mathrm{AD} = 4$ cm より

$$\sin\theta_2 = \frac{\mathrm{AE}}{\mathrm{AD}} = \frac{1}{2} \qquad \theta_2 = 30^\circ$$

（屈折の法則を使えばよいのだが，問題の意図として作図から求めてほしい。）

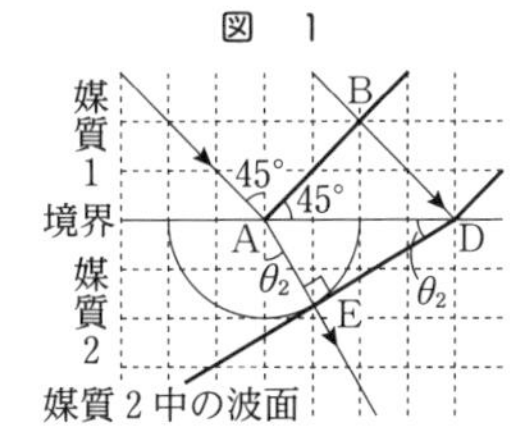

図 2

(5) 境界への波の入射角 $\theta_1 = 45^\circ$ である。媒質1に対する媒質2の屈折率 n_{12} は

$$n_{12} = \frac{\sin 45^\circ}{\sin 30^\circ} = \sqrt{2}$$

（速さ，波長を用いて屈折の法則より計算しても，もちろん同じであるが，上式のようにホイヘンスの原理を用いた作図より，屈折の法則が成り立つことを確かめてほしい。）

演習28

右図は，水槽を上から見た図で，境界 AB より上の領域Ⅰの深さは h，下の領域Ⅱの深さは $3h$ である。領域Ⅰから AB に向かって斜めに，波長 λ の波が入射している。図はある瞬間の領域Ⅰ内の波面を示している。領域Ⅰでの波の速さは v で，波の速さは，水深の平方根に比例するものとする。

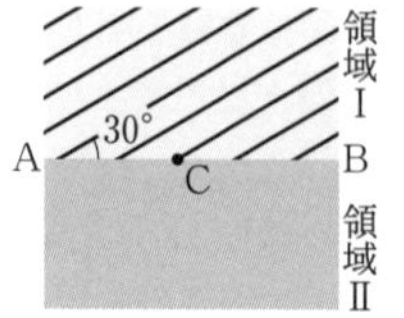

(1) Ⅰでの波の振動数 f を求めよ。

(2) Ⅰからの波の，境界 AB への入射角を求めよ。

(3) Ⅱへ進んだ波の速さを v で表せ。同様にⅡ内での波の波長を λ で表せ。

(4) Ⅰに対する，Ⅱの屈折率を求めよ。

(5) 波がⅡへ進む屈折角を，屈折の法則より求めよ。

(6) Ⅱ内での波の波面を描け。またⅠからⅡへ進む波の，点 C を通る進行方向を描け。

解答 (1) 振動数 f は，式❷より　$f=\dfrac{v}{\lambda}$

(2) 波の進行方向は波面と垂直で，境界の法線となす角が入射角であるので，図1より　30°

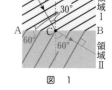

(3) 問題文より，波の速さは水深の平方根に比例するので，領域Ⅱ内での波の速さを v' として

$$\frac{v'}{v}=\sqrt{\frac{3h}{h}} \qquad \therefore \quad v'=\sqrt{3}\,v$$

振動数は変化しないので，領域Ⅱ内での波長を λ' として

$$\lambda'=\frac{v'}{f}=\frac{\sqrt{3}\,v}{\dfrac{v}{\lambda}}=\sqrt{3}\,\lambda$$

図 1

(4) 領域Ⅰに対するⅡの屈折率 n は，式❿より　$n=\dfrac{v}{v'}=\dfrac{1}{\sqrt{3}}=\dfrac{\sqrt{3}}{3}$

参考 波長の比でもよい。　$n=\dfrac{\lambda}{\lambda'}=\dfrac{1}{\sqrt{3}}=\dfrac{\sqrt{3}}{3}$

(5) 屈折角を r とする。式❿より　$\dfrac{\sin 30°}{\sin r}=\dfrac{1}{\sqrt{3}}$　$\therefore$　$\sin r=\dfrac{\sqrt{3}}{2}$

$0°<r<90°$ であるので　$r=60°$

(6) 波面が境界となす角が 60° になるように波面を描く。また，進行方向は波面に垂直である。よって，図1となる（矢印のある直線が進行方向である）。

音　波

このSECTIONでは，主に空気を媒質として伝わる音波について学ぶ。

1 - 音波の基本

音波の伝わり方

音波は縦波である。振動により空気の圧力が変化し，密（圧力大），疎（圧力小）な部分ができて伝わる。音波の伝わる速さ＝音速 V〔m/s〕は，空気の温度が t〔°C〕のとき，およそ

$$V = 331.5 + 0.6t \quad \cdots ⓫$$

となる。この式の数値は覚えなくてよいが，音速は温度が高いほど大きいと覚えておこう。また，固体や液体を伝わる音波の速さは，空気中よりも大きい。

音の三要素

音の高さ，大きさ，音色を音の三要素という。

音の高さ

音の振動数の違いである。振動数が大きいほど音は高い。人間に聞こえる音（可聴音）の振動数は概ね20〜20,000 Hzといわれるが，年齢差，個人差が大きい。また，音階が1オクターブ高いと，振動数が2倍となる。

音の大きさ

空気の圧力変化の大きさの違いであるが，それは音波の振幅の違いである。振幅が大きいと圧力の変化も大きく，大きい音となる。

音色

音波の波形の違いである。おんさの音など波形が正弦波となる音を純音という。一般の音は，基本となる振動数の2倍，3倍，…の振動数の音（倍音）を含み，複雑な波形となる。同じ音階＝同じ振動数でも，波形が異なると音色が異なるので，聞いて区別できる。

うなり

振動数がわずかに異なる音を同時に鳴らすと，波の重ね合わせにより音の大きさが周期的に変化する。これをうなりという。図26で音A，Bの振動数（周期）がわず

かに異なると，時間経過とともに音波が少しずつずれ，$\frac{1}{2}$個ずれたとき，山と谷が重なり合成波は小さくなる。さらに，時間が経ち，波の数の差が1個になると，山と山，谷と谷が一致し，合成波は大きくなる。これがうなりの原因である。振動数 f_1〔Hz〕，f_2〔Hz〕の音を同時に出したとき，時間1sでのうなりの回数 N（音が大きい状態から→小さい→大きいで，うなり1回とする）は以下のように表せる。

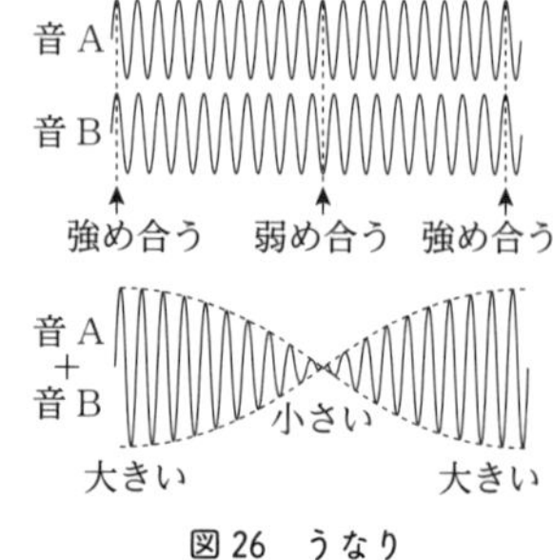

図26　うなり

うなり

時間1sあたりのうなりの回数 N

$$N=|f_1-f_2| \quad \cdots⓬$$

次の例題134で，うなりの回数が式⓬となることを確認しよう。

例題134　うなりの原理を理解する

振動数がそれぞれ f_A，f_B のおんさA，Bがある。A，Bを同時に鳴らすとうなりを生じる。大きな音が聞こえてから，小さくなり，再び大きな音になるまでの時間が T であった。

(1) 時間 T の間に，おんさAから出た音波の数を求めよ。

(2) 大きな音が聞こえてから，小さくなり，再び大きな音になるまでの間に，おんさA，Bから出た音の波の数の差は何個か数値で求めよ。

(3) f_A，f_B，T に成り立つ関係式を求めよ。

(4) 単位時間あたりのうなりの回数を，f_A，f_B を用いて求めよ。

解答 (1) 1周期分の波を，音波1個と数える。振動数 f_A より，時間1sで f_A 個の波を出す。

時間 T では　　f_AT 個

(2) 波の数の差は　　1個

(3) この間，おんさBは f_BT 個の波を出す。ゆえに　　$|f_AT-f_BT|=1$　…①

(4) ①式より，うなりの周期 T を求めると　　$T=\frac{1}{|f_A-f_B|}$

単位時間あたりのうなりの回数 N は　　$N=\frac{1}{T}=|f_A-f_B|$ 回/s

式⓬が確認できた。

2 - 共鳴，共振

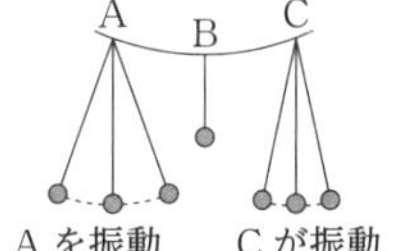

図 27　共振

一般に物体は，その大きさ，形状，材質などにより，振動しやすい振動数＝固有振動数が決まっている。固有振動数と等しい振動数の振動を外部から与えると，大きな振動を始めることがある。これを共振という。例えば，図 27 で，振り子 A，B，C をひもにぶら下げ，A を振動させると，固有振動数の異なる B は振動しないが，同じ長さで固有振動数の一致する C はやがて大きく振動する。これが共振である。共振で音が出るような場合を共鳴という。

弦の振動

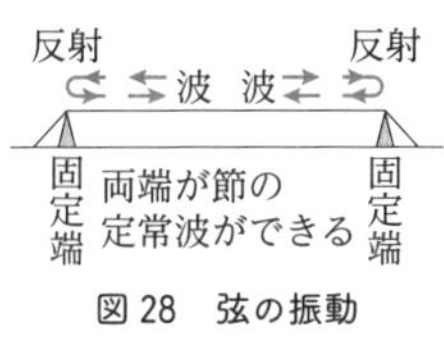

図 28　弦の振動

長さ L の弦の両端を固定する。弦を弾くと，図 28 のように波が両側に伝わり，両端で反射を繰り返し，定常波ができる。両端は振動しない固定端なので定常波の節となる。

両端が節となる定常波を考えると，図 29 のような振動が考えられる。波が弦を伝わる速さを v として，それぞれの振動で波長を考えて弦の振動数（＝固有振動数）を求める。

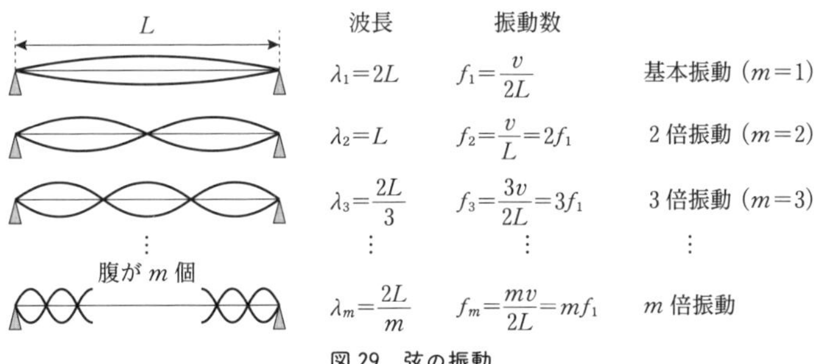

L
腹が m 個
波長
振動数
λ1=2L
f1=v/2L
基本振動（m=1）
λ2=L
f2=v/L=2f1
2 倍振動（m=2）
λ3=2L/3
f3=3v/2L=3f1
3 倍振動（m=3）
λm=2L/m
fm=mv/2L=mf1
m 倍振動

図 29　弦の振動

弦の振動

波長：$\lambda_m = \dfrac{2L}{m}$　…⑬　，　**振動数**：$f_m = \dfrac{mv}{2L} = mf_1$　…⑭

（$m=1, 2, 3, \cdots$）

L：弦の長さ　　v：弦を伝わる波の速さ

弦の真ん中を弾くと基本振動が生じる。さらに，節となる位置を軽く触れ，腹となる位置を弾くことで，基本振動以外の振動を生じさせることもできる。

また，外から振動を与えると，振動数が一致するとき弦が共振する。

理解のコツ

弦の m 倍振動では，腹が m 個できると考えればいいよ。腹が 1 個分で $\frac{1}{2}\lambda$ だから，m 個では $\frac{m}{2}\lambda$ となって，これが弦の長さ L と等しいとすると，波長を考えやすいよ。

≫弦を伝わる波の速さ

弦を伝わる波の速さ v〔m/s〕は，弦の**張力の大きさ** T〔N〕と弦の**線密度** ρ〔kg/m〕（長さ 1 m あたりの弦の質量）を用いて，以下の式のように表される。

$$v=\sqrt{\frac{T}{\rho}} \quad \cdots⑮$$

v は張力が大きいほど大きく，線密度が大きいほど（弦が太いほど）小さい。

例題135　弦の振動の基本を学ぶ

右図のように，弦に張力をかけて P，Q で固定して張る。PQ=0.80 m で，弦の PQ 間の質量は 2.0 g である。弦の中央付近を弾くと，弦に基本振動が生じた。

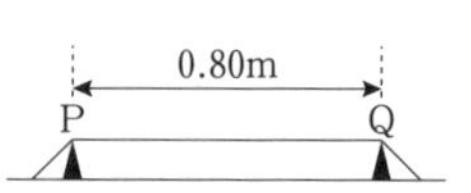

(1)　弦に生じた基本振動の波長を求めよ。

弦の振動数が 5.0×10^2 Hz になるように，弦の張力を調節した。

(2)　弦を伝わる波の速さ v を求めよ。

(3)　弦の張力の大きさ T を求めよ。

(4)　PQ 間の長さを変えて中央付近を弾くと，弦の振動数が 4.0×10^2 Hz になった。PQ 間の長さを求めよ。なお張力の大きさは変わらないものとする。

解答 (1)　弦は右図のような基本振動をする。波長を λ として

$\lambda=2\times0.80=1.6\text{ m}$

(2)　振動数 $f=5.0\times10^2$ Hz より

$v=f\lambda=5.0\times10^2\times1.6=8.0\times10^2\text{ m/s}$

(3)　弦の線密度を ρ とする。単位に注意して ρ を求めると

$$\rho=\frac{2.0\times10^{-3}}{0.80}=2.5\times10^{-3}\text{ kg/m}$$

式⑮より　　$T=\rho v^2=2.5\times10^{-3}\times800^2=1.6\times10^3\text{ N}$

(4)　波の速さは変化しない。波長が λ' になったとする。振動数 $f'=4.0\times10^2$ Hz より

$$\lambda'=\frac{v}{f'}=\frac{800}{400}=2.0\text{ m}$$

ゆえに，PQ 間の長さは　　$\text{PQ}=\frac{\lambda'}{2}=1.0\text{ m}$

例題136 基本振動以外の弦の振動を学ぶ

図1のように線密度 4.9×10^{-4} kg/m の弦の一端をおんさにつけ，滑車にかけて他端におもりAをつるす。おんさと滑車の間の弦の長さは 0.75 m である。おんさを振動させると腹が3個の定常波ができた。弦を伝わる波の速さは 80 m/s，重力加速度の大きさを $9.8\,\mathrm{m/s^2}$ とする。

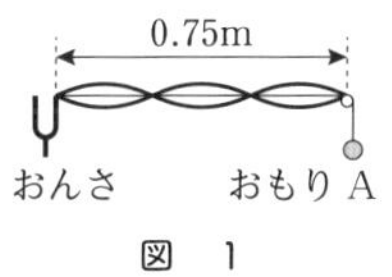

図 1

(1) 図1の状態で定常波の波長，弦の振動数を求めよ。
(2) おんさの振動数を求めよ。
(3) おもりAの質量を求めよ。
(4) おんさと滑車の間を 0.50 m にした。このときできる定常波の波長を求めよ。また腹は何個できるか求めよ。

おんさと滑車の間の弦の長さを 0.75 m に戻し，おもりBに取りかえ，おんさを振動させたところ腹が4個の定常波ができた。

(5) おもりBの質量を求めよ。

この状態から図2のように，おんさの腕と弦を平行にしておんさを振動させた。

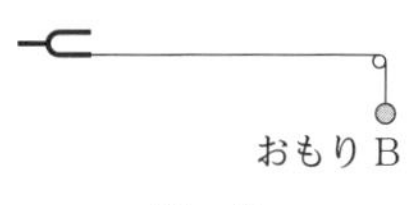

図 2

(6) このときできる定常波の振動数を求めよ。また，腹は何個できるか求めよ。

解答 この現象（メルデの実験）で，おんさの振動数を F〔Hz〕，弦の振動数を f〔Hz〕とすると，おんさの腕と弦が垂直なとき $f=\dfrac{F}{2}$，おんさの腕と弦が平行なとき $f=F$ となる。覚えておこう。

(1) 波長を λ とする。問題の図1より　$\dfrac{3\lambda}{2}=0.75$　　∴ $\lambda=0.50\,\mathrm{m}$

弦を伝わる波の速さ $v=80\,\mathrm{m/s}$ より，弦の振動数 f は

$$f=\frac{v}{\lambda}=\frac{80}{0.50}=1.6\times10^2\,\mathrm{Hz}$$

(2) おんさの腕と弦が垂直なので，おんさの振動数 F は　$F=2f=3.2\times10^2\,\mathrm{Hz}$

(3) おもりAの質量を m_A，重力加速度を g，線密度を ρ とする。張力の大きさ $T=m_\mathrm{A}g$ である。式⑮より

$$v=\sqrt{\frac{m_\mathrm{A}g}{\rho}}\qquad \therefore\ m_\mathrm{A}=\frac{\rho v^2}{g}=\frac{4.9\times10^{-4}\times80^2}{9.8}=0.32\,\mathrm{kg}$$

(4) 振動数 f，波の速さ v は変化しないので，波長も 0.50 m で変化しない。弦の長さが 0.50 m のとき，腹が2個の定常波ができる。

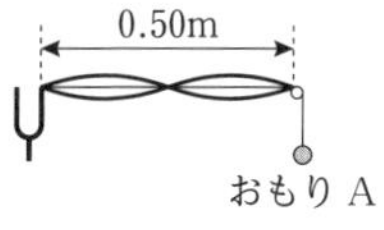

(5) 腹4個より波長 λ' は

$$2\lambda'=0.75\qquad \therefore\ \lambda'=\frac{0.75}{2}\,\mathrm{m}$$

おんさは同じなので振動数は変化しない。波の速さ v' は

$$v'=f\lambda'=160\times\frac{0.75}{2}=60\,\text{m/s}$$

(3)と同様に考えて，おもり B の質量 m_B は

$$m_B=\frac{\rho v'^2}{g}=\frac{4.9\times10^{-4}\times60^2}{9.8}=0.18\,\text{kg}$$

(6) 弦の振動数はおんさの振動数と同じになる。ゆえに　　$3.2\times10^2\,\text{Hz}$

$$\text{波長 }\lambda''=\frac{v'}{F}=\frac{60}{320}=0.1875\,\text{m}$$

長さ 0.75 m の弦では，右図のように腹が 8 個できる（振動数が 2 倍になるので，波長は $\frac{1}{2}$ になり，腹の数は 2 倍になる）。

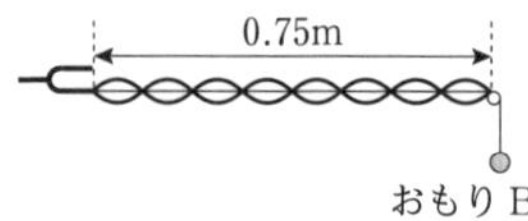

理解のコツ

弦の振動や，次に学ぶ「▶▶気柱の共鳴」の問題では，状況が変わったとき，**波長，振動数，波の速さのうち，何が変化したのか**をしっかり考えること。例題 136 (4)では，実は何も変わっていない。(5)では速さと波長が，(6)では振動数が変化している。このように意識することが大切だよ。

▶▶気柱の共鳴

パイプ（管）の内部の空気を**気柱**という。気柱を伝わる音波は，管の端で繰り返し反射し，ある振動数（＝固有振動数）の定常波を作る。外部から，この振動数の音波を与えると，共鳴する。音波は，**閉じられていない端**では自由端反射をして**腹**，**閉じられた端**では固定端反射をして**節**となる。

反射　　反射
音波
定常波ができる

図 30　気柱の共鳴

▶▶閉管の共鳴

一方が閉じられた管を**閉管**という。閉じられた側に節，開いている側（開口端）に腹の定常波ができるので，図 31 のようになる。音速を V として固有振動数を求める。

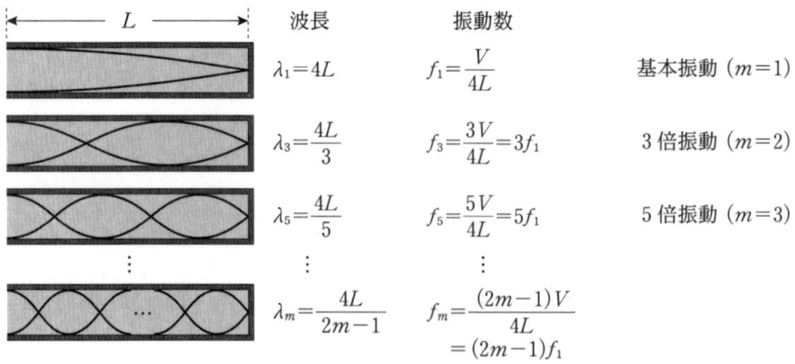

図 31　閉管の固有振動

閉管の固有振動

波長：$\lambda_m = \dfrac{4L}{2m-1}$ …⑯，振動数：$f_m = \dfrac{(2m-1)V}{4L}$ …⑰

$(m=1,\ 2,\ 3,\ \cdots)$

L：閉管の長さ　V：音速

開管の共鳴

両端が開いている管を**開管**という。両端が腹の定常波となるので，図 32 のようになる。音速を V として固有振動数を求める。

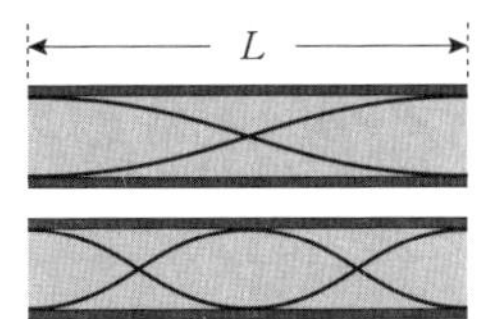
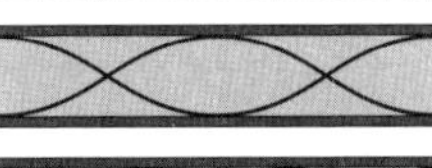
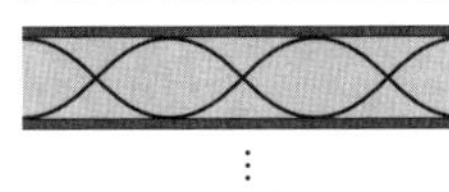
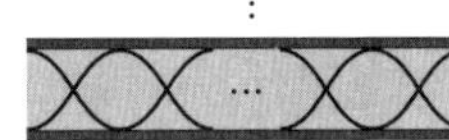

波長	振動数	
$\lambda_1=2L$	$f_1=\dfrac{V}{2L}$	基本振動 $(m=1)$
$\lambda_2=L$	$f_2=\dfrac{V}{L}=2f_1$	2 倍振動 $(m=2)$
$\lambda_3=\dfrac{2L}{3}$	$f_3=\dfrac{3V}{2L}=3f_1$	3 倍振動 $(m=3)$
⋮	⋮	
$\lambda_m=\dfrac{2L}{m}$	$f_m=\dfrac{mV}{2L}=mf_1$	

図 32　開管の固有振動

開管の固有振動

波長：$\lambda_m = \dfrac{2L}{m}$ …⑱，振動数：$f_m = \dfrac{mV}{2L}$ …⑲

$(m=1,\ 2,\ 3,\ \cdots)$

L：開管の長さ　V：音速

開口端補正

気柱の定常波では，開口端では腹ができるが，位置がややずれる。腹の位置は開口端の少し外側になる。開口端から腹の位置までの距離を**開口端補正**という。

理解のコツ

波長と管の長さの関係に混乱する人もいるんじゃないかな。図 33 のように定常波を $\dfrac{\lambda}{4}$ に分けて数えるといいよ。$\dfrac{\lambda}{4}$ の波が N 個あるとすると，管の長さ L は，$N\times\dfrac{\lambda}{4}$ となる。

$\dfrac{\lambda}{4}$ $\dfrac{\lambda}{4}$ $\dfrac{\lambda}{4}$ $\dfrac{\lambda}{4}$ …

図 33　波長の数え方

例題137 振動数が変化しない場合の共鳴を学ぶ

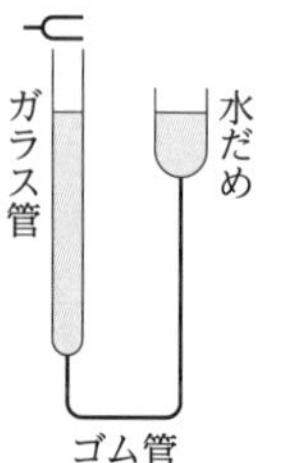

鉛直なガラス管と水だめがゴム管で結ばれた装置がある。水だめを上下させることで，ガラス管内の水面を上下させることができる。ガラス管の上端近くで，振動数 $5.00\times10^2\,\mathrm{Hz}$ のおんさを振動させ，ガラス管の水面を上端から徐々に下げていくと，水面の上端からの距離が 15.6 cm，49.2 cm のとき気柱が共鳴した。

(1) 気柱が共鳴をしているとき，気柱内にできている定常波の様子の概略をそれぞれ描け。

(2) この音波の波長と，音速を求めよ。

(3) 開口端補正は何 cm か求めよ。

(4) 水面をさらに下げていき，次に共鳴するときの水面の上端からの距離が何 cm か求めよ。

(5) この実験を，気温がより高い状態でおこなったとき，共鳴する水面の位置は，上下どちらに移動するか求めよ。

解答 (1) 水面より上のガラス管は閉管である。波長は一定で，水面の上端からの距離を徐々に変えていくので，まず基本振動，次に 3 倍振動となる。よって，気柱内にできている定常波は右図となる。

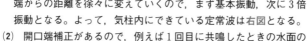

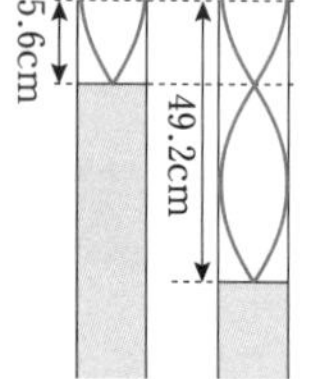

(2) 開口端補正があるので，例えば 1 回目に共鳴したときの水面の上端からの距離 15.6 cm の 4 倍が 1 波長とはならない。

1 回目と 2 回目の共鳴時の水面の上端からの距離の差が，波長 λ の半分であるので

$$\lambda=2\times(49.2-15.6)=67.2\,\mathrm{cm}=0.672\,\mathrm{m}$$

音速 V は　$V=500\times0.672=3.36\times10^2\,\mathrm{m/s}$

(3) 1 回目の共鳴で，波長の $\frac{1}{4}$ の定常波ができているので，開口端補正は

$$\frac{\lambda}{4}-15.6=\frac{67.2}{4}-15.6=1.2\,\mathrm{cm}$$

(4) 次に共鳴するのは 5 倍振動である。開口端補正も考慮に入れて，このときの水面の上端からの距離は

$$\frac{5}{4}\lambda-1.2=\frac{5}{4}\times67.2-1.2=82.8\,\mathrm{cm}$$

(5) 気温が高いと音速は大きく，波長は長くなる。ゆえに，共鳴する位置は下がる。

演習29

図1のように長さ l の開管がある。一方の端に置いたスピーカーから音を出す。音速を V とし，開口端補正は無視できるとする。音の振動数を，十分小さいところから徐々に大きくしていく。振動数が f_1 のとき，初めて管が共鳴し，次に f_2 のとき管が共鳴した。

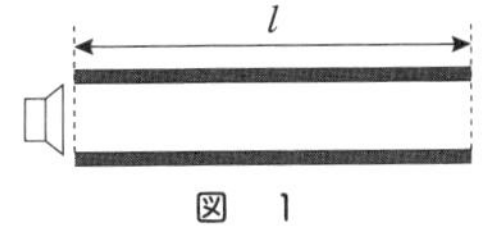

図 1

(1) 管が共鳴したときの音波の波長をそれぞれ l を用いて表せ。また，f_1，f_2 を求めよ。

(2) 管が2回目の共鳴をしているとき，管内で圧力の変化が最も大きい点の，管の左端からの距離を全て求めよ。

2回目の共鳴をしている状態で，管の右端からピストンを挿入する。管は共鳴しなくなったが，図2のようにピストンをゆっくりと左に動かしていくと，再び共鳴した。

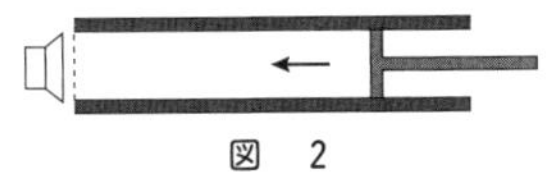
図 2

(3) ピストンの挿入後，管が初めて共鳴したとき，ピストンの管の右端からの距離を求めよ。またこのときの振動数を求めよ。

ピストンを挿入後，管が初めて共鳴した状態でピストンを固定した。この状態でスピーカーから出す音の振動数を徐々に大きくしていくと管は再び共鳴した。

(4) このとき，スピーカーから出る音の波長と振動数を l，V を用いて表せ。また，この振動数を f_2 を用いて表せ。

解答 (1) 図3のようにスピーカーからの音の波長が徐々に短くなっていき，順に基本振動，2倍振動のときに共鳴する。それぞれ波長を λ_1，λ_2 とすると

1回目：$\lambda_1=2l$ ，　2回目：$\lambda_2=l$

$f_1=\dfrac{V}{\lambda_1}=\dfrac{V}{2l}$ ，　$f_2=\dfrac{V}{\lambda_2}=\dfrac{V}{l}$

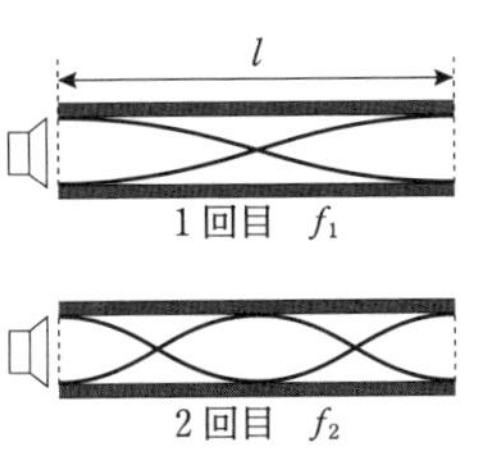

図 3

(2) 圧力変化が大きいのは節の位置である。左端から

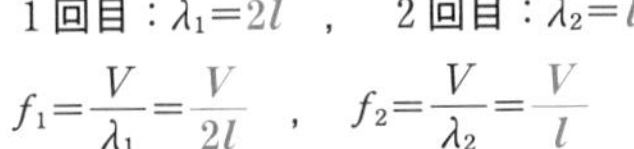

$\dfrac{\lambda_2}{4}$，$\dfrac{3\lambda_2}{4}$ であるから　$\dfrac{l}{4}$，$\dfrac{3l}{4}$

(3) スピーカーからの音の波長は変化しない。ピストンの位置が節になるような定常波ができるとき，共鳴する。ゆえに図4のようであり，ピストンを $\dfrac{\lambda_2}{4}=\dfrac{l}{4}$ だけ挿入したときとなる。

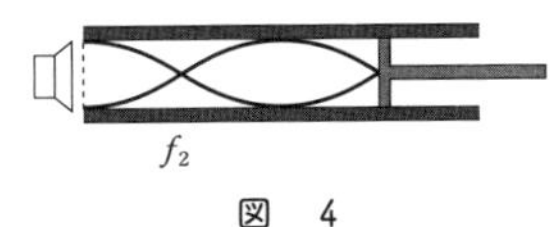

図 4

振動数は変化していないので f_2 のままである。

$f_2=\dfrac{V}{l}$

(4) 波長が短くなっていき，次に共鳴するのは図5のように5倍振動のときである。このときの波長 λ，振動数 f は

$$\frac{3l}{4}=\frac{5\lambda}{4} \qquad \therefore \quad \lambda=\frac{3l}{5} \quad , \quad f=\frac{V}{\lambda}=\frac{5V}{3l}$$

$\frac{3l}{4}$

図 5

また，(1)の $f_2=\frac{V}{l}$ より　$f=\frac{5}{3}f_2$

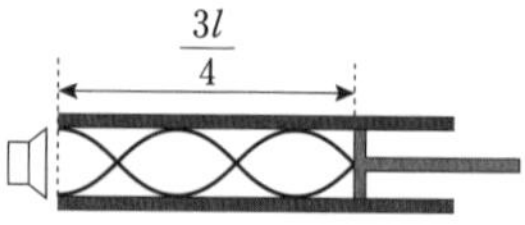

別解

3倍振動が5倍振動になったのだから，当然振動数は $\frac{5}{3}$ 倍になる。

音波の圧力変化

気柱の共鳴のような音波による定常波で，最も圧力の変化が大きいところは，腹ではなく節である。音の大きさは一般的には圧力変化の大きさであるので，**節の位置で最も音が大きい**と考えてよい。一般的なマイクを共鳴している気柱に入れていくと，節の位置で音が大きくなる。

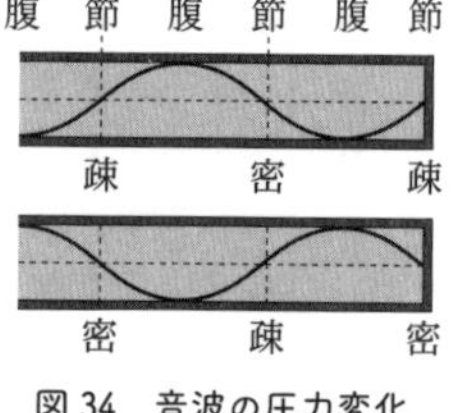

図34 音波の圧力変化

3 - ドップラー効果

救急車のサイレンや，走行中の電車内で聞く踏切の音など，**音源と観測者が相対的に運動しているとき，音の振動数が変化して聞こえる**。これを**ドップラー効果**という。

音源が動く場合のドップラー効果

音源Sが速さ v_S〔m/s〕で動きながら音を出すときのドップラー効果について考える。Sの振動数を f_0〔Hz〕，音速を V〔m/s〕とする。

音速

図35のように，音源Sが動くとき，音の速さはどうなるであろうか？　音の速さは空気の圧力変化が伝わる速さなので，Sの速度は関係ない。Sの前方でも後方でも，**音速は V のままである**。

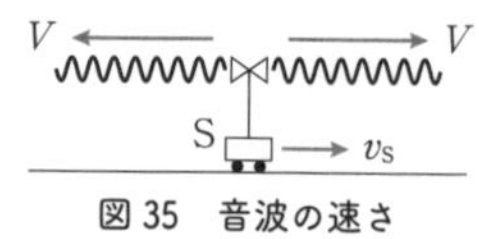

図35 音波の速さ

▶▶波長の変化

動く音源の前後では音波の波長が変化する。音源Sが時間 $\varDelta t$ の間に前方に出した音波について考えよう。図36(**a**)のときにSを出た音の先頭は，$\varDelta t$ の間に $V\varDelta t$ だけ進む。Sも $v_S\varDelta t$ 進むので，図(**b**)のように音波の長さは $V\varDelta t-v_S\varDelta t$ である。この間の音波の数は $f_0\varDelta t$ 個であるので，波長 λ＝音波1つあたりの長さは

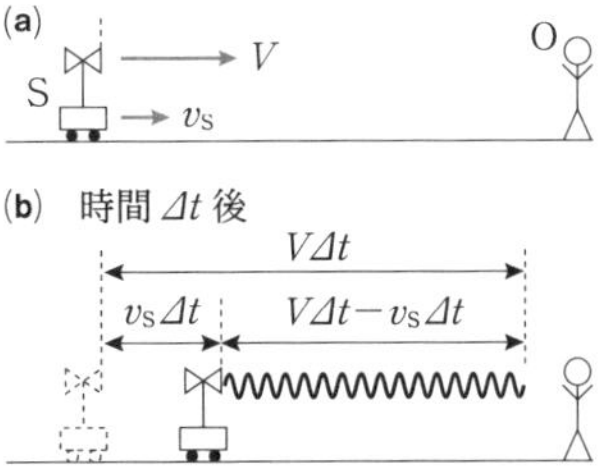

$$\lambda=\frac{V\varDelta t-v_S\varDelta t}{f_0\varDelta t}=\frac{V-v_S}{f_0}\quad\cdots⓴$$

図36　音源が動く場合

▶▶観測される振動数

音源Sの前方にいる観測者Oには，波長 λ，音速 V の音が観測されるので，Oの聞く振動数 f は

$$f=\frac{V}{\lambda}=\frac{V}{V-v_S}f_0\quad\cdots㉑$$

後方では，λ も f もSの速度を $-v_S$ と考えて求めればよい。

音源が動く場合のドップラー効果

波長：$\lambda=\dfrac{V-v_S}{f_0}$　…⓴　，　**振動数**：$f=\dfrac{V}{V-v_S}f_0$　…㉑

f_0：音源の振動数　v_S：音源の速度　V：音速
λ：音源の前方の波長　f：前方の観測者が観測する振動数

理解のコツ

まず公式を使えるようになることが大切だけど，難関大の入試は公式の丸暗記では対応できない。なぜ波長が短くなるのか，なぜ振動数が大きくなるのか，しっかりと理解すること。

例題138　波長と振動数の変化を確かめる

水面で振動数 10Hz で波を発生する装置Sがある。波が伝わる速さを 8.0cm/s とする。

(1)　装置Sが静止しているとき，波の波長，周期を求めよ。

次に，S を水面上の x 軸に沿って一定の速さ $v=4.0$cm/s で動かす。図は，水面を上から見たもので，S は時刻 $t=0$s で原点 O を右向きに通過し，このとき波の山が出たものとする。

S→
−2.0　−1.0　O　1.0　2.0　x〔cm〕

(2)　$t=0$〜0.30s の間で，波の山が出たときのSの位置を x 軸に“×”で書き込め。

(3)　$t=0.30$s のとき水面にできている球面波の山の波面を全て描け。

(4)　Sの進行方向の前方と後方で観測される波長をそれぞれ図より求めよ。

(5)　Sの進行方向の前方と後方で観測される振動数をそれぞれ求めよ。

解答 (1)　振動数 $f_0=10$Hz，速さ $V=8.0$cm/s より，S が静止しているときの波長 λ_0，周期 T_0 は

$$\lambda_0=\frac{V}{f_0}=\frac{8.0}{10}=0.80\,\text{cm}$$

$$T_0=\frac{1}{f_0}=\frac{1}{10}=0.10\,\text{s}$$

(2)・(3)　S は，$T_0=0.10$s ごとに山を出す。その間，$vT_0=4.0\times0.10=0.40$cm ずつ移動している。それぞれの点を中心として球面波の山が広がる。$t=0.30$s での球面波の半径を求め，円を描けばよい。右図。

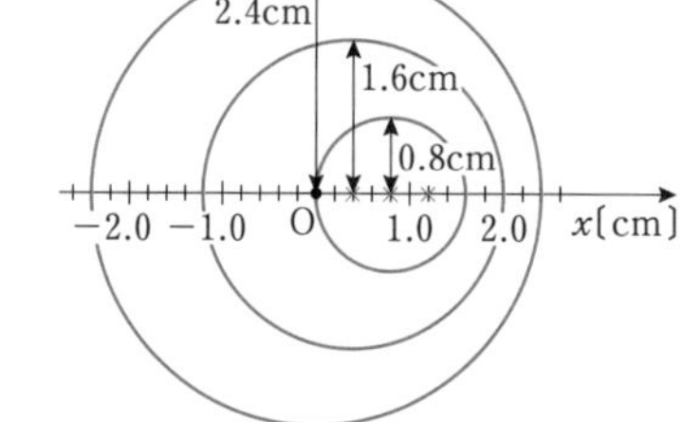

(4)　図より波面の間隔を求めて

前方：$\lambda_F=0.40$cm

後方：$\lambda_R=1.2$cm

(5)　観測者は，速さ V の波を観測するので，それぞれ振動数は

$$\text{前方：}f_F=\frac{V}{\lambda_F}=\frac{8.0}{0.40}=20\,\text{Hz}$$

$$\text{後方：}f_R=\frac{V}{\lambda_R}=\frac{8.0}{1.2}=6.66\fallingdotseq6.7\,\text{Hz}$$

参考　(4)，(5)は，式⑳，㉑で求められるが，この例題の目的は波長や振動数の変化の原理を学ぶことである。公式を使わずに考えてみよう。

例題139 音源が動く場合のドップラー効果の公式を使う

振動数 $f_0=420\,\text{Hz}$ の音を出す音源がある。音速 $V=336\,\text{m/s}$ とする。

(1) 音源が静止している場合の波長を求めよ。

この音源が音を出しながら一直線上を速さ $v=21\,\text{m/s}$ で移動する。

(2) 音源の前方での，この音の速さと波長を求めよ。

(3) 直線上で音源の前方にいる観測者が観測する振動数を求めよ。

解答 (1) 音源が静止している場合の波長 λ_0 は　$\lambda_0=\dfrac{V}{f_0}=\dfrac{336}{420}=0.800\,\text{m}$

(2) 音速 V は変わらないので　$V=336\,\text{m/s}$

波長 λ は，式⑳より　$\lambda=\dfrac{V-v}{f_0}=\dfrac{336-21}{420}=0.750\,\text{m}$　（短くなっている！）

(3) 振動数 f は，式㉑より　$f=\dfrac{V}{V-v}f_0=\dfrac{336}{336-21}\times420=448\,\text{Hz}$

別解

(2)で求めた波長 λ を用いて　$f=\dfrac{V}{\lambda}=\dfrac{336}{0.750}=448\,\text{Hz}$

観測者が動く場合のドップラー効果

観測者Oが，音源Sから遠ざかる向きに速さ v_0 で動く場合を考える。図37(a)で観測者の位置にあった音波は，時間 Δt だけ経過した図(b)までの間に $V\Delta t$ だけ進む。Oもこの間に $v_0\Delta t$ だけ進むので，Δt の間でOを長さ $V\Delta t-v_0\Delta t$ の音波が通過することになる。音波の波長 $\lambda_0=\dfrac{V}{f_0}$ であるので，観測される振動数 f（＝単位時間あたり通過した波の数）は

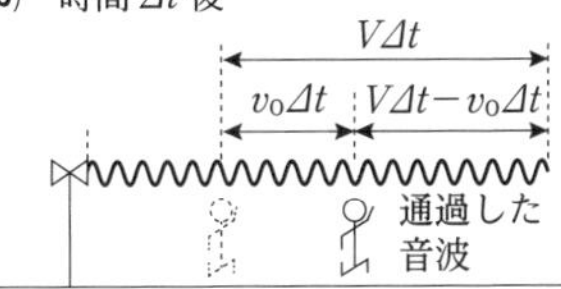

図37　観測者が動く場合

$$f=\frac{V\Delta t-v_0\Delta t}{\lambda_0\times\Delta t}=\frac{V-v_0}{V}f_0\quad\cdots㉒$$

OがSの向き（図の左）に動くときは，観測者の速度を $-v_0$ とすればよい。

観測者が動く場合のドップラー効果

$$f=\frac{V-v_0}{V}f_0\quad\cdots㉒$$

v_0：観測者が音源から遠ざかる向きの速度

▶▶音源も観測者も動く場合のドップラー効果

図 38 のように，音源 S も観測者 O も動く場合，S の前方の波長は式⑳の λ で，これを O が動く場合の式㉒へ代入して，O が観測する振動数 f を求めると

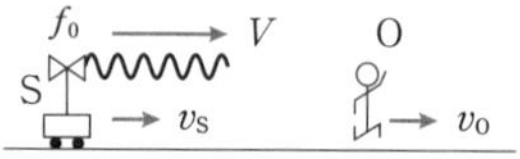

図 38　音源も観測者も動く場合

$$f=\frac{V\Delta t-v_0\Delta t}{\lambda\times\Delta t}=\frac{V-v_0}{V-v_S}f_0 \quad \cdots㉓$$

S が O から遠ざかる向きのときは S の速度を $-v_S$，O が S に近づく向きのときは O の速度を $-v_0$ とする。

音源も観測者も動く場合のドップラー効果

$$f=\frac{V-v_0}{V-v_S}f_0 \quad \cdots㉓$$

f：観測者が観測する振動数　　f_0：音源の振動数
V：音速　　v_S：音源の速度　　v_0：観測者の速度

理解のコツ

式㉓で $v_0=0$ とすれば，音源だけが動く場合の式㉑になり，$v_S=0$ とすれば，観測者だけが動く場合の式㉒になるから，まず式㉓を頭に入れれば振動数は求められるけど，丸暗記にならないように。

例題140　ドップラー効果の公式を導き，使ってみる

以下の文中の［　ア　］～［　ク　］の空欄に適当な式を記入せよ。

振動数 f_0 の音を出す静止した音源 S がある。音速 V として，波長 $\lambda=$［　ア　］である。音源から遠ざかる向きに速さ u で進む観測者 O がいる。図 1 のように時刻 $t=0$ のとき，O をちょうど通過する波を A とする。時刻 $t=\Delta t$ のとき，A は図 2 の位置に進み，このとき O の位置を通過する波を B とする。AB 間の距離は［　イ　］である。AB 間に含まれる波の数を，λ を用いて表すと［　ウ　］となる。O は，時間 Δt にこの波を観測する。ゆえに，O が観測する振動数 f を λ を用いて表すと，$f=$［　エ　］である。$\lambda=$［　ア　］の関係を用いて，f を V，u，f_0 で表すと $f=$［　オ　］となる。

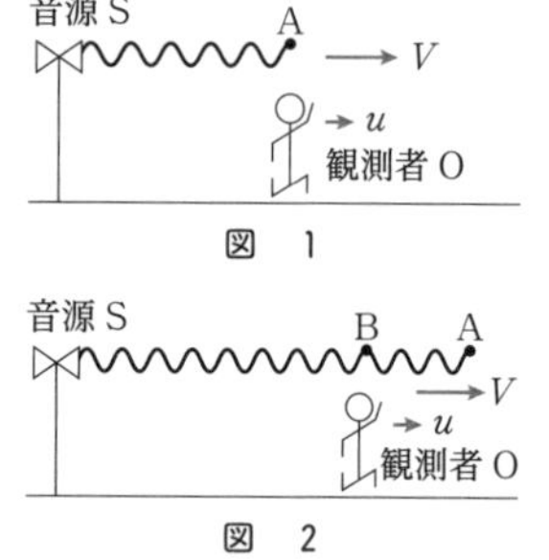

図　1
図　2

次に，S も速さ v で O に向かって動いている場合，波長 $\lambda'=$［　カ　］であるので，O が観測する振動数 f' を，V，v，u，f_0 を用いて表すと $f'=$［　キ　］となる。

ここで，S の振動数 $f_0=5.5\times10^2\,\mathrm{Hz}$，O の速さ $u=14\,\mathrm{m/s}$，S の速さ $v=10\,\mathrm{m/s}$，音速 $V=3.40\times10^2\,\mathrm{m/s}$ とすると，O が観測する振動数 $f'=$［　ク　］Hz となる。

解答 ア．$\lambda=\dfrac{V}{f_0}$ …①

イ．この間に，音波は距離 $V\Delta t$，観測者は $u\Delta t$ 進むので，AB 間の距離は

$$\mathrm{AB}=V\Delta t-u\Delta t=(V-u)\Delta t$$

ウ．波 1 個の長さは λ なので，この間の波の数 N は距離 AB を λ で割ればよい。

$$N=\frac{\mathrm{AB}}{\lambda}=\frac{(V-u)\Delta t}{\lambda}$$

エ．観測者は時間 Δt の間に，N 個の波を観測する。単位時間あたりに観測する波の数が振動数 f なので　$f=\dfrac{N}{\Delta t}=\dfrac{V-u}{\lambda}$ …②

オ．①式の λ を②式に代入して　$f=\dfrac{V-u}{\dfrac{V}{f_0}}=\dfrac{V-u}{V}f_0$　（式㉒である。）

カ．音源が動く場合，前方での波長 λ' は式⑳より　$\lambda'=\dfrac{V-v}{f_0}$

キ．②式に λ の代わりに λ' を代入すればよい。

$$f'=\frac{V-u}{\lambda'}=\frac{V-u}{\dfrac{V-v}{f_0}}=\frac{V-u}{V-v}f_0 \quad \cdots③$$　（式㉓である。）

ク．数値を③式に代入して　$f'=\dfrac{340-14}{340-10}\times550=543.3\fallingdotseq5.4\times10^2\,\mathrm{Hz}$

≫反射によるドップラー効果

音が壁などで反射されてから観測される場合のドップラー効果は，以下の手順で考える。

① まず，壁を観測者として観測する振動数 f_W を求める。

② 次に，壁を振動数 f_W の音源と考える。

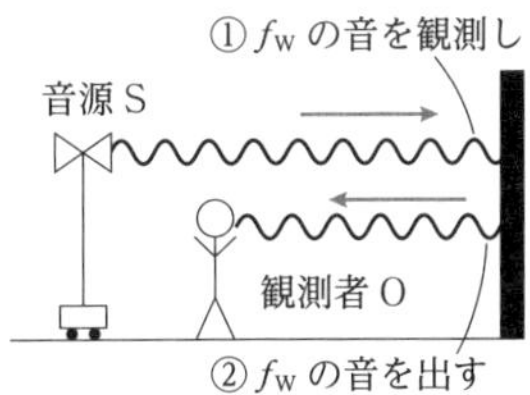

図 39　反射音のドップラー効果

理解のコツ

壁がまず観測者になり，次に音源になる，と割り切って考えることが大切だよ。

例題141 反射音によるドップラー効果を求める

図 1 のように，振動数 f_0 の音を出す音源 S が速さ v で動いている。音源の進む向きに壁があり，反対向きに観測者 O がいる。音速を V とする。

(1) S から直接，O の向きへ進む音の波長と振動数を求めよ。

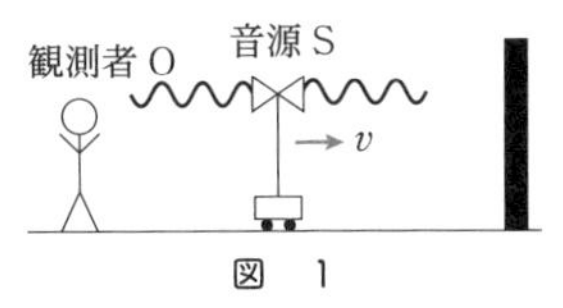

図 1

(2) O が観測する壁からの反射音の振動数を求めよ。

(3) O が観測する直接音と反射音により単位時間あたりのうなりの回数を求めよ。

次に図 2 のように，S が静止し，O と壁が一直線上でそれぞれ速さ u，w で図の向きに動いている。

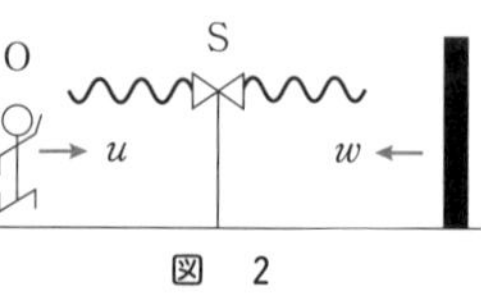

図 2

(4) O が観測する S からの直接音の振動数を求めよ。

(5) O が観測する壁からの反射音の振動数を求めよ。

(6) O が観測する 1 秒あたりのうなりの回数を求めよ。

解答 (1) 音源 S は観測者 O と逆向きに進むので，波長 λ_D，振動数 f_D は式㉐，㉑で音源の速度を $v_S=-v$ として

$$\lambda_D=\frac{V-(-v)}{f_0}=\frac{V+v}{f_0} \quad , \quad f_D=\frac{V}{V-(-v)}f_0=\frac{V}{V+v}f_0$$

(2) ① まず壁を観測者として，壁が観測する振動数 f_W は　$f_W=\dfrac{V}{V-v}f_0$

② 次に反射音は，壁を音源として f_W の音を出したと考える。O も壁も静止しているので，O がこの反射音を観測する振動数 f_R は　$f_R=f_W=\dfrac{V}{V-v}f_0$

(3) $f_R>f_D$ であることも考慮して，単位時間あたりのうなりの回数は，式⓬より

$$f_R-f_D=\frac{V}{V-v}f_0-\frac{V}{V+v}f_0=\frac{2vV}{V^2-v^2}f_0$$

(4) O が観測する S からの直接音の振動数 f_D' は　$f_D'=\dfrac{V+u}{V}f_0$

(5) ① 壁を速さ w で動く観測者として，観測する振動数 f_W' は　$f_W'=\dfrac{V+w}{V}f_0$

② 次に壁は速さ w で動く音源となり，振動数 f_W' の音を出す。O が観測する振動数 f_R' は　$f_R'=\dfrac{V+u}{V-w}f_W'=\dfrac{(V+u)(V+w)}{(V-w)V}f_0$

(6) $f_R'>f_D'$ であるので

$$f_R'-f_D'=\frac{(V+u)(V+w)}{(V-w)V}f_0-\frac{V+u}{V}f_0=\frac{2(V+u)w}{(V-w)V}f_0$$

▶▶風がある場合のドップラー効果

一定の風速 W の風がある場合，地上から見た音波の速さが変化する。風の方向に伝わる音波の場合

風下に向かう音波：$V+W$　…㉔

風上に向かう音波：$V-W$　…㉕

となる。音波がどの向きに進むのかを確かめて，ドップラー効果を考える際に音速を変えればよい。

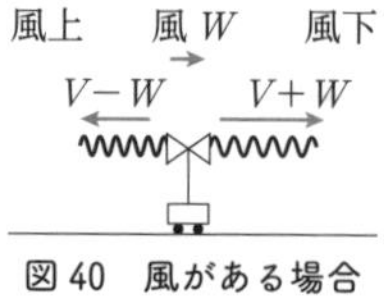

図 40　風がある場合

例題142 風向きによって，音速を使い分ける

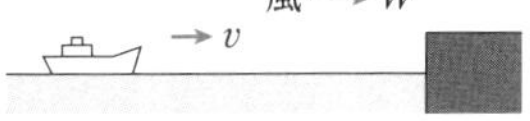

岸壁に向かって速さ v で進む船が，振動数 f_0 の汽笛を T_0 秒だけ鳴らした。岸壁に向かって風速 W の風が吹いている。音速を V とする。

(1) 岸壁にいる観測者が聞く，汽笛の振動数を求めよ。

(2) 船上にいる観測者が聞く，岸壁からの反射音の振動数を求めよ。

(3) 船上にいる観測者に，岸壁で反射された音が聞こえている時間（継続時間）を求めよ。

※ (3)は難問。次項「**▶波の数からドップラー効果を求める**」参照。

解答 (1) 船から岸壁に向かう音の速さは，$V+W$ なので，岸壁で聞く音の振動数 f_1 は

$$f_1=\frac{V+W}{V+W-v}f_0$$

(2) 次に岸壁が音源として振動数 f_1 の音を出すと考える。岸壁から船に向かう音の速さは $V-W$ なので，同様に，船上で聞く音の振動数 f_2 は

$$f_2=\frac{V-W+v}{V-W}f_1=\frac{(V-W+v)(V+W)}{(V-W)(V+W-v)}f_0$$

(3) この問題にはいろいろな解法があるが，ここでは波の数を考えて解いてみる（次項を参考にしよう）。船から出された音波には，f_0T_0 個の波が含まれている。また，船上で反射音の継続時間を t とすると，f_2t の波が含まれている。この数は同じなので

$$f_0T_0=f_2t \qquad \therefore \quad t=\frac{f_0T_0}{f_2}=\frac{(V-W)(V+W-v)}{(V-W+v)(V+W)}T_0$$

（単純に，波と船の運動を考えて，波の先頭と最後尾の，船への到達時間を考えてもよい。もちろん結果は同じであるので確かめてみよう。）

▶波の数からドップラー効果を求める

振動数 f_0 の音源Sが時間 Δt_0 だけ音波を出し，観測者がその音波を時間 Δt の間に振動数 f で観測したとする。音波の数は変化しないので

$$f_0\Delta t_0=f\Delta t \qquad \therefore \quad f=\frac{f_0\Delta t_0}{\Delta t} \quad \cdots㉖$$

となり，観測する振動数を求めることができる。このように，波の数と時間から振動数の変化＝ドップラー効果を考えることも多い。

この考え方によるドップラー効果の導出は難関大の入試などでよく出題される。このような場合の，音が聞こえる時間の計算などは，小学校の算数でよく出てくる問題だよ。物理だけにとらわれずに，今までに習ってきたことは全て使って問題を解いていこう。

演習30

x 軸上を速度 v で正の向きに運動している音源Sと，$x=L$ に静止した観測者Oがいる。時刻 $t=0$ で，Sは原点を通過し，その瞬間から時間 Δt の間，振動数 f_0 の音を出した。音速を V とする。ただし，$V>v$ である。

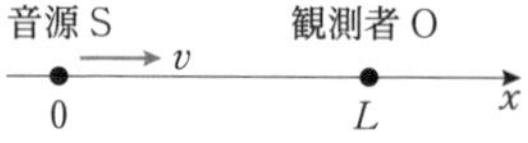

(1) Sが出した音の波の数を求めよ。

Oは，時刻 T で音を聞き始め，時刻 $T+\Delta T$ で音を聞き終わった。

(2) Oが聞く音の振動数 f を，f_0，Δt，ΔT で表せ。

(3) T と $T+\Delta T$ を，V，v，L，Δt で表せ。

(4) (3)より ΔT を求め，f を，V，v，f_0 で表し，ドップラー効果の公式と一致することを確認せよ。

解答 (1) 振動数 f_0 で，時間 Δt の間，音を出すので，音の波の数は　$f_0\Delta t$ 個

(2) 観測者Oは $f_0\Delta t$ 個の音を，ΔT の時間で聞く。Oの聞く振動数 f は，単位時間あたりに観測する波の数であるので　$f=\dfrac{f_0\Delta t}{\Delta T}$　…①

(3) 時刻 $t=0$ で出た音は，速さ V で距離 L だけ進んでOに到達する。Oに到達する時刻 T は

$$T=\frac{L}{V}\quad\cdots②$$

$t=0$：音源S（速度 v）が 0，観測者Oが L
$t=\Delta t$：Sが $v\Delta t$（速度 v），Oが L

時刻 Δt でSは $x=v\Delta t$ の位置にある。ここで出した音は，速さ V で距離 $L-v\Delta t$ だけ進んで，Oに到達する。Oに到達する時刻 $T+\Delta T$ は

$$T+\Delta T=\Delta t+\frac{L-v\Delta t}{V}\quad\cdots③$$

(4) ②，③式より ΔT を求める。

$$\Delta T=(T+\Delta T)-T=\Delta t+\frac{L-v\Delta t}{V}-\frac{L}{V}=\frac{(V-v)\Delta t}{V}\qquad\therefore\quad\frac{\Delta t}{\Delta T}=\frac{V}{V-v}$$

ゆえに，①式より　$f=\dfrac{f_0\Delta t}{\Delta T}=\dfrac{V}{V-v}f_0$　となり，確認できた。

斜めドップラー効果

音源と観測者が一直線上にない場合を考える。図41のように速さ v の音源S（飛行機）が振動数 f_0 の音を出しながら水平に飛んでいる。この音を地上の観測者Oが聞く。観測者が音源の速度の方向にいないので，斜めドップラー効果という。この場合，音源の観測者方向の速度成分で考える。図の状態で，Sの速度のOに向かう方向の成分は $v\cos\theta$ であるので，Oの聞く音の振動数 f は

図41　斜めドップラー効果

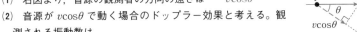

斜めドップラー効果

$$f=\frac{V}{V-v\cos\theta}f_0 \quad \cdots ㉗$$

例題143 斜めドップラー効果の振動数を求める

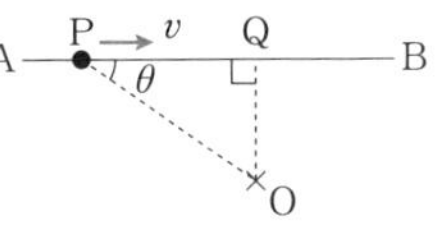

直線 AB 上を振動数 f_0 の音を出しながら，速さ v で運動している音源がある。直線から離れた点 O に観測者がいる。音速を V とする。

(1) 図の点 P を通過した瞬間の，音源の観測者に対する速さを求めよ。

(2) 図の点 P で音源が出した音を観測者が観測するときの振動数 f_1 を求めよ。$V=342\,\text{m/s}$，$v=36\,\text{m/s}$，$f_0=756\,\text{Hz}$ とする。

(3) 点 P の $\theta=60°$ として，点 P から出た音を観測者が観測する振動数 f_1 を求めよ。

(4) 図の点 Q から音源が出した音を観測者が観測するときの振動数 f_2 を求めよ。

(5) 音源が B へ十分遠ざかったとき，観測者に聞こえる振動数 f はいくらになるか。

解答 (1) 右図より，音源の観測者の方向の速さは　$v\cos\theta$

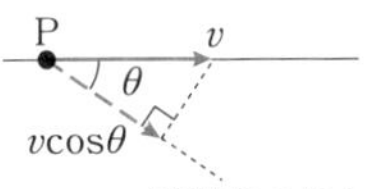

(2) 音源が $v\cos\theta$ で動く場合のドップラー効果と考える。観測される振動数は

$$f_1=\frac{V}{V-v\cos\theta}f_0 \quad \cdots ①$$

(3) ①式に与えられた数値を代入する。

$$f_1=\frac{342}{342-36\times\cos 60°}\times 756=\frac{342}{342-18}\times 756=797.9 ≒ 798\,\text{Hz}$$

(4) 点 Q では，$\theta=90°$ で，$v\cos 90°=0$ である。つまり，音源の観測者に対する速度は 0 で，ドップラー効果を起こさない。　$f_2=756\,\text{Hz}$

(5) 十分遠ざかったとき，$\theta\to 180°$ としてよい。音源の観測者に対する速度は

$$v\cos 180°=-v=-36\,\text{m/s}$$

つまり，速さ 36 m/s で遠ざかるので　$f=\dfrac{342}{342-(-36)}\times 756=683.9 ≒ 684\,\text{Hz}$

理解のコツ

音源と観測者が一直線上にない場合のドップラー効果の問題もよく出題される。式㉗を導出する問題も多い。ここでは，音源が動いている場合のみを紹介したけど，他にもいろいろな状況が出題されるよ。多くは，問題中にヒントや誘導があるから，ここまでの基本を元に考えれば解答できるはずだ。

SECTION 3

光　波

1 光の性質

光の速さ，波長

光は横波である。空気や水などの媒質中をもちろん伝わるが，何もない真空状態でも伝わる。真空中の光の速さ＝光速 c〔m/s〕は不変で，おおよそ

$$c = 3.00 \times 10^{8}\ \mathrm{m/s}$$

である。真空中の光の速さが最も速く，他の媒質中では光速は c 以下となる。

人間の目に見える光を可視光線といい，波長でおおよそ $3.8 \times 10^{-7} \sim 7.7 \times 10^{-7}$ m の範囲である。波長により光の色は異なり，波長が短い方が青，長い方が赤い光である。

	短い ←――――――――→ 長い
波長	3.8×10^{-7}m　　　　7.7×10^{-7}m
色	紫 青　緑 黄 橙 赤

図 42　可視光線

参考　真空中の光速 c は不変で，自然科学にとって重要な定数である。正確には $c = 2.99792458 \times 10^{8}$ m/s で，これは定義である。つまり，光が時間 $\dfrac{1}{299792458}$ s で進む距離が，長さ 1 m と定義されている。

LEVEL UP!
大学への物理

参考 でも述べたが，光は自然科学にとって特別な存在といってよい。

- **真空中の光速が，最も速い。**

真空中の光速 c を超える速さで運動する物体は存在しない。また，質量のある物体を加速し続けても，速さが c に到達することはない。

- **光速はどの慣性系から見ても同じ。**

速さ v で移動する宇宙船があるとして，宇宙船内にいる人が前方に懐中電灯を向けて照らしたとする。宇宙船内の人が見ると光の速さは c である。しかし，この光を宇宙船外で静止している人（静止とは何かを考える必要があるが）が見ても速さは c で，$c+v$ とはならない。これを光速度不変の原理という。この原理が成り立つとき，どんなことが起こるかを考えたのがアインシュタインの特殊相対性理論である。

偏光

光は横波で，振動方向は進行方向に垂直である。図 43 のように，自然の光は，振動方向に垂直なあらゆる方向の振動を含む。偏光板を通過させると，特定の方向の振動を含む光となる。この状態，またはその光を偏光という。水面での反射した光なども偏光している。

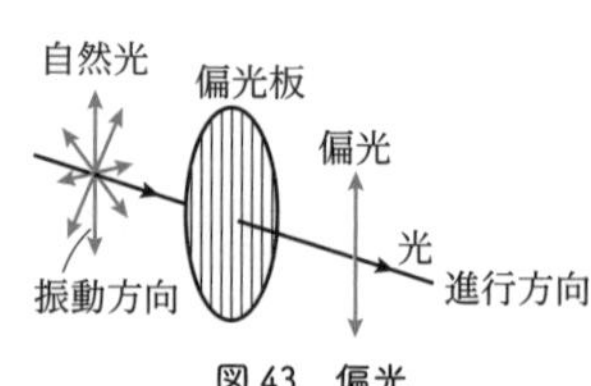

図 43　偏光

2 - 光の反射，屈折，全反射

光は異なる媒質中の境界面で一部が反射し，一部が屈折する。

反射

異なる媒質の境界で反射した光の入射角 i と反射角 j は，反射の法則より等しい(「① 8 - **波の反射，屈折**」参照)。

屈折

絶対屈折率

真空中の光速を c とする。ある媒質中の光速を v とすると

$$v=\frac{c}{n} \quad \cdots ㉘$$

となる。n をこの媒質の絶対屈折率という。真空の絶対屈折率は1である。空気の屈折率はほぼ1としてよい。真空の光速が最大であるので，真空以外の物質の n は必ず1より大きい。

絶対屈折率	
空気	1.00029≒1
水	1.33

振動数 f の光の真空中の波長を $\lambda_0=\frac{c}{f}$ とすると，絶対屈折率 n の媒質に進んだときの波長 λ は

$$\lambda=\frac{v}{f}=\frac{c}{nf}=\frac{\lambda_0}{n} \quad \cdots ㉙$$

媒質中の光速 v と波長 λ

$$v=\frac{c}{n} \quad \cdots ㉘ \quad , \quad \lambda=\frac{\lambda_0}{n} \quad \cdots ㉙$$

c：真空中の光速　λ_0：真空中の波長　n：絶対屈折率

例題144 絶対屈折率と，光速・波長の関係を確認する

真空中で波長 $\lambda_0=6.00\times10^{-7}$ m の光が，水中に入射した。水の絶対屈折率 n は 1.33 である。真空中の光速 $c=3.00\times10^{8}$ m/s とする。

(1) この光の振動数を求めよ。

(2) この光の水中での速度 v，波長 λ を求めよ。

解答 (1) 真空中で考えて振動数 f は　$f=\frac{c}{\lambda_0}=\frac{3.00\times10^{8}}{6.00\times10^{-7}}=5.00\times10^{14}$ Hz

(2) 式㉘より　$v=\frac{c}{n}=\frac{3.00\times10^{8}}{1.33}=2.255\times10^{8}≒2.26\times10^{8}$ m/s

式㉙より　$\lambda=\frac{\lambda_0}{n}=\frac{6.00\times10^{-7}}{1.33}=4.511\times10^{-7}≒4.51\times10^{-7}$ m

≫屈折の法則

図 44 のように，媒質 1 から媒質 2 へ光が入射して屈折する。入射角 θ_1，屈折角 θ_2 である。また，それぞれの媒質の絶対屈折率を n_1，n_2 とする。また，媒質 1 に対する媒質 2 の（相対）屈折率を n_{12} として，屈折の法則の式⑩に適用し，式㉘，㉙を用いると次のようになる。

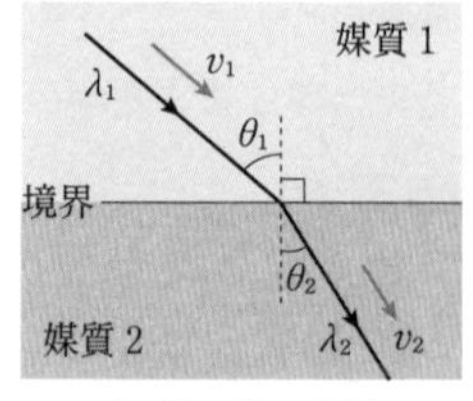

図 44　光の屈折

屈折の法則

$$\frac{\sin\boldsymbol{\theta}_1}{\sin\boldsymbol{\theta}_2}=\frac{\boldsymbol{v}_1}{\boldsymbol{v}_2}=\frac{\boldsymbol{\lambda}_1}{\boldsymbol{\lambda}_2}=\frac{\boldsymbol{n}_2}{\boldsymbol{n}_1}=\boldsymbol{n}_{12} \quad \cdots ㉚$$

この式からもわかるように，「①❽-**波の反射，屈折**」で学んだ相対屈折率は

$$n_{12}=\frac{n_2}{n_1} \quad \cdots ㉛$$

となり，「媒質 1 に対する媒質 2 の相対屈折率」は，絶対屈折率の比であることがわかる。“絶対”，“相対”は省略することが多い。前後の文脈から判断すること。

理解のコツ

屈折の法則は，分子，分母に何がくるのかを忘れやすく，これがミスにつながりやすいんだ。次のように覚えるといいよ。各媒質について

$$n(\text{絶対屈折率})\times\begin{Bmatrix}\sin\theta\\ v\\ \lambda\end{Bmatrix}=\text{一定}$$

例えば，図 44 で $\sin\theta$ について，$n_1\sin\theta_1=n_2\sin\theta_2$ となり，これを変形すると式㉚となる。

例題145　屈折の法則を使う

図のように，光が空気中からガラスに入射した。図の線は光の進行方向を表す。空気とガラスの絶対屈折率はそれぞれ，1.00，1.50 である。

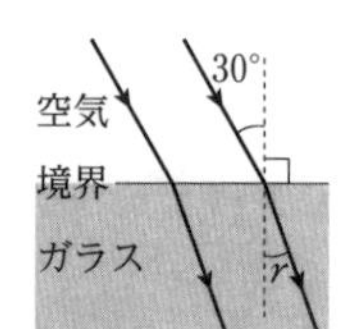

(1)　屈折角を r として，屈折の法則より，$\sin r$ を求めよ。

(2)　p. 262 の三角関数表を用いて，r の値を求めよ。

解答 (1)　屈折の法則より　$\dfrac{\sin 30^\circ}{\sin r}=\dfrac{1.50}{1.00}$　∴　$\sin r=\dfrac{1}{3}=0.3333\fallingdotseq 0.333$

(2)　三角関数の表を利用して　$\sin 19^\circ=0.3256$　，　$\sin 20^\circ=0.3420$

であるので，0.333 により近い 19° と考えてよい。　$r=19^\circ$

（もう少し詳しく計算すると，19° と 20° の間の正弦関数を直線とみなして

$$19+\frac{0.3333-0.3256}{0.3420-0.3256}=19.46\fallingdotseq 19.5^\circ$$

）

演習31

水中で水深 h の点Aに物体が置かれている。これを空気中から見た場合の見かけの位置について考える。水の屈折率を n，空気の屈折率を1とする。点Aの真上の水面上の点をB，また，点Aから出て水面上の点Cで屈折した光が目Dで見えるものとする。点Cでの光の水面への入射角 θ_1，屈折角 θ_2 とする。

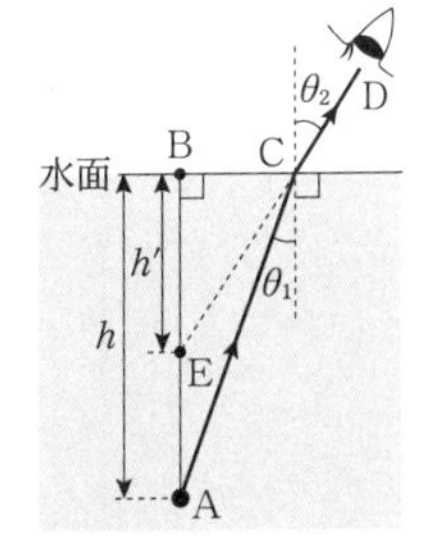

(1) θ_1，θ_2，n の間に成り立つ関係式を求めよ。

(2) 空気中の目から見ると点Cで光が直進したとして，図の水深 h' の点Eに物体があるように見える。θ_1，θ_2，h，h' の間に成り立つ関係式を求めよ。

(3) 真上近くから見るとして，θ_1，θ_2 は十分に小さいとする。θ が十分に小さいときの近似 $\sin\theta \fallingdotseq \tan\theta$ を用いて，h' を n，h で表せ。

解答 (1) 屈折の法則より $\dfrac{\sin\theta_1}{\sin\theta_2}=\dfrac{1}{n}$ …①

(2) $\angle BAC=\theta_1$，$\angle BEC=\theta_2$ である。$\triangle ABC$ と $\triangle EBC$ で辺BCが共通なので

$BC=h\tan\theta_1=h'\tan\theta_2$ $\quad\therefore\quad \dfrac{h'}{h}=\dfrac{\tan\theta_1}{\tan\theta_2}$ …②

(3) $\sin\theta_1 \fallingdotseq \tan\theta_1$，$\sin\theta_2 \fallingdotseq \tan\theta_2$ として，①，②式より

$\dfrac{h'}{h}=\dfrac{\tan\theta_1}{\tan\theta_2} \fallingdotseq \dfrac{\sin\theta_1}{\sin\theta_2}=\dfrac{1}{n}$ $\qquad\therefore\quad h'=\dfrac{h}{n}$

全反射

図45のように，（絶対）屈折率が大きい媒質1から小さい媒質2（例えば水から空気）に光が入射するとき，$n_1>n_2$ より，入射角 θ_1＜屈折角 θ_2 となる。入射角を大きくしていくと，**ある入射角 θ_C のとき屈折角が計算上90°になる**。入射角が θ_C より大きくなると，屈折光はなくなるので，全ての光が反射する。これを**全反射**といい，θ_C を**臨界角**という。屈折の法則の式㉚で，$\theta_1=\theta_C$，$\theta_2=90°$ として

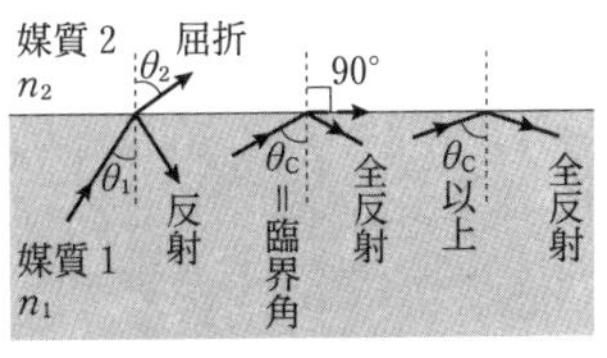

図45　全反射

$$\frac{\sin\theta_C}{\sin 90°}=\frac{n_2}{n_1} \qquad \therefore\quad \sin\theta_C=\frac{n_2}{n_1} \quad \cdots ㉜$$

理解のコツ

臨界角の式は㉜だけど，この式を覚えるんじゃなくて，屈折の法則の式㉚で屈折角 θ_2 を90°としたときの入射角が臨界角だと考えた方がいいよ。

例題146 臨界角を求める

水から空気へ入射する光がある。空気の屈折率を 1，水の屈折率を n とする。

(1) 臨界角を θ_C として，$\sin\theta_C$ を求めよ。

(2) $n=1.33$ とする。下の三角関数の表を用いて，θ_C を小数点以下第 1 位まで求めよ。

角	正弦 (sin)	余弦 (cos)	正接 (tan)	角	正弦 (sin)	余弦 (cos)	正接 (tan)
0	0.0000	1.0000	0.0000	45	0.7071	0.7071	1.0000
1	0.0175	0.9998	0.0175	46	0.7193	0.6947	1.0355
2	0.0349	0.9994	0.0349	47	0.7314	0.6820	1.0724
3	0.0523	0.9986	0.0524	48	0.7431	0.6691	1.1106
4	0.0698	0.9976	0.0699	49	0.7547	0.6561	1.1504
5	0.0872	0.9962	0.0875	50	0.7660	0.6428	1.1918
6	0.1045	0.9945	0.1051	51	0.7771	0.6293	1.2349
7	0.1219	0.9925	0.1228	52	0.7880	0.6157	1.2799
8	0.1392	0.9903	0.1405	53	0.7986	0.6018	1.3270
9	0.1564	0.9877	0.1584	54	0.8090	0.5878	1.3764
10	0.1736	0.9848	0.1763	55	0.8192	0.5736	1.4281
11	0.1908	0.9816	0.1944	56	0.8290	0.5592	1.4826
12	0.2079	0.9781	0.2126	57	0.8387	0.5446	1.5399
13	0.2250	0.9744	0.2309	58	0.8480	0.5299	1.6003
14	0.2419	0.9703	0.2493	59	0.8572	0.5150	1.6643
15	0.2588	0.9659	0.2679	60	0.8660	0.5000	1.7321
16	0.2756	0.9613	0.2867	61	0.8746	0.4848	1.8040
17	0.2924	0.9563	0.3057	62	0.8829	0.4695	1.8807
18	0.3090	0.9511	0.3249	63	0.8910	0.4540	1.9626
19	0.3256	0.9455	0.3443	64	0.8988	0.4384	2.0503
20	0.3420	0.9397	0.3640	65	0.9063	0.4226	2.1445
21	0.3584	0.9336	0.3839	66	0.9135	0.4067	2.2460
22	0.3746	0.9272	0.4040	67	0.9205	0.3907	2.3559
23	0.3907	0.9205	0.4245	68	0.9272	0.3746	2.4751
24	0.4067	0.9135	0.4452	69	0.9336	0.3584	2.6051
25	0.4226	0.9063	0.4663	70	0.9397	0.3420	2.7475
26	0.4384	0.8988	0.4877	71	0.9455	0.3256	2.9042
27	0.4540	0.8910	0.5095	72	0.9511	0.3090	3.0777
28	0.4695	0.8829	0.5317	73	0.9563	0.2924	3.2709
29	0.4848	0.8746	0.5543	74	0.9613	0.2756	3.4874
30	0.5000	0.8660	0.5774	75	0.9659	0.2588	3.7321
31	0.5150	0.8572	0.6009	76	0.9703	0.2419	4.0108
32	0.5299	0.8480	0.6249	77	0.9744	0.2250	4.3315
33	0.5446	0.8387	0.6494	78	0.9781	0.2079	4.7046
34	0.5592	0.8290	0.6745	79	0.9816	0.1908	5.1446
35	0.5736	0.8192	0.7002	80	0.9848	0.1736	5.6713
36	0.5878	0.8090	0.7265	81	0.9877	0.1564	6.3138
37	0.6018	0.7986	0.7536	82	0.9903	0.1392	7.1154
38	0.6157	0.7880	0.7813	83	0.9925	0.1219	8.1443
39	0.6293	0.7771	0.8098	84	0.9945	0.1045	9.5144
40	0.6428	0.7660	0.8391	85	0.9962	0.0872	11.4301
41	0.6561	0.7547	0.8693	86	0.9976	0.0698	14.3007
42	0.6691	0.7431	0.9004	87	0.9986	0.0523	19.0811
43	0.6820	0.7314	0.9325	88	0.9994	0.0349	28.6363
44	0.6947	0.7193	0.9657	89	0.9998	0.0175	57.2900
45	0.7071	0.7071	1.0000	90	1.0000	0.0000	―――

解答 (1) 屈折角 θ_2 が計算上 90° のときの入射角 θ_1 が臨界角 θ_C である。屈折の法則より

$$\frac{\sin\theta_C}{\sin 90^\circ}=\frac{1}{n} \qquad \therefore \quad \sin\theta_C=\frac{1}{n}$$

(2) n を代入して　$\sin\theta_C = \dfrac{1}{1.33} = 0.7518$

三角関数の表より $\sin 48° = 0.7431$，$\sin 49° = 0.7547$，この間を直線とみなして

$$\theta_C \fallingdotseq 48 + \frac{0.7518 - 0.7431}{0.7547 - 0.7431} = 48.75 \fallingdotseq 48.8°$$

演習32

図1に示すように，光ファイバーは細い円柱状の透明媒質1の周囲を，屈折率の異なる透明媒質2で包み込んだものである。空気中から媒質1の端面に入射した光は，媒質1，2の境界面を全反射しながら進み，長い距離を伝わることができる。

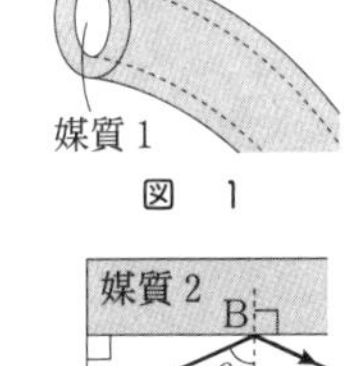

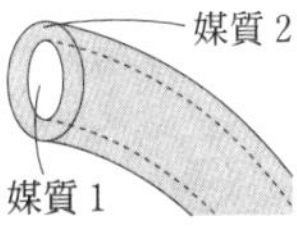

図 1

図2に断面を示す。光ファイバーの端面の点Aに入射角 θ_0 で入射した光が，媒質2との境界面の点Bで全反射する。媒質1，2および空気の屈折率をそれぞれ n_1，n_2，1（ただし，$1 < n_2 < n_1$）とする。

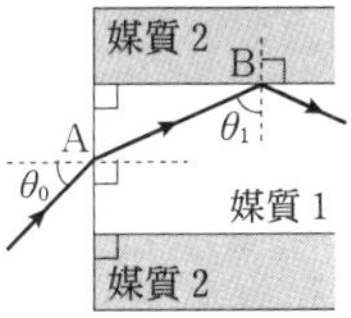

図 2

(1) 点Bで全反射するための，点Bでの入射角 θ_1 の条件を求めよ。

(2) 点Aでの入射角 θ_0 と θ_1 の関係を n_1 で表せ。

(3) 光が点Bで全反射するための，θ_0 の条件を求めよ。

解答 (1) 点Bでの屈折角が90°となるような入射角 θ_1 が，臨界角となる。臨界角を θ_C として，屈折の法則より

$$\frac{\sin\theta_C}{\sin 90°} = \frac{n_2}{n_1} \qquad \therefore \quad \sin\theta_C = \frac{n_2}{n_1}$$

入射角がこれ以上のとき全反射するので，条件は　$\sin\theta_1 \geqq \dfrac{n_2}{n_1}$　…①

(2) 点Aでの屈折角は $90° - \theta_1$ であるので，屈折の法則より

$$\frac{\sin\theta_0}{\sin(90° - \theta_1)} = \frac{n_1}{1} \qquad \therefore \quad \frac{\sin\theta_0}{\cos\theta_1} = n_1 \quad \cdots②$$

(3) ②式を利用して　$\sin\theta_1 = \sqrt{1 - \cos^2\theta_1} = \sqrt{1 - \dfrac{\sin^2\theta_0}{{n_1}^2}}$

これを①式に代入して

$$\sin\theta_1 = \sqrt{1 - \frac{\sin^2\theta_0}{{n_1}^2}} \geqq \frac{n_2}{n_1} \qquad \therefore \quad \sin\theta_0 \leqq \sqrt{{n_1}^2 - {n_2}^2}$$

▶▶分散

一般に同じ媒質でも（絶対）屈折率は波長によって異なる。水やガラスなどでは，**波長が短いほど屈折率は大きい**。このため水やガラスに入射した光は，波長（＝色）によって屈折角が異なり，色ごとに分解されることになる。青い光ほど大きく曲がる。これを光の**分散**という。ただし，真空の屈折率は波長にかかわらず1である。

③-光の干渉

光は波であるので，複数の光が重なり合うと，強め合って明るくなるところや，弱め合って暗くなるところができる。これを光の干渉という。ここでは，いろいろな光の干渉を考える。波の干渉条件（「① ⑦-**波の干渉**」参照）を復習しておこう。

複数の光の波源からの距離の差＝経路差（または光路差。光路差については，後の「**▶光学距離**」参照）から，干渉条件を考える。

波が強め合う＝明るくなる　，　弱め合う＝暗くなる

と考えてよい。

▶ヤングの実験

図 46 (**a**)のようにランプからの光を単スリット S_0 に通し，さらに複スリット S_1，S_2 を通してスクリーンに写すと，明暗の縞模様ができる。S_1，S_2 を波源とする光波の干渉によるもので，S_1，S_2 からの距離の差＝経路差で干渉条件を考える。強め合う位置で明るい線（明線），弱め合う位置で暗い線（暗線）ができる。

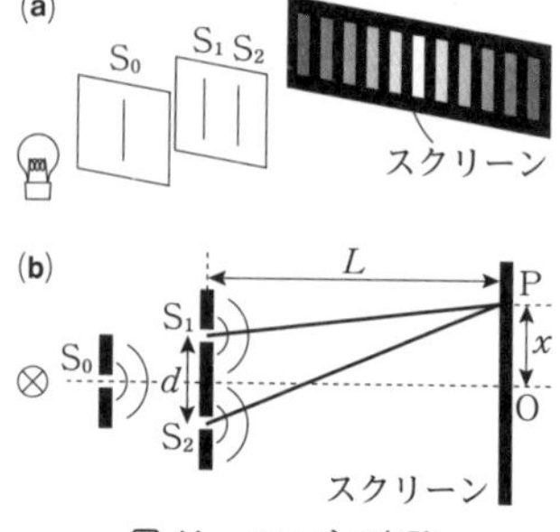

図 46　ヤングの実験

図(**b**)は，これを上から見た図で，複スリット S_1，S_2 の間隔を d，複スリットとスクリーンの距離を L とする。また，単スリット S_0 を通り抜けて複スリット S_1，S_2 の中点を通る直線がスクリーンと交わる点を O とする。O からスクリーン上で，図の向きに距離 x だけ離れた点 P について干渉条件を考えるため，P について，S_1，S_2 からの経路差を求める。ただし，L は d，x より十分に大きいものとして近似を使う（参照：次ページ 参考）。

三平方の定理を用いて S_1P，S_2P を求めて変形し，$\dfrac{x-\dfrac{d}{2}}{L} \ll 1$，$\dfrac{x+\dfrac{d}{2}}{L} \ll 1$ より

$$S_1P=\sqrt{L^2+\left(x-\frac{d}{2}\right)^2}=L\sqrt{1+\left(\frac{x-\frac{d}{2}}{L}\right)^2} \fallingdotseq L\left\{1+\frac{1}{2}\left(\frac{x-\frac{d}{2}}{L}\right)^2\right\}$$

$$S_2P=\sqrt{L^2+\left(x+\frac{d}{2}\right)^2}=L\sqrt{1+\left(\frac{x+\frac{d}{2}}{L}\right)^2} \fallingdotseq L\left\{1+\frac{1}{2}\left(\frac{x+\frac{d}{2}}{L}\right)^2\right\}$$

これより，経路差は　$|S_1P-S_2P|=\dfrac{dx}{L}$　…㉝

干渉条件を考えて，明線の O からの距離 x_m は，m を整数として

$$|S_1P-S_2P|=\frac{dx_m}{L}=0,\ \lambda,\ 2\lambda,\ \cdots=m\lambda \quad \cdots㉞ \qquad \therefore \quad x_m=\frac{mL\lambda}{d}$$

となる。O は $m=0$ の明線となる。m と $m+1$ 番目の明線の間隔 Δx を求めると

$$\Delta x=x_{m+1}-x_m=\frac{(m+1)L\lambda}{d}-\frac{mL\lambda}{d}=\frac{L\lambda}{d} \quad \cdots㉟$$

となり，Δx は m によらないので明線は等間隔であることがわかる。

また暗線（最も暗い位置）の O からの距離 x_m は

$$|S_1P-S_2P|=\frac{dx_m}{L}=\frac{\lambda}{2},\ \frac{3}{2}\lambda,\ \frac{5}{2}\lambda,\ \cdots=\frac{\lambda}{2}(2m+1) \quad \cdots㊱$$

$$\therefore \quad x_m=\frac{L\lambda(2m+1)}{2d}$$

ヤングの実験

経路差：$|S_1P-S_2P|=\dfrac{dx}{L}$ …㉝

明線：$|S_1P-S_2P|=\dfrac{dx_m}{L}=m\lambda$ …㉞

間隔：$\Delta x=\dfrac{L\lambda}{d}$ …㉟

暗線：$|S_1P-S_2P|=\dfrac{dx_m}{L}=\dfrac{\lambda}{2}(2m+1)$ …㊱

（暗線の間隔も Δx である。）

d：複スリットの間隔　L：複スリットとスクリーンの距離

x：中心 O からの距離　m：整数

理解のコツ

近似を含めて，経路差の計算は必ずできるようになること。ただし，テストのたびにやっていると時間がかかってしまうから，ヤングの実験の経路差は式㉝で $\dfrac{dx}{L}$ となることを覚えてしまおう。それ以後は，干渉条件からその場で考えればいいよ。

参考 近似②

三角関数の近似についてはすでに学んだ（p. 204 参考 近似①）が，ここではさらに次のような近似を使う。

$|x|\ll 1$（$|x|$ が 1 より十分小さい）のとき

$$(1+x)^a \fallingdotseq 1+ax$$

ただし，a は実数であればよく，整数でなくてもよいし，負でもよい。例を挙げると

$$(1+x)^3 \fallingdotseq 1+3x \quad , \quad \frac{1}{(1+x)^2}=(1+x)^{-2} \fallingdotseq 1-2x \quad , \quad (1+x)^{\frac{1}{3}} \fallingdotseq 1+\frac{x}{3}$$

などである。ヤングの実験では $\sqrt{1+x}=(1+x)^{\frac{1}{2}} \fallingdotseq 1+\dfrac{x}{2}$ という近似を用いた。

また，$A \gg B$ のとき，$\dfrac{B}{A} \ll 1$ なので，次のような式は変形して近似を使う。

$$(A+B)^a = A^a\left(1+\frac{B}{A}\right)^a \fallingdotseq A^a\left(1+\frac{aB}{A}\right)$$

例題147 ヤングの実験の経路差の導出をする／干渉条件を考える

図1のように，単スリット S_0 と，間隔が d の複スリット S_1，S_2 およびスクリーンを平行に並べる。単スリット S_0 を垂直に通る直線が，複スリット S_1，S_2 の中点を通り，スクリーンと交わる点を原点Oとし，図1のようにスクリーンに平行に x 軸をとる。複スリットとスクリーンの距離は L である。単スリット S_0 に左側から波長 λ の単色光を当てると，スクリーンに明暗の縞模様ができた。縞模様を拡大すると，図2のようであった。以下の問いに答えよ。

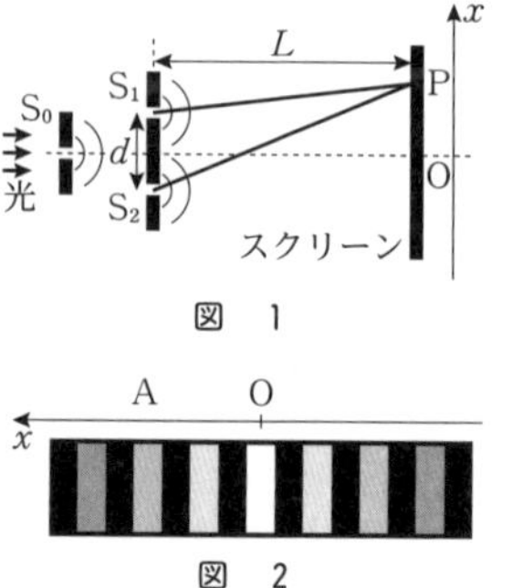

図 1

図 2

(1) 明暗の縞模様の明線ができる理由，および，原点Oが明線になる理由を答えよ。

(2) 図2のAで示される明線では，どのような条件が成り立っているか答えよ。

(3) 位置座標 x の点Pについて，距離 S_1P，S_2P を求め，$|S_1P-S_2P|$ を L，d，x を用いて求めよ。ただし，x，d は L に比べて十分小さいものとし，近似を用いよ。

(4) 点Pに明線ができる条件を求めよ。また，スクリーン上で明線のできる位置の x 座標を求めよ。ただし，整数 m を用いよ。

(5) スクリーン上の明線の間隔を求めよ。

解答 (1) 明暗の縞模様の明線ができる理由：S_1，S_2 からの光が干渉し，強め合うところが明線になるから。

原点Oが明線になる理由：同位相の波源 S_1，S_2 からの距離が等しいので，光が干渉し強め合うから。

(2) Oの明線は S_1，S_2 からの経路差が0である。Oから順に差が λ，2λ，… の明線が並ぶ。ゆえにAは，S_1，S_2 からの経路差が 2λ である。

(3) 三平方の定理より S_1P，S_2P を求め，近似を用いる。p. 264と同じなので途中は省略するが，必ず自分でできるようになること。

$$|S_1P-S_2P| = \frac{dx}{L}$$

(4) Pで光が干渉して強め合い，明線となるのは

$$|S_1P-S_2P| = \frac{dx}{L} = 0,\ \lambda,\ 2\lambda,\ \cdots = m\lambda$$

ゆえに，明線の位置は　$x = \dfrac{mL\lambda}{d}$

(5) 間隔 Δx は m 番目の明線と，$m+1$ 番目の明線の位置の差を求めて

$$\Delta x = \frac{(m+1)L\lambda}{d} - \frac{mL\lambda}{d} = \frac{L\lambda}{d}$$

▶▶回折格子

ガラスなどの表面に，非常に小さい間隔で細かい直線の溝をつけたものを**回折格子**という。これは，多数の等間隔のスリットが並んでいると考えてよい。溝（スリット）の間隔 d を**格子定数**という。図 47 (a)のように，光を入射させると，特定の方向で明るい光が見られる。図(b)は回折格子の断面の模式図で，入射した光がスリットで回折する。入射光となす角 θ の方向に進む光を考えると，隣り合うスリット A，B を通過した光の経路差は図(b)の BC となり，BC$=d\sin\theta$ である。これより強め合う方向 θ を考えると，m を整数として

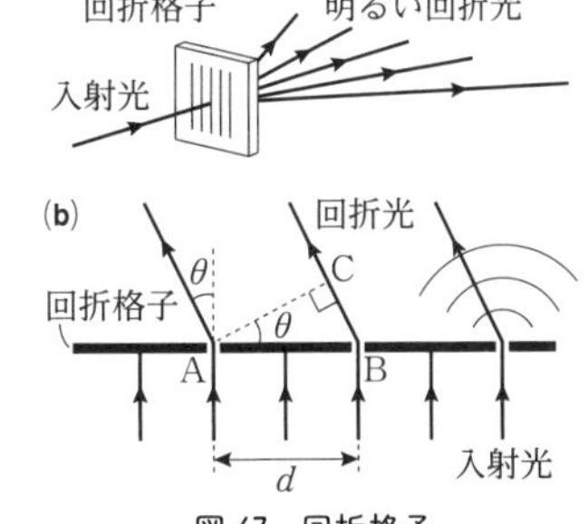

図 47　回折格子

$$d\sin\theta=m\lambda \quad \cdots 37$$

回折格子

強め合う方向：$d\sin\theta=m\lambda$ …37

d：格子定数（溝＝スリット の間隔）　θ：入射光となす角

理解のコツ

図 47 (b)で，「AC 以降の光のスクリーンまでの経路差はないの？」，「スリットが多数あるけど，さらに隣のスリットの影響は？」など，疑問はあると思う。光の理論は本当は難しい。ちょっと我慢して，このような場合の経路差は，図の BC になるということで先へ進もう。

例題148　回折格子の基本を学ぶ

図 1 のように，格子定数 d の回折格子に，格子面に対して垂直に波長 λ の単色光を当てると，ある特定の方向に明るい回折光があり，スクリーン上に複数の輝点が見られた。

(1) 回折格子を図 2 に示すように多数のスリットが等間隔で並んだものとする。波長 λ の光が入射してスリットで回折し，入射方向から角 θ の方向に進んだ光について考える。隣り合うスリットを通過したこの光の経路差を求めよ。

(2) m を整数として，入射方向からの角度 θ で回折光が見られる条件を求めよ。

ここで，$d=2.0\times10^{-6}$ m とする。

(3) 波長 λ_1 の単色光を当てると，2 次の回折光（$m=\pm2$ の回折光）が，$\theta=30°$ の方向に見られた。λ_1 はいくらか求めよ。

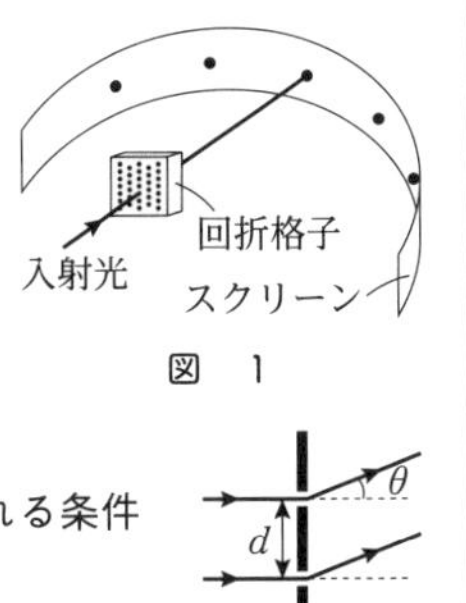

図　1

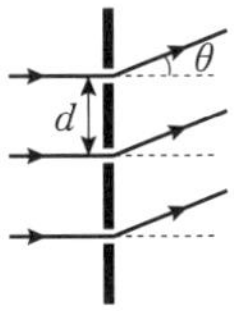

図　2

(4) 波長 $\lambda_2 = 6.0\times10^{-7}$ m の単色光を当てると，回折光は全部で何本あるか求めよ。

解答 (1) 隣り合うスリット A，B で回折し θ の方向に向かった光の経路差は右図の BC である。∠BAC$=\theta$ であるので

$$BC = d\sin\theta$$

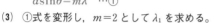

(2) 光路差が波長の整数倍となる方向で強め合う。

$$d\sin\theta = m\lambda \quad \cdots①$$

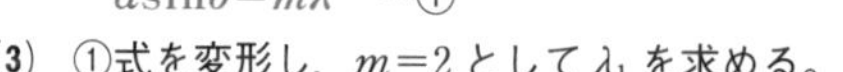

(3) ①式を変形し，$m=2$ として λ_1 を求める。

$$\lambda_1 = \frac{d\sin\theta}{m} = \frac{2.0\times10^{-6}\times\sin30^\circ}{2} = 5.0\times10^{-7}\ \mathrm{m}$$

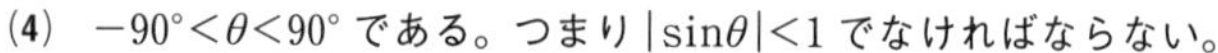

(4) $-90^\circ < \theta < 90^\circ$ である。つまり $|\sin\theta| < 1$ でなければならない。

①式より $$\sin\theta = \frac{m\lambda_2}{d} = \frac{m\times6.0\times10^{-7}}{2.0\times10^{-6}} = 0.3\times m \quad \cdots②$$

②式の m を 0 から順に考えると，$m=\pm3$ までは $|\sin\theta|<1$ だが，$m=\pm4$ で $|\sin\theta|=1.2$ となるので，4 次の回折光は存在しない。0 次の回折光（入射方向と同じ方向，$m=0$）は 1 本で，1 次～3 次（$m=\pm1$，±2，±3）の回折光はそれぞれ 2 本ずつ存在するので，合計 7 本の回折光が存在する。

さらにいろいろな光の干渉を扱うが，そのために次のことを考える。

反射による位相変化

波が反射する際に，自由端反射と固定端反射がある（「① 5-**波の反射と定常波**」参照）。光の場合も同様で，次のように，媒質の（絶対）屈折率の大小関係で分けられる。

反射による位相変化

媒質 1（屈折率 n_1）から，媒質 2（屈折率 n_2）への境界での反射で

屈折率 大→小（$n_1 > n_2$）の境界：自由端反射（＝位相が変化しない）

屈折率 小→大（$n_1 < n_2$）の境界：固定端反射（＝位相が π 変化する）

これは理屈抜きに覚えるしかない。また固定端反射で，位相が π 変化することは，波の数で $\frac{1}{2}$ 個，距離で $\frac{\lambda}{2}$ だけずれるのと同じことだと意識しよう。

薄膜の干渉①

石けんの泡（シャボン玉）や水の表面にできた薄い油の膜などに色がついて見える。これは薄い膜＝薄膜によって光が干渉した結果である。図 48 のように，空気中（屈折率 1）にある厚さ d の薄膜（屈折率 n）に，空気中での波長 λ_0 の光を表面に垂直に入射させる。入射方向から見ると薄膜の表面で反射

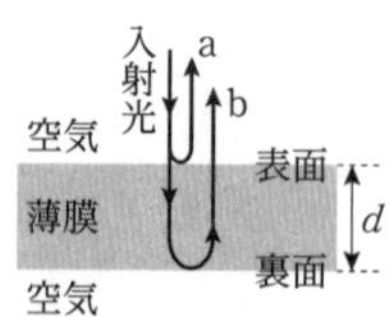

図 48 薄膜の干渉①

する光 a と，裏面で反射し表面を通過する光 b が再び重なり干渉する。光 a より b が $2d$ だけ遠回りするので経路差は $2d$ だが，以下の 2 点を考慮しなければならない。

(i) 反射による位相の変化

$n>1$ より，薄膜の表面での反射は固定端反射で位相が π 変化し，裏面での反射は自由端反射で位相が変化しない。ゆえに，明暗の条件を逆転させる必要がある。

(ii) 波長の変化

経路差は薄膜内でついている。薄膜内では波長は $\dfrac{\lambda_0}{n}$ であるので，経路差が波の数で何個分にあたるかは，変化した波長で考える必要がある。

これらを考慮して，入射方向から見たときの干渉条件は，m を整数として

明るく見える条件：$2d=\dfrac{\lambda_0}{2n},\ \dfrac{3\lambda_0}{2n},\ \dfrac{5\lambda_0}{2n},\ \cdots=\dfrac{\lambda_0}{2n}(2m+1)$ …㊳

暗く見える条件：$2d=0,\ \dfrac{\lambda_0}{n},\ \dfrac{2\lambda_0}{n},\ \cdots=m\dfrac{\lambda_0}{n}$ …㊴

理解のコツ

一方の光だけ途中で位相が π 変わるということは，元々の光が逆位相であったと考えるといいよ。もしくは，波 $\dfrac{1}{2}$ 個分ずれた，または距離 $\dfrac{\lambda}{2}$ だけずれたと考えよう。波の干渉条件について，式の丸暗記じゃなくて，本当に意味がわかっているかが問われるよ。

▶▶光学距離

「▶▶薄膜の干渉①」の項では，薄膜中で波長が変化することを考慮して干渉条件を考えた。これを次のように**光学距離**という考えを取り入れると楽である。図 49 のように，屈折率 n の媒質中を距離 l だけ光が通過したとする。真空中での光速を c，この光の波長を λ_0，また，媒質中での光速を v，この光の波長を λ とする。光が媒質を距離 l だけ通過する時間 t と，距離 l 中に含まれる波の数 N は

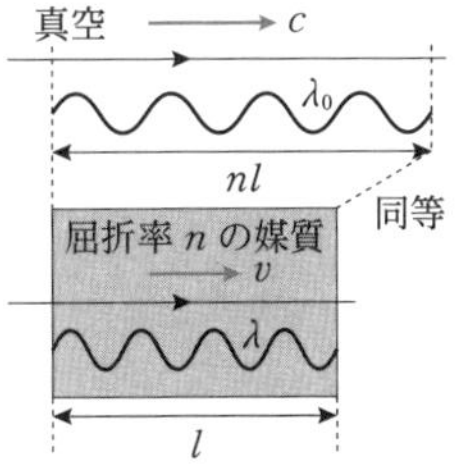

$$t=\frac{l}{v}=\frac{nl}{c}\quad ,\quad N=\frac{l}{\lambda}=\frac{nl}{\lambda_0}$$

図 49　光学距離

となる。この式から，時間や波の数で考えるとき，光速や波長が $\dfrac{1}{n}$ になったのではなく，距離が n 倍になったと考えても結果は矛盾しないことがわかる。つまり**屈折率 n の媒質中での幾何学距離 l は，真空中の距離 nl に相当する**と考えてよい。これを**光学距離**という。また，光学距離を用いて求めた光の経路の長さを**光路長**，光の経路差を**光路差**という。

光学距離

屈折率 n の媒質中での幾何学距離 l は，真空中での距離 nl に相当する。

光学距離を用いると，波長は真空中のときのままで変化しないものとして考えることができる。「▶薄膜の干渉①」を，光学距離で考えてみよう。屈折率 n の薄膜中で距離 $2d$ だけ経路に差があるので光路差は $2nd$ である。ゆえに干渉条件は，波長は真空中の波長を用いて

明るく見える条件：$2nd=\frac{\lambda_0}{2}(2m+1)$　…㊵

暗く見える条件　：$2nd=m\lambda_0$　…㊶

となる。内容的には，式㊳，㊴と全く同じだが，この方が一般的である。

理解のコツ

2つの光の経路の幾何学的な差を「経路差」というけど，光は媒質により波長や速さが異なるから，2つの光が異なる媒質中を通るなどすると，単純な「経路差」では干渉を考えることができない。これらを考慮して光学距離で経路の差を考えたものが「光路差」だよ。干渉は「光路差」で考えよう。

例題149　光が垂直に入射する薄膜を考える

屈折率 n' のガラス面の上に，屈折率 n で厚さ d の薄膜がある。ただし，$n>n'$ である。波長 λ の単色光を，薄膜に垂直に入射させた。薄膜の表面Aで反射する光と，薄膜の裏面Bで反射し表面Aから薄膜を出る光が干渉する。空気の屈折率を1とする。

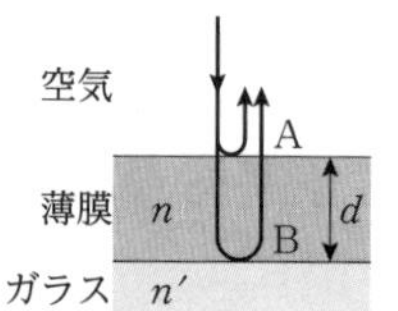

(1)　2つの光の光路差を求めよ。

(2)　経路A→B→Aを通過する光線の中の波の数を求めよ。

(3)　A，Bでの反射の際の位相変化を答えよ。

(4)　光が干渉し，明るくなる条件，暗くなる条件を求めよ（m を整数とする）。

(5)　$n=1.5$，$n'=1.4$，$\lambda=4.8\times10^{-7}$ m として，反射光が明るくなる最小の d を求めよ。

(6)　$n<n'$ であれば，明るくなる条件はどうなるか，n，d，λ，m で答えよ。

解答 (1)　Bで反射する光は，屈折率 n の媒質中を，距離 $2d$ だけ往復する。

光路差は　$2nd$

(2)　A→B→Aの光学距離 $2nd$ は，真空中（≒空気中）で距離 $2nd$ に相当するということである。真空中の波長は λ であるので，その間の波の数は　$\frac{2nd}{\lambda}$

（屈折率 n の媒質中では，波長 $\lambda'=\frac{\lambda}{n}$ であるので，往復の幾何学距離 $2d$ の中の波の数は $\frac{2d}{\lambda'}=\frac{2nd}{\lambda}$ で，もちろん同じ結果となる。）

(3) 空気の屈折率は1である。

A：屈折率1より，$n>1$ の境界面での固定端反射なので，位相が π 変化する。

B：屈折率 n より，$n'<n$ の境界面での自由端反射なので，位相が変化しない。

(4) Aでの位相の変化も考慮に入れて考える。片方の光線だけが位相変化するので

明るくなる条件：$2nd=\dfrac{\lambda}{2}(2m+1)$ …①

暗くなる条件：$2nd=m\lambda$

参考 干渉の条件を波の数ととらえると考えやすい。A→B→Aの経路中の波の数は，(2)より $\dfrac{2nd}{\lambda}$ である。また，Aで反射する光は反射の際，位相が π 変化するが，これは波の数にして $\dfrac{1}{2}$ 個ずれることになる。したがって，2つの経路の光の波の数の差は，$\dfrac{2nd}{\lambda}-\dfrac{1}{2}$ である。強め合う条件は，波の数の差が整数であればよいので

明るくなる条件：$\dfrac{2nd}{\lambda}-\dfrac{1}{2}=m$　∴ $2nd=\lambda\left(m+\dfrac{1}{2}\right)$

となり，①式と同じになる。暗くなる条件も同様である。

(5) ①式を変形し，与えられた数値を代入する。d が最小となるのは，$m=0$ のときである。

$$d=\frac{\lambda}{4n}(2m+1)=\frac{4.8\times10^{-7}}{4\times1.5}\times(2\times0+1)=8.0\times10^{-8}\,\text{m}$$

(6) Bでの反射が固定端反射となり，位相が π 変化する。両方の光が反射により位相が π 変化するので，干渉条件は(4)と逆になる。ゆえに

明るくなる条件：$2nd=m\lambda$

光の干渉のまとめ

ここまで見てきたように，光の干渉は以下のような手順で考えればよい。

光の干渉まとめ

① 2つの光の経路を考えて，どこで差がつくかを考え，光路差 Δ を求める。屈折率 n の媒質中の経路は幾何学距離を n 倍して光学距離で考える。

② 経路中で反射をする場合は，位相変化を考える。

- **屈折率 大→小の面での反射＝自由端反射：位相が変化しない**
- **屈折率 小→大の面での反射＝固定端反射：位相が π 変化する**

③ 干渉条件を考える。真空（≒空気）での光の波長を λ，m を整数として

- **一方の光だけが，位相が π 変化するとき**

強め合う：$\Delta=\dfrac{\lambda}{2}(2m+1)$ …㊷，弱め合う：$\Delta=m\lambda$ …㊸

- **両方の光の位相が変化しない，または，両方の光の位相が π 変化するとき**

強め合う：$\Delta=m\lambda$ …㊹，弱め合う：$\Delta=\dfrac{\lambda}{2}(2m+1)$ …㊺

4 - いろいろな光の干渉

▶▶薄膜の干渉②

図 50 のように，空気中にある屈折率 n の薄膜に波長 λ の光が斜めに入射することを考える。今までは光を広がりのない細い光線と考えてきたが，実際には広がりがある平面波である。図のような平面波中の光 a，光 b を考える。光 a は B→E→C と進み，C で反射する光 b と干渉する。直線 AB が平面波の波面（同位相）なので，光 a，b の光路差は $n(\mathrm{BE}+\mathrm{EC})-\mathrm{AC}$ である。または，薄膜内の直線 DC も波面であるので，$n(\mathrm{DE}+\mathrm{EC})$ を光路差と考えてもよい。もちろん両者は一致し

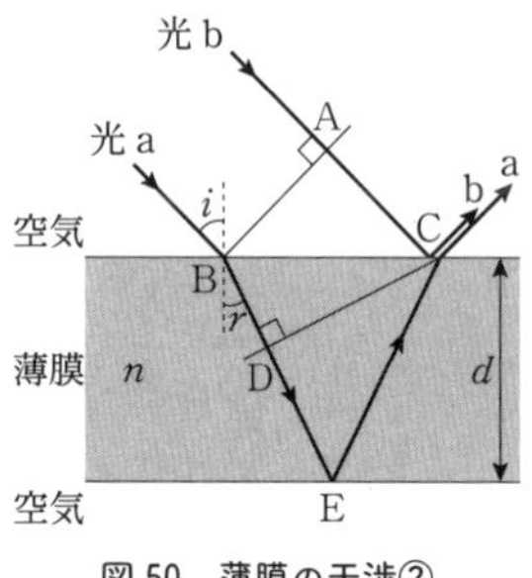

図 50　薄膜の干渉②

$$光路差=n(\mathrm{BE}+\mathrm{EC})-\mathrm{AC}=n(\mathrm{DE}+\mathrm{EC})=2nd\cos r \quad \cdots ㊻$$

となる（詳細な導出は**例題 150** でやってみよう）。

空気の屈折率≒1として，$n>1$ より光 a は E での反射で位相が変化せず，光 b は C での反射で位相が π 変化する。光の波長を λ として干渉条件を考えると

薄膜の干渉

一方の光だけが位相が π 変化する場合

強め合う条件：$2nd\cos r=\dfrac{\lambda}{2}(2m+1)$ $\cdots ㊼$

弱め合う条件：$2nd\cos r=m\lambda$ $\cdots ㊽$

理解のコツ

前項の「▶▶光の干渉のまとめ」に従って**光路差を求め，位相変化を考えて干渉条件を考える**。光路差を求めるのは，物理ではなく数学だと思うこと。なお，光 a は B で反射するものもあるし，光 b は C で屈折するものもある。ここでは図 50 のような経路をたどる光だけに注目し，考えているということだよ。

例題150　薄膜の干渉の光路差，干渉条件を求める

図 50 のように，空気中にある屈折率 n で厚さ d の薄膜に，波長 λ の単色光を斜めに入射させた。空気の屈折率を 1 とする。

(1) 入射角 i と屈折角 r の間に成り立つ関係式を求めよ。

(2) 光 a が点 B に到達したときと同位相の光 b 上の点を答えよ。同様に，光 b が点 C に到達したときと同位相の光 a 上の点を答えよ。

(3) 光 a，b の光路差はいくらか。図中の A～E の記号と n で答えよ。（例：AC+nBD）

(4) 光 a，b の光路差を，n，d，r で表せ。

(5) 光 a の点 E と，光 b の点 C での反射の際の位相の変化をそれぞれ答えよ。
(6) 光 a，b が干渉して，明るくなる条件を求めよ。

解答 (1) 屈折の法則より $\dfrac{\sin i}{\sin r}=n$

(2) 同位相の点を結んだ線が波面である。波面は進行方向に垂直であるので
光 a の点 B と同位相の光 b 上の点：点 A
光 b の点 C と同位相の光 a 上の点：点 D

(3) 光 a，b の光路差は，点 A，B が同位相なので $n(\mathrm{BE}+\mathrm{EC})-\mathrm{AC}$ …①
または，点 D，C が同位相なので $n(\mathrm{DE}+\mathrm{EC})$ …②
（①，②式のどちらでも正解である。）

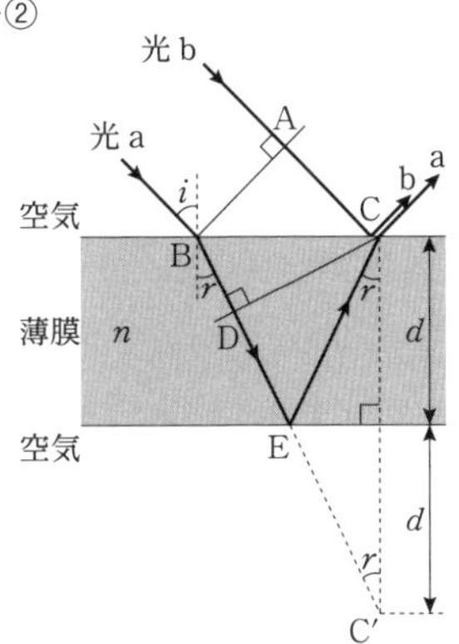

(4) ②式から計算する。点 C の下の境界面に対称な点 C′ をとる。EC＝EC′ であるので，光路差は
$n(\mathrm{DE}+\mathrm{EC})=n(\mathrm{DE}+\mathrm{EC'})=n\mathrm{DC'}=2nd\cos r$
（①式でも同じ結果になる。是非やってほしい。）

(5) 空気の屈折率は 1 で，屈折率 $n>1$ より
点 E での光 a：位相が変化しない
点 C での光 b：位相が π 変化する

(6) (4)，(5)より，明るくなる条件は
$2nd\cos r=\dfrac{\lambda}{2}(2m+1)$ （$m=0$，1，2，…）

くさび形空気層における干渉

図 51 (a)のように平板ガラス 1，2 を，一端に薄い紙などを挟んで重ねる。上から光を当てて上から見ると，明暗の縞模様が見える。ガラス間にくさび形空気層ができ，ガラス 1 の下面で反射した光と，ガラス 2 の上面で反射した光が干渉するからである。ある点でガラス 1，2 間の隙間が d であると，光路差は $2d$ である。また，反射による位相変化を考えて干渉条件を考えればよい。例題 151 で練習しよう。

ここでは，明線の間隔だけを考えてみる。

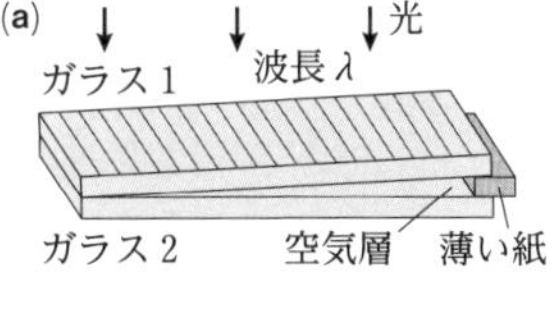

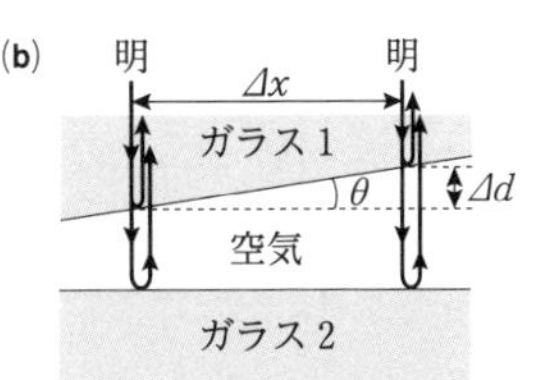

図 51　くさび形空気層における干渉

図(b)のように，隣り合う明線の間隔を $\varDelta x$，2 枚のガラス板のなす角を θ とする。隣り合う明線で，空気層が $\varDelta d=\varDelta x\tan\theta$ 増え，光路差は $2\varDelta d$ 増える。また，光路差は λ だけ増えるので

$$2\varDelta d=2\varDelta x\tan\theta=\lambda \qquad \therefore\ \varDelta x=\frac{\lambda}{2\tan\theta} \quad \cdots㊾$$

例題151 くさび形空気層における干渉を考える

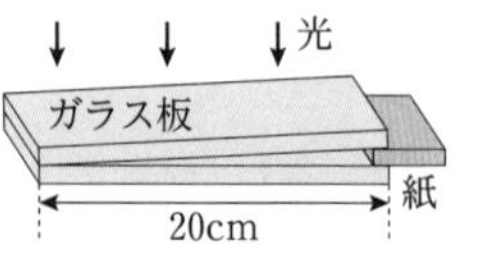

長さ 20 cm の 2 枚のガラス板を，一端に厚さ 0.025 mm の薄い紙を挟んで重ね，上から波長 6.0×10^{-7} m の単色光を当て，上から観察すると，明暗の縞模様が見えた。

(1) 右図でガラスの左端から m 番目の明線までの距離を求めよ（初めの明線を 1 番目と数えるので，$m=1, 2, 3, \cdots$ となることに注意）。

(2) 縞模様の間隔を求めよ。

(3) 上から光を当て，下から観察すると明暗の縞模様の位置はどうなるか答えよ。

ガラス板の間を，屈折率 1.6 の液体で満たし，上から光を当て，上から観察する。

(4) 縞模様の間隔はいくらになるか求めよ。

解答 (1) 図 1 で，A がガラスの左端から m 番目の明線で，左端からの距離を x_m，空気層の厚さを d とする。ガラスの長さを L，紙の厚さを t とすると

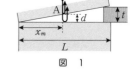

図 1

$$L : x_m = t : d \qquad \therefore \quad d = \frac{tx_m}{L}$$

上のガラスの下面での反射は位相が変化せず，下のガラスの上面での反射は位相が π 変化する。波長 λ として，明線となる条件は

$$2d = \frac{2tx_m}{L} = \frac{\lambda}{2}(2m-1) \quad (m=1,\ 2,\ 3,\ \cdots)$$

$$\therefore \quad x_m = \frac{L\lambda}{4t}(2m-1) = \frac{0.20\times6.0\times10^{-7}}{4\times2.5\times10^{-5}}(2m-1) = 1.2\times10^{-3}\times(2m-1)\,[\mathrm{m}]$$

(2) (1)より，m 番目と $m+1$ 番目の位置の差が間隔 Δx であるので

$$\Delta x = x_{m+1} - x_m = \frac{L\lambda}{2t} = \frac{0.20\times6.0\times10^{-7}}{2\times2.5\times10^{-5}} = 2.4\times10^{-3}\ \mathrm{m}$$

別解

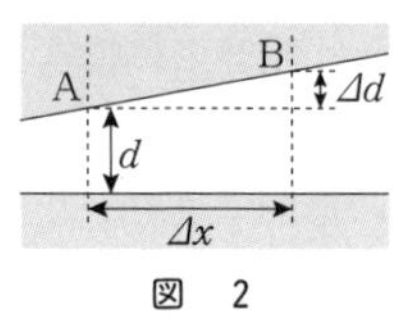

図 2

A が m 番目の明線で，B が $m+1$ 番目の明線とする。光路差は m 番目の明線より $m+1$ 番目の明線が λ だけ長いはずである。図 2 で A，B 付近を拡大する。A と B でのガラスの隙間の差を Δd とすると，光路差の差が $2\Delta d$ であるので

$2\Delta d = \lambda$ …①

また，L，t と，明線の間隔 Δx と Δd の関係は，三角形の相似より

$L : t = \Delta x : \Delta d$ …②

①，②式より $\quad \Delta x = \dfrac{L\Delta d}{t} = \dfrac{L\lambda}{2t} = \dfrac{0.20\times6.0\times10^{-7}}{2\times2.5\times10^{-5}} = 2.4\times10^{-3}\ \mathrm{m}$

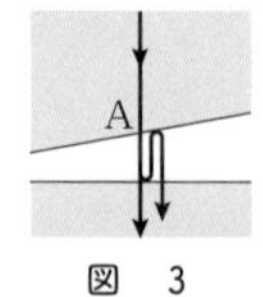

図 3

(3) 図 3 で，2 枚のガラスを透過して直進した光と，下のガラスの上面，上のガラスの下面で反射した光が干渉する。透過した光は位相が変化しない。2 回反射した光は，反射するごとに位相が π 変化するので，合計 2π で，変化していないのと同じである。ゆえに，光路差が同じ

でも上から見た場合と干渉条件が逆になり，明暗の縞模様の位置が逆になる。

(4) 隣り合う明線の光路差の差が λ なのは同じである。これは，反射の際の位相の変化と関係がない。隣り合う明線の位置での隙間の差を $\Delta d'$ とすると，光路差の差は $2n\Delta d'$ であるので

$2n\Delta d'=\lambda$ …③

明線の間隔を $\Delta x'$ とすると，②式と同様に，三角形の相似関係より

$L:t=\Delta x':\Delta d'$ …④

③，④式と(2)より，$\Delta x'$ を求める。

$$\Delta x'=\frac{L\Delta d'}{t}=\frac{L\lambda}{2nt}=\frac{\Delta x}{n}=\frac{2.4\times10^{-3}}{1.6}=1.5\times10^{-3}\,\mathrm{m}$$

演習33

単スリット S_0，複スリット S_1，S_2 およびスクリーンを平行に図のように並べる。S_1，S_2 の間隔は d，単スリットと複スリットの距離は l，複スリットとスクリーンの距離は L である。単スリット S_0 に対する垂直線は，複スリット S_1，S_2 の中点を通り，またスクリーンと交わる点を原点Oとして，図のように x 軸をとる。単スリットの左側から波長 λ の単色光を当てる。$d\ll l$，L とする。

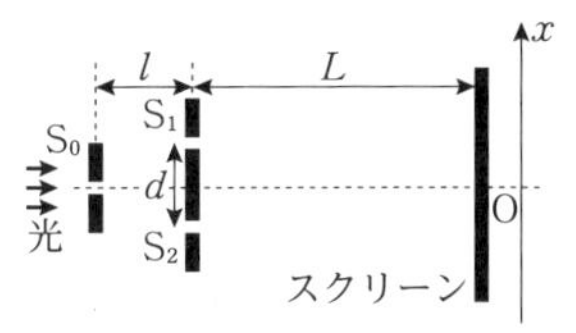

(1) スクリーン上での明線の位置 x を求めよ。ただし，m を整数とする。

S_0 の位置を図の下方へ a だけずらす。ただし，a は l に比べて十分小さいものとする。

(2) S_0 から出た光の，S_1，S_2 に入射するまでの光路差を求めよ。

(3) スクリーン上の原点Oにあった明線はどこにずれるか。その x 座標を求めよ。

S_0 を元の位置に戻し，S_1 のスクリーン側に屈折率 n，厚さ t の薄膜をつける。

(4) スクリーン上の点P（位置 x）で，S_1，S_2 からの光路差を求めよ。ただし，薄膜は十分に薄く，光の通過距離は t としてよいものとする。

(5) スクリーン上での明線の位置 x を求めよ。ただし，m を整数とする。

解答 (1) スクリーン上での位置 x の光路差は式㉝より $\dfrac{dx}{L}$ であるので，明線の条件は

$$\frac{dx}{L}=m\lambda \qquad \therefore\ x=\frac{mL\lambda}{d} \quad (m=0,\ \pm1,\ \pm2,\ \cdots)$$

(2) 複スリットからスクリーンまでの光路差の計算と，同じ計算，近似を使えばよく，式㉝の x を a に，L を l に変えればよい。

光路差は $\dfrac{da}{l}$

(3) S_0 からスクリーンまでの光路差が0になる位置に移動する。右図のように S_1 を通る光を基準とすると，S_2 を通る光は複スリットまでは $\dfrac{da}{l}$ 長く，

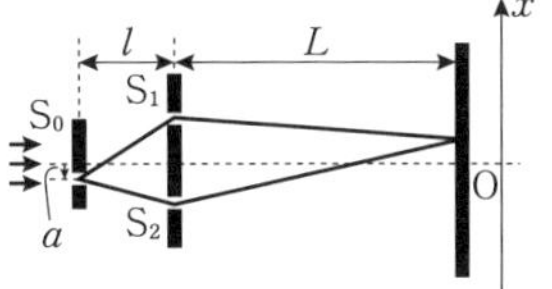

スクリーン上の点までは $\dfrac{dx}{L}$ 短いので

$$\frac{da}{l}-\frac{dx}{L}=0 \qquad \therefore \quad x=\frac{La}{l}$$

(4) 薄膜を通過する光の光学距離は nt で，薄膜がない場合は t なので，S_1P の光学距離は

$$nt-t=(n-1)t$$

だけ長くなることになる。S_1 を通る光を基準とすると，光路差は

$$(n-1)t-\frac{dx}{L}$$

(5) 明線の条件は，$m=0,\ \pm1,\ \pm2,\ \cdots$ として

$$(n-1)t-\frac{dx}{L}=m\lambda \qquad \therefore \quad x=\frac{L}{d}\{(n-1)t-m\lambda\}$$

ニュートンリング

図 52(a)のように，平板ガラスの上に，半径 R の球面をもつ平凸レンズの凸面を重ねると，間に空気層ができる。上から光を当てて上から見ると，同心円状の明暗の縞模様ができる。この縞をニュートンリングという。平凸レンズの下面で反射した光と，平板ガラスの上面で反射した光が干渉した結果である。図(b)は真横から見た図で，ガラスの接触点 O から距離 r だけ離れた点の空気層の厚さを d とする。$d \ll R$ として d を求めると

$$d \fallingdotseq \frac{r^2}{2R} \quad \cdots ㊿$$

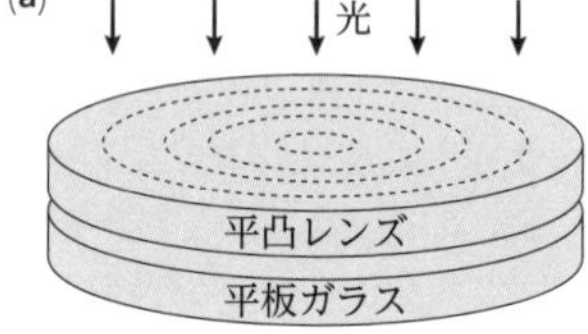

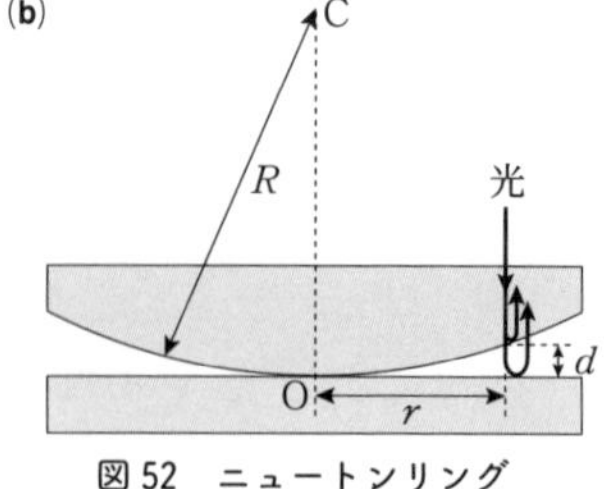

図 52　ニュートンリング

となる（導出は例題 152(3)でやってみよう）。反射の際の位相変化も考えて，光の波長を λ として干渉条件を考えると，m を整数として

$$強め合う条件：2d \fallingdotseq \frac{r^2}{R}=\frac{\lambda}{2}(2m+1)$$

これより，強め合って明るく見えるのは O を中心とする円（明輪）となり，明輪の半径 r は

$$r=\sqrt{\frac{R\lambda(2m+1)}{2}} \quad \cdots 51$$

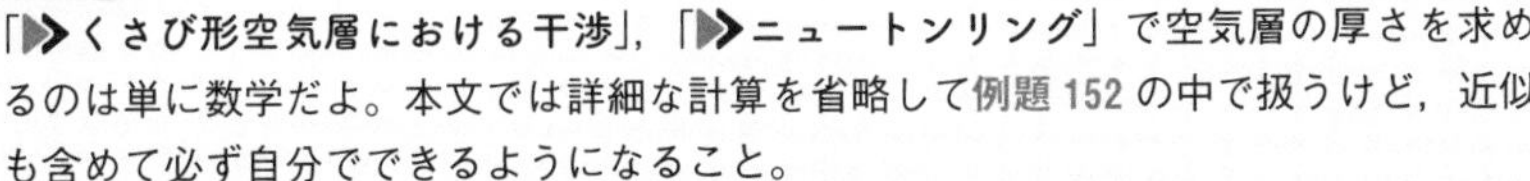

理解のコツ

「▶くさび形空気層における干渉」,「▶ニュートンリング」で空気層の厚さを求めるのは単に数学だよ。本文では詳細な計算を省略して例題 152 の中で扱うけど，近似も含めて必ず自分でできるようになること。

また，これらの干渉では，ガラスの間の空気層に接した面で反射した光のみを考えた。「上のガラスの上面や，下のガラスの下面での反射光は干渉しないの？」，「空気層に入射するとき，光の屈折は考えなくてよいの？」など，疑問があるかもしれない。図 52 (b)では，空気層を大きく誇張して描いたけど，実際には肉眼で見えるかどうかの小さな隙間で，ガラスの厚さはもっと大きいんだ。光は光路差が大きすぎると干渉を起こさないと考えていいから，ガラス間の空気層の干渉のみを考えればいいよ。また，傾きも小さく，屈折は考える必要はないものとしていいよ。

例題152 ニュートンリングの光路差，干渉条件を求める

図 52 でのニュートンリングについて考える。光の波長を λ とする。

(1) 平凸レンズの下面と，平板ガラスの上面で反射した光の位相の変化を答えよ。

(2) 中心 O（レンズとガラスの接する点）は，上から見て明るいか暗いかを答えよ。

中心 O から距離 r 離れた点での干渉条件を考える。

(3) 中心 O から距離 r 離れた点での，平凸レンズと平板ガラスの隙間を d とする。d を求めよ。ただし，$R \gg d$ とする。

(4) 中心 O から距離 r 離れた点が，上から見て暗輪になる条件を，R，r，λ で表せ。ただし，整数 m を用いよ。

(5) 暗輪の半径を求めよ。

(6) 上から白色光を当てて，上から観察すると，どのように見えるか答えよ。

解答 **(1)** 平凸レンズの下面：屈折率が 1 より大きいガラスから，屈折率 1 の空気への境界での反射なので，**位相は変化しない**。

平板ガラスの上面：屈折率 1 の空気から，屈折率が 1 より大きいガラスへの境界での反射なので，**位相は π 変化する**。

(2) 光路差は 0 だが，平凸レンズの下面と，平板ガラスの上面で反射した光が干渉する。(1)よりこれらの光の位相は π 違うので，弱め合う。ゆえに，**暗い**。

(3) 右図において，三平方の定理より

$$r^2 = R^2 - (R-d)^2$$

$\dfrac{d}{R} \ll 1$ として，$|x| \ll 1$ のときの近似式 $(1+x)^2 \fallingdotseq 1+2x$ より

$$r^2 = R^2 - R^2\left(1-\frac{d}{R}\right)^2 \fallingdotseq R^2 - R^2\left(1-\frac{2d}{R}\right) = 2Rd$$

$$\therefore \quad d \fallingdotseq \frac{r^2}{2R}$$

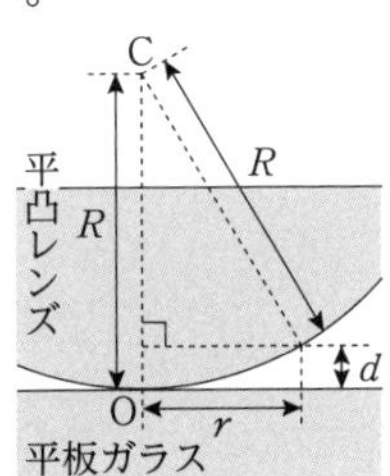

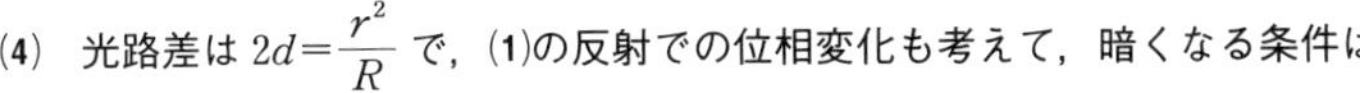

(4) 光路差は $2d = \dfrac{r^2}{R}$ で，(1)の反射での位相変化も考えて，暗くなる条件は

$$\frac{r^2}{R} = m\lambda \quad \cdots ①$$

(5) ①式を r について解く。　$r = \sqrt{mR\lambda}$

(6) 白色光は，いろいろな波長の光が混ざっている。式51より，波長により明輪の半径が異なるので，m が同じでも，波長の短い青い光では半径は小さく，波長の長い赤い光では大きくなる。したがって，**内側に青色，外側に赤色のついた同心円の輪が，何重にもできる。**

演習34

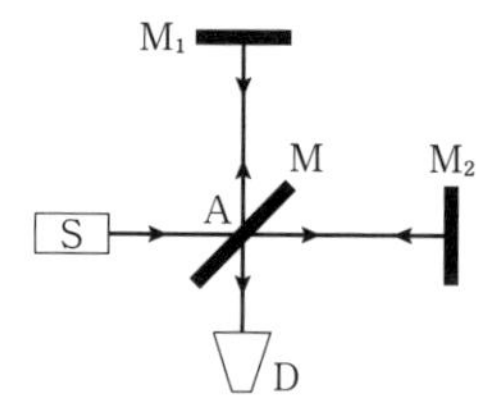

右図で，S は波長 λ の単色光を出す光源，M はハーフミラー（半透明鏡），M_1，M_2 は平面鏡，D は光を検出する装置である。光源から出た光は M 上の点 A で反射光と透過光に分かれ，それぞれ M_1，M_2 に向かう。M_1，M_2 で反射した光は再び点 A に戻り，M_1 からの光の透過光と，M_2 からの光の反射光が重なって検出器 D に入射する。初め，検出器 D に入射した光が強め合うように調整されている。

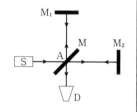

平面鏡 M_1 を，入射光に垂直を保ったままゆっくりと M の方に微小な距離だけ動かすと，D に入射した光は暗くなり再び明るくなった。平面鏡 M_1 を動かす距離が l のとき，この明暗の変化を m 回繰り返した。l を求めよ。

解答　初め，光が明るいのは，M_1 まで往復した光と，M_2 まで往復した光の光路差が波長の整数倍となっているときである。M_1 を動かすと干渉条件が成立しなくなるので暗くなるが，光路差が往復で λ 変化するたびに，再び強め合う。M_1 を動かした距離を l とすると，光路差は $2l$ 変化する。この間，m 回，明暗を繰り返しているので，光路差は $m\lambda$ 変化しているはずである。ゆえに

$$2l = m\lambda \qquad \therefore \quad l = \frac{m\lambda}{2}$$

5 - レンズ，球面鏡による像

実像

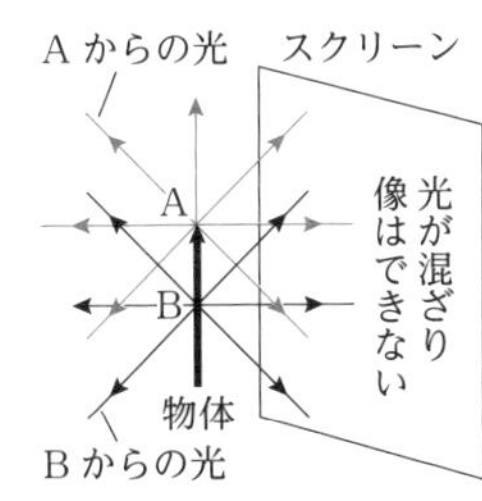

図 53　物体からの光

図 53 のように矢印の形をした物体があり，物体上の 2 点 A，B からの光について考える。各点からの光はあらゆる方向に広がっていく（自分自身が光っている場合も，他からの光を反射して光っている場合も同じである）。近くにスクリーンを置いても，点 A，B からの光は混ざってしまい，物体の像はできない。

図 54 のように，スクリーンと物体の間に凸レンズを置くと，点 A，B からの光はレンズで曲げられ，距離を調節すると，それぞれ点 A′，B′ に集まるようにすることができる。スクリーンには，物体の他の点からの光も同様にそれぞれ 1 点に集まり，スクリーン上に物体の像が再現される。これを実像という。

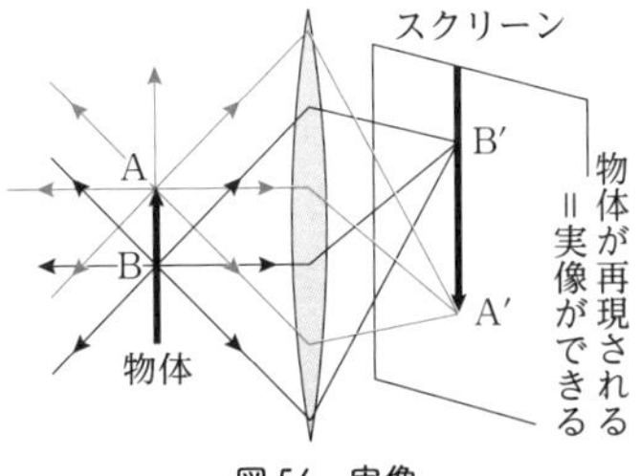

図 54　実像

虚像

図 55 のように，物体の点 A から出た光がレンズで屈折し，広がるような場合，実像はできない。しかしこの光を目で見ると，目は光が直進しているものとして点 A′ から来たように見る。物体の他の点も同様に考えると，目は物体が O′A′ にあるように見る。これを虚像という。実際に光は O′A′ にはないので，スクリーンを置いても像はできない。あくまで目で見たときに物体があるように見えるだけである。

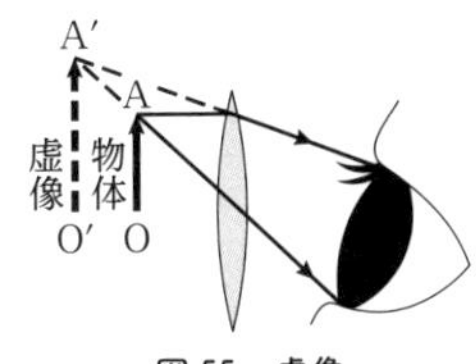

図 55　虚像

レンズ

周辺部より中心部の方が厚みがあるレンズを凸レンズ，中心部の方が薄いレンズを凹レンズという。レンズの中心にレンズ面に垂直に立てた線を光軸という。レンズには光軸上で，レンズに対して対称な位置に焦点 F が 2 カ所存在する。レンズから焦点までの距離を焦点距離 f という。

レンズに入射した光がどの方向に進むかは，本来は屈折の法則より求める（そのような入試問題もある）。しかし，厚みを無視できるレンズでは，進む方向を簡単に幾何学的に追跡可能な光が，凸レンズ，凹レンズともに 3 方向だけ存在する。この追跡可能な光により，レンズで像ができる様子を考える。

▶▶凸レンズ

① 光軸に平行な光は，屈折し焦点 F を通る。

② レンズの中心を通る光は，直進する。

③ 焦点 F を通ってレンズに入射した光は，屈折し光軸に平行に進む。

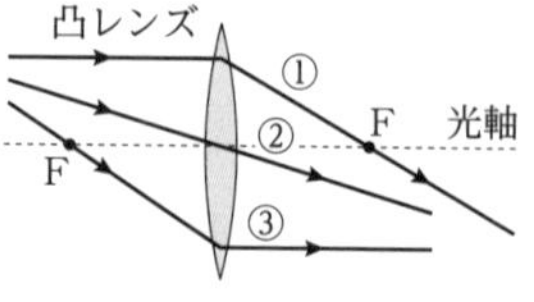

▶▶凹レンズ

① 光軸に平行な光は，屈折し焦点 F からの延長線方向に進む。

② レンズの中心を通る光は，直進する。

③ 反対側の焦点 F に向かう方向に入射した光は，屈折し光軸に平行に進む。

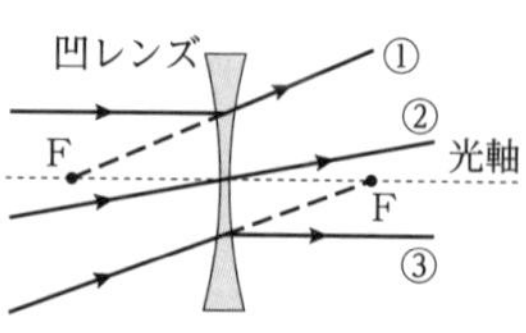

図 56　追跡可能な光線（レンズ）

▶▶球面鏡

面が球面（中心 C）になっている鏡を球面鏡という。反射面が凹になっているものを**凹面鏡**，凸になっているものを**凸面鏡**という。焦点 F は光軸上で，凹面鏡では鏡の前方に，凸面鏡では鏡の後方にある。いずれの場合も，球面の曲率半径を r とすると，焦点距離 f は近似的に

$$f \fallingdotseq \frac{r}{2} \quad \cdots❺❷$$

となる。球面鏡で反射した光の進む方向は，反射の法則で考えることができるが，この場合も簡単に追跡可能な光があるので，それらの光を用いて像を考える。

▶▶凹面鏡

① 光軸に平行な光は，反射し焦点 F を通る。

② 焦点 F を通った光は，反射し光軸に平行に進む。

③ 球面の中心 C を通過した光は，反射して同じ経路を戻る。

▶▶凸面鏡

① 光軸に平行な光は，反射し焦点 F の延長線上を通る。

② 焦点 F の方向に向かう光は，反射し光軸に平行に進む。

③ 球面の中心 C へ向かう光は，反射して同じ経路を戻る。

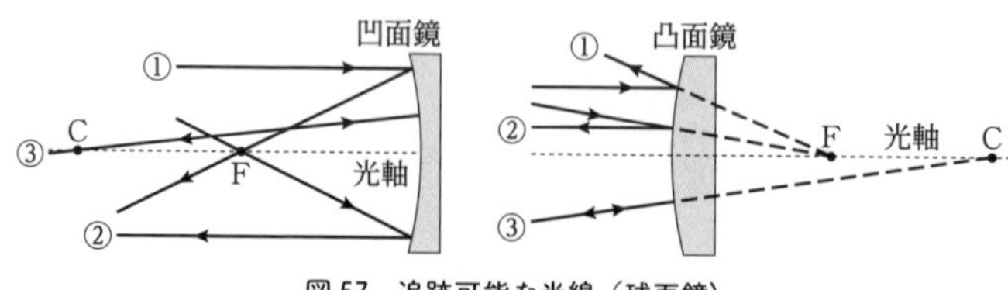

図 57　追跡可能な光線（球面鏡）

▶▶写像公式

図 58 のように，焦点距離 f の凸レンズで，物体 OA の像を考える。A から出た光で追跡可能な光は，A′ で交わることがわかる。OA の他の点について考えても同じであるので，物体の倒立実像 O′A′ ができる。レンズから物体までの距離 a，像までの距離 b の関係を幾何学で考えると（導出は省略する。自分でやってみよう）

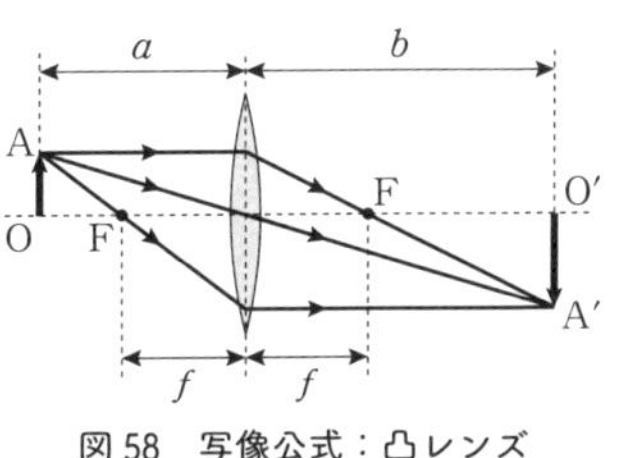

図 58　写像公式：凸レンズ

$$\frac{1}{a}+\frac{1}{b}=\frac{1}{f} \quad \cdots (53)$$

となる。これを**写像公式**という。

また，物体と像の大きさの比を**倍率** m といい

$$m=\frac{\mathrm{O'A'}}{\mathrm{OA}}=\left|\frac{b}{a}\right| \quad \cdots (54)$$

図 59 のように，焦点距離 f の凹レンズで虚像ができる場合は

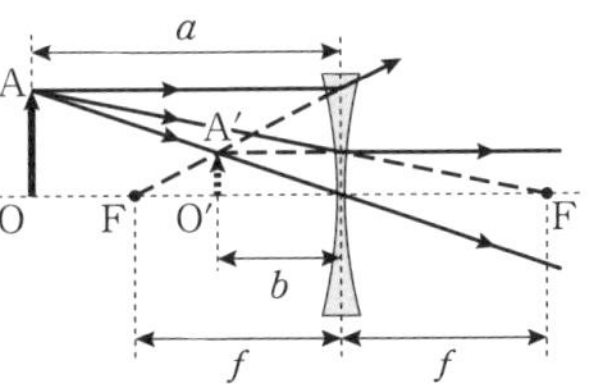

図 59　写像公式：凹レンズ

$$\frac{1}{a}-\frac{1}{b}=-\frac{1}{f}$$

となるが，これは式(53)で，焦点距離を $-f$ とし，像までの距離を $-b$ とした場合と一致する。そこで凹レンズの焦点距離は負とし，また $b<0$ のとき虚像ができるとすると，**全て式(53)で考えることができる**。他の場合についても，右表にまとめたように，**正負を変えることで対応できる**。ただし，一般にレンズでの実像は入射光と反対側，虚像は入射光側，また球面鏡での実像は入射光側，虚像は反対側にできる。また，“虚物体”とは聞き慣れないが，これについては，後の「**▶▶組み合わせレンズ ▶▶虚物体**」で学ぶ。

	正	負
f	凸レンズ 凹面鏡	凹レンズ 凸面鏡
a	実物体	虚物体
b	実像	虚像
$\frac{b}{a}$	倒立	正立

写像公式と倍率

写像公式：$\frac{1}{a}+\frac{1}{b}=\frac{1}{f} \quad \cdots (53)$

倍率：$m=\left|\frac{b}{a}\right| \quad \cdots (54)$

f：焦点距離
a：レンズ，球面鏡から物体までの距離
b：レンズ，球面鏡から像までの距離

理解のコツ

まずは，追跡可能な光で，像がどのようにできるかを実際に作図してみることが大切だよ。そのうえで，写像公式を用いて，作図と同様の結果が得られることを確認しよう。作図をしなくても状況が理解できるようになれば，写像公式だけで解いてもいいよ。

例題153 作図と写像公式を結びつける

以下の(1)〜(4)の場合について，できる像の概要を作図して，さらに

① 像のできる位置　② 実像か虚像か

③ 正立か倒立か　④ 像の大きさ

を，写像公式より求めよ。

(1) 焦点距離 12 cm の凸レンズから 18 cm の位置に，高さ 4 cm の物体

(2) 焦点距離 30 cm の凹レンズから 20 cm の位置に，高さ 10 cm の物体

(3) 焦点距離 12 cm の凹面鏡から 20 cm の位置に，高さ 4 cm の物体

(4) 焦点距離 18 cm の凸面鏡から 36 cm の位置に，高さ 6 cm の物体

解答 作図：追跡可能な光線を 2 本以上考えて，像の位置，大きさの概略を考える。

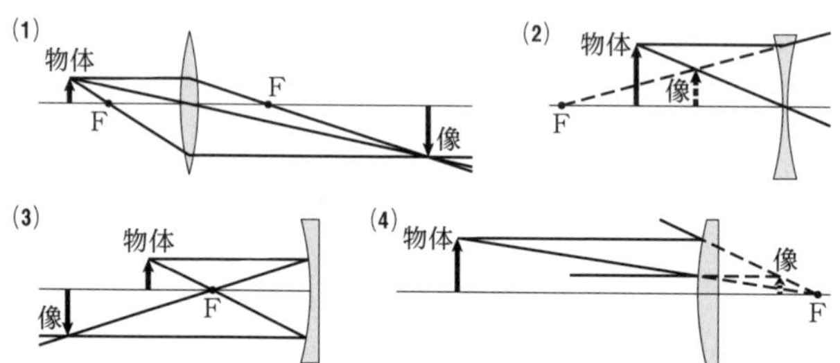

焦点距離を f，レンズまたは球面鏡から物体までの距離を a，レンズまたは球面鏡から像までの距離を b とおく。

写像公式より：

(1) $\dfrac{1}{18}+\dfrac{1}{b}=\dfrac{1}{12}$ より　$b=36>0$

① **レンズの後方 36 cm**　② **実像**　③ **倒立**

④ 倍率 $m=\left|\dfrac{36}{18}\right|=2$　ゆえに像の大きさは　$2\times4=$**8 cm**

(2) $a=20$，$f=-30$ として解く。$b=-12<0$

① **レンズの前方 12 cm**　② **虚像**　③ **正立**

④ 倍率 $m=\left|\dfrac{-12}{20}\right|=\dfrac{3}{5}$　ゆえに像の大きさは　$10\times\dfrac{3}{5}=$**6 cm**

(3) $a=20$，$f=12$ として解く。$b=30>0$

① **鏡の前方 30 cm**　② **実像**　③ **倒立**

④ 倍率 $m=\left|\dfrac{30}{20}\right|=\dfrac{3}{2}$　ゆえに像の大きさは　$4\times\dfrac{3}{2}=$**6 cm**

(4) $a=36$, $f=-18$ として解く。$b=-12<0$

① 鏡の後方 12 cm　② 虚像　③ 正立

④ 倍率 $m=\left|\dfrac{-12}{36}\right|=\dfrac{1}{3}$　ゆえに像の大きさは　$6\times\dfrac{1}{3}=2\,\mathrm{cm}$

組み合わせレンズ

複数のレンズや球面鏡による像を考えるときは，1枚目のレンズや球面鏡による像を求め，次にその像を2枚目に対する物体と考えるというように，順に解いていけばよい。

虚物体

通常，レンズや球面鏡に物体から入射する光は，ある点から広がっていく光である。しかし，複数のレンズや球面鏡を組み合わせたとき，図60のように，ある点Aに向かって収束していく光が入射する場合もある。作図をする場合は問題ないが，写像公式を使う場合はレンズまたは球面鏡から点Aまでの距離 a を負とすればうまく計算できる。点Aにあたかも物体があるように考えて，これを虚物体と呼ぶ。

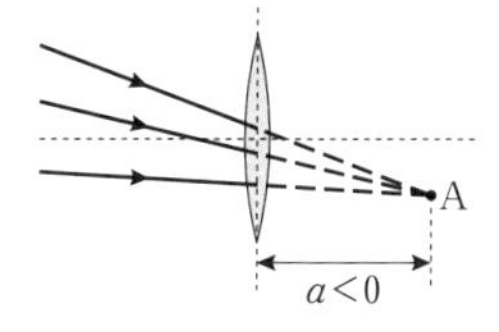

図60　虚物体

例題154 複数のレンズによる写像を考える／写像公式を完璧に使う

2枚の凸レンズ1，2を光軸を一致させて並べる。レンズ1，2の焦点距離はそれぞれ，50 cm，20 cm であり，2枚のレンズの間隔は 90 cm である。図の F1，F2 はそれぞれレンズ1，2の焦点である。レンズ1の前方（図の左）75 cm のところに，高さ 10 cm の物体を置く。

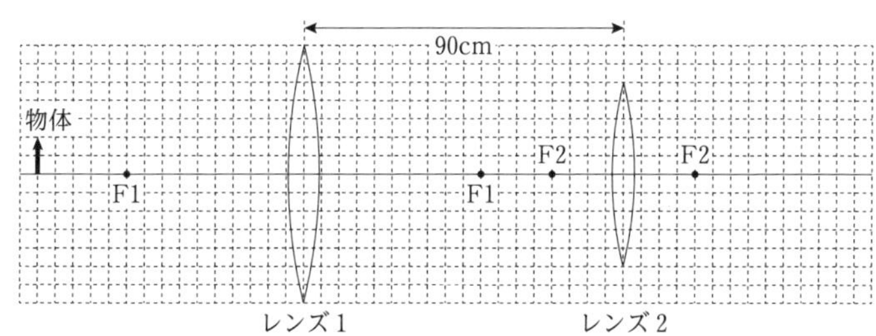

(1) レンズ1，2によってできる物体の像の位置，大きさを作図により求めよ。また，実像か虚像か，正立か倒立かを答えよ。

(2) (1)の結果を，写像公式を用いて求め，同じになることを確認せよ。

解答 (1) まず，レンズ1しかないものとして考える。①〜③の光が追跡可能で，レンズ2がなければ，Aの位置に像を結ぶ。

次に，レンズ2に入射した光のうち追跡可能な光を考える。①の光は，光軸に平行なのでF2へ向かう。また物体から出た光は，全てレンズ1を通過した後，Aの位置に向かうことより，レンズ2にとって追跡可能な光を考える。レンズ2の中心へ入射した光④が直進することがわかる。これより，①，④の交点が求まるので，Bの位置に像ができることになる。

ゆえに，**レンズ2から後方15cmの位置に，大きさ5cmの倒立実像。**

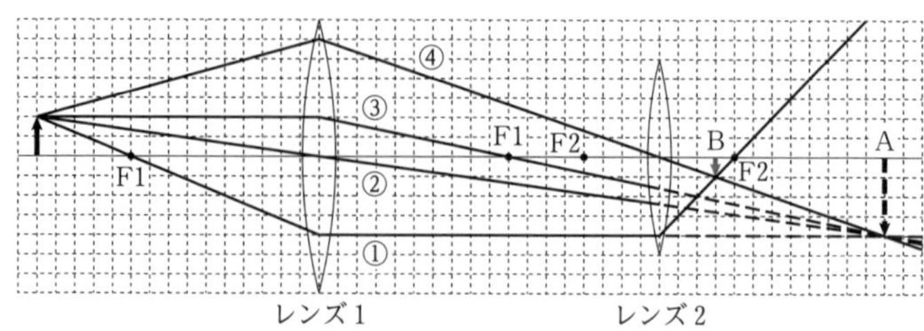

(2) まず，レンズ1のみのときの像の位置Aを求める。物体からレンズ1までの距離を $a_1=75\,\mathrm{cm}$，レンズ1から像（位置A）までの距離を b_1〔cm〕とする。

$$\frac{1}{75}+\frac{1}{b_1}=\frac{1}{50} \qquad \therefore \quad b_1=150\,\mathrm{cm}$$

ゆえに，レンズ1の後方150cmの位置に倒立実像ができ，レンズ2には，後方60cmの位置にある虚物体に向かう光が入ることになる。Aの位置にできた像（虚物体）からレンズ2までの距離 $a_2=-60\,\mathrm{cm}$ とし，レンズ2からレンズ2による像（位置B）までの距離を b_2〔cm〕として，写像公式より

$$-\frac{1}{60}+\frac{1}{b_2}=\frac{1}{20} \qquad \therefore \quad b_2=15$$

$\dfrac{b_2}{a_2}<0$ なので，正立実像ができるが，倒立実像の正立実像なので，**レンズ2の後方15cmの位置に，倒立実像ができる。**

また，2枚合わせた倍率を m とすると

$$m=\left|\frac{b_1}{a_1}\right|\times\left|\frac{b_2}{a_2}\right|=\frac{150}{75}\times\left|\frac{15}{-60}\right|=\frac{1}{2}$$

ゆえに像の大きさは　　$10\times m=10\times\dfrac{1}{2}=5\,\mathrm{cm}$

第3章 熱力学

熱力学,
法則や公式が少ない分野だよ。
基本をしっかり学べば,
得意分野にできるよ！

熱とエネルギー

1 - 熱容量

熱，熱量

物質を構成する分子や原子の運動を熱運動という。熱とは熱運動のエネルギーであり，その量を熱量という。熱量の単位はエネルギーなので J（ジュール）である。

温度

日常生活では摂氏温度（単位は ℃）を使うが，熱力学では絶対温度を使うことが多い。単位は K（読みは "ケルビン"）である。絶対温度は理論上考えられる最低の温度（−273.15℃：絶対零度）を 0K とし，0℃ を 273.15K としたものである。摂氏温度 t〔℃〕と絶対温度 T〔K〕の関係は，小数点以下を省略すると次のようになる。

$$T=t+273 \quad \cdots❶$$

熱容量，比熱

ある物体の温度を 1K だけ上昇させるのに必要な熱量を熱容量 C〔J/K〕という。この物体の温度を ΔT〔K〕だけ上昇（または下降）させるために与える（または奪う）熱量 Q〔J〕は

$$Q=C\Delta T \quad \cdots❷$$

単位質量（1g）のある物質の温度を 1K だけ上昇させるために必要な熱量を，その物質の比熱 c〔J/(g･K)〕という。比熱 c の物質からできている質量 m の物体の熱容量 C は

$$C=mc \quad \cdots❸$$

なので，この物体の温度を ΔT〔K〕だけ上昇（または下降）させるために与える（または奪う）熱量 Q〔J〕は

$$Q=mc\Delta T \quad \cdots❹$$

熱容量，比熱と熱

熱量：$Q=C\Delta T=mc\Delta T$　…❷，❹

熱容量：$C=mc$　…❸

Q〔J〕：熱量　ΔT〔K〕：温度変化　C〔J/K〕：物体の熱容量

c〔J/(g･K)〕：比熱　m〔g〕：物体の質量

参考 SI（国際単位系）では，質量の単位は kg なので，比熱の単位は本来は J/(kg·K) だが，以前からの慣習と，値が適当な大きさになることから，質量の単位に g を用いることが多い。水の比熱は 4.18 J/(g·K) である。

潜熱

物質の三態（固体，液体，気体）間で状態変化する際に，熱（熱量）を放出したり，吸収したりする。これを**潜熱**という。固体，液体間の変化での熱を**融解熱** Q_m，液体，気体間の変化での熱を**蒸発熱** Q_e という。水の融解熱は 3.3×10^2 J/g，蒸発熱は 2.3×10^3 J/g である。

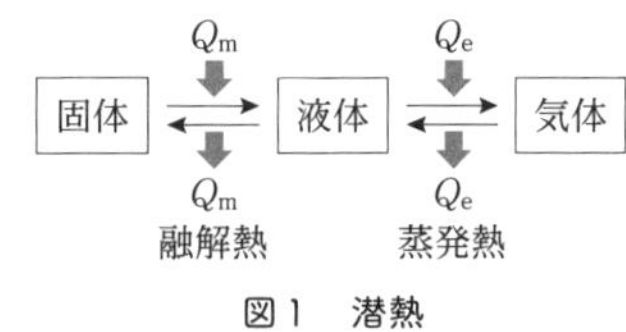

図 1　潜熱

2 - 熱量の保存

熱平衡，熱の移動

温度の異なる物体を接触させると，高温の物体の温度が下がり，低温の物体の温度が上がって，やがて同じ温度になる。同じ温度になった状態を**熱平衡**という。このとき**高温の物体から低温の物体に熱が移動**したという。このように，**熱の移動には必ず温度の異なる物体の接触が必要**である。

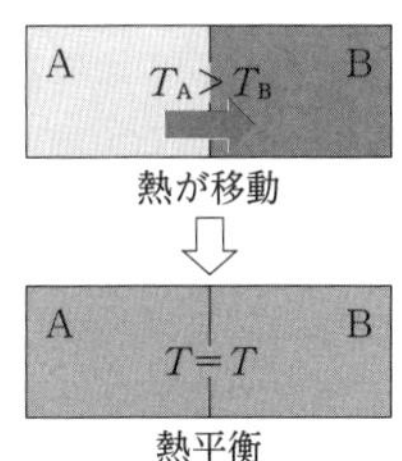

図 2　熱の移動

熱量の保存

図 2 で高温の物体を A，低温の物体を B として，A，B 以外へ熱が逃げない場合，A，B の熱について，以下のように**熱量の保存**が成り立つ。

熱量の保存

高温の物体 A が失った熱＝低温の物体 B が得た熱

これは，A，B が液体や気体で，混ざり合うような場合にも成り立つ。

理解のコツ

熱というものが目に見えないので，想像が難しい。式❷や❹で計算できるものを熱という，と考えてもよい。とにかく計算できるようになろう。

例題155 比熱から熱容量を求め，熱量の保存を使えるようになる

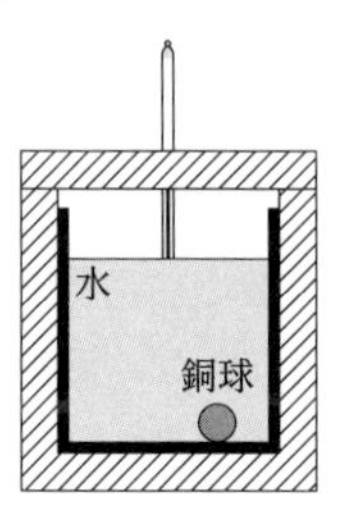

断熱材と容器からなる熱量計に，温度 10.0°C，質量 150 g の水が入れられている。85.0°C に熱した銅球を水に入れて十分に時間がたつと，水の温度が 18.0°C になった。水の比熱を 4.2 J/(g·K) とし，温度計の熱容量は無視できるものとする。

(1) 水が得た熱量を求めよ。

(2) 熱量計の熱容量を 50 J/K とする。銅球が失った熱量を求めよ。

(3) 銅球の熱容量を求めよ。

(4) 銅球の質量は 210 g であった。銅の比熱を求めよ。

解答 (1) 水が得た熱量は，式❹より　$150\times4.2\times(18.0-10.0)=5040\fallingdotseq5.0\times10^3$ J

(2) 熱量計も温度が 10.0°C から 18.0°C に上昇している。熱量の保存より

銅球の失った熱量＝水の得た熱量＋熱量計の得た熱量

$=5040+50\times(18.0-10.0)=5440\fallingdotseq5.4\times10^3$ J

(3) 銅球の熱容量を C〔J/K〕として，式❷より

$5440=C\times(85.0-18.0)$　　$\therefore\ C=\dfrac{5440}{85.0-18.0}=81.1\fallingdotseq81$ J/K

(4) 銅の比熱を c〔J/(g·K)〕として，式❸より　$c=\dfrac{81.1}{210}=0.386\fallingdotseq0.39$ J/(g·K)

例題156 潜熱も含めて，熱量の保存を理解する

断熱材で覆われた熱量計に，質量 200 g の水を入れ，十分時間が経過してから温度を測ると 15°C であった。熱量計の熱容量は 40 J/K である。この熱量計に −18°C に冷やされた質量 80 g の氷を入れた。十分に時間がたつと，氷の一部が溶けずに残っていた。水の比熱を 4.2 J/g·K，氷の比熱を 2.1 J/g·K，氷の融解熱を 3.3×10^2 J/g とする。

(1) 十分時間が経過したとき，水の温度は何 °C か求めよ。

(2) 十分時間が経過したとき，溶けずに残っている氷の質量を求めよ。

(3) 氷が全て水になるためには，15°C の水の質量をいくら以上にすればよいか求めよ。

解答 (1) 氷が溶ける温度であるので　0°C

(2) 水と熱量計の温度は 0°C なので，失った熱は

$(200\times4.2+40)\times(15-0)=13200$ J

−18°C の氷が 0°C になるまでに得た熱は　$80\times2.1\times\{0-(-18)\}=3024$ J

ゆえに，氷を溶かすために使われた熱は　$13200-3024=10176$ J

この熱で溶ける氷の質量は　$\dfrac{10176}{330}=30.83\fallingdotseq30.8$ g

ゆえに，溶けずに残っている氷の質量は　$80-30.8=49.2\fallingdotseq49$ g

(3) −18°C で 80 g の氷が全て融解するために必要な熱は

$3024+80\times330=29424$ J

必要な 15°C の水の質量を m〔g〕とすると

$29424=(m\times4.2+40)\times(15-0)$　　$\therefore\ m=457.5\fallingdotseq4.6\times10^2$ g

気体分子の運動

1 気体の状態方程式

これ以後は，気体について考える。気体の量は一般的には物質量 n〔mol〕で表す。一定の量の気体の状態を，圧力 p〔Pa〕，（絶対）温度 T〔K〕，体積 V〔m^3〕で表す。

一定の量の気体の状態を変化させたときについて考える。

ボイル・シャルルの法則

ボイルの法則

温度 T を一定に保った状態で一定量の気体の圧力 p と体積 V を変化させると，p と V は反比例する。これをボイルの法則という。

$$pV = 一定 \quad \cdots❺$$

シャルルの法則

圧力 p を一定に保った状態で一定量の気体の温度 T と体積 V を変化させると，T と V は比例する。これをシャルルの法則という。

$$\frac{V}{T} = 一定 \quad \cdots❻$$

ボイル・シャルルの法則

ボイルの法則と，シャルルの法則をまとめると

$$\frac{pV}{T} = 一定 \quad \cdots❼$$

となる。これをボイル・シャルルの法則という。式❼で，温度 T が一定な場合がボイルの法則，圧力 p が一定な場合がシャルルの法則であるとしてよい。

ボイル・シャルルの法則

$$\boldsymbol{\frac{pV}{T} = 一定} \quad \cdots❼$$

（参考）圧力 p，体積 V，温度 T が式❼に正確に従う気体を理想気体という。

理解のコツ

気体の状態が変化するとき，式❼より，2つの状態で $\dfrac{p_1V_1}{T_1} = \dfrac{p_2V_2}{T_2}$ とすればいいよ。また，これから気体のいろいろな状態変化が出てくるけど，一定量の気体に対して，ボイル・シャルルの法則は必ず成り立つ。このことは頭に置いておこう。

▶▶理想気体の状態方程式

気体の圧力 p，温度 T が同じでも，体積 V は物質量 n に比例するので，式❼の右辺の値は n に比例する。$n=1\,\text{mol}$ のときの右辺の値を R とすると

$$\frac{pV}{T}=nR \qquad \therefore \quad pV=nRT \quad \cdots❽$$

理想気体の状態を求めることができる式なので**理想気体の状態方程式**という。

また，R を気体定数といい，$R\fallingdotseq 8.31\,\text{J/(mol·K)}$ である。標準状態（$0^\circ\text{C}=273.15\,\text{K}$，1 気圧$\fallingdotseq 1.013\times10^5\,\text{Pa}$）で理想気体 1 mol の体積は $2.24\times10^{-2}\,\text{m}^3$ であることより，気体定数が $R\fallingdotseq 8.31\,\text{J/(mol·K)}$ となることを確かめてみよう。

理想気体の状態方程式

$$pV=nRT \quad \cdots❽$$

p〔Pa〕：圧力　V〔m^3〕：体積
T〔K〕：温度　n〔mol〕：物質量　R〔J/(mol·K)〕：気体定数

例題157　ボイル・シャルルの法則と状態方程式を使い分ける

断面積 $4.9\times10^{-3}\,\text{m}^2$ のシリンダーがあり，質量 10 kg のなめらかに動くピストンで一定量の理想気体が密封されている。シリンダーとピストンは熱をよく伝える材質でできており，シリンダー内の理想気体は常に周囲の大気と同じ温度になっている。重力加速度の大きさを $9.8\,\text{m/s}^2$，大気圧を $1.0\times10^5\,\text{Pa}$，気体定数を $8.3\,\text{J/(mol·K)}$ とする。

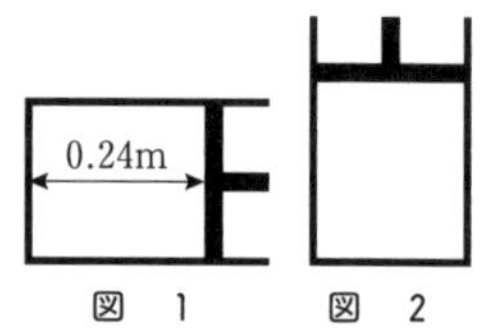

図 1　図 2

図 1 のようにシリンダーを置いたとき，シリンダーの底からピストンまでの距離が 0.24 m であった。次に，図 2 のように，シリンダーをゆっくりと鉛直に立てた。

(1) 図 2 の状態で，気体の圧力を求めよ。

(2) 図 2 の状態で，シリンダーの底からピストンまでの距離を求めよ。

気体の物質量が $5.0\times10^{-2}\,\text{mol}$ であった。

(3) 気体の温度を求めよ。

解答 (1) 大気圧を P_0，シリンダー内の気体の圧力を P，シリンダーの断面積を S，ピストンの質量を m，重力加速度を g とする。ピストンにはたらく力のつり合いより

$$PS-P_0S-mg=0 \qquad \therefore \quad P=P_0+\frac{mg}{S}=1.0\times10^5+\frac{10\times9.8}{4.9\times10^{-3}}=1.2\times10^5\,\text{Pa}$$

(2) ピストンまでの距離を h とする。体積は Sh である。図 1 の状態での圧力は $1.0\times10^5\,\text{Pa}$ である。温度が一定なので，ボイルの法則より

$$1.0\times10^5\times S\times0.24=1.2\times10^5\times Sh \qquad \therefore \quad h=0.20\,\text{m}$$

(3) 温度を T として，図 1 の状態に，気体の状態方程式を適用して

$$1.0\times10^5\times4.9\times10^{-3}\times0.24=5.0\times10^{-2}\times8.3\times T \qquad \therefore \quad T=283\fallingdotseq 2.8\times10^2\,\text{K}$$

状態方程式で，物理量を変換する

状態方程式を用いて，式に使う物理量を変換する場合がある。例えば，物質量 n の気体を，圧力 p が一定の状態で，体積を V_1 から V_2 まで変化させたとき，温度が T_1 から T_2 へと変化したとする。温度変化 $\varDelta T=T_2-T_1$ を，体積変化 $\varDelta V=V_2-V_1$ で表してみよう。変化前と，変化後の気体の状態方程式より

$$\text{（変化前）}\quad pV_1=nRT_1$$

$$\text{（変化後）}\quad pV_2=nRT_2$$

これより

$$T_2-T_1=\frac{p}{nR}(V_2-V_1)$$

$$\therefore\quad \varDelta T=\frac{p}{nR}\varDelta V\quad \cdots❾$$

このように，状態方程式を用いて温度 T の式を，圧力 p，体積 V の式に変換することができる。もちろん，逆も可能である。

「②❹-気体の状態変化」では，これを用いて物理量を変換することが多い。しっかりと理解してほしい。

p-V グラフ（p-V 線図）

気体の状態変化を表すとき，p，V，T の全てをグラフにするのは難しい。そこで，横軸に体積 V，縦軸に圧力 p のグラフで表すことが多い。このグラフを **p-V グラフ**（p-V 線図）という。温度が一定の気体の p，V は，式❺より反比例のグラフ（＝等温曲線）になる。図 3 は，ある量の気体の温度 T_1，T_2 のときの等温曲線である。式❽より $p=\dfrac{nRT}{V}$ であるので，$T_1<T_2$ である。つまりグラフの右上の方が温度が高く，左下の方が低い。これらのことより，気体の状態を温度 T も含めて p-V グラフから判断できる。

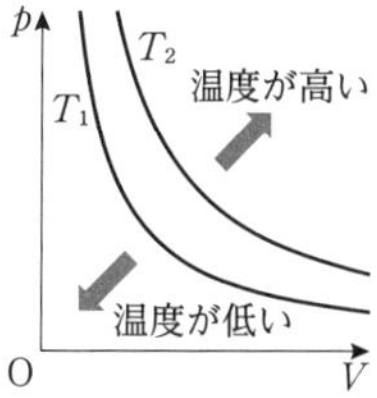

図 3　p-V グラフ

② 気体の内部エネルギー

気体分子１個の運動から，分子のエネルギーと，圧力，温度の関係について考える。

▶▶気体分子運動論

図４(a)のように，辺の長さが L の立方体の容器中に気体が密封されている。ある気体分子（質量 m，速度 $\vec{v}$）と面Ａとの衝突について考える。この分子の速度の成分を $(v_x,\ v_y,\ v_z)$ とする。y 軸負の向きから見ると図(b)になる。分子は面Ａと弾性衝突し，速度の x 成分は $-v_x$ になる。衝突で分子の運動量変化は，図(c)より $m(-v_x)-mv_x=-2mv_x$ で，面Ａに与えた力積は $2mv_x$ となる。分子は，他の面と衝突するが，速度の x 成分の大きさは v_x で，x 方向に距離 $2L$ 移動すると再び面Ａと衝突する。時間 t の間に面Ａと衝突する回数 $\dfrac{v_xt}{2L}$ より，時間 t で分子が面Ａに与える力積は

$$2mv_x\times\frac{v_xt}{2L}=\frac{mv_x{}^2}{L}t$$

面Ａにはたらく分子１個からの平均の力を f とすると

$$ft=\frac{mv_x{}^2}{L}t$$

$$\therefore\quad f=\frac{mv_x{}^2}{L}$$

(a)

(b)

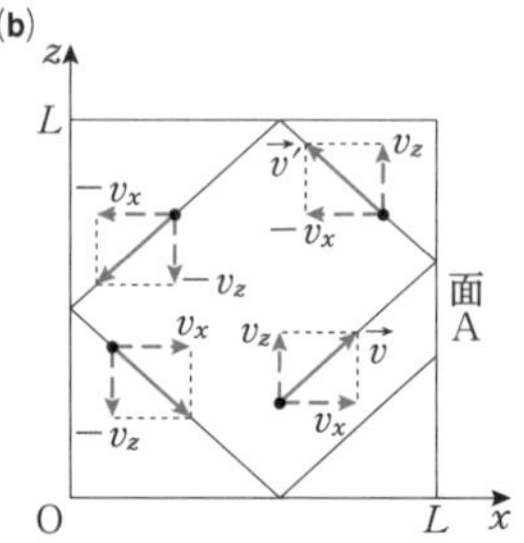

(c)

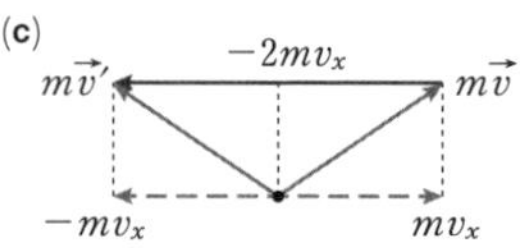

図４　気体分子の運動

全分子の $v_x{}^2$ の平均を $\overline{v_x{}^2}$ とする。容器内には N 個の分子があり，気体から面Ａにはたらく平均の力 F は，全分子の力の和で

$$F=\frac{Nm\overline{v_x{}^2}}{L}\quad\cdots①$$

ここで，分子の速度 $\vec{v}$ と y，z 方向の速度成分 v_y，v_z の２乗の，N 個の分子についての平均をそれぞれ $\overline{v^2}$，$\overline{v_y{}^2}$，$\overline{v_z{}^2}$ とすると，$\overline{v^2}=\overline{v_x{}^2}+\overline{v_y{}^2}+\overline{v_z{}^2}$ である。どの方向の平均も同じになるので（特別な方向はない）$\overline{v_x{}^2}=\overline{v_y{}^2}=\overline{v_z{}^2}$ より，$\overline{v^2}=3\overline{v_x{}^2}$ である。これを①式に代入して

$$F=\frac{Nm\overline{v^2}}{3L}$$

気体の圧力 p は，容器の体積を $V=L^3$ として

$$p=\frac{F}{L^2}=\frac{Nm\overline{v^2}}{3L^3}=\frac{Nm\overline{v^2}}{3V} \quad \cdots② \quad \cdots❿$$

次に，気体分子 1 個あたりの運動エネルギーの平均 $\frac{1}{2}m\overline{v^2}$ を求めてみる。この気体の温度を T，物質量を n とする。アボガドロ数 $N_\mathrm{A}=\frac{N}{n}$ として，状態方程式 $pV=nRT$ と，②式より

$$p=\frac{nRT}{V}=\frac{Nm\overline{v^2}}{3V}$$

$$\therefore \quad \frac{1}{2}m\overline{v^2}=\frac{3nRT}{2N}=\frac{3RT}{2N_\mathrm{A}}=\frac{3}{2}kT \quad \cdots⓫$$

となる。$k=\frac{R}{N_\mathrm{A}}$ をボルツマン定数といい，$k \fallingdotseq 1.38\times10^{-23}$ J/K である。

式⓫からわかるように，**気体分子 1 個の平均運動エネルギーは温度に比例する。** また，分子の質量によらず，どの種類の気体分子でもエネルギーは同じ値になる。

気体分子の運動エネルギーと温度

$$\boldsymbol{\frac{1}{2}m\overline{v^2}=\frac{3RT}{2N_\mathrm{A}}=\frac{3}{2}kT} \quad \cdots⓫$$

N_A：アボガドロ数　R：気体定数　T：温度　k：ボルツマン定数

気体分子 1 個の運動と圧力，温度が結びついた。このような理論展開がまさに物理学だけど，結論を覚えるだけではダメ。しっかりと自分で導出できるようになろう。
①まず，上記の説明をしっかり読んで，理解できるようになる。②次に，**例題 158** で，誘導付きでできるようになる。③最終的には，白紙に，初めの設定から自分で考えて書き，式⓫を導けるようになろう。

例題158　気体分子運動論の理論展開ができる

以下の空欄のア～ケにあてはまる最も適当な式を答えなさい。

図 4 (a)の状態で，質量 m の気体分子が面 A に衝突することを考える。速度の x 成分を v_x とすると，1 回の衝突で分子が面 A に与える力積の大きさは［　ア　］である。この分子が次に面 A と衝突するまでの時間は［　イ　］なので，1 秒間に面 A と衝突する回数は［　ウ　］となる。したがって，1 秒間に面 A がこの分子から受ける力積の大きさは［　エ　］となる。

容器の中の分子の総数を N，分子の x 方向の速度の 2 乗の平均を $\overline{v_x{}^2}$ とすると，面

A が全分子から受ける平均の力は［ オ ］となる。分子の速度の 2 乗平均を $\overline{v^2}$ とすると，$\overline{v^2}=3\overline{v_x{}^2}$ とおくことができるので，面 A が受ける力を $\overline{v^2}$ を使って表すと，［ カ ］となる。この値を面 A の面積 L^2 で割ると，気体が面 A に及ぼす圧力 P が得られ，容器の体積 $V=L^3$ とすれば $PV=$［ キ ］となる。

一方，この気体の物質量を n，温度を T，気体定数を R としたとき，理想気体の状態方程式は，$PV=$［ ク ］で表される。［ キ ］と［ ク ］を比較することによって気体分子の 1 個の平均運動エネルギーは，アボガドロ数 N_A と，R，T を用いて

$$\frac{1}{2}m\overline{v^2}=［\ ケ\ ］$$

となる。

解答　内容は本文と同じであるので，解答のみを掲載する。

ア．$2mv_x$　イ．$\dfrac{2L}{v_x}$　ウ．$\dfrac{v_x}{2L}$　エ．$\dfrac{m{v_x}^2}{L}$

オ．1 秒間の力積＝力 F は　$F=\dfrac{Nm\overline{v_x{}^2}}{L}$

カ．$F=\dfrac{Nm\overline{v^2}}{3L}$　キ．$PV=\dfrac{Nm\overline{v^2}}{3}$　ク．$PV=nRT$　ケ．$\dfrac{3RT}{2N_A}$

2 乗平均速度

式⓫より，$\sqrt{\overline{v^2}}$ を求める。気体のモル質量を M〔kg/mol〕$(=mN_A)$ として

$$\sqrt{\overline{v^2}}=\sqrt{\frac{3RT}{mN_A}}=\sqrt{\frac{3RT}{M}} \quad \cdots⓬$$

$\sqrt{\overline{v^2}}$ を気体分子の 2 乗平均速度といい，温度 T によって決まる。

理解のコツ

速度 v の平均をとっても，v は正負の値をとるので平均は 0 となってしまう。そこで，v^2 の平均の平方根をとった $\sqrt{\overline{v^2}}$ を気体分子の速さの目安としているよ。

気体の内部エネルギー

気体分子は，運動エネルギーや回転のエネルギーなど熱運動のエネルギーと，分子間力による位置エネルギーをもつ。気体中の分子のこれらのエネルギーの総和を，気体の**内部エネルギー** U〔J〕という。ただし，理想気体では分子間力は無視できるので，**理想気体の内部エネルギー U は熱運動のエネルギーの総和**となる。

▶▶単原子分子の内部エネルギー

He, Ne のように 1 個の原子からなる分子を単原子分子という。単原子分子理想気体では，分子の回転のエネルギーは無視でき，内部エネルギー U〔J〕は，分子の運動エネルギーの総和となる。気体の物質量 n〔mol〕とすると分子数は nN_A 個なので，式⓫より，n〔mol〕の単原子分子理想気体の内部エネルギー U〔J〕は

$$U=nN_A\times\frac{1}{2}m\overline{v^2}=nN_A\times\frac{3RT}{2N_A}=\frac{3}{2}nRT \quad \cdots⓭$$

単原子分子理想気体の内部エネルギー

$$\boldsymbol{U=\frac{3}{2}nRT} \quad \cdots⓭$$

n〔mol〕：気体の物質量　T〔K〕：温度　R〔J/(mol·K)〕：気体定数

理想気体の内部エネルギーは，分子の種類によらず気体の物質量 n と温度 T で決まる（このことは単原子分子以外の理想気体でも成り立つ。ただし，比例定数は $\frac{3}{2}R$ ではない）。

理解のコツ

内部エネルギーは重要なので式⓭は覚えてしまうこと。内部エネルギーの意味がわからない人もいるんじゃないかな。気体分子の運動は目に見えない。運動エネルギーや回転のエネルギーをもっていることも見えないし，1 つの分子について想像することも難しい。そこで，気体中の全気体分子のもつエネルギーの和を，気体の内部に含まれるエネルギーということで内部エネルギーと呼んでいるんだ。

例題159 気体分子の 2 乗平均速度と内部エネルギーを理解する

温度 T〔K〕の単原子分子理想気体が n〔mol〕ある。分子 1 個の質量 m〔kg〕，気体 1 mol の質量（モル質量）M〔kg/mol〕，アボガドロ数 N_A〔個/m^3〕，気体定数 R〔J/(mol·K)〕とする。

(1) この気体の内部エネルギーと，気体分子 1 個の運動エネルギーの平均値を求めよ。

(2) 気体分子の 2 乗平均速度 $\sqrt{\overline{v^2}}$ を M, R, T で表せ。

ヘリウムとネオンの気体を考える。ヘリウムとネオンのモル質量をそれぞれ $M_{He}=4.0\times10^{-3}$ kg，$M_{Ne}=20\times10^{-3}$ kg とする。

(3) ネオン原子の運動エネルギーの平均値と 2 乗平均速度は，それぞれヘリウムの何倍か求めよ。

(4) 温度 $T=2.9\times10^2$ K，気体定数 $R=8.3$ J/(mol·K) として，ネオン原子の 2 乗平均速度を求めよ。

(5) また，この温度での 1 mol のヘリウムとネオンの内部エネルギーをそれぞれ求めよ。

解答 (1)　式⓭より内部エネルギー U は　$U=\frac{3}{2}nRT$

分子1個の運動エネルギーは式⓫より　$\frac{1}{2}m\overline{v^2}=\frac{3RT}{2N_A}$　…①

(参考) 分子1個の運動エネルギーの式⓫から内部エネルギーを求めるのが本筋であるが，逆に必ず覚えているであろう内部エネルギーの式⓭から，運動エネルギーを求めてみよう。単原子分子理想気体の内部エネルギーは，分子の運動エネルギーの総和であり，n〔mol〕の気体に含まれる分子数は nN_A であるので，分子1個の運動エネルギーの平均値は

$$\frac{1}{2}m\overline{v^2}=\frac{U}{nN_A}=\frac{3RT}{2N_A}$$

(2)　①式を変形して　$\sqrt{\overline{v^2}}=\sqrt{\frac{3RT}{mN_A}}$

ここで，モル質量 $M=mN_A$ なので　$\sqrt{\overline{v^2}}=\sqrt{\frac{3RT}{M}}$　…②

(3)　運動エネルギーは分子の種類によらないので，運動エネルギーの平均値は

1倍

ネオンとヘリウムの2乗平均速度をそれぞれ $\sqrt{\overline{v_{Ne}{}^2}}$，$\sqrt{\overline{v_{He}{}^2}}$ とする。

$$\frac{\sqrt{\overline{v_{Ne}{}^2}}}{\sqrt{\overline{v_{He}{}^2}}}=\frac{\sqrt{\frac{3RT}{M_{Ne}}}}{\sqrt{\frac{3RT}{M_{He}}}}=\sqrt{\frac{M_{He}}{M_{Ne}}}=\sqrt{\frac{4.0}{20}}=\frac{1}{\sqrt{5}}=\frac{1}{2.23}=0.448\fallingdotseq 0.45\text{倍}$$

(4)　与えられた数値を②式に代入する。

$$\sqrt{\overline{v_{Ne}{}^2}}=\sqrt{\frac{3RT}{M_{Ne}}}=\sqrt{\frac{3\times8.3\times290}{20\times10^{-3}}}=\sqrt{361050}=600.\cdots\fallingdotseq 6.0\times10^2\ \mathrm{m/s}$$

(参考) この根号の計算を，以下のように，近似を使って求めることもできる。

$$\sqrt{361050}=\sqrt{360000+1050}=\sqrt{600^2\times\left(1+\frac{1050}{360000}\right)}$$
$$\fallingdotseq 600\times\left(1+\frac{1}{2}\times\frac{1050}{360000}\right)=600+0.875=600.875$$

(5)　ヘリウムとネオンを理想気体とみなすと，内部エネルギー U は同じである。

$$U=\frac{3}{2}nRT=\frac{3}{2}\times1\times8.3\times290=3610.5\fallingdotseq 3.6\times10^3\ \mathrm{J}$$

演習35

容積がそれぞれ V，$2V$ の容器A，Bがコックのついた細管でつながれている。コックを閉じた状態で，A，Bにそれぞれ1.0 mol，3.0 molの単原子分子理想気体が入っていて，初め，温度はそれぞれ27℃，47℃で，圧力はそれぞれ 1.0×10^5 Pa，1.6×10^5 Paであった。細管の部分の容積は無視できるものとする。容器の外と熱の出入りがないようにしてコックを開け，十分時間が経過した。このときの気体の温度は何℃か，また，気体の圧力はいくらか求めよ。

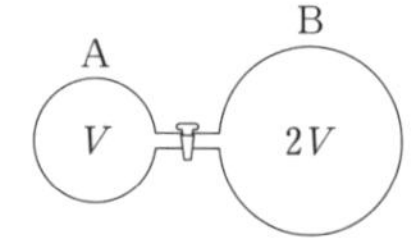

解答 熱の出入りがなく，また全体の体積が変化しないので仕事もされない。水を混ぜたときと同じように，A，Bの気体の内部エネルギーの和は変化しない。

コックを開ける前のA，Bの（絶対）温度はそれぞれ，$27+273=300\,\mathrm{K}$，$47+273=320\,\mathrm{K}$である。コックを開けて十分時間が経過した後の温度をT，気体定数をRとすると，A，Bの内部エネルギーの和が変化しないので

$$\frac{3}{2}\times1.0\times R\times300+\frac{3}{2}\times3.0\times R\times320=\frac{3}{2}\times(1.0+3.0)\times RT$$

$$\therefore\quad T=\frac{1.0\times300+3.0\times320}{1.0+3.0}=315$$

これより　$315-273=42\,°\mathrm{C}$

十分時間が経過した後の圧力をPとすると，気体の状態方程式より

$$P(V+2V)=(1.0+3.0)\times R\times315\quad\cdots①$$

また，コックを開ける前のAに対する状態方程式より（Bでもよい）

$$1.0\times10^5\times V=1.0\times R\times300\quad\cdots②$$

①，②式より，V，Rを消去してPを求める。

$$P=\frac{4.0\times R\times315}{3V}=\frac{4.0\times315\times1.0\times10^5}{3\times1.0\times300}=1.4\times10^5\,\mathrm{Pa}$$

▶▶2原子分子の内部エネルギー

O_2，N_2など2原子分子は，分子の回転のエネルギーが無視できない。2原子分子理想気体では，内部エネルギーUは，分子の運動エネルギーと回転エネルギーの総和で，以下のようになる。

$$U=\frac{5}{2}nRT\quad\cdots⑭$$

3 - 熱力学第 1 法則

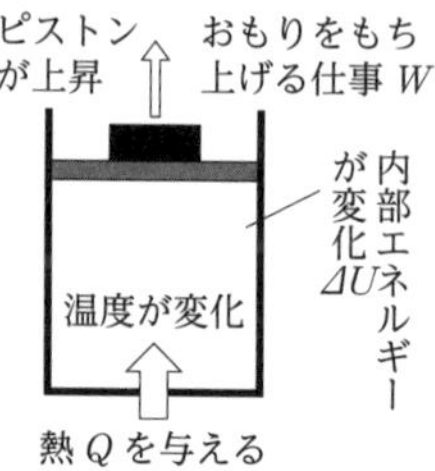

図 5　熱力学第 1 法則①

図 5 のように，シリンダーと，なめらかに動くピストンで気体を密封する。ピストンの上に，おもりをのせて，気体に熱 Q〔J〕を与える（シリンダーをお湯につけたり，火であぶればよい）。気体の温度が上がると同時に，ピストンが上昇しおもりをもち上げる仕事をする（同時に大気ももち上げている）。気体がする仕事を W〔J〕とする。また温度が変化しているので気体の内部エネルギー U も変化する。内部エネルギーの変化量を ΔU〔J〕とする。

熱エネルギーが形を変えて保存されるので

気体に与えた熱 Q で，内部エネルギーが ΔU 変化し，気体が W の仕事をする。

これを熱力学第 1 法則という。式にすると次のようになる。

熱力学第 1 法則

$$Q = \Delta U + W \quad \cdots ⓯$$

Q〔J〕：気体に与えた熱　ΔU〔J〕：気体の内部エネルギーの変化量
W〔J〕：気体がする仕事

理解のコツ

熱力学第 1 法則は，エネルギーの保存則だよ。熱の形で与えたエネルギーが，気体の内部エネルギーと気体がする仕事に変換するということだね。

例題160　熱力学第 1 法則の基本を理解する

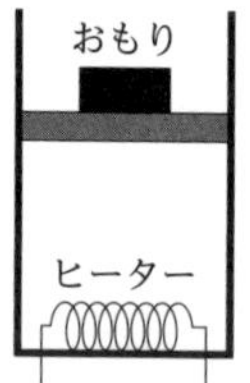

断面積 $2.8\times10^{-3}\,\mathrm{m}^2$ のシリンダーが真空中に置かれ，なめらかに動くピストンで一定量の理想気体が密封されている。シリンダーとピストンは断熱材でできており，外部との熱の出入りはないが，シリンダー内にはヒーターが置かれ，気体に熱を与えることができる。ピストンの上にはおもりが置かれている。おもりとピストンをあわせた質量が 10 kg である。ヒーターから気体に 17.2 J の熱を与えると，ピストンは $5.0\times10^{-2}\,\mathrm{m}$ だけ上昇した。重力加速度の大きさを $9.8\,\mathrm{m/s^2}$ とする。

(1)　ピストンが上昇する間に気体がした仕事を求めよ。

(2)　気体の内部エネルギーの変化量を求めよ。

(3)　この間，気体の温度はどうなるか，以下の①～③から選べ。

　① 変化しない　② 上昇する　③ 下降する

解答 (1) 気体がおもりとピストンに加える力は $10\times9.8=98\,\mathrm{N}$ であるので，おもりをもち上げる仕事 W は　　$W=98\times0.050=4.9\,\mathrm{J}$

注意 この問題では周囲は真空という設定になっているのでこれでよいが，周囲に大気がある場合は大気に対しても仕事をすることに注意しよう。

(2) 気体に与えた熱を Q とする。内部エネルギーの変化量 $\varDelta U$ は，熱力学第1法則より

$$Q=\varDelta U+W \qquad \therefore \quad \varDelta U=Q-W=17.2-4.9=12.3\,\mathrm{J}$$

(3) 理想気体の内部エネルギー U は温度だけで決まり，温度が高いほど大きい。$\varDelta U>0$ で U は増加しているので，気体の温度は②上昇する。

気体がする仕事

気体が外部にする仕事 W について考える。気体は膨張，収縮することで外部に仕事をする。つまり，仕事をするためには気体の体積が変化する必要がある。

仕事の正負

気体がする仕事の正負の区別は以下のように単純である。

体積が増加（膨張）：$W>0$　，　体積が減少（収縮）：$W<0$

仕事の求め方

① 圧力が一定の場合（または体積変化が微小な場合）

図6のように，断面積 S のシリンダー内の気体が一定の圧力 p で膨張し，ピストンが $\varDelta x$ だけ移動したとする。気体がピストンを押す力 $F=pS$ で，体積変化 $\varDelta V=S\varDelta x$ より

$$W=F\varDelta x=pS\varDelta x=p\varDelta V \quad \cdots⓰$$

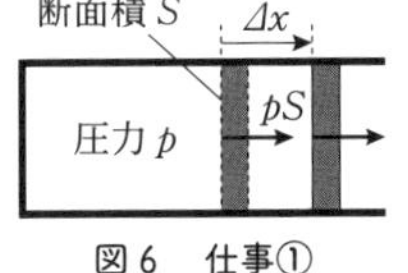

図6　仕事①

気体が膨張するとき $\varDelta V>0$ で $W>0$，収縮するとき $\varDelta V<0$ で $W<0$ となる。また，体積の変化が微小なとき，圧力は一定とみなして，式⓰を用いてよい。

② 個々の力ごとに仕事を求める。

図7で，気体が膨張しピストンが上昇するとき，気体は

W_1＝ピストンとおもりをもち上げる仕事

W_2＝ばねを伸ばす仕事

W_3＝大気をもち上げる仕事

をする。W_1〜W_3 を個別に求めて，気体がする仕事 W は

$$W=W_1+W_2+W_3$$

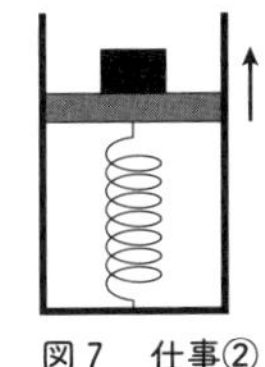
図7　仕事②

③ p-V グラフから求める。

気体がする仕事 W は図8の p-V グラフの面積（赤色の部分）である。グラフが直線のときは，容易に面積から仕事を求めることができる。体積が増加するとき仕事は正，減少するときは負とすればよい。

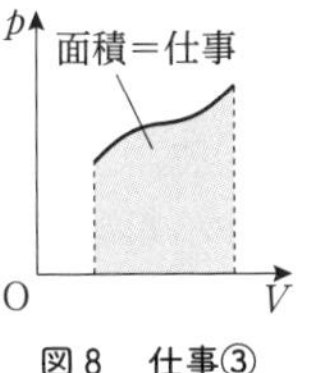

図8　仕事③

④　熱力学第1法則から求める。

気体に与えた熱 Q と，内部エネルギーの変化量 ΔU がわかっているときは，熱力学第1法則，式⓯より

$$W=Q-\Delta U$$

気体がする仕事 W の求め方

① **圧力が一定の場合**
$W=p\Delta V$　…⓰
② **力ごとの仕事を求めて和をとる**
③ **p-V グラフの面積から求める**
④ **熱力学第1法則から求める**
$W=Q-\Delta U$

仕事の正負

膨張するとき（体積増加）	$W>0$
収縮するとき（体積減少）	$W<0$

理解のコツ

気体のする仕事の正負は，体積が増えたか減ったかだけで決まる。余計なことをいろいろ考える必要はない。仕事の計算は，上記の①～④のいずれかで求められる。どれを使えばいいのかよく考えよう。

LEVEL UP!
大学への物理

気体がする仕事 W の求め方⑤　積分を使う

圧力 p の気体の体積が微小量 dV だけ変化するとき，この間に気体がする仕事 $dW=pdV$ である。仕事 W は，p を V の関数にして積分する。

$$W=\int pdV$$

本文中の①～④の方法が使えないときに，最終手段として使ってみよう。

例題161　**気体がする仕事を，いろいろな方法で求める**

図1のように，断面積が $8.00\times10^{-3}\,\mathrm{m^2}$ のシリンダーとなめらかに動くピストンにより，一定量の気体が封じ込められている。大気圧を $1.00\times10^5\,\mathrm{Pa}$ とする。気体を熱して，ピストンを図の右向きにゆっくり 0.200 m 動かした。

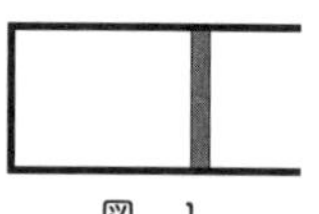
図　1

(1)　気体がした仕事を求めよ。

次に，図2のようにシリンダーの底とピストンをばね定数 $1.60\times10^3\,\mathrm{N/m}$ のばねでつないだ。初め，ばねは自然の長さであった。気体を熱して，ピストンを図の右向きにゆっくり 0.200 m 動かした。

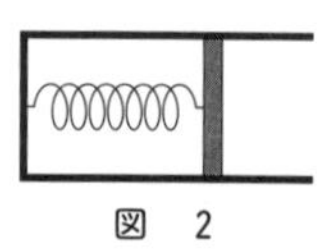
図　2

(2)　気体の圧力はいくらになったか求めよ。
(3)　この間，気体がした仕事を求めよ。

解答 (1) 大気圧を p_0 とする。ピストンにはたらく力のつり合いより，シリンダー内の気体の圧力は常に p_0 である。断面積 を S，ピストンの移動距離を Δx とする。体積変化 $\Delta V=S\Delta x$ であるので，気体のした仕事 W は，求め方①より

$$W=p_0\cdot\Delta V=1.00\times10^5\times8.00\times10^{-3}\times0.200=1.60\times10^2\ \mathrm{J}$$

(2) 変化後の気体の圧力を p，ばね定数を k として，ピストンにはたらく力のつり合いより　$pS-p_0S-k\Delta x=0$

$$\therefore\quad p=p_0+\frac{k\Delta x}{S}=1.00\times10^5+\frac{1.60\times10^3\times0.200}{8.00\times10^{-3}}=1.40\times10^5\ \mathrm{Pa}$$

(3) 求め方②を用いる。

気体のする仕事は，圧力 p_0 の大気に対する仕事と，ばねにする仕事の和である。ばねにした仕事は，ばねの位置エネルギーの変化になるので

(気体のする仕事)＝(大気に対する仕事)＋(ばねの位置エネルギーの変化量)

$$W=p_0S\Delta x+\left\{\frac{1}{2}k(\Delta x)^2-0\right\}=160+\frac{1}{2}\times1.60\times10^3\times0.200^2=1.92\times10^2\ \mathrm{J}$$

別解

求め方③を用いる。

p-V グラフを描く。変化前の体積を V_1，変化後を V_2 とすると，体積変化 $\Delta V=V_2-V_1=S\Delta x$ である。初めの圧力は，ばねが自然の長さなので p_0 である。また(2)より圧力はピストンの移動距離 Δx に比例するので，結局，体積に比例し，グラフは右図のように直線となる。

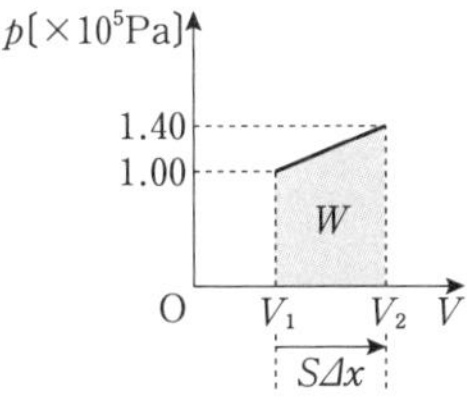

仕事 W は，グラフの面積（赤色部分）で

$$W=\frac{1}{2}(1.00+1.40)\times10^5\times8.00\times10^{-3}\times0.200=1.92\times10^2\ \mathrm{J}$$

▶熱力学第 1 法則の別の考え方

図 9 のように，シリンダーとピストンで密封した気体に熱 Q を与えると同時に，ピストンを押し込む。気体が外からされた仕事を w とする。熱と仕事により与えられたエネルギーの分だけ，内部エネルギーが ΔU 変化するので，熱力学第 1 法則は

$$\Delta U=Q+w\quad\cdots⓱$$

と考えることもできる。ただし，気体が外部からされた仕事 w と，気体が外部にする仕事 W には

$$w=-W\quad\cdots⓲$$

の関係がある。これを式⓱に代入すると，式⓯の熱力学第 1 法則と同じである。

ピストンを押し込む　気体がされた仕事 w
内部エネルギーが変化 ΔU
温度が変化
熱 Q を与える

図 9　熱力学第 1 法則②

❹ - 気体の状態変化

気体の圧力 p, 体積 V, 温度 T を変化させることを気体の状態変化という。一定量（物質量 n〔mol〕）の気体を状態変化させたときの気体に与えた熱 Q, 内部エネルギーの変化量 $\varDelta U$, 気体がする仕事 W の関係について考える。また, 気体の比熱についても考える。

▶▶モル比熱

気体の比熱は単位質量あたりではなく, 物質量 1 mol あたりで考えることが多い。1 mol の気体の温度を 1 K だけ変化させるのに必要な熱量をモル比熱 C〔J/(mol·K)〕という。n〔mol〕の気体に熱を Q〔J〕与えたとき, 温度が $\varDelta T$〔K〕上昇したとすると

$$C=\frac{Q}{n\varDelta T} \quad \text{または} \quad Q=nC\varDelta T \quad \cdots⓳$$

ただし, 気体は, 変化の条件により, 同じだけ熱を与えても温度変化が異なる。気体の比熱を考えるときは, どのような条件で変化させたのかを明確にする必要がある。

▶▶定積変化

体積が一定の容器に気体を密封し熱 Q を与えると温度が変化する。これを定積変化という。体積が変化しないので気体がする仕事 $W=0$ で, 熱力学第 1 法則より $Q=\varDelta U$ となる。与えた熱の全てが, 内部エネルギーの変化量 $\varDelta U$ になる。温度変化を $\varDelta T$ とし, 定積変化でのモル比熱＝定積モル比熱を C_V とすると

$$Q=\varDelta U=nC_V\varDelta T \quad \cdots⓴$$

体積一定

温度が変化 $\varDelta T$

熱 Q を与える

図 10　定積変化

▶▶単原子分子理想気体の場合

温度 T での内部エネルギー U は, 式⓭より $U=\frac{3}{2}nRT$ である。温度が T_1 から T_2 に変化し, 温度変化 $\varDelta T=T_2-T_1$ とすると

$$\varDelta U=\frac{3}{2}nRT_2-\frac{3}{2}nRT_1=\frac{3}{2}nR\varDelta T$$

となり, 式⓴は

$$Q=\varDelta U=\frac{3}{2}nR\varDelta T \quad \cdots㉑$$

定積変化

仕事 $W=0$,　$Q=\varDelta U=nC_V\varDelta T$ …⓴

単原子分子理想気体の場合　**$Q=\varDelta U=\frac{3}{2}nR\varDelta T$** …㉑

例題162 定積変化の基本を理解する

単原子分子理想気体 $n=2.0\,\mathrm{mol}$ を，体積を一定に保ったまま温度を $\varDelta T=20\,\mathrm{K}$ 上昇させた。気体定数を $R=8.3\,\mathrm{J/(mol\cdot K)}$ とする。

(1) 気体の内部エネルギーの変化量を求めよ。

(2) 気体が外部にした仕事を求めよ。

(3) 気体に与えた熱を求めよ。

(4) 定積モル比熱を求めよ。

解答 (1) 単原子分子理想気体であるので，内部エネルギーの変化量 $\varDelta U$ は

$$\varDelta U=\frac{3}{2}nR\varDelta T=\frac{3}{2}\times2.0\times8.3\times20=4.98\times10^2\fallingdotseq5.0\times10^2\,\mathrm{J}$$

(2) 体積が変化しないので，気体は仕事をしない。　0 J

(3) 気体に与えた熱 Q は，熱力学第 1 法則より　$Q=\varDelta U=5.0\times10^2\,\mathrm{J}$

(4) 定積モル比熱 C_V は，式⑳より

$$C_V=\frac{Q}{n\varDelta T}=\frac{498}{2.0\times20}=12.45\fallingdotseq12\,\mathrm{J/(mol\cdot K)}$$

理想気体の内部エネルギーと定積モル比熱

式⑳からわかるように，定積変化で温度変化が $\varDelta T$ のときの内部エネルギーの変化量 $\varDelta U$ は

$$\varDelta U=nC_V\varDelta T \quad \cdots ㉒$$

となるが，理想気体の内部エネルギーは温度 T だけで決まるので，定積変化以外の変化でも温度変化が $\varDelta T$ であれば，$\varDelta U$ は式㉒となる。ゆえに理想気体の内部エネルギー U は

$$U=nC_VT \quad \cdots ㉓$$

と表せる。単原子分子理想気体の場合，式㉑より定積モル比熱を求めると

$$C_V=\frac{3}{2}R \quad \cdots ㉔$$

$R=8.31\,\mathrm{J/(mol\cdot K)}$ とすると，$C_V\fallingdotseq12.5\,\mathrm{J/(mol\cdot K)}$ となる（参照：例題 162 (4)）。

理想気体の内部エネルギー

$$\varDelta U=nC_V\varDelta T \quad \cdots ㉒$$
$$U=nC_VT \quad \cdots ㉓$$

単原子分子理想気体の定積モル比熱

$$C_V=\frac{3}{2}R \quad \cdots ㉔$$

理解のコツ

定積モル比熱 C_V が，なぜ定積変化以外でも内部エネルギーを求めるのに使えるのか疑問に思ったんじゃないかな。式⑳の $Q=nC_V\varDelta T$ は，定積変化だけで成り立つ。でも，内部エネルギーは温度 T だけの関数だから，定積変化を利用して求めた $\varDelta U=nC_V\varDelta T$ は，$\varDelta T$ が同じなら，どんな変化であろうと成り立つということだよ。

▶▶定圧変化

図11のように，自由に動けるピストンで気体を密封しゆっくり熱 Q を与える。ピストンにはたらく力はつり合っているので，気体は**一定の圧力 p で体積が変化**する。これを**定圧変化**という。気体の温度変化を ΔT，体積変化を ΔV とする。気体がする仕事 $W=p\Delta V$ である。熱力学第1法則より

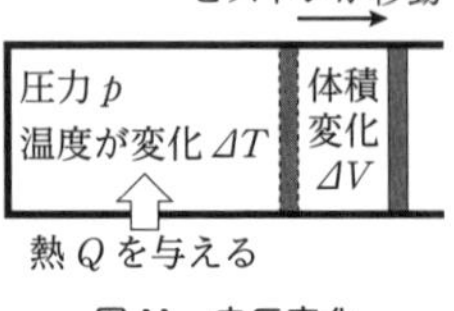

図11　定圧変化

$$Q=\Delta U+p\Delta V=nC_{\mathrm{V}}\Delta T+p\Delta V \quad \cdots ㉕$$

気体の状態方程式を用いて物理量を統一する。圧力一定なので式❾が使える。式❾を変形し $p\Delta V=nR\Delta T$ として，式㉕に代入して

$$Q=nC_{\mathrm{V}}\Delta T+nR\Delta T \quad \cdots ㉖$$

とすることができる。

また，定圧変化の際のモル比熱＝**定圧モル比熱 C_{P}** とすると

$$Q=nC_{\mathrm{P}}\Delta T \quad \cdots ㉗$$

▶▶単原子分子理想気体の場合

$C_{\mathrm{V}}=\frac{3}{2}R$ より，$\Delta U=\frac{3}{2}nR\Delta T$ なので，式㉕，㉖より

$$Q=\frac{3}{2}nR\Delta T+p\Delta V=\frac{3}{2}nR\Delta T+nR\Delta T=\frac{5}{2}nR\Delta T \quad \cdots ㉘$$

また，式㉗と比べることで，定圧モル比熱を求めると

$$C_{\mathrm{P}}=\frac{5}{2}R \quad \cdots ㉙$$

定圧変化

仕事 $W=p\Delta V=nR\Delta T$

$$Q=nC_{\mathrm{V}}\Delta T+p\Delta V \quad \cdots ㉕$$
$$=nC_{\mathrm{V}}\Delta T+nR\Delta T \quad \cdots ㉖$$
$$=nC_{\mathrm{P}}\Delta T \quad \cdots ㉗$$

単原子分子理想気体の場合

$$Q=\frac{3}{2}nR\Delta T+p\Delta V$$
$$=\frac{5}{2}nR\Delta T \quad \cdots ㉘$$

単原子分子理想気体の定圧モル比熱

$$C_{\mathrm{P}}=\frac{5}{2}R \quad \cdots ㉙$$

理解のコツ

定圧変化の仕事の求め方や，物理量（使う文字）の変換など，十分に慣れよう。式㉘で $nR\Delta T$ を $p\Delta V$ に変換すると，$Q=\frac{5}{2}p\Delta V$ となるよ。

例題163 定圧変化の基本を学ぶ

温度が T_1 の単原子分子理想気体が n〔mol〕ある。一定の圧力 P のもとで，気体に熱を与えて，温度を T_2 に上げげた。気体定数を R として，以下の問いに答えよ。

(1) 気体の内部エネルギーの増加量を求めよ。

(2) 気体の体積変化を求めよ。

(3) 気体がした仕事を，n，R，T_1，T_2 で表せ。

(4) 気体に与えた熱を，n，R，T_1，T_2 で表せ。

(5) 定圧モル比熱を R で表せ。

解答 (1) 単原子分子理想気体であるので，内部エネルギーの変化量 ΔU は

$$\Delta U=\frac{3}{2}nR(T_2-T_1)$$

(2) 変化前後の気体の体積をそれぞれ V_1，V_2 とする。気体の状態方程式より

変化前：$PV_1=nRT_1$　　$\therefore$　$V_1=\dfrac{nRT_1}{P}$

変化後：$PV_2=nRT_2$　　$\therefore$　$V_2=\dfrac{nRT_2}{P}$

これより，体積変化 ΔV は　　$\Delta V=V_2-V_1=\dfrac{nR}{P}(T_2-T_1)$

(3) 気体がした仕事 W は　　$W=P\cdot\Delta V=P\times\dfrac{nR}{P}(T_2-T_1)=nR(T_2-T_1)$

(4) 熱力学第1法則より，気体に与えた熱 Q は

$$Q=\Delta U+W=\frac{3}{2}nR(T_2-T_1)+nR(T_2-T_1)=\frac{5}{2}nR(T_2-T_1)$$

(5) 定圧モル比熱 C_P は　　$C_P=\dfrac{Q}{n(T_2-T_1)}=\dfrac{5}{2}R$

例題164 定圧変化で，物理量の変換に慣れる

断面積 $4.9\times10^{-3}\,\text{m}^2$ のシリンダーを鉛直に置き，なめらかに動く軽いピストンで単原子分子理想気体を密封した。ピストンの上に質量 10 kg のおもりを置く。気体に熱を与え，体積を $1.5\times10^{-3}\,\text{m}^3$ 増加させた。大気圧を $1.0\times10^5\,\text{Pa}$，重力加速度の大きさを $9.8\,\text{m/s}^2$ とする。

(1) 気体の圧力を求めよ。

(2) 気体がした仕事を求めよ。

(3) 気体の内部エネルギーの増加量，気体に与えた熱を求めよ。

解答 (1) 気体の圧力 P，大気圧 P_0，シリンダーの断面積 S，ピストンとおもりを合わせた質量 m，重力加速度の大きさ g とする。ピストンにはたらく力のつり合いより

$$PS-P_0S-mg=0 \qquad \therefore \quad P=P_0+\frac{mg}{S}=1.0\times10^5+\frac{10\times9.8}{4.9\times10^{-3}}=1.2\times10^5\,\text{Pa}$$

(2) 気体の圧力は一定なので，気体がした仕事 W は

$$W=P\cdot\varDelta V=1.2\times10^5\times1.5\times10^{-3}=1.8\times10^2\ \mathrm{J}$$

(3) 気体の物質量を n〔mol〕，温度変化を $\varDelta T$ とする。内部エネルギーの変化量 $\varDelta U$ は圧力一定なので式❾より $nR\varDelta T=P\varDelta V$ も用いて

$$\varDelta U=\frac{3}{2}nR\varDelta T=\frac{3}{2}P\varDelta V=\frac{3}{2}\times1.2\times10^5\times1.5\times10^{-3}=2.7\times10^2\ \mathrm{J}$$

熱力学第 1 法則より，気体に与えた熱 Q は

$$Q=\varDelta U+W=2.7\times10^2+1.8\times10^2=4.5\times10^2\ \mathrm{J}$$

定積モル比熱 C_V と定圧モル比熱 C_P

式㉖と㉗より，C_V と C_P の間には

$$nC_\mathrm{V}\varDelta T+nR\varDelta T=nC_\mathrm{P}\varDelta T$$

$$\therefore\quad C_\mathrm{P}=C_\mathrm{V}+R \quad \cdots㉚$$

という関係がある。これをマイヤー（Mayer）の公式という。単原子分子理想気体の場合，すでに出てきたが

$$C_\mathrm{V}=\frac{3}{2}R\quad,\quad C_\mathrm{P}=C_\mathrm{V}+R=\frac{5}{2}R$$

参考　2 原子分子理想気体では $U=\frac{5}{2}nRT$ より

$$C_\mathrm{V}=\frac{5}{2}R\quad,\quad C_\mathrm{P}=\frac{5}{2}R+R=\frac{7}{2}R$$

等温変化

気体の温度を一定に保ったままで，圧力 p と体積 V を変化させる。これを等温変化という。温度が変化しないので $\varDelta U=0$ である。熱力学第 1 法則より

$$Q=W \quad \cdots㉛$$

理解のコツ

熱を与えているのに，温度が一定とはどういうことだろう？　どうすれば実現できるのだろう？　例えば，水温を一定に保てる大きな水槽の中に，気体を密封した容器（シリンダー＋ピストン）を沈め，ゆっくりピストンを引いて体積を膨張させる。気体の温度は下がろうとするが，周囲の水が熱を与えて温度は一定に保たれる。このようにして実現できる。また，熱 Q がわかれば，仕事は求め方④（参照 p. 300）で求めることができる。

LEVEL UP!

大学への物理

等温変化の仕事（求め方⑤）

一定の温度 T で体積 V_1 から V_2 まで変化したときの仕事を，積分を用いて求めてみよ

う。等温変化では T は定数であると考えてよい。気体の状態方程式より $p=\dfrac{nRT}{V}$ であるので

$$W=\int_{V_1}^{V_2}pdV=nRT\int_{V_1}^{V_2}\frac{dV}{V}=nRT\Big[\log V\Big]_{V_1}^{V_2}=nRT\log\frac{V_2}{V_1}$$

断熱変化

容器を断熱材などで囲んで，周囲との熱の出入りを断った状態で，気体の体積を変化させる。これを**断熱変化**という。$Q=0$ であるので，熱力学第 1 法則より

$$0=\Delta U+W \qquad \therefore \quad \Delta U=-W \quad \cdots㉜$$

気体が膨張するとき（断熱膨張），体積変化 $\Delta V>0$ より $W>0$ で $\Delta U<0$ となり，理想気体の内部エネルギーは，温度だけで決まるので温度は下降する。逆に，気体の体積が減少するとき（断熱圧縮），$\Delta U>0$ より温度は上昇する。

断熱変化①

$$\Delta U=-W \quad \cdots㉜$$

断熱膨張：$\Delta U<0$　温度下降

断熱圧縮：$\Delta U>0$　温度上昇

理解のコツ

断熱変化の仕事 W は，まず温度変化から内部エネルギーの変化量 ΔU を求め，その後に式㉜を用いて求める場合が多いよ。

例題165　いろいろな状態変化の特徴をとらえる／p-V グラフの見方に慣れる

一定量の気体を容器に封入し，以下のA～Dの過程で状態変化させた。

A．体積を一定に保ち，圧力を P_1 から P_2 に高めた。

B．圧力を一定に保ち，体積を V_2 から V_1 に圧縮した。

C．温度を一定に保ち，体積を V_1 から V_2 に膨張させた。

D．外部と断熱し，体積を V_1 から V_2 に膨張させた。

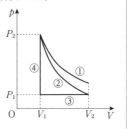

(1)　過程A～Dは，p-V グラフの①～④のいずれか答えよ。

(2)　過程A～Dで，気体がした仕事の正負は，①～③のいずれか答えよ。

①　正　　②　負　　③　0

(3)　過程A～Dで，気体の温度変化は，①～③のいずれか答えよ。

①　上昇　　②　下降　　③　変化しない

(4)　過程A～Dで，気体の内部エネルギーの変化は，①～③のいずれか答えよ。

①　増加　　②　減少　　③　変化しない

(5)　過程A～Dで，気体の熱の出入りは，①～③のいずれか答えよ。

①　気体に与えた　　②　気体から放出された　　③　出入りなし

解答 (1)　A：定積変化…④　B：定圧変化…③

①，②では，初め（体積 V_1）の温度は同じであるが，膨張後（体積 V_2）のとき，②の方が①より温度が低い。Cは等温，Dは断熱膨張で温度が下降するので

C：等温変化…①　D：断熱変化…②

(2)　体積変化 $\varDelta V$ として，膨張 $\varDelta V>0$ なら $W>0$，圧縮 $\varDelta V<0$ なら $W<0$ である。

A：0…③　B：負…②　C：正…①　D：正…①

(3)　A，Bの温度変化は，グラフより判断する。圧力 P_1，体積 V_1（状態 a とする）の温度の等温曲線を概略で描いてみると，右図の破線のようになる。この曲線より右上では状態 a よりも高温である。

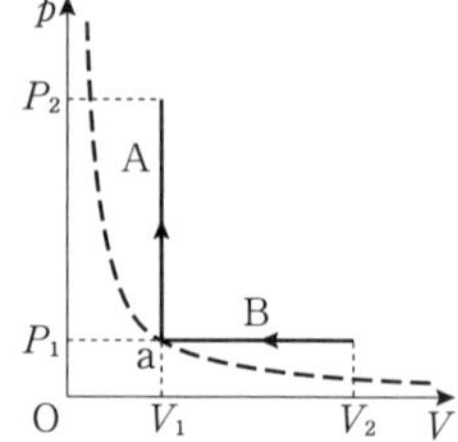

A：上昇…①　B：下降…②

C：等温なので変化しない…③

D：断熱膨張なので温度下降…②

(4)　内部エネルギーの変化量 $\varDelta U$ は温度変化 $\varDelta T$ で決まるので，(3)と同じ答えになる。

A：増加…①　B：減少…②　C：変化しない…③　D：減少…②

(5)　A，B，Cは熱力学第1法則 $Q=\varDelta U+W$ で考える。

A：$W=0$，$\varDelta U>0$ より　$Q>0$　…①

B：$W<0$，$\varDelta U<0$ より　$Q<0$　…②

C：$W>0$，$\varDelta U=0$ より　$Q>0$　…①

D：断熱であるので　$Q=0$　…③

▶ポアソン（Poisson）の式

断熱変化の際の圧力 p，体積 V には次の式（ポアソンの式）の関係がある。

$$pV^{\gamma}=\text{一定}\quad\cdots❸❸$$

気体の状態方程式を用いて変形すると（下の 参考 参照），温度 T と V の関係は

$$TV^{\gamma-1}=\text{一定}\quad\cdots❸❹$$

となる。ただし，γ（ガンマ）は比熱比といい，定積モル比熱 C_{V}，定圧モル比熱 C_{P} の比で

$$\gamma=\frac{C_{\mathrm{P}}}{C_{\mathrm{V}}}$$

参考　式㉝の一定値を C とする。

$$pV^{\gamma}=C$$

気体の状態方程式より $p=\dfrac{nRT}{V}$ を代入して

$$\frac{nRT}{V}V^{\gamma}=nRTV^{\gamma-1}=C$$

一定量の気体では n，R は一定であるから

$$TV^{\gamma-1}=\frac{C}{nR}=\text{一定}$$

▶▶単原子分子理想気体の場合

$C_V=\frac{3}{2}R$，$C_P=\frac{5}{2}R$ より，$\gamma=\frac{C_P}{C_V}=\frac{5}{3}$，$\gamma-1=\frac{2}{3}$ であるので

$$pV^{\frac{5}{3}}=一定 \quad \cdots㉟ \quad , \quad TV^{\frac{2}{3}}=一定 \quad \cdots㊱$$

断熱変化②

$$\boldsymbol{pV^{\gamma}=一定 \quad \cdots㉝ \quad , \quad TV^{\gamma-1}=一定 \quad \cdots㉞}$$

$\left(ただし，\gamma=\frac{C_P}{C_V}\right)$

単原子分子理想気体の場合

$$\boldsymbol{pV^{\frac{5}{3}}=一定 \quad \cdots㉟ \quad , \quad TV^{\frac{2}{3}}=一定 \quad \cdots㊱}$$

γ 乗が難しそうに感じるけど，単なる数式だと割り切った方がいい。なお，断熱変化でも，ボイル・シャルルの法則は成り立っていることに留意しておこう。

例題166 断熱変化のポアソンの式を使えるようになる

一定量の単原子分子理想気体を，なめらかに動くピストンでシリンダーの中に封入する。シリンダーとピストンは断熱材でできている。初め，気体の圧力，体積，温度は P_0，V_0，T_0 であった。ピストンを動かし，体積を $\frac{V_0}{8}$ まで圧縮した。

(1) 変化後の圧力を求めよ。
(2) 変化後の温度を求めよ。
(3) 気体に与えた仕事を求めよ。

解答 変化後の圧力を P，温度を T とする。

(1) 式㉟より $\quad P_0V_0^{\frac{5}{3}}=P\left(\frac{V_0}{8}\right)^{\frac{5}{3}} \qquad \therefore \quad P=8^{\frac{5}{3}}\times P_0=32P_0$

(2) ボイル・シャルルの法則より $\quad \frac{P_0V_0}{T_0}=\frac{32P_0\times\frac{V_0}{8}}{T} \qquad \therefore \quad T=4T_0$

別解

式㊱を用いて $\quad T_0V_0^{\frac{2}{3}}=T\left(\frac{V_0}{8}\right)^{\frac{2}{3}} \qquad \therefore \quad T=8^{\frac{2}{3}}\times T_0=4T_0$

(3) 仕事の求め方④で求める。物質量 n，気体定数 R とし，気体のする仕事 W，内部エネルギーの変化量 ΔU として

$$W=-\Delta U=-\frac{3}{2}nR(4T_0-T_0)=-\frac{9}{2}nRT_0$$

ここで，初めの状態に対する状態方程式より $P_0V_0=nRT_0$ であるので

$$W=-\frac{9}{2}nRT_0=-\frac{9}{2}P_0V_0$$

問われているのは，気体に与えた仕事 w である。　$w=-W=\frac{9}{2}P_0V_0$

LEVEL UP!
大学への物理

式㉞を導いてみよう。圧力 p の気体の体積が，微小量 dV だけ変化したときの気体のする仕事 W は，状態方程式も用いて　$W=pdV=\frac{nRT}{V}dV$

このときの内部エネルギーの変化量 ΔU は　$\Delta U=nC_V\Delta T$

断熱変化なので，式㉜より　$\Delta U=-W$　$\therefore\ nC_VdT=-\frac{nRT}{V}dV$

これを変形して　$\frac{dT}{T}=-\frac{R}{C_V}\times\frac{dV}{V}$

両辺を積分する。A を定数として

$$\int\frac{dT}{T}=-\frac{R}{C_V}\int\frac{dV}{V}\quad\therefore\ \log T=-\frac{R}{C_V}\log V+A$$

これを整理すると　$TV^{\frac{R}{C_V}}=A'$（ただし，$A'=e^A$）

マイヤーの公式より $\frac{R}{C_V}=\frac{C_P-C_V}{C_V}=\gamma-1$ であるので　$TV^{\gamma-1}=A'=$一定

で，式㉞となる。前々ページ（参考）の逆をたどると，式㉝が導かれる。

5 - 熱機関

高温の熱源から熱エネルギーを受け取り，力学的な仕事に繰り返し変換するものを**熱機関**という。繰り返し動かすためには，元の状態に戻す必要があるが，そのために受け取った熱のうち一部を低温の熱源に放出する必要がある。

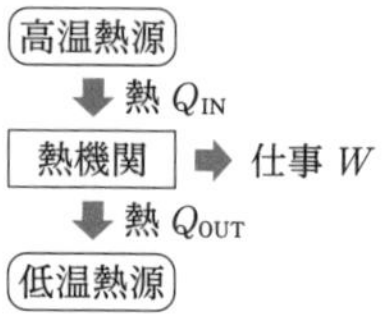

高温熱源
↓ 熱 Q_{IN}
熱機関 ➡ 仕事 W
↓ 熱 Q_{OUT}
低温熱源

図 12　熱機関

例えば，自動車のエンジンはガソリンを燃焼させた高温熱源から熱を受け取り，自動車を動かすが，一部の熱を冷たい大気（低温熱源）に放出することでエンジンを元の状態に戻し，繰り返し動作する。**低温熱源に放出する熱は無駄**になる。

気体の状態が元に戻るまでを熱機関の 1 サイクルとする。1 サイクルで受け取る熱 Q_{IN}，放出する熱 Q_{OUT}，得た力学的な仕事 W とする。1 サイクルで熱機関は元の状態に戻るので，内部エネルギーの変化量 $\Delta U=0$ となり，熱力学第 1 法則より

$$W=Q_{IN}-Q_{OUT}\quad\cdots㊲$$

実際には，Q_{OUT} には機械の摩擦熱なども含まれる。

熱効率

熱機関が低温熱源に放出する熱 Q_{OUT} は無駄になる。熱機関が受け取った熱 Q_{IN} のうち，仕事 W に変換できた割合を**熱効率**という。熱効率を e として

$$e=\frac{W}{Q_{IN}}=\frac{Q_{IN}-Q_{OUT}}{Q_{IN}}=1-\frac{Q_{OUT}}{Q_{IN}} \quad \cdots㊳$$

Q_{OUT} をできるだけ小さくすると，熱エネルギーの無駄を減らせるが，簡単ではない。ガソリンを使うエンジンで $e=0.30$ 程度である。また，高温熱源と低温熱源の温度により決まる理論的な限界値もある。また，$Q_{OUT}=0$ とすることはできないことが理論的に証明されている。つまり，熱効率 $e=1$ とすることはできない。これを**熱力学第 2 法則**という（熱力学第 2 法則には，他にもいろいろな表現の仕方がある）。

熱機関

仕事：$W=Q_{IN}-Q_{OUT}$ …㊲

熱効率：$e=\frac{W}{Q_{IN}}=1-\frac{Q_{OUT}}{Q_{IN}}$ …㊳

Q_{IN}：熱機関が受け取った熱　Q_{OUT}：熱機関が放出した熱
W：熱機関がする仕事

理解のコツ

熱機関ってどんなものだろう？　自動車のエンジンを想像すればいいよ。ガソリンを燃やした熱をもらい，一部を自動車を動かす仕事に変えて，残りの熱を排気ガスとして大気中に放出しているよ。

例題167 熱機関での熱の流れと仕事，熱効率の関係を学ぶ

出力（仕事率）21 kW で動くガソリンエンジンがある。熱効率 28% である。ガソリン 1 リットルの燃焼熱を 3.4×10^7 J とする。

(1) エンジンで 1 秒あたり燃焼されるガソリンの燃焼熱を求めよ。
(2) エンジンでガソリンが 1 リットル消費されたときに，エンジンがする仕事を求めよ。
(3) エンジンでガソリンが 1 リットル消費される間に，捨てられた熱量を求めよ。

解答 (1) 出力（仕事率）は 21×10^3 W(＝J/s) で，ガソリンの燃焼熱のうち，28% が仕事になるので，1 秒でのガソリンの燃焼熱は　$\frac{21\times10^3}{0.28}=7.5\times10^4$ J

(2) 燃焼熱の 28% が仕事になるので　$3.4\times10^7\times0.28=9.52\times10^6≒9.5\times10^6$ J

(3) 燃焼熱のうち，28% が仕事になり，残りが大気に放出されたり，機械の摩擦熱になる。これが捨てられた熱で　$3.4\times10^7\times(1-0.28)=2.448\times10^7≒2.4\times10^7$ J

▶熱サイクル

気体を用いた熱機関を繰り返し動作させるためには，気体を元の状態に戻す必要があるので，変化を p-V グラフに表すと閉じた曲線になる。この1周を**熱サイクル**という。

▶熱サイクルでの仕事 W

熱サイクルでは，途中の過程で気体が外部に仕事をするとき（$W>0$）と，外部からされるとき（$W<0$）がある。熱サイクルで得られる**仕事 W は，これらの仕事を差し引きしたもの**である。図13のような熱サイクルでは A→B で仕事 $W_1>0$，C→D で $W_3<0$ なので（B→C，D→A の仕事は0），仕事 W は

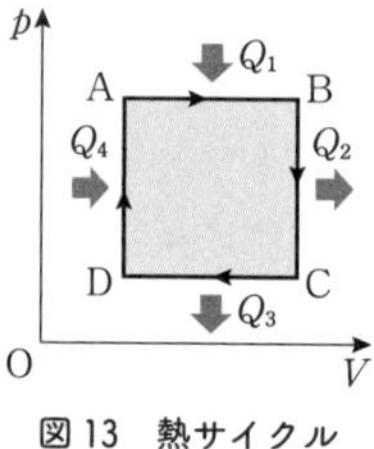

図13　熱サイクル

$$W=W_1+W_3=W_1-|W_3|$$

つまり，W は，**p-V グラフで囲まれた面積（図の赤色部分）**となる。グラフが右回りで $W>0$，左回りで $W<0$ である。

▶気体が受け取った熱 Q_{IN}，放出した熱 Q_{OUT}

図13で，それぞれの過程で気体に与えた熱を Q_1，Q_2，Q_3，Q_4 とする。A→B，D→A で熱を受け取るので，$Q_1>0$，$Q_4>0$ より，気体が受け取った熱 Q_{IN} は

$$Q_{IN}=Q_1+Q_4$$

B→C，C→D では熱を放出するので，$Q_2<0$，$Q_3<0$ より，気体が放出した熱 Q_{OUT} は

$$Q_{OUT}=|Q_2+Q_3|=-Q_2-Q_3$$

気体は1サイクルで元の状態に戻るので，$\Delta U=0$，熱力学第1法則より

$$W=Q_1+Q_2+Q_3+Q_4=Q_1+Q_4-(-Q_2-Q_3)=Q_{IN}-Q_{OUT}$$

となり，式㊲となる。

理解のコツ

熱サイクルで熱効率を求めるとき，仕事は正の仕事，負の仕事を差し引きして，正味で得られる仕事を求める。熱は与えた熱のみの合計を求める。熱も差し引きしてしまうと熱効率 $e=1$ となってしまう。これは誤りだから注意しよう。

例題168 気体の状態変化から，熱サイクルの効率を求める

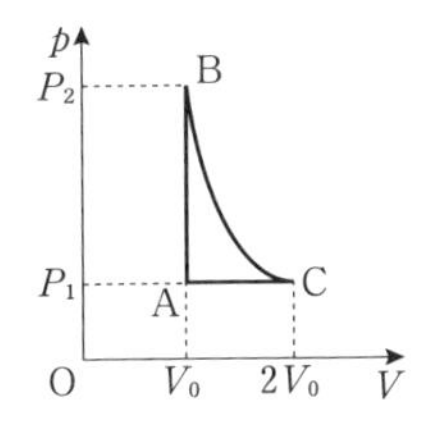

一定量の単原子分子理想気体を，なめらかに動くピストンをもつシリンダー内に閉じこめ，圧力 p と体積 V を図の A→B→C→A のように変化させる熱機関がある。B→C の変化は，周囲と熱の出入りがない変化である。(1)〜(3)の解答は P_1，P_2，V_0 を用いて答えよ。

(1) A→B のとき，気体に与えた熱を求めよ。

(2) B→C のとき，気体が外部にした仕事を求めよ。

(3) A→B→C→A で，気体がした仕事を求めよ。

(4) A→B，B→C，C→A の過程のうち，気体に熱を与えた過程はどれか，全て答えよ。

(5) この熱機関の効率を，P_1，P_2 で答えよ。

解答 気体の物質量 n，状態 A，B，C での温度をそれぞれ T_A，T_B，T_C，気体定数を R とする。

(1) A→B は定積変化で，与えた熱を Q_1，内部エネルギーの変化を $\varDelta U_1$ とすると，状態方程式も利用して

$$Q_1=\varDelta U_1=\frac{3}{2}nR(T_B-T_A)=\frac{3}{2}(P_2-P_1)V_0$$

(2) B→C での内部エネルギーの変化を $\varDelta U_2$，仕事を W_2 とする。断熱変化であるので

$$W_2=-\varDelta U_2=-\frac{3}{2}nR(T_C-T_B)=\frac{3}{2}(P_2-2P_1)V_0$$

(3) C→A の定圧変化での仕事を W_3 とすると　$W_3=P_1(V_0-2V_0)=-P_1V_0$

A→B は定積変化で仕事をしないので，1サイクルでの仕事 W は

$$W=W_2+W_3=\frac{3}{2}(P_2-2P_1)V_0-P_1V_0=\left(\frac{3}{2}P_2-4P_1\right)V_0$$

(4) 各過程での仕事 W，内部エネルギーの変化量 $\varDelta U$，与えた熱 Q を考える。

A→B：$P_2>P_1$ なので，(1)より　$Q>0$

B→C：断熱変化なので　$Q=0$

C→A：圧縮なので $W<0$ であり，温度も下がっているので $\varDelta U<0$ であるから

$$Q=W+\varDelta U<0$$

ゆえに，気体に熱を与えている過程は　A→B

(5) A→B で与えた熱 Q_1 に対する，1サイクルの仕事 W の比が効率 e である（C→A の熱は無駄になっている）。

$$e=\frac{W}{Q_1}=\frac{\left(\frac{3}{2}P_2-4P_1\right)V_0}{\frac{3}{2}(P_2-P_1)V_0}=\frac{3P_2-8P_1}{3(P_2-P_1)}$$

6 - いろいろな気体の状態変化

気体の密度

密封されていない気体の場合（例えば熱気球など），気体の密度（＝単位体積あたりの質量）を考えなければならない場合がある。

演習36

圧力 P_0 の大気中で，口の開いた体積 V の容器がある。気体のモル質量を M，気体定数を R とする。

(1) 温度 T のときの気体の密度を求めよ。

$P_0=1.0\times10^5\,\text{Pa}$，$V=1.0\times10^{-3}\,\text{m}^3$，$M=3.0\times10^{-2}\,\text{kg/mol}$，$R=8.3\,\text{J/(mol·K)}$ とする。容器内の温度が $T_1=300\,\text{K}$ であった。

(2) 容器内の気体の質量を求めよ。

(3) 容器内の温度を $T_2=330\,\text{K}$ にした。この間，容器から流出した気体の質量を求めよ。ただし，気体の圧力は変化しないものとする。

解答 (1) 体積 V の容器中の気体の物質量を n〔mol〕とすると，気体の質量は nM なので，密度 ρ は

$$\rho=\frac{nM}{V}\quad\cdots①$$

ここで，状態方程式より　$P_0V=nRT$　$\therefore\ \dfrac{n}{V}=\dfrac{P_0}{RT}$

これを①式に代入して　$\rho=\dfrac{P_0M}{RT}$　…②

(2) 容器内の気体の質量 m_1 は

$$m_1=\rho V=\frac{P_0VM}{RT_1}=\frac{1.0\times10^5\times1.0\times10^{-3}\times3.0\times10^{-2}}{8.3\times300}=1.20\times10^{-3}$$

$$\fallingdotseq 1.2\times10^{-3}\,\text{kg}$$

(3) 温度が T_2 になった後の，容器内の気体の質量を m_2 とすると，$m_2=\dfrac{P_0VM}{RT_2}$ である。流出した気体の質量は

$$m_1-m_2=\frac{P_0VM}{R}\left(\frac{1}{T_1}-\frac{1}{T_2}\right)=\frac{1.0\times10^5\times1.0\times10^{-3}\times3.0\times10^{-2}}{8.3}\left(\frac{1}{300}-\frac{1}{330}\right)$$

$$=1.09\times10^{-4}\fallingdotseq 1.1\times10^{-4}\,\text{kg}$$

T-V グラフ

横軸に体積 V，縦軸に温度 T をとった T-V グラフで，気体の状態を表すことがある。

演習37

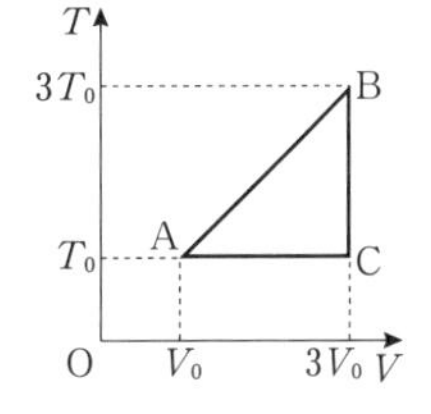

1 mol の理想気体を，自由に動けるピストンのあるシリンダーに密封し，気体の体積 V と温度 T を，右図のように状態A→B→C→A と変化させる熱機関を作った。気体定数を R として，この理想気体の定積モル比熱 $C_V=2.5R$ であるとする。

(1) このサイクルにおける気体の圧力 p と体積 V の関係を，縦軸に p，横軸に V をとって描け。ただし，状態Aでの圧力を p_0 とする。

(2) 状態A→Bで，気体がする仕事と，与えた熱を R，T_0 で表せ。

(3) 状態B→Cで，気体が失った熱を R，T_0 で表せ。

状態C→Aで，気体が失った熱は $1.1RT_0$ であった。

(4) この熱機関が，1サイクルでする仕事を求め，熱効率を有効数字2桁で求めよ。

解答 **(1)** A→Bでは，温度 T と体積 V は比例するので

$\dfrac{V}{T}=$一定 で，圧力が一定値 p_0 の，定圧変化である。

B→Cは，定積変化で，Cでの圧力は $\dfrac{p_0}{3}$ である。

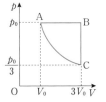

C→Aは，温度 T_0 の等温変化で，p と V の反比例のグラフになる。

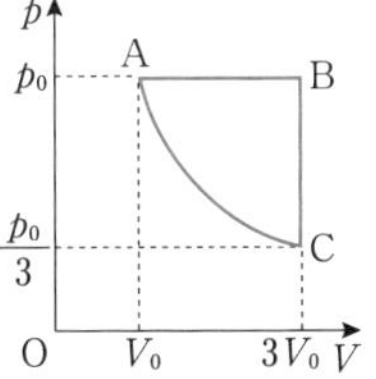

ゆえに，p と V の関係は**右図**となる。

(2) A→Bでの仕事を W_1，内部エネルギーの変化量を ΔU_1，与えた熱を Q_1 とする。

$$W_1=p_0(3V_0-V_0)=2p_0V_0$$

ここで，Aでの状態方程式 $p_0V_0=RT_0$ を用いて

$$W_1=2p_0V_0=\mathbf{2RT_0}$$

$C_V=2.5R$ より，内部エネルギーの変化量 ΔU_1 は

$$\Delta U_1=2.5R(3T_0-T_0)=5RT_0$$

熱力学第1法則より　$Q_1=\Delta U_1+W_1=\mathbf{7RT_0}$

(3) B→Cでの内部エネルギーの変化量を ΔU_2，与えた熱を Q_2 とする。

$$Q_2=\Delta U_2=2.5R(T_0-3T_0)=-5RT_0$$

求められているのは，気体が失った熱であるので　$\mathbf{5RT_0}$

(4) C→Aでの仕事を W_3，与えた熱を Q_3 とする。等温変化なので

$$W_3=Q_3=-1.1RT_0$$

1サイクルでした仕事 W は，全過程の仕事の和となる。B→Cの仕事は0なので

$$W=W_1+W_3=2RT_0-1.1RT_0=\mathbf{0.9RT_0}$$

気体に熱を与えたのは，A→Bの過程だけである。ゆえに熱効率 e は

$$e=\frac{W}{Q_1}=\frac{0.9RT_0}{7RT_0}=0.128\fallingdotseq\mathbf{0.13}$$

▶▶断熱自由膨張

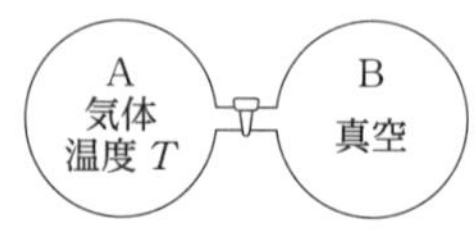

図 14　断熱自由膨張

図 14 のような断熱された容器 A と B が，コック付きの細管でつながれている。コックが閉じられた状態で A に温度 T の気体があり，B は真空になっている。コックを開くと気体は膨張するが，真空に対して仕事はできないので，気体がする仕事 $W=0$ である。外部から断熱されているので，熱力学第 1 法則より，気体の内部エネルギーの変化量 $\varDelta U=0$ である。つまり気体は膨張するが温度は変化しない。このような現象を断熱自由膨張という。

第4章 電磁気

力学と並ぶ，
高校物理の２大分野の１つだよ！
目に見えない現象も多いので，
想像力をはたらかせよう。

静電気力と電場

1 - 電荷，クーロンの法則

電荷，電気量

物体がもつ電気を**電荷**という。電荷の量を**電気量**といい，単位はC（読みは“クーロン”）である。電荷には正負がある。一般的な物質に含まれる正の電荷（**正電荷**）の元は**陽子**で電気量 $+e \fallingdotseq +1.6\times10^{-19}$C，負の電荷（**負電荷**）の元は**電子**で電気量 $-e \fallingdotseq -1.6\times10^{-19}$C である。$e \fallingdotseq 1.6\times10^{-19}$C を**電気素量**という。他にも電荷をもつ分割できない粒子（素粒子という）はあるが，e より小さい電気量をもつ粒子はない。

帯電

物体が電気をもつことを**帯電**するといい，帯電した物体を**帯電体**という。物質は原子からできているので，どんな物質にも大量の正電荷（＝陽子）と負電荷（＝電子）が含まれている。図1(a)のように，「帯電していない」とは，正負の電荷が同じ量だけ含まれて，電気的に中性な状態のことをいう。「帯電している」とは，電荷の正負のバランスが崩れた状態である。**正電荷と負電荷の差を，帯電体がもつ電荷**とする。図(b)では，正電荷の方が Q だけ多いので，この帯電体は $+Q$ の正に帯電しているという。逆に負電荷の方が多い場合は，負に帯電するという。一般に，この差は元々の物体のもつ電荷と比べると極めてわずかである。

(a) 帯電していない物体

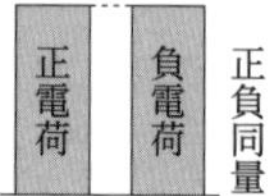

(b) 正に帯電している物体

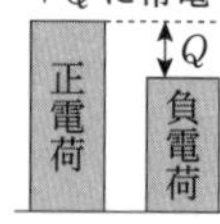

図1　帯電

電荷の移動

一般的な物質では，移動するのは電子（負電荷）である場合が多い。例えば，物体が $+Q$ に帯電するとき，実際には，帯電していない状態から電子が $-Q$ だけ物体から外へ移動する。しかし，正電荷が $+Q$ だけ外から物体に移動したと考えても同じことである。一般には**正電荷が移動する**とした方が考えやすい場合が多い。

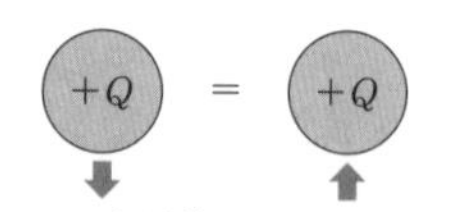

図2　電荷の移動

▶▶電気量保存則

帯電体の電気量の増減は，電荷が移動することで起こる。電荷は新たに発生したり，消滅したりすることはない。ゆえに，**外部との電荷の移動がなければ電気量の総量は一定である**。これを**電気量保存則**という。

理解のコツ

ここまでの内容は，電気現象を理解するために非常に重要だよ。「帯電していない」とは，電荷がないのではなく，正負の電荷が等量あって，均一に（バランスよく）分布しているということなんだ。また，正に帯電している物体でも負電荷は存在する。正電荷の方が多いということだよ。

例題169 電荷の移動と帯電について理解する

帯電していない質量 90 g の Al（アルミニウム）の金属球がある。Al は原子番号 13，原子量 27 である。電気素量を $+1.6\times10^{-19}$ C，アボガドロ数を 6.0×10^{23}/mol とする。

(1) この金属球に含まれる正電荷の電気量の総和を求めよ。

次に，金属球を $+8.0\times10^{-6}$ C に帯電させた。

(2) 帯電させる際に移動した電荷が電子であるとする。何個の電子がどのように移動したか（金属から外部に移動したのか，外部から金属に移動したのか）答えよ。

(3) 移動した電子の，Al に元々含まれる電子に対する数の割合を求めよ。

(4) 帯電させる際に移動した電荷が正電荷であると考えると，いくらの正電荷がどのように移動したか（金属から外部に移動したのか，外部から金属に移動したのか）答えよ。

解答 (1) Al 原子 1 個あたり，陽子が 13 個含まれる。金属球に含まれる陽子の数は

$$\frac{90}{27}\times6.0\times10^{23}\times13=2.6\times10^{25}\text{ 個}$$

正電荷（＝陽子）の電気量の総和は $2.6\times10^{25}\times1.6\times10^{-19}=4.16\times10^{6}\fallingdotseq$ **4.2×10^{6} C**

(2) 正に帯電しているので正電荷が多い。ゆえに，-8.0×10^{-6} C の負電荷（＝電子）が金属から外部に移動する。移動した電子の数は

$$\frac{-8.0\times10^{-6}}{-1.6\times10^{-19}}=5.0\times10^{13}\text{ 個}$$

よって，**5.0×10^{13} 個の電子が金属から外部に移動した。**

(3) 初め帯電していないので，正負の電荷は同量で，元々あった負電荷の電気量は -4.16×10^{6} C である。移動した電子（＝負電荷）の全電子に対する割合は

$$\frac{-8.0\times10^{-6}}{-4.16\times10^{6}}=1.92\times10^{-12}\fallingdotseq\mathbf{1.9\times10^{-12}}$$ （割合としては，ごくわずかである。）

(4) 正電荷が移動したと考えると，外部から入ってきたことになる。

ゆえに，**$+8.0\times10^{-6}$ C の正電荷が外部から金属に移動した。**

▶▶導体，不導体，半導体

電気をよく通す物体を導体というが，「電気をよく通す」とはどういうことだろうか？　これは，物体内を自由に動ける電荷が大量にあるということである。例えば，金属は，動けない陽イオンと，自由に動ける大量の自由電子が金属結晶を構成する導体である。一方，電気を通さない物体＝物体内を自由に動ける電荷がない物体 を不導体という。不導体は絶縁体，誘電体ともいう。電気の通り方が導体と不導体の中間程度の物質を半導体という。

▶▶導体の静電誘導

帯電していない導体（例えば金属）では，同量の正電荷（陽イオン）と負電荷（自由電子）がバランスよく分布し，電気的に中性な状態となっている。図3のように，正に帯電した物体を導体に近づけると，導体内の自由電子が正電荷に引かれ，分布のバランスが崩れる。帯電体に近い側は，自由電子が多い状態になり負に帯電し，反対側では，自由電子が不足して正に帯電する。これを静電誘導という。

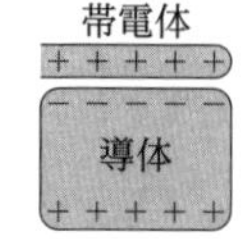

図3　静電誘導

理解のコツ

金属内の自由電子が全て帯電体側に引きつけられるんじゃなくて，分布に偏りができるだけだよ。金属中には自由電子だけでなく，動けない正電荷も大量にあるんだ。分布に偏りができた部分に電荷が現れると考えよう。

▶▶誘電分極

不導体に帯電体を近づけると，不導体中の電荷は帯電体から力を受けるが，自由に動くことができない。しかし，不導体中の分子の中には分子中で電荷に偏り（＝極性）をもつものがあり，静電誘導により極性が揃う。そのため，表面に電荷が現れる。これを誘電分極という。物質により極性の大きさが異なるので，どの程度の電荷が表面に現れるかも異なる。

図4　誘電分極

▶▶クーロンの法則

2つの帯電体（電荷）の間には電気的な力がはたらく。この力を静電気力またはクーロン力という。電荷が同符号（正と正，負と負）なら斥力（反発力），異符号（正と負）なら引力がはたらき，力の作用線は2つの帯電体を結ぶ直線と一致する。静電気力 $\vec{F}$ の大きさ F〔N〕は，帯電体の電気量 q_1〔C〕，q_2〔C〕の絶対値の積に比例し，帯電体間の距離 r〔m〕の2乗に反比例し，以下の式となる。

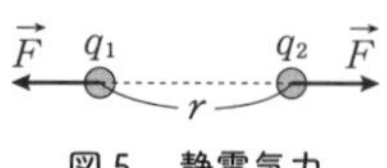

図5　静電気力

$$F=k\frac{|q_1|\cdot|q_2|}{r^2} \quad \cdots❶$$

これをクーロンの法則という。k〔N·m²/C²〕をクーロンの法則の比例定数といい，真空では，$k \fallingdotseq 9.0\times10^9$ N·m²/C² である。

クーロンの法則

$$F=k\frac{|q_1|\cdot|q_2|}{r^2} \quad \cdots❶$$

電荷が同符号：斥力
異符号：引力

F〔N〕：静電気力の大きさ　q_1，q_2〔C〕：電気量
r〔m〕：帯電体間の距離　k〔N·m²/C²〕：クーロンの法則の比例定数

理解のコツ

式❶は，自然の原理なので覚えるしかない。静電気力の大きさは式❶で求めて，向きは帯電体（電荷）の正負から判断すればいいよ。また，作用・反作用の法則から，2つの帯電体にはたらく静電気力の大きさは等しく，向きは逆向きになるよ。

例題170 クーロンの法則と，電気量保存則を理解する

材質，形状，大きさの等しい金属球 A，B がある。A は $+2.0\times10^{-4}$ C，B は -6.0×10^{-4} C に帯電している。クーロンの法則の比例定数を 9.0×10^9 N·m²/C²，電気素量を 1.6×10^{-19} C とする。初め，2球の中心間の距離を 2.0 m にした。

(1) A にはたらく B からの静電気力の大きさと向きを答えよ。

次に，2球を接触させ，十分な時間が経過した後に離して，中心間の距離を 2.0 m にした。

(2) A，B の電気量はいくらになったか求めよ。
(3) 接触の際，電子はどちらからどちらへ，何個移動したか求めよ。
(4) A にはたらく B からの静電気力の大きさと向きを答えよ。

解答 (1) クーロンの法則より，力の大きさは

$$\frac{9.0\times10^9\times2.0\times10^{-4}\times|-6.0\times10^{-4}|}{2.0^2}=2.7\times10^2\ \text{N}$$

電荷は異符号で引力がはたらくので　A，B を結ぶ直線上で B へ向かう向き

(2) 2つの金属球は同じものなので，接触後，A，B は同じ電気量 q に帯電すると考えてよい。接触前後の A，B の全電気量について，電気量保存則より

$$(+2.0-6.0)\times10^{-4}=q+q \qquad \therefore\ q=\frac{(+2.0-6.0)\times10^{-4}}{2}=-2.0\times10^{-4}\ \text{C}$$

(3) A の電気量の変化 Δq は　$\Delta q=(-2.0\times10^{-4})-2.0\times10^{-4}=-4.0\times10^{-4}$ C

となり，負電荷＝電子 が B から A に移動したことになる。電子の数にすると

$$\frac{-4.0\times10^{-4}}{-1.6\times10^{-19}}=2.5\times10^{15}\ 個$$

(4) クーロンの法則より，力の大きさは　$\dfrac{9.0\times10^{9}\times|-2.0\times10^{-4}|^{2}}{2.0^{2}}=90\,\mathrm{N}$

電荷は同符号で斥力であるので　A，B を結ぶ直線上で B と逆向き

2-電　場

電荷に静電気力（クーロン力）がはたらくのは，どこかに他の電荷（場合によっては複数の電荷）があるからである。クーロンの法則から個々の静電気力を求めて合成することでその力を求めることができるのだが，考え方を変えてみる。他の電荷があることによって，その点に電荷を置くと電気量に応じて静電気力がはたらく空間ができていると考える。このような空間を電場（または電界）という。

≫電場の強さ

電気量 +1C の電荷（試験電荷という）を置いたとき，電荷に大きさ E の静電気力がはたらいたとする。E をこの点の電場の強さとする。単位は N/C である。同じ場所に q〔C〕の正電荷を置くと，電荷にはたらく静電気力の大きさ F〔N〕は，電気量に比例し，これは負電荷でも同様なので

$$F=|q|E \quad \cdots❷$$

≫電場の向き

正電荷を置いたときにはたらく静電気力の向きを電場の向きとする。負電荷にはたらく静電気力の向きは，電場の向きと逆向きになる。

以上をまとめると，電場とは，強さ E〔N/C〕で，正電荷を置いたときにはたらく静電気力の向きのベクトル $\vec{E}$ とすればよい。電気量 q〔C〕の電荷（q は，正でも負でもよい）にはたらく力 $\vec{F}$〔N〕と電場 $\vec{E}$ は

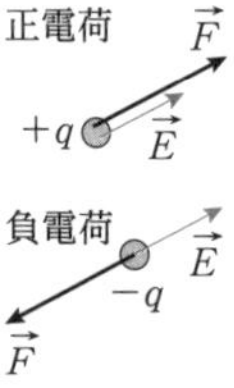

正電荷
$\vec{F}$
$+q$
$\vec{E}$
負電荷
$\vec{E}$
$-q$
$\vec{F}$

図6　電場

$$\vec{F}=q\vec{E} \quad \cdots❸$$

とするとうまく表現できる。ベクトルの性質より，$q>0$ で $\vec{F}$ と $\vec{E}$ は同じ向き，$q<0$ で $\vec{F}$ と $\vec{E}$ は逆向きであることも，式❸には含まれている。

電場

$$\vec{F}=q\vec{E} \quad \cdots❸$$

強さ：$F=|q|E$　…❷

向き：正電荷にはたらく静電気力の向き

$\vec{E}$〔N/C〕：電場　　強さ $E=|\vec{E}|$
$\vec{F}$〔N〕：静電気力　　大きさ $F=|\vec{F}|$
q〔C〕：電荷の電気量

理解のコツ

“電場”という考え方を理解することが大切だけど，わかりにくいという人もいるんじゃないかな。物体に力を及ぼす空間＝“場”という考え方で，この考え方は電場以外にもあるよ。例えば，地表で質量 m の物体には大きさ mg の重力が鉛直下向きにはたらく。重力は地球との間の万有引力だけど，通常はそれを考えずに，単に質量に比例した力が鉛直下向きにはたらくと考えている。これも“場”という考え方だよ。地表で方位磁石にはたらく磁気力も同様で，地表には磁場（または磁界）＝磁石に磁気力がはたらく空間 ができていると考えるんだ。

例題171 電場を理解して，電場から静電気力を求める

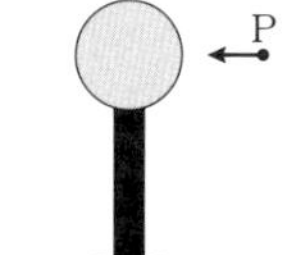

運転中のヴァンデグラフ起電機の近くの点Pに，$+3.0\times10^{-4}$ Cに帯電した電荷Aを置くと，起電機の向きに大きさ 4.2×10^{-2} Nの静電気力を受けた。

(1) 点Pの電場の強さ E と向きを求めよ。

(2) 点PにAの代わりに，$+4.0\times10^{-4}$ Cに帯電した電荷Bを置くとき，Bにはたらく静電気力の大きさ f_B と向きを求めよ。

(3) 点PにAの代わりに，-2.5×10^{-4} Cに帯電した電荷Cを置くとき，Cにはたらく静電気力の大きさ f_C と向きを求めよ。

解答 (1) $4.2\times10^{-2}=3.0\times10^{-4}\times E$ $\quad\therefore\quad E=\dfrac{4.2\times10^{-2}}{3.0\times10^{-4}}=1.4\times10^{2}$ N/C

正電荷が受ける静電気力の向きと一致するので　起電機に向かう向き

(2) $f_B=4.0\times10^{-4}\times1.4\times10^{2}=5.6\times10^{-2}$ N

正電荷なので電場と同じ向きで　起電機に向かう向き

(3) $f_C=|-2.5\times10^{-4}|\times1.4\times10^{2}=3.5\times10^{-2}$ N

負電荷なので電場と逆で　起電機と逆の向き

▶点電荷の周りの電場

電気量 Q〔C〕の大きさの無視できる電荷＝**点電荷**が周りにつくる電場について考える。図7のように，点電荷から距離 r〔m〕の点に置いた電気量 $+1$C の電荷（試験電荷）にはたらく静電気力の大きさ F が電場の強さ E なので，クーロンの法則の比例定数を k として

$$E=\frac{k|Q|}{r^2} \quad \cdots❹$$

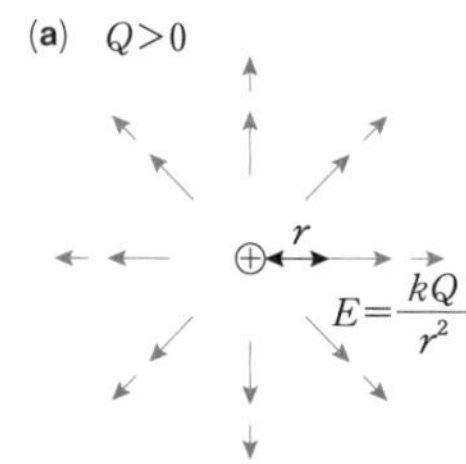

図7　点電荷の電場

電場の向きは，試験電荷にはたらく力の向きを考えて，図8のように $Q>0$ なら点電荷から遠ざかる向き，$Q<0$ なら点電荷に向かう向きとなる。

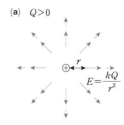

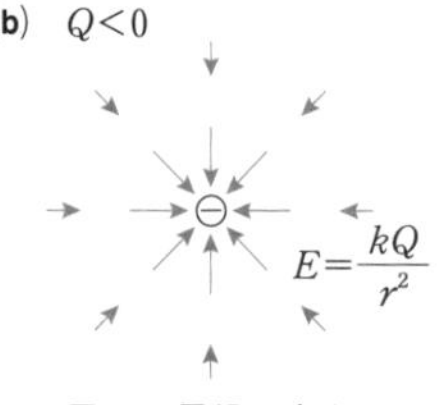

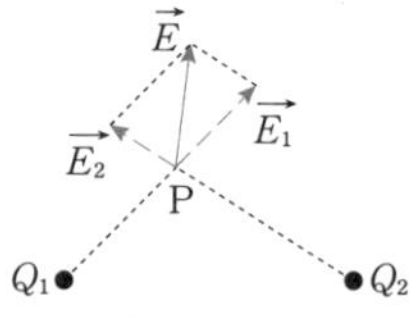

図8　電場の向き

自由点電荷の周りの電場

強さ：$E=\frac{k|Q|}{r^2}$ ⋯❹

向き：$Q>0$：点電荷から遠ざかる向き

$Q<0$：点電荷に向かう向き

▶電場の重ね合わせ

複数の点電荷1，2，⋯（電気量 Q_1，Q_2，⋯）があるとする。ある点でそれぞれの点電荷による電場を $\vec{E_1}$，$\vec{E_2}$，⋯とすると，この点での電場 $\vec{E}$ は

$$\vec{E}=\vec{E_1}+\vec{E_2}+\cdots \quad \cdots❺$$

となる。これを**電場の重ね合わせの原理**という。

$\vec{E}$　$\vec{E_1}$　$\vec{E_2}$　P　Q_1　Q_2

図9　電場の重ね合わせ

理解のコツ

いくつもの電荷のことを一度に考えずに，1つ1つの点電荷の電場を考えてベクトルの和をとればいいよ。

例題172　**一直線上での点電荷の電場と，重ね合わせの原理を理解する**

x 軸上の $x=1.0$ m の点に $+1.0\times10^{-6}$ C の点電荷 A，$x=-1.0$ m の点に -9.0×10^{-6} C の点電荷 B を置く。クーロンの法則の比例定数を 9.0×10^{9} N・m²/C² とする。

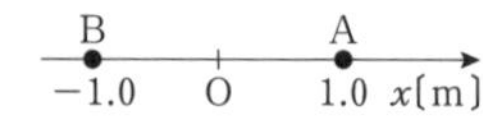

(1)　原点 O の電場の強さと向きを求めよ。

(2)　O に，-2.0×10^{-6} C の点電荷 C を置く。C にはたらく力の大きさと向きを求めよ。

(3)　x 軸上で，点電荷 A，B による電場が 0 になる点の座標を求めよ。

解答 (1) O では，どちらの点電荷の電場も x 軸負の向きである。ゆえに電場の強さ E は

$$E=\frac{9.0\times10^9\times1.0\times10^{-6}}{1.0^2}+\frac{9.0\times10^9\times|-9.0\times10^{-6}|}{(-1.0)^2}=9.0\times10^4\,\mathrm{N/C}$$

向きは　x 軸負の向き

(2) 式❷より，力の大きさは　$|q|E=|-2.0\times10^{-6}|\times9.0\times10^4=0.18\,\mathrm{N}$

負電荷にはたらく力は，電場の向きと逆なので　x 軸正の向き

(3) 2 つの電荷による電場が，同じ強さかつ逆向きの点で電場が 0 となる。まず，電場の強さが等しくなる点の位置座標を x とすると

$$\frac{9.0\times10^9\times1.0\times10^{-6}}{(x-1.0)^2}=\frac{9.0\times10^9\times|-9.0\times10^{-6}|}{(x+1.0)^2}$$

$$(2x-1)(x-2)=0 \qquad \therefore \quad x=2,\ \frac{1}{2}$$

$-1.0<x<1.0$ では，2 つの電荷による電場の向きは同じなので，$x=\frac{1}{2}$ は不適。

$1.0<x$ では，2 つの電荷による電場の向きは逆であるので，強さが同じなら，電場の重ね合わせより 0 となる。よって　$x=2.0\,\mathrm{m}$

例題173　平面上で電場の重ね合わせをする

xy 平面上で，座標 $(a,\ 0)$ の点 A に電気量 $+Q$，$(-a,\ 0)$ の点 B に電気量 $-Q$ の点電荷を置く。クーロンの法則の比例定数を k とする。

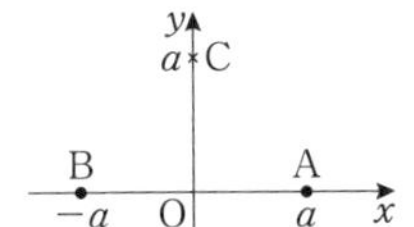

(1) 原点 O の電場の強さと向きを求めよ。

(2) 座標 $(0,\ a)$ の点 C での電場の強さと向きを求めよ。

(3) 点 C に電気量 $-q$ の電荷を置く。この電荷にはたらく力の大きさと向きを求めよ。

解答 (1) 原点 O では，どちらの電荷による電場も x 軸負の向きなので，電場の強さは

$$\frac{kQ}{a^2}+\frac{kQ}{a^2}=\frac{2kQ}{a^2}$$

向きは　x 軸負の向き

(2) 点 A，B にある電荷が点 C につくる電場の強さをそれぞれ E_A，E_B とする。電場は右図のようになり，$\mathrm{AC}=\mathrm{BC}=\sqrt{2}\,a$ であるので

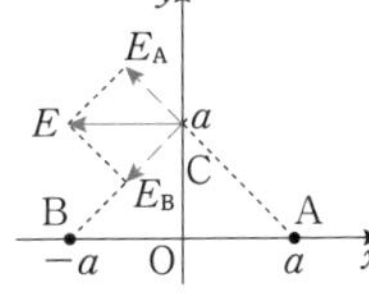

$$E_\mathrm{A}=E_\mathrm{B}=\frac{kQ}{(\sqrt{2}\,a)^2}=\frac{kQ}{2a^2}$$

点 C での電場は，これらの重ね合わせである。合成した電場の強さを E として，右図より

$$E=\sqrt{2}\,E_\mathrm{A}=\frac{\sqrt{2}\,kQ}{2a^2}$$

右図より　x 軸負の向き

(3) $-q$ の点電荷の受ける力の大きさ F は　$F=|-q|\times\frac{\sqrt{2}\,kQ}{2a^2}=\frac{\sqrt{2}\,kQq}{2a^2}$

負電荷なので電場と逆の　x 軸正の向き

3 - 電位，電位差

静電気力による位置エネルギー

図 10 のように，固定した電気量 $+Q$ の電荷の近くの点 A に，自由に動ける電気量 $+q$ の電荷 P を置く。電荷 P には，図の右向きの静電気力 F がはたらくので，点 B に向かって移動し，静電気力が仕事をすることで，電荷 P は運動エネルギーをもつ。この仕事は経路によらないことが知られている。つまり，**静電気力は保存力**で，電荷 P が**静電気力による位置エネルギー U をもっている**と考えられる。ある点での位置エネルギーの大きさは，ある点から基準となる点まで静電気力がする仕事に等しい。

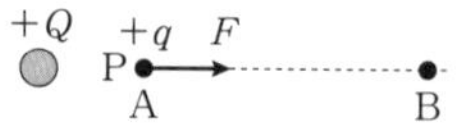

図 10　位置エネルギー

電位

電気量 q〔C〕の電荷を置いたとき，ある点 O を基準として電荷の静電気力による位置エネルギーが U〔J〕であったとする。U は電気量 q に比例する。そこで

$$U=qV \quad \cdots❻$$

となる V を考える。V をこの点の**電位**という。単位は V（読みは“ボルト”）である。位置エネルギーの基準点 O が，同時に電位の基準であり，電位は 0 V である。また，$V<0$ の場合もある。

$q<0$ でも式❻はそのまま成り立つ。つまり，同じ点に電荷を置いても，電荷の正負または電位の正負により位置エネルギーが正の場合も負の場合もある。ただし，電位はベクトルではない。正負は向きではないことに注意すること。

電位と位置エネルギー

$$\boldsymbol{U=qV} \quad \cdots❻$$

U〔J〕：静電気力による位置エネルギー
q〔C〕：電荷の電気量　　V〔V〕：電位

理解のコツ

重力による位置エネルギー U は，$U=mgh$ であり，物体の質量 m と，基準からの高さ h に比例する。式❻をみると，電気量 q が質量 m（もしくは mg）に相当し，**電位 V は高さ h に相当する**と考えてよい。つまり，**電位とは電気的な高さ**と考えると，これから出てくるいろいろなことが理解しやすいよ。

▶▶電位差（電圧）

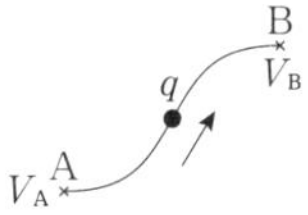

電気量 q の電荷を点Aから B までゆっくり運ぶために必要な仕事 W を考える。A，B の電位をそれぞれ V_A，V_B とすると，静電気力による位置エネルギー $U_A=qV_A$，$U_B=qV_B$ である。位置エネルギーと仕事の関係は，重力や弾性力によるものと同じ関係が成り立ち（第１章「④ 仕事とエネルギー」参照），運ぶための仕事＝位置エネルギーの変化 なので

図11　電位と仕事

$$W=U_B-U_A=q(V_B-V_A) \quad \cdots❼$$

また，この間に静電気力がした仕事 W_E は

$$W_E=-(U_B-U_A)=-q(V_B-V_A) \quad \cdots❽$$

ここで，A と B の電位の差を，AB 間の**電位差**（または**電圧**）V_{BA}〔V〕という。

$$V_{BA}=V_B-V_A \quad \cdots❾$$

電位差を用いると，式❼，❽はそれぞれ次のように書くこともできる。

$$W=qV_{BA} \quad , \quad W_E=-qV_{BA}$$

電位差（電圧）と仕事

A から B まで電気量 q の電荷を運ぶ

運ぶための仕事　：$W=q(V_B-V_A)=qV_{BA}$　…❼

静電気力のする仕事：$W_E=-q(V_B-V_A)=-qV_{BA}$　…❽

ただし　**電位差（電圧）**：$V_{BA}=V_B-V_A$　…❾

理解のコツ

電位と電圧（＝電位差）を理解することは，電気分野では非常に重要だよ。電位は高さ，電圧は高低差だよ。電気量と電位の積が電荷の位置エネルギー，電気量と電圧の積が位置エネルギーの差となるんだ。

例題174　電位・電圧と仕事・エネルギーの関係を理解する

電圧 1.5 V の乾電池がある。これは負極を基準としたときに正極の電位が 1.5 V ということである。内部では正極に流入した負電荷（電子）が化学反応により負極まで運ばれて出ていくと考えればよい。電気素量を 1.6×10^{-19} C とする。

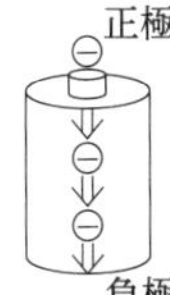

(1)　負極を基準としたとき，正極にある電子１個の静電気力による位置エネルギーを正負も含めて求めよ。

(2)　電気量 －2.0 C の負電荷が正極から負極に移動したとき，負電荷が得たエネルギーを求めよ。

(3)　逆に，負極から正極に －2.0 C の負電荷を移動させることができたとする。この場合，負電荷の失ったエネルギーを求めよ。

(4) 仮に，電池に流入，流出するのは正電荷と考える。負極に流入した電気量の $+4.0\,\mathrm{C}$ の正電荷が正極まで運ばれたとする。このとき，電池が電荷にした仕事を求めよ。

解答 (1) 電子の電荷は $-1.6\times10^{-19}\,\mathrm{C}$ であるので，負極を基準として静電気力による位置エネルギー U は，式❻より　$U=-1.6\times10^{-19}\times1.5=-2.4\times10^{-19}\,\mathrm{J}$

(2) 静電気力による位置エネルギーの変化量を求めればよい。負極の電位は $0\,\mathrm{V}$ なので

$0-(-2.0\times1.5)=3.0\,\mathrm{J}$

(3) 同様に位置エネルギーの変化量を求めると　$(-2.0\times1.5)-0=-3.0\,\mathrm{J}$

ゆえに，失ったエネルギーは　$3.0\,\mathrm{J}$

参考 充電可能な電池ではこのエネルギーにより，電池を充電する。

(4) 同様に位置エネルギーの変化量を求める。　$(4.0\times1.5)-0=6.0\,\mathrm{J}$

点電荷の周りの電位

電気量 Q〔C〕の点電荷から距離 r〔m〕離れた点の電位 V〔V〕は，無限の遠方を基準とし，クーロンの法則の比例定数を k として

$$V=\frac{kQ}{r}\quad\cdots⑩\quad(Q>0\text{ の場合 }V>0,\ Q<0\text{ の場合 }V<0)$$

点電荷の周りの電位

$$V=\frac{kQ}{r}\quad\cdots⑩$$

ただし，無限の遠方を基準（$V=0$）とする。

LEVEL UP!
大学への物理

第1章「⑧ ❷ 万有引力による位置エネルギー」と同様に，静電気力から位置エネルギーを求め，式⑩を導出することができる。ぜひ自分でやってみよう。

電位の重ね合わせ

複数の点電荷 1， 2，…がある場合，ある点の電位 V はそれぞれの点電荷の電位 V_1， V_2，…の和となる。

$$V=V_1+V_2+\cdots\quad\cdots⑪$$

電位はベクトルではないので，正負も含めた単純な和である。

例題175 **点電荷による電位を求める／電位と仕事の関係を確認する**

xy 平面上の原点 O に，電気量 1.0×10^{-8} C の点電荷が固定されている。点 A(0.90, 1.2)，点 B(1.8, 0)，点 C(2.5, 0) とする。電位の基準を無限の遠方，クーロンの法則の比例定数を $9.0\times10^{9}\,\mathrm{N\cdot m^2/C^2}$ とする。

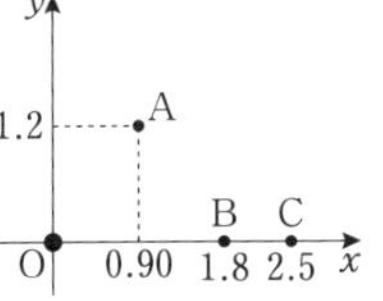

(1) 点 A，点 B の電位を求めよ。

(2) 点 B から点 A まで，電気量 $+2.0\times10^{-6}$ C の電荷をゆっくり運んだ。このとき，電荷を運ぶ力がした仕事を求めよ。また静電気力がした仕事を求めよ。

点 C に電気量 -5.0×10^{-7} C の電荷を静かに置くと，原点 O の方へ動き出した。この電荷は自由に動くことができ，重力の影響や，空気の抵抗などは考えなくてよいとする。

(3) 電荷が点 C から点 B まで移動する間，静電気力がした仕事を求めよ。

(4) 電荷が点 B を通過するときの運動エネルギーを求めよ。

解答 **(1)** 点 A，B の電位をそれぞれ V_{A}，V_{B} とする。OA＝1.5 m，OB＝1.8 m であるので，式⑩より

$$V_{\mathrm{A}}=\frac{9.0\times10^{9}\times1.0\times10^{-8}}{1.5}=60\ \mathrm{V}\quad,\quad V_{\mathrm{B}}=\frac{9.0\times10^{9}\times1.0\times10^{-8}}{1.8}=50\ \mathrm{V}$$

(2) 電荷を運ぶ力がした仕事 W は，式❼より

$$W=q(V_{\mathrm{A}}-V_{\mathrm{B}})=2.0\times10^{-6}\times(60-50)=2.0\times10^{-5}\ \mathrm{J}$$

静電気力がした仕事 W_{E} は，式❽より

$$W_{\mathrm{E}}=-q(V_{\mathrm{A}}-V_{\mathrm{B}})=-2.0\times10^{-5}\ \mathrm{J}$$

(3) 点 C の電位を V_{C} とする。　$V_{\mathrm{C}}=\dfrac{9.0\times10^{9}\times1.0\times10^{-8}}{2.5}=36\ \mathrm{V}$

静電気力のする仕事 W_{E}' は，式❽より

$$W_{\mathrm{E}}'=-q(V_{\mathrm{B}}-V_{\mathrm{C}})=-(-5.0\times10^{-7})\times(50-36)=7.0\times10^{-6}\ \mathrm{J}$$

(4) (物体の運動エネルギーの変化)＝(された仕事)

である。点 B を通過するときの運動エネルギーを K とする。点 C で運動エネルギーは 0 であるので

$$K-0=W_{\mathrm{E}}'\qquad\therefore\quad K=7.0\times10^{-6}\ \mathrm{J}$$

別解

静電気力は保存力である。ゆえに，静電気力のみがはたらいている場合，電荷の**運動エネルギーと静電気力による位置エネルギーの和は保存する**（「① ❻ **電場中の荷電粒子の運動**」参照）。

$$0+qV_{\mathrm{C}}=K+qV_{\mathrm{B}}\qquad\therefore\quad K=q(V_{\mathrm{C}}-V_{\mathrm{B}})=-5.0\times10^{-7}\times(36-50)=7.0\times10^{-6}\ \mathrm{J}$$

例題176 複数の点電荷による電位を考える

xy 平面上の点 A$(4a,\ 0)$ に $+3Q$，点 B$(-4a,\ 0)$ に $-Q$ の電荷が置かれている。電位の基準を無限の遠方，クーロンの法則の比例定数を k とする。

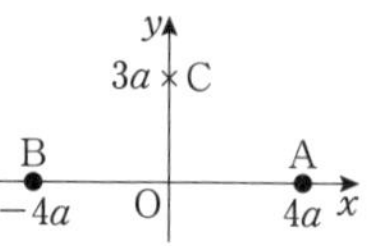

(1) 原点 O および点 C$(0,\ 3a)$ の電位を求めよ。

(2) x 軸上で，電位が 0 となる点を求めよ。

(3) $+q$ の電荷を点 C から原点 O へ運ぶ。このときに必要な仕事を求めよ。

解答 (1) 電位は，A，B に置いた点電荷による電位の和となる。原点 O の電位を V_0，点 C の電位を V_C とする。AC=BC=$5a$ より

$$V_0=\frac{k\cdot 3Q}{4a}+\frac{k\cdot(-Q)}{4a}=\frac{kQ}{2a}\quad,\quad V_C=\frac{k\cdot 3Q}{5a}+\frac{k\cdot(-Q)}{5a}=\frac{2kQ}{5a}$$

(2) 電位 V が 0 となる座標 x は

$$V=\frac{k\cdot 3Q}{|x-4a|}+\frac{k\cdot(-Q)}{|x-(-4a)|}=0\qquad \therefore\quad 3|x+4a|=|x-4a|\quad\cdots①$$

x の値により，場合分けして，①式を解く。

$4a<x$ ：$3(x+4a)=(x-4a)$ $\therefore$ $x=-8a$（$4a<x$ より不適。）

$-4a<x<4a$ ：$3(x+4a)=-(x-4a)$ $\therefore$ $x=-2a$

$x<-4a$ ：$-3(x+4a)=-(x-4a)$ $\therefore$ $x=-8a$

これより，該当する点は　$x=-2a,\ -8a$

(3) 運ぶための仕事 W は　$W=q(V_0-V_C)=q\left(\dfrac{kQ}{2a}-\dfrac{2kQ}{5a}\right)=\dfrac{kQq}{10a}$

4 一様な電場

電場の強さ，向きがどこでも同じである空間を一様な電場という。例えば図 12 のように同型の導体板（極板）を，向かい合わせに平行に置いて，導体板間に電位差を与えると，導体板間で一様な電場ができる。

図 12　一様な電場

図 13 で極板 B を基準（0 V）として，極板 A の電位を V〔V〕（$V>0$）とする。電場の向きは電位の高い方から低い方の向きで，電場の強さを E〔N/C〕とする。電気量 $+q$〔C〕の電荷が A から B まで動くことを考えてみよう。極板の間隔を d〔m〕とすると，静電気力がする仕事 W_E〔J〕は

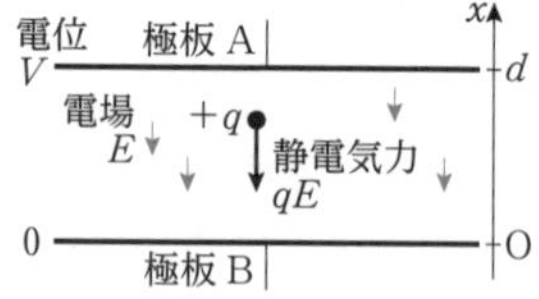

図 13　一様な電場と電位差

$$W_E=qE\times d=qEd$$

である。また，式❽より

$$W_E=-q(0-V)=qV$$

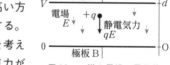

これら2式より

$$qEd=qV \qquad \therefore \quad E=\frac{V}{d} \quad \cdots⑫ \quad または \quad V=Ed \quad \cdots⑬$$

となる。式⑫より電場 E の単位は V/m とも書けることがわかる。電場の単位として，この単位の方が一般的である。極板 B からの距離 x の位置での電位 $V(x)$ は

$$V(x)=Ex=\frac{V}{d}x \quad \cdots⑭$$

一様な電場

$$\boldsymbol{E=\frac{V}{d}} \quad \cdots⑫ \quad , \quad \boldsymbol{V=Ed} \quad \cdots⑬$$

E〔V/m〕：極板間の電場　V〔V〕：極板間の電圧　d〔m〕：極板間隔

▶電場と電位の関係

一様な電場に関して式⑫，⑬を導いたが，これらの式は微小な距離であればどんな電場に対しても成り立つ。つまり電場は，電位の距離に対する変化率と考えられる。簡単に言えば，電位が高さ，電場は傾きを表す。このように理解できればよい。

例題177 一様な電場で，電位差・仕事の関係を確認する

2枚の金属板 A，B を間隔 0.10 m で平行に置き，電源（電池）をつなぐと，AB 間に一様な電場ができる。電場の強さは 30 V/m で，向きは A から B 向きであった。重力や空気の影響を無視できるとする。

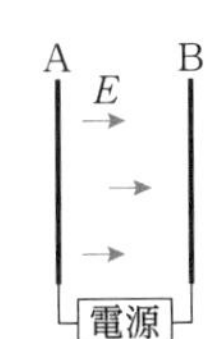

(1) 一様な電場中に，電気量 $+4.0\times10^{-6}$ C の電荷を置く。この電荷が受ける静電気力の大きさと向きを求めよ。

(2) この電荷を B から A へゆっくり運ぶために必要な仕事を求めよ。

(3) B を基準として，A の電位を求めよ。

(4) この電荷を，AB 間で金属板 A 上に静かに置くと，金属板 B へ向かって動き出し，やがて B に到達した。この間，静電気力がした仕事を求めよ。

解答 (1) 静電気力の大きさ F は，式❷より　$F=|q|E=4.0\times10^{-6}\times30=1.2\times10^{-4}$ N

正電荷であるので，力の向きは電場と同じである。　A から B 向き

(2) B から A へ運ぶために，静電気力と逆向きに同じ大きさ F の力が必要である。距離 d だけ運ぶ仕事 W は

$$W=Fd=1.2\times10^{-4}\times0.10=1.2\times10^{-5}\ \text{J}$$

(3) A の電位を V とすると，式❼より　$V=\dfrac{W}{q}=\dfrac{1.2\times10^{-5}}{4.0\times10^{-6}}=3.0$ V

(4) 静電気力による位置エネルギーは A で qV，B で 0 である。静電気力のする仕事 W_E は，式❽より

$$W_E=-(0-qV)=4.0\times10^{-6}\times3.0=1.2\times10^{-5}\ \text{J}$$

別解

一様な電場の公式を理解してもらうためにこのような流れで(2), (3)を解いたが，初めから電場に関する公式⓭を使って，以下のように解いてもよい。

(2)・(3)　A の電位 V は　$V=Ed=30\times0.10=3.0\,\mathrm{V}$

B から A まで運ぶ仕事 W は式❼より　$W=qV=4.0\times10^{-6}\times3.0=1.2\times10^{-5}\,\mathrm{J}$

例題178　一様な電場と電位，仕事の公式を使いこなす

2 枚の金属板 A，B を間隔 0.30 m で平行に置き，電圧 75 V の電池につなぐと，AB 間に一様な電場ができる。電位の基準を B とし，B の 1 点を原点 O として，金属板に垂直に A に向いて x 軸をとる。重力や空気の影響を無視できるとする。

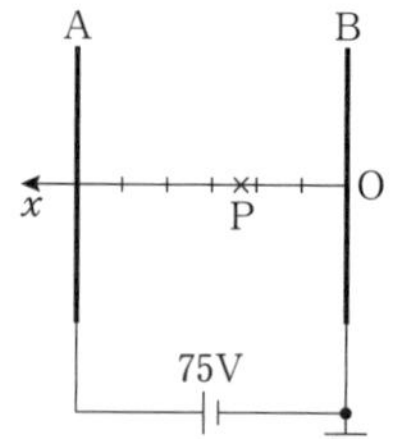

(1)　AB 間の電場の強さ E と向きを求めよ。

(2)　AB 間に，電気量 $+2.0\times10^{-4}\,\mathrm{C}$ の電荷を置く。この電荷にはたらく静電気力の大きさ F を求めよ。

(3)　この電荷を B から A まで運ぶのに必要な仕事 W を求めよ。

(4)　$x=0.12\,\mathrm{m}$ の位置を点 P とする。点 P の電位を求めよ。

(5)　x 軸上で電位が 25 V，50 V となる位置の x 座標を答えよ。

(6)　点 P に電子（質量 $+9.0\times10^{-31}\,\mathrm{kg}$，電気量 $-e=-1.6\times10^{-19}\,\mathrm{C}$）を静かに置くと動き出し，金属板 A に衝突した。A に衝突するときの運動エネルギーを求めよ。

解答 (1)　式⓬より　$E=\dfrac{V}{d}=\dfrac{75}{0.30}=2.5\times10^{2}\,\mathrm{V/m}$

電場の向きは，電位の高い方から低い方であるので　A から B 向き

(2)　式❷より　$F=|q|E=2.0\times10^{-4}\times2.5\times10^{2}=5.0\times10^{-2}\,\mathrm{N}$

(3)　AB 間の電位差 $V=75\,\mathrm{V}$ である。式❼より

$W=qV=2.0\times10^{-4}\times75=1.5\times10^{-2}\,\mathrm{J}$

別解

ゆっくり運ぶために必要な力は B→A 向きで大きさは F である。ゆえに

$W=Fd=5.0\times10^{-2}\times0.30=1.5\times10^{-2}\,\mathrm{J}$

(4)　電位の基準からの距離が $x=0.12\,\mathrm{m}$ であるので，P の電位 V_P は，式⓮より

$V_P=Ex=2.5\times10^{2}\times0.12=30\,\mathrm{V}$

(5)　電位が 25 V，50 V の x 座標をそれぞれ x_1，x_2 とすると，式⓮より

$x_1=\dfrac{V}{E}=\dfrac{25}{250}=0.10\,\mathrm{m}$　，　$x_2=\dfrac{50}{250}=0.20\,\mathrm{m}$

(6)　A の電位は $V_A=75\,\mathrm{V}$ である。P から A まで静電気力のする仕事 W_E は，式❽より

$W_E=-\{-e(V_A-V_P)\}=e(V_A-V_P)=1.6\times10^{-19}\times(75-30)=7.2\times10^{-18}\,\mathrm{J}$

ゆえに，運動エネルギー K は　$K=\dfrac{1}{2}mv^2=W_E=7.2\times10^{-18}\,\mathrm{J}$

5 - 電気力線，等電位面

電気力線

電気量がそれぞれ $+Q$，$-Q$ の電荷 A，B がある。周囲の電場について考えてみよう。A，B が作る電場をそれぞれ考えて，重ね合わせてできる電場をベクトルで表すと，図 14 (a)のようになるが，このままでは見づらい。そこで，電場ベクトルが接線となるように線を引いていくと，図(b)のようになる。この線を**電気力線**(でんきりきせん)といい，電場の様子がよくわかる。

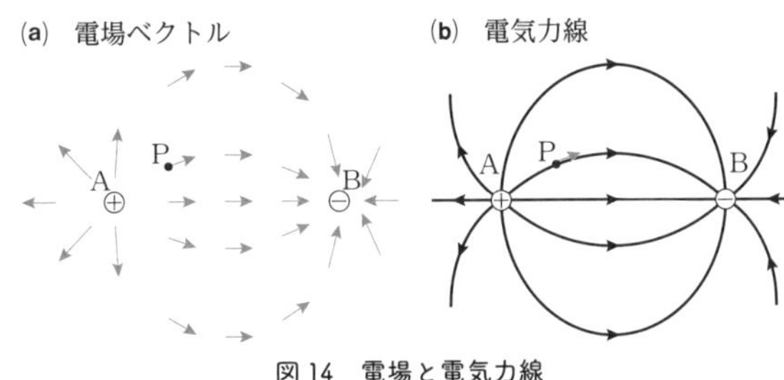

図 14 電場と電気力線

電気力線の特徴

① **正電荷から出て，負電荷で終わる。**電荷のないところで発生したり，消滅したりしない。

② 各点での電気力線の接線が電場の方向で，電気力線の向きが電場の向きである。

③ 電気力線の混み具合（疎密）が電場の強さを示す。密なところは電場が強く，疎なところは弱い。**単位面積あたりの通過本数が，電場の強さに比例**する。

④ 途中で折れ曲がったり，枝分かれしたりしない（途中で折れ曲がったり枝分かれしたりすると，その点で接線が決まらないので，電場の方向が決まらないことになる）。

電気力線の本数＝ガウスの法則

特徴③について，電場の強さが E〔V/m〕の点では，電場に垂直な面の単位面積あたり E 本の電気力線を引くことにする。この規則に従うと，**電気量 Q の正電荷から出る電気力線の本数は $4\pi kQ$ 本**となり，$-Q$ の負電荷には，$4\pi kQ$ 本入ることになる。これを**ガウスの法則**という。

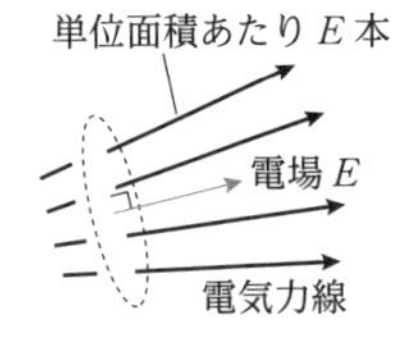

図 15 電気力線の本数

電気力線

単位面積あたりの通過本数＝電場の強さ
電気量 Q の電荷から出てくる電気力線の本数：$4\pi kQ$ 本（ガウスの法則）

理解のコツ

電気力線は，磁石の周りの磁場の状態を示す磁力線と同様に考えればいいよ。本数は，あくまで理屈の上での本数で，実際に電場の図を描くとき，それだけの本数を描く必要はない。仮に 10^9 本描けと言われても困ってしまうよね。計算上の本数だと考えよう。

等電位面

電位の等しい点を結んでできる面を**等電位面**という。等電位面に沿って電荷を動かしても静電気力は仕事をしないので，等電位面と電場は直交する。つまり，**等電位面と電気力線は直交する**。また，一定の電位差ごとに等電位面を描くと，間隔が小さいところほど，短い距離で電位が変化するので，式⓬より，電場は強い。つまり**等電位面の間隔と電場の強さは反比例**する。等電位面とある平面の交わる線を**等電位線**という。図 16 (a)は図 14 の状態の等電位線を，A，B の中点を電位の基準として V_0 ごとに描いたものである。図(b)は A，B を結ぶ直線（x 軸）上での電位を示す。

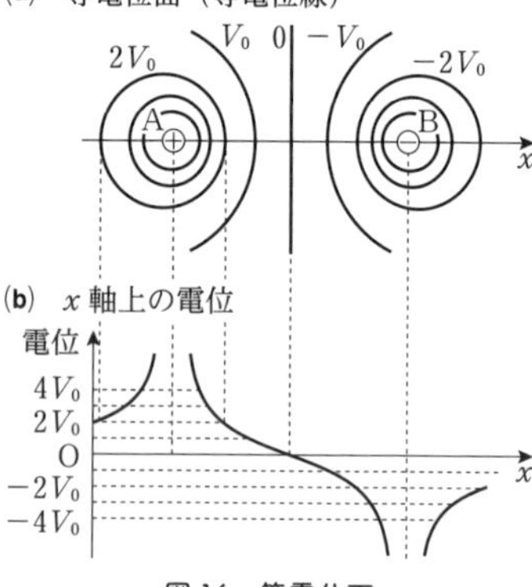

図 16　等電位面

次の例題 179 で，点電荷の周りの電気力線，等電位面について理解しよう。

理解のコツ

電気力線と等電位面（等電位線）が描かれた状態で，電場の様子を想像できるようになることが大切だよ。ここでも電位が高さであるという意識が重要。地図を想像し，等電位線は等高線，電気力線は傾斜に沿って引いた線と考えればいいよ。

例題179　電気力線，等電位面，ガウスの法則を理解する

電気量 $+q$ の点電荷が図の点 O にある。クーロンの法則の比例定数を k とする。

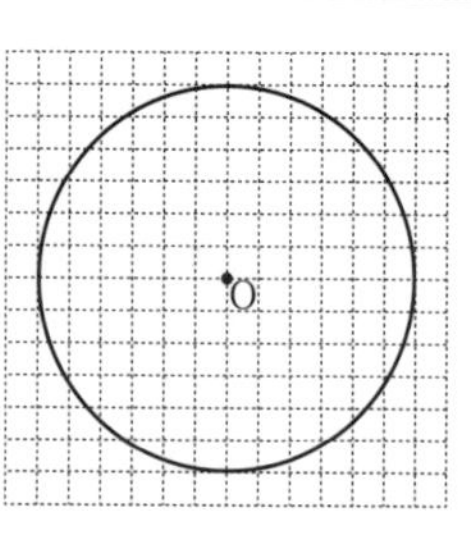

(1) 点電荷の周りの電気力線の概略を図に描き込め。本数は適当でよい。

(2) 図の実線の円は，電位 10 V の等電位面を表している。ただし，電位の基準を無限の遠方とする。電位 20 V，30 V の等電位面（等電位線）を描き込め。

(3) 点 O を中心とする半径 r の球の表面を通過する電気力線の本数を求め，電場の強さ E を求めよ。

(4) $q=2.0\times10^{-8}\,\mathrm{C}$，$k=9.0\times10^{9}\,\mathrm{N\cdot m^2/C^2}$ とすると，電位 60 V の等電位面はどのような大きさ，形になるか答えよ。

解答 (1) 電場は点電荷から遠ざかる向きで，また対称性より（特別な方向がない）電気力線は点電荷から放射状に伸びる。ゆえに，電気力線の概略は右図の矢印のついた線になる。

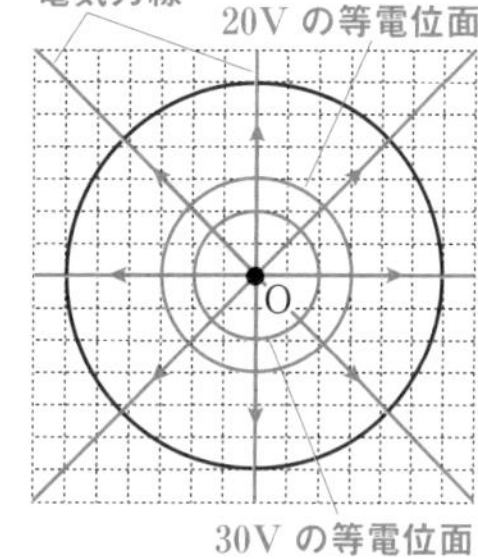

(2) 無限の遠方を基準とすると，点電荷の周りの電位 V は，電荷からの距離 r の点で $V=\dfrac{kq}{r}$ である。ゆえに等電位面は点電荷を中心とする球になり，その半径は電位に反比例する。ゆえに，20 V，30 V の等電位面を図に描くと右図の円になる。

(3) 点電荷より出る電気力線の本数は，正しくは，ガウスの法則より $4\pi kq$ 本である。放射状に広がるので，全ての電気力線が半径 r の球の表面を通過する。

半径 r の球の表面積 S は $S=4\pi r^2$ なので　$E=\dfrac{4\pi kq}{S}=\dfrac{4\pi kq}{4\pi r^2}=\dfrac{kq}{r^2}$

（もちろん点電荷から距離 r 離れた点の電場の公式⑩になる。）

(4) 形状は，点電荷を中心とする球で，球の半径を r として，式⑩より

$$60=\frac{kq}{r}=\frac{9.0\times10^{9}\times2.0\times10^{-8}}{r}\qquad\therefore\quad r=\frac{180}{60}=3.0\,\mathrm{m}$$

よって　点電荷を中心とする半径 3.0 m の球面となる。

▶▶電場中の導体

電場中に導体を置くとき，電荷の分布や電位，電場はどうなるか考えてみる。特徴を①～③にまとめる。

① 導体内部の電場は 0 で，導体は等電位である。

図 17(a)のような右向きの電場（図では電気力線で表している）に導体を置くことを考える。導体内部の電荷に静電気力がはたらいて動くため，静電誘導により分布の偏りが生じ，図(b)のように左側の表面に負電荷，右側の表面に正電荷が多い部分ができる。この電荷により，導体内には元の電場を打ち消す向き（正から負電荷向き，左向き）の電場ができるが，合成した電場が 0 でないうちは電荷の移動が続き，最終的に導体内の電場は 0 となる。電場が 0 であるので，電位差は生じない。そのため，導体は全体が等電位である。

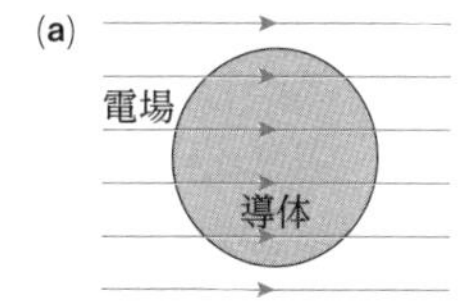

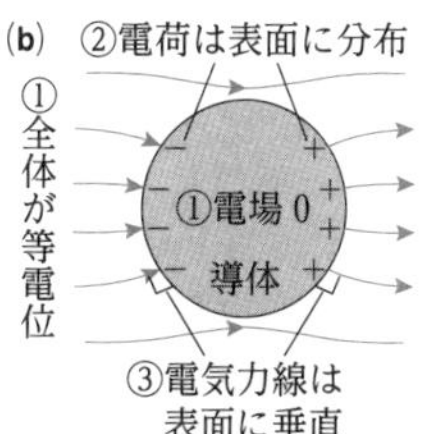

図 17　電場中の導体

② 導体の電荷は表面にだけ分布する＝電気力線は導体を通過できない。

導体内部には電場がないので，電気力線が通過しない。もし内部に電荷があると，そこで電気力線が発生，または消滅するので，電場があることになる。ゆえに，導体の電荷は表面にのみ存在し，外部からの電気力線は，導体の表面で発生，消滅す

る。ただし，ここでいう電荷が存在しないとは，「①❶-電荷，クーロンの法則」で学んだように，正と負の電荷が同量でバランスよく分布しているということである。

③　電気力線は導体表面に垂直である＝電場は導体表面に垂直である。

導体は等電位であるので表面の電位はどこでも同じである。つまり表面が等電位面であるので電気力線は表面と直交する。電場も同じである。

電場中の導体

①　内部の電場は0で，導体は等電位である。
②　電荷は表面に分布する＝電気力線が通過しない。
③　電気力線の向きは表面に垂直＝電場は表面に垂直。

理解のコツ

導体が等電位であることは特に重要だよ。**導線で接続したところは等電位**になる。このことは，電気回路を学ぶときに大切になってくる。

演習 38

右図のように，同じ形の薄い金属板A，Bを間隔dで平行に置く。さらに同形で厚さ$\dfrac{d}{4}$の帯電していない金属板CをA，Bに平行に置く。AとCの間隔は$\dfrac{d}{2}$である。AとBに起電力（電圧）Vの電池をつなぐと，AC間，CB間には一様な電場ができた。電位の基準を電池の負極とする。

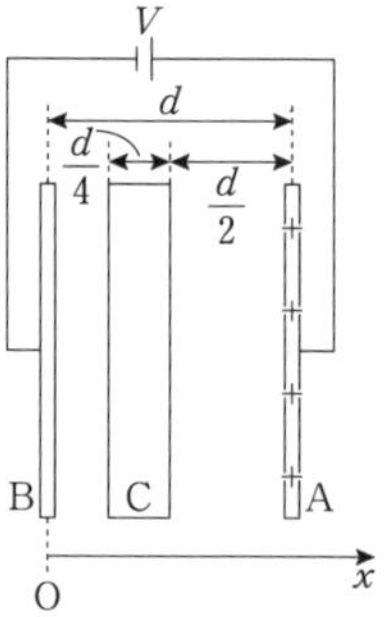

(1)　図には，金属板Aに蓄えられた正電荷が，“＋”で描かれている。金属板B，Cに蓄えられた電荷を記入せよ。また，電気力線も描け。ただし，負電荷を“－”とする。

(2)　AC間の電場は，CB間の何倍か求めよ。

(3)　AC間の電場の強さEを，V，dで表せ。また，向きを求めよ。

(4)　金属板Cの電位を求めよ。

(5)　金属板Bの位置に原点Oをとり，金属板に垂直に上図のようにx軸をとる。横軸をxとして電場の強さ，および電位をグラフに表せ。

解答 (1)　静電誘導により，Cの右側の表面に負電荷，左側の表面に正電荷が現れる。AC間は一様な電場なので，電気力線は金属板に垂直で等間隔である。また，電気力線は正電荷から出発する。金属板Cの内部の電場は0であるので，電気力線はCの内部にはなく，Cの右側の表面で消えるが，その位置には負電荷がAの正電荷と同じ量だけあるはずである。

次に，Cは全体で電荷が0であるので右側と同じだけ，左側の表面に正電荷がある。ゆえに，CB間の電気力線の本数は，AC間と同じである。さらに，金属板Bには負電荷がAの正電荷と同じ量だけある。これらを考えると図1となる。

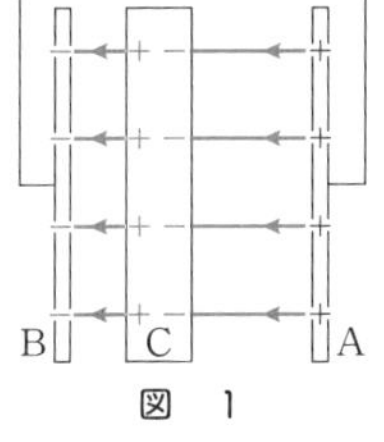

図 1

(2) 電場の強さ＝電気力線の疎密 である。AC間とCB間では，電気力線の本数は同じで断面積も同じなので電場の強さも等しい。ゆえに　1倍

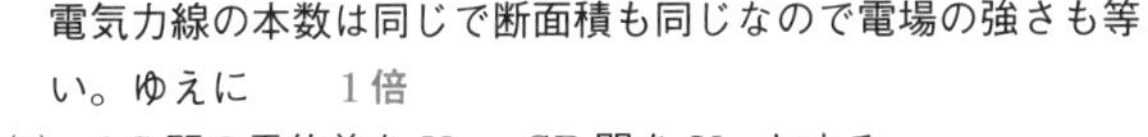

(3) AC間の電位差をV_{AC}，CB間をV_{CB}とする。

$$V_{AC}=E\times\frac{d}{2}\quad,\quad V_{CB}=E\times\frac{d}{4}$$

AB間の電位差はVであるので（電位は高さであることを意識しよう。また導線で接続したところは等電位である）

$$V=V_{AC}+V_{CB}=\frac{Ed}{2}+\frac{Ed}{4}\qquad\therefore\quad E=\frac{4V}{3d}$$

電場の向きは，電位の高い方から低い方であるので　AからC向き

(4) Bが電位の基準で0Vなので，V_{CB}がCの電位である。　$V_{CB}=E\times\dfrac{d}{4}=\dfrac{V}{3}$

(5) 金属板C内の電場は0である。ゆえに電場のグラフは図2となる。
一様な電場であるので，電位は一定の割合で変化する。また，**電位のグラフの傾きは電場**を表すので，BC間，CA間で傾きは同じである。これらより電位のグラフは図3となる。

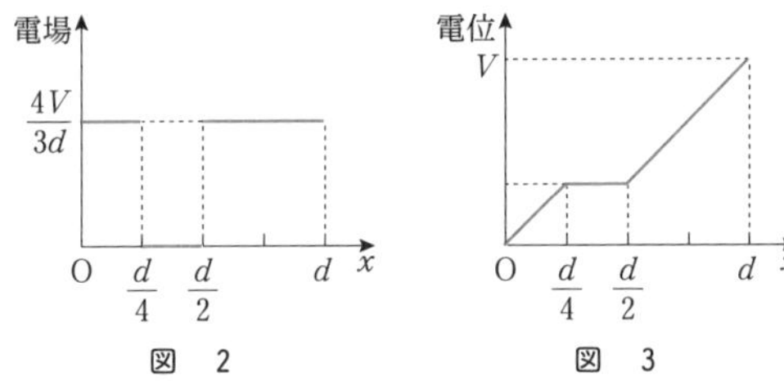

図 2　　図 3

電場中の誘電体

電場中に誘電体（不導体，絶縁体）を置くと，静電誘導により誘電分極を起こし，誘電体内の電荷により外部の電場を打ち消す向きに電場が生じる。導体と違い完全に打ち消すことはできないが，図18のように電場が弱められる。真空中で強さE_0の電場中に置いた誘電体内の電場がEのとき

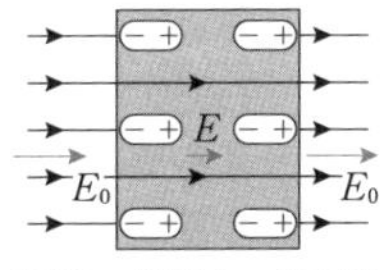

図18　電場中の誘電体

$$E=\frac{E_0}{\varepsilon_r}\quad\cdots⑮$$

ε_rを誘電体の真空に対する比誘電率という。

理解のコツ

ここでは**誘電体が電場を弱める**はたらきがあることだけ理解しておこう。誘電率については，「② **コンデンサー**」でさらに詳しく学ぶよ。

6 - 電場中の荷電粒子の運動

▶電荷にする仕事，エネルギー保存則

電荷を帯びた粒子＝荷電粒子 も質量のある物体であるので，力学で学んだ法則を全て適用できる。静電気力のする仕事と静電気力以外の力のする仕事の和が，荷電粒子の運動エネルギーの変化となる。

さらに，力学的エネルギー保存則と同様に，静電気力のみが仕事をするとき

荷電粒子の運動エネルギー＋静電気力による位置エネルギー＝一定

で，エネルギー保存則が成り立つ。

荷電粒子の運動

エネルギー保存則：$\frac{1}{2}mv^2+qV=$一定　…⑯

m〔kg〕：荷電粒子の質量　v〔m/s〕：速さ
q〔C〕：電気量　V〔V〕：電位

理解のコツ

力学的エネルギー保存則と全く同じだよ。q が負電荷でも，そのまま代入して使おう。

例題180 荷電粒子のエネルギー保存則を使えるようになる

円形の薄い金属板 P，Q を，中心を一致させて平行に置き，電源とつなぐ。P の中心には，小さな穴が開けてある。この穴より金属板に垂直な方向に速さ v_0 をもつ電子（質量 m，電気量 $-e$）を Q へ向かって入射させる。電位の基準を P とする。重力や空気の抵抗は考えなくてよい。

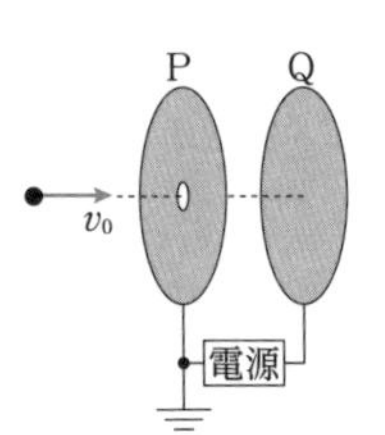

Q の電位を $+V_0$（$V_0>0$）とする。電子は Q に達した。

(1) PQ 間で静電気力が電子にした仕事を求めよ。

(2) 電子が Q に到達したときの速さ v を求めよ。

Q の電位を徐々に変化させ，$-V_1$（$V_1>0$）にすると，電子は Q に到達できなくなった。

(3) PQ 間で電子が受ける静電気力の向きを答えよ。

(4) このとき電子は Q の直前まで到達し，P へ向かって戻る。Q の直前に到達するまで静電気力が電子にする仕事を求めよ。

(5) v_0 を求めよ。

解答 (1) P を基準とすると，Q での電子の位置エネルギーは $-eV_0$ である。静電気力のする仕事 W_E は，式❽より　$W_E=-(-eV_0-0)=eV_0$

(2) エネルギー保存則の式⓰より

$$\frac{1}{2}mv_0{}^2+0=\frac{1}{2}mv^2+(-eV_0) \qquad \therefore \quad v=\sqrt{v_0{}^2+\frac{2eV_0}{m}}$$

別解

運動エネルギーの変化＝された仕事 から求めてもよい。

$$\frac{1}{2}mv^2-\frac{1}{2}mv_0{}^2=W_E=eV_0 \qquad \therefore \quad v=\sqrt{v_0{}^2+\frac{2eV_0}{m}}$$

(3) Qの方が電位が低いので，電場の向きはPからQ向きになる。電子の電気量は負であるので，静電気力は電場と逆向きである。

よって　QからP向き　(電子は減速される。)

(4) 電子がQの直前で速度0となりPへ戻っていくと考える。Qの直前で電子の位置エネルギーは $-e\times(-V_1)=eV_1$ であるので，静電気力がする仕事 W_E' は，式❽より

$$W_E'=-(eV_1-0)=-eV_1$$

(5) Qの直前で運動エネルギー＝0と考える。エネルギー保存則の式⓰より

$$\frac{1}{2}mv_0{}^2+0=0+-e(-V_1) \qquad \therefore \quad v_0=\sqrt{\frac{2eV_1}{m}}$$

ポテンシャル曲線

図19(a)のように，x 軸上の原点Oに固定された電気量 $+Q$ の正電荷がある。電気量 $-q$ の負電荷が，x 軸に沿って自由に動くことができるとする。負電荷を位置 x に置くと，静電気力による位置エネルギー U は

$$U=-qV=-q\times\frac{kQ}{x}=-\frac{kQq}{x}$$

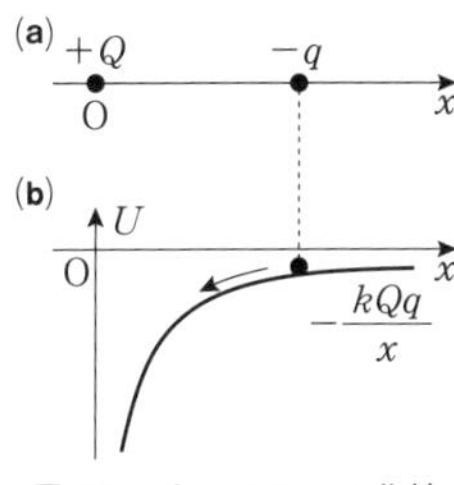

図19　ポテンシャル曲線

$x\geqq 0$ の範囲で U をグラフにすると図(b)となる。このように位置を横軸にして位置エネルギー U (静電気力に限らない) を描いたものをポテンシャル曲線という。電荷の運動は，この曲線のような断面をもつ地形を転がるボールの運動と同じである。この場合，負電荷はOにある正電荷の向きに動き，加速度も正電荷に近いほど大きくなることが想像できる。

理解のコツ

ポテンシャル曲線を見ただけで，物体の運動が想像できるようになろう。実際にこのような断面の地形をボールが運動すると考えればいいよ。ボールの運動が最も遅くなるのは地形の頂点，速くなるのは地形の底という具合に理解できるね。これは，静電気力に限らず，どんな位置エネルギーの場合でも使える。なお，位置エネルギー＝potential energy なので，ポテンシャル曲線とは位置エネルギーを示す曲線という意味だよ。

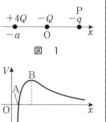

演習39

図1のように，x 軸上の原点 O に電気量 $-Q$ の負電荷，$x=-a$ に $+4Q$ の正電荷を固定する。2つの電荷による x 軸上での電位 V を $x \geqq 0$ の範囲で描くと，図2のようになる。ただし，原点 O から無限の遠方を電位の基準とする。x 軸上 $(x>0)$ で x が十分に大きい位置に電気量 $-q$，質量 m の自由に動ける電荷 P を静かに置くと，原点 O に向かって動き出した。クーロンの法則の比例定数を k とする。

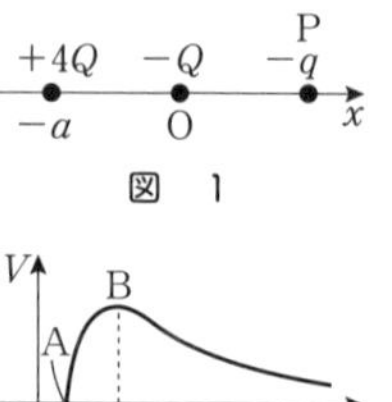

図 1

図 2

(1) 図2の点 A は電位が 0 V の点である。点 A の x 座標を求めよ。

(2) 電位は点 B で極大となる。点 B の x 座標と電位を求めよ。

(3) 電荷 P の位置が x のときの静電気力による位置エネルギー U の概略を，横軸に x をとり，$x>0$ の範囲でグラフに描け。

(4) 電荷 P が点 B を通過するときの速さを求めよ。

(5) 電荷 P が原点 O に最も接近する位置の x 座標を求めよ。

解答 (1) $x>0$ の範囲で P 以外の電荷による電位 V は

$$V=\frac{k\cdot 4Q}{x+a}+\frac{k(-Q)}{x}=\frac{kQ(3x-a)}{(x+a)x}$$

$V=0$ より　　$V=\frac{kQ(3x-a)}{(x+a)x}=0$　　$\therefore$　$x=\frac{a}{3}$

(2) 電位が極大の点は，電位の傾き＝電場 $E=0$ の点 である。$x>0$ で，$+4Q$，$-Q$ の2つの点電荷の電場を考えて，$E=0$ となる点を求めると

$$E=\frac{k\cdot 4Q}{(x+a)^2}-\frac{k|-Q|}{x^2}=0 \qquad \therefore \quad x=a,\ -\frac{a}{3}$$

$x>0$ より　　$x=a$

ここで電位 V は　　$V=\frac{kQ(3a-a)}{(a+a)a}=\frac{kQ}{a}$

(3) $U=-qV=-\frac{kQq(3x-a)}{(x+a)x}$ で，図2と正負が反転した形となるので，右図のようになる。

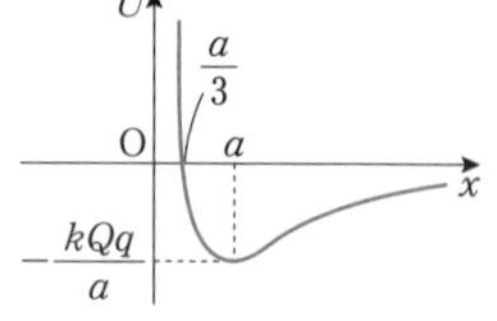

(4) 電荷 P を置いた位置で速さ 0，x が十分に大きい位置なので $U=0$ である。点 B で $U=-\frac{kQq}{a}$ であるので，速さを v として，エネルギー保存則より

$$0=\frac{1}{2}mv^2-\frac{kQq}{a} \qquad \therefore \quad v=\sqrt{\frac{2kQq}{ma}}$$

(5) 原点 O に最も接近する位置で，速さが 0 である。力学的エネルギー保存則より，速さが 0 になるのは，$U=0$ の位置である。ゆえに　　$x=\frac{a}{3}$

2 コンデンサー

1 コンデンサーの基礎

導体に電荷を蓄えることを考える。1つの導体だけに同じ符号の電荷のみを蓄えると，電荷どうしが反発し大量に蓄えることが難しい。そこで，導体を2つ用意し，少し離して間に絶縁体をはさみ，正，負に帯電させると，電荷どうしの引力により大量の電荷を蓄えることができる。このような装置を**コンデンサー**という。

コンデンサーの充電，放電

図20(a)のように，帯電していない導体板（極板）A，Bを向かい合わせに置き，電位差を与える（電池に接続する）と，電位の低いBから，高いAに電池を通って正電荷が移動する（実際にはAからBへ自由電子（負電荷）が移動するが，正電荷が移動するとする方が考えやすい）。電池を通過する際，電荷の位置エネルギーが電池により増やされる。やがて，電荷の移動が終わり，Aは正（正電荷が過剰）に，Bは負（負電荷が過剰）に帯電する。これをコンデンサーの**充電**という。なお，このように充電すると，**正，負の極板に蓄えられる電荷の電気量の絶対値は必ず等しい**。

(a) 充電

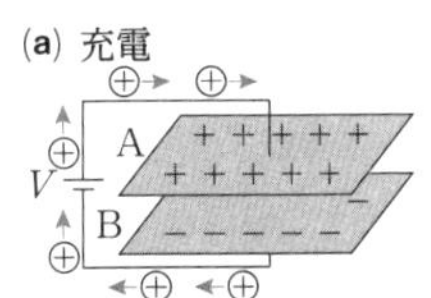

(b) 放電

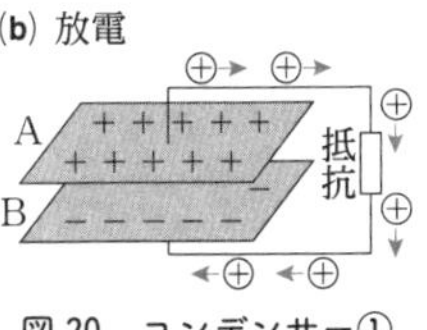

図20　コンデンサー①

次に，図(b)のように電池を取り外し，極板A，B間に抵抗を接続すると，電位の高いAからBへ正電荷が移動する（実際にはBからAへ自由電子が移動する）。抵抗を通過する際にエネルギーを失うが，失われたエネルギーは抵抗での発熱（ジュール熱）になる。電荷の移動は，A，Bの電荷が0になるまで続く。これをコンデンサーの**放電**という。
（抵抗での電流の流れ方や発熱については「③ 直流回路」で詳しく学ぶ。）

コンデンサーに蓄えられる電荷

2枚の極板がそれぞれ電気量 $+Q$〔C〕，$-Q$〔C〕に帯電するとき，**コンデンサーに蓄えられた電気量は Q〔C〕**であるという。Q は，極板間の電圧（電位差）V〔V〕に比例し

$$Q=CV \quad \cdots ⑰$$

となる。C を**電気容量**といい，極板の面積，間隔，極板間の絶縁体の種類等によって

+Q	極板
−Q	極板

V

図21　コンデンサー②

コンデンサーごとに決まる。単位は F（読みは“ファラド”）である。なお電気容量は“静電容量”または単に“容量”ということもある。

一般的なコンデンサーは容量の小さなものが多く，単位として μF（マイクロファラド），pF（ピコファラド）が使われることが多い。$1\,\mu\mathrm{F}=10^{-6}\,\mathrm{F}$，$1\,\mathrm{pF}=10^{-12}\,\mathrm{F}$ である。

参考　本書では，A，B の電位差が V で A の電位が高い状態を右図のような矢印で表すことにする。

コンデンサーの静電エネルギー

充電されたコンデンサーにはエネルギーが蓄えられている。これを**静電エネルギー** U〔J〕という。U は

$$U=\frac{1}{2}QV \quad \cdots ⑱$$

となり，このエネルギーで，放電の際に仕事をすることができる。式⑰より，$Q=CV$，または $V=\frac{Q}{C}$ を代入して，U は

$$U=\frac{1}{2}QV=\frac{1}{2}CV^2=\frac{Q^2}{2C} \quad \cdots ⑲$$

とも書くことができる。

回路図中のコンデンサーの記号

式⑱の導出

電荷が蓄えられていないコンデンサーに電池を接続し充電する。コンデンサーには徐々に電荷が蓄えられていく。蓄えられた電荷 Q〔C〕と，極板間の電圧 V〔V〕の関係をグラフにすると，式⑰より図 22 となる。極板間の電圧が v の場合，電荷が微少量 Δq だけ増加するときにされた仕事 ΔW は $v\Delta q$ で，図の斜線部の面積であり，これが静電エネルギーとしてコンデンサーに蓄えられる。電荷が 0 から Q になるまでに蓄えられる静電エネルギー U は，Δq を十分に小さくして考えると，エネルギーは図の網かけ部分の面積で $U=\frac{1}{2}QV$ となり，式⑱が導かれる。

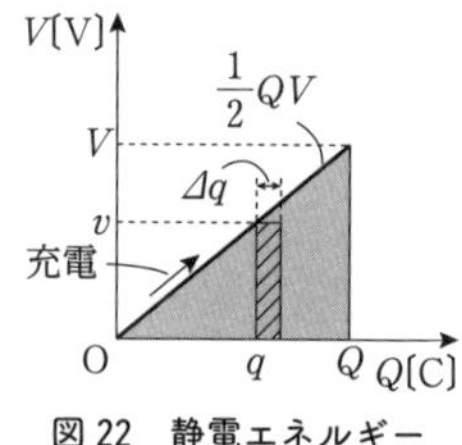

図 22　静電エネルギー

コンデンサーの基礎

電荷：$Q=CV \quad \cdots ⑰$

静電エネルギー：$U=\frac{1}{2}QV=\frac{1}{2}CV^2=\frac{Q^2}{2C} \quad \cdots ⑲$

C〔F〕：電気容量　　V〔V〕：極板間の電圧

理解のコツ

コンデンサーを充電，放電する際の電荷の移動について意識すること。極板の間を電荷は直接移動せず，外に接続された回路から移動するよ。

≫電池について

電池とは，電池の正極と負極の間を常に一定の電圧（電位差）V に保つ装置と考えてよい。この電圧 V を起電力という。一定の電圧の正極と負極の間を，電荷を移動させることで，電荷にエネルギーを与える（エネルギーを奪うこともある）。導体がつながっているところの電位は等しくなるので，電池とコンデンサーの極板を導線で接続すると，極板間の電圧が電池の電圧と等しく V となるように電荷が移動する。

例題181 コンデンサーの充電・放電を理解する

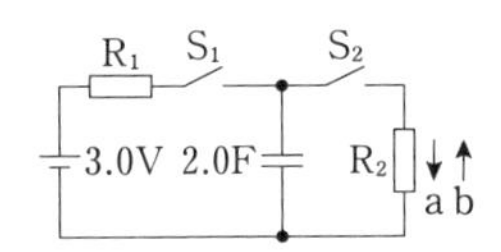

容量 2.0F のコンデンサーと抵抗 R_1，R_2，電圧 3.0V の電池，およびスイッチ S_1，S_2 により，図のような回路を作った。初め，コンデンサーに電荷は蓄えられておらず，S_1，S_2 は開かれていた。

スイッチ S_1 を閉じて，十分に時間が経過した。

(1) コンデンサーに蓄えられる電気量 Q と静電エネルギー U を求めよ。

(2) S_1 を閉じてから十分時間が経過するまでの間，電池を通過した電気量を求めよ。また，この間に電池がした仕事を求めよ。

スイッチ S_1 を開き，S_2 を閉じた後，十分時間が経過した。

(3) S_2 を閉じてから十分時間が経過するまでの間，抵抗 R_2 を通過した電気量を求めよ。また，正電荷が移動するものとして，向きは図の a，b いずれになるか求めよ。

(4) この間，抵抗 R_2 で発生した熱（ジュール熱）を求めよ。

解答 (1) 十分に時間が経過した後，極板間の電圧は 3.0V になる。式⑰，⑱より

$$Q=2.0\times3.0=6.0\,\mathrm{C}\quad,\quad U=\frac{1}{2}\times6.0\times3.0=9.0\,\mathrm{J}$$

(2) 正電荷が移動するものと考える。電荷はコンデンサーの下の極板から電池，抵抗 R_1 を通って，上の極板に移動する。電池を通過した電気量は　$Q=6.0\,\mathrm{C}$

電池は，この電荷を負極から吸収し，電位が 3.0V 高い正極から放出する。電池のした仕事 W は　$W=QV=6.0\times3.0=18\,\mathrm{J}$

(3) 抵抗 R_2 の両端に電圧がかかるので，電位の高い方から低い方，すなわち a の向きに電流が流れる（「③ ❶-電流と抵抗 ≫オームの法則」参照）。つまり，電荷がコンデンサーの上の極板から抵抗 R_2 を通って下の極板に移動する。移動は，コンデンサーの電荷が 0 になるまで続くので，移動した電気量は　$Q=6.0\,\mathrm{C}$

(4) コンデンサーの静電エネルギー U が抵抗 R_2 で消費され，ジュール熱 W_J になる。

$W_J=U=9.0\,\mathrm{J}$

▶▶平行板コンデンサー

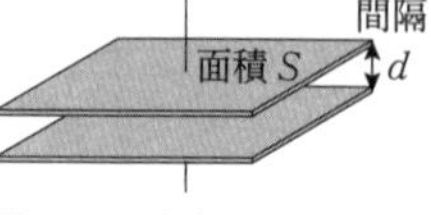

図 23　平行板コンデンサー

面積 S〔m^2〕の同型の薄い導体板を，平行に間隔 d〔m〕で重ねたものを**平行板コンデンサー**という。**電気容量 C〔F〕は面積 S に比例し，間隔 d に反比例**する。極板間が真空の場合

$$C=\frac{\varepsilon_0 S}{d} \quad \cdots⑳$$

となる。比例定数 ε_0 を**真空の誘電率**といい，$\varepsilon_0 \fallingdotseq 8.85\times10^{-12}$ F/m である。空気中でもほぼ同じ値としてよい。

平行板コンデンサーの容量

$$\boldsymbol{C=\frac{\varepsilon_0 S}{d}} \quad \cdots⑳$$

ε_0〔F/m〕：真空の誘電率　　S〔m^2〕：極板面積　　d〔m〕：極板間隔

例題182 平行板コンデンサーの基本を理解する

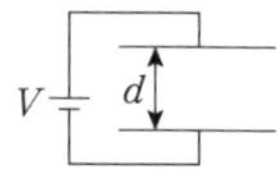

空気中で面積 S の薄い 2 枚の導体板を間隔 d で平行に向かい合わせたコンデンサーがある。空気の誘電率を ε_0 とする。このコンデンサーに起電力（電圧）V の電池をつなぐ。

(1)　このコンデンサーの容量 C_0 を求めよ。

(2)　このコンデンサーに蓄えられた電荷 Q_0 と，極板間の電場の強さ E_0 を求めよ。

次に，電池をつないだまま，導体板の間隔を $\frac{2}{3}d$ にする。

(3)　このコンデンサーに蓄えられた電荷 Q_1 と，極板間の電場の強さ E_1 を求めよ。

(4)　極板間隔を変化させる間，電池を通過した電荷の電気量と向きを求めよ。向きは"電池の正極から負極"というように答えよ。

導体板の間隔を d に戻し，電池を切り離してから導体板の間隔を $\frac{2}{3}d$ にする。

(5)　コンデンサーに蓄えられた電荷 Q_2，極板間の電圧 V_2，電場の強さ E_2 を求めよ。

解答 (1)　式⑳より　　$C_0=\frac{\varepsilon_0 S}{d}$

(2)　式⑰より　　$Q_0=C_0V=\frac{\varepsilon_0 SV}{d}$

一様な電場なので　　$E_0=\frac{V}{d}$

(3)　容量 $C_1=\frac{\varepsilon_0 S}{\frac{2d}{3}}=\frac{3\varepsilon_0 S}{2d}$ になる。電池がつながっているので，極板間の電圧は V の

ままである。よって　$Q_1=C_1V=\dfrac{3\varepsilon_0SV}{2d}$　，　$E_1=\dfrac{V}{\dfrac{2d}{3}}=\dfrac{3V}{2d}$

(4)　上の極板の電荷の変化量は $Q_1-Q_0=\dfrac{3\varepsilon_0SV}{2d}-\dfrac{\varepsilon_0SV}{d}=\dfrac{\varepsilon_0SV}{2d}$ となり，増えているので，正電荷が移動するとして，電池の負極から正極に通過している。

(5)　電池を切り離しているので，蓄えられた電荷は移動できず，変化しない。

$$Q_2=Q_0=\frac{\varepsilon_0SV}{d}$$

容量は C_1 であるので　$V_2=\dfrac{Q_2}{C_1}=\dfrac{\dfrac{\varepsilon_0SV}{d}}{\dfrac{3\varepsilon_0S}{2d}}=\dfrac{2V}{3}$　，　$E_2=\dfrac{V_2}{\dfrac{2d}{3}}=\dfrac{V}{d}$

理解のコツ

平行板コンデンサーに限らず，このような問題の場合，電池が接続されているか否かが大きなポイントになるよ。

電池が接続されている＝極板間の電圧は，電池の起電力（電圧）に等しい。

電池が切り離されている＝極板に蓄えられた電荷は変化しない。

この問題で，コンデンサーの極板間の電圧が変化するということが，納得できない人もいるであろう。電池と切り離されているので，変化してもおかしくない。力を加えて極板を移動させるのでエネルギーが変化する。つまり，電位が変化するということである。

▶ガウスの法則と電気容量

平行板コンデンサーの電気容量は，ガウスの法則より求めることができる。ただし，クーロンの法則の比例定数 k と，誘電率 ε（誘電率は「②❷-**誘電体，導体の挿入▶誘電体を満たしたコンデンサー**」参照）との間に

$$\varepsilon=\frac{1}{4\pi k}\quad\cdots㉑$$

の関係がある。次の例題 183 で電気容量を求めてみよう。

例題183　ガウスの法則から電場，電気容量を求める

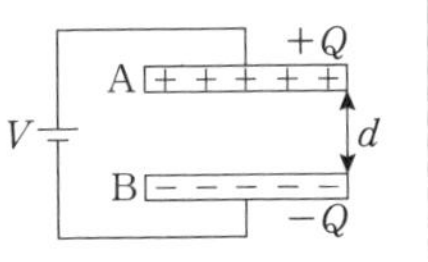

面積 S の 2 枚の同型の導体板 A，B を，間隔 d で平行に並べたコンデンサーがある。このコンデンサーに電圧 V の電池を図のように接続すると，導体板 A に $+Q$，B に $-Q$ の電荷が蓄えられ，極板間に一様な電場ができた。真空（≒空気）の誘電率を ε_0 とする。

(1)　極板間の電場の様子を，電気力線を用いて図示せよ。

(2)　極板間の電場の強さを E とする。E を，V を用いて表せ。

(3) 極板間にある電気力線の本数を Q, ε_0 を用いて求めよ。ただし，真空（≒空気）中でのクーロンの法則の比例定数を k_0 とすると，$\varepsilon_0=\dfrac{1}{4\pi k_0}$ と表せる。

(4) 極板間の電場の強さ E を，Q を用いて答えよ。

(5) (2)，(4)の結果よりコンデンサーの電気容量 C を求めよ。

解答 (1) 極板 A から B の向きの一様な電場ができる。電気力線は正電荷から負電荷へ等間隔であるので，右図のようになる。

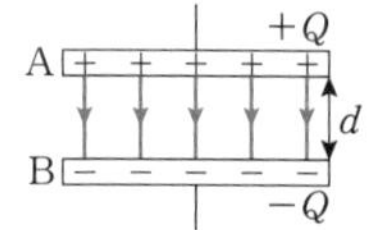

(2) 一様な電場であるので　$E=\dfrac{V}{d}$　…①

(3) ガウスの法則より，電気力線の本数は　$4\pi k_0 Q=\dfrac{Q}{\varepsilon_0}$ 本

(4) 電場に垂直な面を単位面積あたり通過する電気力線の本数が電場の強さなので

$$E=\frac{\frac{Q}{\varepsilon_0}}{S}=\frac{Q}{\varepsilon_0 S}\quad\cdots②$$

(5) ①，②式より　$E=\dfrac{V}{d}=\dfrac{Q}{\varepsilon_0 S}$　$\therefore\ Q=\dfrac{\varepsilon_0 S}{d}V$

ここで，コンデンサーの電気容量 C は，$Q=CV$ で定義されるので　$C=\dfrac{\varepsilon_0 S}{d}$

2 - 誘電体，導体の挿入

▶誘電体を満たしたコンデンサー

面積 S
誘電体 ε
d

図 24　誘電体

コンデンサーの極板間を誘電体（不導体，絶縁体）で満たすと，電気容量 C〔F〕は，誘電体によって決まる値 ε を用いて

$$C=\frac{\varepsilon S}{d}\quad\cdots㉒$$

となる。ε〔F/m〕を**誘電体の誘電率**という。また，ε は真空の誘電率 ε_0 を用いて

$$\varepsilon=\varepsilon_r\varepsilon_0\quad\cdots㉓$$

とすることもある。ε_r は**比誘電率**（「① 5 - 電気力線，等電位面 ▶電場中の誘電体」参照）であり，単位はなく無次元の量である。また $\varepsilon_r>1$ である。これらをまとめると以下のようになる。

誘電体を満たしたコンデンサー

$$C=\frac{\varepsilon S}{d}=\frac{\varepsilon_r\varepsilon_0 S}{d}\quad\cdots㉒,\ ㉓$$

ε〔F/m〕：誘電体の誘電率　ε_r：比誘電率　ε_0〔F/m〕：真空の誘電率
S〔m^2〕：極板面積　d〔m〕：極板間隔

▶誘電体のはたらき

式㉒，㉓より，極板間が真空で電気容量 C_0 のコンデンサーの極板間を，比誘電率 ε_r の誘電体で満たすと，電気容量 C は

$$C=\varepsilon_r C_0 \quad \cdots ㉔$$

となり，誘電体は電気容量を大きくするはたらきがある。これは「①❺-**電気力線，等電位面 ▶電場中の誘電体**」で学んだように，誘電体には誘電分極により電場を弱めようとするはたらきがあるためである。次の例題184で詳しく考えてみよう。

例題184 誘電体のはたらきと電気容量について理解する

極板間隔 d で電気容量 C の平行板空気コンデンサーに電圧 V_0 の電池を接続し，十分時間が経過した後，電池を切り離す。空気の誘電率は真空と等しいものとする。

(1) 極板間の電場の強さ E_0 を求めよ。

(2) コンデンサーに蓄えられる電荷 Q_0，および静電エネルギー U_0 を求めよ。

次に，極板間が満たされるように，比誘電率 ε_r の誘電体を挿入する。

(3) コンデンサーの電気容量はいくらになるか。C，ε_r で表せ。

(4) 極板間の電圧 V を，V_0，ε_r で表せ。

(5) 極板間の電場の強さ E を，E_0，ε_r で表せ。

解答 (1) 極板間には一様な電場ができているので　$E_0=\dfrac{V_0}{d}$

(2) 電気容量 C，電圧 V_0 なので　$Q_0=CV_0$ ，$U_0=\dfrac{1}{2}CV_0{}^2$

(3) 極板面積を S，真空の誘電率を ε_0 とする。誘電体を挿入する前の電気容量 C は $\varepsilon_0\dfrac{S}{d}$ である。誘電体を挿入後の電気容量 C' は　$C'=\varepsilon_r\varepsilon_0\dfrac{S}{d}=\varepsilon_r C$

(4) 電池が切り離されているので，蓄えられている電気量は Q_0 で変わらない。

$$Q_0=CV_0=C'V \qquad \therefore \quad V=\frac{C}{C'}V_0=\frac{V_0}{\varepsilon_r}$$

(5) (1)の $E_0=\dfrac{V_0}{d}$ を使って　$E=\dfrac{V}{d}=\dfrac{V_0}{\varepsilon_r d}=\dfrac{E_0}{\varepsilon_r}$ （電場が $\dfrac{1}{\varepsilon_r}$ 倍に弱められている。）

理解のコツ

例題184では，誘電体を挿入した極板間の電場が小さくなっていることを確かめたけど，本来の考え方は逆だよ。「①❺-**電気力線，等電位面 ▶電場中の誘電体**」で学んだように，誘電体を挿入すると電場を $\dfrac{1}{\varepsilon_r}$ に弱めようとする。そこで電池が切り離されている場合，電荷は変わらずに，電圧が $\dfrac{1}{\varepsilon_r}$ になる。同じ電荷が $\dfrac{1}{\varepsilon_r}$ 倍の電圧でたまるので，誘電体の挿入により電気容量が ε_r 倍になったと考えられるんだ。

▶▶極板間の電場

例題 183 (4)，また，例題 184 (5)より，極板間の誘電率が ε のとき，平行板コンデンサーの極板間の電場 E は

$$E=\frac{Q}{\varepsilon S} \quad \cdots ㉕$$

つまり，コンデンサーの極板間の電場は蓄えられた電荷 Q と極板面積 S，および誘電率 ε で決まり，間隔 d によらない。電荷 Q が変化しない場合，間隔を変えても電場は変化しない。これは覚えておくと便利である。

▶▶導体板の挿入

コンデンサーの極板間に導体板を挿入すると，導体の性質より，導体板は次のような特徴をもつ。

① 導体板内には電場がなく等電位である。

② 向かい合う極板と同量で逆符号の電荷が，導体の表面に現れる。

まとめると図 25 (a)のようになる。この状態をよく考えると，導体の表面だけに電荷があるので，図(b)のように 2 枚の薄い導体板を導線でつないだ状態と同じと考えてよい。つまり，2 つのコンデンサーをつないだ状態と考えてよい。挿入するのが薄い導体板の場合も，電子などの大きさに比べれば十分に厚いので，この考え方が適用できる。なお，初め，導体板の電荷が 0 の場合は，電気量保存則より図 25 の Q_1 と Q_2 は等しくなる（このケースが圧倒的に多い）。

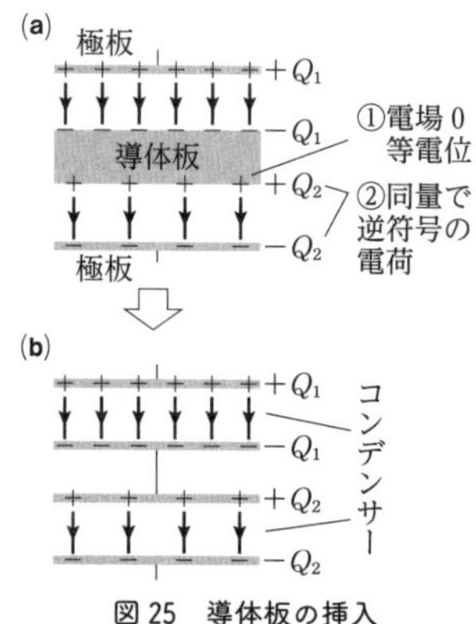

図 25　導体板の挿入

導体板を挿入した場合，その両側の表面だけが問題となるから，薄い 2 枚の導体板を，導体板と同じ断面積の太い導線でつないだと考えるといいよ。後で学ぶ，「②④- **コンデンサーの接続**」も参考にしてほしいな。

例題185 導体板を挿入したときの電場，電荷について考える

面積 S の薄い導体板 A，B を，間隔 d で置いた平行板コンデンサーがある。起電力 V の電池の正極に A，負極に B を接続する。真空（≒空気）の誘電率を ε_0 とする。

(1) 導体板 A に蓄えられている電気量 Q を求めよ。

次に電池を切り離し，導体板と同型で厚さ $\frac{d}{4}$ の導体板Pを図のように挿入する。

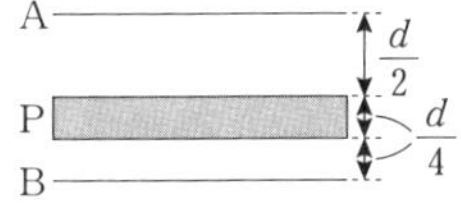

(2) Pの上面に現れる電荷の符号と電気量を求めよ。

(3) Pの上面とAとの間の電気容量 C_{AP}，AとPとの間の電位差 V_{AP} を求めよ。

(4) 同様にして導体板PとBの電位差 V_{PB} を求めよ。

(5) 導体板AとBの電位差 V_{AB} を求めよ。

(6) 導体板を入れる前のA，B間の電気容量を C とする。導体板を入れた後のA，B間の電気容量 C' を求めよ。

解答 **(1)** A，B間の電気容量 $C=\frac{\varepsilon_0 S}{d}$ であるので　$Q=CV=\frac{\varepsilon_0 SV}{d}$ …①

Aには，正電荷 $+Q$ の電荷がたまるので　$+\frac{\varepsilon_0 SV}{d}$

(2) 電池を切り離しているので，A，Bの電荷は変化せず $+Q$，$-Q$ のままである。静電誘導により，Pの上面には負電荷，下面には正電荷が現れる。Pの上面の負電荷は

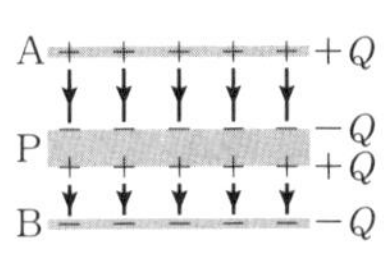

$$-Q=-\frac{\varepsilon_0 SV}{d}$$

(同様に考えて，導体板Bと向かい合っているPの下面には $+Q$ の電荷がある。P全体の電荷は0であるので，電気量保存則からもわかる。)

(3) Pの上面とAとで極板間隔 $\frac{d}{2}$ のコンデンサーとなる。

$$C_{AP}=\frac{\varepsilon_0 S}{\frac{d}{2}}=\frac{2\varepsilon_0 S}{d} \quad \cdots②$$

蓄えられている電荷は Q なので，①，②式を使って

$$Q=C_{AP}V_{AP} \qquad \therefore \quad V_{AP}=\frac{Q}{C_{AP}}=\frac{V}{2}$$

別解

挿入前の電場 $E=\frac{V}{d}$ である。挿入後も，電荷 Q は変化しないので，式㉕よりPの上面とAとの間の電場は変化しない。ゆえに

$$V_{AP}=E\times\frac{d}{2}=\frac{V}{2}$$

(4) 同様にPの下面とBとで，コンデンサーを形成する。電気容量を C_{PB} として

$$C_{PB}=\frac{\varepsilon_0 S}{\frac{d}{4}}=\frac{4\varepsilon_0 S}{d} \text{ より} \qquad Q=C_{PB}V_{PB} \qquad \therefore \quad V_{PB}=\frac{Q}{C_{PB}}=\frac{V}{4}$$

(5)　$V_{AB}=V_{AP}+V_{PB}=\dfrac{V}{2}+\dfrac{V}{4}=\dfrac{3}{4}V$

(6)　AB 間の電圧は V_{AB} で，AB 間には電気量 Q がたまっていると考えてよい。電気容量 C' は

$$Q=C'V_{AB}$$

$$\therefore\ C'=\frac{Q}{V_{AB}}=\frac{4\varepsilon_0 S}{3d}=\frac{4}{3}C\quad\left(\text{極板間隔が }\frac{3}{4}d\text{ になったのと同じ。}\right)$$

別解

後で学ぶ，「② ④-コンデンサーの接続 ▶合成容量」の考え方より求めることもできる。

理解のコツ

しつこく繰り返すけど，電位は高さと考えよう。例題 185 の(5)で，まず B より P は $\dfrac{V}{4}$ 高く，P 内は同じ高さで，A は P よりさらに $\dfrac{V}{2}$ 高いと考える。だから，B より A は $\dfrac{3}{4}V$ 高い，となるんだ。

③-極板間の静電気力

▶極板間の引力

コンデンサーの 2 つの極板には，符号の異なる電荷が蓄えられるので，静電気力により引力がはたらく。次の例題 186 で引力の大きさを求めてみよう。

例題186　極板間の引力を求める

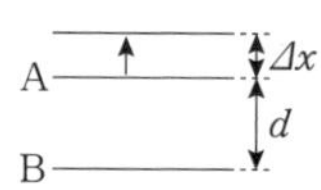

面積 S の薄い導体板 A，B を，間隔 d で置いた平行板コンデンサーを起電力 V の電池につないで十分充電した後，電池を切り離す。真空（≒空気）の誘電率を ε_0 とする。

(1)　コンデンサーに蓄えられる電気量 Q を求めよ。

(2)　コンデンサーに蓄えられる静電エネルギーを，Q，ε_0，d，S で求めよ。

次に，電荷が逃げないように注意して極板間隔を Δx だけゆっくり広げる。

(3)　初めの状態からのコンデンサーに蓄えられる静電エネルギーの変化量 ΔU を，Q，ε_0，S，Δx で求めよ。

(4)　極板を広げるために加えられた力は，一定であったとする。2 枚の極板間にはたらく引力を，Q，ε_0，S で求めよ。

解答 (1) 電気容量 $C=\dfrac{\varepsilon_0 S}{d}$ より　$Q=CV=\dfrac{\varepsilon_0 S}{d}V$

(2) 静電エネルギーを U として　$U=\dfrac{Q^2}{2C}=\dfrac{Q^2 d}{2\varepsilon_0 S}$

(3) 極板間隔 $d+\Delta x$ より，電気容量 C' は　$C'=\dfrac{\varepsilon_0 S}{d+\Delta x}$

極板を広げた後の静電エネルギーを U' とする。電池を切り離しているので，電荷は Q のままで

$$U'=\frac{Q^2}{2C'}=\frac{Q^2(d+\Delta x)}{2\varepsilon_0 S}$$

これより変化量は　$\Delta U=U'-U=\dfrac{Q^2(d+\Delta x)}{2\varepsilon_0 S}-\dfrac{Q^2 d}{2\varepsilon_0 S}=\dfrac{Q^2}{2\varepsilon_0 S}\Delta x$

(4) 極板間の引力の大きさを F とする。ゆっくりと広げるので，極板に加える力の大きさも F である。広げるために力のした仕事 $F\Delta x$ が，静電エネルギーの増加分になる。

$$F\Delta x=\Delta U=\frac{Q^2}{2\varepsilon_0 S}\Delta x \qquad \therefore\ F=\frac{Q^2}{2\varepsilon_0 S}$$

▶▶極板間の引力の大きさ

例題 186 で求めたように，極板間の引力 F は，極板間の物質の誘電率を ε として，$F=\dfrac{Q^2}{2\varepsilon S}$ である。また，式㉕より極板間の電場 E を用いて

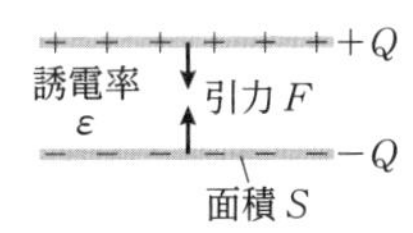

図 26　極板間の引力

$$F=\frac{Q^2}{2\varepsilon S}=\frac{1}{2}QE \quad \cdots㉖$$

理解のコツ

式㉖は覚えておくといいよ。また，この式より，極板間の引力 F は電荷 Q で決まることがわかる。極板間隔を変えても，Q が変化しないと F も一定だよ。

4 - コンデンサーの接続

複数のコンデンサーを接続して電池と接続したり，スイッチを使って順にコンデンサー間で電荷を移動させることを考える。次の 2 つの考え方 A，B を基本に解いていくことになる。

コンデンサーの接続

A．電気量保存則を考える

電荷の総量は変化しない（「① ❶-**電荷，クーロンの法則 ▶電気量保存則**」参照）。また，原則として，電荷は導体，電池，抵抗を通って移動する。このことより，**つながっている部分の電荷の総量は変化しない。**

B．電位を考える

電位は，**電気現象における高さ**と考える。電位の差が電位差（＝電圧）で，導体で接続されたところは等電位である。これらより式を作る。

例えば，図 27 のように，起電力 V の電池に，コンデンサー C_1，C_2 を接続する。接続して十分に時間が経ったときについて考える。ただし，初め C_1，C_2 に電荷はないものとする。以下のような手順で解く。

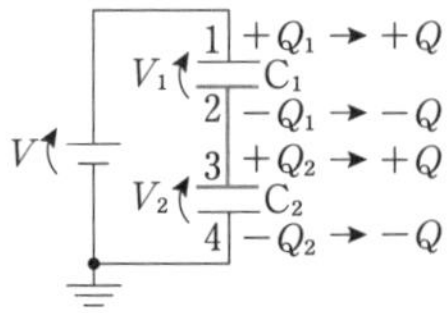

図 27　コンデンサーの接続

① **コンデンサーの電圧と電荷を仮定する**

C_1，C_2 の電圧をそれぞれ V_1，V_2 とする。それぞれのコンデンサーの**どちらの極板の電位が高いかは適当に仮定**する。ここでは極板 1，3 の電位が高いとしている。もし，電位の高低を逆に仮定してしまっても，解いた結果の電圧が負になるのでわかる。さらに蓄えられる電荷を Q_1，Q_2 とするが，**電位が高いと仮定した極板に正電荷がたまるとする**こと。

接地（アース）
右の記号で示される。
本来は，大きな導体（＝大地）に接続することだが，回路図中にあるときは，この点を電位 0 とするという意味になる。

② **A．電気量保存則を考える**

導体，電池，抵抗で接続されている部分の電荷について考える。ここでは，極板 2 と極板 3 について考える（図 27 の赤色部分）。初めの電荷が 0 の場合，接続後も電荷の総量は 0 である。電気量保存則より

$$0=-Q_1+Q_2 \qquad \therefore \quad Q_1=Q_2 \text{（}=Q\text{ とおくことにする。）}$$

③ **B．電位を考える**

適当な位置に電位の基準（高さの基準：0 V）を決める。接地（アース）がある場合は，そこが 0 V である。図 27 では電池の負極側が電位の基準で，正極側の電

位は V となる。導線でつながったところは等電位なので，極板 4 の電位は 0 V。極板 2，3 の電位は極板 4 より V_2 だけ高く，さらに極板 1 の電位は V_1+V_2 となる。極板 1 は電池の正極と等電位なので

$$V=V_1+V_2$$

これらのことを用いて式を作り，解いていく。

理解のコツ

電位は高さだから，回路中のどの経路を通っても，同じ位置では高さ（電位）は同じになる。図 27 の回路では，電池側を通っても，コンデンサー側を通っても，同じ高さ（電位）になるよ。

例題187 電気量保存則と電位を考える

電気容量がそれぞれ 1.0 μF と 3.0 μF のコンデンサー C_1，C_2 がある。初め，C_1 には 8.0×10^{-6} C，C_2 には 6.0×10^{-6} C の電荷が蓄えられている。右図のように，C_1 の極板を P，R，C_2 の極板を S，T とする。

(1) 初めの状態のコンデンサー C_1，C_2 の電圧をそれぞれ求めよ。

(2) 図 A のように，極板 P と S，R と T を導線でつなぐ。C_1 の極板間の電圧，および極板 P にたまる電荷を求めよ。また，このとき極板 P から S へ移動した電荷を求めよ。

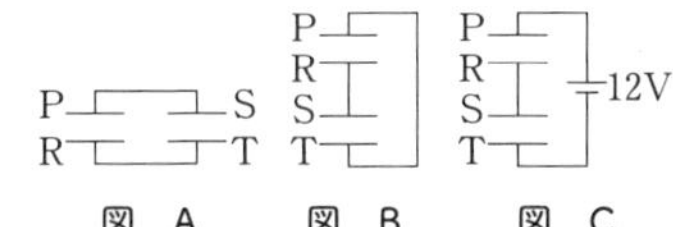

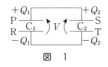

図 A　図 B　図 C

(3) 初めの状態から図 B のように，極板 P と T，R と S を導線でつなぐ。C_2 の極板間の電圧と，極板 S にたまる電荷を求めよ。

(4) 初めの状態から図 C のように，電圧 12 V の電池を P と T の間に接続する。C_1，C_2 の電圧と，極板 R にたまる電荷を求めよ。

解答 (1) C_1，C_2 の電圧をそれぞれ V_1，V_2 とすると

$$V_1=\frac{8.0\times10^{-6}}{1.0\times10^{-6}}=8.0\text{ V}\quad,\quad V_2=\frac{6.0\times10^{-6}}{3.0\times10^{-6}}=2.0\text{ V}$$

(2) 接続後，C_1 の極板 P 側の電位が高く，極板間の電圧が V であると仮定する（元々，極板 P と S 両方に正電荷があるので，多分そうだろうと見当をつける）。P と S，また R と T は同じ電位なので，C_2 の電圧も V である。各極板に蓄えられる電荷を図 1 のようにおく。P，S で電気量保存則より

図 1

$$(+8.0+6.0)\times10^{-6}=+Q_1+Q_2$$

また $Q_1=1.0\times10^{-6}\times V$，$Q_2=3.0\times10^{-6}\times V$ を代入して

$$(+8.0+6.0)\times10^{-6}=(+1.0+3.0)\times10^{-6}\times V\qquad\therefore\quad V=3.5\text{ V}$$

P には $+Q_1$ の電荷が蓄えられるので

$$+Q_1=+1.0\times10^{-6}\times3.5=3.5\times10^{-6}\text{ C}$$

P から S へ移動した電荷 ΔQ は，$+Q_2=+3.0\times10^{-6}\times3.5=10.5\times10^{-6}$C より

$$\Delta Q=(10.5-6.0)\times10^{-6}=4.5\times10^{-6}\,\mathrm{C}$$

(3) R と S，P と T はつながっているので，それぞれ等電位で，C_1，C_2 の極板間の電圧は等しい。図 2 のように，C_1 の電圧を P 側を高電位として V' と仮定する（逆でもよい）。必然的に C_2 は T が高電位で電圧 V' と仮定したことになる。P，T 側を高電位としたので，P，T に正電荷がたまっていると仮定する。P と T で電気量保存則より

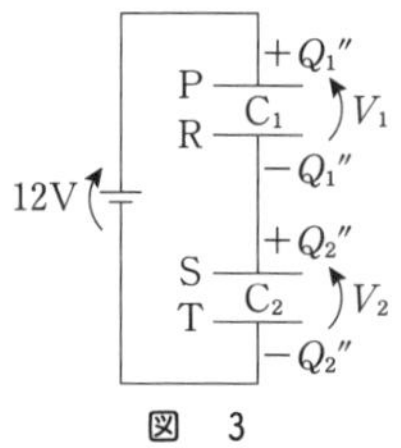

図 2

$$(+8.0-6.0)\times10^{-6}=+Q_1'+Q_2'$$

また　$Q_1'=1.0\times10^{-6}\times V'$　，　$Q_2'=3.0\times10^{-6}\times V'$

これらの式より　$V'=0.50\,\mathrm{V}$

$$Q_1'=1.0\times10^{-6}\times0.50=0.50\times10^{-6}\,\mathrm{C}$$

$$Q_2'=3.0\times10^{-6}\times0.50=1.5\times10^{-6}\,\mathrm{C}$$

S には負電荷がたまるので　$-Q_2'=-1.5\times10^{-6}\,\mathrm{C}$

(4) 図 3 のように，電圧，蓄えられる電荷を仮定する（電池の＋側の方が電位が高いので，極板 P，S が高電位で，正電荷が蓄えられそうだと想像する）。電位を考えて

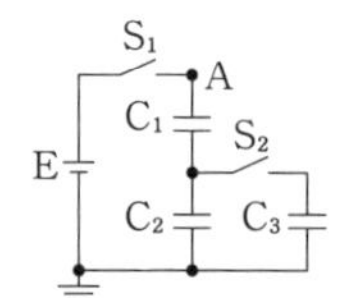

図 3

$$12=V_1+V_2$$

極板 R，S に注目して電気量保存則より

$$(-8.0+6.0)\times10^{-6}=-Q_1''+Q_2''$$

また　$Q_1''=1.0\times10^{-6}\times V_1$　，　$Q_2''=3.0\times10^{-6}\times V_2$

これらの式より　$V_1=9.5\,\mathrm{V}$　，　$V_2=2.5\,\mathrm{V}$

極板 R に蓄えられる電荷は

$$-Q_1''=-1.0\times10^{-6}\times9.5=-9.5\times10^{-6}\,\mathrm{C}$$

演習40

起電力 6.0 V の電池 E，容量がそれぞれ 3.0 μF，1.0 μF，2.0 μF のコンデンサー C_1，C_2，C_3，およびスイッチ S_1，S_2 を図のように接続する。初め，コンデンサーに電荷はなく，スイッチは開いている。この状態から S_1 を閉じる。

(1) C_1 の極板間の電位差と C_2 に蓄えられる電気量を求めよ。

次に S_1 を開き，S_2 を閉じる。

(2) C_3 の極板間の電位差，および蓄えられる電気量を求めよ。

(3) 図の点 A の電位を求めよ。

S_2 を開き，S_1 を閉じる。

(4) C_1 の極板間の電位差，および蓄えられる電気量を求めよ。

再び，S_1 を開き，S_2 を閉じる。

(5) C_2 の極板間の電位差，および蓄えられる電気量を求めよ。

この操作を繰り返し行うと，C_1，C_2，C_3 の極板間の電圧はある一定値に近づいた。

(6) C_1，C_2，C_3 の極板間の電圧を求めよ。

解答 (1) C_1, C_2 の極板間の電圧をそれぞれ V_1, V_2 とする。電気量保存則より C_1, C_2 には，同じ電気量 Q が蓄えられる。

$Q=3.0\,\mu\times V_1=1.0\,\mu\times V_2 \quad \therefore \quad 3.0V_1=1.0V_2 \quad \cdots$①

電位を考えて　$6.0=V_1+V_2 \quad \cdots$②

①，②式より　$V_1=1.5\,\mathrm{V}$ ，$V_2=4.5\,\mathrm{V}$

また　$Q=1.0\,\mu\times4.5=4.5\,\mu\mathrm{C}=4.5\times10^{-6}\,\mathrm{C}$

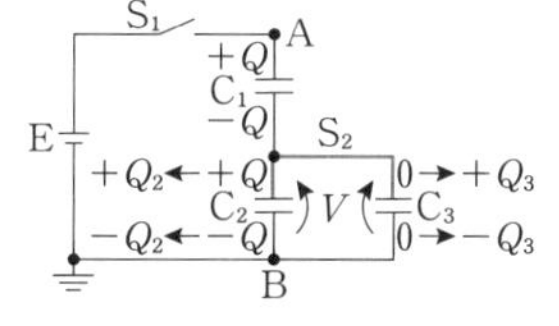

図 1

(2) S_1 を開いているので，C_1 の電荷は変化しない。図1のように，C_2, C_3 にたまる電気量をそれぞれ Q_2, Q_3，極板間の電圧を V とする。図1の赤色の部分の電気量保存則より

$Q+0=Q_2+Q_3 \quad \cdots$③

また，$Q=4.5\,\mu\mathrm{C}$, $Q_2=1.0\,\mu\times V$, $Q_3=2.0\,\mu\times V$ であるので，③式に代入して

$4.5\,\mu=(1.0\,\mu+2.0\,\mu)\times V \quad \therefore \quad V=1.5\,\mathrm{V}$

$Q_3=2.0\,\mu\times1.5=3.0\,\mu\mathrm{C}=3.0\times10^{-6}\,\mathrm{C}$ ，$Q_2=1.0\,\mu\times1.5=1.5\,\mu\mathrm{C}$

(3) C_1 の極板間の電圧は V_1 のままである。点Bの電位は0なので点Aの電位は

$V_1+V=1.5+1.5=3.0\,\mathrm{V}$

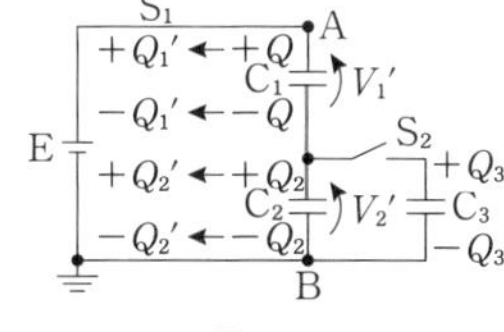

図 2

(4) S_1 を閉じた後，図2のように C_1, C_2 にたまる電気量をそれぞれ Q_1', Q_2'，極板間の電圧を V_1', V_2' とする。図2の赤色の部分の電気量保存則より

$-Q+Q_2=-Q_1'+Q_2' \quad \cdots$④

また電位を考えて　$6.0=V_1'+V_2' \quad \cdots$⑤

$Q=4.5\,\mu\mathrm{C}$, $Q_2=1.5\,\mu\mathrm{C}$, $Q_1'=3.0\,\mu\times V_1'$, $Q_2'=1.0\,\mu\times V_2'$ を④，⑤式に代入して

$V_1'=2.25\fallingdotseq2.3\,\mathrm{V}$ ，$V_2'=3.75\fallingdotseq3.8\,\mathrm{V}$

$Q_1'=3.0\,\mu\times2.25=6.75\,\mu\fallingdotseq6.8\,\mu\mathrm{C}=6.8\times10^{-6}\,\mathrm{C}$

$Q_2'=1.0\,\mu\times3.75=3.75\,\mu\fallingdotseq3.8\,\mu\mathrm{C}=3.8\times10^{-6}\,\mathrm{C}$

(5) S_2 を閉じた後，C_2, C_3 にたまる電気量がそれぞれ Q_2'', Q_3''，極板間の電圧が V'' になったとする。図1の赤色の部分の電気量保存則より

$Q_2'+Q_3=Q_2''+Q_3'' \quad \cdots$⑥

⑥式に $Q_2'=3.75\,\mu\mathrm{C}$, $Q_3=3.0\,\mu\mathrm{C}$, $Q_2''=1.0\,\mu\times V''$, $Q_3''=2.0\,\mu\times V''$ を代入して

$3.75\,\mu+3.0\,\mu=(1.0\,\mu+2.0\,\mu)\times V'' \quad \therefore \quad V''=2.25\fallingdotseq2.3\,\mathrm{V}$

$Q_2''=1.0\,\mu\times2.25=2.25\,\mu\fallingdotseq2.3\,\mu\mathrm{C}=2.3\times10^{-6}\,\mathrm{C}$

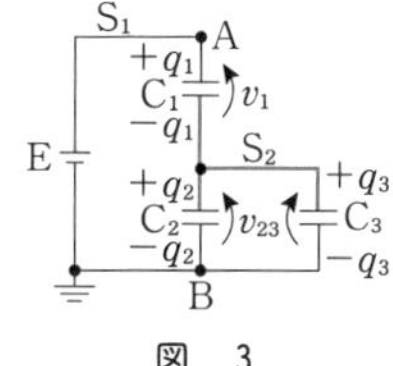

図 3

(6) C_1, C_2, C_3 の電圧が一定値となり，S_1, S_2 を開閉しても電荷は移動せず，電圧も変化しない状態になる。これは，S_1, S_2 を同時に閉じた状態と同じである。図3のように電荷を q_1, q_2, q_3, C_1 の電圧を v_1, C_2 と C_3 の電圧を v_{23} とする。初めの状態からの電気量保存則より

$0=-q_1+q_2+q_3 \quad \cdots$⑦

電位を考えて　$6.0=v_1+v_{23} \quad \cdots$⑧

$q_1=3.0\,\mu\times v_1$, $q_2=1.0\,\mu\times v_{23}$, $q_3=2.0\,\mu\times v_{23}$ なので⑦，⑧式より

$v_1=3.0\,\mathrm{V}$ ，$v_{23}=3.0\,\mathrm{V}$

▶▶合成容量

複数のコンデンサーC_1，C_2，…（電気容量C_1〔F〕，C_2〔F〕，…）を接続したものを，同じはたらきをする1つのコンデンサーCに置き換えたとして，その電気容量C〔F〕を**合成容量**という。基本的な2つの接続方法の合成容量は以下のようになる。ただし，初め，電荷の蓄えられていないコンデンサーを接続するものとする。

▶並列接続

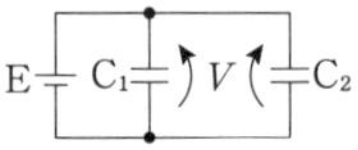

図28のように，コンデンサーC_1，C_2を電池Eに接続する。C_1，C_2の**極板間の電圧が共通であるような接続を並列接続**という。合成容量Cは

図28　並列

$$C=C_1+C_2 \quad \cdots ㉗$$

▶直列接続

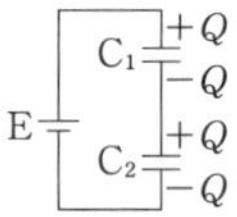

図29のように，C_1，C_2を電池Eに接続する。**C_1，C_2には電気量保存則より等量の電荷Qが蓄えられる。このような接続を直列接続**という。合成容量Cは

図29　直列

$$\frac{1}{C}=\frac{1}{C_1}+\frac{1}{C_2} \quad \cdots ㉘$$

合成容量の式㉗，㉘を次の例題で導出してみよう。

例題188 合成容量の考え方を理解し，合成容量を求める

容量がそれぞれ2.0μF，3.0μFのコンデンサーC_1，C_2と，起電力8.0Vの電池EおよびスイッチSを図1のように組み合わせた。初め，Sは開いており，C_1，C_2に電荷は蓄えられていない。スイッチを閉じて十分に時間が経過した。

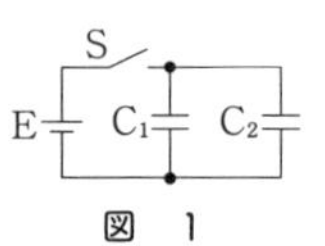

図　1

(1)　C_1，C_2に蓄えられた電荷をそれぞれ求めよ。

(2)　この間に，電池を通過した電荷，および電池のした仕事を求めよ。

(3)　C_1，C_2の合成容量を，公式を用いずに求めよ。

次に，コンデンサーの電荷を0に戻してから，図2のように接続し，スイッチを閉じて十分に時間が経過した。

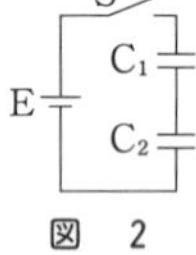

図　2

(4)　C_1，C_2の電圧をそれぞれV_1，V_2とし，成り立つ式を求めよ。ただし，いずれのコンデンサーも図の上側の極板の電位が高いものとする。

(5)　C_1，C_2に蓄えられる電荷をそれぞれQ_1，Q_2とする。Q_1とQ_2の関係を求めよ。また，V_1とV_2の比を求めよ。

(6)　V_1，Q_2を求めよ。

(7)　C_1，C_2の合成容量を，公式を用いずに求めよ。

解答 (1) C_1, C_2 ともに電池の電圧 $V=8.0\,V$ がかかるので，蓄えられた電荷は

C_1 : $2.0\times10^{-6}\times8.0=1.6\times10^{-5}\,C$

C_2 : $3.0\times10^{-6}\times8.0=2.4\times10^{-5}\,C$

(2) 電池を通過した電荷を q とすると，C_1, C_2 の両方の電荷が通過するので

$q=(1.6+2.4)\times10^{-5}=4.0\times10^{-5}\,C$

また，電池のした仕事 W は　$W=qV=4.0\times10^{-5}\times8.0=3.2\times10^{-4}\,J$

(3) 電圧 $V=8.0\,V$ で，電荷が合計 $q=4.0\times10^{-5}\,C$ 蓄えられているので，これを1つのコンデンサーに置き換えたとすると，容量 C は

$$C=\frac{q}{V}=\frac{4.0\times10^{-5}}{8.0}=5.0\times10^{-6}\,F=5.0\,\mu F$$

(参考) 式㉗でも求めてみよう。

(4) C_1, C_2 とも上側の極板の電位が高い。電位の関係より

$V_1+V_2=8.0$ …①

(5) C_1, C_2 ともに上側の極板を高電位と仮定したので，電荷の分布は右図となる。電気量保存則より

$0=-Q_1+Q_2$　∴ $Q_1=Q_2$

また $Q_1=2.0\,\mu\times V_1$, $Q_2=3.0\,\mu\times V_2$ より

$2.0\,\mu\times V_1=3.0\,\mu\times V_2$　∴ $V_1 : V_2=3:2$ …②

なお，以後，$Q_1=Q_2=Q$ とする。

(6) ①，②式を解いて $V_1=4.8\,V$, $V_2=3.2\,V$ より

$Q_2=Q=3.0\times10^{-6}\times3.2=9.6\times10^{-6}\,C$

(7) 電圧 $V=8.0\,V$ で，電荷が $9.6\times10^{-6}\,C$ 蓄えられているので，これを1つのコンデンサーに置き換えたとすると，容量 C' は

$$C'=\frac{9.6\times10^{-6}}{8.0}=1.2\times10^{-6}\,F=1.2\,\mu F$$

(電池を通過した電荷は Q で，$Q_1+Q_2=2Q$ ではない。したがって，1つのコンデンサーに置き換えたときに，電池が充電した電気量は Q であると考える。)

(参考) 式㉘でも求めてみよう。

理解のコツ

直列接続の合成容量の公式が使えるのは，初めに電荷が蓄えられていない場合に限られるよ。また，“並列”か“直列”かの区別が難しい場合がある。コンデンサーの接続の問題では，合成容量の公式に頼らずに，**電気量保存則や電位を考えて解く方がよい場合が多い**。ただし，次の例題189のような場合は，合成容量で考えよう。

例題189　一部，誘電体の挿入されたコンデンサーの容量を求める

容量 6.0 μF の極板間が真空の平行板コンデンサーがある。このコンデンサーに図 1，2 のように比誘電率 2.0 の誘電体を挿入したときの，容量を求めよ。

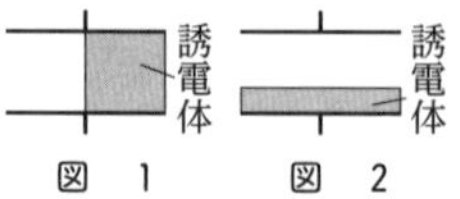

(1)　図 1 のように極板の $\frac{1}{2}$ の面積で，厚さが極板間隔と等しい誘電体を挿入。

(2)　図 2 のように極板と同じ形で，厚さが極板間隔の $\frac{1}{3}$ の誘電体を挿入。

解答 (1)　右図のように，面積が半分のコンデンサーの並列接続と考える。誘電体のない半分の容量を $C_{左}$，誘電体のある半分の容量を $C_{右}$ とする。

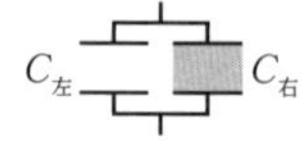

$$C_{左}=\frac{C}{2}=3.0\,\mu\mathrm{F}\quad,\quad C_{右}=\frac{C}{2}\times2.0=6.0\,\mu\mathrm{F}$$

全体の合成容量 C_1 は，式㉗より

$$C_1=C_{左}+C_{右}=3.0\,\mu+6.0\,\mu=9.0\,\mu\mathrm{F}$$

(2)　右図のように，極板間隔が $\frac{2}{3}$ で容量 $C_{上}$ のコンデンサーと，極板間隔が $\frac{1}{3}$ で誘電体を挿入した容量 $C_{下}$ のコンデンサーの直列接続と考える。容量は極板間隔に反比例するので

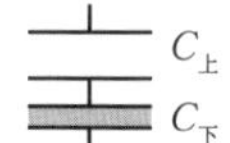

$$C_{上}=C\times\frac{3}{2}=9.0\,\mu\mathrm{F}\quad,\quad C_{下}=C\times3\times2.0=36\,\mu\mathrm{F}$$

合成容量 C_2 は，式㉘より

$$\frac{1}{C_2}=\frac{1}{C_{上}}+\frac{1}{C_{下}}=\frac{1}{9.0\,\mu}+\frac{1}{36\,\mu}=\frac{1}{7.2\,\mu}\qquad\therefore\quad C_2=7.2\,\mu\mathrm{F}$$

演習41

同型の薄い金属板 K，L，M がある。K と L だけを間隔 d で平行に置いたときの電気容量は C である。図のように K，L，M を並べ，起電力 V の電池 2 個，スイッチ S_1，S_2 を接続する。初め S_1，S_2 はともに開かれており，K，L，M には電荷が蓄えられていない。

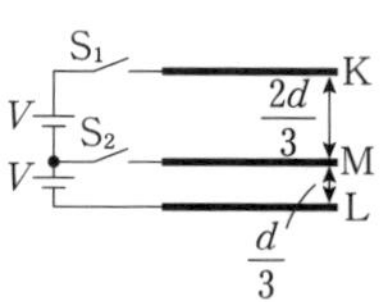

(1)　金属板 K，M 間の電気容量を求めよ。

(2)　スイッチ S_1 のみ閉じる。このとき，金属板 L に蓄えられた電荷を求めよ。

(3)　次に，S_2 を閉じる。このとき，金属板 M に蓄えられた電荷を求めよ。

(4)　その後，S_2，S_1 を開いてから，電荷が逃げないように注意して金属板 M を K の方に x だけ移動させた。金属板 M，L 間の電位差を求めよ。

解答 (1) 図1のように，金属板KとMの上面（C_1とする），またMの下面とL（C_2とする）で，各々コンデンサーを形成すると考える。問題文にあるようにKとLだけで極板間隔dのときの電気容量はCであり，容量は極板間隔に反比例するので，C_1の容量をC_1とすると

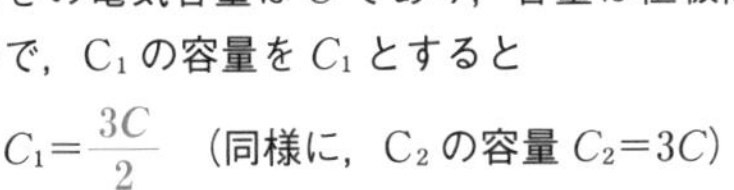

$$C_1=\frac{3C}{2}\quad（同様に，C_2 の容量 C_2=3C）$$

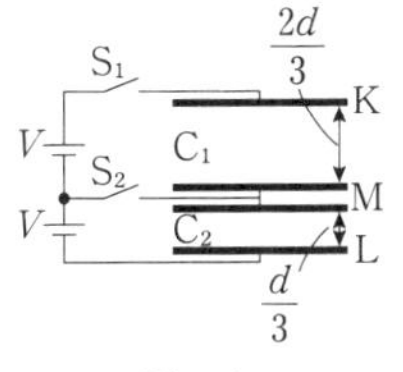

図 1

(2) 図2のようにC_1，C_2の電圧をそれぞれV_1，V_2として

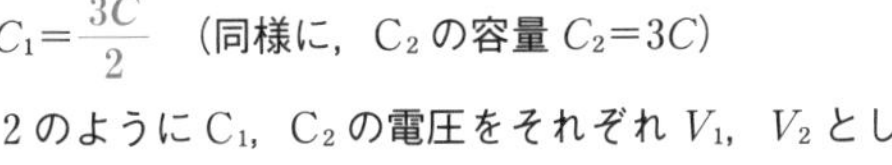

$$2V=V_1+V_2\quad \cdots①$$

C_1，C_2の電荷は，電気量保存則より同じでQとする。

$$Q=C_1V_1=C_2V_2\qquad \therefore\ \frac{3C}{2}V_1=3CV_2\quad \cdots②$$

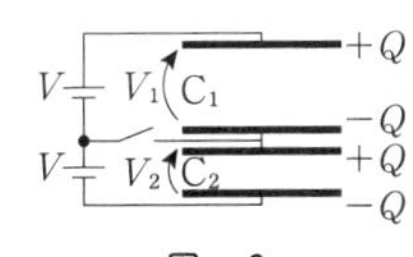

図 2

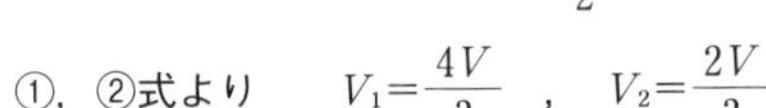

①，②式より　$V_1=\frac{4V}{3}$　，　$V_2=\frac{2V}{3}$

金属板Lには負電荷がたまるので　$-Q=-C_2V_2=-2CV$

(3) C_1，C_2にそれぞれ電圧Vがかかる。図3のように，電荷をそれぞれQ_1，Q_2とすると

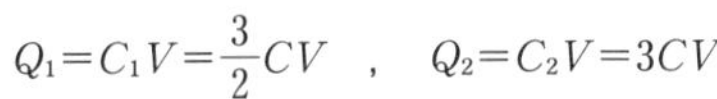

$$Q_1=C_1V=\frac{3}{2}CV\quad ,\quad Q_2=C_2V=3CV$$

図 3

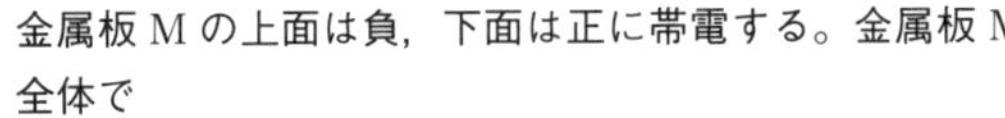

金属板Mの上面は負，下面は正に帯電する。金属板M全体で

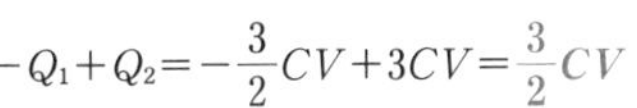
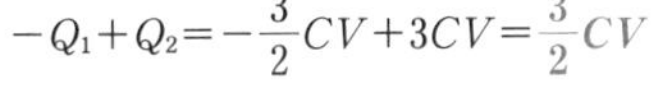

$$-Q_1+Q_2=-\frac{3}{2}CV+3CV=\frac{3}{2}CV$$

(4) 各金属板の電荷は変化しない。C_2の容量がC_2'，電圧がV_2'に変化したとして

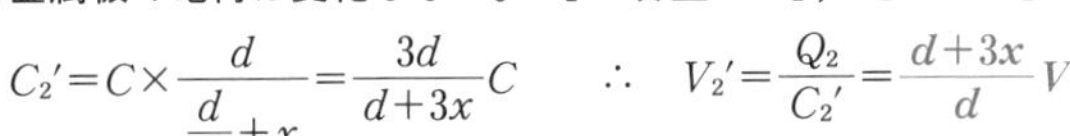

$$C_2'=C\times\frac{d}{\frac{d}{3}+x}=\frac{3d}{d+3x}C\qquad \therefore\ V_2'=\frac{Q_2}{C_2'}=\frac{d+3x}{d}V$$

直流回路

1 - 電流と抵抗

▶▶電流

電流とは電荷をもった粒子が移動することである。移動する粒子（荷電粒子）をキャリアといい，正電荷でも負電荷でもよい。電流の強さ I〔A〕（単位の読みは“アンペア”）は，電流の断面を単位時間あたりに通過する電荷の電気量であり，時間 t〔s〕の間に q〔C〕の電気量が通過したとき

$$I=\frac{q}{t} \quad \cdots㉙$$

となる。〔A〕=〔C/s〕と考えてよい。電流の強さを単に電流ということがある。

図 30 (a)のように正電荷が移動する向きを電流の向きと決める。図(b)で負電荷が移動する場合，電流の向きは電荷の移動の向きと逆とする。身近な現象では，負電荷である自由電子が移動する場合が圧倒的に多いが，電子の移動の向きと電流の向きは逆である。

向きが変わらない電流を直流という。

(a) 電流

1s で通過する電気量
= 電流の強さ

(b) 電流

図 30　電流①

電流

強さ：単位時間あたりに通過する電気量

$$\boldsymbol{I=\frac{q}{t}} \quad \cdots㉙$$

I〔A〕：電流の強さ　　q〔C〕：時間 t〔s〕で通過する電気量

向き：正電荷が移動する向き（負電荷の移動と逆向き）

図 31 のように，断面積 S〔m^2〕の導体中を自由電子（電気量 $-e$〔C〕）が移動しているとき，全ての自由電子が一定の速さ v〔m/s〕で運動していると仮定し，導体中の自由電子の数密度（単位体積あたりの個数）を n〔個/m^3〕とすると，ある断面を時間 1s で通過する自由電子の数は，体積 Sv に含まれる数なので nSv 個となり，電流 I〔A〕は

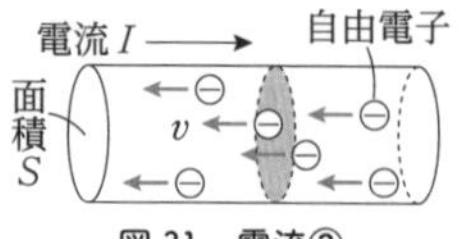

図 31　電流②

$$I=enSv \quad \cdots㉚$$

理解のコツ

「電流の正体は電子で，電流と電子の移動する向きは逆」と頭に染みついている人も多いんじゃないかな。身近な電流はそうである場合が多いけど，電子に限らず電荷が移動していれば電流であって，例えば，水溶液中での陽イオンの流れも電流なんだ。電子が発見されるずっと以前に電流の向きは決められていた。電子の電気量を負とすることで，つじつまを合わせたと考えてもいいね。電子の移動する向きと電流の向きが逆であることにあまり悩まないようにしよう。

抵抗

金属中を電荷（自由電子）が移動するとき，金属中の陽イオンに衝突し，エネルギーを失う。これが**抵抗（電気抵抗）**の原因である。また，この現象が生じる物体（金属など）のことも**抵抗**という。

オームの法則

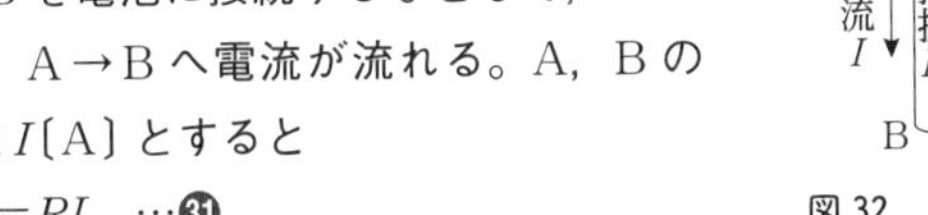

図 32　オームの法則

図 32 で抵抗の両端 A，B を電池に接続するなどして，A の電位を B より高くすると，A→B へ電流が流れる。A，B の電位差＝電圧 V〔V〕，電流 I〔A〕とすると

$$V = RI \quad \cdots ㉛$$

となる。これを**オームの法則**という。比例定数は抵抗によって決まり，R を**抵抗**（または抵抗値）という。単位は Ω（読みは“オーム”）である。**抵抗では電流の流れに沿って電位が下がる**ので，抵抗の両端の電圧 V のことを**電圧降下**ともいう。

オームの法則

$$\boldsymbol{V = RI} \quad \cdots ㉛$$

V〔V〕：抵抗の両端の電位差＝電圧降下　　I〔A〕：電流　　R〔Ω〕：抵抗

抵抗と電荷のエネルギー

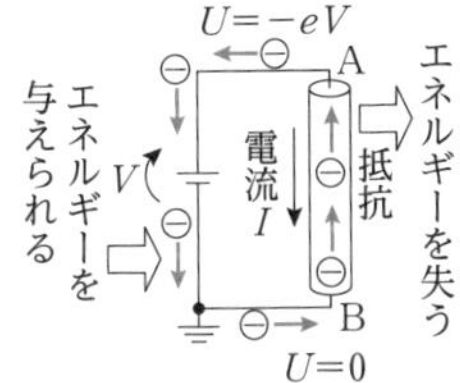

図 33　電流とエネルギー

電荷の流れとエネルギーについて詳しく考える。図 33 で，起電力 V の電池に接続した抵抗の両端 A，B の電位はそれぞれ V，0 である。回路を流れる自由電子（電気量：$-e$）のもつ静電気力による位置エネルギーは B で 0J，A で $-eV$〔J〕となり，電子は抵抗を B→A へ移動することで eV〔J〕のエネルギーを失う。電子が失ったエネルギーが熱になり，抵抗は発熱する。この熱を**ジュール熱**という。さらに自由電子は正極から電池に入り，eV〔J〕のエネルギーを与えられて負極で位置エネルギーが再び 0J となる。つまり電流の流れる回路では**電荷は電池からエネルギーを与えられ，抵抗で失う**。

理解のコツ

中学で学んだオームの法則だけど，電荷の流れやエネルギーの移動を意識して理解することが大切だよ。抵抗に電流を流すと，電荷が電気エネルギーを失い，熱エネルギーに変換される。逆に電池では通常，化学エネルギーが電気エネルギーに変換されて，電荷はエネルギーを得る。回路ではこれが繰り返される。

実際の現象に即して負電荷の自由電子で説明したけど，これも正電荷が移動すると考える方が考えやすい。正電荷の電気量を q とすると，A から B へ移動する間にエネルギーが qV から 0 となり，qV だけエネルギーを失う。また，電池の負極から正極へ移動する間に，qV のエネルギーを得る。

電力

単位時間あたりに電源（起電力）が供給するエネルギー（仕事）＝仕事率が**電力** P で，単位は W（ワット）である。図 34 のように，電圧 V〔V〕の電源（電池）の負極から正極に電流 I〔A〕が流れるとき，時間 1 s で移動する電荷は I〔C〕となるので，電力 P は

$$P=IV \quad \cdots ㉜$$

図 34　電力

電力

$$\boldsymbol{P=IV} \quad \cdots ㉜$$

P〔W〕: 電力　I〔A〕: 電流　V〔V〕: 電圧

図 34 と逆に，電池の正極から負極へ電流が流れることも可能である。この場合は，電荷のエネルギーが失われ，充電できない電池では熱が発生する。また充電可能な電池では，このエネルギーにより逆の化学反応が起こり，電池は充電される。

消費電力，ジュール熱

R〔Ω〕の抵抗に電流 I〔A〕が流れ，抵抗の両端の電圧（電圧降下）V〔V〕とする。時間 t〔s〕で通過する電気量 q〔C〕は式㉙を変形して $q=It$ となるので，時間 t で発生するジュール熱 J〔J〕は

$$J=qV=IVt \quad \cdots ㉝$$

また，時間 1 s あたりに失われる電気エネルギーを**消費電力** P〔W〕という（単に電力ということもある）。オームの法則の式㉛も用いて

$$P=\frac{J}{t}=IV=RI^2=\frac{V^2}{R} \quad \cdots ㉞$$

抵抗で発生するジュール熱，消費電力

ジュール熱：$J=IVt$ …㉝

消費電力：$P=IV=RI^2=\dfrac{V^2}{R}$ …㉞

J〔J〕：ジュール熱　P〔W〕：消費電力　R〔Ω〕：抵抗
I〔A〕：電流　V〔V〕：電圧（＝電圧降下）　t〔s〕：時間

例題190 電流のはたらきの基本を確認する

以下の空欄のア～クにあてはまる最も適当な式，語句を答えなさい。空欄エのみ，どちらかの語句を選びなさい。

抵抗値 R〔Ω〕の抵抗の両端を，電位差が V〔V〕の 2 点に接続すると，電流が流れる。電流は抵抗の電位の［　ア　］い方から［　イ　］い方に流れる。抵抗の両端の電位差を［　ウ　］ともいう。抵抗中を流れる電荷の静電気力による位置エネルギーは［エ. 増加・減少］し，ジュール熱が発生する。

回路のある断面を時間 t〔s〕の間に電荷 q〔C〕が通過するとき，電流 I〔A〕は I＝［　オ　］と表せる。また，オームの法則より，抵抗値 R，抵抗の両端の電位差 V，電流 I の関係は，［　カ　］である。

電流が 1 s あたりにする仕事（仕事率）を電力 P〔W〕と呼び，P＝［　キ　］である。ゆえに，電流が時間 t だけ流れるとき，電流がする仕事 W〔J〕は W＝［　ク　］となる。これが，通常の抵抗ではジュール熱となる。

解答 抵抗では，電流は必ず電位の高い方から低い方へ流れる。

ア. 高　イ. 低　ウ. 電圧降下

エ. 正電荷で考えた方がわかりやすい。電位の高いところの方が静電気力による位置エネルギーは大きい。ゆえに，抵抗を通過すると位置エネルギーは減少する（負電荷で考えても同じである）。

オ. 式㉙より $\dfrac{q}{t}$　カ. $V=RI$　キ. IV　ク. IVt

例題191 オームの法則の基本，電圧降下を理解する

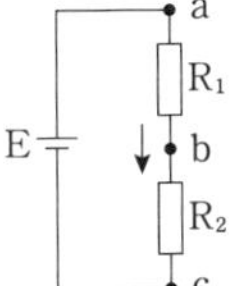

図のように電池 E，抵抗 R_1，R_2 を接続した。R_1 の抵抗値は 20 Ω である。b で 0.80 A の電流が図の矢印の向きに流れており，b，c 間の電圧を測定すると 24 V であった。電子の電気量を -1.6×10^{-19} C とする。

(1) b を単位時間あたりに通過する電子の数を求めよ。
(2) b，c のどちらが電位が高いか答えよ。
(3) R_2 の抵抗値を求めよ。
(4) ab 間の電圧を求めよ。
(5) 抵抗 R_1 での消費電力を求めよ。
(6) 電池の起電力（電圧）E を求めよ。

解答 (1) 単位時間1sあたり0.80Cの電気量が通過するので，電子の個数は

$$\frac{0.80}{|-1.6\times10^{-19}|}=5.0\times10^{18}\text{ 個/s}$$

(2) 抵抗では，必ず電位の高い方から低い方へ電流が流れるので，bの方が電位が高い。

(3) 抵抗R_2の両端の電圧$V_2=24\text{V}$，電流$I=0.80\text{A}$なので，オームの法則の式㉛より抵抗値R_2は

$$R_2=\frac{V_2}{I}=\frac{24}{0.80}=30\,\Omega$$

(4) 電荷は途中で消えたり，発生したりしない。また，途中でとどまらないので，抵抗R_1を流れる電流は$I=0.80\text{A}$である。オームの法則より電圧V_1は

$$V_1=R_1I=20\times0.80=16\text{ V}$$

(5) 抵抗R_1での消費電力P_1は，式㉞より

$$P_1=IV_1=0.80\times16=12.8\fallingdotseq13\text{ W}$$

(6) 電位を高さと考える。抵抗R_1，R_2の両端の電位差の合計と，電池の起電力（電圧）が一致するので

$$E=V_1+V_2=16+24=40\text{ V}$$

例題192 オームの法則と電位について考える

図のように起電力9.0Vと3.0Vの電池，20Ωの抵抗を接続した。

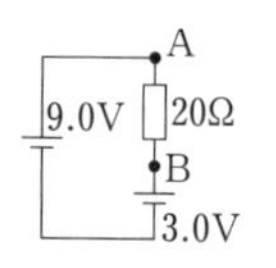

(1) 抵抗の両端の電位差Vを求めよ。
(2) 抵抗に流れる電流の強さIと向きを求めよ。
(3) 抵抗の消費電力Pを求めよ。

解答 (1) 電池の負極側を電位の基準（0V）と考えると，それぞれ正極は9.0V，3.0Vだけ負極より電位が高いので，点Aの電位は9.0V，点Bは3.0Vである。ゆえに

$$V=9.0-3.0=6.0\text{ V}$$

(2) オームの法則の式㉛より　$I=\dfrac{V}{20}=\dfrac{6.0}{20}=0.30\text{ A}$

向きは，抵抗では電流は必ず電位の高い方から低い方へ流れるので　A→B
（3.0Vの電池には，通常と逆向きに電流が流れる。）

(3) 式㉞より　$P=IV=0.30\times6.0=1.8\text{ W}$

例題193 抵抗の電圧降下と電位を考える

起電力60Vの電池，抵抗値がそれぞれ36Ω，24Ω，20Ωの抵抗とスイッチで右図のような回路を作った。回路中の点A，B，C，Dの電位を以下の場合について求めよ。

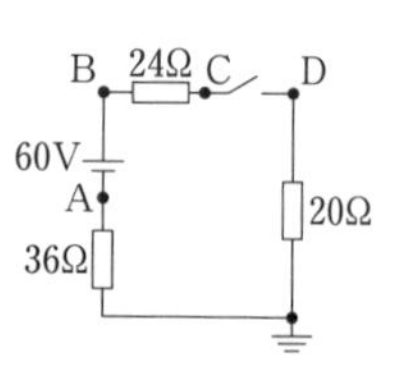

(1) スイッチを開いている場合
(2) スイッチを閉じている場合

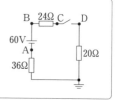

解答 (1) 電流は流れない。全ての抵抗の両端の電位差は0Vである。また，導線（＝導体）で接続されている点は等電位である。接地点（アース）が0Vなので

A：0V　　B：0+60=60V（電池の電位差は，常に60Vである。）

C：60+0=60V　　D：0V

(2) 右図の矢印の向きに電流 I〔A〕が流れる。

$$60=(36+24+20)I \qquad \therefore \quad I=\frac{60}{80}=0.75\,\mathrm{A}$$

抵抗では電流の向きに電位が下がる（電圧降下）ので

A：$0-36I=0-36\times0.75=-27$ V

B：$-27+60=33$ V

C，D：$33-24I=33-24\times0.75=15$ V　（CとDは等電位である。）

別解

C，D：$0+20I=0+20\times0.75=15$ V

▶▶抵抗率

ある物質でできた一様な断面の抵抗の抵抗値 R〔Ω〕は，長さ L〔m〕に比例し，断面積 S〔m^2〕に反比例する。物質により決まる定数 ρ〔Ω·m〕を用いて

$$R=\rho\frac{L}{S} \quad \cdots㉟$$

となる。ρ〔Ω·m〕を物質の**抵抗率**という。抵抗率は温度によって変化する。0℃での抵抗率を ρ_0〔Ω·m〕として，温度 t〔℃〕での抵抗率 ρ は

$$\rho=\rho_0(1+\alpha t) \quad \cdots㊱$$

α〔1/K〕を**抵抗率の温度係数**といい，金属では一般に $\alpha>0$ である。つまり，温度が高くなると，抵抗率が大きくなり抵抗値も大きくなる。

次の例題194で，式㉟を導いてみよう。

例題194 オームの法則を導出する／抵抗率を求める

以下の空欄のア～クにあてはまる最も適当な式，語句を答えなさい。

式㉟を，次のようなモデルで導いてみよう。ある物質でできた長さ L〔m〕，断面積 S〔m^2〕の円筒形の一様な抵抗がある。抵抗の両端AB間の電位差を，Aを高電位として V〔V〕にする。抵抗内には，［　ア　］向きで，強さ［　イ　］の電場ができ，抵抗中の自由電子はB→A向きの力を受けて動き出す。電子は速度と逆向きの抵抗力を受けて，やがて一定の速さ v〔m/s〕で移動するとする。電子が電場から受ける力は，電子の電荷を $-e$〔C〕とすると，B→A向きで大きさ［　ウ　］である。電子にはたらく抵抗力は速さに比例するものとし，比例定数を k とすると，大きさは［　エ　］である。この2力がつり合っているとして

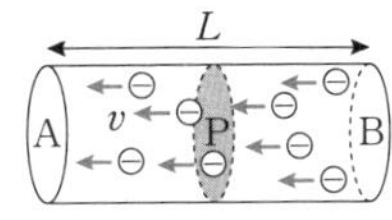

【　ウ　】=【　エ　】 …①

この物質に含まれる単位体積あたりの自由電子の個数を n〔個/m^3〕とすると，流れる電流 I〔A〕は，断面 P を単位時間あたりに通過する電気量と考えて

I=［　オ　］ …②

①，②式より v を消去し，V について解くと

V=［　カ　］ …③

これより，V と I が比例することがわかる。つまり，オームの法則である。抵抗を R〔Ω〕として $V=RI$ と③式を比べることで R=［　キ　］となり，この物質の抵抗率 ρ は，e，k，n を用いて ρ=［　ク　］と表せる。

解答 ア．向きは，高電位から低電位の向きで　A→B

イ．強さ E〔V/m〕は　$E=\dfrac{V}{L}$

ウ．電場と逆向きに静電気力がはたらき，大きさは　$|-eE|=\left|\dfrac{-eV}{L}\right|=\dfrac{eV}{L}$

エ．問題文より，抵抗力の大きさは速さ v に比例し，比例定数 k であるので　kv

オ．1s あたり P を通過するのは，右図の網かけ部分（体積 Sv）中に含まれる電子で，nSv 個である。通過する電気量が電流なので

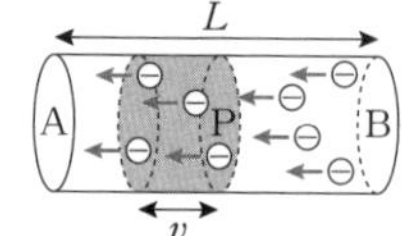

$I=enSv$ …②（式㉚である。）

カ．①式を v について解き，②式に代入して

$$I=enS\times\frac{eV}{kL}=\frac{e^2nSV}{kL}\qquad\therefore\quad V=\frac{kL}{e^2nS}I\quad\cdots③$$

キ．③式で抵抗 R に相当するのは　$R=\dfrac{kL}{e^2nS}$ …④

ク．④式は，抵抗 R が長さ L に比例し，断面積 S に反比例することを示している。抵抗率 ρ に相当するのは　$\rho=\dfrac{k}{e^2n}$

（④式の $\dfrac{k}{e^2n}$ を ρ に置き換えると，$R=\rho\dfrac{L}{S}$ となり，式㉟となる。）

2 - キルヒホッフの法則

キルヒホッフの法則

電気回路の電流や電圧（電位）について，以下の法則が成り立つ。

キルヒホッフの法則

第 1 法則：回路中の 1 点に流れ込む電流の和と流れ出す電流の和は等しい
第 2 法則：回路の任意の一周の経路上の起電力の和と電圧降下の和は等しい

キルヒホッフの第 1 法則

図 35 のように，回路中の 1 点 P で導線が接続され，電流 I_1，I_2 が流れ込み，I_3，I_4 が流れ出ているとする。電流は電荷の流れであり，電荷は途中で消滅したり発生したりしない。また，導線，抵抗，電池などでとどまることもないので

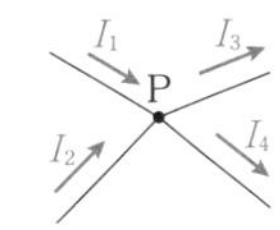

図 35　第 1 法則

P へ流れ込む電流の和＝P から流れ出す電流の和　…㊲

$I_1+I_2=I_3+I_4$

キルヒホッフの第 2 法則

回路を任意の経路で一周し電位の変化を考える。電池を通過すると起電力により電位は上がり，抵抗を通過すると電圧降下により電位は下がる。一周回って同じ点に戻ると電位も戻るので，上がった分と下がった分は等しい。ゆえに，経路に沿って

起電力の和＝電圧降下の和　…㊳

図 36 のような回路の場合

経路 A→B→C→D→A：$E_1+E_2=R_1I_1+R_2I_2$

経路 A→C→D→A　　：$E_2=R_2I_2+R_3I_3$

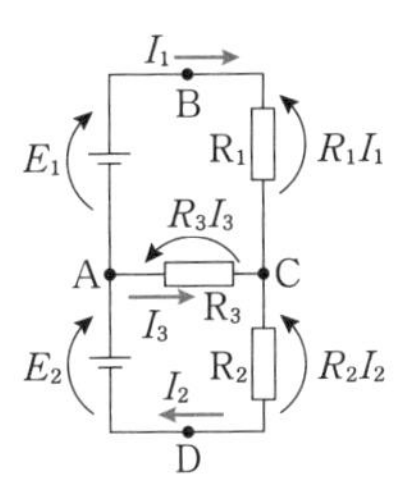

図 36　第 2 法則

理解のコツ

第 2 法則については，電位を高さと考えられるかがポイントだよ。回路を建物のように考えよう。建物のある点を出発し，いろいろな経路で建物内を回り，元の位置に戻る。経路中で上がった高さの和と，下がった高さの和は，必ず等しくなるよ。また，キルヒホッフの法則は，直流回路だけでなく，交流回路にも適用できることを頭においておくこと。

キルヒホッフの法則を用いた回路の解き方

① 回路中の未知の電流や起電力，抵抗に文字を割り当てる。電流の向きがわからない場合は適当に仮定する。解いた結果，電流値が負となれば，最初に仮定したのと逆向きに電流が流れているとすればよい。

② 回路中の分岐点に流れ込む電流と流れ出す電流について，キルヒホッフの第1法則，式㊲を用いて式を作る。

③ 回路中で任意の経路について一周することを考え，キルヒホッフの第2法則，式㊳を用いて式を作る。②と③の式を合わせて，未知数の数と同じだけの式を作る。

④ 連立方程式を解く。

例題195 キルヒホッフの法則で回路を解く

図のように起電力 30 V の電池 E，抵抗値がそれぞれ 6.0 Ω，12 Ω，36 Ω の抵抗 R_1，R_2，R_3 を接続する。

(1) 各抵抗に流れる電流をそれぞれ図の矢印の向きに I_1，I_2，I_3 とする。I_1，I_2，I_3 の関係を求めよ。

(2) 任意の経路についてキルヒホッフの第2法則より式を作り，I_1，I_2，I_3 を求めよ。

(3) 抵抗 R_1，R_2 にかかる電圧を求めよ。

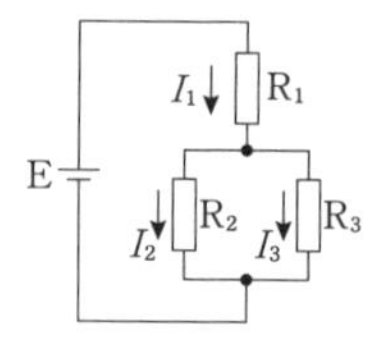

解答 (1) キルヒホッフの第1法則より　$I_1=I_2+I_3$

(2) 右図の経路①，②に沿って，式を作る。

①：$30=6.0I_1+12I_2$　　②：$30=6.0I_1+36I_3$

(1)の式と①，②式を解いて

$I_1=2.0\,\text{A}$　，　$I_2=1.5\,\text{A}$　，　$I_3=0.50\,\text{A}$

注意 ここに示した以外の経路で式を作ってもよい。

(3) オームの法則より

R_1：$6.0\times2.0=12\,\text{V}$　　R_2：$12\times1.5=18\,\text{V}$

（なお，この問題は中学レベルの知識でも解ける。）

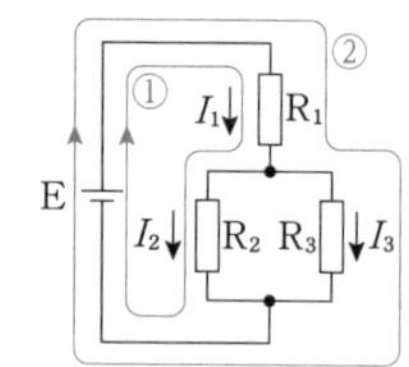

例題196 より複雑な回路を，キルヒホッフの法則で解く

図のように起電力が 4.0 V，9.0 V の電池 E_1，E_2，抵抗値が 20 Ω，10 Ω，30 Ω の抵抗 R_1，R_2，R_3 を接続する。

(1) 各抵抗に流れる電流をそれぞれ図の矢印の向きに I_1，I_2，I_3 とする。I_1，I_2，I_3 の関係を求めよ。

(2) 図中の a→b→e→d→a，および c→b→e→f→c に沿って，キルヒホッフの第2法則により式を作れ。

(3) 抵抗 R_1，R_2，R_3 に流れる電流の向きと強さを求めよ。

(4) 点 b の電位を求めよ。

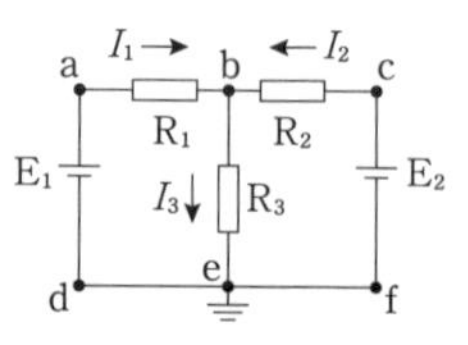

解答 (1) 点bについてキルヒホッフの第1法則より　$I_1+I_2=I_3$　…①

(2) 経路a→b→e→d→a：$4.0=20I_1+30I_3$　…②

経路c→b→e→f→c：$9.0=10I_2+30I_3$　…③

(3) ①，②，③式を解いて

$I_1=-0.10\,\mathrm{A}$ ，$I_2=0.30\,\mathrm{A}$ ，$I_3=0.20\,\mathrm{A}$

$I_1<0$ となったので，設定と逆向きに電流が流れていることがわかる。各抵抗に流れる電流の向きと強さは

R_1：b→a　0.10 A ，R_2：c→b　0.30 A ，R_3：b→e　0.20 A

(4) 点bの電位 V_b は，e→bとたどって　$V_b=30\times0.20=6.0\,\mathrm{V}$

なお，他の経路によっても，点bの電位が6.0 Vになるのを確認すること。

(例) e→d→a→b：$V_b=4.0-20\times(-0.10)=6.0\,\mathrm{V}$

▶▶キルヒホッフの第2法則の注意点

回路中の任意の経路を一周する際，回り方によっては，電池の正極から負極へ通過する場合や，抵抗を電流と逆向きに通過する場合がある。その場合にキルヒホッフの第2法則で式を作る際，電位の上がり下がりを考えると，起電力や電圧降下を負の値として考える必要がある。次の例題197で練習しよう。

例題197 キルヒホッフの第2法則の注意点を確認する

図のように，起電力が18 V，3.5 Vの電池 E_1，E_2，抵抗値が20 Ω，40 Ω，15 Ωの抵抗 R_1，R_2，R_3 を接続する。

(1) 抵抗 R_1，R_2，R_3 に流れる電流の向きと強さを答えよ。

(2) 図中の点b，cの電位をそれぞれ求めよ。

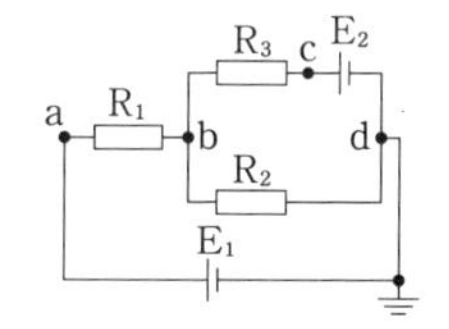

解答 (1) 回路を流れる電流 I_1，I_2，I_3 を，右図のように仮定する。点bについてキルヒホッフの第1法則より

$I_1=I_2+I_3$

図の経路①，②に沿って，キルヒホッフの第2法則により式を作る。

①：$18=20I_1+40I_2$

②：$18-3.5=20I_1+15I_3$

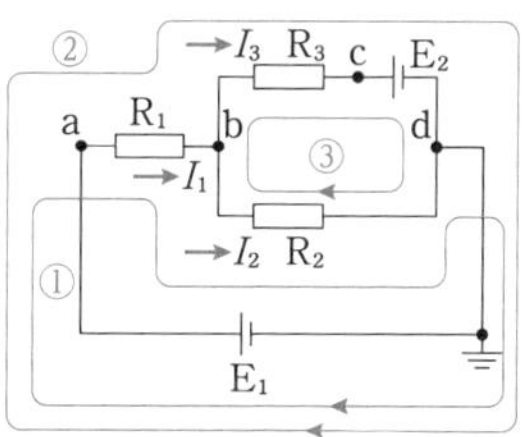

注意 ↑経路と起電力の向きが逆なので負

これらの式を解いて　$I_1=0.50\,\mathrm{A}$ ，$I_2=0.20\,\mathrm{A}$ ，$I_3=0.30\,\mathrm{A}$

ゆえに　R_1：a→b　0.50 A ，R_2：b→d　0.20 A ，R_3：b→c　0.30 A

(他の経路で式を作ってもよい。例えば，図の経路③で式を作ると $-3.5=-40I_2+15I_3$ となる。)

(2) 点bの電位 V_b は，d→R_2→bとたどって　$V_b=40\times0.20=8.0\,\mathrm{V}$

点cの電位 V_c は，d→cとたどって　$V_c=3.5\,\mathrm{V}$

(他の経路をたどっても電位が一致するかを確かめておくこと。)

理解のコツ

何度も繰り返すけど，キルヒホッフの第2法則は電位の上昇と下降の法則だから，電位を高さと意識することが大切だよ。また，連立方程式を解く際には計算ミスが発生しやすいから，計算結果を基にいろいろな点での電流や電位を計算して，矛盾がないか検算することも大切だよ。

3 - 合成抵抗

複数の抵抗 R_1，R_2，…（抵抗値 R_1〔Ω〕，R_2〔Ω〕，…）を，同じはたらきをする1つの抵抗Rに置き換えたとして，その抵抗値 R〔Ω〕を**合成抵抗**という。図37(a)のように直列接続では

$$R=R_1+R_2+\cdots \quad \cdots ㊴$$

図(b)のように並列接続では

$$\frac{1}{R}=\frac{1}{R_1}+\frac{1}{R_2}+\cdots \quad \cdots ㊵$$

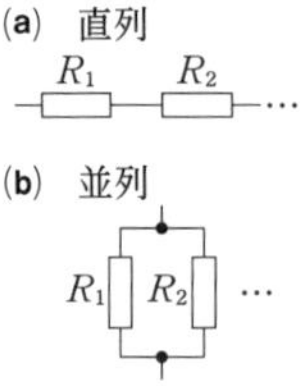

(a) 直列

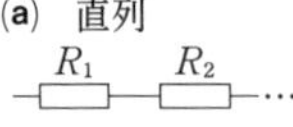

(b) 並列

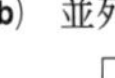

図37 合成抵抗

理解のコツ

中学レベルの内容だけど，電流と電位を考えて，式㊴，㊵を自分で導出してみよう。難関大の入試では，合成抵抗を単純に求めるような問題はまず出題されない。合成抵抗の意味を理解し，電位と電流の性質から，またはキルヒホッフの法則から，考えられるようになることが大切だよ。

例題198 合成抵抗の意味と公式を確認する

図のように起電力14Vの電池E，抵抗値が不明の抵抗 R_1，10Ωの R_2，40Ωの R_3 を接続する。R_3 に流れる電流が0.10Aであった。

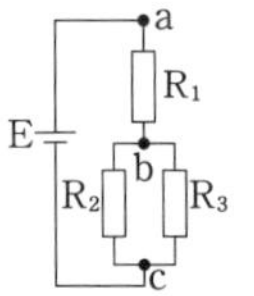

(1) 抵抗 R_2 の両端の電圧，R_2 に流れる電流の強さを求めよ。

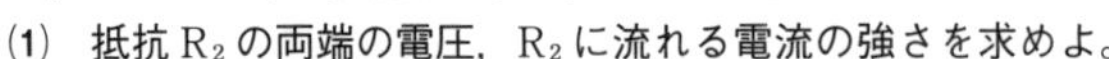

(2) 抵抗 R_1 の両端の電圧，R_1 に流れる電流の強さを求めよ。

(3) 抵抗 R_1 の抵抗値を求めよ。

(4) bc間の合成抵抗 R_{bc}，およびac間の合成抵抗 R_{ac} を，式㊴，㊵を用いずに求めよ。

(5) (4)の結果を合成抵抗の公式㊴，㊵を用いて確かめよ。

解答 (1) R_2，R_3 の両端の電圧は等しく，V_{23} とする。R_3 についてのオームの法則より

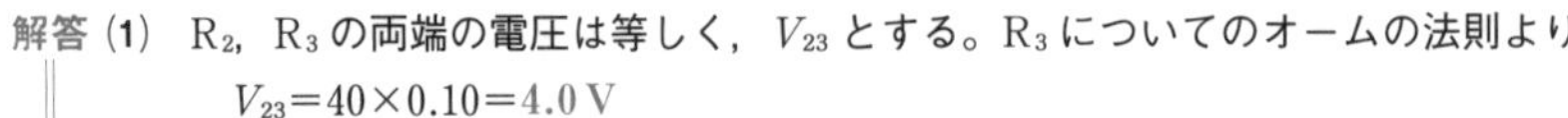

$$V_{23}=40\times0.10=4.0\,\mathrm{V}$$

また，抵抗 R_2 に流れる電流を I_2 として　$I_2=\frac{V_{23}}{10}=\frac{4.0}{10}=0.40\,\mathrm{A}$

(2) 抵抗 R_1，R_3 に流れる電流を I_1，I_3 とする。点bでキルヒホッフの第1法則より

$$I_1=I_2+I_3=0.40+0.10=0.50\,\mathrm{A}$$

抵抗 R_1 の両端の電圧を V_1 とする。キルヒホッフの第2法則より

$$14 = V_1 + 4.0 \qquad \therefore \quad V_1 = 14 - 4.0 = 10\,\mathrm{V}$$

(3) オームの法則より，抵抗値 R_1 は　$R_1 = \dfrac{V_1}{I_1} = \dfrac{10}{0.50} = 20\,\Omega$

(4) bc 間は電圧 4.0 V で，電流は合計 0.50 A が流れる。ゆえに

$$R_{bc} = \frac{4.0}{0.50} = 8.0\,\Omega$$

ac 間は電圧 14 V で，電流 0.50 A が流れる。ゆえに　$R_{ac} = \dfrac{14}{0.50} = 28\,\Omega$

(5) bc 間は並列接続であるので，式㊵より

$$\frac{1}{R_{bc}} = \frac{1}{10} + \frac{1}{40} \qquad \therefore \quad R_{bc} = 8.0\,\Omega$$

さらに，ac 間は R_1 が直列に接続されているので，式㊴より

$$R_{ac} = R_1 + R_{bc} = 20 + 8.0 = 28\,\Omega$$

4 - 非直線抵抗

これまでは抵抗の抵抗値は変化しないとしてきたが，現実の抵抗は，電流を流すことでジュール熱により温度が変化し，抵抗値が変化する（式㊱参照）。変化が著しいと，抵抗の両端の電圧 V と流れる電流 I の関係は図 38 のように比例しなくなる。このような抵抗を**非直線抵抗（非オーム抵抗）**という。金属では電圧が高いほど熱を多く発して温度が上がり，抵抗値が大きくなる。特に電球などは温度変化が大きく，抵抗値の変化が顕著である（半導体では逆に，抵抗が小さくなる）。

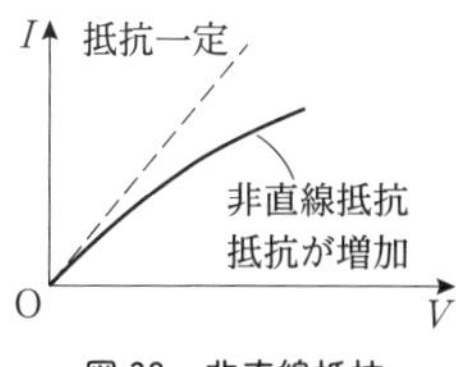

図 38　非直線抵抗

例題199　非オーム抵抗の解き方を理解する

図 1 のような電流-電圧特性をもつ電球 L がある。この電球 L と起電力 9.0 V の電池 E，10 Ω の抵抗 R を用いて図 2，3 のような回路を作った。

まず図 2 の回路について考える。

(1) 電球 L に流れる電流を I〔A〕，L の両端の電圧を V〔V〕とする。キルヒホッフの第 2 法則より I と V の関係式を作れ。

(2) I と V を求めよ。また，このときの L の抵抗値を求めよ。

(3) L での消費電力を求めよ。

次に図 3 の回路について考える。

(4) L に流れる電流と，L の両端の電圧を求めよ。また，このときの L の抵抗値を求めよ。

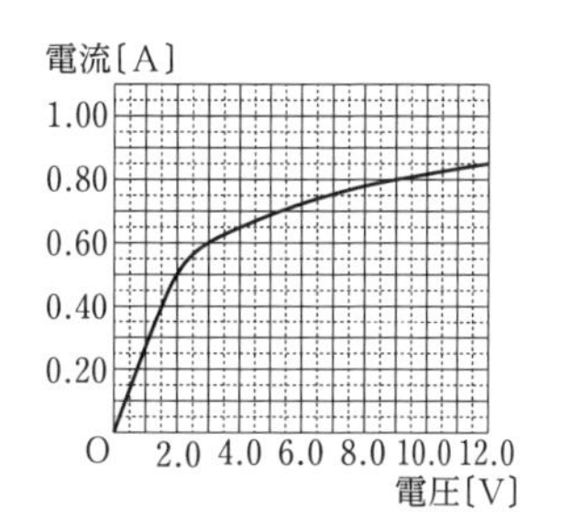

図 1

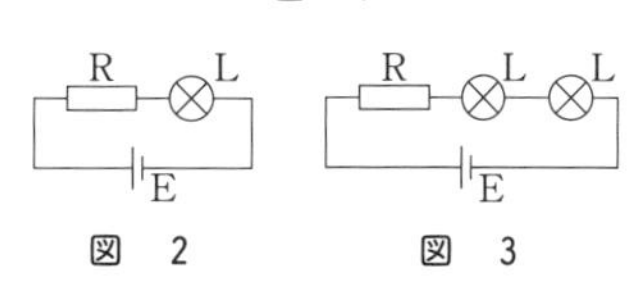

図 2　図 3

解答 (1) 電球Lでの電圧降下が V であるので

$$9.0=10I+V \quad \cdots①$$

(2) I と V は，①式と図1の特性曲線の両方を満たす必要がある。①式を図1のグラフに記入し（直線①），特性曲線との交点を求める。

$$I=0.60\,\mathrm{A} \quad , \quad V=3.0\,\mathrm{V}$$

Lの抵抗値は $\dfrac{V}{I}=\dfrac{3.0}{0.60}=5.0\,\Omega$

(3) 消費電力は，式㉞より

電球：$IV=0.60\times3.0=1.8\,\mathrm{W}$

(4) 同様に，1個の電球Lに流れる電流を I，電圧を V として，キルヒホッフの第2法則より

$$9.0=10I+2V \quad \cdots②$$

②式を図1のグラフに記入し（直線②），特性曲線との交点を求める。

$$I=0.50\,\mathrm{A} \quad , \quad V=2.0\,\mathrm{V}$$

Lの抵抗値は $\dfrac{V}{I}=\dfrac{2.0}{0.50}=4.0\,\Omega$

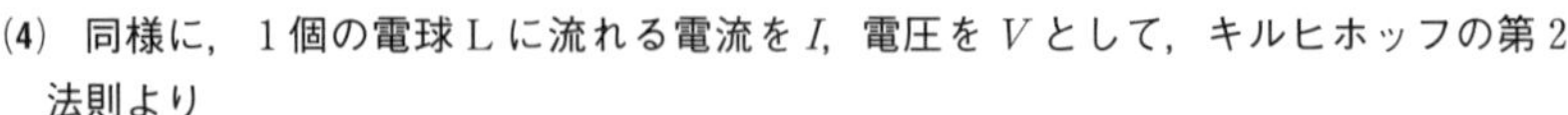

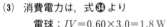

5 - 電流計，電圧計，電池

▶電流計と分流器

電流計は，流れる電流に比例した量だけ指針が動いて電流値を示す（近年はデジタル式のものが多いが，電流に比例した量を測定していることに変わりはない）。電流計には構造上，内部に抵抗となる成分があり，これを**内部抵抗**という。図39(b)のように，内部抵抗と抵抗のない表示部（メーター）からなると考えればよい。

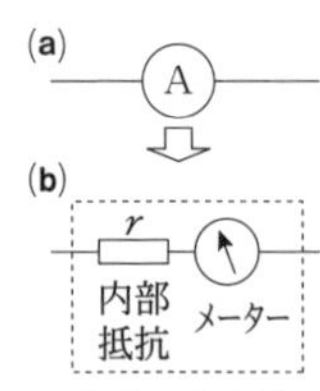

図39　電流計

回路中の1点の電流を測定するとき，全電流が通過するように**電流計は回路に直列に接続**する。電流計を接続することの影響を小さくするため，内部抵抗は式㊴より，できるだけ小さい方がよい。

図40(a)のように，内部抵抗 r〔Ω〕，最大 I_0〔A〕の電流計（I_0〔A〕の電流が流れるとき，メーターが最大値を示す）を，最大 kI_0〔A〕の電流が測定できる電流計にしたい。そのためには，図(b)のように r_A〔Ω〕の抵抗を並列に接続する。この抵抗を**分流器**という。外から kI の電流が流れ込んだとき，元の電流計に I，分流器に $(k-1)I$ が流れるようにすればよい。図(b)の並列部分の電位差は等しいので，r_A は

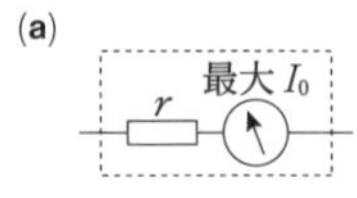

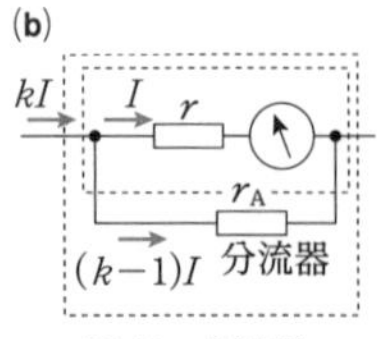

図40　分流器

$$rI=r_\mathrm{A}(k-1)I \qquad \therefore \quad r_\mathrm{A}=\frac{r}{k-1} \quad \cdots㊶$$

理解のコツ

図 40 の場合，常に元の電流計（メーター）に流れる k 倍の電流が外部から流れ込む。そこで，メーターの目盛を k 倍の値にしておけば，流れ込む電流を測定できていることになるよ。

▶電圧計と倍率器

電流計を用いて電圧を測定することができる。内部抵抗 r〔Ω〕の電流計に強さ I〔A〕の電流を流すと，電流計の両端の電圧 V〔V〕は，$V=rI$ となる。あらかじめ，r を知っておくことで，電圧を測定できることになる。つまり，最大測定電流 I_0〔A〕の電流計を，最大測定電圧 $V_0=rI_0$ の電圧計として使う。電圧（電位差）を測定したい 2 点に接続するので，抵抗や電池などと**電圧計は並列に接続**する。接続することで回路に与える影響を小さくするためには，式㊵より，電圧計の内部抵抗 r は大きいほどよい。そのため，内部抵抗の他に，あらかじめ適当な大きさの抵抗を接続している場合が多い。

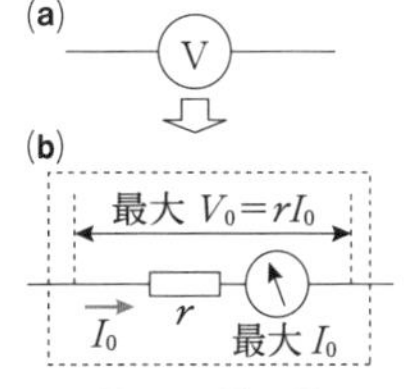

図 41　電圧計

電流計と同様に，電圧計（内部抵抗 r〔Ω〕，最大測定電圧 V_0〔V〕）を最大測定値 kV_0〔V〕の電圧計に変えることを考える。そのためには図 42 のように r_V〔Ω〕の抵抗を直列に接続する。この抵抗を**倍率器**という。全体に kV の電圧をかけたとき，元の電圧計に V，倍率器に $(k-1)V$ の電圧がかかるようにすればよい。流れる電流は同じなので

$$\frac{(k-1)V}{r_V}=\frac{V}{r} \qquad \therefore\ r_V=(k-1)r \quad \cdots㊷$$

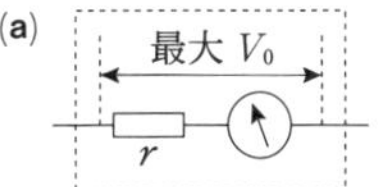

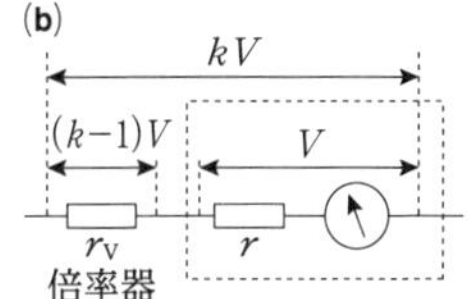

図 42　倍率器

理解のコツ

分流器や倍率器の計算は式㊶や㊷を覚えるのではなく，原理を理解して，電流，電圧または電位を考えて式を作って解けるようになること。

例題200　電流計・電圧計と分流器・倍率器の原理を理解する

内部抵抗 $r=1.0\,\Omega$ で，最大 0.10 A まで測定できる電流計 1 がある。

(1)　この電流計 1 を用いて，最大 0.50 A まで測定できるようにするには，いくらの大きさの抵抗をどのように接続すればよいか求めよ。

(2)　(1)の回路に 0.25 A の電流を流した。電流計 1 に流れる電流の強さを求めよ。

この電流計 1 を用いて，電圧を測定したい。

(3)　電流計 1 に 0.10 A の電流が流れるとき，電流計 1 にかかる電圧を求めよ。

(4) この電流計 1 を用いて，最大 10 V の電圧まで測定できるようにするには，いくらの大きさの抵抗をどのように接続すればよいか求めよ。

(5) (4)の回路全体に，6.0 V の電圧をかけたとき，電流計 1 に流れる電流を求めよ。

解答 (1) 全体に 0.50 A の電流が流れ込むとき，電流計 1 には 0.10 A 流れるように，分流器を電流計 1 に並列に接続する（図 1）。分流器にはこのとき 0.40 A 流れるようにする。電流計 1 の内部抵抗と分流器にかかる電圧が等しいので，分流器の抵抗値を R_A として

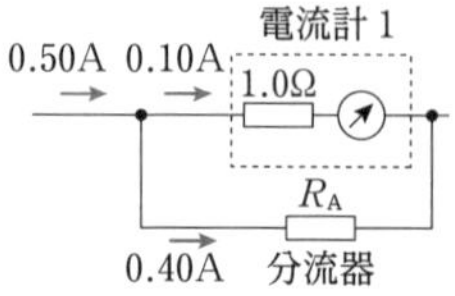

図　1

$$r\times0.10=R_A\times0.40 \qquad \therefore\quad R_A=\frac{r}{4}=0.25\,\Omega$$

ゆえに　**0.25 Ω の抵抗を並列に接続する**

(2) 電流計 1 と分流器に流れる電流の比は 1：4 であるので，流れ込む電流の 0.20 倍の電流が電流計 1 に流れる。　$0.25\times0.20=$**0.050 A**

(3) 電流計 1 の両端の電圧は　$r\times0.10=1.0\times0.10=$**0.10 V**

（電流計 1 の電圧は電流に比例するので，最大 0.10 V まで計測できる電圧計になる。）

(4) 図 2 のように全体に 10 V の電圧をかけたとき，電流計 1 に 0.10 A 流れるように，直列に倍率器を接続する。倍率器の電圧は 9.9 V となる。倍率器の抵抗値を R_V として，オームの法則より

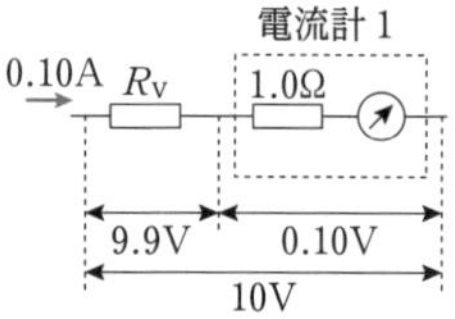

$$9.9=R_V\times0.10 \qquad \therefore\quad R_V=99\,\Omega$$

ゆえに　**99 Ω の抵抗を直列に接続する**

図　2

(5) 全体の合成抵抗 R は　$R=r+R_V=1.0+99=100\,\Omega$

ゆえに，全体に 6.0 V の電圧がかかるとき，流れる電流は

$$\frac{6.0}{100}=0.060\text{ A}$$

（全体にかかる電圧と電流計 1 の電圧は比例する。）

▶▶検流計を用いた測定

非常に感度のよい電流計を**検流計**という。検流計にも内部抵抗があるが，**流れる電流を 0 にすると，検流計での電圧降下は 0** になる。検流計を用いて電流を 0 にすることで，内部抵抗の影響をなくし，正確な測定を行うことがある。

例題201 ホイートストンブリッジ回路について理解する

図のように電池 E と，抵抗値がそれぞれ 5.0 Ω，25 Ω の抵抗 R_1，R_2，抵抗値を変化させることのできる可変抵抗 R_3，抵抗値が未知の抵抗 R_X と検流計 G で回路を作った。このような回路をホイートストンブリッジ回路という。

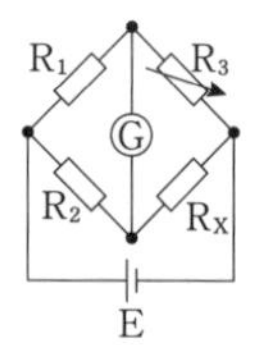

R_3 を調節し抵抗値が 8.0 Ω になったとき，検流計に流れる電流が 0 になった。R_X の抵抗値を求めよ。

解答　抵抗 R_1，R_2 に流れる電流をそれぞれ I_1，I_2 とする。検流計の電流が 0 なので，抵抗 R_3，R_X に流れる電流もそれぞれ I_1，I_2 である。また，検流計の両端の電位差は 0 で，右図の A，B は等電位である。ゆえに，抵抗 R_1 と R_2，また R_3 と R_X の電圧は等しく，それぞれ V，V' とし，抵抗 R_1，R_2，R_3，R_X の抵抗値をそれぞれ R_1，R_2，R_3，R_X とすると

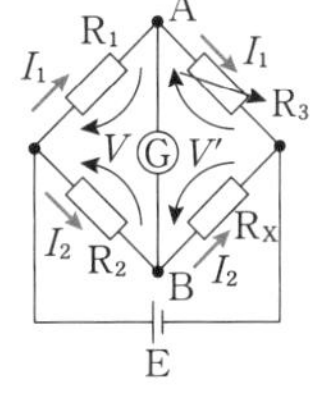

$$V=R_1I_1=R_2I_2 \quad \cdots① \quad , \quad V'=R_3I_1=R_XI_2 \quad \cdots②$$

①，②式より，抵抗値の関係を求めると　$R_X=\dfrac{R_2R_3}{R_1}=\dfrac{25\times8.0}{5.0}=40\,\Omega$

電池の起電力と内部抵抗

これまで電池は起電力だけを考えてきたが，実際には内部に抵抗となる成分がある。これを電池の**内部抵抗**という。起電力 E〔V〕，内部抵抗 r〔Ω〕の電池を考える。電池の負極に対する正極の電位 V〔V〕を**端子電圧**という。電流 I〔A〕が負極から正極へ流れているとき

$$V=E-rI \quad \cdots㊸$$

図 43　電池

となり，電流が流れるほど端子電圧は下がる。

もし，電流が逆向きであれば，$V=E+rI$ となる。

電池の端子電圧 V〔V〕

$$\boldsymbol{V=E-rI} \quad \cdots㊸$$

E〔V〕：電池の起電力　　r〔Ω〕：内部抵抗　　I〔A〕：電池に流れる電流

理解のコツ

内部抵抗も，他の抵抗と同様に扱えばいい。電池が古くなると内部抵抗が大きくなり，電流が流れにくくなって使えなくなるよ。

例題202　電池の内部抵抗の基本を確認する

ある電池の両極に，7.0 Ω の抵抗を接続すると 0.40 A の電流が流れ，14.5 Ω の抵抗を接続すると 0.20 A の電流が流れた。

(1)　7.0 Ω の抵抗をつないだとき，電池の端子電圧 V_1 を求めよ。

(2)　この電池の起電力 E と，内部抵抗の大きさ r を求めよ。

(3)　7.0 Ω の抵抗をつないだとき，抵抗での消費電力，電池の起電力が供給する電力を求めよ。

しばらく電池を使っていると，電池の内部抵抗が 8.0 Ω になった。この電池の両極に 7.0 Ω の抵抗をつないだ。起電力は変化しないものとする。

(4)　流れる電流を求めよ。また，電池の端子電圧を求めよ。

(5)　7.0 Ω の抵抗での消費電力を求めよ。また，電池の起電力が供給する電力を求めよ。

解答 (1) 端子電圧は，7.0 Ω の抵抗の両端の電圧に等しい。ゆえに

$V_1=7.0\times0.40=2.8\,\mathrm{V}$

(2) 7.0 Ω の抵抗をつないだとき，式㊸より

$V_1=2.8=E-0.40r$ …①

14.5 Ω の抵抗をつないだとき，端子電圧 V_2 は

$V_2=14.5\times0.20=E-0.20r$ …②

①，②式を解いて　$E=3.0\,\mathrm{V}$　,　$r=0.50\,\Omega$

(3) 7.0 Ω の抵抗での消費電力 P_R は　$P_R=7.0\times0.40^2=1.12\fallingdotseq1.1\,\mathrm{W}$

電池の起電力が供給する電力 P_E は　$P_E=IE=0.40\times3.0=1.2\,\mathrm{W}$

(参考) 電池の内部抵抗で消費する電力 P_r は

$P_r=rI^2=0.50\times0.40^2=0.080\,\mathrm{W}$

ゆえに $P_E=P_R+P_r$ となる。つまり，電池の起電力の供給する電力が，内部抵抗と 7.0 Ω の抵抗で消費されてジュール熱となっている。

(4) 流れる電流を I とすると　$3.0=(8.0+7.0)I$　∴　$I=\dfrac{3.0}{15}=0.20\,\mathrm{A}$

端子電圧 V は　$V=3.0-8.0\times0.20=1.4\,\mathrm{V}$

(同じ抵抗を接続しても，内部抵抗の大小により電流が大きく変わることがわかる。)

(5) 7.0 Ω の抵抗での消費電力 P_R' は　$P_R'=7.0\times0.20^2=0.28\,\mathrm{W}$

電池の起電力が供給する電力 P_E' は　$P_E'=IE=0.20\times3.0=0.60\,\mathrm{W}$

((3)の結果と比べてみれば，内部抵抗が大きくなったために，抵抗での消費電力，電池の起電力が供給する電力が大幅に減少していることがわかる。)

演習42

起電力 E_0〔V〕で内部抵抗の無視できる電池 $\mathrm{E_0}$，長さ l〔m〕で抵抗値 R_0〔Ω〕の一様な抵抗線 AB，起電力 E_1〔V〕で内部抵抗 r〔Ω〕の電池 $\mathrm{E_1}$ および検流計 G を，図のように接続した。P の位置を変えて，検流計に電流が流れないようにしたとき，AP の長さが x〔m〕であった。

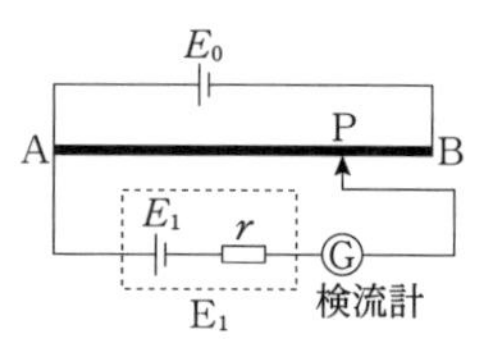

(1) 電池 $\mathrm{E_0}$ を流れる電流を求めよ。

(2) 電池 $\mathrm{E_1}$ の起電力 E_1 を E_0，l，x で表せ。

解答 (1) 電池 $\mathrm{E_1}$ に電流が流れないようにしてあるので，電流は電池 $\mathrm{E_0}$ と抵抗線のみを流れる。流れる電流を I として　$I=\dfrac{E_0}{R_0}$

(2) AP 間の抵抗値を R とすると，抵抗は長さに比例するので　$R=\dfrac{x}{l}R_0$

電池 $\mathrm{E_1}$ に電流が流れていないので，電池の内部抵抗での電圧降下は 0 となり，抵抗の AP 間の電圧と $\mathrm{E_1}$ の起電力が等しくなっている。

$E_1=RI=\dfrac{x}{l}R_0\times\dfrac{E_0}{R_0}=\dfrac{x}{l}E_0$

6 - コンデンサーを含む回路

コンデンサーに流れる電流

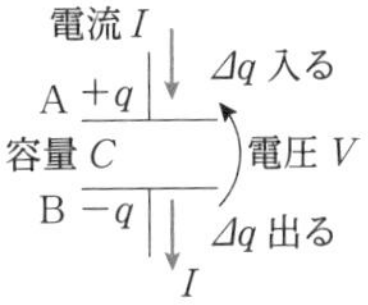

電流 I / $A\ +q$ / 容量 C / $B\ -q$ / $\varDelta q$ 入る / 電圧 V / $\varDelta q$ 出る / I

図 44　コンデンサーの電流

コンデンサーの 2 枚の極板に蓄えられる電気量は，常に正負が逆で同じ量なので，図 44 のように，時間 $\varDelta t$ で極板 A に $\varDelta q$ の電荷が流れ込むとき，極板 B からは同量の電荷が流れ出す。A，B 間を直接，電荷は移動しないが，この状態をコンデンサーに電流が流れているとする。電流の強さ I は

$$I=\frac{\varDelta q}{\varDelta t} \quad \cdots ㊹$$

直流回路では，電源に接続したり，スイッチを切り替えたりしてコンデンサーにかかる電圧が変化したとき，コンデンサーに電流が流れる。また式⑰ $Q=CV$ はいつでも成り立つので，ある瞬間にコンデンサーの電荷が q であれば，極板間の電圧 $V=\dfrac{q}{C}$ である。

コンデンサーの充電

図 45 (a)の回路で，初めコンデンサーに電荷がない状態からスイッチを閉じる。**電荷の移動には時間がかかり**，コンデンサーは以下の①〜③のように充電される。

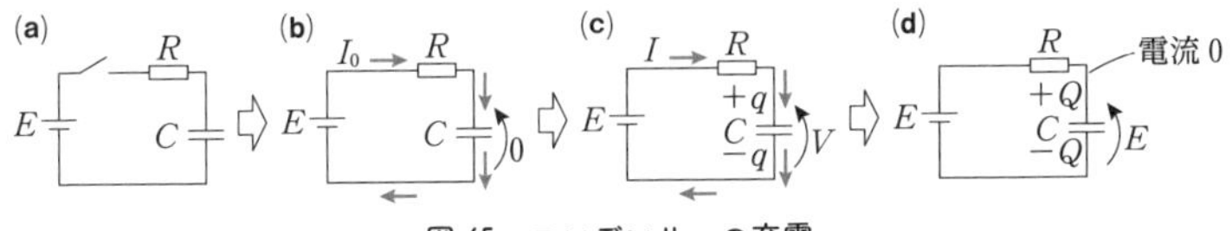

図 45　コンデンサーの充電

① スイッチを閉じた瞬間（時刻 $t=0$ とする，図(b)）
コンデンサーに電荷がなく，極板間の電圧$=0$ である。電位を考えると抵抗の両端の電圧は E で，電流 $I_0=\dfrac{E}{R}$ となり（キルヒホッフの第 2 法則を用いてもよい），充電が始まる。

② 少し時間が経ち，図(c)のようにコンデンサーに電気量 q の電荷が蓄えられているとき，極板間の電圧は $\dfrac{q}{C}$ となる。電流を I とすると，キルヒホッフの第 2 法則より

$$E=RI+\frac{q}{C} \qquad \therefore \quad I=\frac{1}{R}\left(E-\frac{q}{C}\right)$$

となる。電流が I_0 より小さくなるので，電荷のたまり方もゆっくりになる。

③　十分時間が経過したとき（図(d)）

極板間の電圧が E になるまで電荷がたまると，抵抗の両端の電圧が 0 となり，電流が 0 になる。これでコンデンサーの充電が完了する。

スイッチを入れてから，横軸に時刻 t をとって，流れる電流 I とコンデンサーの極板間の電圧 V をグラフにすると図 46 のようになる。

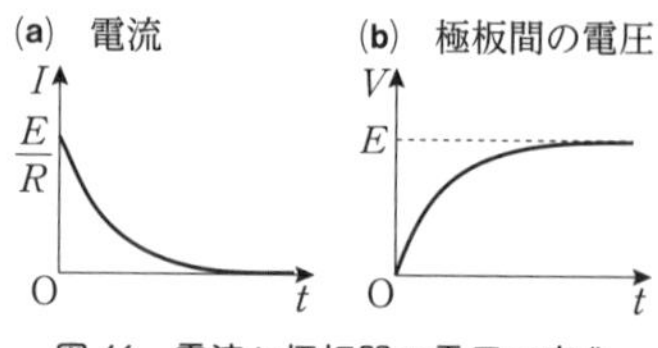

図 46　電流と極板間の電圧の変化

直流回路とコンデンサー

直流回路では，スイッチの切り替えなどをすると，コンデンサーに蓄えられる電荷が変化し電流が流れるが，**十分に時間が経過すると，コンデンサーの電流は 0 になる**（コイルとともに電気振動を起こす場合を除く）。

理解のコツ

コンデンサーを含む直流回路では，コンデンサーに蓄えられた電荷から極板間の電圧を求めて，キルヒホッフの法則を用いればいいよ。以下のように考えることもポイントだ。

- **電荷のないコンデンサー**は，極板間の電圧 0 で，**導線**として電流が流れていると考える。
- **電流の流れていない抵抗**は，両端の電位差がなく，**導線**と考える。

LEVEL UP!

大学への物理

図 45 の回路で，図(c)で時刻 t として，蓄えられている電荷を q，電流を I とする。q，I と t の関係は以下のように微分方程式を解いて求めることができる。

キルヒホッフの第 2 法則より　　$E=RI+\dfrac{q}{C}$　…①

電流は単位時間あたりの電荷の変化なので $I=\dfrac{dq}{dt}$ である。①式に代入し，整理して

$$E=R\frac{dq}{dt}+\frac{q}{C} \qquad \therefore \quad \frac{dq}{q-CE}=-\frac{dt}{CR}$$

両辺を積分する。A を定数として，$q<CE$ に注意して積分すると

$$\int\frac{dq}{q-CE}=-\frac{1}{CR}\int dt$$

$$\log(CE-q)=-\frac{t}{CR}+A$$

$$\therefore \quad q=CE-A'e^{-\frac{t}{CR}} \quad \cdots② \quad （ただし\ A'=e^{A}）$$

$t=0$ で，$q=0$ であるので②式に代入して　　$0=CE-A'e^{-\frac{0}{CR}}$　　$\therefore \quad A'=CE$

再度，②式に A' を代入して　　$q=CE(1-e^{-\frac{t}{CR}})$　…③

電圧 V は　　$V=\dfrac{q}{C}=E(1-e^{-\frac{t}{CR}})$

また電流 I は③式を微分して　　$I=\dfrac{dq}{dt}=\dfrac{E}{R}e^{-\frac{t}{CR}}$　…④

これらをグラフにすると，④式が図 46 (**a**)，③式が図 46 (**b**)である。

演習43

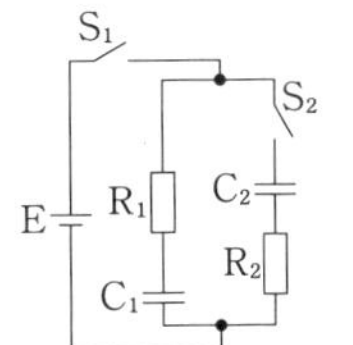

起電力 V〔V〕の電池 E，抵抗値が $2r$〔Ω〕，$3r$〔Ω〕の抵抗 R_1，R_2，容量が C〔F〕，$2C$〔F〕のコンデンサー C_1，C_2 とスイッチ S_1，S_2 を，図のように接続した。初め，S_1，S_2 は開かれており，コンデンサーに電荷は蓄えられていない。まず，S_1 のみを閉じる。

(**1**)　S_1 を閉じた瞬間，R_1 に流れる電流 I を求めよ。

(**2**)　十分に時間が経過した後，C_1 に蓄えられる電荷 Q_1 と静電エネルギー U_1 を求めよ。

(**3**)　この間に，R_1 で発生したジュール熱 J_1 を求めよ。

次に，S_1 を開いてから S_2 を閉じる。

(**4**)　S_2 を閉じた瞬間，R_2 に流れる電流を求めよ。

(**5**)　十分に時間が経過した後，C_2 に蓄えられる電荷 Q_2' と静電エネルギー U_2' を求めよ。

(**6**)　この間に，抵抗 R_1 で発生したジュール熱 J_1' を求めよ。

解答 (**1**)　C_1 の電荷はまだ 0 で，極板間の電圧は 0 である。キルヒホッフの第 2 法則より

$$V=2rI+0 \qquad \therefore \quad I=\frac{V}{2r}$$

(**2**)　コンデンサーが十分に充電されると電流が流れなくなるので，抵抗 R_1 の両端の電圧はオームの法則より 0 になる。ゆえに，C_1 には電圧 V がかかっている。

$$Q_1=CV \quad , \quad U_1=\frac{1}{2}CV^2$$

(**3**)　この間，電荷 Q_1 が電池を通過している。電池がした仕事 W_E は

$$W_E=Q_1V=CV^2$$

これが，R_1 で発生するジュール熱 J_1 と，C_1 の静電エネルギーの変化になる。

$$W_E=J_1+(U_1-0) \qquad \therefore \quad J_1=W_E-U_1=\frac{1}{2}CV^2$$

(**4**)　S_2 を閉じた瞬間，C_1 は電荷 Q_1 で電圧 V，C_2 は電荷 0 で電圧は 0 である。図 1 のように電流 I' が流れるとして

$$2rI'+3rI'-V=0 \qquad \therefore \quad I'=\frac{V}{5r}$$

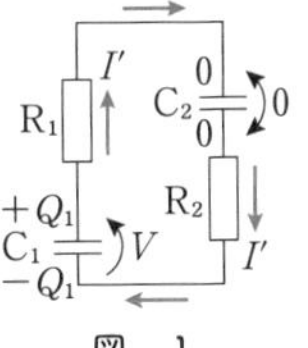

図　1

(**5**)　電流が 0 になり，抵抗の両端の電圧が 0 になるので，図 2 のように考えればよい。C_1，C_2 の電圧は等しくなり，電圧を V'，蓄えられる電荷をそれぞれ Q_1'，Q_2' とすると，電気量保存則より

$$+Q_1+0=Q_1'+Q_2'$$

$$CV=CV'+2CV' \qquad \therefore \quad V'=\frac{V}{3}$$

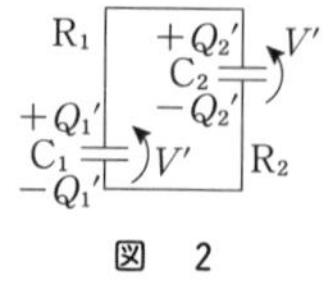

図 2

ゆえに

$$Q_2'=2CV'=\frac{2CV}{3} \quad , \quad U_2'=\frac{1}{2}\times 2CV'^2=\frac{1}{9}CV^2$$

(6) C_1 に蓄えられた静電エネルギー U_1' は　　$U_1'=\frac{1}{2}CV'^2=\frac{1}{18}CV^2$

この間の C_1，C_2 全体の静電エネルギーの変化 $\varDelta U'$ は

$$\varDelta U'=(U_1'+U_2')-U_1=\left(\frac{1}{18}CV^2+\frac{1}{9}CV^2\right)-\frac{1}{2}CV^2=-\frac{1}{3}CV^2$$

電池は仕事をしないので，R_1，R_2 で発生するジュール熱 J' は

$$0=J'+\varDelta U' \qquad \therefore \quad J'=-\varDelta U'=\frac{1}{3}CV^2$$

この間，回路を流れる電流 i は変化するが，R_1，R_2 を流れる電流の強さは同じなので，R_1，R_2 で発生するジュール熱の比は $2ri^2:3ri^2=2:3$ となり，R_1 で発生するジュール熱は

$$J_1'=\frac{2}{2+3}J'=\frac{2}{15}CV^2$$

7 - ダイオード

半導体

導体と絶縁体の中間の抵抗率をもつ物質を**半導体**という。純粋な Si（ケイ素，シリコン）や，Ge（ゲルマニウム）などの結晶が該当する。Si（または Ge）に，ごく微量の物質を添加し，結晶にしたものを**不純物半導体**という。添加する物質により，n 型半導体と p 型半導体があり，内部で移動するキャリアが異なる。

n 型半導体：キャリアが負電荷の自由電子

p 型半導体：キャリアが正電荷のホール（正孔）

一般に利用されるのは，この不純物半導体で，n 型，p 型の半導体を様々に組み合わせることにより，トランジスタやダイオードなどを作ることができる。

ダイオード

図 47 のように，p 型と n 型の半導体を接合したものを**ダイオード**という。半導体の性質により p 型→n 型の向き（順方向）のみ電流が流れる。

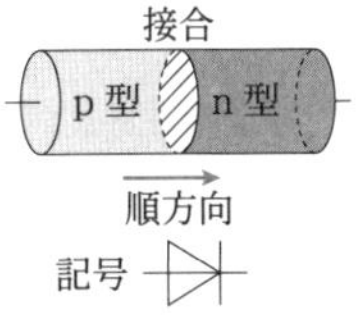

図 48 (**a**)のようにダイオードの B を基準とした A の電位（電圧）V_D と，A→B 向きを正とする電流 I_D の関係は，図(**b**)の①のようなグラフになる。つまり，A 側の電位を高くすると順方向に電流が流れるが，B 側の電位を高くしても電流は流れない。なお，①の $V_D>0$ の範囲を直線で近似したものもよく出題される。非直線抵抗として解けばよい。

順方向

記号

図 47　ダイオード

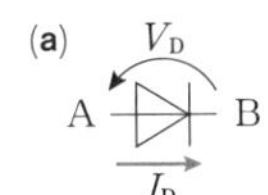

(**b**)　電流-電圧特性

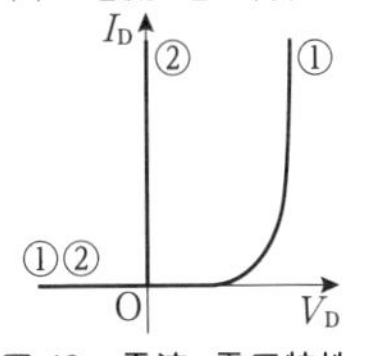

図 48　電流-電圧特性

理想的ダイオード

理想化されたダイオードでは，順方向に電流が流れるとき $V_D=0$ で，図 48 (**b**)の②のグラフのようになる。これをまとめると図 49 のように，**順方向に電流が流れるときは導線**（抵抗 0）とみなし，B の電位の方が高いときは**電流が流れないので，断線**しているとみなせばよい。

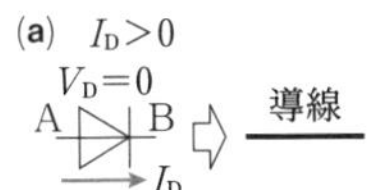

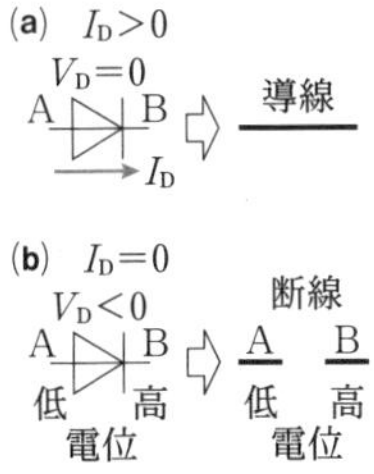

(**b**)　$I_D=0$
$V_D<0$
A　B
低　高
電位
断線
A　B
低　高
電位

図 49　理想的ダイオード

理解のコツ

問題を解く際に，ダイオードに電流が流れているかいないか，または，ダイオードのどちら側の電位が高いかがわからない場合が多い。その場合は，電流が流れるかどうかを仮定して解こう。解いた結果が図 49 と矛盾しないかどうかで，仮定が正しいかを判断する。つまり，電流が流れると仮定したのに電位差が生じたり，電流が流れないと仮定したのに A 側の電位が高ければ，最初の仮定が誤っているとして解き直そう。

例題203 理想的ダイオードの問題を解く

図のように，起電力 60 V の電池 E，抵抗値が全て 30 Ω の抵抗 R_1，R_2，R_3 と可変抵抗 R_4，ダイオード D を接続した。ダイオードは順方向に電流を流すときの抵抗値が 0 で，逆向きには電流を流さない。R_4 の抵抗値を以下の①，②にしたとき，ダイオードおよび電池を流れる電流の強さ，また，ab 間の電圧をそれぞれ求めよ。

① 70 Ω　② 15 Ω

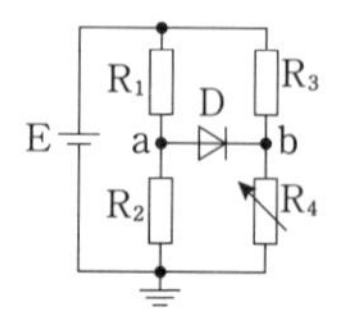

解答 ① ダイオードの電流を仮定する際に，まず，少し考えてみる。ダイオードに電流が流れていると仮定すると，ab 間の電圧が 0 で，R_2，R_4 にかかる電圧は等しくなるので，抵抗値の小さい R_2 には R_4 より強い電流が流れるはずだが，そうすると b から a に電流が流れることになるので矛盾しそうである（以上を実際に計算して確かめてもよいが，時間がかかるので想像できるようになろう）。

そこで，ダイオードに電流が流れていないと仮定して解く。ダイオードの部分が断線していると考えればよい。図 1 のように電流 I，I_a，I_b とすると

$$I_a=\frac{60}{30+30}=1.0\,\text{A}\quad,\quad I_b=\frac{60}{30+70}=0.60\,\text{A}$$

$\therefore\quad I=I_a+I_b=1.6\,\text{A}$

図 1

点 a と点 b の電位をそれぞれ V_a，V_b とすると

$$V_a=30\times1.0=30\,\text{V}\quad,\quad V_b=70\times0.60=42\,\text{V}$$

b の方が高電位で，ダイオードに電流は流れず矛盾は生じないので，流れないという仮定が正しく，ダイオードを流れる電流は　**0 A**

電池を流れる電流 $I=$**1.6 A**

ab 間の電圧 $|V_a-V_b|=$**12 V**　（b が高電位）

② ①と逆に，電流が流れないと仮定すると，a の方が高電位になってしまい，ダイオードの性質と矛盾しそうである。そこでダイオードに電流が流れるものと仮定し，ダイオードを導線と考えて，図 2 のように電流を設定する。キルヒホッフの法則で解いてもよいが，合成抵抗を使って解く方が早い。R_1 と R_3 の合成抵抗を R_{13}，R_2 と R_4 の合成抵抗を R_{24} とすると，式㊵より $R_{13}=15\,\Omega$，$R_{24}=10\,\Omega$ となり，回路全体の合成抵抗 R は，$R=R_{13}+R_{24}=25\,\Omega$ となる。ゆえに I は

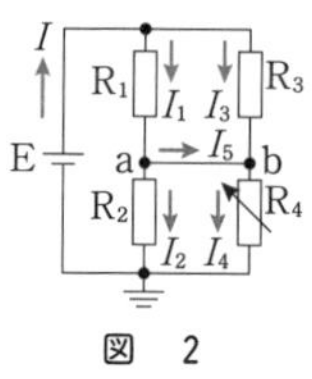

図 2

$$I=\frac{60}{25}=2.4\,\text{A}$$

抵抗 R_1 と R_3 の電圧を V_1，R_2 と R_4 の電圧を V_2 として

$$\therefore\quad\begin{cases}V_1=R_{13}I=36\,\text{V}\quad,\quad V_2=R_{24}I=24\,\text{V}\\ I_1=\dfrac{V_1}{R_1}=1.2\,\text{A}\quad,\quad I_2=\dfrac{V_2}{R_2}=0.80\,\text{A}\\ I_3=\dfrac{V_1}{R_3}=1.2\,\text{A}\quad,\quad I_4=\dfrac{V_2}{R_4}=1.6\,\text{A}\end{cases}$$

これらよりダイオードに流れる電流 I_5 は

$I_1=I_2+I_5$ ∴ $I_5=I_1-I_2=0.40\,\mathrm{A}>0$

a→b で矛盾せず，仮定が正しいとわかる。ダイオードに流れる電流は　0.40 A

電池を流れる電流 I は　2.4 A

ダイオードに電流が流れているので，ab 間の電圧は　0 V

演習44

起電力 12 V で内部抵抗の無視できる電池，15 Ω，30 Ω，20 Ω の抵抗，容量 2.0 μF のコンデンサーとスイッチ S_1，S_2 を用いて，図のような回路を作った。初めコンデンサーに電荷は蓄えられておらず，S_1，S_2 は開いていた。

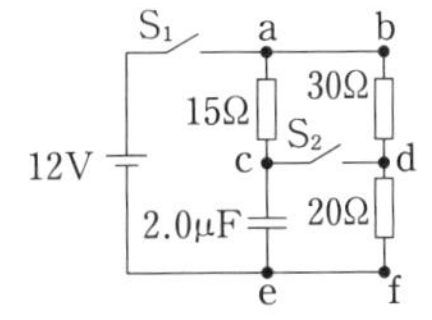

まず，スイッチ S_1 を閉じた。

(1) S_1 を閉じた瞬間，15 Ω の抵抗に流れる電流の強さと向きを求めよ。

(2) 十分に時間が経過した後，電池に流れる電流の強さを求めよ。また，コンデンサーに蓄えられた電荷を求めよ。

次に，S_2 を閉じた。

(3) S_2 を閉じた瞬間，15 Ω と 20 Ω の抵抗に流れる電流の強さと向きをそれぞれ求めよ。

(4) S_2 を閉じてしばらくすると，コンデンサーに蓄えられた電荷が 1.8×10^{-5} C になった。このとき，コンデンサーに流れる電流の強さと向きを求めよ。

(5) 十分に時間が経過した後，20 Ω の抵抗に流れる電流の強さと向きを求めよ。また，コンデンサーに蓄えられた電荷を求めよ。

解答 (1) 電流を a から c 向きに I_1 とする。コンデンサーの極板間の電圧は 0 V なので

$12=15I_1+0$ ∴ $I_1=0.80\,\mathrm{A}$　向き：a→c

(2) コンデンサーと 15 Ω の抵抗の電流は 0 となり，電池と 30 Ω，20 Ω の抵抗に同じ電流が流れる。電流の強さを I_2 として

$12=30I_2+20I_2$ ∴ $I_2=0.24\,\mathrm{A}$

15 Ω の抵抗には電流が流れないので両端の電圧は 0 V で，コンデンサーには電池の電圧 12 V がかかる。蓄えられた電荷 Q_0 は

$Q_0=2.0\times10^{-6}\times12=2.4\times10^{-5}\,\mathrm{C}$

(3) スイッチを閉じた瞬間，コンデンサーに蓄えられた電荷はまだ Q_0 で，電圧は 12 V である。これが，df 間の電圧となるので，20 Ω の抵抗の電流は d→f 向きに強さ I として

$I=\dfrac{12}{20}=0.60\,\mathrm{A}$　向き：d→f

電池の電圧は 12 V なので，図 1 のように ac 間，bd 間の電圧は 0 V となり，15 Ω の抵抗の電流は　0 A

(図 1 のように，この瞬間は電流が循環し，コンデンサーの電荷を減らす。)

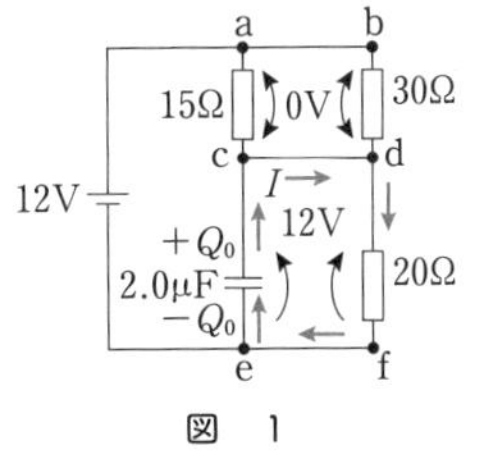

図 1

(4) コンデンサーの電圧は $\dfrac{1.8\times10^{-5}}{2.0\times10^{-6}}=9.0\,\mathrm{V}$ となるので，ac 間，bd 間の電圧は $12-9.0=3.0\,\mathrm{V}$ となる。

図 2 のように電流 I_1～I_5 とすると，オームの法則より

$I_1=0.20\,\mathrm{A}$ ， $I_2=0.10\,\mathrm{A}$ ， $I_4=0.45\,\mathrm{A}$

点 d，c でキルヒホッフの第 1 法則より

d：$I_2+I_5=I_4$ $\therefore$ $I_5=I_4-I_2=0.35\,\mathrm{A}$

c：$I_1+I_3=I_5$ $\therefore$ $I_3=I_5-I_1=0.15\,\mathrm{A}$

コンデンサーに流れるのは **0.15 A** 向き：**e → c**

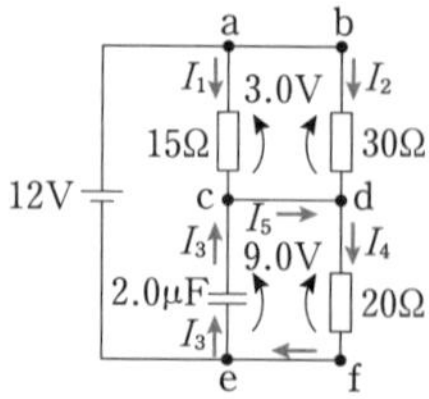

図 2

(5) コンデンサーに電流が流れなくなるので，コンデンサーのところで断線している回路と考えればよい。電流を図 3 のように I_1'，I_2'，I_4' として解く。キルヒホッフの法則より式を立ててもよいが，ここでは合成抵抗を用いて解いてみる。15 Ω と 30 Ω の並列部分の合成抵抗は 10 Ω，さらに全体で 30 Ω となるので，全体を流れる電流 I_4' は

$I_4'=$**0.40 A** 向き：**d → f**

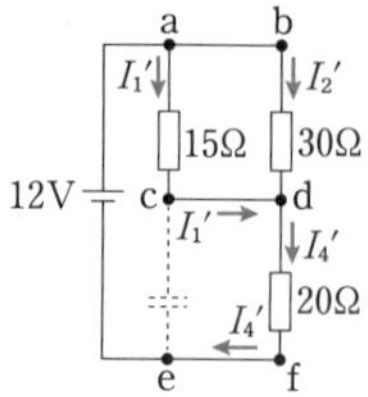

df 間の電圧 V は $V=20\times0.40=8.0\,\mathrm{V}$

この電圧がコンデンサーにかかるので，コンデンサーに蓄えられた電荷 Q は

$Q=2.0\times10^{-6}\times8.0=$**$1.6\times10^{-5}\,\mathrm{C}$**

図 3

電流と磁場

1 - 磁気力と磁場

磁気力と磁極

磁石どうしにはたらく力を磁気力という。磁石の両端を磁極といい，磁気力は磁極で最も強い。磁極にはN極とS極があるが，電荷と同様に同種の磁極では斥力，異種の磁極では引力がはたらく。磁極の強さを磁気量といい，単位はWb（読みは“ウェーバ”）で，N極を正，S極を負とする。磁石には必ず同量の磁気量をもつN極とS極が両端に存在し，一方の磁極だけの磁石はない。

磁気力に関するクーロンの法則

2つの磁極（磁気量 m_1，m_2〔Wb〕）間にはたらく磁気力の大きさ F〔N〕は，磁気量の大きさの積に比例し，磁極間の距離 r〔m〕の2乗に反比例する。

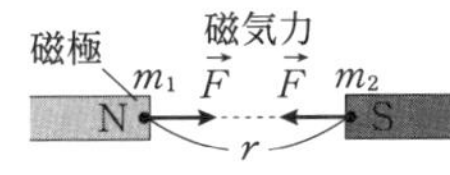

図50　磁極にはたらく磁気力

$$F=\frac{k_\mathrm{m}|m_1|\cdot|m_2|}{r^2} \quad \cdots ㊺$$

これを磁気力に関するクーロンの法則という。k_m は比例定数で，真空中では $k_\mathrm{m}=\dfrac{10^7}{4\pi^2}\fallingdotseq 6.33\times10^4\,\mathrm{N\cdot m^2/Wb^2}$ である。

磁場（磁界）

電荷にはたらく力（静電気力）に対する電場（電界）と同様に，磁気力に対して磁場（磁界）を考える。磁気量 m〔Wb〕の磁極に，大きさ F〔N〕の磁気力がはたらくとき，その位置での磁場の強さを H として

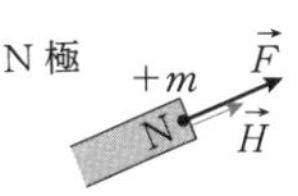

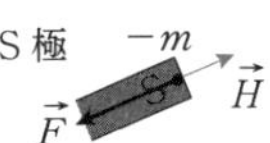

図51　磁場

$$F=|m|H \quad \cdots ㊻$$

とする。磁場 H の単位はN/Wbである。磁場はベクトルで，向きはN極にはたらく磁気力の向きとする。ゆえに磁場ベクトルを $\vec{H}$ とすると

$$\vec{F}=m\vec{H} \quad \cdots ㊼$$

S極では $m<0$ なので，S極にはたらく磁気力は，磁場と逆向きである。

磁場

$$\vec{F}=m\vec{H} \quad \cdots ㊼$$

強さ： $F=|m|H$ $\cdots$ ㊻

向き：N 極にはたらく磁気力の向き

$\vec{H}$〔N/Wb〕：磁場　　強さ $H=|\vec{H}|$

$\vec{F}$〔N〕：磁気力　　大きさ $F=|\vec{F}|$

m〔Wb〕：磁極の磁気量

電気現象と磁気現象はとてもよく似ている。磁場は，電場と同じように理解しよう。ただし，正だけの電荷，負だけの電荷は存在するが，N だけ S だけの磁石はない。

▶▶磁力線

電気力線と同様に，磁場の様子を磁力線で表す。磁力線の接線の向きが磁場の向き，磁力線の疎密が磁場の強さを表す。また，磁力線は N 極から出て S 極に入る。

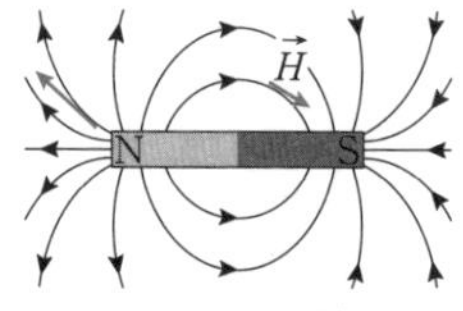

図 52　磁力線

▶▶地磁気

地表で方位磁針の N 極が北向きを指すのは，地表に北向きの磁場があるためで，これを地磁気という。地球は大きな磁石のようになっており，北極付近に S 極，南極付近に N 極があるため，地表では北向きの磁場ができる。

▶▶磁場の重ね合わせ

磁場をつくる要因が複数あり，ある位置で，それぞれの要因による磁場を $\vec{H_1}$，$\vec{H_2}$，… とすると，この位置での磁場 $\vec{H}$ は

$$\vec{H}=\vec{H_1}+\vec{H_2}+\cdots \quad \cdots ㊽$$

となる。これを磁場の重ね合わせという。

② - 電流のつくる磁場

磁場は電流によってもつくられる。高校の範囲では，電流がつくる磁場を扱う場合が圧倒的に多い。

▶▶直線電流による磁場

十分に長い直線導線に電流が流れるとき，図 53 (a)のように，**電流に垂直な面に同心円状の磁場**ができる。電流の強さが I〔A〕のとき，電流から距離 r〔m〕の点での磁場の強さ H は

$$H=\frac{I}{2\pi r} \quad \cdots ㊾$$

なお，磁場の単位は A/m となるが，これは N/Wb と同じであり，どちらを使ってもよい。向きは図(b)のように右ねじ（一般的なねじ。ねじの頭部側から見て時計回りに回転させると前に進む。ペットボトルのキャップを考えればよい），もしくは右手で考えるとよい。**右手の親指を電流の向きとしたとき，他の 4 本の指が回る向きが磁場の向き**である。これを**右ねじの法則**という。

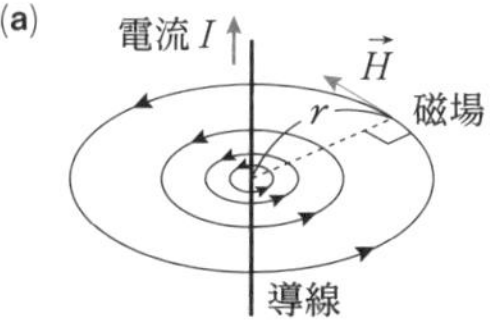

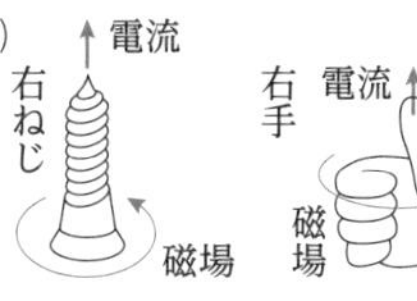

図 53　直線電流がつくる磁場

直線電流がつくる磁場

強さ：$H=\frac{I}{2\pi r}$　…㊾

向き：右ねじ　進む向き＝電流
回転する向き＝磁場
右手　親指＝電流
他の指の回る向き＝磁場

H〔A/m〕：磁場　　I〔A〕：電流
r〔m〕：電流からの距離

紙面に垂直な向きの表し方

⊙：裏から表に向かう向き

⊗：表から裏に向かう向き

理解のコツ

紙面に垂直な向きの表し方は，4 枚の羽をもつダーツの矢をイメージするといいよ。矢が紙面の裏から表に進むときは，矢の先端が向かってくるので，⊙のように見える。矢が紙面の表から裏に進むときは，矢の後方の 4 枚の羽が見えるので，⊗のように見えるということだよ。

例題204 直線電流の磁場を計算する

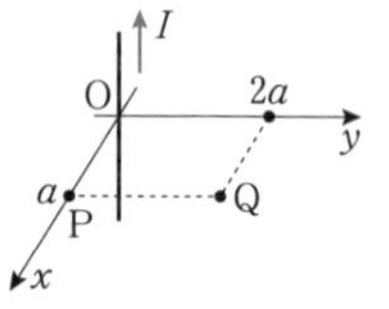

xy 平面に垂直で原点 O を通る十分に長い導線があり，図の矢印の向きに電流 I〔A〕が流れている。

(1) 点 P$(a,\ 0)$ で，電流がつくる磁場の強さ H_P と向きを求めよ。

(2) 点 Q$(a,\ 2a)$ で，電流がつくる磁場の強さ H_Q を求めよ。また，磁場の x 成分，y 成分を求めよ。

解答 xy 平面で考えると右図のようになる。

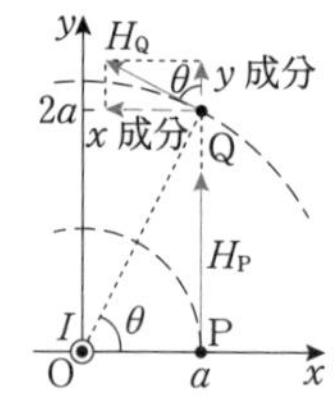

(1) 電流からの距離 a で　$H_P=\dfrac{I}{2\pi a}$　，向き：y 軸正の向き

(2) $OQ=\sqrt{5}\,a$ であるので　$H_Q=\dfrac{I}{2\pi\times\sqrt{5}\,a}=\dfrac{I}{2\sqrt{5}\,\pi a}$

OQ が x 軸となす角を θ として，$\sin\theta=\dfrac{2}{\sqrt{5}}$，$\cos\theta=\dfrac{1}{\sqrt{5}}$ より

x 成分：$-H_Q\sin\theta=-\dfrac{I}{5\pi a}$　，　y 成分：$H_Q\cos\theta=\dfrac{I}{10\pi a}$

例題205 直線電流の磁場と，磁場の重ね合わせを理解する

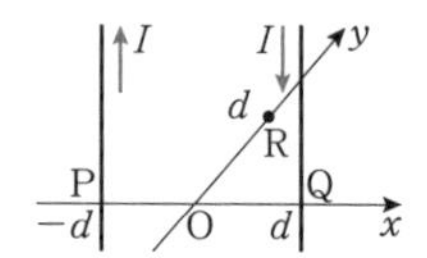

xy 平面に垂直でそれぞれ点 P$(-d,\ 0)$，点 Q$(d,\ 0)$ を通る 2 本の導線に，図の矢印の向きに強さ I〔A〕の電流が流れている。

(1) 原点 O と点 R$(0,\ d)$ での，磁場の強さと向きをそれぞれ求めよ。

(2) 点 Q を通る電流の向きを逆にしたとき（図の上向き），O および R での，磁場の強さと向きをそれぞれ求めよ。

解答 (1) 図 1 のように，P，Q に流れる電流が O につくる磁場の強さをそれぞれ H_{PO}，H_{QO} とすると

$$H_{PO}=H_{QO}=\frac{I}{2\pi d}$$

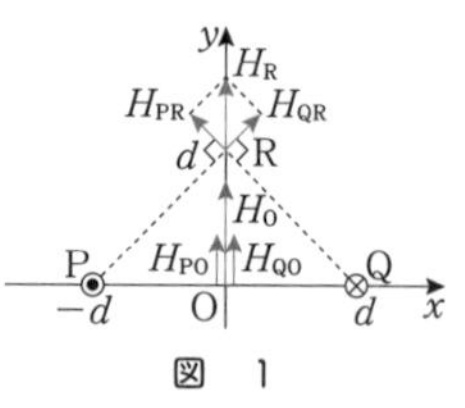

図 1

向きは図 1 のようになるので，O の磁場の強さ H_O は

$$H_O=H_{PO}+H_{QO}=\frac{I}{\pi d}$$

向きは　y 軸正の向き

同様に，P，Q の電流が R につくる磁場の強さをそれぞれ H_{PR}，H_{QR} とすると

$$H_{PR}=H_{QR}=\frac{I}{2\sqrt{2}\,\pi d}$$

図 1 より，R の磁場の強さ H_R は　$H_R=H_{PR}\cos45^\circ+H_{QR}\cos45^\circ=\dfrac{I}{2\pi d}$

向きは　y 軸正の向き

(2) xy 平面で考えると図 2 のようになる。(1)と同様に考えて，O の磁場の強さ H_O' は　　$H_O'=0$

R の磁場の強さ H_R' は

$$H_R'=H_{PR}'\cos45°+H_{QR}'\cos45°=\frac{I}{2\pi d}$$

向きは，図 2 より　　x 軸負の向き

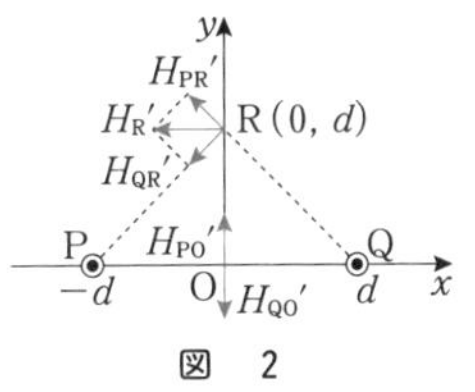

図　2

円形電流による磁場

図 54(a)のように，導線を半径 r〔m〕で円形に N 回巻いたコイルに電流 I〔A〕を流すと，図のように磁場ができる。円の中心 O の磁場の強さ H〔A/m〕は

$$H=\frac{NI}{2r}\quad\cdots㊿$$

となる。向きは，図(b)のように，右手を使うとわかりやすい。ただし，直線電流の場合と逆に，親指の向きはコイルの内側の磁場の向きで，他の指の回る向きが電流の向きである。

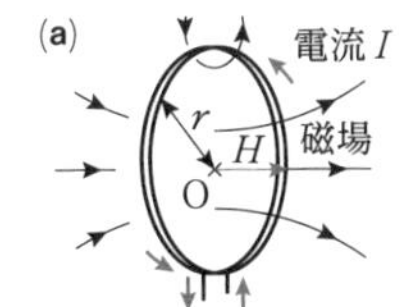

図 54　円形電流

ソレノイド

図 55 のように，導線を円筒形に巻いたものをソレノイドという。円筒の半径より十分に長く密に巻いたソレノイドの内部には一様な磁場（強さ，向きが一定）ができる。電流 I が流れるとき磁場の強さ H は，単位長さあたりの巻き数 n〔回/m〕（全巻き数 N〔回〕，長さ l〔m〕であれば，$n=\frac{N}{l}$）として

$$H=nI=\frac{NI}{l}\quad\cdots51$$

向きは，円形電流と同じなので，右手で考えるとよい。

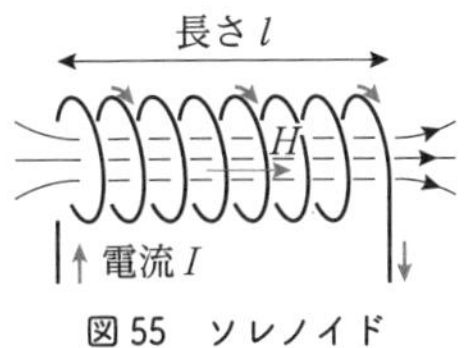

図 55　ソレノイド

円形電流とソレノイド

円形電流

円の中心の磁場：$H=\frac{NI}{2r}$　…㊿

ソレノイド

内部に一様な磁場ができる。

内部の磁場：$H=nI=\frac{NI}{l}$　…51

向き：右手の親指が内部の磁場の向き，他の 4 本の指の回る向きが電流の向き

I〔A〕：電流　N〔回〕：巻き数　r〔m〕：円形電流の半径

n〔回/m〕：ソレノイドの単位長さあたりの巻き数　l〔m〕：ソレノイドの長さ

理解のコツ

式㊾〜㊿は，とにかく覚えるしかない。円形電流はコイルの全巻き数，ソレノイドは単位長さあたりの巻き数で考える点に注意しよう。向きは，右手で考えるといいよ。ただし，右利きの人は，右手にペンを持っているので気をつけよう。つい左手でやると，逆になってしまう。

例題206 円形電流の磁場と磁場の合成を理解する

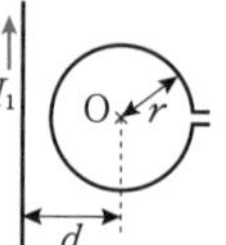

図のように，十分長い直線導線から距離 d〔m〕離れた点 O を中心として，半径 r〔m〕($d>r$) の一巻きの円形導線を置く。直線導線に I_1〔A〕の電流を図の矢印の向きに流す。円形導線には I_2〔A〕の電流を流す。直線導線と円形導線は同一平面上にあるものとする。

(1) O の磁場を 0 にしたい。そのためには円形導線に電流をどちら向きに流せばよいか。また電流の強さ I_2 はいくらにすればよいか。

(2) 円形導線の半径や位置は変えずに，n 回巻きとした。この円形導線に(1)で求めたのと逆向きに，(1)で求めた強さ I_2 の電流を流したとき，O の磁場の強さと向きを I_1，d，n を用いて答えよ（直線導線の電流は図のままである）。

解答 (1) 直線電流による磁場は，O で紙面に垂直で表から裏向き。ゆえに，磁場を 0 にするためには，円形電流による磁場を紙面に垂直で裏から表向きにする必要がある。そのため，円形電流の向きは，図の　**反時計回り**

O で直線電流による磁場の強さを H_1，円形電流による磁場の強さを H_2 とする。

$$H_1=\frac{I_1}{2\pi d}\quad,\quad H_2=\frac{I_2}{2r}$$

向きが逆で同じ強さであれば磁場が 0 になるので　$H_1=H_2$ …①

H_1，H_2 を代入して　$\dfrac{I_1}{2\pi d}=\dfrac{I_2}{2r}$　$\therefore$　$I_2=\dfrac{r}{\pi d}I_1$

(2) 円形電流による磁場が逆向きになる。O での磁場の強さを H_2' とすると

$$H_2'=\frac{nI_2}{2r}=nH_2$$

①式より，$H_2'=nH_2=nH_1=\dfrac{nI_1}{2\pi d}$ になるので，できる磁場の強さは

$$H_1+H_2'=\frac{(n+1)I_1}{2\pi d}$$

向きは　**紙面に垂直に表から裏向き**

LEVEL UP!

大学への物理

ビオ・サバールの法則

図Aのように，導線に強さIの電流が流れている。微小な長さdsに流れる電流が，距離l離れた点Pにつくる磁場dHは

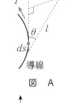

$$dH=\frac{I\sin\theta}{4\pi l^2}ds$$

となる。磁場の向きは，dsを伸ばした直線に右ねじの法則を適用する。これを**ビオ・サバールの法則**という。この法則により，いろいろな電流のつくる磁場が計算できる。

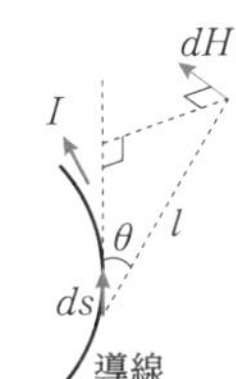

図　A

例として直線電流のつくる磁場の式㊾を導出してみよう。図Bのように，直線電流に沿ってx軸をとる。原点Oから電流に垂直に距離rだけ離れた点Pの磁場を考える。xから微小距離dxの間の電流が点Pにつくる磁場dHは，$l=\sqrt{x^2+r^2}$，$\sin\theta=\dfrac{r}{\sqrt{x^2+r^2}}$より

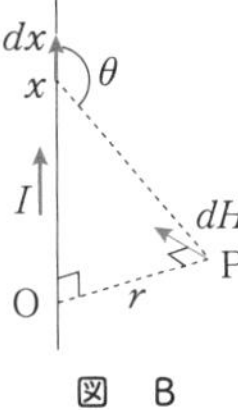

図　B

$$dH=\frac{I}{4\pi(x^2+r^2)}\times\frac{r}{\sqrt{x^2+r^2}}\times dx=\frac{Ir}{4\pi(x^2+r^2)^{\frac{3}{2}}}dx$$

点Pの磁場Hは，dHを$x=-\infty$から$x=+\infty$まで積分すればよい。$x=r\tan\varphi$として

$$H=\int_{-\infty}^{+\infty}\frac{Ir}{4\pi(x^2+r^2)^{\frac{3}{2}}}dx=\frac{I}{4\pi r}\int_{-\frac{\pi}{2}}^{\frac{\pi}{2}}\cos\varphi d\varphi=\frac{I}{4\pi r}\Big[\sin\varphi\Big]_{-\frac{\pi}{2}}^{\frac{\pi}{2}}=\frac{I}{2\pi r}$$

3 - 電流にはたらく力

磁場中を流れる電流には，磁場から力がはたらく。このSECTIONの中心となることなので，しっかりと学ぼう。

▶磁場中の電流にはたらく力

図56(**a**)のように，磁場中に置かれた導線に電流が流れるとき，電流に磁場からの力がはたらく。力の向きは，磁場と電流がつくる平面に垂直な向きで，左手を用いて図(**b**)のようになる。これを**フレミングの左手の法則**という。

図(**a**)で導線1のように磁場と電流が垂直の場合，導線の長さlあたりに磁場からはたらく力の大きさFは

$$F=\mu IHl \quad \cdots ㊷$$

一般に導線2のように，磁場と電流がなす角をθとすると，導線の長さlあたりにはたらく力の大きさFは

$$F=\mu IHl\sin\theta \quad \cdots ㊸$$

$\theta=0°$（磁場と電流が平行）の場合は，力ははたらかない。

(**a**)

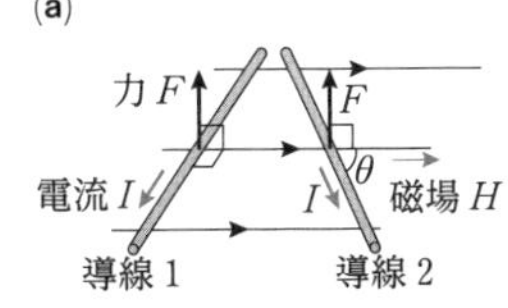

(**b**)

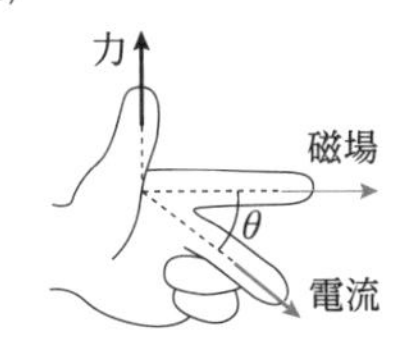

図56　電流にはたらく力

μ〔N/A^2〕は**透磁率**と呼ばれ，導線の周りの物質によって決まる定数である。真空の場合，透磁率 $\mu_0 = 4\pi \times 10^{-7} \fallingdotseq 1.26 \times 10^{-6}$ N/A^2 である。空気の透磁率と真空の透磁率はほぼ等しい。また，ある物質の透磁率を μ として，μ_0 に対する比を**比透磁率** μ_r という。

$$\mu = \mu_r \mu_0 \quad \cdots ㊿④$$

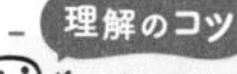

左手を使いこなせるようになろう。人差し指（磁場）と中指（電流）のなす角が θ であり，**親指（力）は常に人差し指にも中指にも垂直な方向**に向ける。

磁束密度

磁極（磁石）や電流にはたらく力は磁場 $\vec{H}$ に比例する。電流の場合は，比例定数として透磁率 μ をかける必要があるので，あらかじめ磁場 $\vec{H}$ に透磁率 μ をかけて

$$\vec{B} = \mu \vec{H} \quad \cdots ⑤⑤$$

とし，$\vec{B}$ を**磁束密度**ということにする。磁束密度の大きさ $B = |\vec{B}|$ の単位は T（読みは“テスラ”）である。

理解のコツ

磁場と磁束密度の関係については，あまり深く考えないでおこう。今は，磁束密度 $\vec{B}$ は単に磁場 $\vec{H}$ に比例していると考えていいよ。磁極にはたらく力は磁場 $\vec{H}$ で，電流にはたらく力は磁束密度 $\vec{B}$ で考えるという程度に理解しておこう。

電流にはたらく力のまとめ

磁束密度 B〔T〕の磁場中を流れる I〔A〕の電流の長さ l〔m〕について，磁場からはたらく力 $\vec{F}$〔N〕をまとめると以下のようになる。

磁場中の電流にはたらく力 $\vec{F}$

大きさ：磁場と電流が垂直なとき　$F = IBl$　…⑤⑥

一般に　$F = IBl\sin\theta$　…⑤⑦

向　き：フレミングの左手の法則で考える。

（親指：力，人差し指：磁場，中指：電流）

F〔N〕：電流にはたらく力の大きさ　　B〔T〕：磁場の磁束密度の大きさ

I〔A〕：電流　　l〔m〕：電流（導線）の長さ　　θ：磁場と電流がなす角

例題207 いろいろな場合の電流にはたらく力を求める

図1のように x, y, z 軸をとる。x 軸に平行に，大きさ B〔T〕の一様な磁場をかける。図2は z 軸正の向きから見た図である。①～③のように xy 平面内に置かれた導線に I〔A〕の電流を流すとき，導線の長さ l〔m〕あたり，磁場からはたらく力の大きさと向きを求めよ。

① y 軸負の向き
② x 軸正の向きと θ で交わる方向
③ x 軸正の向き

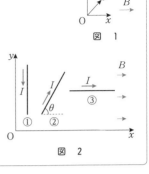

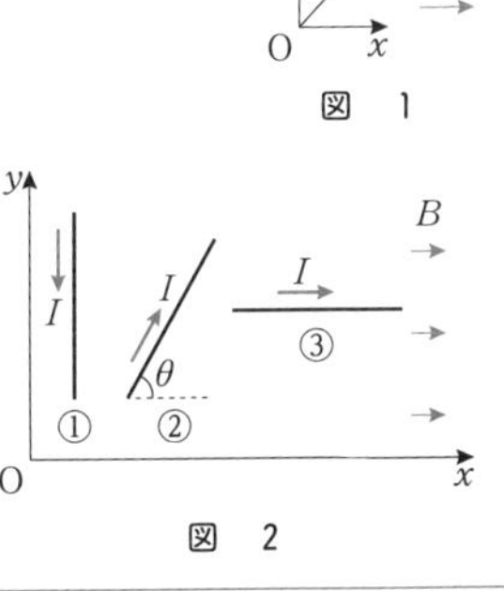

解答 ① 式56より　力の大きさ：IBl

電流と磁場のつくる平面は xy 平面であるので，力の向きはフレミングの左手の法則で考えて　向き：z 軸正の向き

② 電流と磁場のなす角が θ なので，式57より　力の大きさ：$IBl\sin\theta$

フレミングの左手の法則で考えて　向き：z 軸負の向き

③ 電流と磁場のなす角が $\theta=0°$ であるので　力の大きさ：$IBl\sin 0°=0$

例題208 電流にはたらく力の基本問題を解く

図のように，2本のなめらかな導体レールを平行に間隔 d で水平に置く。レールの端に，起電力を変えることのできる電源を接続する。レールに垂直に金属棒を置き，滑車にかけたひもで質量 m のおもりと結ぶ。金属棒の抵抗値は R で，レールや配線の抵抗は無視できる。レールの間には，鉛直上向きで磁束密度 B の一様な磁場がかけられている。重力加速度の大きさを g とし，電源の内部抵抗は無視できるものとする。

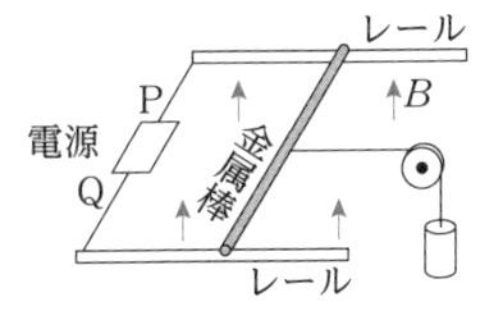

金属棒に電流が流れるが，金属棒が動かないとき，電源の正極はP，Qいずれか答えよ。また，そのときの電源の起電力の大きさ V を求めよ。

解答　導体棒には，図の左向きに磁場からの力がはたらかなければならないので，フレミングの左手の法則より，電流は奥から手前向きに流れる必要がある。ゆえに，電源の正極は　P

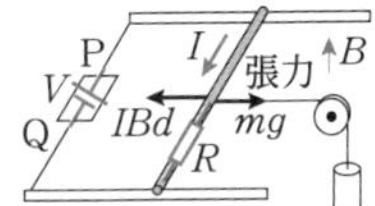

流れる電流を I とすると　$I=\dfrac{V}{R}$

おもりが静止しているので，ひもの張力の大きさは mg，金属棒に流れる電流に磁場からはたらく力の大きさは，式56より IBd なので，金属棒にはたらく力のつり合いより

$$IBd-mg=0$$

I を代入して　$\dfrac{VBd}{R}-mg=0$　∴ $V=\dfrac{mgR}{Bd}$

▶▶平行電流にはたらく力

図 57 のように，十分に長い導線 1，2 が平行に置かれ，電流が流れている。導線 1 の電流は導線 2 の位置に磁場 $\overrightarrow{H_1}$ をつくる。導線 2 の電流はこの磁場より力 $\overrightarrow{F_2}$ を受ける。$\overrightarrow{H_1}$ の強さは式㊾から，$\overrightarrow{F_2}$ の大きさは式㊿から考える。導線 1 にはたらく力 $\overrightarrow{F_1}$ も同様に考えられるが，作用・反作用の法則より，$\overrightarrow{F_1}$，$\overrightarrow{F_2}$ は同じ大きさで逆向きの力になる。

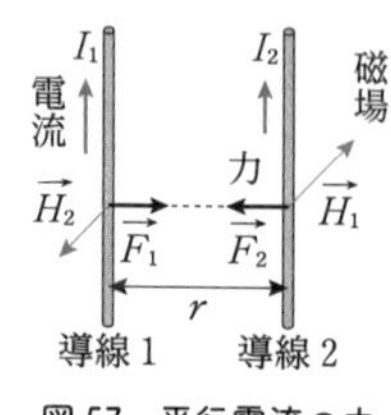

図 57　平行電流の力

このように平行電流には，電流の向きが同じなら導線間には引力がはたらき，逆向きなら斥力がはたらく。

次の例題 209 で，この力の大きさを求めてみよう。

例題209　平行電流間にはたらく力の大きさと向きを求める

図のように十分に長い 2 本の直線導線 P，Q が，真空中に間隔 d〔m〕で平行に置かれている。図の矢印の向きに導線 P には I_1〔A〕，導線 Q には I_2〔A〕の電流を流した。真空の透磁率を μ_0〔Wb/A·m〕とする。

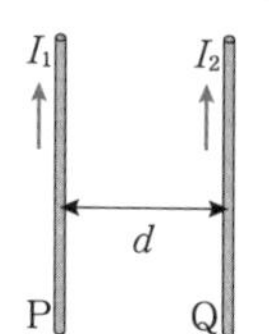

(1)　導線 P に流れる電流が，Q の位置につくる磁場の磁束密度 B_1〔T〕の大きさと向きを求めよ。

(2)　導線 Q の長さ l〔m〕あたりにはたらく力の大きさと向きを求めよ。

(3)　導線 P の長さ l〔m〕あたりにはたらく力の大きさと向きを求めよ。

(4)　導線 Q に流れる電流の向きを逆にした。導線 Q の長さ l〔m〕あたりにはたらく力の大きさと向きを求めよ。

解答 (1)　P に流れる直線電流が，Q の位置につくる磁場は，右ねじ（右手）で考えて，図 1 のように　**紙面に垂直に表から裏向き**

磁束密度の大きさは　$B_1=\mu_0\times\dfrac{I_1}{2\pi d}=\dfrac{\mu_0 I_1}{2\pi d}$

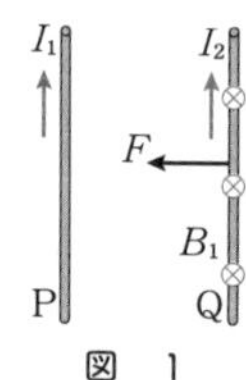

図　1

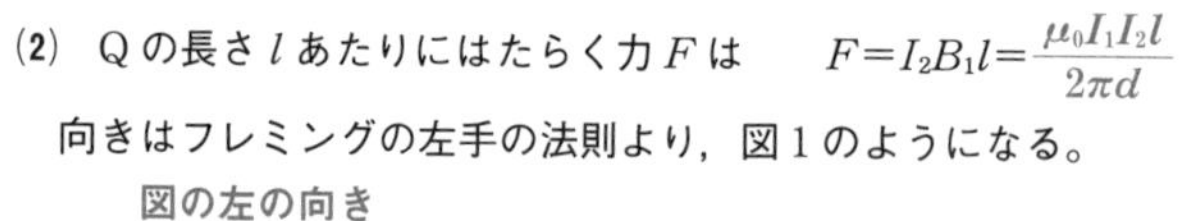

(2)　Q の長さ l あたりにはたらく力 F は　$F=I_2B_1l=\dfrac{\mu_0 I_1 I_2 l}{2\pi d}$

向きはフレミングの左手の法則より，図 1 のようになる。

図の左の向き

(3)　P に流れる電流にはたらく力 F を求めるために(1)，(2)と同じことを繰り返してもよいが，この力は(2)で求めた力の反作用なので，大きさは等しく向きは逆である。

$$F=\frac{\mu_0 I_1 I_2 l}{2\pi d}$$

向きは　**図の右の向き**

(4)　(1)，(2)と同様に考えて，図 2 のように

大きさ：$F=\dfrac{\mu_0 I_1 I_2 l}{2\pi d}$　，　向き：**図の右の向き**

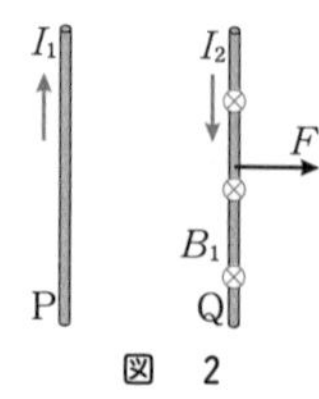

図　2

この例題で求めたように，図 57 のような平行電流にはたらく力の大きさ F は

$$F=\frac{\mu I_1 I_2 l}{2\pi r} \quad \cdots ❺❽$$

となる。ただし，μ は導線の周囲の物質の透磁率である。

理解のコツ

平行電流にはたらく力は，「直線電流がつくる磁場」と「電流に磁場からはたらく力」の組み合わせだよ。この単元に限らず，このように基本事項を一つ一つ積み重ねて考えることが大切だけど，その際にいろいろなことを一度に考えないようにしよう。一方の導線がもう一方の導線の位置につくる磁場を考えるときは，その位置に電流が流れていることなどに惑わされないで，単に「直線電流がつくる磁場」として考える。導線にはたらく力を考えるときは，その位置に磁場ができている原因（もう一方の導線の電流がつくっている）は気にしないで，単に磁場のあるところに電流が流れているから，「電流に磁場からはたらく力」を考える。このように，整理して考えることが大切だよ。

磁束

磁力線と同様に，磁束密度を接線にもつように引いた線を**磁束線**という。電気力線と同様に，単位面積あたり通過する磁束線の本数が磁束密度 B〔T〕である。ある面を通過する磁束線の本数を**磁束** Φ〔Wb〕という。図 58 で，磁束密度 B の磁場に垂直な面積 S〔m^2〕の面を通過する磁束 Φ は

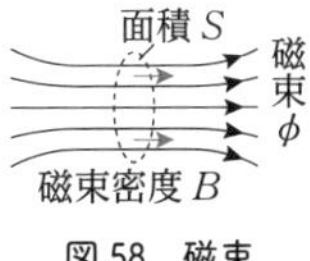

図 58　磁束

$$\Phi=BS \quad \cdots ❺❾$$

磁束と磁束密度

$$\boldsymbol{\Phi=BS} \quad \cdots ❺❾$$

Φ〔Wb〕：面積 S〔m^2〕の面の磁束　　B〔T〕：磁束密度

理解のコツ

磁束密度の単位として，以前は $\mathrm{Wb/m^2}$ が使われていたんだ。このことからわかるように，単位面積あたりの磁束線が磁束密度 B，総本数が磁束 Φ と考えればいいよ。磁束は，次の「⑤ **電磁誘導**」で重要になってくる。とにかく，式❺❾の関係が成り立つということで理解しよう。

例題210 ソレノイドの磁場を求める／磁束と磁束密度の関係を考える

長さ 15 cm，断面積 $1.5\times10^{-3}\,\mathrm{m}^2$ で，導線を 3.0×10^2 回巻いたソレノイドがある。図の矢印の向きに強さ 2.0 A の電流を流した。空気の透磁率を $\mu_0=1.3\times10^{-6}\,\mathrm{N/A^2}$ とする。

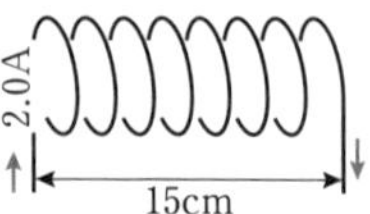

(1) ソレノイドの内部にできる磁場の強さ H〔A/m〕と向きを求めよ。

(2) ソレノイドの内部の磁束密度 B〔T〕，ソレノイドを貫く磁束 Φ〔Wb〕を求めよ。

解答 (1) 単位長さあたりの巻き数 n は　$n=\dfrac{3.0\times10^2}{0.15}=2.0\times10^3$〔回/m〕

式(51)より　$H=nI=2.0\times10^3\times2.0=4.0\times10^3\,\mathrm{A/m}$　，　向き：図の右向き

(2) 式(55)より　$B=\mu_0H=1.3\times10^{-6}\times4.0\times10^3=5.2\times10^{-3}\,\mathrm{T}$

式(59)より　$\Phi=BS=5.2\times10^{-3}\times1.5\times10^{-3}=7.8\times10^{-6}\,\mathrm{Wb}$

4 ローレンツ力

磁場中で，磁場を横切るように運動する荷電粒子（電荷をもった粒子）には，磁場からの力がはたらく。この力をローレンツ力という。図 59 のように，磁束密度 B〔T〕で右向きの磁場中を，電気量 q〔C〕の荷電粒子が速さ v〔m/s〕で運動している状態を考える。

図 59 (a)①のように，磁場と荷電粒子の速度が垂直な場合，ローレンツ力の大きさ f〔N〕は

$$f=qvB \quad \cdots(60)$$

一般に，図 59 (a)②のように，磁場と速度がなす角を θ とすると

$$f=qvB\sin\theta \quad \cdots(61)$$

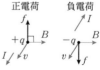

(a) ローレンツ力

(b) 力の向き

図 59　ローレンツ力

となる。$\theta=0°$（磁場と速度が平行）の場合は，力ははたらかない。ローレンツ力の向きは，荷電粒子の運動を電流としてフレミングの左手の法則で考えられる。ただし，正電荷の速度の向きが電流の向きであるので，図(b)のように，負電荷の場合は電流の向きを粒子の速度の向きと逆にすること。

ローレンツ力

磁場から荷電粒子にはたらく力

大きさ：磁場と速度が垂直なとき　$f=qvB$　…㊿

一般に　$f=qvB\sin\theta$　…61

向　き：フレミングの左手の法則で考える。

電荷の正負と電流の向きに注意。

f〔N〕：ローレンツ力　q〔C〕：荷電粒子の電気量

v〔m/s〕：荷電粒子の速さ　B〔T〕：磁束密度　θ：磁場と速度がなす角

理解のコツ

電流にはたらく力と同様に，左手を使いこなすこと。また，負電荷の場合，速度と電流の向きが逆になる点に注意しよう。

例題211　ローレンツ力の大きさと向きを求める

図のように，紙面に垂直に裏から表向きに磁束密度の大きさ B の一様な磁場がかけられている。紙面に xy 軸をとり，xy 平面上で運動する以下の①～③の荷電粒子にはたらくローレンツ力の大きさを求めよ。また，ローレンツ力の x，y 成分をそれぞれ求めよ。

① y 軸正の向きに速さ v をもつ電荷 $+q$ $(q>0)$ の荷電粒子

② x 軸正の向きに速さ v をもつ電荷 $-e$ $(e>0)$ の荷電粒子

③ x 成分 v_x，y 成分 v_y の速度をもつ電荷 $+q$ $(q>0)$ の荷電粒子

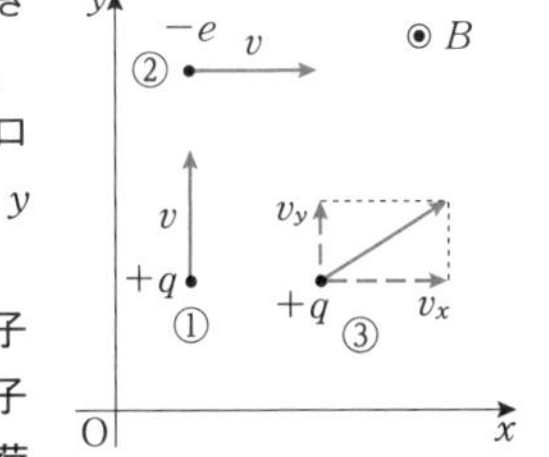

解答　右図のように力がはたらく。

① ローレンツ力の大きさ　$f=qvB$

向きはフレミングの左手の法則より x 軸正の向きであるので　x 成分 $=qvB$　，　y 成分 $=0$

② ローレンツ力の大きさ　$f=|-evB|=evB$

負電荷なので電流の向きは x 軸負の向きと考えて，フレミングの左手の法則より，力の向きが y 軸正の向きであるので　x 成分 $=0$　，　y 成分 $=evB$

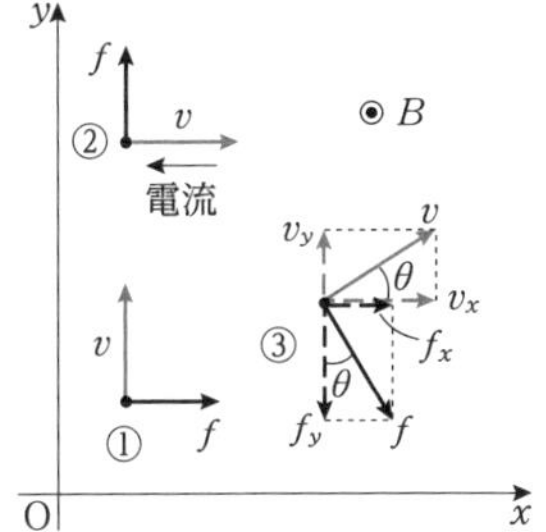

③ 荷電粒子の速さを v とすると $v=\sqrt{v_x{}^2+v_y{}^2}$ より

ローレンツ力の大きさ　$f=qvB=qB\sqrt{v_x{}^2+v_y{}^2}$

向きは速度と直交する方向である。速度が x 軸と交わる角を θ とすると，

$\sin\theta=\dfrac{v_y}{v}$，$\cos\theta=\dfrac{v_x}{v}$ であるので，力の x，y 成分は上図より

x 成分：$f_x=f\sin\theta=qv_yB$　，　y 成分：$f_y=-f\cos\theta=-qv_xB$

（速度を分解して，v_x に対して f_y，v_y に対して f_x の力がはたらくと考えてもよい。）

▶▶磁場中の荷電粒子の運動

図 60 のように，一様な磁場に垂直な速度 v をもつ荷電粒子（仮に正電荷とする）を運動させると，常に磁場から速度と垂直な向きにローレンツ力 f がはたらく。そのためローレンツ力が向心力となり，荷電粒子は円運動をする。

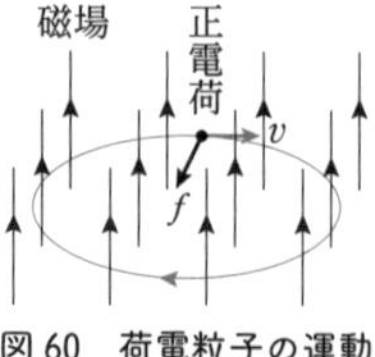

図 60　荷電粒子の運動

理解のコツ

あくまで，質量をもつ荷電粒子に力がはたらく，力学として考えること。円運動の基本だよ。

次の例題 212 で，円運動の半径，周期を求めてみよう。

例題212　ローレンツ力による円運動の半径，周期を求める

紙面裏から表向きで磁束密度 B〔T〕の磁場中で，電気量 $+q$〔C〕（$q>0$），質量 m〔kg〕の荷電粒子を，磁場と垂直な向きに速さ v〔m/s〕で運動させる。

⊙ B

$+q$ • ⟶ v

(1)　荷電粒子にはたらくローレンツ力の大きさを求めよ。

(2)　荷電粒子は磁場からの力により円運動をする。円運動の半径を求めよ。また，図で，円運動は時計回りか反時計回りかを答えよ。

(3)　円運動の周期を求めよ。

(4)　荷電粒子の電気量が $-q$〔C〕である場合，円運動の向きはどうなるか答えよ。

解答 (1)　磁場と粒子の速度の向きが直交するので，ローレンツ力の大きさ f は　　$f=qvB$

（向きは右図のようになる。）

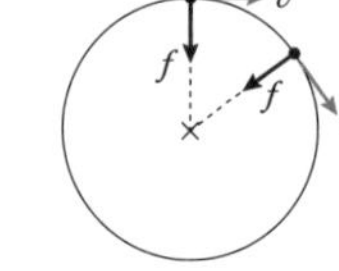

(2)　円運動の半径を r〔m〕とする。円運動の運動方程式より

$$\frac{mv^2}{r}=f=qvB \qquad \therefore \quad r=\frac{mv}{qB}$$

ローレンツ力の向きが円の中心の向きなので，右図より

時計回り

(3)　周期を T〔s〕として　　$T=\dfrac{2\pi r}{v}=\dfrac{2\pi m}{qB}$

(4)　負電荷の場合，速度の向きと電流の向きが逆であるので，ローレンツ力は逆向きにはたらく。ゆえに，円運動の向きは反時計回りになる。

理解のコツ

例題 212 で求めた，ローレンツ力による円運動の半径や周期などの式は，力学の基本を用いて簡単に求められるから，覚える必要はないよ。

≫磁場に斜めに入射した場合

図61のように，z 軸方向の一様な磁場で，z 軸に角 θ の方向に速さ v で荷電粒子（仮に正電荷とする）を運動させる。ローレンツ力 f は磁場に垂直に，xy 平面に平行にはたらき，z 軸方向には力ははたらかないので，xy 平面に平行に速さ $v\sin\theta$ で円運動，z 軸方向に速さ $v\cos\theta$ で移動する。そのため，図のような，らせん軌道を描く。

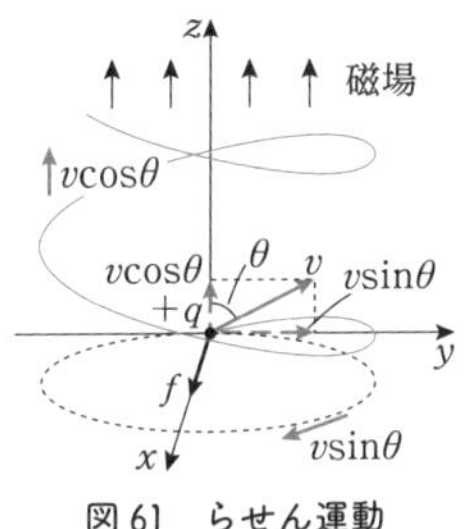

図61　らせん運動

理解のコツ

このような三次元運動を考える際は，“xy 平面に対する円運動”と，“z 軸方向への等速運動”とを分けて考えられるようになることが大切だよ。次の例題213で実際に考えてみよう。

例題213 磁場に斜めに入射した荷電粒子の運動を考える

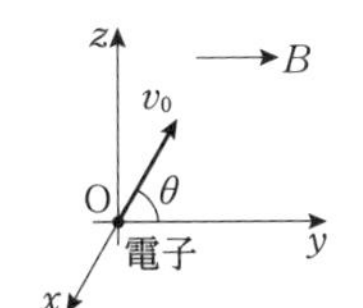

図のように，x，y，z 軸をとり，y 軸に平行に大きさ B〔T〕の一様な磁場をかける。質量 m〔kg〕，電荷 $-e$〔C〕の電子を，原点Oから yz 面に平行に，y 軸から θ の方向に速さ v_0〔m/s〕で打ち出す。重力の影響はないものとする。

(1) 図の状態で，電子にはたらく力の大きさ f と向きを答えよ。

(2) 電子の運動を xz 面に投影すると円運動となる。円運動の半径 r を求め，また y 軸正の向きから見た運動を図示せよ。

(3) 電子が原点Oを出発してから再び y 軸上を通過するまでの時間を求めよ。また，そのときの y 座標を求めよ。

解答 (1) 電子の電荷が負であることも考えて，フレミングの左手の法則より図1のようにローレンツ力がはたらく。式❻❶より　$f=ev_0B\sin\theta$

向きは，フレミングの左手の法則より　x 軸正の向き

（磁場と垂直な速度成分 $v_0\sin\theta$ にローレンツ力がはたらくと考えてよい。）

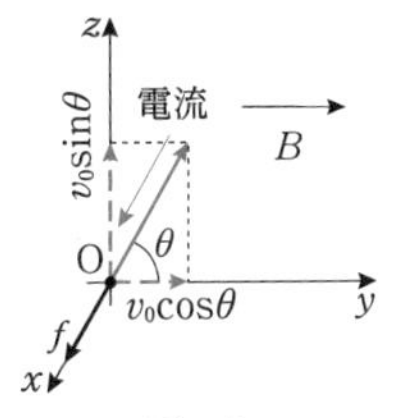

図　1

(2) ローレンツ力は磁場と平行な y 軸方向にははたらかず，磁場と垂直な方向（xz 面内）のみではたらくので，xz 面で見ると円運動となる。xz 面に対する電子の速度成分は $v_0\sin\theta$ なので，円運動の運動方程式より

$$\frac{m(v_0\sin\theta)^2}{r}=ev_0B\sin\theta \qquad \therefore\ r=\frac{mv_0\sin\theta}{eB}$$

y 軸正の向きから見た xz 面での運動は図2となる。

z
$v_0\sin\theta$
f
x　r　O
2r

図　2

(3) 円を一周すれば，電子は y 軸に戻ってくる。それまでの時間は円運動の周期 T であるので

$$T=\frac{2\pi r}{v_0\sin\theta}=\frac{2\pi m}{eB}$$

y 軸方向には速さ $v_0\cos\theta$ で等速運動をする。ゆえに，時間 T 後の y 座標 y_1 は

$$y_1=v_0\cos\theta\cdot T=\frac{2\pi m v_0\cos\theta}{eB}$$

この運動は，図 3 のような運動となる。また(3)で求めた y_1（らせんが一周したときに，らせんの軸方向に進む距離）を「らせんのピッチ」という。

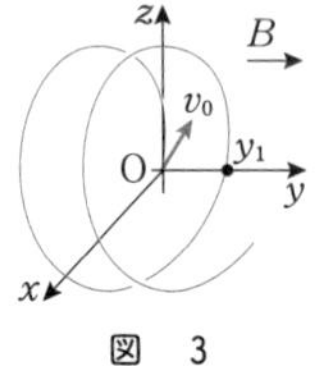

図 3

▶▶ホール効果

図 62 のように，z 軸正の向きの一様な磁場中に直方体の金属を置き，電流を流す。金属中を運動する自由電子には，磁場から x 軸正の向きにローレンツ力がはたらくので，金属内で電荷の分布に偏りができる。そのため x 軸方向に電場が生じ，電位差 V が生じる。この現象を**ホール効果**といい，V を**ホール電圧**という。

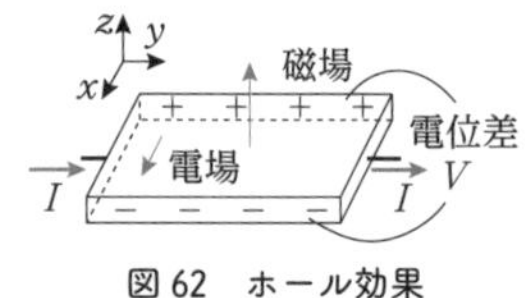

図 62　ホール効果

この現象は半導体でも発生するが，キャリアの正負により電場の向きが異なる。また，ホール電圧は磁場の強さに比例するので，磁場の測定などに利用されている。

演習45

図のように，奥行き a，高さ b，長さ l の直方体の金属が，長さ方向を y 軸に平行にして置かれている。金属には y 軸正の向きに強さ I の電流が流れている。また z 軸正の向きに磁束密度 B の一様な磁場がかけられている。電子の電気量を $-e$ とし，以下の空欄のア～クにあてはまる最も適当な式，語句を答えなさい。

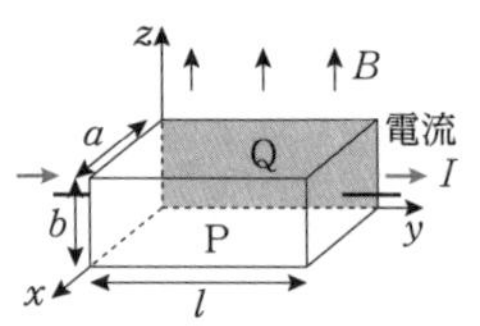

金属中を移動する自由電子の平均の速さを v，単位体積あたりの自由電子の個数を n とすると，電流値 I は

$I=$(　ア　)　…①

自由電子には磁場から大きさ（　イ　）のローレンツ力が（　ウ　）の向きにはたらくので，金属中の電荷の分布に偏りができ，x 軸方向に電場が生じる。この結果，導体の x 軸に垂直な面 P，Q のうち（P が手前側，Q が網かけ部分で示す奥側），（　エ　）が高電位となる。x 軸方向の電場の強さを E とすると，自由電子にはたらく x 軸方向の力はつり合うので

$E=$(　オ　)　…②

①，②式より v を消去して E を求めると $E=$(　カ　）となる。この電場により PQ

間には電位差が生じる。これらの現象をホール効果という。PQ 間の電圧（ホール電圧）を V とすると，V は B, I, e, n, b を用いて $V=$(　キ　) となり，V, I を測定することにより，磁束密度の大きさ B を測定できることになる。

金属を p 型半導体（キャリアが正電荷）に置き換えると，ホール効果により P，Q のうち（　ク　）が高電位となる。

解答 ア．電流は，金属の断面を単位時間で通過する電気量である。式㉚より

$I=enabv$ …①

イ．evB

ウ．フレミングの左手の法則より，ローレンツ力は**x 軸正**の向きにはたらく。

エ．金属中には自由電子と，動けない正電荷＝金属イオンがある。これらが通常は一様に分布している。磁場がある場合，右図に示すようにローレンツ力により自由電子が x 軸正の向きに移動して電荷の分布に偏りができ，P に負電荷，Q に正電荷が過剰な状態になり，Q→P 向きの電場ができる。ゆえに，電位が高いのは　Q

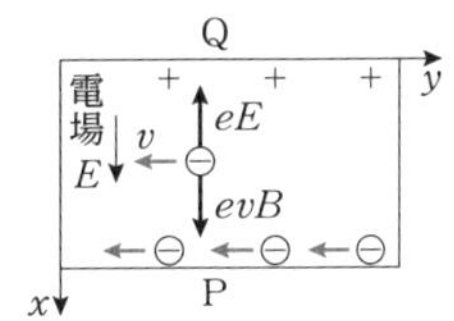

オ．自由電子にはたらく電場からの力とローレンツ力がつり合うまで自由電子は移動する。そのときの電場の強さを E として

$eE=evB$ 　∴　$E=vB$ …②

カ．①，②式より v を消去する。　$E=\dfrac{BI}{enab}$

キ．PQ 間の長さは a なので電圧 V は　$V=Ea=\dfrac{BI}{enb}$

ク．ローレンツ力の向きは同じなので P 側に正電荷がたまり，P→Q 向きの電場ができる。ゆえに，電位が高いのは　P

電磁誘導

1-電磁誘導

誘導起電力

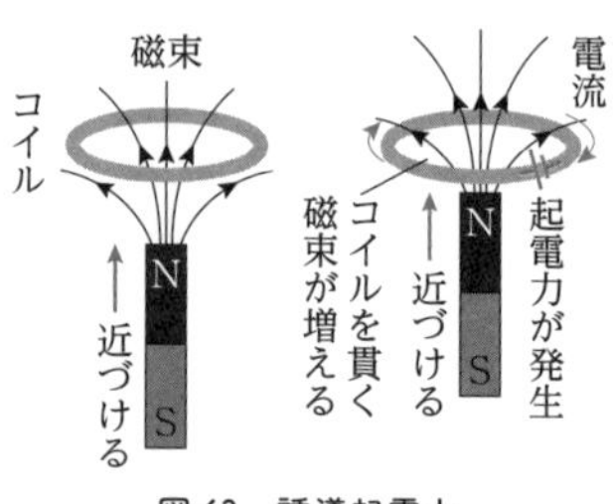

図 63　誘導起電力

図 63 のように，コイルに磁石を近づけると，コイルに電流が流れる。これは，コイルを貫く磁束が変化することで，コイルに起電力（電圧）が生じるためである。この現象を電磁誘導といい，生じる起電力を誘導起電力，流れる電流を誘導電流という。

レンツの法則

電磁誘導により発生する起電力の向きは，その起電力により誘導電流が流れた場合，誘導電流がつくる磁束がコイルを貫く磁束の変化を妨げる向きになる。これをレンツの法則という。コイルを流れる電流がつくる磁束（磁場）の向きは，右手を使って求める（「④ ❷-**電流のつくる磁場**」参照）。また，あくまで妨げる向きに電流を流すような起電力が発生するだけで，実際に電流がどの向きに流れるかは別である。図 64 のように，磁石をコイルに対して動かすときの電磁誘導を考えてみると

① N 極を近づけるとき

コイルを貫く上向きの磁束が増加するので，誘導電流により下向きの磁束をつくるように，上から見て時計回りの起電力が発生する。図に赤で記したような電池ができると考えればよい。

② N 極を遠ざけるとき

コイルを貫く上向きの磁束が減少するので，誘導電流により上向きの磁束をつくるように，上から見て反時計回りの起電力が発生する。図に赤で記したような電池ができると考えればよい。

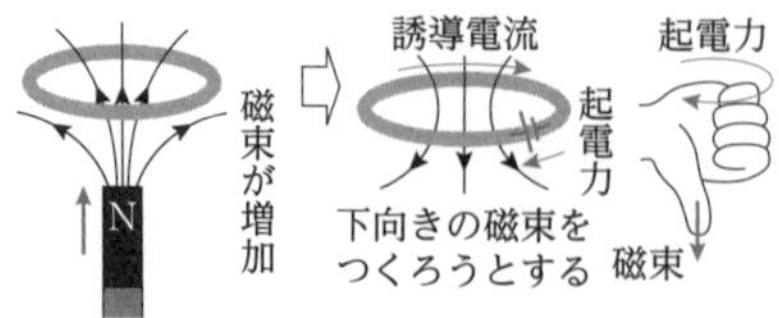

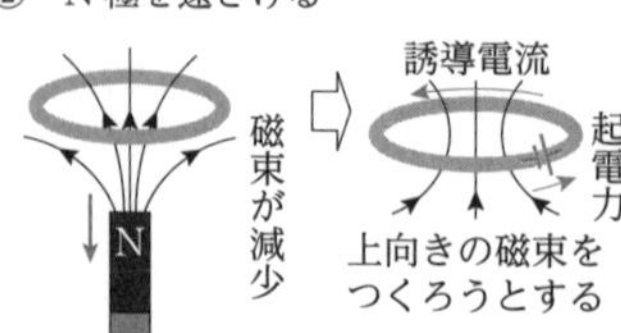

図 64　レンツの法則

理解のコツ

大切なことは，電磁誘導により**起電力が発生する**こと。つまり，コイルに**電池ができる**と思えばいいよ。電流が流れるのは，電池ができたからだと考えるんだ。一部を切断したコイルを用いると誘導起電力は発生する（電池ができる）けど，電流は流れない。また，コイルに他の電池が接続されているような場合は，誘導起電力との大小関係により電流の流れる向きが決まり，必ずしも誘導起電力の向きに電流が流れるとは限らない。

例題214 レンツの法則から，誘導電流の向きを考える

図のように導線を円形に巻いたコイルと磁石がある。以下の①～③のとき，コイルに流れる電流の向きは図の P，Q のいずれか答えよ。ただし，図は①の状態を示している。

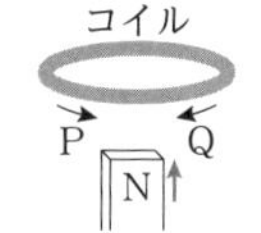

① N 極を近づける　② S 極を近づける　③ S 極を遠ざける

解答 ① コイルを貫く上向きの磁束が増加するので，妨げるように下向きの磁束をつくるよう誘導電流が流れる。ゆえに　Q

② 右図のように下向きの磁束が増加するので，妨げるように上向きの磁束をつくるよう誘導電流が流れる。ゆえに　P

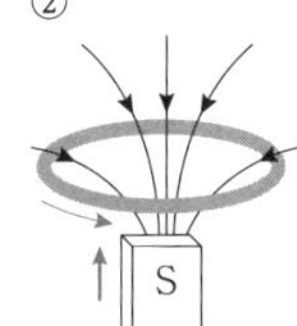

③ 下向きの磁束が減少するので，妨げるように下向きの磁束をつくるよう誘導電流が流れる。ゆえに　Q

例題215 電磁誘導を誘導起電力でとらえる

図のようなコイルがある。以下の①～③のようにコイルの左側で磁石を動かした場合，誘導起電力により，コイルの X，Y のいずれの電位が高くなるか答えよ。ただし，図は①の状態を示している。

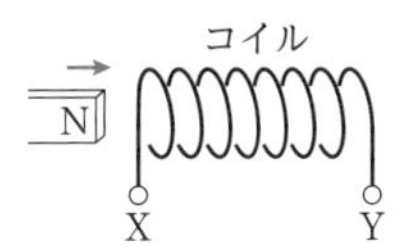

① N 極を近づける　② S 極を近づける　③ S 極を遠ざける

解答 XY 間が接続されていないので電流は流れないが，レンツの法則で考えられる向きに電流を流そうと起電力が発生し，コイルが電池になると考える。そのためには，仮に XY 間に抵抗をつなぐとどう電流が流れるかを考える。

① 右図のように，コイルを貫く右向きの磁束が増加するので，破線の矢印の向きに誘導電流を流そうとする起電力が発生する。XY 間が接続されていないので電流は流れないが，もし XY 間に抵抗を接続すると，X→Y に電流が流れる。そのため，コイルは X を正極とする電源（電池）になったと考えればよい。ゆえに，電位が高いのは　X

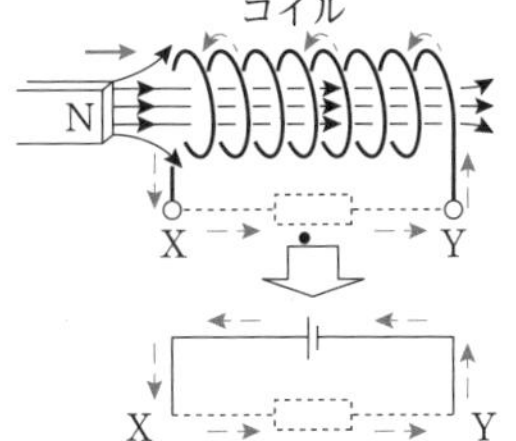

② 同様に考えて Y を正極とする電池ができるので　Y

③ 同様に考えて　X

▶▶電磁誘導の法則

電磁誘導により発生する誘導起電力の大きさは，強い磁石を速く動かすほど大きい。つまり磁束の変化が大きいほど，また時間が短いほど誘導起電力は大きい。

誘導起電力の大きさは，コイルを貫く磁束の単位時間あたりの変化に等しい。これをファラデーの電磁誘導の法則という。時間 Δt〔s〕の間に，コイルを貫く磁束の変化が $\Delta\Phi$〔Wb〕のとき，誘導起電力 V〔V〕の大きさ $|V|$ は

$$|V|=\left|\frac{\Delta\Phi}{\Delta t}\right| \quad \cdots❻❷$$

コイルが N 回巻きの場合は，起電力も N 倍になる（電池を直列に接続したのと同じである）。また，起電力の向きはレンツの法則から考える。まとめると以下のようになる。

誘導起電力

大きさ：$|V|=\left|N\frac{\Delta\Phi}{\Delta t}\right|$ …❻❸

向　き：レンツの法則で考える。

V〔V〕：誘導起電力　N〔回〕：コイルの巻き数
$\Delta\Phi$〔Wb〕：時間 Δt〔s〕での磁束の変化

理解のコツ

簡単な問題では，このように，誘導起電力の大きさと向きを別々に考えよう。

例題216　誘導起電力の大きさと向きを求める

図1のように断面積 $1.5\times10^{-3}\,\mathrm{m^2}$ で，巻き数 1.0×10^3 回のコイルの両端P，Qに15Ωの抵抗を接続した。コイルの内部の磁場の磁束密度 B〔T〕を時間 t〔s〕とともに図2のように変化させた。P，Q間に発生する誘導起電力 V〔V〕と，抵抗に流れる電流 I〔A〕をグラフに表せ。ただし，B は右向きを正，V はQが高電位のときを正，I は抵抗にQからP向きに流れるときを正とする。また，コイルの自己誘導およびコイルの抵抗は無視できるものとする。

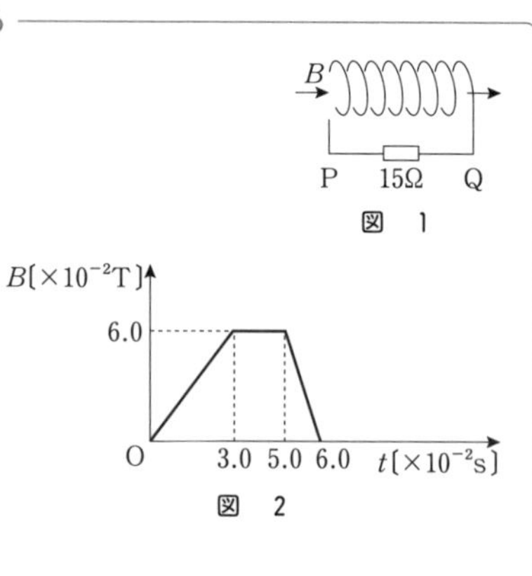

図1
図2

解答　コイルを貫く磁束 Φ〔Wb〕は，磁束密度 B〔T〕，コイルの断面積 S〔m^2〕とすると $\Phi=BS$ である。式❻❸より，$\dfrac{\Delta\Phi}{\Delta t}$ が一定のところでは，誘導起電力は一定なので，以下の①～③の時間に分けて，誘導起電力 V，電流 I を求める。

① $t=0\sim3.0\times10^{-2}\,\mathrm{s}$

$$|V|=\left|1.0\times10^3\times\frac{(6.0\times10^{-2}-0)\times1.5\times10^{-3}}{3.0\times10^{-2}}\right|=3.0\,\mathrm{V}$$

向きはレンツの法則より抵抗に P→Q に電流を流す向きで，コイルには P が高電位の起電力が発生し，右図のような電池ができたと考える。ゆえに

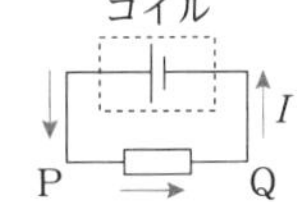

$V=-3.0\,\mathrm{V}$

電流はオームの法則より

$$I=\frac{-3.0}{15}=-0.20\,\mathrm{A}$$

② $t=3.0\times10^{-2}\sim5.0\times10^{-2}\,\mathrm{s}$

$\Delta\Phi=0$

磁束が変化しないので

$V=0\,\mathrm{V}$　，　$I=0\,\mathrm{A}$

③ $t=5.0\times10^{-2}\sim6.0\times10^{-2}\,\mathrm{s}$

$$|V|=\left|1.0\times10^3\times\frac{(0-6.0\times10^{-2})\times1.5\times10^{-3}}{(6.0-5.0)\times10^{-2}}\right|=9.0\,\mathrm{V}$$

向きは抵抗に Q→P に電流を流す向きで，Q が高電位である。ゆえに

$V=9.0\,\mathrm{V}$

電流はオームの法則より

$$I=\frac{9.0}{15}=0.60\,\mathrm{A}$$

以上①～③をグラフにすると，下図のようになる。

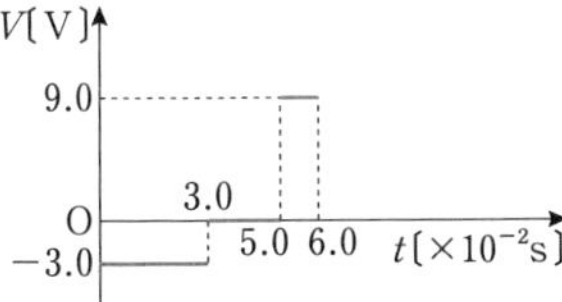

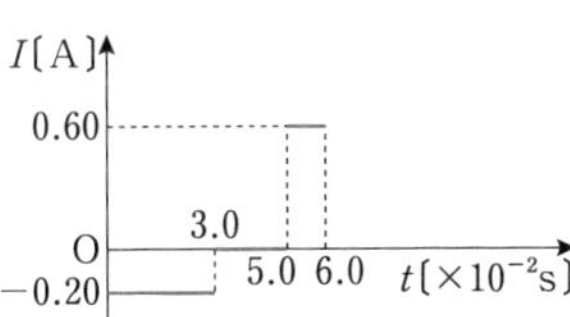

≫誘導起電力を表す式

ここまでは，誘導起電力の大きさと向きを別々に考えた。しかし，磁束（磁場）の正の向きと誘導起電力の正の向きの関係を正しく決めれば，誘導起電力を，向きを含めて1つの式で表すことができる。図65(a)のように，磁束と誘導起電力の正の向きの関係を決める。これは図(b)のように右手で示すことができる。つまり，親指を磁束の正の向きとするとき，他の4本の指の回る向きを誘導起電力の正の向きとする。

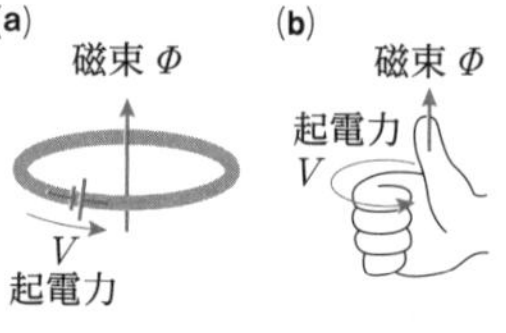

図65　正の向きの決め方

このように向きを決めた場合，誘導起電力 V は

$$V = -N\frac{\Delta\Phi}{\Delta t} \quad \cdots ⓺④$$

と表すことができる。これが電磁誘導の法則を表す式である。

（例1）　図65で，上向き（正の向き）の磁束が増えた場合を考える。$\Delta\Phi > 0$ で，式⓺④より $V < 0$ となる。つまり，誘導起電力は負の向き＝上から見て時計回りとなり，レンツの法則から考えた結果と一致する。

（例2）　例題216は，磁束と誘導起電力の向きが正しく決められているので，式⓺④を用いれば，起電力 V は正負も含めて求めることができる。確かめてみよう。

理解のコツ

式⓺④の正負の意味は少し理解しづらいかもしれないけど，正しく向きを決めれば簡単に正負も含めて起電力が求められるから，使いこなせるようになってほしい。難しい入試問題では必須になってくるよ。

演習46

図のように辺の長さが a〔m〕の正方形コイルABCDがある。コイル全体の抵抗値は R〔Ω〕である。辺ABを x 軸に平行にして，x 軸正の向きに一定の速さ v で動かす。$0 \leqq x \leqq 2a$ の部分（図の網かけ部分）には，磁束密度 B〔T〕で紙面に垂直に裏から表向きの一様な磁場がある。辺ADの位置が $x=0$ となったときを，時刻 $t=0$ とする。

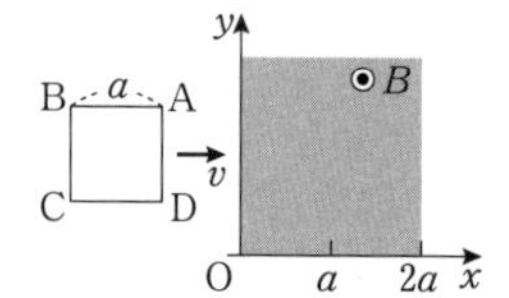

(1)　時刻 $t=0$ 以降，辺ADが $x=3a$ となるまでの間，コイルを貫く磁束 Φ の変化を，横軸に時刻 t をとってグラフに表せ。ただし，磁束は，裏から表向きを正とする。

(2)　時刻 $t=0$ 以降，辺ADが $x=3a$ となるまでの間，コイルを流れる電流 I の変化を，横軸に時刻 t をとってグラフに表せ。ただし，A→B→C→Dの向きを正とする。

辺ADの位置が $0<x<a$ であるときを考える。

(3)　辺AB，BC，CD，DAに磁場からはたらく力の大きさと向きをそれぞれ求めよ。

(4)　コイルを等速で動かすために外から加える力の大きさ f と向きを求めよ。

(5)　外から加えた力の仕事率 P_f と，コイルの消費電力 P を求めよ。

解答 (1)　コイルの磁場のある部分の面積を S〔m²〕とすると，コイルを貫く磁束 Φ〔Wb〕は，$\Phi=BS$ である。時刻 $t=\dfrac{a}{v}$ で辺 AD が $x=a$ になり，全面を磁束が貫くので $\Phi=Ba^2$ となる。以後，同様に考えて図 1 となる。

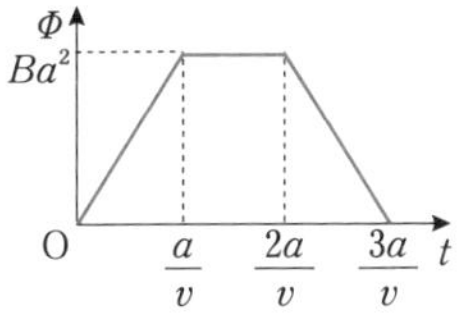

図　1

(2)　Φ の時間変化が一定な以下の①〜③の時刻に分けて，起電力 V〔V〕，電流 I〔A〕を求める。V を大きさと向きに分けて考えてみる。

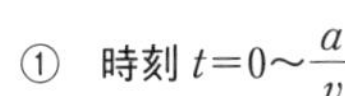

①　時刻 $t=0\sim\dfrac{a}{v}$

大きさは　　$|V|=\left|\dfrac{\varDelta\Phi}{\varDelta t}\right|=\left|\dfrac{Ba^2-0}{\dfrac{a}{v}-0}\right|=vBa$

起電力の向きはレンツの法則より，A→D→C→B となるので，右図のような回路になっていると考える。電流も A→D→C→B 向きなので負で

$$I=-\frac{|V|}{R}=-\frac{vBa}{R}$$

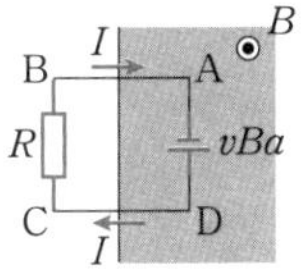

図　2

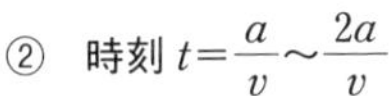

②　時刻 $t=\dfrac{a}{v}\sim\dfrac{2a}{v}$

磁束が変化しないので　　$V=0$　，　$I=0$

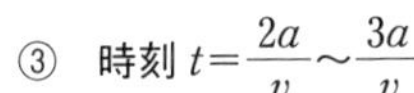

③　時刻 $t=\dfrac{2a}{v}\sim\dfrac{3a}{v}$

①と同様に考えて起電力は
A→B→C→D で

$$|V|=vBa\quad,\quad I=\frac{vBa}{R}$$

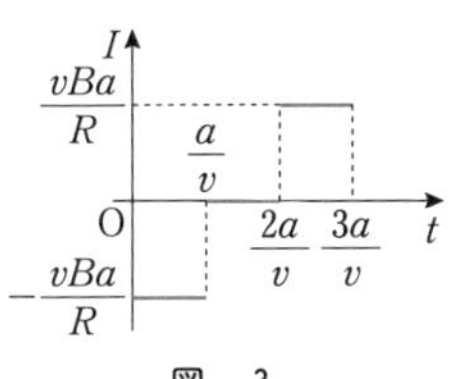

図　3

以上をグラフで表すと図 3 となる。

別解

起電力の正の向きを A→B→C→D と正しく決めて，式㊹を使う。①で

$$V=-\frac{\varDelta\Phi}{\varDelta t}=-\frac{Ba^2-0}{\dfrac{a}{v}-0}=-vBa$$

となり，大きさが vBa，向きが A→D→C→B とわかる。これより電流を求めてもよい。

(3) 電流に磁場から力がはたらく。向きはフレミングの左手の法則より図 4 となる。

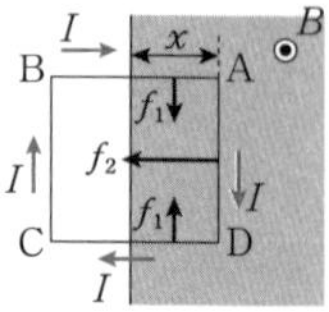

AB：磁場があるのが長さ x なので，力もその部分の電流にのみはたらく。力の大きさ f_1 は

$$f_1=|I|B\times x=\frac{vB^2ax}{R}$$ ，向き：y 軸負の向き

図 4

BC：磁場がないので，力ははたらかない。

CD：AB と同じ。大きさ f_1 として　$f_1=\frac{vB^2ax}{R}$ ，向き：y 軸正の向き

DA：力の大きさ f_2 として　$f_2=|I|Ba=\frac{vB^2a^2}{R}$ ，向き：x 軸負の向き

(4) 辺 AB と CD にはたらく力は打ち消し合うので，コイルにはたらく磁場からの力の合力は大きさ f_2 で，x 軸負の向きである。等速運動のために必要な外から加える力 f は，力のつり合いより

$$f=f_2=\frac{vB^2a^2}{R}$$ ，向き：x 軸正の向き

(5) 加えた力と速度の向きが同じであるので P_f は正で　$P_f=fv=\frac{v^2B^2a^2}{R}$

消費電力 P は　$P=RI^2=\frac{v^2B^2a^2}{R}$

参考 $P_f=P$ となっている。これは，外部の力による力学的な仕事が，電磁誘導により電気エネルギーに変換され，さらに抵抗で発生する熱エネルギーに変換されているということである。

理解のコツ

物理現象を切り分けて考えることが大切だよ。電磁誘導により誘導起電力が生じると，電池ができたと考えればいい。コイルは抵抗でもあるから，図 2 のように電池と抵抗からなる直流回路と考える。電磁誘導のことは忘れて，単純に直流回路を解けばいいよ。さらに電流には，磁場からの力がはたらく（「④ ❸-**電流にはたらく力**」参照）。この力は，導線が運動していることも電磁誘導を起こしていることも関係なく考えよう。

2 - 磁場を横切る導体棒

▶面積が変わる回路の電磁誘導

図 66 (a)のように，磁束密度 B〔T〕の磁場中で，間隔 l〔m〕の 2 本の平行導線（レール），導体棒 cd，R〔Ω〕の抵抗で回路を作り，導体棒を速さ v〔m/s〕で動かす。回路の閉じた部分（abcd）の面積が増え，この部分を貫く磁束が変化し，誘導起電力が発生する。時間 Δt〔s〕で，回路を貫く磁束の変化 $\Delta\Phi$〔Wb〕は，$\Delta\Phi = B\times lv\Delta t$ であるので，起電力の大きさを V〔V〕とすると

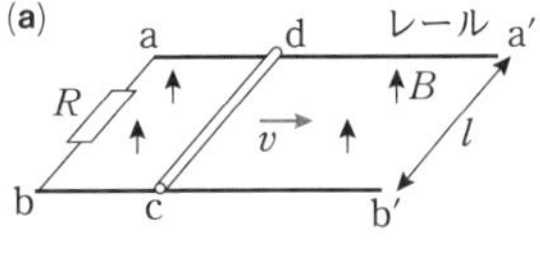

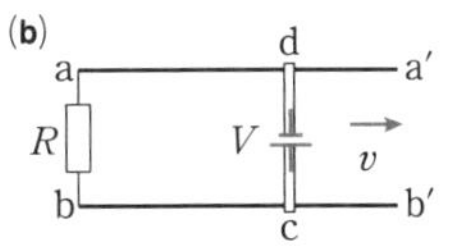

図 66　面積が変わる回路

$$V=\left|\frac{\Delta\Phi}{\Delta t}\right|=vBl \quad \cdots ❻❺$$

となる。また起電力の向きはレンツの法則より a → d → c → b → a の向きである。この起電力が導体棒 cd に発生したとすると，図(b)のように，c を正極，d を負極とする電池ができたと考えられる。このように，磁場を横切る導体棒は，電磁誘導により起電力が発生すると考えてよい。

例題217　導体棒が動く場合の起電力を求め，直流回路を考える

図 66 で，レール aa′，bb′ および導体棒 cd は水平，磁場は鉛直上向きとする。導体棒をレールと垂直を保った状態で一定の速さ v〔m/s〕で図の右向きに動かす。レールと導体棒の間に摩擦はなく，またレール，導体棒および配線の電気抵抗は無視できる。

(1)　導体棒に発生する誘導起電力の大きさを求めよ。また，導体棒の c，d いずれが高電位か答えよ。

(2)　抵抗に流れる電流を，電流が抵抗を a から b の向きに流れるときを正として求めよ。

(3)　導体棒を等速で動かすために，導体棒に外部から加える力の大きさと向きを求めよ。また，その力の仕事率を求めよ。

(4)　抵抗の消費電力を求めよ。

解答 (1)　誘導起電力の大きさ V〔V〕は，式❻❺より　$V=vBl$

また，レンツの法則より d → c → b → a に電流を流す起電力なので，c が高電位。

(2)　図 66 (b)のような起電力 V の電池と抵抗 R からなる回路ができている。電流 I〔A〕は b → a に流れるので負で，オームの法則より　$I=-\dfrac{V}{R}=-\dfrac{vBl}{R}$

(3)　導体棒の電流に，磁場からはたらく力の大きさ f〔N〕は　$f=|I|Bl=\dfrac{vB^2l^2}{R}$

向きはフレミングの左手の法則より，速度と逆向き（左向き）である。ゆえに，一定の速度で動かすために外部から加える力は，力のつり合いより

大きさ：$f=\dfrac{vB^2l^2}{R}$　，　向き：速度の向き（右向き）

この力の仕事率 P〔W〕は，力と速度が同じ向きなので正で　　$P=fv=\dfrac{v^2B^2l^2}{R}$

(4)　抵抗での消費電力 P'〔W〕は　　$P'=RI^2=\dfrac{v^2B^2l^2}{R}$

参考　外部から加えた力のした仕事が，抵抗で発生するジュール熱となる。

磁場を横切る導体棒の誘導起電力

図 67 (a)のように，磁場中に置かれた導体棒だけが動く場合でも電磁誘導が起こり，誘導起電力が発生する。**誘導起電力の大きさ V〔V〕は，時間 1 s で導体棒が横切る磁束に等しい**。長さ l〔m〕の導体棒 PQ が，磁束密度 B〔T〕の一様な磁場中を，磁場に垂直に速さ v〔m/s〕で動くとき，時間 1 s で横切る磁束は図の網かけ部分なので

$$V=vBl \quad \cdots 66$$

向きは，図(b)のように**フレミングの右手の法則**で考えるとよい。右手の**親指が“導体棒の速度”，人差し指が“磁場”，中指が“起電力”**の向きである。図 67 の場合，起電力の向きは P → Q で，導体棒に **Q を正極とする電池ができる**と考えればよい。

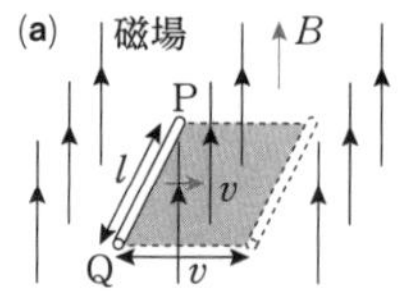

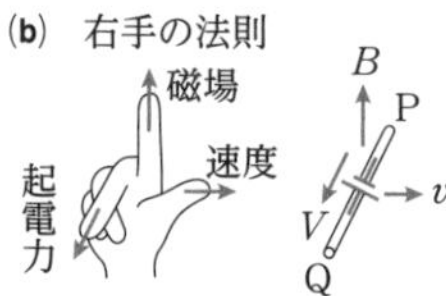

図 67　磁場を横切る導体棒

磁場を横切る導体棒の電磁誘導

起電力の大きさ：1 s で磁場が横切る磁束

速度が，磁場と棒に垂直な場合　　$V=vBl$　…66

起電力の向き：フレミングの右手の法則

（親指：速度，人差し指：磁場，中指：起電力）

V〔V〕：棒に発生する起電力　　v〔m/s〕：導体棒の速度

B〔T〕：磁束密度　　l〔m〕：導体棒の長さ

理解のコツ

導体棒が運動し，磁束を横切るだけで，**起電力が発生して電池になる**と考えよう。起電力の向きと電池としての正負に注意すること。起電力の向きは，**フレミングの右手の法則で考える**といいよ。ただし，これまでに学んできた，電流のつくる磁場で使う右ねじの法則（右手で考える）や，磁場から電流にはたらく力で使うフレミングの左手の法則と混同しやすい。そのためもあって，近年，教科書に掲載されていないけど，正確に覚えれば一番便利だから，他の法則としっかり区別して使おう。

≫導体棒の起電力の求め方

磁場を横切る導体棒に発生する起電力の大きさ V〔V〕は

V＝1s で導体棒が横切る磁束

である。一様な磁場の場合，導体棒が 1s に描く面の磁場に垂直な面積を求めて，磁束密度をかける。向きはフレミングの右手の法則で，各指の角度を調節して求める。

次の例題 218 で，いろいろな場合の起電力の大きさを求めよう。

例題218 いろいろな場合の導体棒の起電力を求める

図のように x，y，z 軸をとり，z 軸正方向に磁束密度 B の一様な磁場がある。長さ l の導体棒 ab を xy 平面上に置き，表，図の①～⑤のように一定の速さ v で動かした。導体棒に発生する起電力の大きさと向き，および a，b のうちどちらが高電位か答えよ。

	導体棒の方向	速度の向き
①	x 軸に平行	y 軸正の向き（導体棒に垂直）
②	x 軸と θ の角をなす方向	y 軸と θ の角をなす方向（導体棒に垂直）
③	y 軸と θ の角をなす方向	x 軸正の向き
④	y 軸に平行	y 軸正の向き
⑤	x 軸に平行	導体棒に垂直で，xy 平面と θ の角をなす方向

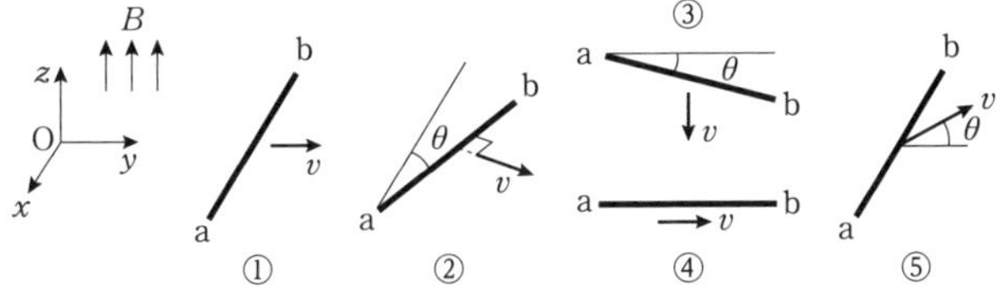

解答　起電力の大きさを V〔V〕とする。向きは**右手の法則**で考えればよい。

① 式66より　$V=vBl$

起電力の向き：b→a　，　高電位：a

② ①と同じである。　$V=vBl$

起電力の向き：b→a　，　高電位：a

③ 速度と垂直方向の導体棒の長さが $l\cos\theta$ で，1s で描く面積は $vl\cos\theta$ なので

$V=vBl\cos\theta$

起電力の向き：b→a　，　高電位：a

④ 速度方向の棒の長さは 0 と考えてよい。　$V=0$

⑤ x 軸正の向きから見ると右図のように速度の磁場に垂直な成分は $v\cos\theta$ なので，導体棒が 1s で描く面の，磁場に垂直な面積は $vl\cos\theta$ である。ゆえに

$V=vBl\cos\theta$

起電力の向き：b→a　，　高電位：a

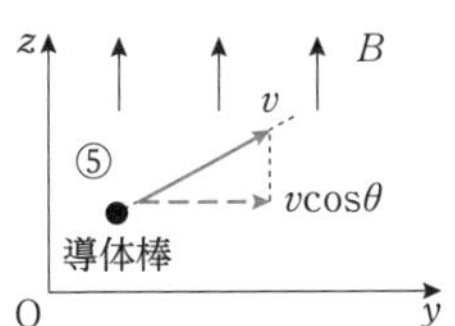

▶▶ローレンツ力と起電力

導体棒に発生する起電力は，ローレンツ力で説明できる。図 68 のように磁場を横切る金属棒について考える。金属棒を速さ v で動かすと，金属中の自由電子も同じ速度で動くので，ローレンツ力が Q→P の向きにはたらき，電子は導体棒中で P 向きに動き出す。電子が負電荷であることも考えると P→Q に誘導電流を流そうとする誘導起電力が発生する。次の例題 219 で，起電力の大きさが式㊻となることを確認しよう。

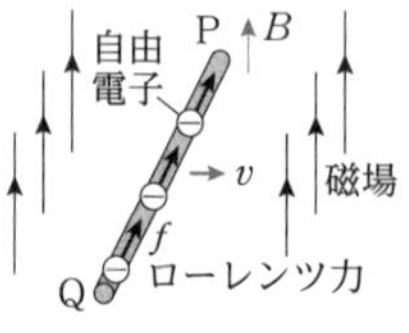

図 68　導体棒の起電力

例題219　ローレンツ力から金属棒（導体棒）の誘導起電力を求める

電子の電気量を $-e$ とし，以下の空欄のア～カにあてはまる最も適当な式，語句を答えよ。

図のように，長さ l の金属棒 XY が，磁束密度 B の磁場に垂直に速度 v で動いていることを考える。金属棒中の自由電子は，棒とともに動くので，磁場から大きさ（　ア　）のローレンツ力を受ける。この力により電子は移動し，金属棒の端（　イ　）に電子が増えることになる。このため金属棒に（　ウ　）向きの電場が生じる。金属棒中の電子にはたらくローレンツ力と電場からの力がつり合うまで電子は移動を続けるので，やがて電場の強さは（　エ　）となり，XY 間の電圧 V は（　オ　）となる。X，Y のうち電位が高いのは（　カ　）である。これが金属棒（導体棒）に発生する起電力である。

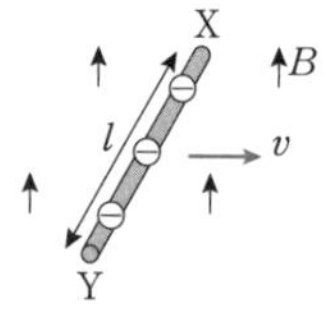

解答　ア．自由電子の速度も v なので，ローレンツ力の大きさは

$$|-e|vB=evB$$

イ．フレミングの左手の法則より（電子が負電荷であることに注意して），Y→X 向きのローレンツ力がはたらき，X の向きに移動する。ゆえに X に電子が過剰な状態ができる。

X

（全ての自由電子が移動するわけではないことに注意。）

ウ．X が負に，Y は電子が不足して正に帯電するので，Y→X 向きの電場ができる。　Y→X

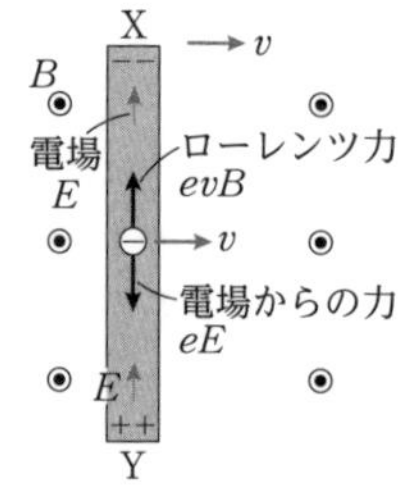

エ．電場の強さを E とすると，自由電子は電場から大きさ eE の力を Y の向きに受ける。力のつり合いより

$$evB=eE \qquad \therefore \quad E=vB$$

オ．金属棒（導体棒）の長さは l なので，XY 間の電位差 V は

$$V=El=vBl$$

カ．Y 側が正電荷が過剰なので高電位である。　Y

▶▶磁場を横切る導体棒を含む回路

磁場を横切る導体棒を含む回路の問題は，難関大の入試では頻出である。問題を整理して，１つずつ物理現象を考えていくことが大切である。具体的には，以下の順で考える。

① 電磁誘導により，導体棒に誘導起電力が発生し，電池ができていると考える。

② この電池を含む直流回路と考える。このとき導体棒の動きは考える必要がない。

③ 導体棒に流れる電流に磁場からの力がはたらく。あとは，力学である。

例題220 磁場中を動く導体棒を含む回路の基礎を学ぶ

図のように，磁束密度 B で鉛直下向きの一様な磁場中に，平行な 2 本の導体レールが間隔 d で，水平からの傾き角 θ で置かれ，上端は抵抗値 R の抵抗が接続されている。質量 m の導体棒 PQ をレールに直角に静かに置くと，PQ は下向きにすべり始めた。導体棒は常にレールと直角を保ったまま運動し，導体棒とレールの間の摩擦や，レールや導体棒の電気抵抗は無視できるものとする。重力加速度の大きさを g とする。

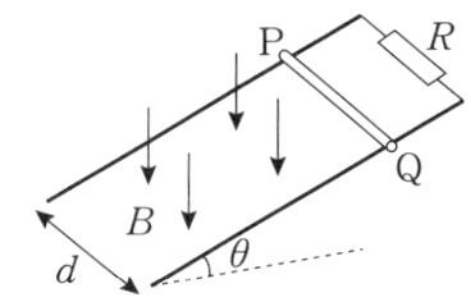

導体棒の速さが v になったときについて考える。

(1) 導体棒に発生する起電力の大きさと向きを求めよ。また，P，Q のいずれが高電位か求めよ。

(2) 導体棒に流れる電流の強さ I と向きを求めよ。

(3) 導体棒に磁場からはたらく力の大きさと向きを求めよ。

(4) 導体棒の斜面に沿った加速度を求めよ。ただし，斜面の下向きを正とする。

やがて導体棒の速さは一定になった。

(5) このときの速さ v_0 を求めよ。また，このときの電流の強さ I_0 を求めよ。

解答 (1) 導体棒の速度の磁場に垂直な成分は $v\cos\theta$ であるので，起電力の大きさ V は

$$V = vBd\cos\theta$$

起電力の向きは，**フレミングの右手の法則**より　P → Q

高電位なのは　Q

(向きは右手の法則で，親指（速度）と人差し指（磁場）の角度が 90° ではなく，90° − θ になると考えればよい。)

(2) 図 1 のように導体棒 PQ が起電力 V の電池になったと考える。電池と抵抗からなる回路なので電流の強さ I は

$$I = \frac{V}{R} = \frac{vBd\cos\theta}{R} \quad \cdots ①$$　向き：P → Q

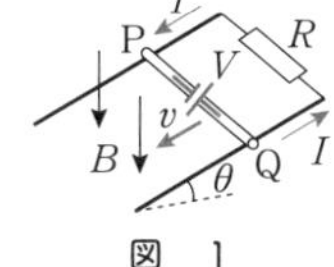

図 1

(3) 磁場中の電流にはたらく力は**磁場にも電流にも直角**で，**フレミングの左手の法則**より，Q 側から見て図 2 のように水平方向に力がはたらく。力の大きさは

$$IBd = \frac{vB^2d^2\cos\theta}{R}$$

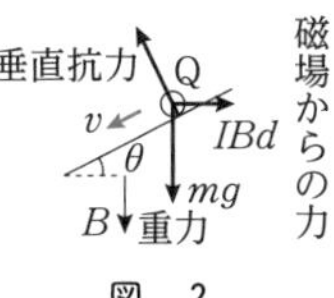

図 2

向き：PQ に垂直で，Q 側から見て水平右向き

(4) 導体棒の斜面下向きの加速度を a として，運動方程式は

$$ma=mg\sin\theta-IBd\cos\theta \qquad \therefore \quad a=g\sin\theta-\frac{IBd\cos\theta}{m}=g\sin\theta-\frac{vB^2d^2}{mR}\cos^2\theta$$

(5) 速さ v が大きくなると，電流にはたらく力が大きくなり，やがて重力と電流にはたらく力が斜面方向につり合うと，等速運動をする。

$$mg\sin\theta-\frac{v_0B^2d^2}{R}\cos^2\theta=0 \qquad \therefore \quad v_0=\frac{mgR\sin\theta}{B^2d^2\cos^2\theta}$$

電流は①式の $v=v_0$ として　$I_0=\dfrac{v_0Bd\cos\theta}{R}=\dfrac{mg}{Bd}\tan\theta$

別解

(4)で求めた加速度 a が 0 になったとき，導体棒は等速運動をするので

$$a=g\sin\theta-\frac{v_0B^2d^2}{mR}\cos^2\theta=0 \qquad \therefore \quad v_0=\frac{mgR\sin\theta}{B^2d^2\cos^2\theta}$$

理解のコツ

(1)を考えるときは，電磁誘導だけを考える。(2)を考えるときは，誘導起電力を電池と考えて，単に直流回路として解く。さらに(3)を考えるときは，電磁誘導や導体棒の運動は考えずに，磁場と電流にはたらく力の関係だけを考える。(4)では，単に質量 m の物体に力がはたらく力学の問題と考える。このように，整理することが大切だよ。

演習47

図のように鉛直上向きの磁束密度 B の一様な磁場中に，間隔 d で平行な 2 本の導体レールを水平に置き，端に起電力 E の電池，抵抗値 R の抵抗，スイッチを接続する。質量 m の導体棒 PQ をレールと直角に置きスイッチを閉じた。導体棒の間に摩擦はなく，またレール，導体棒および配線の抵抗は無視できるものとする。導体棒は常にレールと直角を保ったまま運動するものとする。

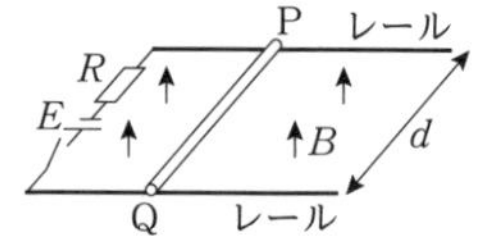

スイッチを閉じた瞬間について考える。

(1) 導体棒に流れる電流の強さと向きを求めよ。

(2) 導体棒の加速度の大きさと向きを答えよ。

導体棒は加速を続けた。速さが v のときについて考える。

(3) 導体棒に発生する起電力の大きさと向きを求めよ。

(4) 導体棒に流れる電流の強さと向きを求めよ。

(5) 導体棒の加速度の大きさと向きを答えよ。

やがて，導体棒の速さは一定となった。

(6) 導体棒に発生する起電力の大きさと向きを求めよ。

(7) 導体棒の速さを求めよ。

解答 (1) 導体棒の速度は 0 なので，誘導起電力は発生しない。抵抗と電池のみが接続された回路なので電流は Q→P に流れ，強さ I_0 は

$$I_0=\frac{E}{R}$$ ，向き：Q→P

(2) 導体棒に流れる電流に磁場から力がはたらくので，導体棒は動き出す。フレミングの左手の法則より，力の向きは Q 側から見て水平右向き，大きさは I_0Bd である。導体棒の加速度を a_0 として，運動方程式を作る。

$$ma_0=I_0Bd=\frac{EBd}{R}$$

$$\therefore\quad a_0=\frac{EBd}{mR}$$ ，向き：Q 側から見て水平右向き

(3) 磁場を横切る導体棒には，誘導起電力が発生する。起電力の大きさを V とすると

$$V=vBd$$

向きはフレミングの右手の法則より　P→Q

(4) 右図のように，起電力が E と V の 2 つの電池が回路にあると考えればよい。Q→P の向きの電流を I としてキルヒホッフの第 2 法則より

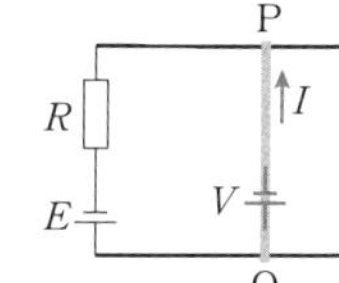

$$E-V=RI\qquad\therefore\quad I=\frac{E-V}{R}=\frac{E-vBd}{R}$$

導体棒が加速しているので，電流の向きは　Q→P

(5) PQ 間の電流に，磁場から大きさ IBd の力が，図の右向きにはたらく。加速度を a として

$$ma=IBd=\frac{(E-vBd)Bd}{R}\qquad\therefore\quad a=\frac{(E-vBd)Bd}{mR}$$

向き：Q 側から見て水平右向き

(6) 導体棒に水平方向にはたらく磁場からの力が 0 になると等速になる。このとき，電流は 0 である。電流が流れなくなるのは，導体棒の起電力の大きさ V_0 が，E に等しくなったときである。

$V_0=E$ ，向き：P→Q

(7) 導体棒の速さを v_0 とすると　$V_0=v_0Bd=E$　$\therefore\quad v_0=\frac{E}{Bd}$

別解

(5)の加速度 a が 0 になったとき，等速運動となるので

$$a=\frac{(E-v_0Bd)Bd}{mR}=0\qquad\therefore\quad v_0=\frac{E}{Bd}$$

また，これから(6)の起電力を求めてもよい。

3 - 相互誘導，自己誘導

▶▶相互誘導

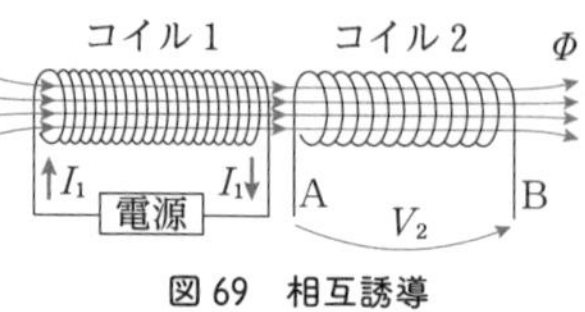

図 69　相互誘導

図 69 のように，コイル 1 とコイル 2 を接近させておく。コイル 1 に電流 I_1〔A〕を流すと磁場ができる。コイル 2 を貫く磁束を Φ〔Wb〕とする。電流 I_1 を変化させると磁束 Φ も変化するので，コイル 2 に誘導起電力 V_2 が発生する。この現象を**相互誘導**という。図で右向きを磁束の正の向きとする。正の向きに磁束をつくる電流を流すような起電力，つまり A に対して B の電位が高いとき V_2 を正とする。コイル 2 の巻き数を N_2 とすると，式64より，$V_2=-N_2\dfrac{\Delta\Phi}{\Delta t}$ となる。Φ は I_1 に比例するので，$\Delta\Phi$ も ΔI_1 に比例する。その結果，ある定数 M を用いて

$$V_2=-M\frac{\Delta I_1}{\Delta t} \quad \cdots 67$$

となる。M を**相互インダクタンス**といい，単位は H（読みは“ヘンリー”）である。なお，式67の絶対値をとって V_2 の大きさを求め，起電力の向きはレンツの法則で求めるというように，大きさと向きを別々に考えてもよい。

理解のコツ

相互誘導も単なる電磁誘導で，コイル 2 の磁束を，コイル 1 の電流に結びつけただけだよ。一般に磁束より電流の方が考えやすいし，現実の機器等でも電流の方が制御しやすいから，このような形の式で考えることが多いんだ。

例題221　相互誘導による誘導起電力を正負を含めて求める

図 1 のように鉄芯にコイル 1，コイル 2 が巻かれている。コイル 1，2 の相互インダクタンスは 0.50 H である。コイル 1 には電源装置がつけられており，電流 I_1 を時間 t とともに図 2 のように変化させる。ただし，図 1 中の矢印の向きを I_1 の正の向きとする。コイル 2 の P，Q 間に生じる誘導起電力 V_2 を，横軸に時間 t をとって図示せよ。ただし，Q が高電位のとき，V_2 は正であるとする。

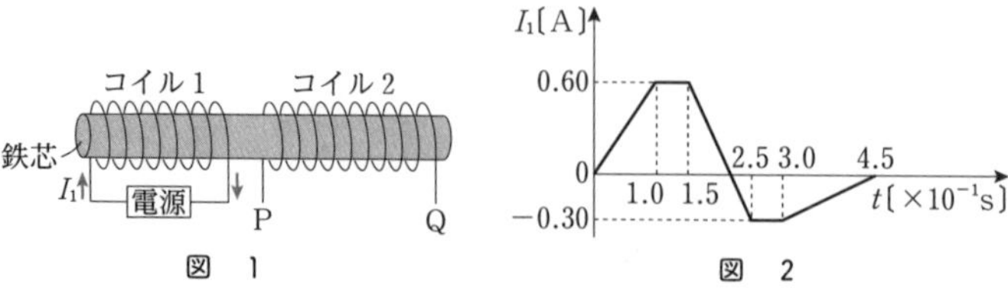

図　1　　　図　2

解答　以下のような時間ごとに分けて考える。ここでは，誘導起電力を大きさと向きに分けて考えてみよう。

① $t=0\sim1.0\times10^{-1}\,\mathrm{s}$：$|V_2|=\left|0.50\times\dfrac{0.60-0}{1.0\times10^{-1}}\right|=3.0\,\mathrm{V}$

向きは，右向きの磁束が増えるので，レンツの法則よりPが高電位となり，起電力は負となる。　$V_2=-3.0\,\mathrm{V}$

② $t=1.0\times10^{-1}\sim1.5\times10^{-1}\,\mathrm{s}$：電流が変化しないので，起電力は発生しない。
$V_2=0\,\mathrm{V}$

③ $t=1.5\times10^{-1}\sim2.5\times10^{-1}\,\mathrm{s}$：$|V_2|=\left|0.50\times\dfrac{-0.30-0.60}{(2.5-1.5)\times10^{-1}}\right|=4.5\,\mathrm{V}$

向きは，レンツの法則よりQが高電位となり，起電力は正となる。　$V_2=4.5\,\mathrm{V}$

④ $t=2.5\times10^{-1}\sim3.0\times10^{-1}\,\mathrm{s}$：電流が変化しないので，起電力は発生しない。
$V_2=0\,\mathrm{V}$

⑤ $t=3.0\times10^{-1}\sim4.5\times10^{-1}\,\mathrm{s}$：$|V_2|=\left|0.50\times\dfrac{0-(-0.30)}{(4.5-3.0)\times10^{-1}}\right|=1.0\,\mathrm{V}$

向きは，レンツの法則よりPが高電位となり，起電力は負となる。　$V_2=-1.0\,\mathrm{V}$

これらをグラフにすると右図のようになる。

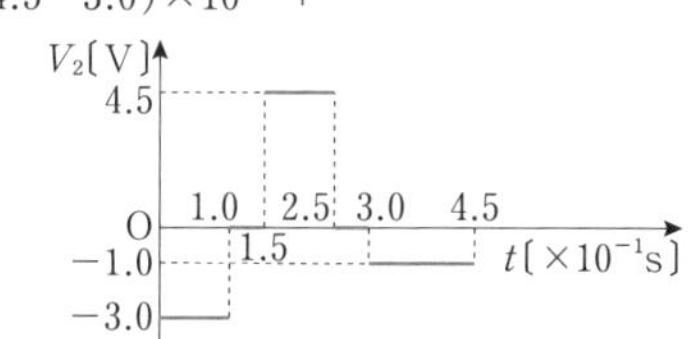

自己誘導

図70のように，コイルに電流I〔A〕が流れると，磁場ができる。コイルを貫く磁束をΦ〔Wb〕とする。電流Iを変化させると磁束Φも変化するので，コイルには電磁誘導により誘導起電力V〔V〕が発生する。向きは電流の変化を妨げる向きである。これを自己誘導という。図(a)でAに対するBの電位をV，コイルの巻き数をNとすると，式64より，$V=-N\dfrac{\Delta\Phi}{\Delta t}$となる。$\Phi$は$I$に比例するので，$L$を定数として

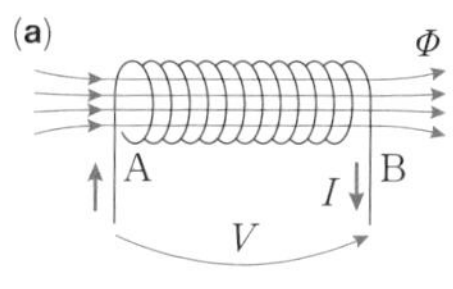

(b)　記号
I → ⌒⌒⌒⌒ → I
A　V　B

図70　自己誘導

$$V=-L\frac{\Delta I}{\Delta t}\quad\cdots 68$$

となる。Lを自己インダクタンスといい，単位はH（ヘンリー）である。Lはコイルの巻き数，面積等によって決まる。また電気回路中でコイルの記号は図(b)である。

電流と起電力の正負の向き

図70(b)で，A→B向きを電流Iの正とするとき，起電力Vの正の向きはA→Bとすることが原則である。つまり，図のように，Bを正極とする電池ができるとき

V を正とすると式㊳は，正負も含めてそのまま使える。

なお，相互誘導と同様に，起電力の大きさを式㊳の絶対値で求め，向きは電流の変化を妨げる向きであると考えて，大きさと向きを別々に求めてもよい。

▶自己誘導の意味

式㊳は，コイルに流れる電流の変化を妨げるように，コイル自身に起電力が発生するということを示している。これは，コイルに流れる電流が急にも不連続にも変化しないように，自己誘導により起電力が発生するということである。

▶コイルを含む直流回路

図 71 (a)の回路を考える。時刻 $t=0\,\mathrm{s}$ でスイッチ S を閉じると，電流が流れ始める ($\Delta I>0$) が，自己誘導により電流は急にも不連続にも変化できず，図(b)のように，徐々に変化する。これは，電流の変化を妨げる向きに起電力 ($V<0$) が図(c)のように発生するということである。このとき，キルヒホッフの第 2 法則より

$$E+V=RI \quad \cdots ㊴$$

が成り立つ。十分時間が経つと，電流は一定値 $\dfrac{E}{R}$ となる。

時刻 t_1 でスイッチを開くと，急激に電流が減少する ($\Delta I<0$) が，自己誘導により正の誘導起電力 ($V>0$) が発生し，電流は瞬間的に 0 になることはできず，短時間だけ流れてから 0 になる。

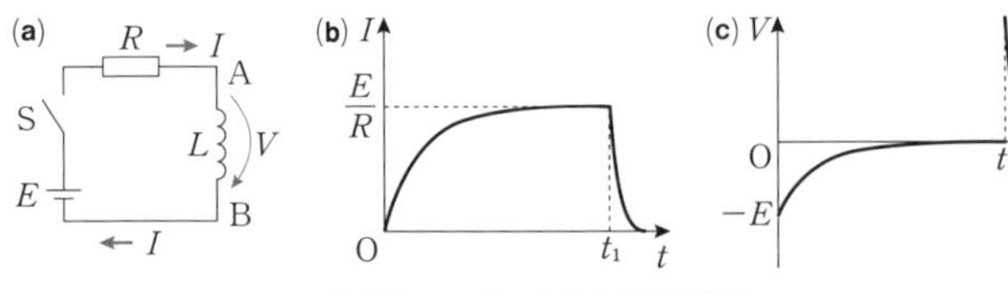

図 71　コイルを含む直流回路

理解のコツ

自己誘導は少しわかりにくい現象だよ。特に，式㊳は難しいかもしれない。まずは，**コイルに流れる電流は，自己誘導により急にも不連続にも変化できない**ことを理解しよう。さらに，起電力だから，式㊴のようにキルヒホッフの法則が成り立つことを頭に入れておこう。

LEVEL UP!

大学への物理

図 71 (a)の回路で，$0 \leqq t < t_1$ の範囲で電流 I と，コイルの起電力 V について考える。キルヒホッフの第 2 法則より，式㊴ $E+V=RI$ が成り立つ。式㊳ $V=-L\dfrac{dI}{dt}$ を代入して整理すると

$$V=-L\frac{dI}{dt}=RI-E \quad \cdots ①$$

①式（微分方程式）を，$t=0$，$I=0$ の条件で解くと（解き方は，p. 378 の「大学への物理」参照）

$$I=\frac{E}{R}(1-e^{-\frac{R}{L}t}) \quad \cdots ②$$

②式を①式に代入して　$V=-Ee^{-\frac{R}{L}t}$　…③

②，③式が図 71 (b)，(c)のグラフである。

（③式は，②式を微分して $V=-L\dfrac{dI}{dt}$ でも求められる。）

コイルに蓄えられるエネルギー

図 71 の回路で，時刻 t_1 でスイッチを開いた後も，短時間だけ電流が流れるのは，コイルにエネルギーが蓄えられているからである。電流 I〔A〕が流れる自己インダクタンス L〔H〕のコイルに蓄えられるエネルギー U〔J〕は

$$U=\frac{1}{2}LI^2 \quad \cdots ⑰⓪$$

なお，このエネルギーはコイルにできている磁場に蓄えられている。

自己誘導

誘導起電力：$V=-L\dfrac{\Delta I}{\Delta t}$　…68

コイルに流れる電流は，急にも不連続にも変化できない。

コイルに蓄えられるエネルギー：$U=\dfrac{1}{2}LI^2$　…70

V〔V〕：自己誘導起電力　　L〔H〕：自己インダクタンス
ΔI〔A〕：時間 Δt〔s〕での電流の変化
U〔J〕：コイルに蓄えられるエネルギー　　I〔A〕：コイルに流れる電流

例題222　自己誘導の意味を理解し，誘導起電力を求める

図 1 のように，起電力 20.0 V の電池 E，抵抗値 50 Ω の抵抗 R，自己インダクタンス 0.10 H のコイル L とスイッチ S を用いて回路を作った。初め，スイッチは開いている。時刻 $t=0$〔s〕にスイッチを閉じると，回路に流れる電流 I〔A〕は時間とともに図 2 のように変化した。ただし，コイルの P から Q の向きを電流の正とする。

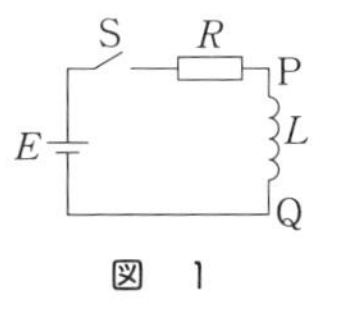

図　1

スイッチを閉じた直後について考える。

(1)　コイルに発生する自己誘導起電力の大きさを求めよ。また，P，Q のどちらが高電位か求めよ。

(2)　このときの単位時間あたりの電流の増加率を求めよ。

次に，時刻 t_1 で，電流が 0.30 A になったときを考える。

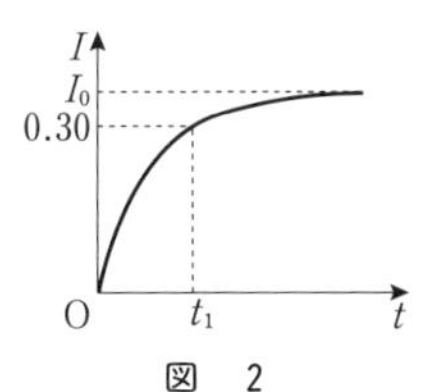

図　2

(3)　コイルに発生する自己誘導起電力の大きさを求めよ。また，

P，Q のどちらが高電位か求めよ。

(4) このときの単位時間あたりの電流の増加率を求めよ。

十分に時間が経過すると，電流は一定値 I_0〔A〕になった。

(5) I_0 を求めよ。

(6) コイルに蓄えられるエネルギーを求めよ。

解答 (1) スイッチを入れる直前まで電流は流れていない。入れた瞬間，**コイルに流れる電流はすぐに変化できないので 0 A** である。ゆえに抵抗の両端の電位差も 0 V なので，電位を考えて，コイルの PQ 間の電圧の大きさ $|V|$ は

$$|V|=E=20.0\,\mathrm{V}\quad,\quad 高電位なのは\quad \mathrm{P}$$

(電流が増加するのを妨げる向きに起電力が発生する。)

別解

コイルの起電力を，P→Q に電流が流れる向きを正（Q が高電位のときを正）として V とすると，キルヒホッフの第 2 法則より

$$E+V=R\times 0 \qquad \therefore\quad V=-E=-20.0\,\mathrm{V}$$

$V<0$ より，P が高電位で，大きさ 20.0 V である。

(2) 単位時間あたりの電流増加率とは $\dfrac{\Delta I}{\Delta t}$ のことである。式㊳より大きさは

$$\left|L\frac{\Delta I}{\Delta t}\right|=|V|=20.0 \qquad \therefore\quad \left|\frac{\Delta I}{\Delta t}\right|=\frac{|V|}{L}=\frac{20.0}{0.10}=2.0\times 10^2\,\mathrm{A/s}$$

(これは，問題の図 2 で，$t=0$ における接線の傾きである。)

(3) 抵抗の両端の電圧は $RI=50\times 0.30=15\,\mathrm{V}$ である。電位を考えて

$$|V|=E-RI=5.0\,\mathrm{V}\quad,\quad 高電位なのは\quad \mathrm{P}$$

((1)と同様に，電流が増加するのを妨げる向きに起電力が発生する。)

別解

(1)と同様に　$E+V=RI \qquad \therefore\quad V=RI-E=50\times 0.30-20.0=-5.0\,\mathrm{V}$

(4) $$\left|\frac{\Delta I}{\Delta t}\right|=\frac{|V|}{L}=\frac{5.0}{0.10}=50\,\mathrm{A/s}$$

(同様に，図 2 で，t_1 における接線の傾きである。)

(5) 電流が一定になると，$\Delta I=0$ より，コイルの起電力は 0 V になる。PQ 間の電位差は 0 V となるので，流れる電流 I_0 は　$I_0=\dfrac{E}{R}=\dfrac{20.0}{50}=0.40\,\mathrm{A}$

(6) コイルに蓄えられる磁気エネルギーは式㊵より

$$\frac{1}{2}LI_0{}^2=\frac{1}{2}\times 0.10\times 0.40^2=8.0\times 10^{-3}\,\mathrm{J}$$

交流回路

1 交流の基本

交流の基本

正負（向き）が周期的に入れ替わる電圧や電流を**交流**という。ある瞬間（時刻 t）の電圧や電流の値を**瞬時値**という。図 72 は，交流電圧 V〔V〕を，横軸に時刻 t〔s〕をとって表したものである。この SECTION では，電圧の時間変化が正弦曲線となる交流を考える。この場合，電流も必ず正弦曲線となる。

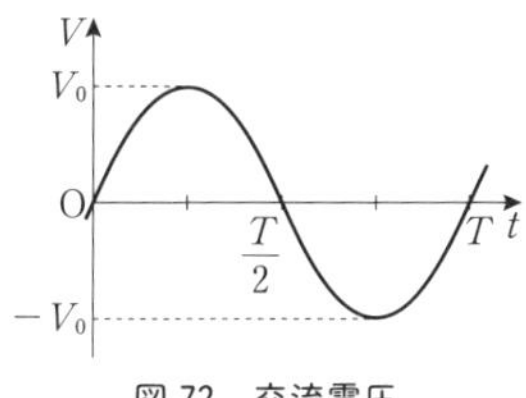

図 72　交流電圧

電圧（または電流）の変化の 1 回の繰り返しの時間を周期 T〔s〕，**単位時間あたりの繰り返し回数を周波数** f〔Hz〕といい

$$f=\frac{1}{T} \quad \cdots 71$$

また，**角周波数** ω〔rad/s〕を

$$\omega=\frac{2\pi}{T}=2\pi f \quad \cdots 72$$

とする。電圧の最大値を V_0〔V〕として，図 72 の電圧の時刻 t での瞬時値 V は，$V=V_0\sin\omega t$ と表せる。

理解のコツ

交流は周期的な現象だから，単振動や波動と同じように考えればいい。周波数と振動数，また角周波数と角振動数は同じものだよ。

交流の実効値

交流の電圧や電流の**最大値の $\frac{1}{\sqrt{2}}$ の値を実効値**という。図 72 の交流電圧であれば，電圧の実効値 $V_e=\frac{V_0}{\sqrt{2}}$ である。電流も同様で，最大 I_0〔A〕の交流電流の実効値 $I_e=\frac{I_0}{\sqrt{2}}$ である。一般に交流の電圧，電流というときは，実効値を用いる。

参考 「日本で電力会社から家庭用に供給されている交流電源の電圧は 100 V である」という場合，100 V は実効値を示す。つまり，最大値 $100\sqrt{2}\fallingdotseq 141$ V の電圧が供給されている。また，周波数は，歴史的な経緯から東日本で 50 Hz，西日本で 60 Hz である。

理解のコツ

交流電圧の大きさや交流電流の強さを1つの値で代表させるとき，最大値を用いずに実効値を用いる。最大値になるのは一瞬だからだけど，なぜこのような中途半端な値を用いるかは後で学ぶ。今は，電圧も電流も最大値を $\sqrt{2}$ で割った値が実効値だということを覚えておこう。

交流の基本

周期と周波数：$f=\dfrac{1}{T}$ …71

角周波数：$\omega=\dfrac{2\pi}{T}=2\pi f$ …72

実効値：**電圧** $V_e=\dfrac{V_0}{\sqrt{2}}$，**電流** $I_e=\dfrac{I_0}{\sqrt{2}}$ …73

T〔s〕：周期　f〔Hz〕：周波数　ω〔rad/s〕：角周波数
V_0〔V〕：電圧の最大値　V_e〔V〕：電圧の実効値
I_0〔A〕：電流の最大値　I_e〔A〕：電流の実効値

交流の発生

図73のように，磁場中に置いた長方形コイルabcdを回転させると，コイルを貫く磁束が変化し，電磁誘導によりPQ間に起電力が発生する。あるいは，導体棒ab，cdが磁場を横切り，起電力が発生すると考えてもよい。コイルを一定の角速度 ω で同じ向きに回転させると，角周波数 ω の交流電圧が発生する。次の例題223で，発生する電圧を求めてみよう。

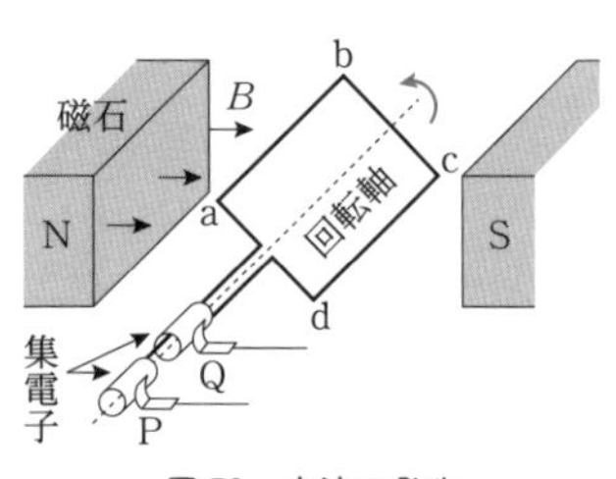

図73　交流の発生

例題223　電磁誘導から交流の電圧を求める

図73のように，磁束密度 B の一様な磁場中で，長方形コイルabcdを，磁場と垂直な回転軸を中心に，一定の角速度 ω で回転させる。辺 ab=cd=l，ad=bc=$2r$ である。aは集電子Pに，dはQに接続されている。右図は集電子側から見た図で，辺abが，磁場と垂直上方向を通過する時刻を $t=0$ とし，時刻 t の状態を示している。

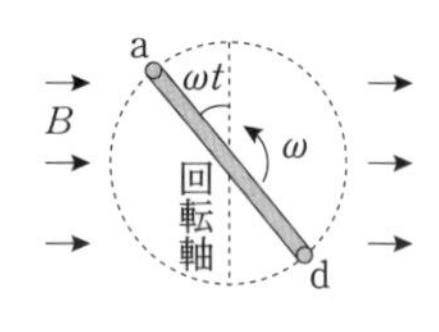

(1) 時刻 t で，辺abの磁場に垂直な速度成分の大きさを求めよ。
(2) 図の状態（$0<\omega t<\pi$）で，辺abに発生する起電力の大きさと向きを求めよ。
(3) 時刻 t で，PQ間の電圧 V を求めよ。ただし，Pが高電位のときを正とする。
(4) 時刻 $t=0$ からコイルが1回転するまでの間の V を，時刻 t を横軸にとり図示せよ。
(5) PQ間に発生する交流電圧の周期 T および最大電圧 V_0 を求めよ。

解答 (1)　辺 ab は半径 r，角速度 ω の円運動をしているので速さ $v=r\omega$ で，磁場に垂直な成分の大きさは右図より

$|v\sin\omega t|=|r\omega\sin\omega t|$

(2)　ab は磁場を横切る導体棒なので，ab に発生する起電力 V_{ab} の大きさは

$V_{ab}=r\omega\sin\omega t\times Bl=r\omega Bl\sin\omega t$

起電力の向きはフレミングの右手の法則より　b→a

(参考) コイルを貫く磁束 Φ を求めて，その変化から起電力を求めることもできる。

(3)　辺 cd にも同じ大きさで d→c 向きの起電力が発生する。ゆえに全体では P が高電位で，電圧 V は，ab と cd が直列に接続されているので

$V=2V_{ab}=2r\omega Bl\sin\omega t$　…①

(4)　①式をグラフにする。コイルが 1 回転する周期を T として描くと右図となる。
($\pi<\omega t<2\pi$ のときは，起電力の向きが a→b，c→d で Q が高電位となり，$V<0$ である。)

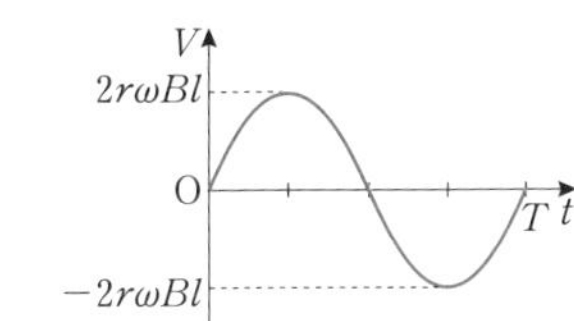

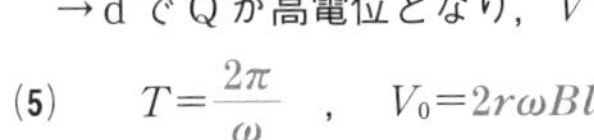

(5)　$T=\dfrac{2\pi}{\omega}$　，　$V_0=2r\omega Bl$

▶抵抗と交流電源の接続

図 74 のように，交流電源に R〔Ω〕の抵抗を接続する。電源の電圧（b に対する a の電位）を V〔V〕とし，時刻 t〔s〕のとき，$V=V_0\sin\omega t$ と表されるものとする。**どの瞬間にもオームの法則は成り立つ**。ゆえに，抵抗に流れる電流 I〔A〕を図の矢印の向きを正として求めると

図 74　抵抗との接続

回路図中の
交流電源の記号

$$I=\frac{V}{R}=\frac{V_0}{R}\sin\omega t=I_0\sin\omega t \quad \cdots❼❹$$

ただし I_0 は電流の最大値で

$$I_0=\frac{V_0}{R} \quad \cdots❼❺$$

(単にオームの法則である。実効値でも成り立つ。)

電圧の変化と同時に，電流も変化することがわかる。これを**電圧と電流の位相が一致している**という。

さらに，抵抗での消費電力 P〔W〕は

$$P=IV=I_0V_0\sin^2\omega t=\frac{I_0V_0}{2}(1-\cos2\omega t)$$

となり，消費電力も時間とともに変動する。これらを，横軸に時刻 t をとりグラフにすると，図 75 となる。電圧，電流が負のときも，逆向きに電流が流れているだけで，電力を消費するので，常に $P>0$ となっている。

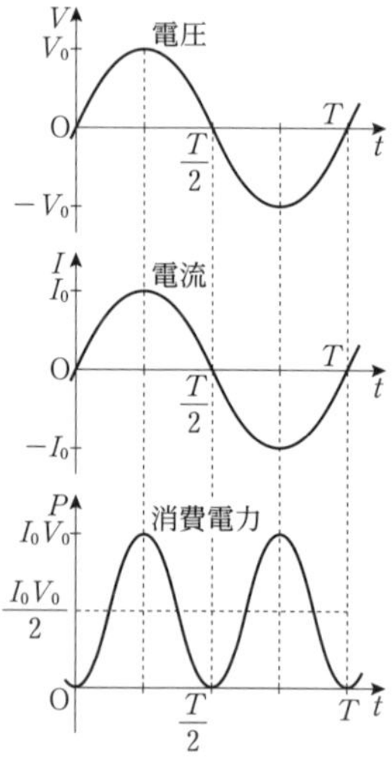

図 75　抵抗との接続

理解のコツ

交流でも，直流と同じように，ある瞬間での電圧，電流の値（瞬時値）にオームの法則が成り立つ。だから，電圧と電流が完全に比例する。電圧が大きくなれば電流も強くなり，電圧が逆向きになれば電流も逆向きになる。
また，ある瞬間での消費電力の値（瞬時値）も，直流の場合と同じように求めることができる。交流ではそれらが時間とともに変動するだけだと考えるといいよ。

≫平均の消費電力

抵抗での消費電力 P の平均を，図 75 のグラフより求めて（$\cos2\omega t$ の平均が 0 であることから求めてもよい），さらに実効値に置き換えると

$$\overline{P}=\frac{I_0V_0}{2}=\frac{I_0}{\sqrt{2}}\cdot\frac{V_0}{\sqrt{2}}=I_eV_e=RI_e{}^2=\frac{V_e{}^2}{R} \quad \cdots ⑯$$

つまり，消費電力の平均 $\overline{P}$ は，電流と電圧の実効値 I_e，V_e を用いると，直流回路と同じ式㉞が使えることになる。

理解のコツ

日常に用いる交流回路，例えば電球を点灯させる場合など，電圧や電流の時間変化を意識することはない。必要なのは，どれぐらいのエネルギーを平均的に消費するか，つまり $\overline{P}$ だ。電圧，電流を実効値で表すと，直流回路と同じ式で $\overline{P}$ を求めることができる。実効値に対してはオームの法則も使うことができるから，一般に交流の時間変化を意識しないで，電圧や電流を実効値を用いて表すんだ。

抵抗との接続

瞬時値にもオームの法則が成り立つので，電圧と電流の位相は一致する。

電圧 $V=V_0\sin\omega t$ のとき

電流：$I=\dfrac{V}{R}=I_0\sin\omega t$ …㉔

最大値：$I_0=\dfrac{V_0}{R}$ ，実効値：$I_e=\dfrac{V_e}{R}$ …㉕

平均消費電力：$\overline{P}=I_eV_e=RI_e^2=\dfrac{V_e^2}{R}$ …㉖

例題224 交流の基本を復習する／抵抗に流れる電流を考える

図1のように，角周波数 ω の交流電源E，抵抗値 R の抵抗Rを接続した回路がある。電源のA側の電位 V を，時刻 t とともに図2のように変化させた。

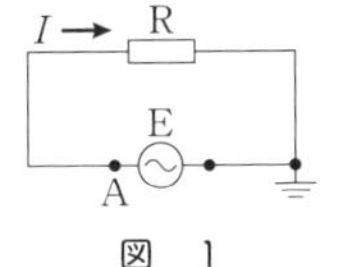

図 1

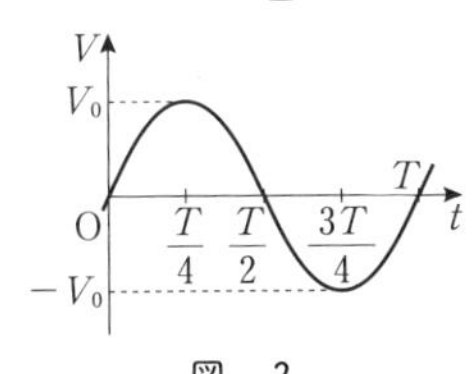

図 2

(1) 交流の角周波数 ω を，T で表せ。また電圧 V を，時間 t の関数として V_0，ω を用いて表せ。

(2) 電圧の実効値 V_E を求めよ。

(3) 抵抗Rに流れる電流 I を，時間 t の関数として表せ。また，時間を横軸にとってグラフに表せ。ただし，電流は図1の矢印の向きを正とする。また，電流の実効値 I_E を求めよ。

(4) 抵抗での瞬間の消費電力 P を，時間 t の関数として表せ。また，時間を横軸にとってグラフに表せ。

(5) 抵抗での消費電力の平均値 $\overline{P}$ を求めよ。

(6) $\overline{P}$ を，V_E，I_E で表せ。

解答 (1) 図2より周期は T なので　$\omega=\dfrac{2\pi}{T}$

図2より　$V=V_0\sin\omega t$

(2) 電圧の最大値は V_0 であるので　$V_E=\dfrac{V_0}{\sqrt{2}}$

(3) オームの法則より，電流 I は　$I=\dfrac{V}{R}=\dfrac{V_0}{R}\sin\omega t$

よってグラフは右図となる。

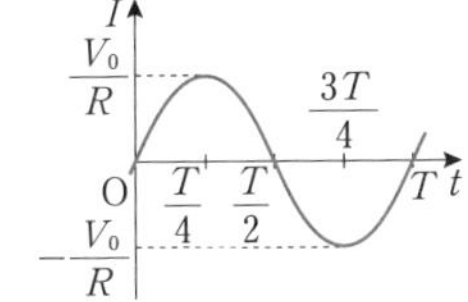

電流の最大値 $I_0=\dfrac{V_0}{R}$ より

$$I_E=\frac{I_0}{\sqrt{2}}=\frac{V_0}{\sqrt{2}R}$$

(4) 時刻 t での消費電力 P は

$$P=IV=\frac{V_0}{R}\sin\omega t\times V_0\sin\omega t=\frac{V_0^2}{R}\sin^2\omega t=\frac{V_0^2}{2R}(1-\cos 2\omega t)$$

よってグラフは右図となる。

(5) (4)のグラフより平均を考える。

$$\overline{P}=\frac{V_0^2}{2R}$$

(6) (5)の式を変形して

$$\overline{P}=\frac{V_0^2}{2R}=\frac{V_0}{\sqrt{2}R}\times\frac{V_0}{\sqrt{2}}=I_E V_E$$

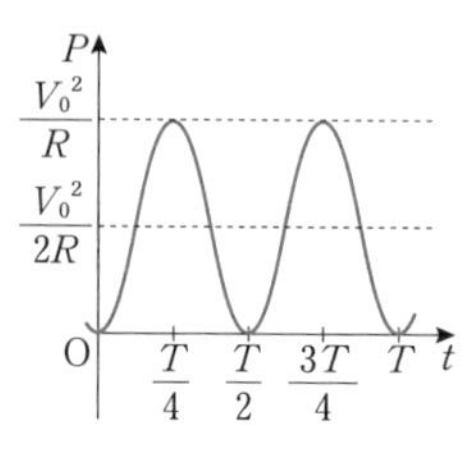

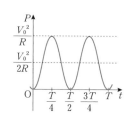

例題225 実効値の意味を理解する

100 V，40 W と表記された電球がある。これは実効値 100 V の交流電圧をかけると，平均消費電力が 40 W になるということである。この電球に実効値 1.0×10^2 V の交流電圧をかけた。

(1) 電球に流れる電流の実効値を求めよ。

(2) 交流電圧の最大値，電球に流れる電流の最大値を求めよ。

(3) 実効値 100 V の交流電圧をかけたときの，電球の抵抗値を求めよ。

解答 電圧の実効値を V_e，平均消費電力を $\overline{P}$ とする。

(1) 電流の実効値 I_e は，式㊆を変形して $I_e=\dfrac{\overline{P}}{V_e}=\dfrac{40}{100}=0.40$ A

(2) 電圧の最大値 $V_0=\sqrt{2}V_e=\sqrt{2}\times100=1.41\times100=141\fallingdotseq1.4\times10^2$ V

電流の最大値 $I_0=\sqrt{2}I_e=\sqrt{2}\times0.40=1.41\times0.40=0.564\fallingdotseq0.56$ A

(3) 実効値どうしでオームの法則が成り立つ。抵抗値 R は

$$R=\frac{V_e}{I_e}=\frac{100}{0.40}=2.5\times10^2\ \Omega$$

2 - リアクタンス

≫リアクタンス

交流電圧をコイル，コンデンサーにかけたときの電流について考える。考えるポイントは 2 つある。

① 電圧と電流の大きさ（強さ）の関係

電圧，電流の最大値または実効値どうしは比例する。つまり，大きさのみを考えるとき，オームの法則と同じ関係が成り立つ。コイル，コンデンサーで抵抗に相当する値を**リアクタンス**という。リアクタンスは，交流に対する抵抗値と考えればよく，単位は Ω である。ただし，リアクタンスの値は交流の周波数により変化する。

② 電圧と電流の位相のずれ（変化のタイミング）

コイルやコンデンサーに流れる電流と，電圧の変化は時間的にずれる。つまり位相がずれる。

コイルの場合

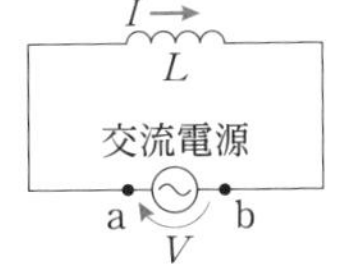

図 76　コイルとの接続①

図 76 のように，交流電源に自己インダクタンス L〔H〕のコイルを接続する。電源の電圧（b に対する a の電位）を $V=V_0\sin\omega t$ とする。コイルに流れる電流を，図の矢印の向きを正として I〔A〕とする。

① 大きさ

コイルの交流に対する抵抗値＝リアクタンス X_L〔Ω〕は

$$X_L=\omega L \quad \cdots 77$$

である。コイルに流れる電流の最大値 I_0 と，電圧の最大値 V_0 に，オームの法則と同様の関係が成り立つ。

$$I_0=\frac{V_0}{X_L}=\frac{V_0}{\omega L} \quad \cdots 78$$

（実効値どうしでも同じ関係が成り立つ。）

② 位相のずれ

コイルに流れる電流は，電圧より，**時間にして $\frac{T}{4}$，位相にして $\frac{\pi}{2}$ だけ遅れた変化をする。**

これらをまとめると，時刻 t での電流 I は

$$I=\frac{V_0}{\omega L}\sin\left(\omega t-\frac{\pi}{2}\right)=-\frac{V_0}{\omega L}\cos\omega t$$
$$=-I_0\cos\omega t \quad \cdots 79$$

となる。これらの変化をグラフにすると図 77 になる。

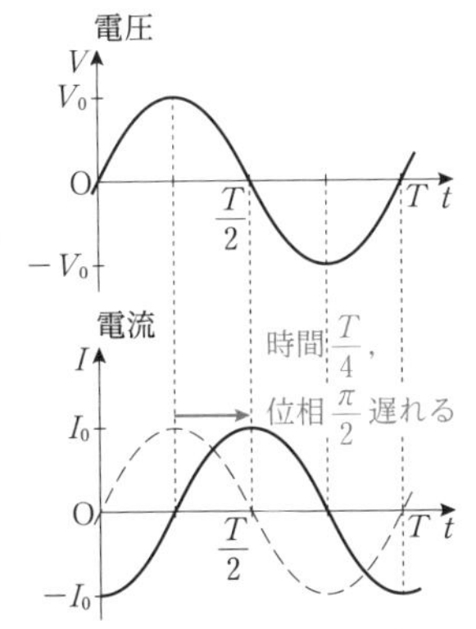

図 77　コイルとの接続②

理解のコツ

ここは，なぜそうなるかは考えないでおこう。リアクタンス，位相のずれは，そうなるのだと結果を受け入れるしかない。

また，①，②の両方を一度に考えないようにしよう。①を考えるときは大きさのみ，②を考えるときは位相のずれのみを考える。最後に 2 つの結果をまとめて，実際の電流を考えればいいよ。コイルの場合も，まず①でリアクタンスを抵抗値と考えて，オームの法則と同様に電圧と電流の最大値を考える。②の位相変化が特に難しいと感じるかもしれないけど，その場合，位相で考えるより，時間にして $\frac{T}{4}$ だけ遅れた変化をすると考える方がいい。例えば図 77 で，電圧が正に最大になったとき，電流は 0 で，電流が正に最大になるのは時間 $\frac{T}{4}$ 後だね。電圧が 0 なのに電流は流れているの？　実際にそうなっているんだから，認めないわけにはいかない。数学の得意な人は，p. 430 の「大学への物理」で実際に計算してみると納得できるはずだよ。

≫コイルのリアクタンス

式㊆からわかるように，コイルのリアクタンス X_{L} は，交流の角周波数 ω（周波数 f に比例）により異なる。同じコイルに同じ大きさの交流電圧をかけても，周波数により電流の強さが異なり，**コイルには周波数が大きい交流ほど電流が流れにくい**ことがわかる。

また，コイルのリアクタンスを誘導リアクタンスともいう。

≫コイルの消費電力

時刻 t でのコイルでの消費電力 P〔W〕は

$$P=IV=-I_0V_0\cos\omega t\sin\omega t=-\frac{I_0V_0}{2}\sin2\omega t$$

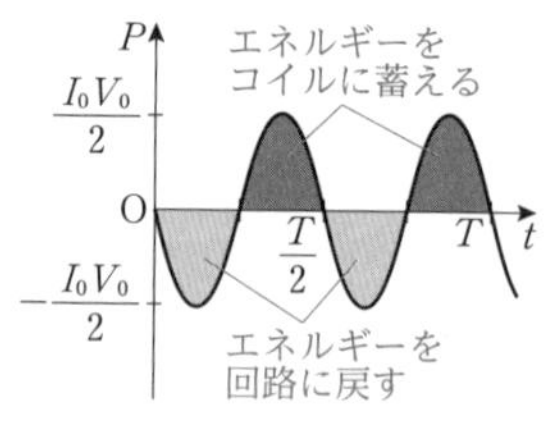

図 78　コイルの消費電力

これをグラフにすると，図 78 となるので，**消費電力の平均 $\overline{P}=0$ である**。$P>0$ のとき，コイルは電源からの電力を消費するが，このエネルギーは熱などに変わらず**コイルに蓄えられる**。逆に $P<0$ のとき，**コイルに蓄えられたエネルギーを回路に戻す**。コイルはエネルギーを蓄える，戻すを繰り返すので，平均 $\overline{P}=0$ となる。

コイルとの接続

リアクタンス：$X_{\mathrm{L}}=\omega L$　…㊆

最大値：$I_0=\dfrac{V_0}{\omega L}$　，　**実効値**：$I_{\mathrm{e}}=\dfrac{V_{\mathrm{e}}}{\omega L}$　…㊇

電圧に対して電流は時間 $\dfrac{T}{4}$，位相 $\dfrac{\pi}{2}$ だけ遅れる。

電圧 $V=V_0\sin\omega t$ のとき

電流：$I=\dfrac{V_0}{\omega L}\sin\left(\omega t-\dfrac{\pi}{2}\right)=-\dfrac{V_0}{\omega L}\cos\omega t=-I_0\cos\omega t$　…㊈

平均消費電力：$\overline{P}=0$　…㊉

▶▶コンデンサーの場合

図 79 のように，交流電源に電気容量 C〔F〕のコンデンサーを接続する。電源の電圧（b に対する a の電位）を $V=V_0\sin\omega t$ とする。コンデンサーに流れる電流を，図の矢印の向きを正として I〔A〕とする。

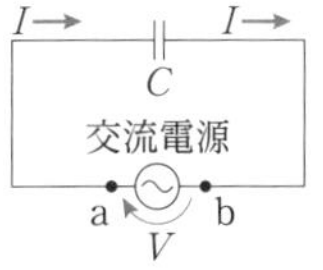

図 79　コンデンサーとの接続①

① 大きさ

コンデンサーの交流に対する抵抗値＝リアクタンス X_C〔Ω〕は

$$X_C=\frac{1}{\omega C}\quad\cdots❽❶$$

である。コンデンサーに流れる電流の最大値 I_0 と，電圧の最大値 V_0 に，オームの法則と同様の関係が成り立ち

$$I_0=\frac{V_0}{X_C}=\omega CV_0\quad\cdots❽❷$$

（実効値どうしでも同じ関係が成り立つ。）

② 位相のずれ

コンデンサーに流れる電流は，電圧より**時間にして $\frac{T}{4}$，位相にして $\frac{\pi}{2}$ だけ早い変化をする。**

これらをまとめると，時刻 t での電流 I は

$$I=\omega CV_0\sin\left(\omega t+\frac{\pi}{2}\right)=\omega CV_0\cos\omega t$$

$$=I_0\cos\omega t\quad\cdots❽❸$$

となる。これらの変化をグラフにすると図 80 になる。

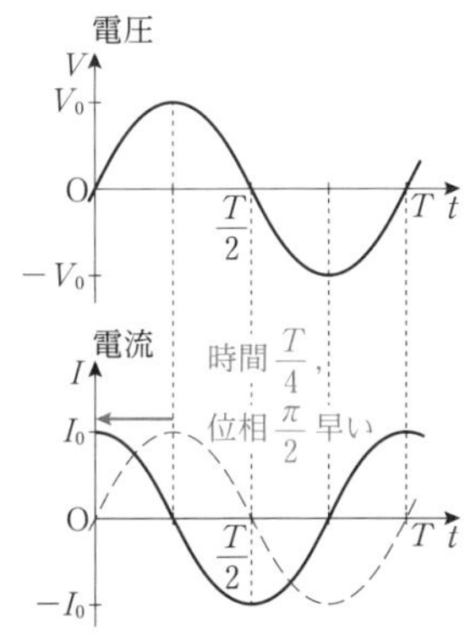

図 80　コンデンサーとの接続②

▶▶コンデンサーのリアクタンス

コンデンサーのリアクタンス X_C は，交流の角周波数 ω が大きいほど小さくなる。つまり，**コンデンサーには周波数が小さい交流ほど電流が流れにくいことがわかる。**

また，コンデンサーのリアクタンスを容量リアクタンスともいう。

▶▶コンデンサーの消費電力

時刻 t でのコンデンサーでの消費電力 P〔W〕は

$$P=IV=I_0V_0\cos\omega t\sin\omega t=\frac{I_0V_0}{2}\sin 2\omega t$$

これをグラフにすると図 81 となるので，**消費電力の平均 $\overline{P}=0$** である。コイルと同様に，$P>0$ のとき，電源からのエネルギーを**コンデンサーに蓄え，**逆に $P<0$ のとき，**蓄えられたエネルギーを回路に戻す。**これを繰り返すので，平均 $\overline{P}=0$ となる。

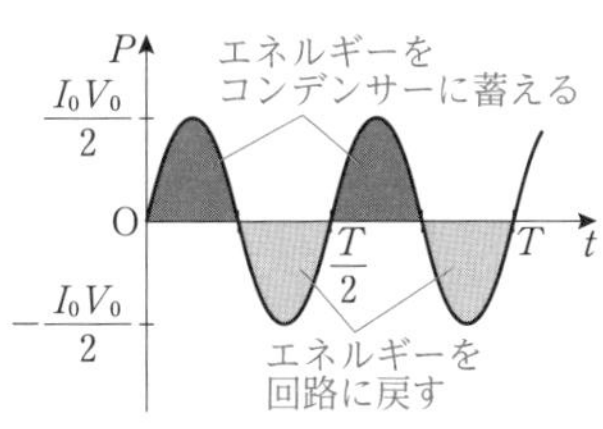

図 81　コンデンサーの消費電力

コンデンサーとの接続

リアクタンス：$X_C=\dfrac{1}{\omega C}$　…81

最大値：$I_0=\omega CV_0$　，　**実効値**：$I_e=\omega CV_e$　…82

電圧に対して電流は時間 $\dfrac{T}{4}$，**位相** $\dfrac{\pi}{2}$ **だけ早い。**

電圧 $V=V_0\sin\omega t$ **のとき**

電流：$I=\omega CV_0\sin\left(\omega t+\dfrac{\pi}{2}\right)=\omega CV_0\cos\omega t=I_0\cos\omega t$　…83

平均消費電力：$\overline{P}=0$　…84

LEVEL UP!

大学への物理

図 A のように，起電力 $V=V_0\sin\omega t$ の電源にコイルを接続する。コイルの起電力 $V_L=-L\dfrac{dI}{dt}$ として，キルヒホッフの第 2 法則より

$V+V_L=0$（電圧降下は，回路中にないので，右辺は 0）

$$\therefore\quad \frac{dI}{dt}=\frac{V_0}{L}\sin\omega t$$

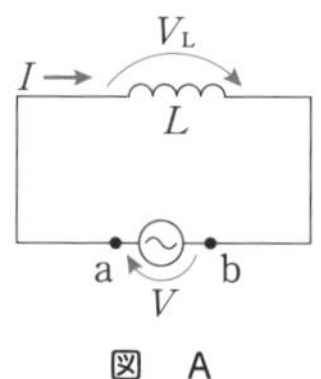

図　A

積分して I を求めると（積分定数を 0 として）

$$I=-\frac{V_0}{\omega L}\cos\omega t=\frac{V_0}{\omega L}\sin\left(\omega t-\frac{\pi}{2}\right)$$

となる。この式から①コイルのリアクタンス $X_L=\omega L$，②電流が電源電圧より位相が $\dfrac{\pi}{2}$ だけ遅れることがわかる。

図 B のようにコンデンサーを接続する。蓄えられる電気量を Q とすると

$$Q=CV=CV_0\sin\omega t$$

Q の時間変化量が電流であるので

$$I=\frac{dQ}{dt}=\omega CV_0\cos\omega t=\omega CV_0\sin\left(\omega t+\frac{\pi}{2}\right)$$

$$=\frac{V_0}{\dfrac{1}{\omega C}}\sin\left(\omega t+\frac{\pi}{2}\right)$$

図　B

となる。この式から①コンデンサーのリアクタンス $X_C=\dfrac{1}{\omega C}$，②電流が電源電圧より位相が $\dfrac{\pi}{2}$ だけ早くなることがわかる。

例題226 リアクタンス，電圧と電流の位相のずれを理解する

Ⅰ．図 1 のように，電圧（実効値）40 V，角周波数 2.5×10^2 rad/s の交流電源に自己インダクタンス 0.32 H のコイル L を接続する。

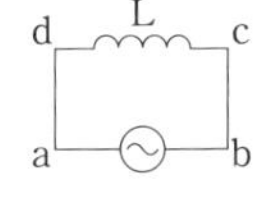

図 1

(1) 交流電源の周波数 f〔Hz〕を求めよ。

(2) コイルの，この交流に対するリアクタンス X_L〔Ω〕を求めよ。

(3) コイルに流れる電流の強さ（実効値）I_{Le}〔A〕を求めよ。

ある時刻 t の b を基準とした a の電圧 V〔V〕が，$V=V_0\sin\omega t$ と表せるとする。ただし，V_0 は電圧の最大値，ω は角周波数である。

(4) コイルに流れる電流 I_L〔A〕を t を用いて表せ。ただし，d から c へ流れる向きを正とする。$\sqrt{\ }$ はそのままにしてよい。

Ⅱ．次に図 2 のように，コイルを容量 80 μF のコンデンサー C に置き換える。

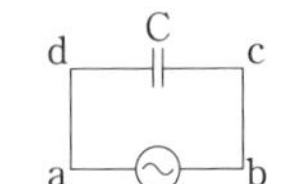

図 2

(5) コンデンサーのこの交流に対するリアクタンス X_C〔Ω〕を求めよ。

(6) コンデンサーに流れる電流 I_C〔A〕を t を用いて表せ。ただし，d から c へ流れる向きを正とする。$\sqrt{\ }$ は，そのままにしてよい。

解答 (1) $f=\dfrac{\omega}{2\pi}=\dfrac{2.5\times10^2}{2\times3.14}=39.8\fallingdotseq 40\ \mathrm{Hz}$

(2) $X_L=\omega L=2.5\times10^2\times0.32=80\ \Omega$

(3) $I_{Le}=\dfrac{40}{X_L}=\dfrac{40}{80}=0.50\ \mathrm{A}$

(4) 電流の最大値 I_{L0} は $I_{L0}=\sqrt{2}\,I_{Le}=0.50\sqrt{2}\ \mathrm{A}$

電圧に対して電流の位相は $\dfrac{\pi}{2}$ 遅れるので

$$I_L=0.50\sqrt{2}\sin\left(250t-\frac{\pi}{2}\right)=-0.50\sqrt{2}\cos250t\ \text{〔A〕}$$

(5) $X_C=\dfrac{1}{\omega C}=\dfrac{1}{2.5\times10^2\times80\times10^{-6}}=50\ \Omega$

(6) 電流の最大値 I_{C0} は $I_{C0}=\dfrac{40\sqrt{2}}{50}=0.80\sqrt{2}\ \mathrm{A}$

電圧に対して電流の位相は $\dfrac{\pi}{2}$ 進むので

$$I_C=0.80\sqrt{2}\sin\left(250t+\frac{\pi}{2}\right)$$

$$=0.80\sqrt{2}\cos250t\ \text{〔A〕}$$

(参考) V，I_L，I_C を図にすると右図となる。位相のずれをよく確かめておこう。

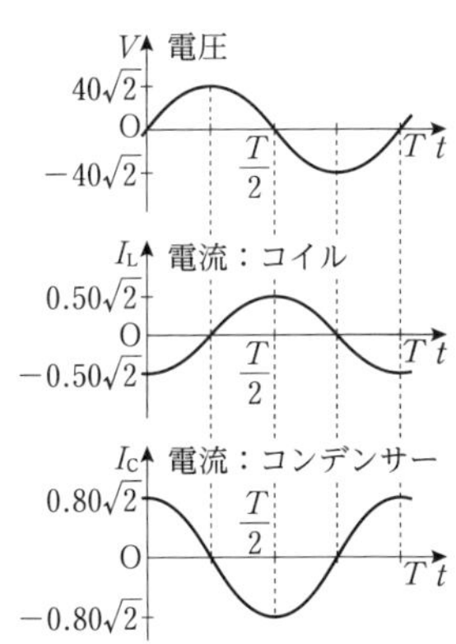

以上をまとめると下表のとおりとなる。

	リアクタンス〔Ω〕 または抵抗値〔Ω〕	**電圧**に対する**電流**のずれ	
		時間のずれ	位相のずれ
抵抗 R〔Ω〕	R	0	0
コイル L〔H〕	ωL	$\frac{T}{4}$ 遅い	$\frac{\pi}{2}$ 遅い
コンデンサー C〔F〕	$\frac{1}{\omega C}$	$\frac{T}{4}$ 早い	$\frac{\pi}{2}$ 早い

時間，位相のずれは，ここまでは電圧を基準にして電流を考えてきたが，**電流を基準にすると電圧の位相のずれはこの表と逆になる**（下表のとおりとなる）ことに注意しよう。

	電流に対する**電圧**のずれ	
	時間のずれ	位相のずれ
抵抗 R〔Ω〕	0	0
コイル L〔H〕	$\frac{T}{4}$ 早い	$\frac{\pi}{2}$ 早い
コンデンサー C〔F〕	$\frac{T}{4}$ 遅い	$\frac{\pi}{2}$ 遅い

3 - 交流回路

交流回路の考え方

交流電源に，抵抗，コイル，コンデンサーを接続した回路について考える。

電圧，電流が変化しても，瞬時値に対して直流回路と同様に**キルヒホッフの法則が成り立つ**。ここまでに学んだことを用いて，以下のような順に考えればよい。

① 抵抗，コイル，コンデンサーの電圧と電流の関係を個々に考える。

② 回路全体についてはキルヒホッフの法則より考える。

本来はこれだけで，全ての回路が理解できるはずである。いくつかの回路について考えてみよう。

(例 1) LC 並列回路

図 82 のように，交流電源（起電力 $V=V_0\sin\omega t$〔V〕）に，自己インダクタンス L〔H〕のコイルと，電気容量 C〔F〕のコンデンサーを並列に接続する。コイル，コンデンサーにはどちらも電源の電圧 V がかかる。電流 I_L，I_C をそれぞれ個別に考えると

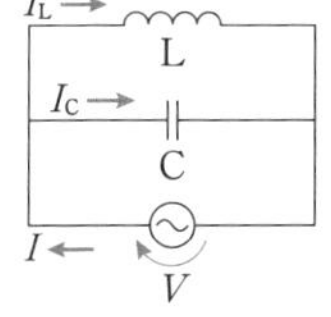

図 82　LC 並列回路①

$$I_\mathrm{L}=-\frac{V_0}{\omega L}\cos\omega t$$

$$I_\mathrm{C}=\omega CV_0\cos\omega t$$

電源の電流 I〔A〕は，キルヒホッフの第 1 法則より

$$I=I_\mathrm{L}+I_\mathrm{C}=V_0\left(\omega C-\frac{1}{\omega L}\right)\cos\omega t \quad \cdots①$$

①式より電流 I の最大値 $I_0=\left(\omega C-\dfrac{1}{\omega L}\right)V_0$ となる。

これらをまとめると図 83 となる。ただし，仮に $|I_\mathrm{L}|<|I_\mathrm{C}|$ として描いてある。

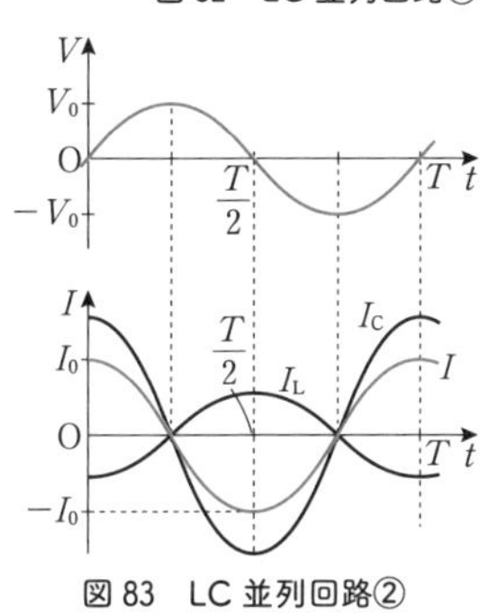

図 83　LC 並列回路②

図からもわかるように，ある瞬間のコイルとコンデンサーに流れる電流は常に逆向きになる。また，$|I_\mathrm{L}|=|I_\mathrm{C}|$ の場合は，常に $I=0$ となり，電源には電流が全く流れない（コンデンサーとコイルには電流が流れている）。このときの ω は，①式の I が，t によらず $I=0$ なので

$$\omega C-\frac{1}{\omega L}=0 \qquad \therefore \quad \omega=\frac{1}{\sqrt{LC}}$$

理解のコツ

コイルとコンデンサーに流れる電流が逆向きだったり，電源の電流が 0 なのにコイルやコンデンサーに電流が流れたりと，不思議なことだらけだね。ある瞬間だけを考えるとわかりやすいよ。例えば，図 83 で時刻 $t=0\,\mathrm{s}$ では，コイルには左向きに $\dfrac{V_0}{\omega L}$，コンデンサーには右向きに ωCV_0 の電流が流れ，電源には左向きに $\left(\omega C-\dfrac{1}{\omega L}\right)V_0$ の電流が流れるというように理解すればいいよ。

例題227 交流にキルヒホッフの法則を使う

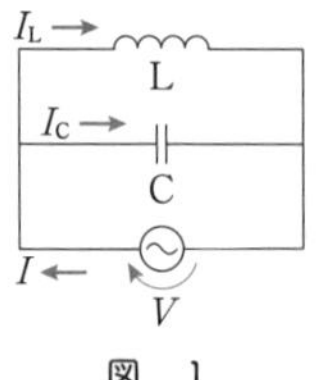

図 1

図 82（右の図 1）の回路で，電源の電圧の実効値 $V_e=1.0\times10^2$ V，角周波数 $\omega=4.0\times10^2$ rad/s，$L=0.50$ H，$C=50\,\mu$F とする。また，電源の電圧 V は，図 83（下の図 2）のように変化するとする。$\sqrt{\ }$ はそのままにして答えてよい。

(1) 電流 I_L，I_C，I を求めよ。また，時間 t を横軸にとってグラフに描け。

(2) 電流 I_L，I_C，I の各実効値を求めよ。

電源の周波数を徐々に変化させると，ある周波数で電源を流れる電流が 0 になった。

(3) このとき，ω，L，C に成り立つ関係式を求め，ω を数値で表せ。

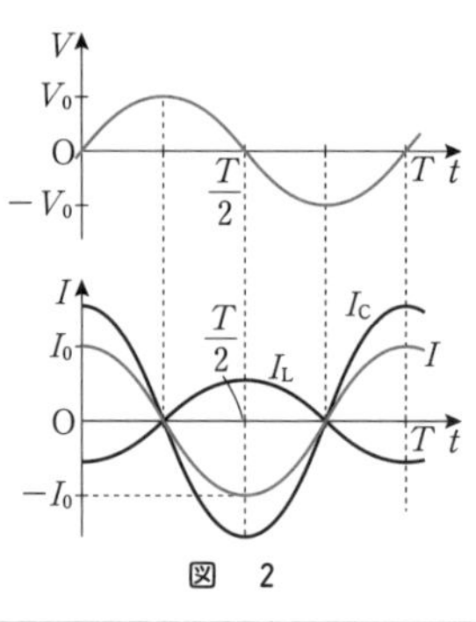

図 2

解答 (1) リアクタンスはそれぞれ $\omega L=200\,\Omega$，$\dfrac{1}{\omega C}=50\,\Omega$，電圧の最大値 $V_0=\sqrt{2}\,V_e=100\sqrt{2}$ V である。

$$I_L=-\frac{100\sqrt{2}}{200}\cos\omega t=-0.50\sqrt{2}\cos400t\,[\mathrm{A}]$$

$$I_C=\frac{100\sqrt{2}}{50}\cos\omega t=2.0\sqrt{2}\cos400t\,[\mathrm{A}]$$

キルヒホッフの第 1 法則より

$$I=I_L+I_C=-V_0\left(\frac{1}{\omega L}-\omega C\right)\cos\omega t \quad \cdots①$$

$$=1.5\sqrt{2}\cos400t\,[\mathrm{A}]$$

これらをグラフにすると右図になる。

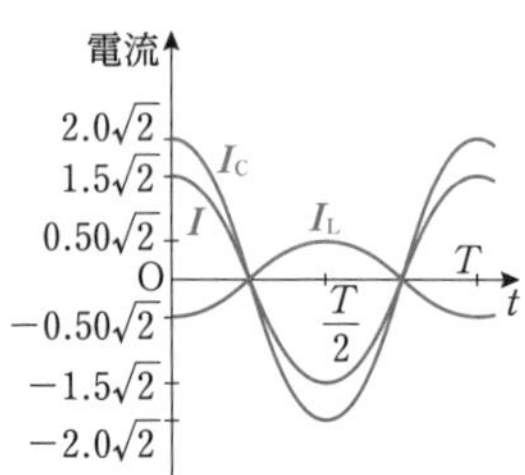

(2) それぞれの実効値は

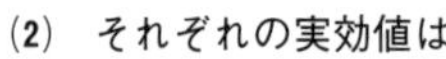

$I_{Le}=0.50$ A　，　$I_{Ce}=2.0$ A　，　$I_e=1.5$ A

(3) I_L と I_C の大きさが等しくなれば常に $I=0$ となる。

①式より　$\dfrac{1}{\omega L}-\omega C=0$

$$\therefore\quad \omega=\frac{1}{\sqrt{LC}}=\frac{1}{\sqrt{0.50\times50\times10^{-6}}}=2.0\times10^2\ \mathrm{rad/s}$$

≫（例 2）RLC 直列回路

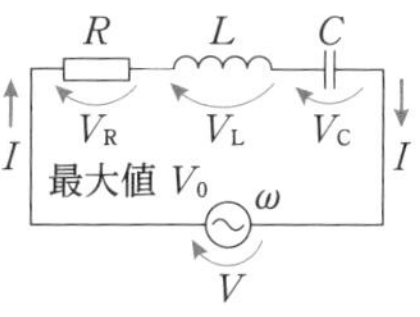

図 84　RLC 直列回路①

図 84 のように，交流電源（電圧の最大値 V_0〔V〕，角周波数 ω〔rad/s〕）に，R〔Ω〕の抵抗，L〔H〕のコイル，C〔F〕のコンデンサーを直列に接続する。この回路は直列なので，各素子に流れる電流 I は常に同じで，図の矢印の向きを正として時刻 t で $I=I_0\sin\omega t$ とする。各素子の電圧を図のように V_R，V_L，V_C とする。

注意　コイルに発生する起電力は，本来は図と逆向きを正とすべきであるが，ここでは単にコイルの両端の電圧を V_L とし，他の素子と同じ向きを正とした。

これまでと逆に，電流から各素子の電圧を考える。電圧の大きさは抵抗値，またはリアクタンスを用いて求める。また，電流に対して各素子の電圧の位相差は，抵抗は 0，コイルは $\frac{\pi}{2}$ 早く，コンデンサーでは $\frac{\pi}{2}$ 遅れる（今までと異なり，電流を基準としていることに注意）。これより V_R，V_L，V_C を求める。

$$V_R=RI_0\sin\omega t$$

$$V_L=\omega LI_0\sin\left(\omega t+\frac{\pi}{2}\right)=\omega LI_0\cos\omega t$$

$$V_C=\frac{I_0}{\omega C}\sin\left(\omega t-\frac{\pi}{2}\right)=-\frac{I_0}{\omega C}\cos\omega t$$

これより，電源の電圧 V は

$$V=V_R+V_L+V_C=I_0\left\{R\sin\omega t+\left(\omega L-\frac{1}{\omega C}\right)\cos\omega t\right\}$$

三角関数の合成公式 $a\sin\theta+b\cos\theta=\sqrt{a^2+b^2}\sin(\theta+\alpha)$ を用いて

$$V=I_0\sqrt{R^2+\left(\omega L-\frac{1}{\omega C}\right)^2}\sin(\omega t+\theta)$$

$$\left(\text{ただし，}\tan\theta=\frac{\omega L-\frac{1}{\omega C}}{R}\right)$$

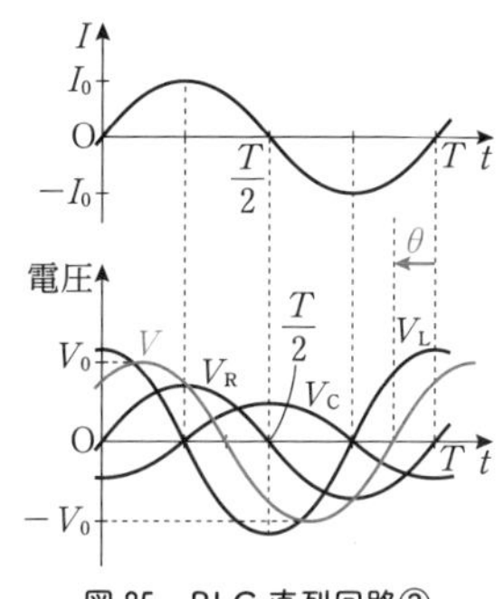

図 85　RLC 直列回路②

となり，電源の電圧 V と電流 I の関係が求められる。これらの電圧の変化をグラフにすると，図 85 となる。ただし，各電圧の大きさは，適当に仮定している。電流に対して電圧の位相は θ だけずれ，電圧の最大値 V_0 は V の式より

$$V_0=\sqrt{R^2+\left(\omega L-\frac{1}{\omega C}\right)^2}I_0 \quad \cdots ❽❺$$

である。回路全体の電圧 V は，V_0 を用いて $V=V_0\sin(\omega t+\theta)$ と表せる。

逆に電源の電圧を基準として $V=V_0\sin\omega t$ とすると，$I=I_0\sin(\omega t-\theta)$ である。

理解のコツ

直流回路を解くときと同様に，電圧か電流か，何か共通なものを鍵にして考えていこう。ここでは直列だから，電流が共通。ゆえに，まず電流を $I=I_0\sin\omega t$ と仮定して電圧を考えたよ。

交流回路の電圧と電流，インピーダンス

前述の（例１）（例２）のように，交流回路では，電源の電圧を

$$V=V_0\sin\omega t \quad \cdots (86)$$

とすると，電流は

$$I=I_0\sin(\omega t-\theta) \quad \cdots (87)$$

と表せる。θ は**位相差**であり，図 86 のようになる。電圧と電流は，周波数と周期は同じだが，位相が θ だけずれた変動をする。また，最大値 V_0 と I_0 は比例し，角周波数 ω などによって決まる値 Z を用いて

$$V_0=ZI_0 \quad \cdots (88)$$

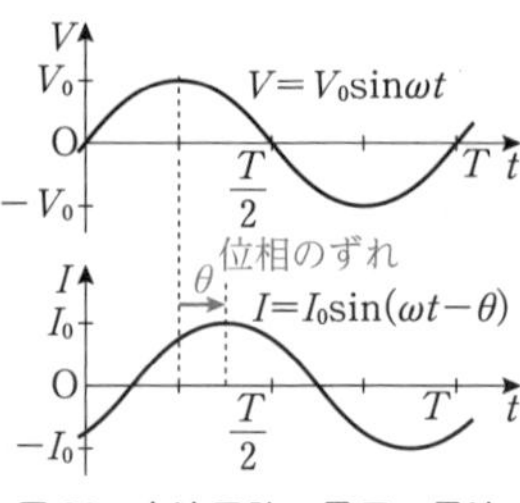

図 86　交流回路の電圧と電流

と表せる。**Z を回路のインピーダンス**といい，単位は〔Ω〕である。この関係は実効値どうしでも成り立つ。**インピーダンス Z〔Ω〕は，回路全体の交流に対する合成抵抗値**である。

RLC 直列回路のインピーダンス

（例２）の RLC 直列回路の場合，式(85)より

$$Z=\sqrt{R^2+\left(\omega L-\frac{1}{\omega C}\right)^2} \quad \cdots (89)$$

理解のコツ

インピーダンスを用いることで，電圧と電流の最大値，または実効値の関係式(88)は，オームの法則と同じように扱うことができるよ。

交流回路

① **電圧，電流の関係を個々の素子について求める。**

② **回路全体についてキルヒホッフの法則を適用して解く。**

$$\textbf{電圧}：V=V_0\sin\omega t \quad \cdots (86)$$

$$\textbf{電流}：I=I_0\sin(\omega t-\theta) \quad \cdots (87)$$

$$V_0=ZI_0 \quad , \quad V_e=ZI_e \quad \cdots (88)$$

V〔V〕：回路全体の電圧　　I〔A〕：回路を流れる電流

V_0，I_0：V，I の最大値　　V_e，I_e：V，I の実効値

Z〔Ω〕：インピーダンス　　θ：電圧に対する電流の位相の遅れ

≫RLC 回路の共振

コイル，コンデンサーを含む回路で，交流の電圧の大きさが同じでも，周波数を変化させるとインピーダンス Z は変化するので，回路を流れる電流も変化する。(例 2）の RLC 直列回路では，ある角周波数 ω_0 でインピーダンスが最小となり，最大の電流が流れる。この現象を**共振**といい，このときの周波数 f_0 を**共振周波数**という。

式89で ω を変化させると，$\omega_0 L-\dfrac{1}{\omega_0 C}=0$ のとき Z は最小となるので

$$\omega_0=\frac{1}{\sqrt{LC}} \qquad \therefore \quad f_0=\frac{\omega_0}{2\pi}=\frac{1}{2\pi\sqrt{LC}} \quad \cdots 90$$

このような回路を**共振回路**という。抵抗 R を十分小さくしておくことにより，共振周波数のときのインピーダンスを十分小さくすることができるので，いろいろな周波数の交流が混じっていても，共振周波数の強い電流だけを流すことができる。

例題228 RLC 回路の電流と電圧の関係を確認する

図 84 の回路（右図）で，$R=50\,\Omega$，$L=20\,\mathrm{mH}$，$C=4.0\,\mu\mathrm{F}$ とする。また電源を調節して $\omega=5.0\times10^3\,\mathrm{rad/s}$，電圧の最大値 $V_0=1.6\times10^2\,\mathrm{V}$ とした。$\sqrt{\quad}$ はそのまま答えてよい。

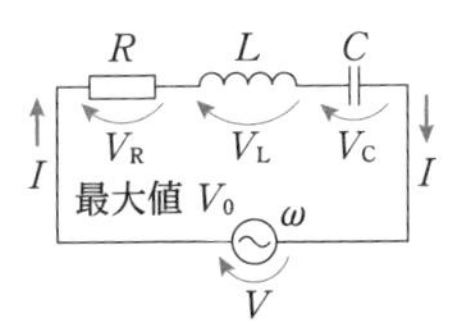

時刻 t でこの回路に流れる電流は，$I=I_0\sin\omega t$ になった。

(1) 時刻 t での抵抗，コイル，コンデンサーの両端の電圧 V_R，V_L，V_C を，I_0，t で表せ。

(2) 時刻 t での電源の電圧 V を，電流との位相差を θ として I_0，t，θ で表せ。また電圧 V の最大値 V_0 を，I_0 で表せ。

(3) I_0 を求めよ。またこの回路のインピーダンスを求めよ。

(4) この回路の平均消費電力 $\overline{P}$ を求めよ。

解答 (1) 抵抗：$R=50\,\Omega$ なので，オームの法則より　$V_R=50I=50I_0\sin 5000t$

コイル：リアクタンス $\omega L=5.0\times10^3\times20\times10^{-3}=100\,\Omega$，電圧は電流よりも位相が $\dfrac{\pi}{2}$ 進んでいるので　$V_L=100I_0\sin\left(\omega t+\dfrac{\pi}{2}\right)=100I_0\cos 5000t$

コンデンサー：リアクタンス $\dfrac{1}{\omega C}=\dfrac{1}{5.0\times10^3\times4.0\times10^{-6}}=50\,\Omega$ より，電圧は電流よりも位相が $\dfrac{\pi}{2}$ 遅れているので　$V_C=50I_0\sin\left(\omega t-\dfrac{\pi}{2}\right)=-50I_0\cos 5000t$

(2) 電源の電圧は各素子の電圧の和である。三角関数の合成公式も使って

$$V=V_R+V_L+V_C$$
$$=I_0\{50\sin\omega t+(100-50)\cos\omega t\}$$
$$=50\sqrt{2}\,I_0\sin(5000t+\theta) \quad \cdots ①$$

(ただし，$\tan\theta=\dfrac{100-50}{50}=1$，$\theta=\dfrac{\pi}{4}$ となる。電圧は電流に対して位相 $\dfrac{\pi}{4}$ だけ早い

変化をする。)

最大値 V_0 は，①式より　　$V_0=50\sqrt{2}\,I_0$　…②

(3)　$V_0=1.6\times10^2\,\mathrm{V}$ を②式に代入して

$$I_0=\frac{160}{50\sqrt{2}}=1.6\sqrt{2}\ \mathrm{A}$$

(I と V の変化をグラフにすると右図となる。)

インピーダンス $Z[\Omega]$ は，②式で抵抗に相当する値なので　　$50\sqrt{2}\ \Omega$

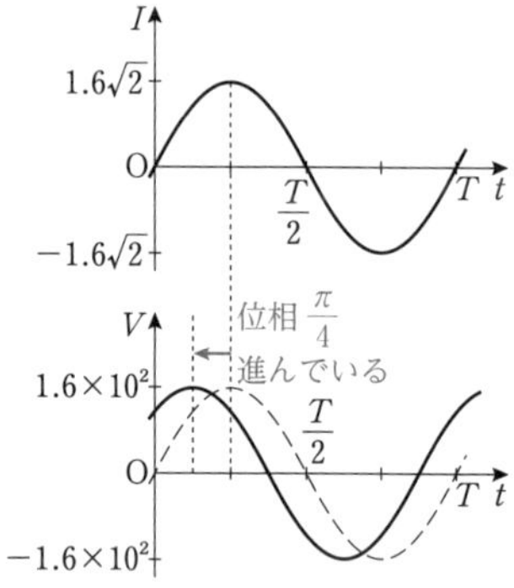

(4)　電力を消費するのは抵抗だけなので，抵抗での平均消費電力を求めればよい。電流の実効値 $I_e=1.6\,\mathrm{A}$ より

$$\overline{P}=RI_e{}^2=50\times1.6^2=128\fallingdotseq1.3\times10^2\ \mathrm{W}$$

(参考) 三角関数の和をベクトルで求める。

周期が同じで，大きさ，位相の異なる三角関数を，ベクトルとして表現することができる。和や差もベクトルの和，差で表現できる。

図 A で，$A\sin(\omega t+\alpha)$ という値を，長さが A で，x 軸からの左回りの角 α のベクトルとして表すと，三角関数の和は，このように表したベクトルの和として求められる。

例題 228 で V_R，V_L，V_C をベクトルで表し，V を求めてみよう。

$$V_R=50I_0\sin\omega t$$

$$V_L=100I_0\sin\left(\omega t+\frac{\pi}{2}\right)$$

$$V_C=50I_0\sin\left(\omega t-\frac{\pi}{2}\right)$$

$\left(\text{図 A で } \alpha=-\frac{\pi}{2} \text{ と } \alpha=\frac{3\pi}{2} \text{ は同じである。}\right)$

大きさと位相を考え，ベクトルとして表すと図 B となる。全体の電圧 V は，これらの和であるが，ベクトルとして和を求める。図 B より V の大きさは $50\sqrt{2}\,I_0$，sin を基準としたときの位相差は $\alpha=\frac{\pi}{4}$ となるので

$$V=50\sqrt{2}\,I_0\sin\left(\omega t+\frac{\pi}{4}\right)$$

と求めることができる。なお，大きさは実効値を用いてもよい。

これは，波動など，交流以外でも，周期が同じ三角関数の和を求めるのに使える。

π/2

A

α

π　0

3π/2

図　A

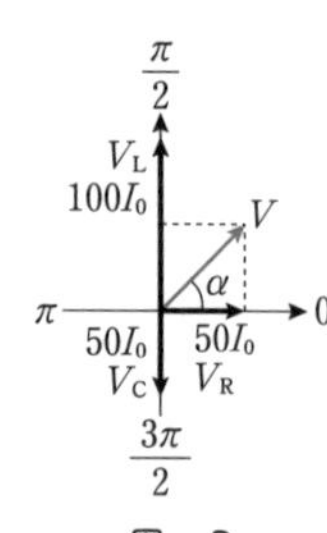

図　B

▶▶力率

RLC 直列回路では，電圧に対する電流の位相の遅れ θ は，インピーダンスを $Z[\Omega]$，抵抗値を $R[\Omega]$ として

$$\cos\theta=\frac{R}{Z}\quad\cdots91$$

と表せる。RLC 直列回路に実効値 V_e〔V〕の交流電圧をかけ，実効値 I_e〔A〕で位相の遅れが θ の電流が流れたとき，回路での平均の消費電力 $\overline{P}$〔W〕は，抵抗のみが電力を消費することより

$$\overline{P}=RI_e{}^2=\frac{R}{Z}I_eV_e$$

ここで，式❾❶を代入して

$$\overline{P}=I_eV_e\cos\theta \quad \cdots❾❷$$

で求められる。$\cos\theta$ を，力率という。$\theta=\frac{\pi}{2}$ または $\theta=\frac{3}{2}\pi$ のとき，$\overline{P}=0$ となる。

例題229　力率を用いて，回路の平均の消費電力を求める

例題 228 (4)の平均消費電力を式❾❷を用いて求め，一致することを確かめよ。

解答　電圧の実効値 $V_e=\frac{1.6\times10^2}{\sqrt{2}}$ V，電流の実効値 $I_e=1.6$ A，例題 228 (2)の結果から，位相の遅れ θ は，$\tan\theta=1$ より $\theta=\frac{\pi}{4}$ である。式❾❷より

$$\overline{P}=\frac{1.6\times10^2}{\sqrt{2}}\times1.6\times\cos\frac{\pi}{4}=128\fallingdotseq1.3\times10^2\text{ W}$$

別解

式❾❶より

$$\cos\theta=\frac{R}{Z}=\frac{50}{50\sqrt{2}}=\frac{1}{\sqrt{2}}$$

と求め，式❾❷より $\overline{P}$ を求めることもできる。

4 - 変圧器

図 87 のように，共通の鉄心に，2 つのコイル（1 次コイル，2 次コイル）を巻いたものを変圧器（トランス）という。1 次コイルに交流電圧をかけると，相互誘導により異なる電圧の交流が 2 次コイルに発生する。

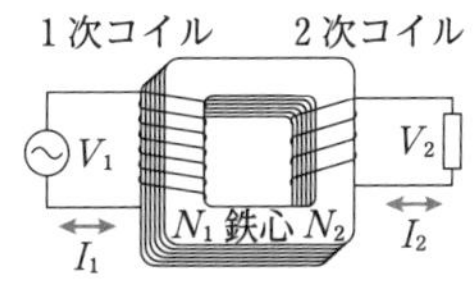

図 87　変圧器

1 次コイルの巻き数 N_1，電圧 V_1，2 次コイルの巻き数 N_2，電圧 V_2 とすると

$$V_1 : V_2=N_1 : N_2 \quad \cdots❾❸$$

となる。また，コイルに流れる電流の実効値をそれぞれ I_1，I_2 とすると，理想的な変圧器の場合，1 次コイルで供給する電力と 2 次コイルで消費する電力が等しく

$$I_1V_1=I_2V_2 \quad \cdots ❾❹$$

が成り立つ。

例題230 変圧器の基本的な式を使う

1次コイルと2次コイルの巻き数の比が 50：6 の変圧器がある。1次コイルに電圧 1.0×10^2 V の交流電圧をかける。

(1) 2次コイルに発生する電圧を求めよ。

(2) 2次コイルに 80 Ω の抵抗を接続したとき，抵抗に流れる電流と消費電力を求めよ。

(3) このとき，1次コイルに流れる電流の強さを求めよ。

解答 (1) 2次コイルに発生する電圧を V_2 として

$$100:V_2=50:6 \qquad \therefore \quad V_2=12\,\mathrm{V}$$

(2) 抵抗に流れる電流（実効値）を I_2 として，オームの法則より

$$I_2=\frac{12}{80}=0.15\,\mathrm{A}$$

（平均）消費電力 P_2 は　$P_2=I_2V_2=0.15\times12=1.8\,\mathrm{W}$

(3) 1次コイルに流れる電流を I_1 として，供給電力と消費電力が等しいので

$$P_2=I_1V_1 \qquad \therefore \quad I_1=\frac{P_2}{V_1}=\frac{1.8}{100}=0.018=1.8\times10^{-2}\,\mathrm{A}$$

5 - 電気振動，電磁波

▶▶電気振動

図 88 のような回路で，まずスイッチを a 側に閉じてコンデンサーを電圧 V_0〔V〕に充電する。次にスイッチを b 側に切り替えると，コイルとコンデンサーに交流電流 I〔A〕が流れる。また，電圧 V〔V〕も周期的に変化する。これを**電気振動**という。スイッチを b 側に閉じたときを時刻 $t=0$ とし，図の矢印の向きを正として，I と V は図 89 のようになる。ただし，電流の最大値 I_0〔A〕である。式で表すと，角振動数を ω〔rad/s〕として

$$V=V_0\cos\omega t \quad , \quad I=I_0\sin\omega t$$

振動の周波数 f〔Hz〕，周期 T〔s〕は

$$f=\frac{1}{2\pi\sqrt{LC}} \quad \cdots ❾❺$$

$$T=2\pi\sqrt{LC} \quad \cdots ❾❻$$

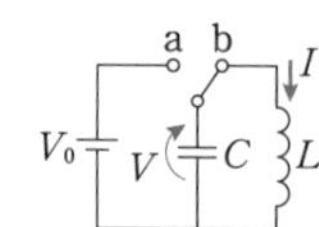

図 88　電気振動①

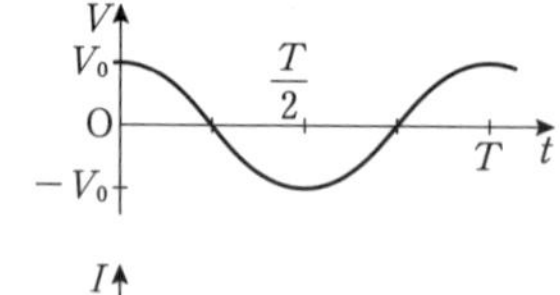

図 89　電気振動②

電気振動ではコイルとコンデンサーの間でエネルギーが移動するだけで，全体でエネルギーが保存される。$V=V_0$ のとき $I=0$，また $I=I_0$ のとき $V=0$ より

$$\frac{1}{2}CV^2+\frac{1}{2}LI^2=\text{一定}=\frac{1}{2}CV_0{}^2=\frac{1}{2}LI_0{}^2 \quad \cdots❾❼$$

となる。これより，電流の最大値 I_0 は

$$I_0=V_0\sqrt{\frac{C}{L}} \quad \cdots❾❽$$

例題231 **電気振動の基本を確認する**

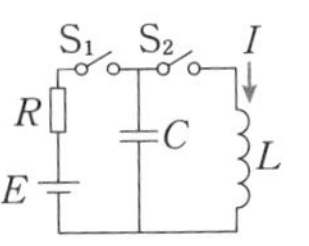

起電力 E〔V〕の電池，抵抗値 R〔Ω〕の抵抗，容量 C〔F〕のコンデンサー，自己インダクタンス L〔H〕のコイル，およびスイッチ S_1，S_2 を用いて，右図のような回路を作った。初め S_1，S_2 は開いており，コンデンサーに電荷は蓄えられていなかった。

S_1 を閉じて，十分時間が経過した。

(1) コンデンサーに蓄えられた電荷 Q，および静電エネルギー U を求めよ。

S_1 を開き S_2 を閉じると，電気振動が生じた。S_2 を閉じた時刻を $t=0\,\mathrm{s}$ とする。

(2) 横軸に時刻 t をとり，コンデンサーの極板間の電圧 V〔V〕と，コイルに流れる電流 I〔A〕をグラフに表せ。ただし，電流は図の矢印の向きを正とし，最大値を I_0〔A〕，周期を T〔s〕とする。

(3) 電気振動の周波数 f〔Hz〕を，L，C を用いて表せ。

(4) I_0 を求めよ。また，$I=\dfrac{I_0}{2}$ となるときの電圧 V を E で表せ。

解答 **(1)** コンデンサーの極板間の電圧が E〔V〕となるので

$$Q=CE \quad , \quad U=\frac{1}{2}CE^2$$

(2) 時刻 $t=0\,\mathrm{s}$ で，$V=E$，$I=0$ である。$t=0$ 以後，まずコンデンサーの電荷が減るので，E も小さくなり，正の向きに電流が流れ始める。以後，右図のような電気振動となる。

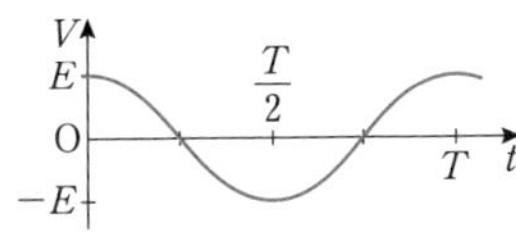

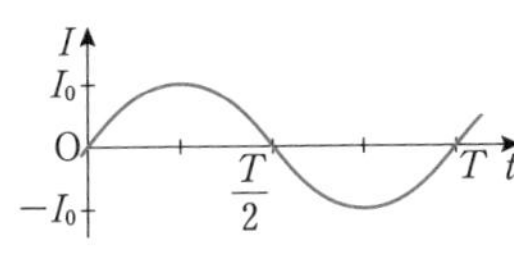

(3) 式❾❺より $\quad f=\dfrac{1}{2\pi\sqrt{LC}}$

(4) コンデンサーの電圧が 0 のとき，電流が最大値 I_0 となる。エネルギー保存則より

$$\frac{1}{2}CE^2=\frac{1}{2}LI_0{}^2 \qquad \therefore \quad I_0=E\sqrt{\frac{C}{L}}$$

$I=\dfrac{I_0}{2}$ のとき

$$\frac{1}{2}CE^2=\frac{1}{2}L\left(\frac{I_0}{2}\right)^2+\frac{1}{2}CV^2 \qquad \therefore \quad V=\frac{\sqrt{3}}{2}E$$

大学への物理

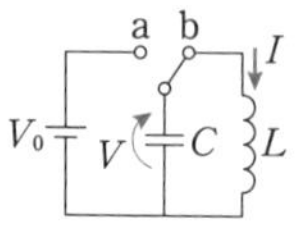

図 88（右上図）の回路で，まずスイッチを a 側に閉じてコンデンサーを電圧 V_0 に充電する。次にスイッチを b 側に切り替えると，コイルとコンデンサーに交流電流 I が流れる。右下図のようにコイルの起電力を $V_\mathrm{L}=-L\dfrac{dI}{dt}$，コイルに蓄えられる電荷を q（スイッチ側を正とする）とすると，コンデンサーの電圧の向きに注意して，キルヒホッフの第 2 法則より

$$V_\mathrm{L}=-V$$

$$-L\frac{dI}{dt}=-\frac{q}{C}$$

$$\therefore\quad \frac{dI}{dt}=\frac{q}{LC}\quad \cdots①$$

さらに時間 t で微分して，$\dfrac{dq}{dt}=-I$ より（q が減少するとき $I>0$ なので負号がつく）

$$\frac{d^2I}{dt^2}=\frac{1}{LC}\cdot\frac{dq}{dt}=-\frac{I}{LC}\quad \cdots②$$

となる。これを解くのは高校生には少し難しい。そこで電流が $I=I_0\sin\omega t$ と表せるものと仮定して，時間 t で 2 回微分をすると

$$\frac{d^2I}{dt^2}=-\omega^2I_0\sin\omega t=-\omega^2I\quad \cdots③$$

②，③式を比べると $\omega=\dfrac{1}{\sqrt{LC}}$ のとき，一致する。つまり，$I=I_0\sin\omega t$ が②式の解であることがわかる。また，振動数 $f=\dfrac{\omega}{2\pi}=\dfrac{1}{2\pi\sqrt{LC}}$ となる。

さらに，①式も用いて

$$V=\frac{q}{C}=L\frac{dI}{dt}=\omega LI_0\cos\omega t=I_0\sqrt{\frac{L}{C}}\cos\omega t$$

よって，電圧の最大値 V_0 は $V_0=I_0\sqrt{\dfrac{L}{C}}$ となることがわかる（これより，式❾❽を導き出すことができる)。

▶▶電磁波

電気振動などにより，時間的に変動する電場をつくると，さらに変動する磁場ができ，電場と磁場が波動として空間を伝わることが知られている。時間的に変動する磁場をつくった場合も，変動する電場ができて，同様に波動として空間を伝わる。これを電磁波という。

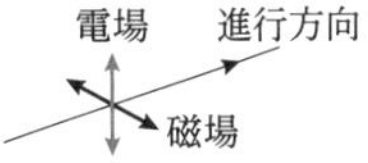

図 90　電磁波の振動方向

電場と磁場の振動は，電磁波の進行方向に垂直で，かつ互いに垂直な方向である。真空中を電磁波が伝わる速さ c〔m/s〕は，真空の誘電率 ε_0〔F/m〕，透磁率 μ_0〔N/A^2〕として，次式になることが理論的に求められている。

$$c=\frac{1}{\sqrt{\varepsilon_0\mu_0}} \quad \cdots ㊾$$

c は光の速さに一致することから，光が電磁波の一種であることがわかった。また，電波，赤外線，紫外線，X 線なども電磁波であり，波長によって特徴が異なる。

電磁波は，波長，振動数により，以下のように区別される。

名称	電波			赤外線	可視光線	紫外線	X線	γ線	
波長〔m〕	長	10^3	1	10^{-3}	10^{-6}	10^{-9}	10^{-12}		短
振動数〔Hz〕	小	10^6	10^9	10^{12}	10^{15}	10^{18}	10^{21}		大

例題232　電磁波の速さが光の速さになることを確かめる

真空の誘電率 $\varepsilon_0=8.85\times10^{-12}$ F/m，透磁率 $\mu_0=1.26\times10^{-6}$ N/A^2 として，真空中での電磁波の速さ c〔m/s〕を求め，真空中の光の速さと一致することを確かめよ。

解答　式㊾より　$c=\dfrac{1}{\sqrt{8.85\times10^{-12}\times1.26\times10^{-6}}}=2.994\times10^8\fallingdotseq2.99\times10^8$ m/s

第5章 原子

SECTION 1 電子と光

SECTION 2 原子・原子核の構造と反応

原子は，
高校物理の集大成となる分野で，
いろいろな分野と関連しているよ。
不思議なこともたくさん出てくるけど，
しっかり学ぼう！

電子と光

1-電　子

電子の発見（トムソンの実験）

電極つきのガラス管に低圧の気体を封入し，高い電圧を加えると，気体が発光する。これは，陰極（負極）から陽極（正極）に負の電荷をもつ粒子が移動しているものであると考えられ，陰極線と名づけられた。トムソンは，電場，磁場中での陰極線の曲がり方を測定し，この粒子の比電荷（質量 m に対する電気量の大きさ e の比）を求めた。

$$\text{比電荷：}\frac{e}{m} \fallingdotseq 1.76\times10^{11}\,\text{C/kg} \quad \cdots❶$$

この値は従来知られていたイオンなどより非常に大きいため，質量の非常に小さな負電荷をもつ粒子であることがわかった。このようにして電子が発見された。

理解のコツ

電子を単なる粒子として考えて，力学と電磁気で学んだことを用いて，以下の例題で比電荷の測定方法を確かめよう。このようにして電子についての研究が進んだけど，この方法では，電子の電気量 e と質量 m の比しか求めることができないよ。

例題233　電場中の電子の運動を力学で求める

図のような装置を真空中に作る。H（ヒーター）で発生した電子が，極板CA間で加速され，速さ v_0 となりAに開けられた穴を通過する。さらに長さ l の平行極板PQ間に，極板に平行に入射する。PQ間には強さ E の一様な電場が図の矢印の向きにかけられていて，電子は運動の方向が変化する。PQ間を通過した電子はその先に置かれた蛍光面（スクリーン）に衝突し，蛍光面を光らせる。PQの右端から蛍光面までの距離を L とする。図のように，蛍光面に垂直に x 軸，平行に y 軸をとる。電子の質量を m，電荷を $-e$ $(e>0)$ とし，重力の影響は無視できるものとする。

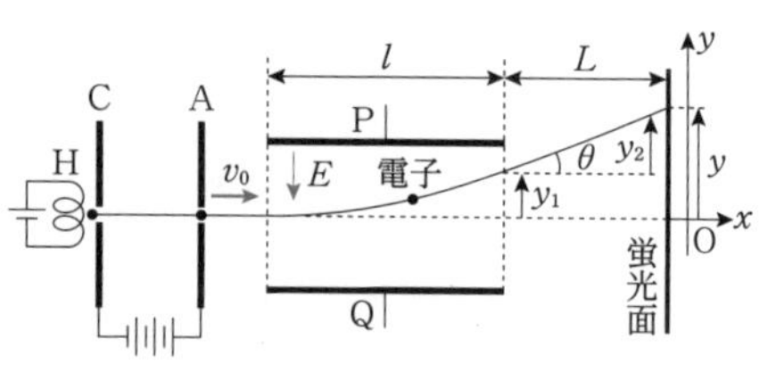

(1) PQ間で，電子はどのような運動をするか。また，y 方向の加速度 a_y を求めよ。

(2) 電子がPQ間を通過するのに要する時間 t_1 と，y 方向の変位 y_1 を求めよ。

(3) 電子がPQ間を出たときの速度が入射方向となす角を θ として，$\tan\theta$ を求めよ。

(4) 電子がPQ間を出てから蛍光面までの間の y 方向の変位 y_2 を求めよ。

(5) 蛍光面上の電子の衝突点の位置 y を用いて，電子の比電荷 $\dfrac{e}{m}$ を求めよ。

SECTION 1 SECTION 2

解答 (1) 電子には一様な電場より y 軸正の向きに一定の力がはたらく。ゆえに，y 方向には等加速度運動，x 方向には等速運動をし，放物運動となる。
電子にはたらく力は y 軸正の向きに大きさ eE なので

$$ma_y=eE \qquad \therefore \quad a_y=\frac{eE}{m}$$

(2) x 方向には速さ v_0 の等速で，極板の長さは l より　$t_1=\dfrac{l}{v_0}$

y 方向の初速度は0なので　$y_1=\dfrac{1}{2}a_yt_1^{\,2}=\dfrac{eE}{2m}\left(\dfrac{l}{v_0}\right)^2$

(3) PQ間を出たときの電子の y 方向の速度成分を v_y とすると　$v_y=a_yt_1=\dfrac{eEl}{mv_0}$

x 方向の速度成分は v_0 であるので　$\tan\theta=\dfrac{v_y}{v_0}=\dfrac{eEl}{mv_0^{\,2}}$

(4) PQ間を出てから電子は直進する。ゆえに変位 y_2 は　$y_2=L\tan\theta=\dfrac{eElL}{mv_0^{\,2}}$

(5) $y=y_1+y_2=\dfrac{eE}{2m}\left(\dfrac{l}{v_0}\right)^2+\dfrac{eElL}{mv_0^{\,2}}=\dfrac{eEl}{2mv_0^{\,2}}(l+2L) \qquad \therefore \quad \dfrac{e}{m}=\dfrac{2v_0^{\,2}}{El(l+2L)}y$

▶電気素量の測定（ミリカンの実験）

ミリカンは，図1に示すような装置で，油滴の電気量を測定した。霧吹きで油滴を作り，X線を照射して油滴を帯電させ，極板AC間を落下させる。ある油滴の質量を M，油滴のもつ電気量を $-q$，速さ v のときの油滴にはたらく空気の抵抗力を kv とする。極板間の電場がないとき，油滴の終端速度を v_1 とすると，油滴にはたらく力のつり合いより

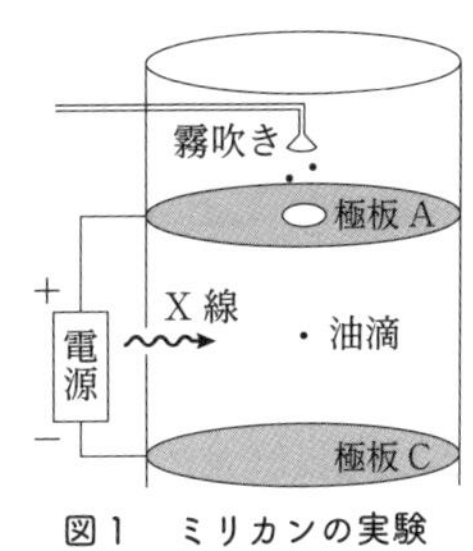

図1　ミリカンの実験

$$0=Mg-kv_1 \quad \cdots①$$

次に，極板間に下向きに強さ E の電場をかけて，油滴の終端速度が上向きに大きさ v_2 になったとする。同様に力のつり合いより

$$0=Mg+kv_2-qE \quad \cdots②$$

①，②式より，M を消去して

$$q=\frac{k(v_1+v_2)}{E}$$

v_1，v_2 を測定することで，q を求めることができる。ミリカンは，求めた q が必ずある値 e の整数倍となることを発見した。これは，電荷には最小の量があり，その

値が e だということである。e を**電気素量**という。$e \fallingdotseq 1.60\times10^{-19}$ C で，電子のもつ電気量は $-e$ である。また式❶より，電子の質量 m は $m \fallingdotseq 9.11\times10^{-31}$ kg と求められた。

理解のコツ

一般に油滴は非常に小さくて，大きさを測ることは難しいから，油滴の質量を測定することはできない。だから，ミリカンの実験では，M を消去できるように，電場のない状態とある状態で実験を行い，測定可能な v_1，v_2 を測定しているんだ。

例題234 ミリカンの実験について理解する／測定値の扱いに慣れる

図 1 の装置（右図）を用いて油滴に帯電した電気量を測定した。油滴の質量を M〔kg〕，帯電した電気量を $-q$〔C〕，また重力加速度の大きさを g〔m/s²〕とする。

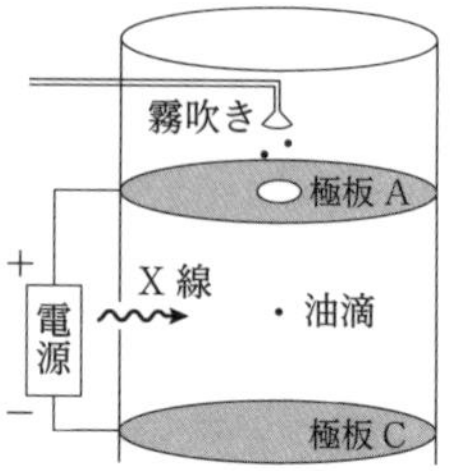

(1) 電源の電圧を調節し，AC 間の電場の強さを E〔V/m〕にしたところ油滴が静止した。このとき，油滴にはたらく力に成り立つ式を作れ。

(2) AC 間の電場を 0 にすると油滴は一定の速度 v で落下した。油滴には，速さに比例し，比例定数 k の空気の抵抗力がはたらく。このとき，油滴にはたらく力に成り立つ式を作れ。

(3) (1)，(2)の結果より，電気量 q を，v，E，k で表せ。

(4) いろいろな油滴について q を測定したところ，以下のような結果が得られた。

1.61 , 3.24 , 6.42 , 8.04 , 11.29 〔$\times10^{-19}$ C〕

これらの値が全て電気素量 e の整数倍になっているものとして e を求めよ。

解答 (1) 油滴には，重力と電場からの力がはたらき，つり合っている。 $qE=Mg$ …①

(2) 油滴にはたらく重力と，抵抗力のつり合いより $kv=Mg$ …②

(3) ①，②式より M を消去し，電荷 q を求める。 $q=\dfrac{kv}{E}$

(4) 測定された値は全て，約 1.60×10^{-19} C の整数倍と思われる。つまり電気素量 e の

$1.61\times10^{-19}=1\times e$, $3.24\times10^{-19}=2\times e$, $6.42\times10^{-19}=4\times e$

$8.04\times10^{-19}=5\times e$, $11.29\times10^{-19}=7\times e$

と推測できる。これらの測定値から，e を求めるのに以下のような計算をする。

$$e=\frac{1.61+3.24+6.42+8.04+11.29}{1+2+4+5+7}\times10^{-19}=1.610\times10^{-19}\fallingdotseq1.61\times10^{-19}\ \text{C}$$

2 - 光の粒子性

▶▶光子

これまで，光は波動として扱ってきた。干渉や回折など，波動の特徴である現象を示すからである。しかし，19 世紀の終わり頃には，波動と考えるだけでは説明できない現象（次の「▶▶光電効果」等）が見つかってきた。それらを説明するために，アインシュタインは，光は粒子としての性質をもつという**光量子仮説**を提唱した。

現在では，光は**光子**と呼ばれる粒子の集まりであることがわかっている。**光子 1 個のもつエネルギー E〔J〕**は，光の振動数を ν〔Hz〕として

> 参考 ν は“ニュー”と読む。

$$E=h\nu \quad \cdots❷$$

である。h を**プランク定数**といい，$h \fallingdotseq 6.63\times10^{-34}$ J·s である。

また，光の波長を λ〔m〕，真空中の光速を c〔m/s〕とすると，$\nu=\dfrac{c}{\lambda}$ より式❷は

$$E=\frac{hc}{\lambda}$$

と書くこともできる。

さらに，**光子は運動量ももつ**ことが知られている。光子 1 個の運動量 p〔kg·m/s〕は

$$p=\frac{h}{\lambda}=\frac{h\nu}{c} \quad \cdots❸$$

ただし，光子の質量は 0 である。

光子

光子 1 個のエネルギー：$E=h\nu=\dfrac{hc}{\lambda}$ …❷

光子 1 個の運動量：$p=\dfrac{h}{\lambda}=\dfrac{h\nu}{c}$ …❸

ν〔Hz〕：光の振動数　λ〔m〕：光の波長
c〔m/s〕：真空中の光速　h〔J·s〕：プランク定数

理解のコツ

「波動として考えてきた光が粒子？」 当然，不思議に思うだろう。さらに，粒子なのに，エネルギーや運動量を考えるときに振動数や波長が関係したり，質量が 0 なのに，運動量をもっていたりと疑問だらけかもしれない。**自然の中で光は特別な存在**なんだ。光は現象によって，波動としての性質を示したり，粒子としての性質を示したりする。光子は通常の粒子と異なり，質量が 0 にもかかわらず，エネルギーや運動量が式❷，❸で求められる特別な粒子であると考えることが大切だよ。

▶▶光電効果

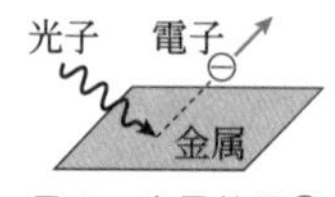

図2　光電効果①

金属に，ある条件を満たす光を当てると，金属から電子が飛び出してくる。この現象を**光電効果**という。このとき出てくる電子を**光電子**ということがある。光電効果には以下のような特徴①～④がある。

① ある振動数 ν_0（**限界振動数**：金属により異なる）より小さな振動数では，強い光を当てても電子は飛び出さない。

② ν_0 より大きな振動数の光を当てると，弱い光でも電子が飛び出す。

③ 飛び出す電子の数は光の強さに比例する。

④ 電子の運動エネルギーの最大値 K_0 は，光の振動数 ν に比例する。

これらの特徴などから，光電効果は**光が波であるとすると説明できない。光が光子であるとすると，特徴①～④は次のように説明できる。**

① 光子1個が金属中の電子と衝突し，光子は消滅してエネルギー $h\nu$ を電子に与え，電子が1個飛び出す。電子が金属結晶の束縛を振り切って飛び出すために，最低 W のエネルギーが必要であるとして，$h\nu < W$ では，電子は金属から飛び出せない。W を**仕事関数**といい，金属により異なる。限界振動数 ν_0 と W の関係は

$$h\nu_0 = W \quad \cdots❹$$

② エネルギーが W 以上の光子（振動数が ν_0 より大きい）が当たると，電子は W 以上のエネルギーをもつ。そのため，弱い光（光子が少ない）でも電子が飛び出す。

③ 飛び出す電子の数は，光子の数＝光の強さに比例する。

④ 飛び出す電子の運動エネルギーの最大値 K_0 は，光子のエネルギー $h\nu$ から，仕事関数 W を引いたものである。

$$K_0 = h\nu - W \quad \cdots❺$$

金属に，いろいろな振動数 ν の光を当てて，飛び出す電子の最大エネルギー K_0 を測定すると，仕事関数 W は金属により異なるので，ある金属A，Bについて K_0 と ν の関係は図3のようになる。式❺より，y 切片が $-W$，グラフの傾きがプランク定数 h を表す。また，x 切片が限界振動数 ν_0 である。

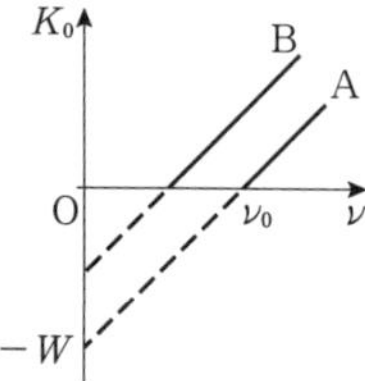

図3　光電効果②

光電効果

$$h\nu_0 = W \quad \cdots❹ \quad , \quad K_0 = h\nu - W \quad \cdots❺$$

ν〔Hz〕：光子の振動数　ν_0〔Hz〕：限界振動数　h〔J･s〕：プランク定数
W〔J〕：仕事関数　K_0〔J〕：光電子の運動エネルギーの最大値

理解のコツ

“仕事関数”という用語がわかりにくいかもしれないね。**金属から電子を取り出すための最低のエネルギー**のことだと理解すればいいよ。

エネルギーの単位：電子ボルト

原子や電子レベルの現象を考えるとき，エネルギーの単位としてJを用いると，値が小さくなりすぎて使いにくい。そこで，エネルギーの単位として eV（2文字で1つの単位である。電子ボルトまたはエレクトロンボルトと読む）を使う。電子（電気量 $-e$〔C〕）を電圧1Vで加速したときに得られるエネルギーを1eVとする。$e \fallingdotseq 1.6\times10^{-19}$ C より

$$1\,\mathrm{eV} \fallingdotseq 1.6\times10^{-19}\,\mathrm{J}$$

Jを eV に変換するときは，電気素量 e で割ればよい。また，10^3 eV＝1keV（キロ電子ボルト），10^6 eV＝1MeV（メガ電子ボルト）である。

理解のコツ

光電効果の問題を解くとき，つまずくポイントが2つある。

- 光電効果により放出された電子の運動エネルギーの測定方法⇒例題235
- 光電効果の現象そのものの理解⇒例題236

この2つをしっかりと区別すること。光電効果という現象が理解できていないのか，それとも電子の運動エネルギーの測定方法がわからないのかを区別して考えよう。

例題235 電子のエネルギーの測定方法を確認する

図1のように，真空中でヒーターHで発生した電子を，極板CA間で加速する。CA間の電圧は V〔V〕である。電子の質量を m〔kg〕，電気量を $-e$〔C〕とする。ヒーターで発生した際の，電子の運動エネルギーは無視できるほど小さいとし，重力は無視する。

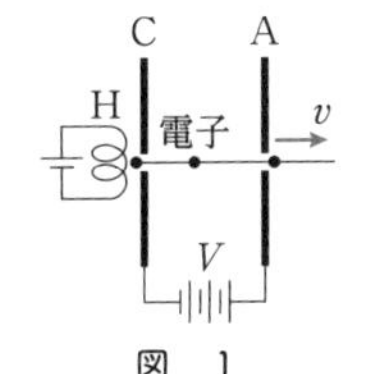

図 1

(1) CA間で電子に与えられるエネルギーを求めよ。

(2) 極板Aから出たときの電子の速さ v を求めよ。

(3) $V=2.5\times10^3$ V のとき，極板Aから出たときの電子の運動エネルギーを〔eV〕で表せ。

図2のように，円筒形の電極Kに光を当てると運動エネルギー K_0〔J〕をもつ電子が発生したとする。発生した電子は点電極Pへ集められる。Pの電位を $+V$〔V〕にする。

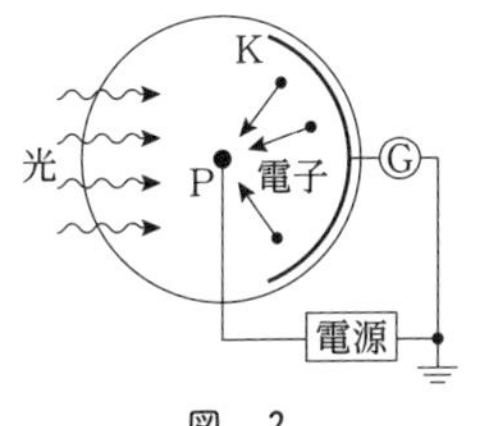

図 2

(4) Pに達したときに電子のもつ運動エネルギーを求めよ。

Pの電位を徐々に変えると，$-V_0$（$V_0>0$）にしたとき電極Pに電子は到達できなくなった。

(5) K_0〔J〕を求めよ。

(6) $-V_0=-1.5$ V であった。K_0 を，JとeVのそれぞれの単位で求めよ。ただし $e=1.6\times10^{-19}$ C とする。

解答 (1) 電子は極板間の電圧 V〔V〕で加速される。電場から得たエネルギーは正で
eV〔J〕

(2) 電場から得たエネルギーが電子の運動エネルギーになる。

$$\frac{1}{2}mv^2=eV \qquad \therefore \quad v=\sqrt{\frac{2eV}{m}}\text{〔m/s〕}$$

(3) $$eV=e\times2.5\times10^3\text{〔J〕}=\frac{e\times2.5\times10^3}{e}\text{〔eV〕}=2.5\times10^3\,\text{eV}$$

(4) 電子が KP 間で得るエネルギーは eV であるので，P に到達したときの運動エネルギー K_P は　$K_P=K_0+eV$〔J〕

(5) P の電位が負の場合，電子は KP 間で eV_0 のエネルギーを失う。失うエネルギーが eV_0 のとき，P の直前で運動エネルギーが 0 になったと考えられる。ゆえに

$$K_0-eV_0=0 \qquad \therefore \quad K_0=eV_0\text{〔J〕}$$

(6) $$K_0=1.6\times10^{-19}\times1.5=2.4\times10^{-19}\,\text{J} \quad , \quad K_0=\frac{2.4\times10^{-19}}{1.6\times10^{-19}}=1.5\,\text{eV}$$

(このようにして，電子の運動エネルギーが測定できる。また，これらの実験の際，エネルギーの単位を eV にすると便利なことがわかる。$V_0=1.5$ V であれば，電子のエネルギーは 1.5 eV である。)

例題236 光電効果の基本公式を理解する

金属の表面に，ある条件を満たす光を当てると，電子（光電子）が飛び出してくる。この現象を光電効果という。いま，振動数 ν の単色光を，仕事関数 W の金属に当てる。プランク定数を h とする。

(1) 振動数 ν の光子のエネルギーはいくらか答えよ。

(2) 光電子の運動エネルギーの最大値を K とする。光子のエネルギーと K の関係式を求めよ。

金属に当てる単色光の振動数を変えて，出てきた電子の運動エネルギーの最大値 K を測定しグラフにすると右図のようになった。ただし，K の単位は eV で表してある。電気素量 $e=1.6\times10^{-19}$ C とする。

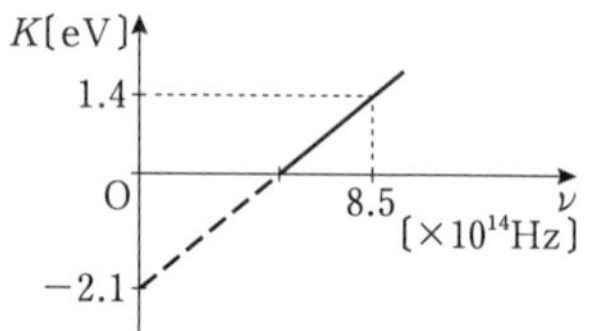

(3) この金属の仕事関数を eV の単位で求めよ。

(4) プランク定数 h〔J·s〕の値を求めよ。

(5) 電子が飛び出してくるためには，当てる光の振動数はある値 ν_0 以上である必要がある。ν_0 を求めよ。

解答 (1) $h\nu$

(2) $K=h\nu-W$ …①

(3) グラフは①式を示している。グラフの y 切片が $-W$ なので　$W=2.1\,\text{eV}$

(4) ①式より，h はグラフの傾きである。単位を eV から J に変換して計算する。

$$h=\frac{\{1.4-(-2.1)\}\times1.6\times10^{-19}}{8.5\times10^{14}}=6.58\times10^{-34}\fallingdotseq6.6\times10^{-34}\,\mathrm{J\cdot s}$$

(5) 限界振動数 ν_0 は式❹より

$$h\nu_0=W \qquad \therefore \quad \nu_0=\frac{W}{h}=\frac{2.1\times1.6\times10^{-19}}{6.58\times10^{-34}}=5.10\times10^{14}\fallingdotseq5.1\times10^{14}\,\mathrm{Hz}$$

別解

グラフより，$K=0$ のときの振動数が ν_0 である。x 切片を求めればよい。

光の粒子性と波動性

光は波動なのか粒子なのか？ “回折”，“干渉” などの現象を示すように，波動としての性質をもち，同時に光電効果のように光子という粒子としての性質ももつというのが結論である。19 世紀の終わりにレントゲンによって発見された非常に波長の短い電磁波＝X 線によっても，この性質が確認された。

X 線

X 線は波長が非常に短く，エネルギーの高い電磁波である。透過性（物質を通り抜ける性質）が大きく，蛍光物質を光らせるなどの性質がある。

X 線の発生

高速に加速した電子を金属に衝突させると，X 線が発生する。発生した X 線の波長と強度の関係は図 4 のようになる。連続的に強度が変化する部分を連続 X 線，特定の波長で強度が非常に大きい部分を固有 X 線（特性 X 線）という。連続 X 線は，衝突により失われた電子のエネルギーの一部（または全部）が，X 線光子のエネルギーとなって発生する。固有 X 線は，標的となる金属により決まる特定の波長の X 線が大きな強度で発生する。

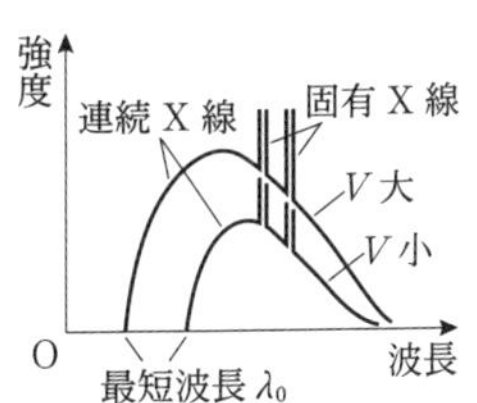

図 4　X 線のスペクトル

電子の加速電圧 V によって決まるある波長 λ_0 より短い（エネルギーの高い）X 線は放出されない。λ_0 を最短波長といい，加速電圧 V に反比例する。衝突で電子の運動エネルギー eV が全て 1 個の光子のエネルギーになったとき，エネルギーが最も大きい最短波長 λ_0 の光子が出ると考えられる。式❷より

$$\frac{hc}{\lambda_0}=eV \qquad \therefore \quad \lambda_0=\frac{hc}{eV} \quad \cdots❻$$

≫X 線の波動性（ブラッグの実験）

X 線を結晶の表面に当てると，特定の散乱方向で強いX 線が観測される。これは，結晶の異なる格子面で散乱したX 線が干渉した結果と考えられる。図 5 のように，間隔 d の平行な格子面で波長 λ の X 線が反射した場合，X 線と格子面のなす角を θ とすると，隣り合う格子面で反射した X 線の経路差は $2d\sin\theta$ である。X 線が強め合う条件は

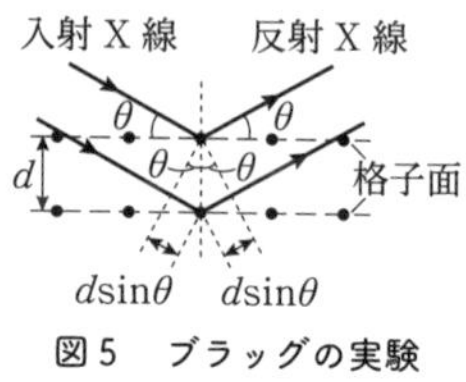

図 5　ブラッグの実験

$$2d\sin\theta=n\lambda\quad (n=1,\ 2,\ 3,\ \cdots)\quad \cdots❼$$

となる。ブラッグは，この考え方により，結晶の構造を解明した。式❼をブラッグの条件という。これは X 線の波動性を示す現象である。

例題237　X 線の粒子性と波動性を確認する

電子を電圧 $V=35\,\mathrm{kV}$ で加速して金属に衝突させると X 線が発生した。電気素量 $e=1.6\times10^{-19}\,\mathrm{C}$，プランク定数 $h=6.6\times10^{-34}\,\mathrm{J\cdot s}$，真空中の光速 $c=3.0\times10^{8}\,\mathrm{m/s}$ とする。

(1)　発生した X 線の最短波長 λ_0 を求めよ。

波長 λ_0 の X 線をある金属（結晶）に当てる。表面と X 線の入射方向がなす角 θ を $0°$ から変化させると，$\theta=30°$ で初めて強い反射 X 線が観測された。

(2)　この結晶の格子間隔を求めよ。

解答 (1)　電子のエネルギーは eV で，全てが X 線光子のエネルギーになったとき，最短波長の X 線が放射されるので

$$eV=\frac{hc}{\lambda_0}\qquad \therefore\ \lambda_0=\frac{hc}{eV}=\frac{6.6\times10^{-34}\times3.0\times10^{8}}{1.6\times10^{-19}\times35\times10^{3}}=3.53\times10^{-11}\fallingdotseq3.5\times10^{-11}\,\mathrm{m}$$

(2)　式❼で，$n=1$ の場合である。ゆえに，格子間隔を d とすると

$$2d\sin30°=\lambda_0\qquad \therefore\ d=\frac{\lambda_0}{2\sin30°}=\lambda_0=3.5\times10^{-11}\,\mathrm{m}$$

≫X 線の粒子性（コンプトン効果）

波長 λ の X 線を物質に照射すると，いろいろな方向に散乱される。波の散乱と考えると波長は変化しないが，実際には，散乱した X 線の中に，入射 X 線と異なる波長 λ' の X 線が一部含まれる。コンプトンは，X 線光子と物質中の電子との粒子どうしの衝突として，運動量とエネルギー保存則が成り立っているとすると，実験結果を説明できることを発見した。ただし，光子のエネルギーと運動量は式❷，❸である。これは，X 線が粒子としての性質＝粒子性 をもつことを示す現象である。

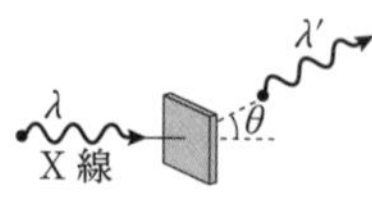

図 6　コンプトン効果

例題238 光子と電子の衝突を力学として解く

静止している質量 m の電子に，波長 λ の X 線光子が衝突した。衝突前の電子の位置を原点とし，X 線の入射方向に x 軸，垂直方向に y 軸をとる。衝突後，電子は x 軸から Φ の方向に速さ v で，X 線は波長が λ' となり θ の方向に散乱した。光速を c，プランク定数を h とする。

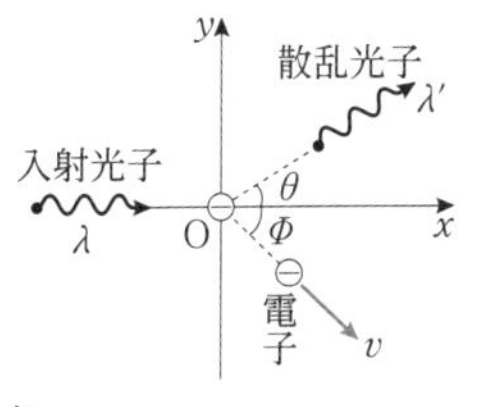

(1) 入射 X 線の光子のエネルギーと，運動量を答えよ。

(2) 光子と電子の運動量保存則の式を x，y 方向に分けて答えよ。

(3) 衝突前後のエネルギー保存則の式を答えよ。

(4) 以上の式より，入射 X 線と角 θ の方向に散乱した X 線の波長の差 $\lambda'-\lambda$ を，m，c，h，θ で表せ。ただし，$\lambda' \fallingdotseq \lambda$ であるので，$\dfrac{\lambda'}{\lambda}+\dfrac{\lambda}{\lambda'} \fallingdotseq 2$ としてよい。

解答 (1) 式❷，❸より　エネルギー：$h\nu=\dfrac{hc}{\lambda}$ ，運動量：$\dfrac{h}{\lambda}$

(2) 衝突後，光子の波長は λ' なので，運動量は $\dfrac{h}{\lambda'}$ となる。方向別に考えて

x 方向：$\dfrac{h}{\lambda}=\dfrac{h}{\lambda'}\cos\theta+mv\cos\Phi$ …①

y 方向：$0=\dfrac{h}{\lambda'}\sin\theta-mv\sin\Phi$ …②

(3) $\dfrac{hc}{\lambda}=\dfrac{hc}{\lambda'}+\dfrac{1}{2}mv^2$ …③

(4) ①，②式を変形して

$\dfrac{h}{\lambda}-\dfrac{h}{\lambda'}\cos\theta=mv\cos\Phi$ …①′ ，$\dfrac{h}{\lambda'}\sin\theta=mv\sin\Phi$ …②′

①′，②′式をそれぞれ 2 乗して加えると　$h^2\left(\dfrac{1}{\lambda^2}+\dfrac{1}{\lambda'^2}-\dfrac{2}{\lambda\lambda'}\cos\theta\right)=(mv)^2$

これより，v^2 を求めて，③式に代入する。

$$hc\left(\frac{1}{\lambda}-\frac{1}{\lambda'}\right)=\frac{h^2}{2m}\left(\frac{1}{\lambda^2}+\frac{1}{\lambda'^2}-\frac{2}{\lambda\lambda'}\cos\theta\right)$$

両辺に $\lambda\lambda'$ をかけて整理すると　$\lambda'-\lambda=\dfrac{h}{2mc}\left(\dfrac{\lambda'}{\lambda}+\dfrac{\lambda}{\lambda'}-2\cos\theta\right)$ …④

ここで，$\lambda' \fallingdotseq \lambda$ より，$\dfrac{\lambda'}{\lambda}+\dfrac{\lambda}{\lambda'} \fallingdotseq 2$ として，④式に代入すると

$$\lambda'-\lambda=\frac{h}{mc}(1-\cos\theta)$$

この λ' と θ の関係が，実験結果と一致する。

理解のコツ

光を光子として扱うときは，力学で学んだことがそのまま使えるよ。ただし，質量はなく，エネルギーと運動量が式❷，❸で与えられる粒子として扱おう。

3-物質波

光が波動性と粒子性の両方をもつのと同様に，電子などの粒子も，粒子としての性質と同時に波としての性質＝波動性 をもつ。波動性は，電子を加速して結晶に当てると，回折現象を起こすことより確認された。この波を**物質波**，または**ド・ブロイ波**という。物質波の波長（**ド・ブロイ波長**）λ は以下のようになる。

物質波

波長 $\lambda=\dfrac{h}{p}=\dfrac{h}{mv}$ …❽

λ〔m〕：波長　h〔J·s〕：プランク定数
p〔kg·m/s〕：粒子の運動量　m〔kg〕：粒子の質量
v〔m/s〕：粒子の速さ

このように，物質が粒子と波の性質を同時にもつことを，**粒子と波動の二重性**という。

理解のコツ

ここも，粒子にはそういう性質があるのだと覚えてしまおう。ちなみに，物質波の波長 λ と運動量 p の関係は光子の場合の式❸と同じだよ。

例題239 物質波の波長を運動量から求める

電子を大きさ V〔V〕の電圧で加速する。電子の質量を m〔kg〕，電気素量を e〔C〕，プランク定数を h〔J·s〕とする。加速前の電子の運動エネルギーは無視できるものとする。

(1) 加速後の電子の速さ v〔m/s〕を求めよ。
(2) 加速後の電子の運動量 p〔kg·m/s〕を求めよ。
(3) 加速後の電子波のド・ブロイ波長 λ〔m〕を求めよ。

解答 (1) 電子が得たエネルギーは eV〔J〕である。

$$\frac{1}{2}mv^2=eV \qquad \therefore\ v=\sqrt{\frac{2eV}{m}}\ \text{〔m/s〕}$$

(2) $p=mv=\sqrt{2emV}$〔kg·m/s〕

(3) ド・ブロイ波長 λ は式❽より　$\lambda=\dfrac{h}{mv}=\dfrac{h}{\sqrt{2emV}}$〔m〕

1 - 原子の構造

▶原子核の発見

電子の発見により，「原子がもつ負電荷の正体は電子であるが，電子の質量は非常に小さいので，原子の質量の大部分は正電荷が占める」ということがわかった。正電荷は原子内でどう分布しているのか？　ラザフォードは，薄い金箔に α 粒子（高速の $^4_2\mathrm{He}$ 原子核で，$+2e$ の電荷をもつ。後述「② ❷-原子核と放射線 ▶放射線」参照）を打ち込むと，大部分は通り抜けるが，大きく進路を変える α 粒子がごくわずかにあることを確かめた。これは，原子の中心に正電荷が集中しているとして計算した結果と一致する。このようにして原子核が発見された。原子の直径約 $10^{-10}\,\mathrm{m}$ に対して，原子核の直径は $10^{-14}\,\mathrm{m}$ 程度で，非常に小さい。

▶水素原子のスペクトル

ガラス管に，低圧で気体の水素を封入し，電流を流すと発光する。この光はいくつかの特定の波長のみの光＝輝線（線スペクトル）を示す。バルマーは，可視光線の範囲で，この光の波長 λ が，整数を用いた簡単な式で表せることを発見した。この波長の並びをバルマー系列という。さらに，紫外線，赤外線の範囲でも，波長 λ が 2 つの整数 n，n' を用いた以下のような単純な式になることがわかった。

$$\frac{1}{\lambda}=R\left(\frac{1}{n'^2}-\frac{1}{n^2}\right) \quad \cdots ❾$$

R はリュードベリ定数といい，$R \fallingdotseq 1.10\times10^7\,\mathrm{m}^{-1}$ である。右の表に，各領域での n と n' の組み合わせを示す。

領域	名称	n'	n
紫外線	ライマン系列	1	2，3，4，…
可視光線	バルマー系列	2	3，4，5，…
赤外線	パッシェン系列	3	4，5，6，…

▶ボーアの原子モデル

ボーアは，水素原子の構造について，いくつかの仮説を設定することで，水素原子からの光の波長を説明することに成功した。

▶仮説 1 ：量子仮説（量子条件）

原子中の電子は，原子核からの静電気力で円軌道上を等速円運動するものとする。円軌道の半径 r_n は，n を整数として次の式を満たす飛び飛びの値のみが許されると仮定する。

$$2\pi r_n = \frac{nh}{mv} = n\lambda \quad (n=1,\ 2,\ 3,\ \cdots) \quad \cdots❿$$

これを量子条件といい，n を量子数という。ただし，m は電子の質量，v は電子の速さ，h はプランク定数，λ は物質波の波長である（式❿は，円周が電子の物質波の波長の整数倍の軌道だけが許されると後に解釈された）。

≫仮説 2 ：振動数条件

原子中の電子は，軌道に応じたエネルギー E_n（エネルギー準位という）をもつ。原子からの光は，電子がエネルギー準位 E_n の軌道から，より低いエネルギー準位 $E_{n'}$ の軌道に移動するとき，エネルギーの差に相当する振動数 ν の光子を放出すると仮定する。つまり

$$h\nu = E_n - E_{n'} \quad \cdots⓫$$

となる。これを振動数条件という。

≫エネルギー準位

ボーアのモデルで，水素原子のエネルギー準位 E_n を求めてみよう。図 7 のように，質量 m の電子が原子核を中心に半径 r_n の円軌道を速さ v で回っているとする。原子核＝陽子の電荷 $+e$，電子の電荷 $-e$ であるので，クーロンの法則の比例定数を k_0 とすると，円運動の運動方程式より

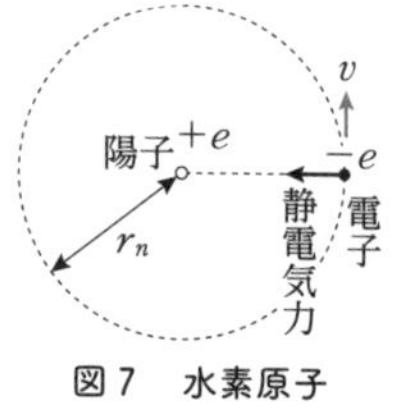

図 7　水素原子

$$\frac{mv^2}{r_n} = \frac{k_0e^2}{{r_n}^2} \quad \cdots①$$

①式と量子条件の式❿より v を消去して r_n を求めると

$$r_n = \frac{n^2h^2}{4\pi^2k_0me^2} \quad (n=1,\ 2,\ 3,\ \cdots) \quad \cdots⓬$$

電子のエネルギー E_n は，運動エネルギーと静電気力による位置エネルギーの和である。位置エネルギーの基準を電子が無限の遠方にある状態として，①式も用いて

$$E_n = \frac{1}{2}mv^2 - \frac{k_0e^2}{r_n} = -\frac{k_0e^2}{2r_n} \quad \cdots②$$

r_n を②式に代入して

$$E_n = -\frac{2\pi^2{k_0}^2me^4}{h^2}\cdot\frac{1}{n^2} \quad (n=1,\ 2,\ 3,\ \cdots) \quad \cdots⓭$$

これが，n 番目の軌道に電子が存在するときの水素原子のエネルギー準位である。電子が $n=1$ にあるとき，最もエネルギーが低く，この状態を基底状態という。$n \geqq 2$ のときの状態を励起状態という。

ここで，振動数条件より，n 番目から n' 番目の軌道 $(n'<n)$ に電子が移動するときに放出する光子の波長 λ を求めると

$$\frac{hc}{\lambda}=E_n-E_{n'}=-\frac{2\pi^2{k_0}^2me^4}{h^2}\left(\frac{1}{n^2}-\frac{1}{n'^2}\right)$$

$$\therefore\quad \frac{1}{\lambda}=\frac{2\pi^2{k_0}^2me^4}{ch^3}\left(\frac{1}{n'^2}-\frac{1}{n^2}\right)$$

$\dfrac{2\pi^2{k_0}^2me^4}{ch^3}$ は，すでに知られている値より求めることができる。式❾より，この値がリュードベリ定数 R にあたるのだが，実験で求められた R の値と一致した。

これにより，ボーアの水素原子の構造についての仮説が正しいことが確かめられた。

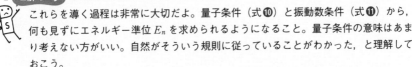

ボーアの水素原子モデル

量子条件：$2\pi r_n=\dfrac{nh}{mv}=n\lambda$ …⑩

振動数条件：$h\nu=E_n-E_{n'}$ …⑪

軌道半径：$r_n=\dfrac{n^2h^2}{4\pi^2k_0me^2}$ …⑫

エネルギー準位：$E_n=-\dfrac{2\pi^2{k_0}^2me^4}{h^2}\cdot\dfrac{1}{n^2}$ …⑬

n：量子数　m：電子の質量　r_n：軌道の半径　λ：物質波の波長
E_n：エネルギー準位　v：電子の速さ　h：プランク定数
e：電気素量　k_0：クーロンの法則の比例定数

理解のコツ

これらを導く過程は非常に大切だよ。量子条件（式⑩）と振動数条件（式⑪）から，何も見ずにエネルギー準位 E_n を求められるようになること。量子条件の意味はあまり考えない方がいい。自然がそういう規則に従っていることがわかった，と理解しておこう。

例題240　水素原子のエネルギー準位の性質を理解する

水素原子のエネルギー準位 E_n は，ある値 E_0 と，量子数 n を用いて

$$E_n=-\frac{E_0}{n^2}\quad（ただし\ n=1,\ 2,\ 3,\ \cdots）$$

と表せる。プランク定数 h，真空中の光速 c とする。

(1) 電子が量子数 n から n'（$n'<n$）のエネルギー準位に移動するとき，放出する光の波長を λ として，$\dfrac{1}{\lambda}$ を求めよ。

(2) リュードベリ定数を R とする。E_0 を R，h，c で表せ。

(3) ここで $h=6.6\times10^{-34}\,\mathrm{J\cdot s}$，$c=3.0\times10^8\,\mathrm{m/s}$，$R=1.1\times10^7\,\mathrm{m^{-1}}$ として，E_0 は何 eV か求めよ。ただし電気素量 $e=1.6\times10^{-19}\,\mathrm{C}$ とする。

(4) バルマー系列の光で，最も長い光の波長を求めよ。

解答 (1) 振動数条件の式⓫より

$$\frac{hc}{\lambda}=E_n-E_{n'}=-\frac{E_0}{n^2}-\left(-\frac{E_0}{n'^2}\right)=E_0\left(\frac{1}{n'^2}-\frac{1}{n^2}\right)$$

$$\therefore\quad \frac{1}{\lambda}=\frac{E_0}{ch}\left(\frac{1}{n'^2}-\frac{1}{n^2}\right)$$

(2) (1)の式を式❾と比べて　$R=\frac{E_0}{ch}$　$\therefore\quad E_0=chR$

(3) $E_0=chR=3.0\times10^8\times6.6\times10^{-34}\times1.1\times10^7$

単位 eV で求める必要があるので

$$\frac{3.0\times10^8\times6.6\times10^{-34}\times1.1\times10^7}{1.6\times10^{-19}}=13.61\fallingdotseq13.6\,\mathrm{eV}$$

(これは水素原子のイオン化エネルギーである。)

(4) バルマー系列では $n'=2$ である。光子のエネルギーは波長に反比例するので，最も波長が長いのは $n=3$ のときで，波長 λ は

$$\frac{1}{\lambda}=R\left(\frac{1}{2^2}-\frac{1}{3^2}\right)\qquad\therefore\quad \lambda=\frac{4\times9}{1.1\times10^7\times(9-4)}=6.54\times10^{-7}\fallingdotseq6.5\times10^{-7}\,\mathrm{m}$$

2 - 原子核と放射線

▶原子核の構成

原子核は**陽子** p（電荷 $+e$〔C〕）と，**中性子** n（電荷 0）で構成されている。陽子と中性子をまとめて**核子**という。原子核中の陽子の数を**原子番号**（記号 Z），陽子と中性子の数の和（核子の数）を**質量数**（記号 A）とし，ある原子核 X について $^A_Z\mathrm{X}$ と表す。中性子の数 $N=A-Z$ である。

質量数 ↙ $^A_Z\mathrm{X}$ ← 元素記号 ↖ 原子番号

正電荷をもつ陽子が原子核を構成するのは，核子間に電気力よりも**大きな引力＝核力**がはたらいているからである。核力は核子間のみに，距離が極めて小さいときだけはたらく。

原子番号 Z の原子核のもつ電気量は $+Ze$ である。原子の化学的性質は，原子核の周りの電子で決まるが，電子の数や配列等は原子核のもつ電気量によって決まるので，Z が同じなら化学的性質はほぼ同じで，同じ元素である。

原子番号 Z が同じで，質量数 A が異なる原子（または原子核）を**同位体**（アイソトープ）という。つまり，中性子数のみが異なる原子である。例えば，$^{12}_{6}\mathrm{C}$ に対して $^{13}_{6}\mathrm{C}$ がある。特に水素の同位体は，右の表に示すように別の名称，記号で表す場合がある。

水素	$^1_1\mathrm{H}$
重水素	$^2_1\mathrm{H}=^2_1\mathrm{D}$
三重水素	$^3_1\mathrm{H}=^3_1\mathrm{T}$

≫質量の単位

原子分野では，エネルギーの単位と同様に，質量も kg や g は値が小さくなりすぎて使いにくい。質量の単位として**統一原子質量単位** u を用いることがある。$^{12}_{6}$C 原子 1 個の質量を 12u とする。1u≒1.66×10^{-27}kg である。陽子，中性子の質量は，ほぼ 1u，原子核の質量は，ほぼ質量数 A の値に等しくなる。

≫放射線

放射線の正体は

- 高エネルギー（速度が速い）粒子
- 高エネルギー（波長の短い）電磁波＝光子

である。放射線は，物質を通り抜ける**透過性**をもち，物質をイオン化する**電離作用**を起こす。主に，α（アルファ）線，β（ベータ）線，γ（ガンマ）線がある。

放射線	正　体	電気量	透過力	電離作用
α 線	高エネルギーの $^{4}_{2}$He 原子核＝α 粒子	$+2e$	小	大
β 線	高速の電子	$-e$	中	中
γ 線	波長の短い電磁波＝光子	0	大	小

これら以外にも中性子線なども放射線である。

≫放射性崩壊

ある種の原子核は不安定で，自然に崩壊して他の原子核に変換するものがある。崩壊の際に放射線を出すことから，これらの原子核を**放射性同位体**（ラジオアイソトープ），この現象を**放射性崩壊**（または**放射性壊変**）という。

≫α 崩壊

原子核が崩壊し，α 粒子（$^{4}_{2}\mathrm{He}^{2+}$）を放出する。崩壊により**質量数 A が 4，原子番号 Z が 2 減少**した原子核に変換される。

$$^{A}_{Z}\mathrm{X} \longrightarrow {}^{A-4}_{Z-2}\mathrm{Y} + {}^{4}_{2}\mathrm{He} \quad \cdots⓮$$

注意　ここではある原子核を X，Y とした。Y はイットリウムを示すものではない。

≫β 崩壊

原子核内の中性子が陽子と電子に崩壊し，電子を放出する。崩壊により**質量数は変化せず，原子番号が 1 増加**した原子核に変換される。

$$^{A}_{Z}\mathrm{X} \longrightarrow {}_{Z+1}^{\;\;\,A}\mathrm{Y} + e^{-} \quad \cdots⓯$$

（β 崩壊では他に，ニュートリノと呼ばれる非常に質量の小さな粒子が放出される。）

≫γ 線放出

α 崩壊や β 崩壊をした原子核は，エネルギー的に不安定である場合が多い。そこで余分なエネルギーを光子＝γ 線として放出し，安定な状態に変化する場合がある。

放射線

α 線：${}^{4}_{2}\mathrm{He}$ の原子核
β 線：電子
γ 線：電磁波＝光子

放射性崩壊

α 崩壊：${}^{A}_{Z}\mathrm{X} \longrightarrow {}^{A-4}_{Z-2}\mathrm{Y} + {}^{4}_{2}\mathrm{He}$ …⑭
β 崩壊：${}^{A}_{Z}\mathrm{X} \longrightarrow {}_{Z+1}^{\ \ A}\mathrm{Y} + e^{-}$ …⑮

例題241 放射性崩壊で，原子核の変化を確認する

以下の①～④に示す原子核が（ ）内の崩壊をした後の原子核の原子番号 Z と質量数 A を求めよ。また，周期表より，できた原子核の名称を調べて答えよ。

① ${}^{235}_{92}\mathrm{U}$ （α） ② ${}^{226}_{88}\mathrm{Ra}$ （α） ③ ${}^{60}_{27}\mathrm{Co}$ （β） ④ ${}^{14}_{6}\mathrm{C}$ （β）

解答 ① $Z=92-2=90$ ， $A=235-4=231$ ， ${}^{231}_{90}\mathrm{Th}$（トリウム）
② $Z=88-2=86$ ， $A=226-4=222$ ， ${}^{222}_{86}\mathrm{Rn}$（ラドン）
③ $Z=27+1=28$ ， $A=60$ ， ${}^{60}_{28}\mathrm{Ni}$（ニッケル）
④ $Z=6+1=7$ ， $A=14$ ， ${}^{14}_{7}\mathrm{N}$（窒素）

▶▶半減期

放射性崩壊により原子核の数が $\frac{1}{2}$ になるまでの時間 T を**半減期**という。放射性崩壊では，常に一定の割合（確率：原子核の種類により異なる）で崩壊が起こるので，どの時点を基準にしても，半減期 T だけ経過すると原子核の数は $\frac{1}{2}$ になる。半減期は原子核によって異なる。

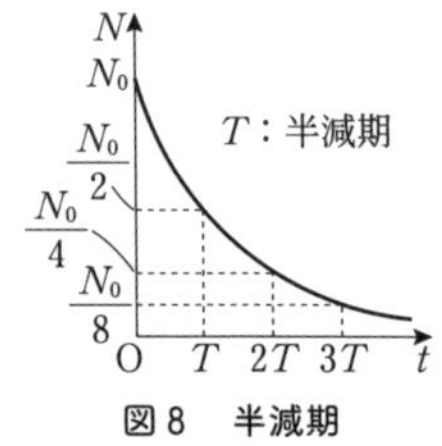

図８ 半減期

初め N_0 個の原子核があったとして，時間 t 経過後に残っている原子核の数 N は次式となる。

残っている原子核の数

$$N=N_0\left(\frac{1}{2}\right)^{\frac{t}{T}} \quad \cdots⑯$$

N_0：時刻 $t=0$ での原子核の数
N：時刻 t で残っている原子核の数
T：半減期

LEVEL UP!

大学への物理

ある種類の原子核1個が単位時間で崩壊する確率をλ，時刻tでの原子核の数をNとする。微小時間dtではλNdt個だけ崩壊する。原子核の数Nの変化dNは，減少することを考慮して

$$dN=-\lambda Ndt \qquad \therefore \quad \frac{dN}{N}=-\lambda dt$$

両辺を積分する。積分定数をCとして

$$\log N=-\lambda t+C \qquad \therefore \quad N=C'e^{-\lambda t} \quad (\text{ただし，}C'=e^{C})$$

ここで，$t=0$のとき$N=N_0$より，C'を求めると，$C'=N_0$より

$$N=N_0e^{-\lambda t} \quad \cdots ①$$

となり，図8の変化となる。さらに，$t=T$（半減期）のとき$N=\frac{N_0}{2}$より

$$\frac{N_0}{2}=N_0e^{-\lambda T} \qquad \therefore \quad e^{-\lambda T}=\frac{1}{2}$$

①式を変形して　$N=N_0(e^{-\lambda T})^{\frac{t}{T}}=N_0\left(\frac{1}{2}\right)^{\frac{t}{T}}$

となり，式⑯が導かれた。

例題242　半減期の式を使いこなす

$^{222}_{86}$Rn は半減期3.8日でα崩壊する。$\log_{10}2=0.30$とする。

(1)　7.6日後，残っているRnの量は現在の量の何倍か求めよ。

(2)　Rnの現在の量の90%が崩壊するまでの日数を求めよ。

解答 (1)　半減期Tとして，7.6日$=2T$より，残っている量は　$\left(\frac{1}{2}\right)^{\frac{2T}{T}}=\frac{1}{4}=0.25$倍

(2)　残っている量は$10\%=\frac{1}{10}$である。日数をtとして　$\frac{1}{10}=\left(\frac{1}{2}\right)^{\frac{t}{T}}$

両辺の対数をとって　$-\log_{10}10=-\frac{t}{T}\log_{10}2$

$$t=\frac{\log_{10}10}{\log_{10}2}T=\frac{1}{0.30}\times 3.8=12.6\fallingdotseq 13\text{ 日}$$

3 - 原子核反応

原子核と他の粒子を衝突させると，原子核が他の原子核に変換することがある。$^{14}_{7}\mathrm{N}$ に α 粒子（高速の $^{4}_{2}\mathrm{He}$）を衝突させると

$$^{14}_{7}\mathrm{N}+^{4}_{2}\mathrm{He}\longrightarrow ^{17}_{8}\mathrm{O}+^{1}_{1}\mathrm{H}$$

という反応が起こる。このように原子核の種類が変わる反応を**原子核反応**という。原子核反応の前後で，①**質量数＝核子数**と②**電気量**が保存される。上記の反応では

①核子数　反応前：$14+4=18$　　反応後：$17+1=18$

②電気量　反応前：$+7+2=+9$　反応後：$+8+1=+9$

となり，保存されている。なお電子は，核子数 0，電荷 $-e$ より，原子番号を -1 として $^{0}_{-1}\mathrm{e}$，中性子は，核子数 1，電荷 0 より，原子番号を 0 として $^{1}_{0}\mathrm{n}$，電磁波（＝光子）は，核子数 0，電荷 0 と考え，反応式では γ（ガンマ）と書くことにする。

理解のコツ

電気量は，通常の原子核では陽子の数だから，原子番号が電気量を示すと考えればいいよ。

例題243　保存則より，原子核反応でできる粒子を求める

次の原子核反応式の空欄［　ア　］～［　キ　］に入る適当な粒子の原子番号と質量数を求め，周期表を利用して元素記号などを調べ，反応式を完成させよ。

① $^{213}_{84}\mathrm{Po}\longrightarrow ^{209}_{82}\mathrm{Pb}+$［　ア　］

② $^{40}_{19}\mathrm{K}\longrightarrow$［　イ　］$+^{0}_{-1}\mathrm{e}$

③ $^{2}_{1}\mathrm{H}+^{3}_{1}\mathrm{H}\longrightarrow$［　ウ　］$+^{1}_{0}\mathrm{n}$

④ $^{235}_{92}\mathrm{U}+^{1}_{0}\mathrm{n}\longrightarrow ^{92}_{36}\mathrm{Kr}+$［　エ　］$+3\times ^{1}_{0}\mathrm{n}$

⑤ $^{9}_{4}\mathrm{Be}+^{4}_{2}\mathrm{He}\longrightarrow ^{12}_{6}\mathrm{C}+$［　オ　］

⑥ $^{197}_{79}\mathrm{Au}+^{1}_{0}\mathrm{n}\longrightarrow$［　カ　］$+\gamma$

⑦ $^{22}_{11}\mathrm{Na}\longrightarrow ^{22}_{10}\mathrm{Ne}+$［　キ　］

解答　核子数と電気量から，発生する粒子の質量数と原子番号を求める。参考までに，〈　〉に反応の種類を記す。

① 核子数$=213-209=4$　，　電気量$=84-82=2$

ア．$^{4}_{2}\mathrm{He}$　〈α 崩壊〉

② 核子数$=40-0=40$　，　電気量$=19-(-1)=20$

イ．$^{40}_{20}\mathrm{Ca}$　〈β 崩壊〉

③ 核子数$=2+3-1=4$　，　電気量$=1+1-0=2$

ウ．$^{4}_{2}\mathrm{He}$〈核融合〉

④　核子数＝235＋1－92－3×1＝141　，　電気量＝92＋0－36－0＝56

エ．$^{141}_{56}\mathrm{Ba}$　〈核分裂〉

⑤　核子数＝9＋4－12＝1　，　電気量＝4＋2－6＝0

オ．$^{1}_{0}\mathrm{n}$　〈中性子の放出〉

⑥　核子数＝197＋1－0＝198　，　電気量＝79＋0－0＝79

カ．$^{198}_{79}\mathrm{Au}$　〈中性子捕獲〉

⑦　核子数＝22－22＝0　，　電気量＝11－10＝1

キ．$^{0}_{1}\mathrm{e}$　〈正の β 崩壊〉

（$^{0}_{1}\mathrm{e}$ は陽電子といい，質量など電荷以外の性質が電子と同じで，電気量 $+e$ の粒子である。また，②と⑦の反応では，他にニュートリノも放出される）

質量とエネルギー

アインシュタインは，質量とエネルギーは同じであることを発見した。これを，質量とエネルギーの等価性という。真空中の光速 c を用いて，次の式のように質量はエネルギーに，エネルギーは質量に換算される。

質量とエネルギーの等価性

$$E=mc^2 \quad \cdots ⑰$$

E〔J〕：質量 m〔kg〕に相当するエネルギー　　c〔m/s〕：真空中の光速

この関係を用いて，粒子などの質量をエネルギーで表すことがある。単位は，電子ボルト〔eV〕を使うことが多い。

理解のコツ

「質量とエネルギーが同じ？」と疑問に思ったんじゃないかな。なぜかは考えないでおこう。自然の原理だから，悩んでも仕方ない。とにかく，式⑰で質量はエネルギーに，エネルギーは質量に換算できるということだよ。

例題244　質量をエネルギーに換算する

電子と陽子の質量はそれぞれ 9.11×10^{-31} kg，1.67×10^{-27} kg である。電子と陽子の質量をエネルギーに換算すると何 MeV になるかそれぞれ求めよ。ただし，真空中の光速を 3.00×10^{8} m/s，電気素量を 1.60×10^{-19} C とする。

解答　$1\,\mathrm{MeV}=10^6\,\mathrm{eV}=1.60\times10^{-13}\,\mathrm{J}$ であることも考えて，式⑰よりエネルギーに換算する。

電子：$\dfrac{9.11\times10^{-31}\times(3.00\times10^{8})^2}{1.60\times10^{-13}}=0.5124\fallingdotseq0.512\,\mathrm{MeV}$

陽子：$\dfrac{1.67\times10^{-27}\times(3.00\times10^{8})^2}{1.60\times10^{-13}}=939.3\fallingdotseq939\,\mathrm{MeV}$

質量欠損

原子核の質量は，原子核を構成する陽子と中性子の質量の合計よりも小さく，差を**質量欠損** Δm という。陽子，中性子がばらばらな状態より，原子核として結合すると質量が減るということである。減った質量は，原子核内で核子を結びつけるエネルギーになっている。ある原子核 ${}^{A}_{Z}\mathrm{X}$ の質量を M，陽子と中性子の質量をそれぞれ m_{p}，m_{n} とすると，質量欠損 Δm は

$$\Delta m = Zm_{\mathrm{p}} + (A-Z)m_{\mathrm{n}} - M \quad \cdots⑱$$

質量欠損をエネルギーに換算した量を**結合エネルギー**といい，大きさ E は

$$E = \Delta mc^2 = \{Zm_{\mathrm{p}} + (A-Z)m_{\mathrm{n}} - M\}c^2 \quad \cdots⑲$$

である。原子核内の陽子と中性子は，核力により非常に強く結合しているが，原子核 X をばらばらの陽子と中性子にするためには，大きさ E のエネルギーが必要になる。図 9 のように，ばらばらの状態のエネルギーを 0 として，原子核 X は，$-E$ のエネルギーの状態であると考えればよい。

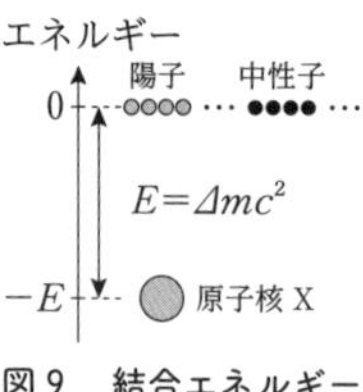

図 9　結合エネルギー

核子 1 個あたりの結合エネルギー

原子核 ${}^{A}_{Z}\mathrm{X}$ の結合エネルギーを質量数 A（＝核子数）で割った $\dfrac{\Delta mc^2}{A}$ を，**核子 1 個あたりの結合エネルギー**という。大きいほど，強く結合した原子核であるといえる。

原子核 ${}^{A}_{Z}\mathrm{X}$ の結合エネルギー

質量欠損：$\Delta m = Zm_{\mathrm{p}} + (A-Z)m_{\mathrm{n}} - M$ …⑱

結合エネルギー：$E = \Delta mc^2$ …⑲

M：原子核 X の質量　m_{p}：陽子の質量　m_{n}：中性子の質量　c：真空中の光速

理解のコツ

陽子と中性子が結合した原子核の状態は，結合エネルギーの分だけエネルギーが低いことを理解しよう。原子核をばらばらの陽子と中性子にするにはエネルギーが必要で，逆にばらばらの状態から結合するとエネルギーが放出されるんだ。

例題245 結合エネルギーを求める

陽子の質量 1.0073 u，中性子の質量 1.0087 u，${}^{4}_{2}\mathrm{He}$ の原子核の質量 4.0015 u である。$1\,\mathrm{u} = 1.66 \times 10^{-27}\,\mathrm{kg}$，光速を $3.00 \times 10^{8}\,\mathrm{m/s}$，電気素量を $1.60 \times 10^{-19}\,\mathrm{C}$ とする。

(1) ${}^{4}_{2}\mathrm{He}$ の原子核の質量欠損は何 u か求めよ。

(2) ${}^{4}_{2}\mathrm{He}$ の原子核の結合エネルギーは何 J か，また何 MeV か求めよ。

(3) ${}^{4}_{2}\mathrm{He}$ の原子核の核子 1 個あたりの結合エネルギーは何 MeV か求めよ。

解答 (1) 質量欠損 Δm は　$\Delta m = 1.0073\times2+1.0087\times2-4.0015=0.0305\,\mathrm{u}$

(2) Δm をまず〔kg〕にして，エネルギー E〔J〕に換算する。光速を c として

$$E=\Delta mc^2=0.0305\times1.66\times10^{-27}\times(3.00\times10^8)^2=4.556\times10^{-12}\fallingdotseq4.56\times10^{-12}\,\mathrm{J}$$

〔eV〕単位になおす。$1\,\mathrm{eV}=1.60\times10^{-19}\,\mathrm{J}$ より

$$E=\frac{4.556\times10^{-12}}{1.60\times10^{-19}}=2.847\times10^7\,\mathrm{eV}\fallingdotseq2.85\times10^7\,\mathrm{eV}=28.5\,\mathrm{MeV}$$

(3) ${}^{4}_{2}\mathrm{He}$ の核子数は 4 であるので　$\dfrac{28.47}{4}=7.117\fallingdotseq7.12\,\mathrm{MeV}$

▶▶原子核反応のエネルギー

次のように，原子核（または粒子）A と B が反応し，C と D ができる原子核反応があるとする。

$$\mathrm{A+B\longrightarrow C+D}$$

原子核反応で発生するエネルギーは，次の 2 つの方法で求めることができる。

① 結合エネルギーの変化から求める

A，B，C，D の結合エネルギーをそれぞれ E_A，E_B，E_C，E_D とする。ただし，単独の粒子の結合エネルギーは 0 である。図 10 のように，A と B を仮にばらばらの陽子と中性子にするために E_A+E_B のエネルギーが必要で，この状態から C と D ができると E_C+E_D のエネルギーが放出されるので，**反応前後の結合エネルギーの増加分が発生するエネルギー E** である。ゆえに

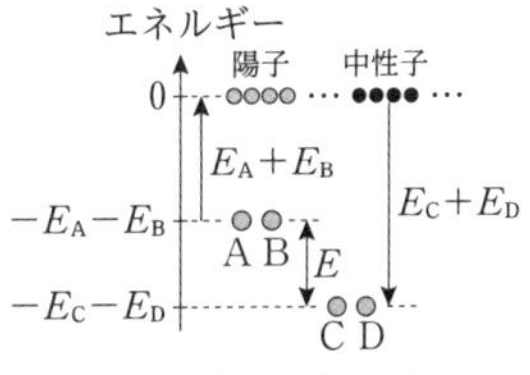

図 10　反応エネルギー

$$E=(E_C+E_D)-(E_A+E_B)\quad\cdots⑳$$

反応前後で結合エネルギーが減少するときは，$E<0$ となり，吸熱反応である。

理解のコツ

実際の反応では，陽子や中性子がばらばらの状態になることはないけど，ばらばらの状態をエネルギーの基準とすると考えやすいよ。

例題246 結合エネルギーから原子核反応のエネルギーを求める

2 個の重水素 ${}^{2}_{1}\mathrm{H}$ が衝突し，${}^{3}_{2}\mathrm{He}$ と中性子ができる反応がある。${}^{2}_{1}\mathrm{H}$ と ${}^{3}_{2}\mathrm{He}$ の核子 1 個あたりの結合エネルギーはそれぞれ 1.11 MeV，2.57 MeV である。

(1) ${}^{3}_{2}\mathrm{He}$ の結合エネルギー E_3 を求めよ。

(2) この反応で発生するエネルギーは何 MeV か求めよ。

解答 (1) ${}^{3}_{2}\mathrm{He}$ の核子数は 3 であるので　$E_3=2.57\times3=7.71\,\mathrm{MeV}$

(2) 重水素 ${}^{2}_{1}\mathrm{H}$ の結合エネルギー E_2 は　$E_2=1.11\times2=2.22\,\mathrm{MeV}$

発生する反応は ${}^{2}_{1}\mathrm{H}+{}^{2}_{1}\mathrm{H}\longrightarrow{}^{3}_{2}\mathrm{He}+{}^{1}_{0}\mathrm{n}$ であるので，反応で発生するエネルギー E は

$$E=E_3-2\times E_2=7.71-2\times2.22=3.27\,\mathrm{MeV}$$

② 質量の変化から求める

A, B, C, D の質量をそれぞれ m_A, m_B, m_C, m_D とする。**反応の前後で質量が減少した分が反応で発生するエネルギー E となる。**光速を c として

$$E=\{(m_A+m_B)-(m_C+m_D)\}c^2 \quad \cdots ㉑$$

反応前後で質量が増加する場合は, $E<0$ となり, 吸熱反応である。

理解のコツ

質量の変化は各原子核の質量欠損の和だから, 結果としては結合エネルギーの変化を求めているのと同じだよ。

例題247 質量の変化から原子核反応のエネルギーを求める

陽子を加速しリチウム（原子番号3）の原子核に当てると, α 粒子が2個できる。陽子, リチウムの原子核, α 粒子の質量をそれぞれ m, M, m_α, 光速を c とする。

(1) この反応を式で表せ。

(2) この反応で発生するエネルギーを求めよ。

(3) ここで, $m=1.6726\times10^{-27}$ kg, $M=11.6478\times10^{-27}$ kg, $m_\alpha=6.6448\times10^{-27}$ kg, $c=3.00\times10^8$ m/s として, 発生するエネルギーを J および MeV で求めよ。ただし, 1 MeV $=1.6\times10^{-13}$ J である。

解答 (1) 陽子は ${}^1_1$H, α 粒子は ${}^4_2$He, リチウムの原子番号は3であるので, 核子数を考えてリチウムの質量数は7になる。ゆえに反応式は　${}^7_3\mathrm{Li}+{}^1_1\mathrm{H}\longrightarrow 2\times{}^4_2\mathrm{He}$

(2) 発生するエネルギー E は　$E=(m+M-2m_\alpha)c^2$

(3) $E=(1.6726+11.6478-2\times6.6448)\times10^{-27}\times(3.00\times10^8)^2$

$=2.772\times10^{-12}\fallingdotseq 2.77\times10^{-12}$ J

$=\dfrac{2.772\times10^{-12}}{1.6\times10^{-13}}=17.32\fallingdotseq 17.3$ MeV

演習48

原子核 X が α 崩壊により, 原子核 Y と α 粒子（${}^4_2$He の原子核）に分裂し, 大きさ E のエネルギーを発生した。原子核 Y の質量を M, α 粒子の質量を m とする。原子核 X は静止していたとみなす。

(1) 崩壊後の Y と α 粒子の速さをそれぞれ V, v とする。v を V, M, m で表せ。また Y と α 粒子の速度の向きはどのような関係があるか答えよ。

(2) Y と α 粒子の運動エネルギーをそれぞれ K_Y, K_α とし, $\dfrac{K_\alpha}{K_Y}$ を M, m で表せ。

(3) 発生したエネルギーが全て Y と α 粒子の運動エネルギーになったとする。α 粒子の運動エネルギー K_α を E, M, m で表せ。

(4) 原子核 X が ${}^{235}_{92}$U であったとする。α 粒子と原子核 Y の運動エネルギーをそれぞれ E で表せ。ただし各原子核の質量は, 質量数に比例するものとする。

解答 (1) 原子核反応では，運動量保存則が成り立つ。崩壊前の運動量は 0 なので，α 粒子と原子核 Y の運動量は逆向きで

$$0=mv-MV \qquad \therefore \quad v=\frac{M}{m}V \quad \cdots①$$

向き：逆向き

(2) $K_\alpha=\frac{1}{2}mv^2$，$K_Y=\frac{1}{2}MV^2$ であるので，①式も利用して

$$\frac{K_\alpha}{K_Y}=\frac{\frac{1}{2}mv^2}{\frac{1}{2}MV^2}=\frac{M}{m} \quad \cdots②$$

(3) 発生したエネルギー E は，α 粒子と原子核 Y の運動エネルギーになる。

$$E=K_\alpha+K_Y$$

これと②式より　$K_\alpha=\dfrac{M}{M+m}E \quad \cdots③$

(4) 原子核 Y の質量数は 231 になる。α 粒子の質量数は 4 であるので，質量が質量数に比例するとして③式より　$K_\alpha=\dfrac{231}{231+4}E=\dfrac{231}{235}E$

同様に考えて　$K_Y=\dfrac{m}{M+m}E=\dfrac{4}{231+4}E=\dfrac{4}{235}E$

（このように，発生したエネルギーの大部分を質量の小さな α 粒子がもつことになる。それゆえ α 粒子が，高速で飛び出してくることになる。）

▶▶核融合と核分裂

原子核の核子 1 個あたりの結合エネルギーを，横軸に質量数をとってグラフにすると，概ね図 11 の曲線上に沿って分布し，Fe（鉄）付近が最も大きい。原子核反応では，反応後の結合エネルギーが大きくなるときエネルギーを放出する。そのため，一般に，Fe より質量数が小さな原子核では，原子核が結合（融合）するとエネルギーが発生する。これを**核融合**という。逆に，Fe より質量数が大きな原子核では，分裂して質量数が小さな原子核になるときにエネルギーが発生する。これを**核分裂**という。

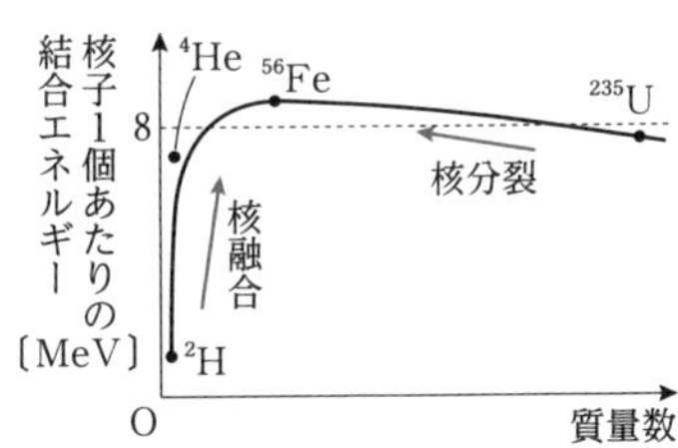

図 11　核子 1 個あたりの結合エネルギー

▶▶核融合

HやHeなどの，質量数の小さな原子核が融合すると，エネルギーが放出される。

（例） $^{2}_{1}H+^{3}_{1}H \longrightarrow ^{4}_{2}He+^{1}_{0}n$ （発生するエネルギーは約18 MeV）

例題246の反応も核融合である。

太陽などの恒星は莫大な量のエネルギーを放出しているが，これらのエネルギーは恒星内部での核融合によって生成されている。太陽の場合は，4個の^{1}H（水素）がいくつかの反応をすることで，最終的に^{4}Heとなる反応が主に起こっている。この反応をまとめると

$$4^{1}_{1}H \longrightarrow ^{4}_{2}He+2e^{+}$$ （発生するエネルギーは約27 MeV）

（e^{+}は陽電子である。このほかにγ線とニュートリノが放出される。また，太陽の内部では，これ以外の核融合反応も起こっている。）

▶▶核分裂

Feより質量数の大きな原子核では，核子1個あたりの結合エネルギーは，質量数が大きくなるほど小さくなる。そのため，質量数の大きな原子核が分裂すると結合エネルギーが大きくなり，エネルギーが放出される。

$^{235}_{92}U$（ウラン）に中性子を衝突させると，原子核が不安定になり，2個の原子核に分裂し，同時に2～3個の中性子が放出される。分裂してできる原子核には複数の組み合わせがあるが，一例として以下のような反応がある。

$$^{235}_{92}U+^{1}_{0}n \longrightarrow ^{137}_{55}Cs+^{97}_{37}Rb+2^{1}_{0}n$$ （発生するエネルギーは約200 MeV）

▶▶連鎖反応

適当な環境を与えると，$^{235}_{92}U$の核分裂により発生した中性子が別の$^{235}_{92}U$に衝突し，さらに核分裂が発生することがある。これを**連鎖反応**という。発生した中性子のうち，別の原子核に衝突して核分裂を起こす中性子の数の平均がちょうど1のとき，連鎖反応が安定的に持続する。この状態を**臨界**という。原子力発電では，主にこの状態をつくり，発生した熱エネルギーにより発電機を動かして電気エネルギーを得ている。

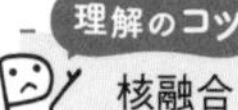

核融合も核分裂も，原子核反応だ。当然，発生するエネルギーの求め方も同じで，反応の前後で質量数と電気量が保存することも同じだよ。

例題248 原子核分裂のエネルギーを求める

$^{235}_{92}\mathrm{U}$ に中性子を衝突させると，$^{144}_{56}\mathrm{Ba}$ と Kr に分裂し，3 個の中性子を放出する。$^{235}_{92}\mathrm{U}$，$^{144}_{56}\mathrm{Ba}$，Kr の核子 1 個あたりの結合エネルギーをそれぞれ 7.6 MeV，8.3 MeV，8.6 MeV とする。また電気素量 1.6×10^{-19} C，アボガドロ数 6.0×10^{23}/mol とする。

(1) 分裂してできた Kr の原子番号と質量数を求めよ。

(2) この反応で発生するエネルギーは何 MeV か求めよ。

(3) 1.0 g の $^{235}_{92}\mathrm{U}$ がすべてこの核分裂をしたとき，発生するエネルギーは何 J か求めよ。

(4) 出力 100 万 kW の原子炉での反応が，すべてこの反応であると仮定すると，1 日で消費される $^{235}_{92}\mathrm{U}$ は何 kg か求めよ。

解答 (1) 核分裂も原子核反応であるので，反応の前後で質量数と原子番号が保存される。

Kr の原子番号を Z，質量数を A として

原子番号：$Z=92-56=36$

質量数　：$A=235+1-144-3\times1=89$

なお，この核反応は以下のような反応である。

$$^{235}_{92}\mathrm{U}+^{1}_{0}\mathrm{n}\longrightarrow ^{144}_{56}\mathrm{Ba}+^{89}_{36}\mathrm{Kr}+3^{1}_{0}\mathrm{n}$$

(2) 結合エネルギーの増加分が，反応で発生するエネルギーになる。

$$144\times8.3+89\times8.6-235\times7.6=174.6\fallingdotseq1.7\times10^{2}\ \mathrm{MeV}$$

(3) $^{235}_{92}\mathrm{U}$ の 1 mol の質量を 235 g とする。$1\ \mathrm{MeV}=1.6\times10^{-13}$ J であるので

$$\frac{6.0\times10^{23}}{235}\times174\times1.6\times10^{-13}=7.10\times10^{10}\fallingdotseq7.1\times10^{10}\ \mathrm{J}$$

(4)
$$\frac{1\times10^{6}\times10^{3}\times24\times60\times60}{7.10\times10^{10}}=1216\ \mathrm{g}\fallingdotseq1.2\ \mathrm{kg}$$

演習49

例題 246 の反応（$^{2}_{1}\mathrm{H}+^{2}_{1}\mathrm{H}\longrightarrow ^{3}_{2}\mathrm{He}+^{1}_{0}\mathrm{n}$）について考える。一直線上で逆向きに同じ速さで進む 2 個の重水素 $^{2}_{1}\mathrm{H}$ を正面衝突させるものとする。この反応が起こるためには，2 個の重水素が互いに接触する程度の小さな距離まで接近する必要がある。つまり，重水素の大きさを D とすると，クーロン力に逆らって 2 個の重水素の中心間の距離が D となるときに反応が起こるものとする。重水素の質量を m，クーロンの法則の比例定数を k_0，電気素量を e とする。

(1) 衝突前に十分に離れているときの重水素の速さを v_0 とする。中心間距離が r $(r>D)$ となったときの 1 個の重水素の運動エネルギーを求めよ。

(2) 反応が起こるために，十分に離れているときに 1 個の重水素のもつ運動エネルギーの最小値を求めよ。

(3) $D=4.3\times10^{-15}$ m，$k_0=9.0\times10^{9}\ \mathrm{N\cdot m^2/C^2}$，$e=1.6\times10^{-19}$ C とする。(2)で求めたエネルギーは何 MeV か求めよ。

解答 (1) 重水素のもつ電荷は $+e$ である。十分に離れているときを基準として，距離 r だけ離れているときの2個の重水素の静電気力による位置エネルギーは $\dfrac{k_0e^2}{r}$ である。このときの1個の重水素の運動エネルギーを K として，エネルギー保存則より

$$2\times\frac{1}{2}mv_0{}^2=2K+\frac{k_0e^2}{r} \qquad \therefore\ K=\frac{1}{2}mv_0{}^2-\frac{k_0e^2}{2r} \quad \cdots①$$

(2) 中心間の距離 $r=D$ のときに，$K\geqq0$ であればよい。ゆえに①式より

$$K=\frac{1}{2}mv_0{}^2-\frac{k_0e^2}{2D}\geqq0 \qquad \therefore\ \frac{1}{2}mv_0{}^2\geqq\frac{k_0e^2}{2D}$$

運動エネルギーの最小値は　$\dfrac{k_0e^2}{2D}$

(3) 与えられた数値を代入する。$1\,\mathrm{MeV}=1.6\times10^{-13}\,\mathrm{J}$ であるので

$$\frac{9.0\times10^9\times(1.6\times10^{-19})^2}{2\times4.3\times10^{-15}\times1.6\times10^{-13}}=0.167\fallingdotseq\mathbf{0.17\,MeV}$$

理解のコツ

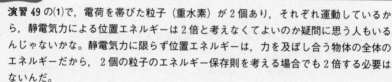

演習 49 の(1)で，電荷を帯びた粒子（重水素）が2個あり，それぞれ運動しているから，静電気力による位置エネルギーは2倍と考えなくてよいのか疑問に思う人もいるんじゃないかな。静電気力に限らず位置エネルギーは，力を及ぼし合う物体の全体のエネルギーだから，2個の粒子のエネルギー保存則を考える場合でも2倍する必要はないんだ。

索　引

アルファベット・記号

あ

か

き

く

け

こ

さ

し

す

せ

そ

た

ち

て

と

な

に

ね

は

ひ

ふ

へ

ほ

ま

み

め

も

や

ゆ

よ

ら

り

れ

ろ

おわりに

物理は基本事項の正しい理解が大切です。たとえ難関大の難しい入試問題であっても，複雑そうに見える問題を整理していけば，単純な基本事項として解くことができるようになります。本書の目的は，物理の基本事項を正しく理解して学ぶことです。

上記は，「はしがき」の冒頭に書いた内容です。本書を最後までやり遂げたあなたは，物理の基本事項を正しく理解し，十分な基礎力を身につけているはずです。今後，問題演習を行なっていく中で，疑問に思うことが出てきたときには，ぜひ本書に立ち戻って，基礎事項の復習をするようにしてください。本書があなたにとっての「物理のバイブル」になることを願っています。

難関大合格を目指す方は，より難しい問題に対応する力（＝読解力と整理能力）も身につけるために，姉妹書『もっと身につく物理問題集（①力学・波動）』『もっと身につく物理問題集（②熱力学・電磁気・原子）』で問題演習を行ってほしいと思います。その後，志望校の過去問でさらなる問題演習を積めば，対策は万全でしょう。

本書はいろいろな人の協力で完成することができました。何より，今まで私の授業を受けてくれた清風南海高等学校の生徒諸君がいてこそのものです。本校生徒の真摯な態度と向上心が，このような形になったと思っています。

また，授業用ノートを作らない私のために，私の授業の板書を丁寧に筆記したノートを，二人の卒業生，熊田早紀子さん（京都府立医科大学卒）と，今や同職となった鉰優香教諭（大阪大学卒）が，本書の執筆のために提供してくれました。大変助かりました。編集者の増岡千裕さんにも，大変お世話になりました。

最後に，学校での勤務を終えて帰宅してからの，本当にハードな執筆でしたが，いろいろな意味で支えてくれた妻と二人の息子たちに感謝します。

折 戸 正 紀